TURING 图灵数学经典 · 13

概率导论

第2版 修订版

[美] 迪米特里·伯特瑟卡斯（Dimitri P. Bertsekas）
[美] 约翰·齐齐克利斯（John N. Tsitsiklis） / 著

郑忠国　童行伟 / 译

人民邮电出版社
北京

图书在版编目（CIP）数据

概率导论：第2版：修订版 /（美）迪米特里·伯特瑟卡斯，（美）约翰·齐齐克利斯著；郑忠国，童行伟译. -- 北京：人民邮电出版社，2022.8

（图灵数学经典）

ISBN 978-7-115-59602-4

I. ①概… II. ①迪… ②约… ③郑… ④童… III. ①概率论 IV. ①O211

中国版本图书馆 CIP 数据核字（2022）第 113141 号

内 容 提 要

本书基于麻省理工学院开设的概率论入门课程编写，内容全面，例题和习题丰富，结构层次性强，能够满足不同读者的需求. 书中介绍了概率模型、离散随机变量和连续随机变量、多元随机变量以及极限理论等概率论基础知识，还介绍了矩母函数、条件概率的现代定义、独立随机变量的和、最小二乘估计等高级内容.

本书可作为所有高等院校概率论入门的基础教程，也可作为概率论方面的参考书.

◆ 著　[美] 迪米特里·伯特瑟卡斯 (Dimitri P. Bertsekas)
　　[美] 约翰·齐齐克利斯 (John N. Tsitsiklis)
译　郑忠国　童行伟
责任编辑　杨　琳
责任印制　彭志环

◆ 人民邮电出版社出版发行　北京市丰台区成寿寺路 11 号
邮编　100164　电子邮件　315@ptpress.com.cn
网址　https://www.ptpress.com.cn
固安县铭成印刷有限公司印刷

◆ 开本：700 × 1000　1/16
印张：28.25　2022 年 8 月第 1 版
字数：602 千字　2025 年 4 月河北第 13 次印刷

著作权合同登记号　图字：01-2022-2043 号

定价：109.80 元

读者服务热线：(010)84084456-6009　印装质量热线：(010)81055316
反盗版热线：(010)81055315

版 权 声 明

谨以此书献给

潘泰利斯·伯特瑟卡斯

尼科斯·齐齐克利斯

译者序

概率论是研究自然界和人类社会中的随机现象数量规律的数学分支. 概率论的理论和方法与数学的其他分支、自然科学、工程、人文及社会科学各领域相互交叉渗透，已经成为这些学科中的基本方法. 概率论（或概率统计）和高等数学一样，已经成为我国高等学校各专业普遍设立的一门基础课.

伯特瑟卡斯和齐齐克利斯两位教授编写的这本 *Introduction to Probability* 独具特色. 作者用流畅的笔调，阐述了概率论的基本原理和方法，同时用大量丰富的例子说明了概率论应用领域的广泛性. 本书在内容上具有一些鲜明的特点. 第一个特点是内容丰富. 除了系统地介绍概率论的基本原理外，本书还包含了随机过程和统计学的内容. 随机过程部分涉及伯努利过程、泊松过程和马尔可夫过程等内容，统计学涉及贝叶斯统计和经典统计的主要方法. 本书可以用作两门具有不同特点的一学期课程的教材：一门是概率论与随机过程引论，另一门是概率论与统计推断引论. 任课教师可以从本书选取相关内容组成相应的课程. 第二个特点是广泛适用和理论完整. 初学者通过系统学习可以掌握概率论和统计学的基本原理，追求数学严密性的学生可以从本书的注解和习题解答中学习概率统计的严格理论，体会理论的完整性和逻辑的严密性.

译者曾与本书第一作者有过当面交流的机会. 他对中国不断发展的教育科学事业很感兴趣，乐于看到概率统计在中国教育领域中的地位日益提高，乐于将本书介绍给中国读者. 本书是麻省理工学院的基础课教材，是在多年教学的基础上写成的. 作为世界著名高校，他们的经验值得我们学习，我们希望本教材的中文版能够对进一步提高我国概率统计教育水平起到积极的作用.

为使上下文更连贯，翻译时在必要的地方增加了补充叙述. 由于译者的学识和中英文水平有限，译文难免有不妥之处，欢迎广大读者批评指正.

郑忠国、童行伟

第 2 版前言

本书对第 1 版进行了重大改动：重新编排原有材料，增加了新的材料，页数也增加了 25%. 主要的改动如下.

(a) 增加了两章统计推断方面的内容：第 8 章“贝叶斯统计推断”，第 9 章“经典统计推断”. 这两章主要介绍基本概念，并通过例子加深对方法的理解.

(b) 重新编排了第 3 章和第 4 章的内容，一方面是为了增加新的内容，另一方面是为了表达的流畅. 第 1 版中的 4.7 节“二维正态分布”已经删去，但是在本书英文版的网页上还保留着.

(c) 增加了一些例子和习题.

新版的主要目的是为教师提供更多的素材以便选择，特别是提供了统计推断引论的内容. 注意，本书第 6 章和第 7 章与第 8 章和第 9 章在内容上是相互独立的. 另外，第 5 至 7 章的内容不依赖第 4 章，阅读第 8 章和第 9 章只需要知道 4.2 节和 4.3 节的内容. 因此，利用本书，可以提供下列课程.

(a) 概率论与统计推断引论：第 1 至 3 章，4.2 节和 4.3 节，第 5 章，第 8 章和第 9 章.

(b) 概率论与随机过程引论：第 1 至 3 章，第 5 至 7 章，加上第 4 章的少数几节.

我们要对我们的同行表示感谢. 他们对第 1 版的内容提出了宝贵的建议，同时对新增材料的组织提供了帮助. 特别是 Ed Coffman、Munther Dahleh、Vivek Goyal、Anant Sahai、David Tse、George Verghese、Alan Willsky 和 John Wyatt. 最后，我们要感谢王梦迪，她为新增的两章提供了习题和图表.

迪米特里 · 伯特瑟卡斯，dimitrib@mit.edu

约翰 · 齐齐克利斯，jnt@mit.edu

2008 年 6 月于麻省剑桥

前　　言

概率把常识简化为了计算.

——拉普拉斯

我们在麻省理工学院开设了一门概率论入门课程——“概率系统分析”，本书在此基础上写就.

选择这门课的学生来自全校各个院系，他们背景各异、兴趣广泛，其中既有刚入学的本科新生也有研究生，既有学工科的也有学管理的. 为此，我们在教学上一直力求表达简洁又不失分析推理的严谨. 我们的主要目的是培养学生构造和分析概率模型的能力，希望学生既具备直观理解力又注重数学的准确性.

鉴于此，概率论模型中某些严谨的数学推导被简化处理了，或者只是给出了直观的解释，免得复杂的证明妨碍学生对概率论本质的理解. 同时，有些分析被放在了每章最后的理论习题中，它们会用到高等微积分知识. 此外，为了满足某些专业读者的需要，我们将某些推理过程中的数学技巧展示在了注解中.

本书介绍了概率论的基础理论（概率模型、离散和连续随机变量、多元随机变量以及极限定理），这些都是概率论入门教材的主要内容. 第 4 至 6 章包含了一些较高级的内容，教师在讲授的过程中可以选择部分内容，以满足课程大纲的具体要求. 第 4 章介绍了矩母函数、条件概率的现代定义、独立随机变量的和、最小二乘估计、二维正态分布等内容，第 5 章和第 6 章较为详细地介绍了伯努利过程、泊松过程和马尔可夫过程.

这门课程在一学期讲授了第 1 至 7 章的几乎全部内容，只是略去了二维正态分布（4.7 节）和连续时间马尔可夫链（6.5 节）两部分. 然而，教师也可以做如下选择：略去课本中关于随机过程的全部内容，这样可集中精力介绍概率论的基本概念，或者增加一些他们感兴趣的其他材料.

本书主要省略了对统计学的介绍. 我们介绍了离散和连续情形下的贝叶斯准则和最小二乘估计，引入了贝叶斯统计理论，但并不涉及参数估计和非贝叶斯假设检验.

本书的习题可以分成三类.

(a) 理论习题：理论习题（用 * 标记）是本书的重要组成部分. 具有数学背景的学生会发现这部分内容是由正文自然拓展而来的. 我们给出了这部

分习题的解答. 但是, 善于思考的读者会发现大部分(特别是前几章的)习题自己能独立地做出来.

(b) *课程习题*: 除理论习题外, 书中还包含了难度各异的其他习题. 这些习题是在麻省理工学院的讨论班上经常研究的, 也是麻省理工学院的学生学习概率论的主要方法之一. 我们希望学生首先独立地做习题, 然后参考标准答案进行核对, 这样可以提高他们的学习能力. 答案公布在本书英文版的网页上.

(c) *补充习题*: 有很多补充习题并没有印在书上, 但是在本书英文版的网页上可以查到, 且越来越多. 许多习题是麻省理工学院学生的家庭作业和考试题目. 我们希望采用本书作为教材的教师同样可以利用它们. 这些题目是在网上公开的, 但是答案是不公开的. 采用本书作为教材的教师可以联系我们得到这些答案.

我们要感谢许多为本书做出贡献的人. 当我们在麻省理工学院接手这门概率论课程的教学任务时, 就开始了写书的计划. 我们的同事 Al Drake 教这门课已经几十年了. 他的课程经受住了时间的考验, 其经典教材对各个主题均有生动的描述, 还有大量讨论班内容和家庭作业等丰富的材料, 我们十分庆幸自己的工作有这样高的起点. 特别感谢 Al Drake 给我们创造了如此有利的起始条件.

我们也要感谢其他院校的几位同事, 他们有的利用本书的手稿进行教学, 有的阅读过手稿, 并对本书的改进提供了反馈. 我们要特别感谢 Ibrahim Abou Faycal、Gustavo de Veciana、Eugene Feinberg、Bob Gray、Muriel Médard、Jason Papastavrou、Ilya Pollak、David Tse 和 Terry Wagner.

还有麻省理工学院的助教们, 他们对各阶段的书稿进行了认真的校核, 并丰富和完善了习题和解答. 通过他们与学生的直接交流, 本书才能够适应学生的学习水平.

本书能够为麻省理工学院的数千名学生提供学业上的帮助, 我们感到十分欣慰. 在本书的成书过程中, 他们热心反馈了富有价值的问题和学习心得. 在此感谢他们的反馈与耐心.

最后, 还要感谢我们的家人在漫长的成书过程中对我们的支持.

迪米特里·伯特瑟卡斯, dimitrib@mit.edu

约翰·齐齐克利斯, jnt@mit.edu

2002 年 5 月于麻省剑桥

目　录

第 1 章　样本空间与概率

“概率”是一个非常有用的概念，可以从不同的层面加以解释．先来看下面这个对话场景．

一个病人被送进医院，并被施以一种急救药物．病人家属为了解药的疗效，询问了当班的护士．下面是他们之间的一段对话．

家属：护士小姐，请问这种药有效的概率是多少？

护士：我希望这种药是有效的，明天就会见分晓．

家属：是的，但是我想知道这种药有效的概率．

护士：每个病人的病情是不一样的，看情况发展吧．

家属：这么说吧，对于 100 个类似的病例，你认为这种药对多少个有效？

护士（有些不耐烦）：我已经告诉你了，每个病人的情况都不一样．这种药对某些病人是有效的，对另一些病人是无效的．

家属（继续坚持）：现在请告诉我，如果必须打赌，你会押这种药是有效还是无效？

护士（振作起来）：那我愿意打赌，对于这位病人，这种药是有效的．

家属（多少松了一口气）：好吧！我再问你，你愿不愿意押注——若这药无效，你输掉 2 元钱；若这药有效，你赢 1 元钱？

护士（有些恼怒）：多么荒谬的想法！你是在浪费我的时间．

在这段对话中，病人家属试图用概率来讨论**不确定性**事件，即药的疗效．护士的第一反应是对概率这个概念的不认可或不理解，而家属则尝试将概率解释得更具体一些．他首先将概率解释成偶然事件在多次重复试验中发生的**频率**，这是最通常的解释．例如，一枚均匀硬币在抛掷试验中正面向上的概率是 50%，这实际上是指在多次重复抛掷硬币时，正面向上的次数约占一半．但是护士似乎不大愿意接受家属的这种讨论方式，她的想法不是完全没有道理的．如果这种药是第一次在这家医院里使用，或者护士从没有这方面的经验，那治愈的频率从何谈起呢？

在许多涉及不确定性的事例中，用频率解释是适宜的．然而，也有一些事例不宜用频率解释．例如，一位学者以 90% 的把握断言《伊里亚特》和《奥德赛》

是由同一作者创作的. 由于他所讨论的是不可重复的一次性事件, 因而这样的结论只是提供一些主观看法, 与频率无关. 所谓概率为 90% 的把握只是学者的**主观信念**. 或许有人认为不必关注主观信念, 至少从数学或科学的观点来看是这样的. 但是在实际生活中, 人们在面对不确定性的时候, 经常不得不做出抉择. 为了做出正确的或至少一致的抉择, 科学和系统地利用他们的主观信念是一个先决条件.

事实上, 一个理智的选择和行动揭示了许多内在的主观概率, 在许多场合中, 做出抉择的人自己也没有意识到他们应用了概率推理. 在前面的对话场景中, 病人家属以一种隐蔽的方式试图推断护士的主观信念. 由于护士愿意以 1:1 的赔率打赌这种药是有效的, 那么在护士的主观信念中, 这种药有效的概率至少为 50%. 如果这位护士接受对话最后提出的赔率为 2:1 的赌局, 则说明在护士的主观信念中, 这种药有效的概率至少为 2/3.

我们在此不去深究概率推理适用性方面的哲学问题, 而是假定概率论在很多方面具有实用价值, 包括概率只反映主观信念的情形. 概率论在科学、工程、医药、管理等领域中有许多成功应用的事例, 这些经验证据说明概率论是一种极其有用的工具.

本书的主要目的是探索用概率模型描述不确定性的艺术, 同时提高概率推理的能力. 作为第一步, 本章要把概率模型的基础结构及基本性质刻画清楚. 概率是定义在某些试验结果的集合上的. 为此, 我们首先对集合论稍做介绍.

1.1 集合

概率论大量应用集合运算. 我们首先引入相关的记号和术语.

将一些研究对象放在一起形成**集合**, 这些对象就称为集合的**元素**. 设 S 是一个集合, x 是 S 的元素, 则元素和集合的关系写成 $x \in S$. 若 x 不是 S 的元素, 就写成 $x \notin S$. 一个集合可以没有元素, 这个特殊的集合称为**空集**, 记作 $\varnothing$.

可用不同的方法刻画集合. 若 S 包含有限个元素 $x_1, x_2, \cdots, x_n$, 我们只需将这些元素列在花括号中:

$$S = \{x_1, x_2, \cdots, x_n\}.$$

例如, 掷一颗骰子的所有可能结果的集合是 $\{1,2,3,4,5,6\}$, 抛一枚硬币的可能结果的集合是 $\{\mathrm{H}, \mathrm{T}\}$, 其中 H 代表正面向上, T 代表反面向上.

若 S 包含无限多个元素 $x_1, x_2, \cdots$ (这表示元素和正整数一样多), 则可写成

$$S = \{x_1, x_2, \cdots\},$$

此时称 S 为**可数无限集**. 例如, 偶数集合 $\{0, 2, -2, 4, -4, \cdots\}$ 是可数无限集.

我们也可以以 x 具有某种性质 P 为条件来刻画一个集合，记作

$$\{x \mid x \text{ 满足性质 } P\}.$$

例如，偶数集合可写成 $\{k \mid k/2 \text{ 是整数}\}$. 类似地，区间 $[0,1]$ 中实数的集合可表示成 $\{x \mid 0 \leqslant x \leqslant 1\}$. 注意，集合 $\{x \mid 0 \leqslant x \leqslant 1\}$ 含有连续的值，不可能一一列出（章后习题中给出了证明概要）. 这样的集合是**不可数**的集合.

若集合 S 的所有元素均为集合 T 的元素，就称 S 为 T 的**子集**，记作 $S \subseteq T$ 或 $T \supseteq S$. 若 $S \subseteq T$ 且 $T \subseteq S$，则两个集合**相等**，记作 $S = T$. 引入全集的概念是有益的. 将我们关注的所有元素放在一起形成一个集合，这个集合称为**全集**，记作 Ω. 当 Ω 确定以后，我们所讨论的集合 S 都是 Ω 的子集.

1.1.1 集合运算

集合 $\{x \in \Omega \mid x \notin S\}$ 称为集合 S 相对于 Ω 的**补集**，记作 S^c. 注意 $\Omega^c = \varnothing$.

由属于 S 或属于 T 的元素组成的集合称为 S 和 T 的**并**，记作 $S \cup T$. 既属于 S 又属于 T 的元素组成的集合称为 S 和 T 的**交**，记作 $S \cap T$. 这些集合可用下列公式表示:

$$S \cup T = \{x \mid x \in S \text{ 或 } x \in T\},$$
$$S \cap T = \{x \mid x \in S \text{ 且 } x \in T\}.$$

有时候，我们需要考虑几个甚至无穷多个集合的并和交. 例如，如果每一个正整数 n 都确定一个集合 S_n，则

$$\bigcup_{n=1}^{\infty} S_n = S_1 \cup S_2 \cup \cdots = \{x \mid x \in S_n \text{ 对某个 } n \text{ 成立}\},$$
$$\bigcap_{n=1}^{\infty} S_n = S_1 \cap S_2 \cap \cdots = \{x \mid x \in S_n \text{ 对所有 } n \text{ 成立}\}.$$

如果两个集合的交集为空集，则称它们是**不相交**的. 更一般地，如果几个集合中的任何两个集合没有公共元素，则称这几个集合是**不相交**的. 如果一组集合中的集合不相交，且它们的并为 S，则这组集合称为集合 S 的**分割**.

设 x 和 y 为两个研究对象，我们用 (x, y) 表示 x 和 y 的**有序对**. 我们用 $\mathbf{R}$ 表示实数集合，用 $\mathbf{R}^2$ 表示实数对的集合（二维平面），用 $\mathbf{R}^3$ 表示三维实数向量的集合（三维空间）.

集合及其运算可用**维恩图**形象化表示，见图 1-1.

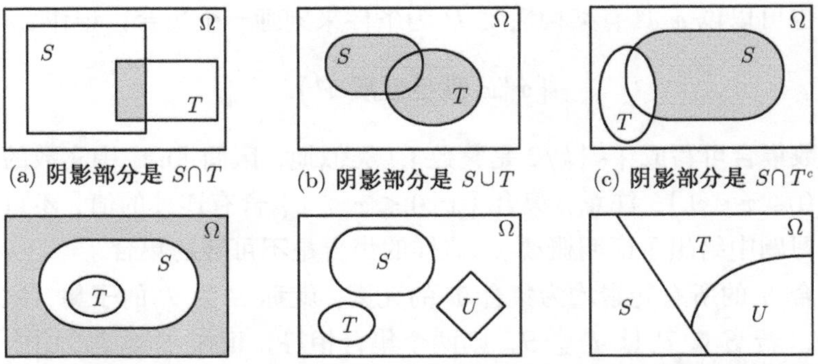

(a) 阴影部分是 $S \cap T$　(b) 阴影部分是 $S \cup T$　(c) 阴影部分是 $S \cap T^c$

(d) 此处 $T \subset S$, 阴影部分是 S^c　(e) S、T、U 互不相交　(f) S、T 和 U 形成 Ω 的一个分割

图 1-1　维恩图的例子

1.1.2　集合的代数

集合运算具有若干性质，这些性质可由运算的定义直接证得，举例如下：

$$\begin{aligned} S \cup T &= T \cup S, & S \cup (T \cup U) &= (S \cup T) \cup U, \\ S \cap (T \cup U) &= (S \cap T) \cup (S \cap U), & S \cup (T \cap U) &= (S \cup T) \cap (S \cup U), \\ (S^c)^c &= S, & S \cap S^c &= \varnothing, \\ S \cup \Omega &= \Omega, & S \cap \Omega &= S. \end{aligned}$$

下面的两个性质就是著名的**德摩根定律**：

$$\left(\bigcup_n S_n\right)^c = \bigcap_n S_n^c, \qquad \left(\bigcap_n S_n\right)^c = \bigcup_n S_n^c.$$

我们来证明第一个定律. 设 $x \in (\cup_n S_n)^c$，这说明 $x \notin \cup_n S_n$，即对所有 n 有 $x \notin S_n$. 因而，对每一个 n，x 属于 S_n 的补集，即 $x \in \cap_n S_n^c$. 这样，我们得到 $(\cup_n S_n)^c \subseteq \cap_n S_n^c$. 对反过来的包含关系的证明，只需将我们的论证从后往前推即可. 因此，第一个定律成立. 第二个定律的证明完全类似.

1.2　概率模型

概率模型是对不确定现象的数学描述，必须与本节讨论的基本框架保持一致. 下面列出它的基本构成，并用图 1-2 形象阐释.

概率模型的基本构成

- **样本空间** Ω，这是一个试验的所有可能结果的集合.
- **概率律**，为试验结果的集合 A（称为**事件**）确定一个非负数 $P(A)$（称为事件 A 的**概率**）. 这个非负数刻画了我们对事件 A 的认识或所产生信念的强度. 稍后将指出概率律必须满足的某些性质.

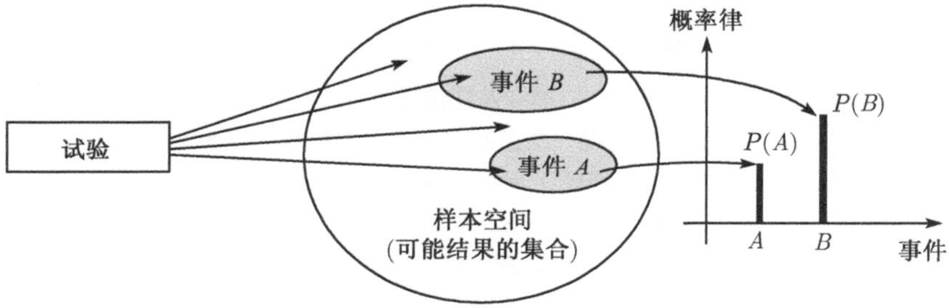

图 1-2 概率模型的基本构成

1.2.1 样本空间和事件

每一个概率模型都关联着一个**试验**，这个试验将产生试验**结果**. 该试验的所有可能结果形成**样本空间**，用 Ω 表示. 样本空间的子集，即某些试验结果的集合，称为**事件**[①]. 一个试验由什么组成并没有限制. 例如，可以抛掷一次硬币，也可以抛掷三次硬币，或连续、无限次地抛掷硬币. 然而，我们所讨论的概率模型的问题中只涉及一个试验. 所以连续抛掷三次硬币的试验，只能作为一次试验，不能认为是三次试验.

样本空间可由若干个试验结果组成，也可由无限多个试验结果组成. 从数学和概念上来看，有限样本空间比较简单. 实际应用中，具有无限多个结果的样本空间也很常见，例如往一个方形目标上掷飞镖，可将每个可能的弹着点作为试验的结果.

---

① 任意一个可能结果的集合，包括整个样本空间 Ω 以及它的补集（即空集 $\varnothing$），都可能作为事件. 当然，严格来讲，也要排除一些子集，特别是涉及具有不可数无限多个试验结果的样本空间，有些子集不可能定义有意义的概率. 这是个复杂的主题，涉及测度论的数学知识. 好在我们一般不会遇到这种特殊的情况，因此不必考虑.

1.2.2 选择适当的样本空间

在确定样本空间的时候，不同的试验结果必须是**相互排斥**的，这样，在试验过程中只可能产生唯一的结果. 例如，当掷一颗骰子的时候，不能把“1 或 3”定为一个试验结果，又把“1 或 4”定义为一个试验结果. 如果这样定义，那么当掷得 1 点的时候，就不知道得到的是什么结果了.

对同一个试验，根据我们的关注点可以确定不同的模型. 但是在确定模型时，我们不能遗漏其样本空间中的任何一个结果. 也就是说，在试验过程中不管发生什么情况，我们总能够得到样本空间中的一个结果. 另外，在建立样本空间的时候，要有足够的细节区分我们关注的事件，同时避免不必要的烦琐.

例 1.1 考虑两个不同的游戏，它们都涉及连续抛掷 10 次硬币.

游戏 1：抛掷硬币的时候，每出现一次正面向上，我们就赢 1 元钱.

游戏 2：每次抛掷硬币时，我们都赢 1 元钱，直到出现第一次正面向上（包括这一次）. 以后每次抛掷硬币时我们赢 2 元钱，直到出现第二次正面向上. 简而言之，在每次正面向上之后，每次抛掷硬币所赢的钱数比前次赢得的钱数翻一倍.

在游戏 1 中，我们赢的钱数只与 10 次抛掷中正面向上的次数有关；而在游戏 2 中，我们赢的钱数不仅与正面向上的次数有关，也与正反面向上的顺序有关. 这样在游戏 1 中，样本空间可由 11 个试验结果（即 $0, 1, 2, \cdots, 10$）组成，而在游戏 2 中，样本空间由所有长度为 10 的正、反序列组成. ■

1.2.3 序贯模型

许多试验本身具有序贯的特征. 例如，连续抛掷一枚硬币，一共抛 3 次，或者连续观测一只股票，共观测 5 天，又或者在一个通信接收设备上接收 8 位数字. 常用**序贯树形图**来刻画样本空间中的试验结果，如图 1-3 所示.

1.2.4 概率律

假定我们已经确定了样本空间 Ω 以及与之关联的试验，为了建立一个概率模型，下一步就是引入**概率律**的概念. 直观上，它确定了任何结果或者任何结果集合（称为事件）的似然程度. 更精确地说，对每一个事件 A，它确定一个数 $P(A)$，称为事件 A 的**概率**. 它满足下面的几条公理.

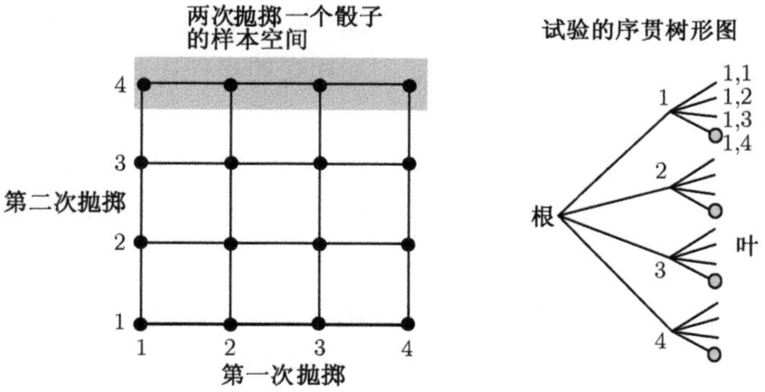

图 1-3 序贯树形图示例. 设所考虑的试验连续两次抛掷一颗四面骰子①，其样本空间有两种等价的刻画方法. 在这个试验中，可能的结果是全体有序对 (i,j)，其中 i 表示第一次抛掷骰子得到的数，j 表示第二次抛掷骰子得到的数. 试验结果可用左图中的二维格子点表示，也可以用右图中的序贯树形图表示，后者的优点是可以表示试验的序贯特征. 在序贯树形图中，每个可能的试验结果可以用一个末端的树叶表示，或等价地用与树叶相关联的由根部到树叶的一个路径表示②. 左图阴影部分代表事件 $\{(1,4),(2,4),(3,4),(4,4)\}$，它表示第二次抛掷得到 4. 同一个事件可以在右图中用空心圆点标示的叶子集合表示. 注意序贯树形图中的每一个结点可以代表一个事件，这个事件就是由相应结点出发的所有叶子构成的事件. 例如，在序贯树形图中用 1 标示的结点代表事件 $\{(1,1),(1,2),(1,3),(1,4)\}$，即第一次抛掷得 1 的事件

概率公理

1. （**非负性**）对所有事件 A，满足 $P(A)\geqslant 0$.
2. （**可加性**）设 A 和 B 为两个不相交的集合（概率论中称为互不相容的事件），则它们的并满足
$$P(A\cup B)=P(A)+P(B).$$
更一般地，若 $A_1,A_2,\cdots$ 是互不相容的事件序列，则它们的并满足
$$P(A_1\cup A_2\cup\cdots)=P(A_1)+P(A_2)+\cdots.$$
3. （**归一化**）整个样本空间 Ω（称为必然事件）的概率为 1，即 $P(\Omega)=1$.

为了将概率律形象化，可以把样本空间中的试验结果看成质点，每一个质点

① 当抛掷的骰子有 6 个试验结果的时候，就是指抛掷常见的正六面体. 此处可理解为抛掷正四面体，当落在桌面时只有一面与桌面接触. 本书中的骰子都可以如此解释. ——译者注

② 用路径表示更能显示试验的序贯特征. ——译者注

有一个质量. $P(A)$ 就是这个质点集合的总质量，而全空间的总质量为 1. 这样，概率律中的可加性公理就变得很直观了：不相交的事件序列的总质量等于各个事件的质量之和.

概率更具体的解释是频率. $P(A)=2/3$ 表示：在大量重复的试验中，事件 A 发生的频率约为 2/3. 这样的解释虽然不总是合适的，但有时很直观易懂. 第 5 章将会重新讨论这种解释.

概率律有许多重要的性质并没有包含在上述公理系统中，原因很简单，即它们可以从公理系统中**推导**出来. 例如，由可加性和归一化公理可得到

$$1=P(\Omega)=P(\Omega\cup\varnothing)=P(\Omega)+P(\varnothing)=1+P(\varnothing).$$

由这个性质可知空事件（称为不可能事件）的概率为 0，即

$$P(\varnothing)=0.$$

现在推导另一个性质. 令 A_1、A_2 和 A_3 为互不相容的事件，重复利用可加性公理，可得到

$$\begin{aligned}P(A_1\cup A_2\cup A_3)&=P(A_1\cup(A_2\cup A_3))\\&=P(A_1)+P(A_2\cup A_3)\\&=P(A_1)+P(A_2)+P(A_3).\end{aligned}$$

类似的推导可以得到：有限多个互不相容事件的并的概率等于它们各自的概率之和. 后面将讨论更多的性质.

1.2.5　离散模型

现在以实例说明构造概率律的方法. 我们通常根据实际试验中的一些常识性假设构造概率律.

例 1.2　考虑抛掷一枚硬币. 一共有两种结果，正面向上（H）和反面向上（T）. 样本空间为 $\Omega=\{\mathrm{H},\mathrm{T}\}$，事件为

$$\{\mathrm{H},\mathrm{T}\},\ \{\mathrm{H}\},\ \{\mathrm{T}\},\ \varnothing.$$

若硬币是均匀的，即我们相信在抛掷硬币的时候两面具有相同的机会向上，则这两个可能的结果应该有相同的概率，即 $P(\{\mathrm{H}\})=P(\{\mathrm{T}\})$. 由可加性和归一化公理可知

$$P(\{\mathrm{H},\mathrm{T}\})=P(\{\mathrm{H}\})+P(\{\mathrm{T}\})=1,$$

由此可推导得概率律

$$P(\{\mathrm{H},\mathrm{T}\})=1,\quad P(\{\mathrm{H}\})=0.5,\quad P(\{\mathrm{T}\})=0.5,\quad P(\{\varnothing\})=0.$$

显然，所建立的概率律满足三条公理.

考虑另一个试验，依次抛掷三枚硬币．试验结果是由正面向上和反面向上组成的长度为 3 的序列．样本空间为

$$\Omega = \{\text{HHH, HHT, HTH, HTT, THH, THT, TTH, TTT}\}.$$

假定上述 8 种结果的可能性是相同的，即每个结果的概率为 1/8．现在利用三条公理建立概率律．例如事件

$$A = \{\text{两个正面向上，一个反面向上}\} = \{\text{HHT, HTH, THH}\}.$$

利用概率律的可加性公理，事件 A 的概率等于组成该事件的试验结果[①]的概率之和：

$$\begin{aligned} P(\{\text{HHT, HTH, THH}\}) &= P(\{\text{HHT}\}) + P(\{\text{HTH}\}) + P(\{\text{THH}\}) \\ &= \frac{1}{8} + \frac{1}{8} + \frac{1}{8} \\ &= \frac{3}{8}. \end{aligned}$$

类似地，任何事件的概率等于 1/8 乘上该事件中包含的结果的个数．所建立的概率律满足三条公理． ■

利用概率律的可加性公理以及前面例子中的推理方法，可以得到下面的结论．

离散概率律

设样本空间由有限个可能的结果组成，则事件的概率由组成这个事件的试验结果的概率决定．事件 $\{s_1, s_2, \cdots, s_n\}$ 的概率是 $P(s_i)$ 之和，即

$$P(\{s_1, s_2, \cdots, s_n\}) = P(s_1) + P(s_2) + \cdots + P(s_n).$$

此处用简单的记号 $P(s_i)$ 表示事件 $\{s_i\}$ 的概率，而不用正式的记号 $P(\{s_i\})$．本书后面都将使用这个简单的记号．

现在设样本空间为 $\Omega = \{s_1, s_2, \cdots, s_n\}$，并且每个试验结果是等可能的．利用归一化公理可知 $P(s_i) = 1/n$, $i = 1, 2, \cdots, n$，得到以下定律．

离散均匀概率律（古典概型）

设样本空间由 n 个等可能的试验结果组成，因此每个试验结果组成的事件的概率是相等的．由此得到

$$P(A) = \frac{\text{事件 } A \text{ 中的试验结果数}}{n}.$$

① 由单一试验结果构成的事件称为基本事件．此处的试验结果指的是相应的基本事件，下同．——编者注

现在进一步讨论一些例子.

例 1.3 考虑连续两次抛掷一颗四面骰子（见图 1-4）. 现在假定这颗骰子是均匀的，这意味着 16 种可能的试验结果是等可能的，即每一种可能的结果 (i,j)（$i,j=1,2,3,4$）出现的概率为 1/16. 这是一个古典概型. 在计算一个事件的概率时必须数清楚这个事件所包含的试验结果数（基本事件数），将这个结果数除以 16（基本事件总数）便得到这个事件的概率. 下面几个事件概率就是用这种方法计算得到的.

$$P\left(\{\text{两次点数总和为偶数}\}\right)=8/16=1/2,$$
$$P\left(\{\text{两次点数总和为奇数}\}\right)=8/16=1/2,$$
$$P\left(\{\text{第一次点数与第二次点数相同}\}\right)=4/16=1/4,$$
$$P\left(\{\text{第一次点数比第二次点数大}\}\right)=6/16=3/8,$$
$$P\left(\{\text{至少有一次点数等于 4}\}\right)=7/16.$$
■

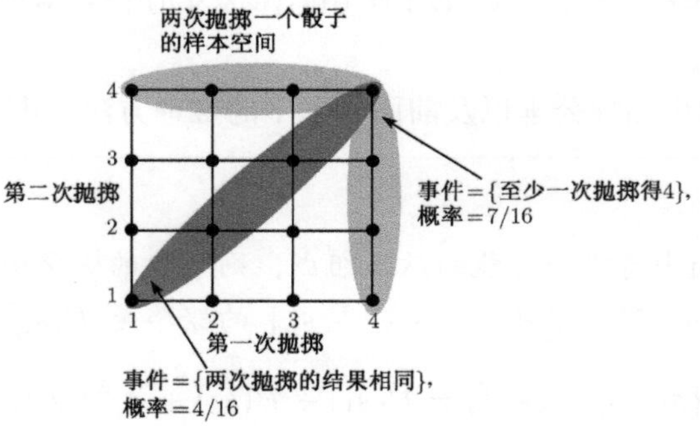

图 1-4 在连续两次抛掷一颗四面骰子的过程中的若干事件及其概率，计算依据离散均匀概率律

1.2.6 连续模型

若试验的样本空间是一个连续集合，则其概率律与离散情况差别很大. 在离散情况下，用基本事件的概率就可以确定概率律，但连续情况不同. 下面是一个例子. 这个例子将离散模型中的均匀概率律推广到连续的情况.

例 1.4 赌场中有一种幸运轮，其上有均匀、连续的刻度，刻度范围为 0 到 1. 当轮子停止转动时，指针会停留在刻度上. 这样，产生的试验结果是 $[0,1]$ 中的一个数，即指针所指位置的刻度. 因此，样本空间是 $\Omega=[0,1]$. 假定轮子是均匀的，因此可以认为轮子上的每一个点在试验中都是等可能出现的. 但单个点在试验中出现的可能性有多大呢? 它不可能是正数，否则，若单个点出现的概率为正，利用可加性公理，可出现某些事件的概率大于 1 的荒谬结论. 因此单个点所组成的事件的概率必定为 0.

在本例中，可定义子区间 $[a,b]$ 的概率为 $b-a$. 更复杂集合的概率可以定义为该集合的长度. [①] 这样定义的概率满足概率律的三条公理，并且是符合要求的概率律. ■

例 1.5 罗密欧和朱丽叶约定在某时某地见面，但是每个人都会迟到，迟到时间在 0~1 小时. 第一个到达约会地点的人会在那儿等待 15 分钟，15 分钟后若对方还没到，先到者就会离开. 他们能够相会的概率有多大?

考虑直角坐标系的单位正方形 $\Omega=[0,1]\times[0,1]$. 正方形中每个点的两个坐标分别代表两人可能的迟到时间. 每个点都可以是他们的迟到时间，而且是等可能的. 由于等可能性的特点，我们将 Ω 的子集出现的概率定义为这个子集的面积. 这个概率律满足三条概率公理. 罗密欧和朱丽叶能够相会的事件可用图 1-5 中的阴影部分表示. 它的概率等于 7/16. ■

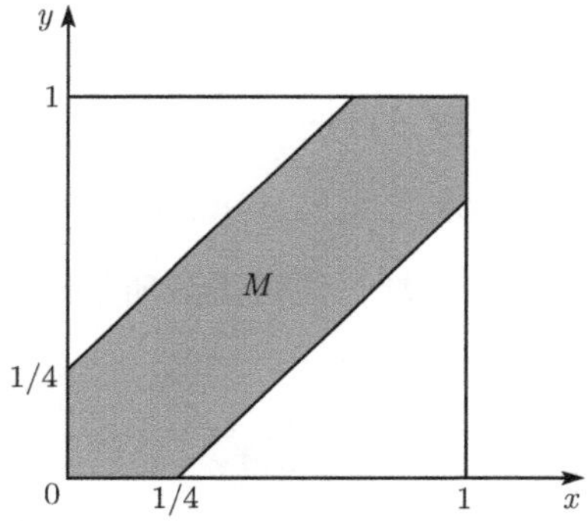

图 1-5 事件 M（阴影部分）代表罗密欧和朱丽叶的互等时间不超过 15 分钟，即

$$M=\{(x,y)\,\big|\,|x-y|\leqslant 1/4,\ 0\leqslant x\leqslant 1,\ 0\leqslant y\leqslant 1\}.$$

M 的面积等于 1 减去两个没有阴影的三角形面积之和，即 $1-(3/4)\cdot(3/4)=7/16$. 因此，他们能够相会的概率为 7/16

1.2.7 概率律的性质

由概率公理可以推导出很多性质，下面列举若干性质.

概率律的若干性质

考虑概率律，令 A、B 和 C 为事件.

(a) 若 $A\subseteq B$，则 $P(A)\leqslant P(B)$.

(b) $P(A\cup B)=P(A)+P(B)-P(A\cap B)$.

① $[0,1]$ 的一个子集 S 的长度定义为 $\int_S \mathrm{d}t$，对于比较简单的子集，可利用通常的微积分计算这个积分. 对于某些不寻常的集合，这个积分可能没有合适的定义，这属于更高级的数学问题. 顺便指出，由于单位区间是不可数无限集，所以可以用长度刻画概率律. 不然，如果单位区间的元素可数，每个元素的概率为零，由可加性公理可知整个区间的概率为零，这与概率的归一化公理矛盾.

(c) $P(A \cup B) \leqslant P(A) + P(B)$（事件的并的概率上界）.
(d) $P(A \cup B \cup C) = P(A) + P(A^c \cap B) + P(A^c \cap B^c \cap C)$.

这些性质以及其他类似的性质都可以形象地用维恩图证明（见图 1-6）. 注意，性质 (c) 可以推广成

$$P(A_1 \cup A_2 \cup \cdots \cup A_n) \leqslant \sum_{i=1}^{n} P(A_i).$$

现在证明这个推广的结果. 将性质 (c) 用于事件 A_1 和 $A_2 \cup \cdots \cup A_n$，得到

$$P(A_1 \cup A_2 \cup \cdots \cup A_n) \leqslant P(A_1) + P(A_2 \cup \cdots \cup A_n).$$

进一步将性质 (c) 用于事件 A_2 和 $A_3 \cup \cdots \cup A_n$，得到

$$P(A_2 \cup A_3 \cup \cdots \cup A_n) \leqslant P(A_2) + P(A_3 \cup \cdots \cup A_n).$$

如此继续下去，最后将诸不等式相加，便可得到所需结果.

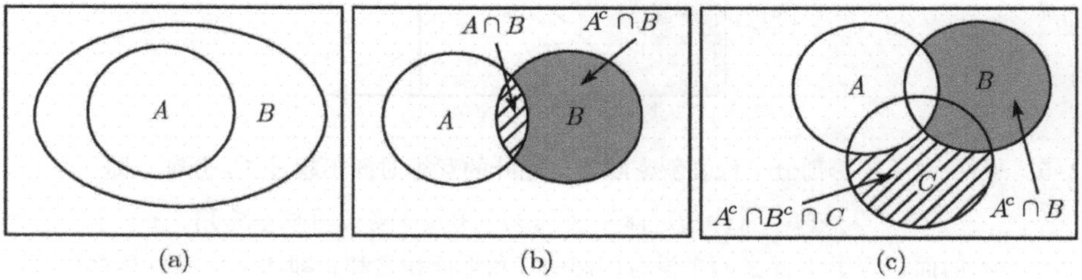

图 1-6 利用维恩图直观地验证概率律的性质. 设 $A \subseteq B$，则 B 是两个不相容的事件 A 和 $A^c \cap B$ 的并（见图 (a)）. 利用可加性公理得

$$P(B) = P(A) + P(A^c \cap B) \geqslant P(A),$$

其中不等式利用了概率的非负性公理. 性质 (a) 得证.

由图 (b) 可将事件 $A \cup B$ 和 B 分解成不相容事件之并：

$$A \cup B = A \cup (A^c \cap B), \qquad B = (A \cap B) \cup (A^c \cap B).$$

利用可加性公理，得到

$$P(A \cup B) = P(A) + P(A^c \cap B), \qquad P(B) = P(A \cap B) + P(A^c \cap B).$$

第一式减去第二式并移项得到 $P(A \cup B) = P(A) + P(B) - P(A \cap B)$，性质 (b) 成立. 利用概率的非负性公理得到 $P(A \cap B) \geqslant 0$，从而 $P(A \cup B) \leqslant P(A) + P(B)$ 成立，性质 (c) 得证.

由图 (c) 可看出事件 $A \cup B \cup C$ 可以分解成三个互不相容事件的并：

$$A \cup B \cup C = A \cup (A^c \cap B) \cup (A^c \cap B^c \cap C),$$

重复利用可加性公理可得到性质 (d)

1.2.8 模型和现实

概率理论可以用来分析现实世界的许多不确定现象，这个过程通常分成以下两个阶段.

(a) 第一阶段在一个适当的样本空间中给出概率律，从而建立概率模型. 在这个阶段，没有关于建立模型的一般规则，只要你建立的概率律符合概率的三条公理就行. 关于哪个模型能最好地代表现实，人们根据不同的原因有不同的意见. 其实，人们有时宁愿使用“错误”的模型，理由是“错误”的模型比“正确”的模型简单且易于处理. 这种处理问题的态度在科学和工程学中很普遍. 在实际工作中，选择的模型往往既要准确、简单，又要兼顾易操作性. 此外，统计学家还依据历史数据和过去相似试验的结果，利用统计方法确定模型. 这将在第 8 章和第 9 章讨论.

(b) 在第二阶段，我们将在完全严格的概率模型之下进行推导，计算某些事件的概率或推导出一些十分有趣的性质. 第一阶段的任务是建立现实世界与数学的联系，第二阶段则是严格限制在概率公理之下的逻辑推理. 在后一阶段，如果涉及的计算很复杂或概率律的陈述不简明，推理和理解就会遇到困难. 但是所有的问题将会有准确的答案，不会产生歧义，问题只在于锻炼找到这些答案的能力.

在概率论中充满这样的“悖论”: 对同一个问题，不同的计算方法似乎会得到不同的结论. 但不变的是，这种明显的不一致性反映了不够具体、模棱两可的概率模型. **贝特朗悖论**是一个著名的例子（见图 1-7）.

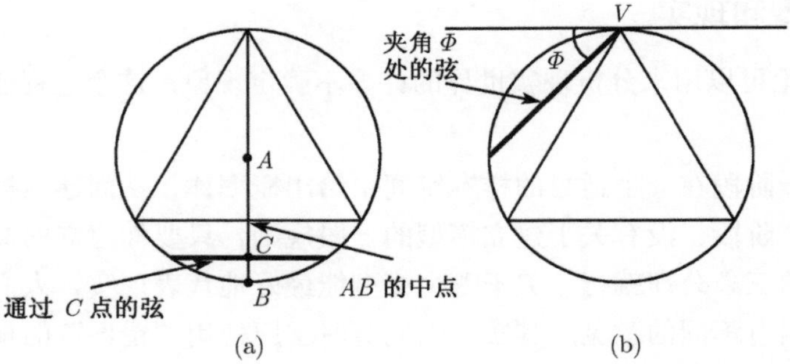

图 1-7　贝特朗悖论. 该例子由贝特朗于 1889 年给出，它说明这样一个原理：解决实际问题时，必须建立无歧义的概率模型. 设一个圆内有一个内接正三角形. 现在随机选定一条弦，那么其长度大于内接正三角形的边长的概率等于多少？解答依赖于“随机选定”的确切定义. 图 (a) 和图 (b) 中的两种方法导致相互矛盾的结论.

在图 (a) 中取一半径 AB，在 AB 上随机地取一个点 C. 所谓随机地取点是指 AB 上所有的点都有相同的机会被取到. 通过点 C，作一条弦垂直于 AB. 由初等几何的知识可知，当 C 点恰巧是 AB 的中点时，弦的长度刚好等于三角形的边长，而当 C 点远离圆心时，弦的长度减小. 这样，弦的长度大于内接正三角形边长的概率等于 1/2.

在图 (b) 的圆周上取一点 V 作为顶点. 通过 V 先画一条切线，然后随机画一条通过 V 的直线. 记直线与切线的夹角为 Φ. 由于这条直线是随机画的，可认为夹角 Φ 是在 $(0,\pi)$ 中均匀分布的. 现在考虑这条直线切割圆得到的弦的长度. 由初等几何的知识可知，若 Φ 处于 $(\pi/3, 2\pi/3)$ 的范围内，弦的长度大于三角形的边长. 由于 Φ 取值于 $(0,\pi)$，故这根弦大于内接正三角形边长的概率是 1/3

概率论发展简史

- **公元前**. 在古希腊和古罗马时期，机会游戏十分盛行. 但是那个时期关于游戏的理论还没有发展起来. 这可能是因为希腊的数字系统不便进行代数运算. 科学分析基础上的概率论一直到印度和阿拉伯出现了现代算术系统（第一个千年的后半叶）以及文艺复兴时期产生了大量的科学思想，才有机会得以发展.
- **16 世纪**. 卡尔达诺（一个光彩夺目又富有争议的意大利数学家）出版了第一本关于机会游戏的书，书中给出了掷骰子和扑克游戏中随机事件的概率的正确计算方法.
- **17 世纪**. 费马和帕斯卡在通信中提及几个十分有趣的概率问题，推动了这个领域的研究热潮.
- **18 世纪**. 雅各布・伯努利研究了重复投币试验序列并引入了第一条大数定律. 这条大数定律为联系理论概率与经验事实打下了基础. 后来的数学家（诸如丹尼尔・伯努利、莱布尼茨、贝叶斯、拉格朗日等人）为理论概率论的发展和实际应用也做出了巨大贡献. 棣莫弗引入了正态分布并证明了第一个中心极限定理.
- **19 世纪**. 拉普拉斯在他的一本很有影响力的书中确立了概率论在定量研究领域中的重要地位. 同时，他本人为概率论做出了许多原创性的贡献，包括推导了更一般形式的中心极限定理. 勒让德和高斯将概率论应用于天文预测，并且应用了最小二乘法，他们的工作大大拓展了概率论的应用领域. 泊松出版了一本很有影响力的书，其中包括了很多原创性成果，以其姓氏命名的泊松分布也在其中. 切比雪夫和他的学生马尔可夫、李雅普诺夫等人研究了极限定理，在这个领域内提高了数学的严格性标准. 在此时期，概率论被认为是自然科学的一部分，它的主要任务是解释物理现象. 在这种思想的主导之下，概率被解释为重复试验中相对频率的极限.
- **20 世纪**. 现在已经不再以相对频率作为概率论的基础概念. 代之以由柯尔莫哥洛夫引入的普遍适用的概率论公理系统. 与数学的其他分支一样，在公理系统的基础上发展起来的概率论只依赖于逻辑的正确性，而同其与实际物理现象的联系无关. 然而，由于概率论能够描述和解释现实世界中绝大部分的不确定性现象，因而在科学和工程学中得到了广泛应用.

1.3　条件概率

条件概率是在给定**部分信息**的基础上对试验结果的一种推断. 下面给出一些例子.

(a) 在连续两次抛掷骰子的试验中，已知两次抛掷的点数的总和为 9，第一次抛掷的点数为 6 的可能性有多大?

(b) 在猜字游戏中，已知第一个字母为 t，第二个字母为 h 的可能性有多大?

(c) 在体检时，为检查是否患某种疾病需要检测某项指标. 已知某人的该项指标为阴性，那么这个人得病的可能性有多大?

(d) 在雷达显示屏上出现一个点，这个点代表远处有一架飞机的可能性有多大?

用更确切的话说，给定一个试验及与该试验相对应的样本空间和概率律，假设我们知道给定事件 B 已发生，希望知道另一个给定事件 A 发生的可能性. 因此，我们要构造一个新的概率律，它顾及了事件 B 已经发生的信息，求出任何事件 A 发生的概率. 这个概率就是给定 B 发生之下事件 A 的**条件概率**，记作 $P(A|B)$.

我们希望这个新的条件概率构成合理的概率律，即满足三条概率公理. 同时当原来的概率律为等概率模型时，其相应的条件概率也应当与直观相符合. 例如，在抛掷骰子的试验中一共有 6 种等可能的试验结果. 如果我们已经知道试验的结果是偶数，即 2,4,6 三种结果之一，且它们发生的可能性应该是相等的，那么有

$$P\,(\text{试验结果是 }6\,|\,\text{试验结果是偶数}) = \frac{1}{3}.$$

从这个结果的推导过程看出，对于等概率模型的情况，下面这个关于条件概率的定义是合适的，即

$$P(A\,|\,B) = \frac{\text{事件 } A\cap B \text{ 中的试验结果数}}{\text{事件 } B \text{ 中的试验结果数}}.$$

将这个结果推广，我们得到下面的条件概率定义:

$$P(A\,|\,B) = \frac{P(A\cap B)}{P(B)},$$

其中假定 $P(B) > 0$. 如果 B 的概率为 0，相应的条件概率是没有定义的. 总而言之，$P(A\,|\,B)$ 是事件 $A\cap B$ 的概率与事件 B 的概率的比值.

1.3.1 条件概率是一个概率律

对于给定事件 B，条件概率 $P(A\,|\,B)$ 形成了样本空间上的一个概率律，即条件概率满足三条概率公理. 非负性是明显的. 又由于

$$P(\Omega\,|\,B)=\frac{P(\Omega\cap B)}{P(B)}=\frac{P(B)}{P(B)}=1,$$

说明归一化公理也是满足的. 现在验证可加性. 设 A_1 和 A_2 是任意两个不相容的事件，

$$\begin{aligned}P(A_1\cup A_2\,|\,B)&=\frac{P((A_1\cup A_2)\cap B)}{P(B)}\\&=\frac{P((A_1\cap B)\cup(A_2\cap B))}{P(B)}\\&=\frac{P(A_1\cap B)+P(A_2\cap B)}{P(B)}\\&=\frac{P(A_1\cap B)}{P(B)}+\frac{P(A_2\cap B)}{P(B)}\\&=P(A_1\,|\,B)+P(A_2\,|\,B),\end{aligned}$$

此处第三个等式利用了事件 $A_1\cap B$ 和 $A_2\cap B$ 的不相容性和无条件概率的可加性. 可数个互不相容事件的可加性能通过类似的方式验证.

由于我们已经证实了条件概率是一个合格的概率律，所有关于概率律的性质对于条件概率都是成立的. 例如，将 $P(A\cup C)\leqslant P(A)+P(C)$ 转变成条件概率的性质，变成

$$P(A\cup C\,|\,B)\leqslant P(A\,|\,B)+P(C\,|\,B).$$

注意到 $P(B\,|\,B)=P(B)/P(B)=1$，条件概率完全集中在 B 上，这样，我们可以将 B 以外的结果排除，并将 B 看成新的样本空间.

现在总结条件概率的性质.

条件概率的性质

- 设事件 B 满足 $P(B)>0$，则给定 B 发生之下，事件 A 的条件概率为

$$P(A\,|\,B)=\frac{P(A\cap B)}{P(B)}.$$

这个条件概率在同一个样本空间 Ω 上给出了一个新的（条件）概率律. 现有的概率律的所有性质对这个条件概率都是适用的.

- 由于条件概率所关心的事件都是事件 B 的子事件，因而可以把条件概率看成 B 上的概率律，即把事件 B 看成全空间或必然事件.
- 在试验的 Ω 为有限集，并且所有试验结果为等可能的情况下，条件概率律可由下式给出

$$P(A\,|\,B)=\frac{\text{事件 } A\cap B \text{ 的试验结果数}}{\text{事件 } B \text{ 的试验结果数}}.$$

例 1.6 在连续三次抛掷一枚均匀硬币的试验中，假设 A 和 B 为

$$A=\{\text{正面向上的次数多于反面向上的次数}\},\qquad B=\{\text{第一次抛掷正面向上}\},$$

我们希望找到 $P(A\,|\,B)$. 样本空间由下列 8 个试验结果组成:

$$\Omega=\{\text{HHH, HHT, HTH, HTT, THH, THT, TTH, TTT}\}.$$

由于硬币是均匀的，可以假定这 8 个试验结果是等可能的. 事件 B 由 4 个试验结果 HHH、HHT、HTH、HTT 组成，因此

$$P(B)=\frac{4}{8}.$$

而事件 $A\cap B$ 由结果 HHH、HHT、HTH 组成，其概率为

$$P(A\cap B)=\frac{3}{8}.$$

这样，得到

$$P(A\,|\,B)=\frac{P(A\cap B)}{P(B)}=\frac{3/8}{4/8}=\frac{3}{4}.$$

由于所有的试验结果是等可能的，所以我们也可用简化的算法计算 $P(A\,|\,B)$：不必计算 $P(B)$ 和 $P(A\cap B)$，直接计算事件 $A\cap B$ 和 B 中的基本事件个数（分别等于 3 和 4），相比即得 3/4. ■

例 1.7 在连续两次抛掷一颗均匀四面骰子的试验中，假定所有 16 种试验结果是等可能的，分别设 X 和 Y 为第一次和第二次抛掷的结果. 现在希望计算条件概率 $P(A\,|\,B)$，其中

$$A=\{\max(X,Y)=m\},\qquad B=\{\min(X,Y)=2\},$$

而 $m=1,2,3,4$. 像上个例子一样，有两种计算方法. 一种方法是首先计算 $P(A\cap B)$ 和 $P(B)$，然后按条件概率的定义计算 $P(A\,|\,B)$. 而 $P(A\cap B)$ 和 $P(B)$ 的计算方法是：数清楚这些事件中的试验结果的个数，再除以 16. 另一种方法是直接将 $A\cap B$ 中试验结果的个数除以 B 中试验结果的个数（见图 1-8）. ■

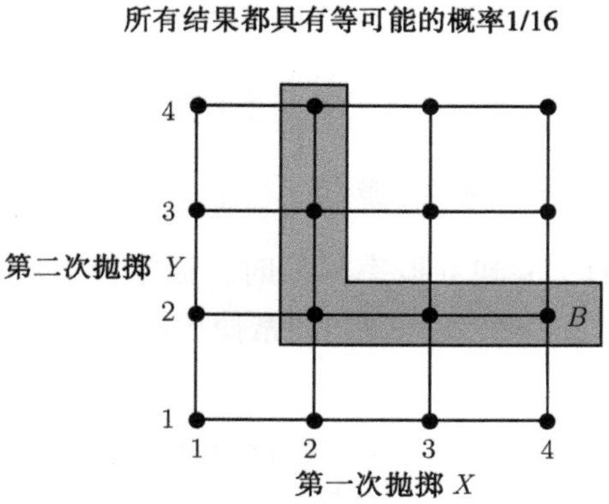

图 1-8 例 1.7 的图示. 试验的样本空间由连续两次抛掷一颗四面骰子的所有可能结果组成, 刻画条件的事件 $B = \{\min(X, Y) = 2\}$ 由阴影部分的 5 个点所代表的试验结果组成. 事件 $A = \{\max(X, Y) = m\}$ 与事件 B 的相交部分当 $m = 3$ 或 4 时有两个试验结果, 当 $m = 2$ 时只有一个试验结果, 当 $m = 1$ 时没有公共元素. 这样, 我们得到

$$P(\{\max(X, Y) = m\} \mid B) = \begin{cases} 2/5, & \text{若 } m = 3 \text{ 或 } 4, \\ 1/5, & \text{若 } m = 2, \\ 0, & \text{若 } m = 1 \end{cases}$$

例 1.8 有两个设计团队: 一个比较稳重, 记作 C; 另一个具有创新性, 记作 N. 现在要求他们分别在一个月内做一个新设计. 从过去的经验知道:

(a) C 成功的概率为 2/3;

(b) N 成功的概率为 1/2;

(c) 两个团队中至少有一个成功的概率为 3/4.

已知两个团队中只有一个团队完成了任务. N 完成这个任务的概率有多大?

现在共有 4 种可能的结果.

SS: 双方成功　　FF: 双方失败

SF: C 成功, N 失败　　FS: C 失败, N 成功

将 (a) (b) 和 (c) 写成概率等式

$$P(\mathrm{SS}) + P(\mathrm{SF}) = \frac{2}{3}, \quad P(\mathrm{SS}) + P(\mathrm{FS}) = \frac{1}{2}, \quad P(\mathrm{SS}) + P(\mathrm{SF}) + P(\mathrm{FS}) = \frac{3}{4}.$$

结合归一化公理

$$P(\mathrm{SS}) + P(\mathrm{SF}) + P(\mathrm{FS}) + P(\mathrm{FF}) = 1,$$

得到

$$P(\mathrm{SS}) = \frac{5}{12}, \quad P(\mathrm{SF}) = \frac{1}{4}, \quad P(\mathrm{FS}) = \frac{1}{12}, \quad P(\mathrm{FF}) = \frac{1}{4}.$$

所求的条件概率为

$$P(\mathrm{FS}\,|\,\{\mathrm{SF},\,\mathrm{FS}\}) = \frac{\frac{1}{12}}{\frac{1}{4}+\frac{1}{12}} = \frac{1}{4}.$$ ■

1.3.2　利用条件概率定义概率模型

当为有序贯特征的实验建立概率模型时，通常很自然地首先确定条件概率，然后确定无条件概率．在这个过程中，经常使用的是条件概率公式 $P(A\cap B) = P(B)P(A\,|\,B)$.

例 1.9（雷达探测器）　有一台雷达探测设备在工作，若在某地区有一架飞机，雷达会以 99% 的概率探测到并报警．若该地区没有飞机，雷达会以 10% 的概率虚假报警．现在假定一架飞机以 5% 的概率出现在该地区．飞机没有出现在该地区而雷达虚假报警的概率有多大？飞机出现在该地区而雷达没有探测到的概率有多大？

可以用图 1-9 的序贯树形图表示这些事件．令

$$A = \{\text{飞机出现}\}, \qquad B = \{\text{雷达报警}\},$$

而它们的补集为

$$A^c = \{\text{飞机不出现}\}, \qquad B^c = \{\text{雷达未报警}\}.$$

题中给出的概率记录在图 1-9 中描述样本空间的序贯树的相应树枝上．每个试验结果可用树形图中的树叶表示，它的概率等于由根部到树叶的树枝上显示的数据的乘积．所求的概率为

$$P(\text{飞机不出现，报警}) = P(A^c\cap B) = P(A^c)P(B\,|\,A^c) = 0.95\times 0.10 = 0.095,$$

$$P(\text{飞机出现，未报警}) = P(A\cap B^c) = P(A)P(B^c\,|\,A) = 0.05\times 0.01 = 0.0005.$$ ■

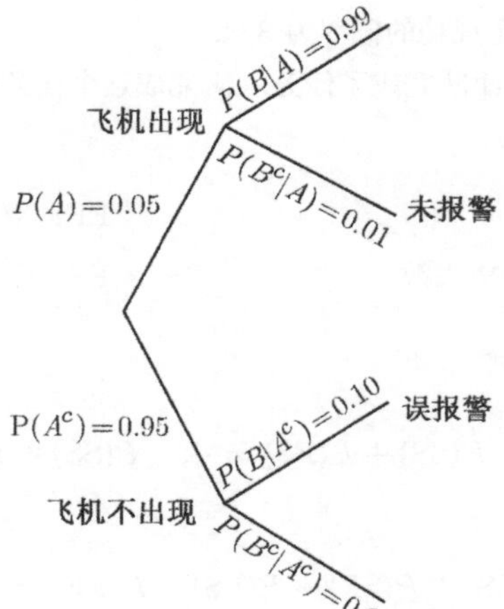

图 1-9　例 1.9 中有关雷达探测的事件的序贯树形图

由上例的启示，我们可以利用序贯树形图计算概率，规则如下.

(a) 设立一个序贯树形图，让关心的事件处于图的末端（树叶），由根部一直到树叶的路径上的每一个结点代表一个事件. 我们所关心的事件是由根部一直到树叶的一系列事件发生的结果.

(b) 在路径的每个树枝上写出相应的条件概率.

(c) 树叶所代表的事件是相应树枝上的条件概率的乘积.

数学上可以这样表示：事件 A 发生的充要条件是一系列事件 $A_1,\cdots,A_n$ 全都发生，即 $A=A_1\cap A_2\cap\cdots\cap A_n$. A 发生就是 A_1 发生，接着 A_2 发生，依次下去，正如序贯树形图上 n 个结点上的事件顺次发生. A 发生的概率由如下规则给出（也见图 1-10）.

乘法规则

假定所有涉及的条件事件的概率为正，于是我们有

$$P(\cap_{i=1}^n A_i)=P(A_1)P(A_2\mid A_1)P(A_3\mid A_1\cap A_2)\cdots P(A_n\mid \cap_{i=1}^{n-1}A_i).$$

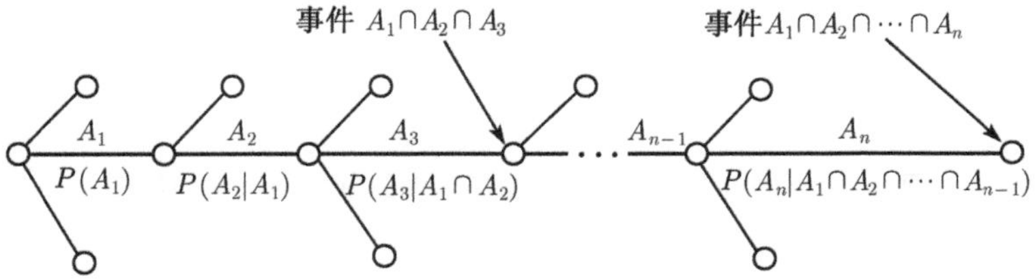

图 1-10 乘法规则的序贯树形图表示. 事件 $A=\cap_{i=1}^n A_i$ 用一段路径表示，或等价地用这一段路径的末端树叶表示，路径上的每段树枝表示相应的事件 $A_1,\cdots,A_n$. 在树枝的旁边同时注明相应的条件概率.

路径的末端对应事件 $A=A_1\cap A_2\cap\cdots\cap A_n$，其概率为由根部到该点的树枝上标示的条件概率的乘积

$$P(\cap_{i=1}^n A_i)=P(A_1)P(A_2\mid A_1)P(A_3\mid A_1\cap A_2)\cdots P(A_n\mid \cap_{i=1}^{n-1}A_i).$$

注意，图上每一个中间点也代表一个事件，例如第 $i+1$ 个结点代表事件 $A_1\cap A_2\cap\cdots\cap A_i$. 它们的概率等于相应的条件概率的乘积，这些乘积因子都已在相应的树枝下方列明. 例如，事件 $A_1\cap A_2\cap A_3$ 对应图上的第 4 个结点，其概率为

$$P(A_1\cap A_2\cap A_3)=P(A_1)P(A_2\mid A_1)P(A_3\mid A_1\cap A_2)$$

现在我们来证明乘法规则. 对于恒等式

$$P(\cap_{i=1}^{n}A_i)=P(A_1)\cdot\frac{P(A_2\cap A_1)}{P(A_1)}\cdot\frac{P(A_3\cap A_1\cap A_2)}{P(A_1\cap A_2)}\cdots\frac{P(\cap_{i=1}^{n}A_i)}{P(\cap_{i=1}^{n-1}A_i)},$$

利用条件概率的定义，上式右端变成

$$P(A_1)P(A_2\,|\,A_1)P(A_3\,|\,A_1\cap A_2)\cdots P(A_n\,|\,\cap_{i=1}^{n-1}A_i).$$

对于两个事件 A_1 和 A_2 的情况，乘法规则就是条件概率的定义.

例 1.10 从 52 张扑克牌中连续无放回地抽取 3 张牌. 我们希望求出 3 张牌中没有红桃的概率. 假定每一张牌都是等可能被抽取的. 根据对称性，52 张牌中任意 3 张牌的组合被抽取的可能性都是相同的. 一个想法简单但是计算麻烦的方法是：数清楚不含红桃的 3 张牌的可能组数，再除以所有 3 张牌的可能组数. 现在利用试验的序贯树形图表示法以及乘法规则进行计算（见图 1-11）.

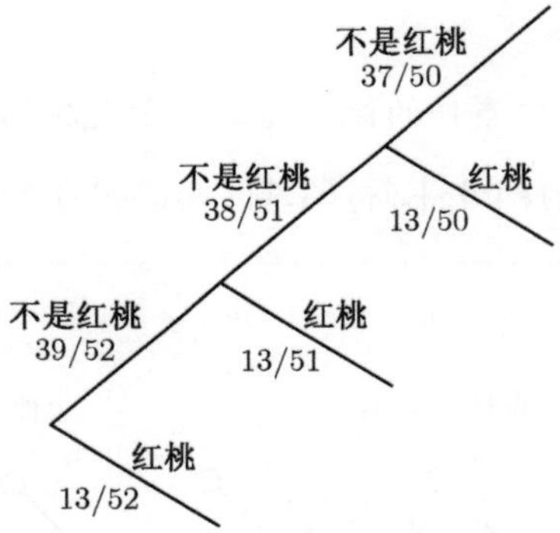

图 1-11 例 1.10 中抽取 3 张扑克牌的试验的序贯树形图

定义

$$A_i=\{\text{第 } i \text{ 张牌不是红桃}\},\quad i=1,2,3.$$

现在利用乘法规则

$$P(A_1\cap A_2\cap A_3)=P(A_1)P(A_2\,|\,A_1)P(A_3\,|\,A_1\cap A_2)$$

计算 3 张牌中没有红桃的概率 $P(A_1\cap A_2\cap A_3)$. 由于 52 张牌中有 39 张不是红桃，我们得到

$$P(A_1)=\frac{39}{52}.$$

由于第一次抽出一张不是红桃，剩下 51 张牌中有 38 张不是红桃，因此

$$P(A_2\,|\,A_1)=\frac{38}{51}.$$

最后，由于前面两张不是红桃，剩下 50 张牌中有 37 张不是红桃，这样

$$P(A_3\,|\,A_1\cap A_2)=\frac{37}{50}.$$

这些条件概率列于序贯树形图（见图 1-11）的相应树枝的上方. 现在只需将路径上的（条件）概率相乘，得到

$$P(A_1 \cap A_2 \cap A_3) = \frac{39}{52} \cdot \frac{38}{51} \cdot \frac{37}{50}.$$

注意，由于在序贯树形图上已经标明了许多（条件）概率，因而其他的一些事件也可以相应地计算. 例如

$$P(\text{第一张不是红桃，第二张牌是红桃}) = \frac{39}{52} \cdot \frac{13}{51},$$

$$P(\text{第一、第二张不是红桃，第三张牌是红桃}) = \frac{39}{52} \cdot \frac{38}{51} \cdot \frac{13}{50}.$$ ■

例 1.11 一个班由 4 名研究生和 12 名本科生组成，随机地将这 16 人分成 4 个 4 人组. 每个组刚好包含一名研究生的概率有多大？在这个问题中，什么是随机地分组呢？可以将分组问题看成随机地选位子（不妨将位子 $s_1, \cdots, s_4$ 看成第一组，而将位子 $s_5, \cdots, s_8$ 看成第二组，等等），每个人都有相同的可能性选择 16 个位子中任意一个，当若干个位子被某些学生选定以后，没有选定位子的同学以完全平等的资格去选择剩下的位子. 下面基于图 1-12 所示的序贯树形图，使用乘法规则来计算所需概率. 现在设 4 名研究生的代号为 1、2、3、4. 考虑事件

$$A_1 = \{\text{学生 1 和 2 在不同的组}\},$$

$$A_2 = \{\text{学生 1、2 和 3 在不同的组}\},$$

$$A_3 = \{\text{学生 1、2、3 和 4 在不同的组}\}.$$

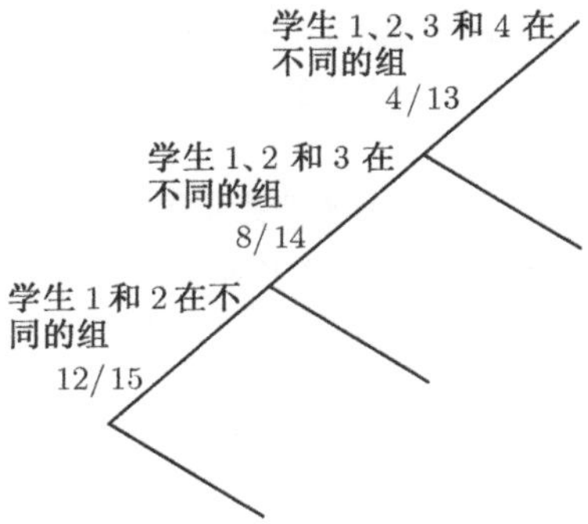

图 1-12 例 1.11 中学生分组试验的序贯树形图

我们所求的概率为 $P(A_3)$. 利用乘法规则：

$$P(A_3) = P(A_1 \cap A_2 \cap A_3) = P(A_1)P(A_2 \mid A_1)P(A_3 \mid A_1 \cap A_2).$$

现在不妨设学生 1 已经选定了位子，在剩余的 15 个位子中只有 12 个位子与学生 1 分在不同的组内. 显然学生 2 与学生 1 分在不同组的可能性为 12/15，即

$$P(A_1) = \frac{12}{15}.$$

类似地，当学生 1 和学生 2 已经分在 2 个不同组以后，学生 3 只有选择剩下 14 个位子中的 8 个位子，才能与学生 1、2 处于不同的组. 这说明

$$P(A_2 \mid A_1) = \frac{8}{14}.$$

在学生 1、2 和 3 被分在不同组的条件下，学生 4 只有在 13 个位子中选择其中的 4 个位子之一，才能与他们处于不同的组. 这样

$$P(A_3 \mid A_1 \cap A_2) = \frac{4}{13}.$$

将三个概率相乘，得到所求的概率为

$$\frac{12}{15} \cdot \frac{8}{14} \cdot \frac{4}{13}.$$

反映这种试验的序贯树形图见图 1-12. ■

例 1.12（**蒙提霍尔问题，也称三门问题**） 这是美国有奖游戏节目中经常出现的一个智力测验问题. 你站在三扇关闭的门前，其中一扇门后有奖品. 当然，奖品在哪一扇门后是完全随机的. 当你选定一扇门以后，你的朋友打开其余两扇门中的一扇空门，显示门后没有奖品. 此时你有两种选择，坚持原来的选择，或改选另一扇没有被打开的门. 当你做出最后的选择以后，如果打开的门后有奖品，这个奖品就归你. 现在有三种策略.

(a) 坚持原来的选择.

(b) 改选另一扇没有被打开的门.

(c) 你首先选择 1 号门，当你的朋友打开的是 2 号空门时，你不改变主意. 当你的朋友打开的是 3 号空门时，你改变主意，选择 2 号门.

最好的策略是什么呢？现在计算在各种策略之下赢得奖品的概率.

在策略 (a) 之下，你的初始选择会决定你的输赢. 由于奖品的位置是随机的，因而你得奖的概率只能是 1/3.

在策略 (b) 之下，如果奖品的位置在你原来指定的门后（概率为 1/3），由于你改变了主意，因而失去了获奖的机会. 如果奖品的位置不在你原来指定的门后（概率为 2/3），而你的朋友又打开一扇空门，当你改变选择后所指定的门后一定有奖品. 所以你获奖的概率为 2/3. 因此 (b) 比 (a) 好.

在策略 (c) 之下，由于提供的信息不够充分，还不能确定你赢得奖品的概率. 答案依赖于你的朋友打开空门的方式. 现在讨论两种情况.

第一种情况：假定当奖品在 1 号门后时，你的朋友总是打开 2 号空门（奖品在 2 号或 3 号门后时，你的朋友没有选择余地）. 若奖品在 1 号门后（概率为 1/3），你的朋友打开 2 号门，你不改主意，你得到奖品. 若奖品在 2 号门后（概率为 1/3），你的朋友打开 3 号空门，你改变主意，你也得到奖品. 若奖品在 3 号门后（概率为 1/3），你的朋友打开 2 号空门，你不改变主意，你就失去了奖品. 这样，你获奖的概率为 2/3. 这说明在这种情况下，策略 (c) 与策略 (b) 一样好.

第二种情况：假定当奖品在 1 号门后时，你的朋友随机地打开 2 号门或 3 号门（概率各为 1/2）. 若奖品在 1 号门后（概率为 1/3），你的朋友打开 2 号门，此时你不改主意，得到了奖品（概率为 1/6）. 但是，如果你的朋友打开的是 3 号空门，此时你改变了主意，则失去

了得奖的机会. 如果奖品是在 2 号门后（概率为 1/3），你的朋友打开 3 号空门，你改变了主意，你就赢得奖品. 如果奖品是在 3 号门后（概率为 1/3），你的朋友打开 2 号空门，你不改变主意，你就失去了奖品. 综合起来，在你朋友的这种开门策略之下，你赢得奖品的概率为 $1/6 + 1/3 = 1/2$. 这时候，策略 (c) 比策略 (b) 差. ■

1.4 全概率定理和贝叶斯准则

本节将讨论条件概率的某些应用. 我们首先引入计算事件概率的定理，这个定理使用了“分治法”.

全概率定理

设 $A_1, A_2, \cdots, A_n$ 是一组互不相容的事件，形成样本空间的一个分割（每一个试验结果必定使得其中一个事件发生）. 又假定对每一个 i，$P(A_i) > 0$. 则对于任何事件 B，下列公式成立：

$$\begin{aligned} P(B) &= P(A_1 \cap B) + \cdots + P(A_n \cap B) \\ &= P(A_1)P(B \mid A_1) + \cdots + P(A_n)P(B \mid A_n). \end{aligned}$$

图 1-13 形象展示了全概率定理并给出了证明. 直观上，将样本空间分割成若干事件 A_i 的并（$A_1, \cdots, A_n$ 形成样本空间的一个分割），然后任意事件 B 的概率等于事件 B 在 A_i 发生的情况下的条件概率的加权平均，而权重刚好等于这些事件 A_i 的无条件概率. 这条定理的一个主要应用是计算事件 B 的概率. 如果直接计算事件 B 的概率有点难度，但条件概率 $P(B \mid A_i)$ 是已知的或很容易推导计算，那么全概率定理就成了计算 $P(B)$ 的有力工具. 应用这条定理的关键是找到合适的分割 $A_1, \cdots, A_n$，而合适的分割又与问题的实际背景有关.

例 1.13 你参加了一个棋类比赛，在你的对手中，50% 是一类棋手，你赢他们的概率是 0.3；25% 是二类棋手，你赢他们的概率是 0.4；剩下的是三类棋手，你赢他们的概率是 0.5. 从他们中随机选一位棋手与你比赛，你的胜算有多大？

令 A_i 表示你与 i 类棋手相遇的事件. 依题意

$$P(A_1) = 0.5, \quad P(A_2) = 0.25, \quad P(A_3) = 0.25.$$

令 B 为你赢得比赛的事件. 我们有

$$P(B \mid A_1) = 0.3, \quad P(B \mid A_2) = 0.4, \quad P(B \mid A_3) = 0.5.$$

这样，利用全概率定理，你在比赛中胜出的概率为

$$\begin{aligned} P(B) &= P(A_1)P(B \mid A_1) + P(A_2)P(B \mid A_2) + P(A_3)P(B \mid A_3) \\ &= 0.5 \cdot 0.3 + 0.25 \cdot 0.4 + 0.25 \cdot 0.5 \\ &= 0.375. \end{aligned}$$

■

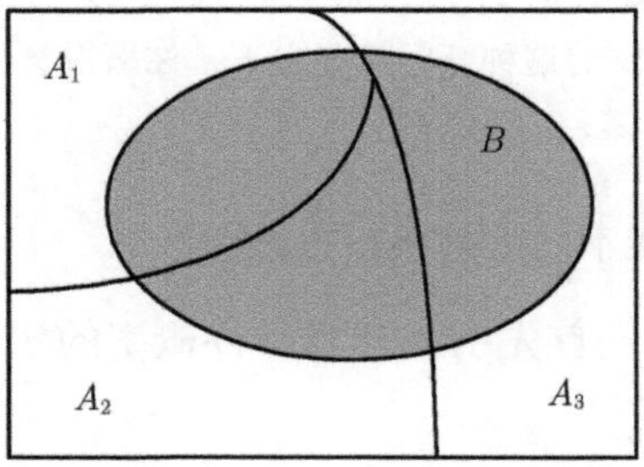

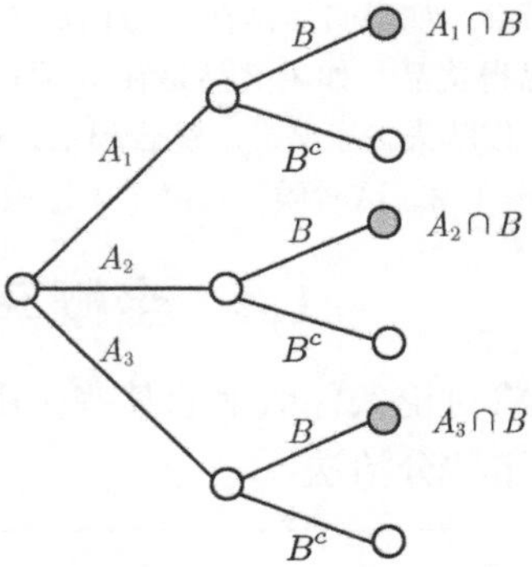

图 1-13 全概率定理的形象展示及其证明．由于事件 $A_1, A_2, \cdots, A_n$ 形成样本空间的一个分割，事件 B 可以分解成不相交的 n 个事件的并，即

$$B = (A_1 \cap B) \cup \cdots \cup (A_n \cap B).$$

利用可加性公理，得到

$$P(B) = P(A_1 \cap B) + \cdots + P(A_n \cap B).$$

利用条件概率之定义，得到

$$P(A_i \cap B) = P(A_i)P(B \mid A_i).$$

将上式代入前一式中得到

$$P(B) = P(A_1)P(B \mid A_1) + \cdots + P(A_n)P(B \mid A_n).$$

我们也可以用等价的序贯树形图来说明全概率定理（见右图）．树叶 $A_i \cap B$ 的概率等于由根部到树叶上的概率的乘积 $P(A_i)P(B \mid A_i)$．而事件 B 由图上显示的 3 个深灰色的树叶组成，将它们的概率相加就得到 $P(B)$

例 1.14 你抛掷一颗均匀的四面骰子．如果得到 1 或 2，你可以再抛掷一次，否则就停止抛掷．你抛掷得到的点数总和至少为 4 的概率有多大?

令 A_i 为第一次抛掷均匀骰子后得到的点数为 i 的事件．注意，对每一个 i，$P(A_i) = 1/4$．令 B 为抛掷得到的点数总和至少为 4 的事件．在 A_1 发生的条件下，只有第二次抛掷得到 3 或 4，总点数才能至少为 4，这样，事件 B 的条件概率为 1/2．类似地，如果当第一次抛掷时 A_2 发生，则只有当第二次抛掷得到 2、3 或 4 时，事件 B 才发生，相应的条件概率为 3/4．如果当第一次抛掷时 A_3 发生，则不容许抛掷第二次，在这种情况下得到的点数总和在 4 以下．①因此

$$P(B \mid A_1) = \frac{1}{2}, \quad P(B \mid A_2) = \frac{3}{4}, \quad P(B \mid A_3) = 0, \quad P(B \mid A_4) = 1.$$

利用全概率定理，得到

$$P(B) = \frac{1}{4} \cdot \frac{1}{2} + \frac{1}{4} \cdot \frac{3}{4} + \frac{1}{4} \cdot 0 + \frac{1}{4} \cdot 1 = \frac{9}{16}.$$ ■

① 如果第一次抛掷时 A_4 发生，虽然不容许第二次抛掷骰子，但是你得到的点数总和已为 4．——译者注

在具有序贯特征的试验中，可以重复利用全概率定理进行概率计算. 下面是一个例子.

例 1.15 爱丽丝上一门概率课. 每个周末，她可能跟得上课程，也可能跟不上课程. 如果她在某一周是跟上课程的，那么她在下周跟上课程的概率为 0.8（下周跟不上课程的概率为 0.2）. 然而，如果她在某一周没有跟上课程，那么她在下周跟上课程的概率变为 0.4（下周跟不上课程的概率为 0.6）. 现在假定，在第一周上课以前认为她是能够跟上课程的. 经过三周的学习，她能够跟上课程的概率有多大?

令 U_i 和 B_i 分别表示经过 i 周学习后跟上和跟不上课程的事件. 按照全概率定理，$P(U_3)$ 可由下式给出:

$$P(U_3)=P(U_2)P(U_3\,|\,U_2)+P(B_2)P(U_3\,|\,B_2)=P(U_2)\cdot 0.8+P(B_2)\cdot 0.4.$$

对于 $P(U_2)$ 和 $P(B_2)$，又可以利用全概率定理得到:

$$P(U_2)=P(U_1)P(U_2\,|\,U_1)+P(B_1)P(U_2\,|\,B_1)=P(U_1)\cdot 0.8+P(B_1)\cdot 0.4,$$
$$P(B_2)=P(U_1)P(B_2\,|\,U_1)+P(B_1)P(B_2\,|\,B_1)=P(U_1)\cdot 0.2+P(B_1)\cdot 0.6.$$

最后，由于爱丽丝在刚刚开始上课的时候是能够跟上课程的，因而我们有

$$P(U_1)=0.8,\qquad P(B_1)=0.2.$$

从前面三个方程式解得

$$P(U_2)=0.8\cdot 0.8+0.2\cdot 0.4=0.72,$$
$$P(B_2)=0.8\cdot 0.2+0.2\cdot 0.6=0.28,$$

再利用关于 $P(U_3)$ 的等式，得到

$$P(U_3)=0.72\cdot 0.8+0.28\cdot 0.4=0.688.$$

我们也可以为计算 $P(U_3)$ 构造一个试验的序贯树形图. 对随机事件 U_3 进行分解，利用概率论的乘法与加法规则计算 $P(U_3)$. 然而有时候，基于全概率定理的计算方法更加方便. 例如，我们希望计算经过 20 周的学习以后，爱丽丝能够跟上课程的概率 $P(U_{20})$. 此时，按照序贯树形图进行计算十分烦琐，因为树形图有 20 层，有 2^{20} 个树叶. 然而，利用全概率定理，得到递推公式

$$P(U_{i+1})=P(U_i)\cdot 0.8+P(B_i)\cdot 0.4,$$
$$P(B_{i+1})=P(U_i)\cdot 0.2+P(B_i)\cdot 0.6,$$

加上初始条件 $P(U_1)=0.8$ 和 $P(B_1)=0.2$ 后，在计算机上计算是十分简便的. ■

推理和贝叶斯准则

全概率定理常与著名的贝叶斯准则结合使用. 贝叶斯准则将形如 $P(A\,|\,B)$ 的条件概率与形如 $P(B\,|\,A)$ 的条件概率联系起来.

贝叶斯准则

设 $A_1, A_2, \cdots, A_n$ 是一组互不相容的事件，形成样本空间的一个分割（每一个试验结果必定使得其中一个事件发生）. 又假定对每一个 i，$P(A_i) > 0$. 则对于任何事件 B，只要它满足 $P(B) > 0$，下列公式成立：

$$P(A_i \mid B) = \frac{P(A_i)P(B \mid A_i)}{P(B)}$$
$$= \frac{P(A_i)P(B \mid A_i)}{P(A_1)P(B \mid A_1) + \cdots + P(A_n)P(B \mid A_n)}.$$

为证明贝叶斯准则，只需注意到 $P(A_i)P(B \mid A_i)$ 与 $P(A_i \mid B)P(B)$ 是相等的，因为根据条件概率的定义它们都等于 $P(A_i \cap B)$，这样得到了第一个等式. 至于第二个等式，只需对 $P(B)$ 利用全概率公式即可.

贝叶斯准则还可以用来进行**因果推理**. 有许多“原因”可以造成某一“结果”. 现在假设我们观测到某一结果，希望推断造成这个结果出现的“原因”. 设事件 $A_1, \cdots, A_n$ 是原因，而 B 代表由原因引起的结果. $P(B \mid A_i)$ 表示在因果模型中由“原因” A_i 造成结果 B 出现的概率（见图 1-14）. 当观测到结果 B 的时候，我们希望反推结果 B 由原因 A_i 造成的概率 $P(A_i \mid B)$. $P(A_i \mid B)$ 为当观测到 B 时 A_i 出现的概率，称为**后验概率**，而原来的 $P(A_i)$ 就称为**先验概率**.

例 1.16 现在回到雷达探测器的例 1.9 和图 1-9. 设

$$A = \{\text{飞机出现}\}, \quad B = \{\text{雷达报警}\}.$$

例 1.9 中给出的条件为

$$P(A) = 0.05, \quad P(B \mid A) = 0.99, \quad P(B \mid A^c) = 0.1.$$

在贝叶斯准则中令 $A_1 = A$ 和 $A_2 = A^c$，得到

$$\begin{aligned} P(\text{飞机出现} \mid \text{雷达报警}) &= P(A \mid B) \\ &= \frac{P(A)P(B \mid A)}{P(A)P(B \mid A) + P(A^c)P(B \mid A^c)} \\ &= \frac{0.05 \cdot 0.99}{0.05 \cdot 0.99 + 0.95 \cdot 0.1} \\ &\approx 0.3426. \end{aligned}$$

■

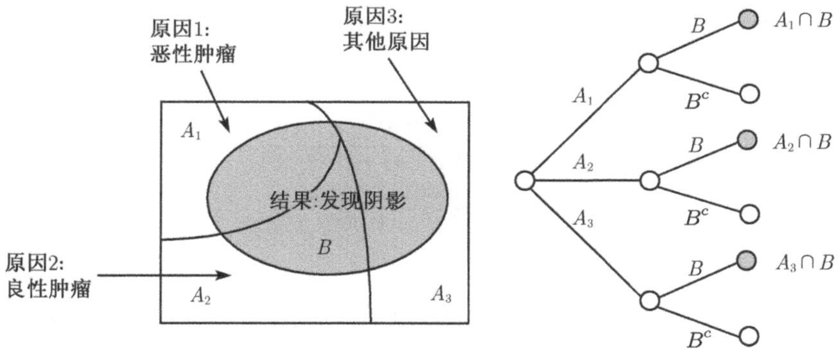

图 1-14 一个蕴涵于贝叶斯准则中的因果推理的例子. 我们在某病人的 X 光片中发现了一个阴影（事件 B，代表“结果”). 我们希望对造成这种结果的三个原因进行分析. 这三个原因彼此不相容，造成这个结果的原因一定是三者之一：原因 1（事件 A_1）是恶性肿瘤，原因 2（事件 A_2）是良性肿瘤，原因 3（事件 A_3）是肿瘤外的其他原因. 假定我们已经知道 $P(A_i)$ 和 $P(B\mid A_i)$，$i=1,2,3$. 现在我们已经发现了阴影（事件 B 发生），利用贝叶斯准则，这些原因的条件概率为

$$P(A_i\mid B)=\frac{P(A_i)P(B\mid A_i)}{P(A_1)P(B\mid A_1)+P(A_2)P(B\mid A_2)+P(A_3)P(B\mid A_3)},\quad i=1,2,3.$$

右图给出了一个序贯树形图，利用它给出条件概率计算的另一种等价的解释. 图中第一个深灰色的树叶表示恶性肿瘤并出现阴影，其概率为 $P(A_1\cap B)$，且所有深灰色的树叶表示片子中出现阴影，其概率为 $P(B)$. 而由恶性肿瘤造成阴影的条件概率 $P(A_1|B)$ 是两个概率相除的结果

例 1.17 现在回到例 1.13 的棋类比赛问题. 此处 A_i 表示你与 i 类棋手相遇的事件. 由例中给出的条件知，

$$P(A_1)=0.5,\quad P(A_2)=0.25,\quad P(A_3)=0.25.$$

令 B 表示你赢得比赛的事件，你胜出的概率为

$$P(B\mid A_1)=0.3,\quad P(B\mid A_2)=0.4,\quad P(B\mid A_3)=0.5.$$

现在假定你已经得胜，那么你的对手为一类棋手的概率 $P(A_1\mid B)$ 有多大?

利用贝叶斯准则得

$$\begin{aligned}P(A_1\mid B)&=\frac{P(A_1)P(B\mid A_1)}{P(A_1)P(B\mid A_1)+P(A_2)P(B\mid A_2)+P(A_3)P(B\mid A_3)}\\&=\frac{0.5\cdot 0.3}{0.5\cdot 0.3+0.25\cdot 0.4+0.25\cdot 0.5}\\&=0.4.\end{aligned}$$

■

例 1.18（**假阳性之谜**） 设某种罕见病的检出率为 0.95：如果一个接受检查的人患这种疾病，其检查结果为阳性的概率为 0.95；如果该人未患这种疾病，其检查结果为阴性的概率是

0.95. 现在假定某一人群中患这种病的概率为 0.001，并从这个总体中随机地抽取一个人进行检测，检查结果为阳性. 那么，这个人患这种病的概率有多大?

令 A 为这个人有这种疾病，B 为经检验这个人为阳性. 利用贝叶斯准则，

$$\begin{aligned} P(A \mid B) &= \frac{P(A)P(B \mid A)}{P(A)P(B \mid A) + P(A^c)P(B \mid A^c)} \\ &= \frac{0.001 \cdot 0.95}{0.001 \cdot 0.95 + 0.999 \cdot 0.05} \\ &\approx 0.0187. \end{aligned}$$

尽管检验方法非常精确，一个经检测为阳性的人仍然不大可能真正患这种疾病（患该疾病的概率小于 2%）. 根据《经济学人》(*The Economist*) 1999 年 2 月 20 日的报道，在美国一家著名的大医院中，80% 的受访者不知道这类问题的正确答案，大部分人认为这个经检测为阳性的人患这种病的概率为 0.95! ■

1.5　独立性

1.4 节引入了条件概率 $P(A \mid B)$ 的概念. 这个条件概率刻画了事件 B 的发生给事件 A 带来的信息. 一个有趣且重要的特殊情况是，事件 B 的发生并没有给事件 A 带来新的信息，它没有改变事件 A 发生的概率，即

$$P(A \mid B) = P(A).$$

在上述等式成立的情况下，我们称事件 A 是**独立**于事件 B 的. 注意，由条件概率的定义可知 $P(A \mid B) = P(A \cap B)/P(B)$，上式等价于

$$P(A \cap B) = P(A)P(B).$$

我们将后者作为事件 A 和事件 B 相互独立的正式定义，其原因是后者包括了 $P(B) = 0$ 的情况，而当 $P(B) = 0$ 的时候，$P(A \mid B)$ 是没有定义的. 在这个关系中 A 和 B 地位对称. 因此 A 独立于 B 意味着 B 独立于 A. 这样我们可以称 A 和 B 是相互独立的，或 A 和 B 是**相互独立的事件**.

人们容易从直观上判定独立性. 例如，若它们分别是在两个不同的并且没有相互作用的物理过程的控制下发生的事件，我们就可以判定它们相互独立. 然而，事件之间的独立性不能直观地从样本空间中的事件看出来. 通常认为，若两个事件互不相容，就可以判定它们相互独立. 事实上，恰巧相反，若事件 A 和事件 B 互不相容，并且 $P(A) > 0$ 和 $P(B) > 0$ 成立，则它们永远不会相互独立，因为 $A \cap B = \varnothing$，从而 $P(A \cap B) = 0 \neq P(A)P(B)$. 例如，$A$ 和 A^c 在 $P(A) \in (0,1)$ 的情况下是不独立的 [除非 $P(A) = 0$ 或 $P(A) = 1$]，这是因为 A 发生可以确切地告诉你 A^c 一定没有发生，A 的发生与否的确会给事件 A^c 的发生与否带来信息.

例 1.19 考虑连续两次抛掷一颗均匀的四面骰子，假定 16 种可能的试验结果是等可能的，每个试验结果的概率为 1/16.

(a) 事件

$$A_i = \{\text{第一次抛掷后得 } i\}, \quad B_j = \{\text{第二次抛掷后得 } j\}$$

是否相互独立？我们有

$$P(A_i \cap B_j) = P(\text{两次抛掷的结果是 } (i,j)) = \frac{1}{16},$$

$$P(A_i) = \frac{\text{事件 } A_i \text{ 中的试验结果数}}{\text{所有可能的试验结果数}} = \frac{4}{16},$$

$$P(B_j) = \frac{\text{事件 } B_j \text{ 中的试验结果数}}{\text{所有可能的试验结果数}} = \frac{4}{16}.$$

由于 $P(A_i \cap B_j) = P(A_i)P(B_j)$，可知 A_i 与 B_j 是相互独立的. 在两次抛掷骰子的试验中，离散的均匀概率律（等概率模型）意味着两次抛掷的独立性.

(b) 事件

$$A = \{\text{第一次抛掷后得 } 1\}, \quad B = \{\text{两次抛掷的点数之和为 } 5\}$$

是否相互独立？这个问题的答案不是很明显. 我们有

$$P(A \cap B) = P(\text{两次抛掷的结果为 } (1,4)) = \frac{1}{16},$$

$$P(A) = \frac{\text{事件 } A \text{ 中的试验结果数}}{\text{所有可能的试验结果数}} = \frac{4}{16}.$$

事件 B 由试验结果 $(1,4)$、$(2,3)$、$(3,2)$ 和 $(4,1)$ 组成，因此

$$P(B) = \frac{\text{事件 } B \text{ 中的试验结果数}}{\text{所有可能的试验结果数}} = \frac{4}{16}.$$

这样，$P(A \cap B) = P(A)P(B)$，即 A 和 B 相互独立.

(c) 事件

$$A = \{\text{两次抛掷的最大点数为 } 2\}, \quad B = \{\text{两次抛掷的最小点数为 } 2\}$$

是否相互独立？直观上，这两个事件是不独立的，因为两次抛掷的最小点数包含两次抛掷的最大点数的信息. 例如，如果最小点数为 2，最大点数不可能为 1. 现在用定义证明它们不独立. 我们有

$$P(A \cap B) = P(\text{两次抛掷的结果为 } (2,2)) = \frac{1}{16},$$

同时

$$P(A) = \frac{\text{事件 } A \text{ 中的试验结果数}}{\text{所有可能的试验结果数}} = \frac{3}{16},$$

$$P(B) = \frac{\text{事件 } B \text{ 中的试验结果数}}{\text{所有可能的试验结果数}} = \frac{5}{16},$$

得到 $P(A)P(B) = 15/256$. $P(A \cap B) \neq P(A)P(B)$，故它们并不独立. ■

最后，我们要指出，若事件 A 和事件 B 相互独立，那么 B 发生不会对 A 的发生与否提供任何信息. 同样，凭直观想象，B 不发生也不会对 A 的概率提供任何信息. 事实上，我们可以证明，若 A 和 B 相互独立，则 A 和 B^c 也相互独立（见本章末的习题）.

1.5.1 条件独立

前面已经提到，在给定某事件的条件下，诸事件的条件概率形成符合要求的概率律. 因此我们可以讨论在条件概率律下的独立性. 特别地，在给定 C 之下，若事件 A 和事件 B 满足

$$P(A\cap B\,|\,C)=P(A\,|\,C)P(B\,|\,C),$$

则称 A 和 B 在给定 C 之下**条件独立**. 为了导出条件独立的另一个特征，利用条件概率的定义和乘法规则，得到

$$\begin{aligned}P(A\cap B\,|\,C)&=\frac{P(A\cap B\cap C)}{P(C)}\\&=\frac{P(C)P(B\,|\,C)P(A\,|\,B\cap C)}{P(C)}\\&=P(B\,|\,C)P(A\,|\,B\cap C).\end{aligned}$$

比较前面两组等式的最右端，只要 $P(B\,|\,C)\neq 0$，那么 $P(B\,|\,C)$ 这个因子就可以消掉，得到

$$P(A\,|\,B\cap C)=P(A\,|\,C),$$

这是条件独立的另一个等价定义（要求 $P(B\,|\,C)\neq 0$）. 这个等式说明在给定 C 发生的条件下，进一步假定 B 也发生并不影响事件 A 的条件概率.

有意思的是，A 和 B 两个事件相互独立并不意味着条件独立，反过来也是如此. 下面请看两个例子.

例 1.20 考虑抛掷两枚均匀的硬币. 这个试验的 4 种可能结果都是等可能的. 令

$$\begin{aligned}H_1&=\{\text{第一枚硬币正面向上}\},\\H_2&=\{\text{第二枚硬币正面向上}\},\\D&=\{\text{两枚硬币的试验结果不同}\}.\end{aligned}$$

事件 H_1 和事件 H_2 是相互独立的. 但是

$$P(H_1\,|\,D)=\frac{1}{2},\qquad P(H_2\,|\,D)=\frac{1}{2},\qquad P(H_1\cap H_2\,|\,D)=0,$$

这样，$P(H_1\cap H_2\,|\,D)\neq P(H_1\,|\,D)P(H_2\,|\,D)$，从而 H_1 和 H_2 并不条件独立.

这个例子可以推广. 对于任何概率模型，令 A 和 B 是相互独立的事件，C 是满足以下条件的事件：$P(C)>0$, $P(A\,|\,C)>0$, $P(B\,|\,C)>0$, $A\cap B\cap C$ 为空集. 这样，由于 $P(A\cap B\,|\,C)=0$ 且 $P(A\,|\,C)P(B\,|\,C)>0$，在给定 C 发生的条件下 A 和 B 不可能条件独立. ■

例 1.21 有两枚硬币，一枚蓝的，一枚红的. 在抛掷硬币之前，先按 1/2 的概率随机地选定一枚硬币，然后进行连续两次独立抛掷硬币的试验. 硬币是不均匀的. 蓝色硬币在抛掷的时候以 0.99 的概率正面向上，而红色硬币在抛掷的时候以 0.01 的概率正面向上.

令 B 为选定蓝色硬币的事件，H_i 为第 i 次抛掷时正面向上的事件. 当选定硬币以后，由于在抛掷硬币的时候，两次抛掷的结果不会互相影响，H_1 和 H_2 是相互独立的事件. 这样

$$P(H_1 \cap H_2 \mid B) = P(H_1 \mid B)P(H_2 \mid B) = 0.99 \cdot 0.99.$$

然而，H_1 和 H_2 并不独立. 直观上，当知道第一次抛掷的结果是正面向上时，我们就倾向于推测这是一枚蓝色硬币，此时可以预料到第二次抛掷硬币的结果也是正面向上. [1] 数学上，可如下证明. 利用全概率定理，我们得到

$$P(H_1) = P(B)P(H_1 \mid B) + P(B^c)P(H_1 \mid B^c) = \frac{1}{2} \cdot 0.99 + \frac{1}{2} \cdot 0.01 = \frac{1}{2},$$

由对称性可知 $P(H_2) = 1/2$. 但是对于 $H_1 \cap H_2$，利用全概率定理得到

$$\begin{aligned} P(H_1 \cap H_2) &= P(B)P(H_1 \cap H_2 \mid B) + P(B^c)P(H_1 \cap H_2 \mid B^c) \\ &= \frac{1}{2} \cdot 0.99 \cdot 0.99 + \frac{1}{2} \cdot 0.01 \cdot 0.01 \approx \frac{1}{2}. \end{aligned}$$

这样 $P(H_1 \cap H_2) \neq P(H_1)P(H_2)$，即 H_1 和 H_2 是相互依赖的，即使它们在给定 B 的条件下是相互独立的. ■

现在把关于独立性的结论总结一下.

独立性

- 如果两个事件 A 和 B 满足

  $$P(A \cap B) = P(A)P(B),$$

  则称它们是相互独立的. 若 B 还满足 $P(B) > 0$，则独立性等价于

  $$P(A \mid B) = P(A).$$

- 若 A 与 B 相互独立，则 A 与 B^c 也相互独立.
- 设事件 C 满足 $P(C) > 0$，如果两个事件 A 和 B 满足

  $$P(A \cap B \mid C) = P(A \mid C)P(B \mid C),$$

  则称它们在给定 C 发生的条件下条件独立. 若进一步假定 $P(B \cap C) > 0$，则 A 和 B 在给定 C 发生的条件下的条件独立性与下面的条件是等价的：

  $$P(A \mid B \cap C) = P(A \mid C).$$

- 独立性并不意味着条件独立性，反之亦然.

[1] 因此两次抛掷的结果是不独立的. ——译者注

1.5.2 一组事件的独立性

两个事件的相互独立性的概念能够推广到多个事件的独立性.

多个事件的独立性的定义

设 $A_1, \cdots, A_n$ 为 n 个事件. 若对 $\{1, 2, \cdots, n\}$ 的任意子集 S 有

$$P\left(\bigcap_{i \in S} A_i\right) = \prod_{i \in S} P(A_i),$$

则称 $A_1, \cdots, A_n$ 为独立事件.

关于事件 A_1, A_2, A_3，独立性条件归结为下列四个条件:

$$P(A_1 \cap A_2) = P(A_1)P(A_2),$$
$$P(A_1 \cap A_3) = P(A_1)P(A_3),$$
$$P(A_2 \cap A_3) = P(A_2)P(A_3),$$
$$P(A_1 \cap A_2 \cap A_3) = P(A_1)P(A_2)P(A_3).$$

前面三个等式说明任意两个事件是相互独立的，这种性质称为**两两独立**. 但是第四个条件也非常重要，它并不是前面三个等式的推论. 反过来，第四个条件也不包含前三个条件. 下面两个例子说明了这些事实.

例 1.22（两两独立并不意味着独立） 设试验是抛掷两枚均匀的硬币. 考虑下列事件:

$$H_1 = \{\text{第一次掷得正面}\},$$
$$H_2 = \{\text{第二次掷得正面}\},$$
$$D = \{\text{两次掷得的结果不相同}\}.$$

由定义可知 H_1 和 H_2 是相互独立的. 现在证明 H_1 和 D 也是相互独立的. 注意到

$$P(D \mid H_1) = \frac{P(H_1 \cap D)}{P(H_1)} = \frac{1/4}{1/2} = \frac{1}{2} = P(D),$$

可知 D 与 H_1 是相互独立的. D 与 H_2 的相互独立性可以类似地证明. 此外，由

$$P(H_1 \cap H_2 \cap D) = 0 \neq \frac{1}{2} \cdot \frac{1}{2} \cdot \frac{1}{2} = P(H_1)P(H_2)P(D)$$

可知三个事件是不独立的. ■

例 1.23（等式 $P(A_1 \cap A_2 \cap A_3) = P(A_1)P(A_2)P(A_3)$ 不意味着独立） 设试验是抛掷两颗均匀的骰子（正六面体）:

$$A = \{第一次掷得 1、2 或 3\},$$
$$B = \{第一次掷得 3、4 或 5\},$$
$$C = \{两次掷得的点数之和为 9\}.$$

我们有

$$P(A\cap B) = \frac{1}{6} \neq \frac{1}{2}\cdot\frac{1}{2} = P(A)P(B),$$
$$P(A\cap C) = \frac{1}{36} \neq \frac{1}{2}\cdot\frac{4}{36} = P(A)P(C),$$
$$P(B\cap C) = \frac{1}{12} \neq \frac{1}{2}\cdot\frac{4}{36} = P(B)P(C).$$

这样三个事件是不独立的，并且任何一对事件也是不相互独立的．但下面的等式是成立的：

$$P(A\cap B\cap C) = \frac{1}{36} = \frac{1}{2}\cdot\frac{1}{2}\cdot\frac{4}{36} = P(A)P(B)P(C).$$ ■

一组事件的独立性的直观背景与两个事件的独立性是一样的．独立性意味着一个事实：设把一组事件任意地分成两个小组，一个小组中任意个事件的发生与不发生都不会带来另一个小组中的事件的任何信息．例如，事件 A_1、A_2、A_3 和 A_4 是独立的事件组，则下面一类等式都是成立的：

$$P(A_1\cup A_2 \mid A_3\cap A_4) = P(A_1\cup A_2),$$
$$P(A_1\cup A_2^c \mid A_3^c\cap A_4) = P(A_1\cup A_2^c).$$

证明见章末习题．

1.5.3 可靠性

在一个由多个元件组合而成的复杂系统中，通常假定各个元件的表现是相互独立的．下面的例子说明：在此假定下，计算和分析将变得十分简单．

例 1.24（网络连接） 在计算机网络中，A 和 B 两个结点通过中间结点 C、D、E、F 相互连接（见图 1-15a）．图上直接相连的两个点如 i 和 j，它们之间具有给定的连接概率 p_{ij}[①]，且各点之间的连接与否独立于其他各点之间的连接与否．A 和 B 之间相互连接的概率有多大？

这是一个典型的系统可靠性的估计问题．系统由元件组合而成，而各元件的失效与否是相互独立的．这些系统通常能够分解成若干子系统，而每个子系统又由若干元件组成，这些元件可以以**串联**或**并联**的方式相互连接（见图 1-15b）．

设系统由元件 $1, 2, \cdots, m$ 组成，令 p_i 为元件 i 有效（运行）的概率．串联系统只有在所有元件均有效的情况下才是有效的．即

$$P(串联系统有效) = p_1p_2\cdots p_m.$$

① 图 1-15a 中两个结点之间的箭头旁边的数就是结点之间的连接概率．——译者注

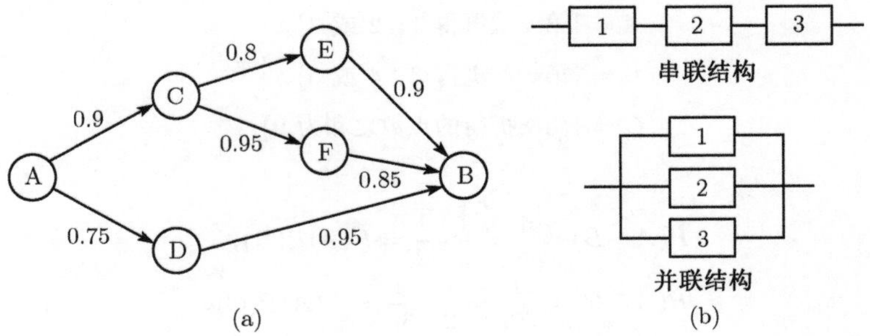

图 1-15　(a) 例 1.24 的网络．箭头旁边的数表示相应结点之间的元件有效的概率．(b) 在可靠性问题中由三个元件组成的串联和并联系统的图示

在并联系统中只需一个元件有效，系统就有效，即

$$\begin{aligned}P(\text{并联系统有效}) &= 1 - P(\text{并联系统失效})\\ &= 1-(1-p_1)(1-p_2)\cdots(1-p_m).\end{aligned}$$

现在来计算图 1-15a 中网络连通的概率（A 和 B 之间连通的概率）．我们用 $X \to Y$ 表示“从 X 到 Y 是连通的”这一随机事件．我们有

$$\begin{aligned}P(\mathrm{C}\to\mathrm{B}) &= 1-(1-P(\mathrm{C}\to\mathrm{E}\text{ 且 }\mathrm{E}\to\mathrm{B}))\,(1-P(\mathrm{C}\to\mathrm{F}\text{ 且 }\mathrm{F}\to\mathrm{B}))\\ &= 1-(1-p_{\mathrm{CE}}p_{\mathrm{EB}})(1-p_{\mathrm{CF}}p_{\mathrm{FB}})\\ &= 1-(1-0.8\cdot 0.9)(1-0.95\cdot 0.85)\\ &\approx 0.946,\end{aligned}$$

$$P(\mathrm{A}\to\mathrm{C}\text{ 且 }\mathrm{C}\to\mathrm{B}) = P(A\to C)P(\mathrm{C}\to\mathrm{B}) = 0.9\cdot 0.946\approx 0.851,$$

$$P(\mathrm{A}\to\mathrm{D}\text{ 且 }\mathrm{D}\to B) = P(\mathrm{A}\to\mathrm{D})P(\mathrm{D}\to\mathrm{B}) = 0.75\cdot 0.95\approx 0.712.$$

最后，我们得到所需的概率

$$\begin{aligned}P(\mathrm{A}\to\mathrm{B}) &= 1-(1-P(\mathrm{A}\to\mathrm{C}\text{ 且 }\mathrm{C}\to\mathrm{B}))\,(1-P(\mathrm{A}\to\mathrm{D}\text{ 且 }\mathrm{D}\to\mathrm{B}))\\ &= 1-(1-0.851)(1-0.712)\\ &\approx 0.957.\end{aligned}$$

■

1.5.4　独立试验和二项概率

现在设试验由一系列独立并且相同的小试验组成，我们称这种试验为**独立试验序列**．当每个阶段的小试验只有两种可能结果时，就称之为独立的**伯努利试验序列**，此处的两种可能结果可以是任何结果，例如“下雨”和“不下雨”．但是，在学术讨论中，我们通常用抛掷硬币的两个结果“正面向上”（H）和“反面向上”（T）作为代表．

现在考虑连续 n 次独立地抛掷硬币的试验，每次抛掷的结果为正面向上的概率为 p，其中 p 是在 0 和 1 之间的数. 此处"独立"意味着事件 $A_1, A_2, \cdots, A_n$ 是独立的，事件 $A_i = \{$第 i 次抛掷的结果为"正面向上"$\}$.

我们可以用序贯树形图直观地刻画独立伯努利试验序列. 图 1-16 中显示的是 $n=3$ 的情况. 由于独立性，不管前面的抛掷结果是什么，每次抛掷正面向上的条件概率都是 p. 这样，每个试验结果（长度为 3 的正面和反面的序列）的概率只与序列中正面向上的次数有关. 设试验结果中有 k 个正面向上和 $3-k$ 个反面向上，则这个试验结果的概率为 $p^k(1-p)^{3-k}$. 这个公式可以推广到 n 次抛掷硬币的试验. 在长度为 n 的独立伯努利试验序列中，任何具有 k 个正面向上和 $n-k$ 个反面向上的试验结果的概率为 $p^k(1-p)^{n-k}$，其中 k 的取值可以从 0 到 n.

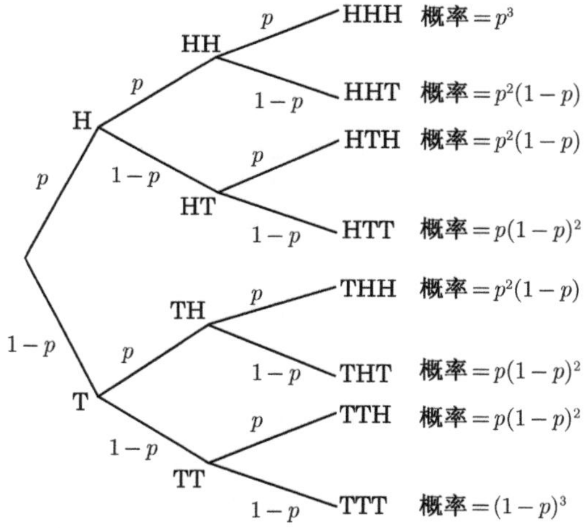

图 1-16 连续三次抛掷硬币试验的序贯树形图. 在树枝上已经标明相应的条件概率. 三次顺序抛掷硬币的结果的概率是在树形图的相应路径上的条件概率的乘积

现在我们要计算概率

$$p(k) = P(n \text{ 次抛掷中有 } k \text{ 次正面向上}),$$

这个概率在概率论中处于十分重要的地位. 由于任何包含 k 次正面向上结果的概率都是 $p^k(1-p)^{n-k}$，因此我们得到

$$p(k) = \binom{n}{k} p^k (1-p)^{n-k},$$

此处

$$\binom{n}{k} = n \text{ 次抛掷硬币的试验中有 } k \text{ 次正面向上的试验结果数}.$$

数 $\binom{n}{k}$ 就是有名的**二项式系数**，称为 n 选 k 的组合数，概率 $p(k)$ 就是有名的**二项概率**. 1.6 节将介绍计数法，利用计数法可以得到

$$\binom{n}{k} = \frac{n!}{k!(n-k)!}, \qquad k = 0, 1, \cdots, n,$$

此处 $i!$ 表示正整数 i 的阶乘，

$$i! = 1 \cdot 2 \cdots (i-1) \cdot i,$$

按约定，$0! = 1$. 章末习题给出了这个公式的另一个证明. 由于二项概率 $p(k)$ 的总和必须为 1，这样我们就得到了**二项式公式**

$$\sum_{k=0}^{n} \binom{n}{k} p^k (1-p)^{n-k} = 1.$$

例 1.25（**服务等级**） 一个服务器配备 c 个调制解调器，以满足 n 个用户的需要. 在给定时刻，每一个用户独立地以概率 p 与服务器连接，每一个连接的用户需占用一个调制解调器. 现在的问题是，调制解调器不够用的概率有多大.

当同一时刻需要调制解调器的用户数多于 c 的时候，服务器就不能够满足用户的需要. 它的概率为

$$\sum_{k=c+1}^{n} p(k),$$

其中

$$p(k) = \binom{n}{k} p^k (1-p)^{n-k}$$

是二项概率. 例如 $n = 200, p = 0.1, c = 15$，相应的概率为 0.0399.

这是一个典型的满足用户需求的设备规模问题. 这批用户是一群具有相同需求并且行为独立的用户. 现在的问题是要选择服务设备的规模，使得满足用户需求（指所有需要使用设备的用户都能得到服务）的概率超过给定的门限值，这个门限值称为**服务等级**. ■

1.6 计数法

在计算概率的时候，通常需要清楚有关事件中的试验结果数（或基本事件数）. 我们遇到的两种情况都需要这样的计数法.

(a) 当样本空间 Ω 只有有限个等可能的试验结果时，这是一个等概率模型. 事件 A 的概率可由下式给出：

$$P(A) = \frac{A \text{ 中元素的数目}}{\Omega \text{ 中元素的数目}},$$

公式中涉及 A 和 Ω 中元素的计数问题.

(b) 当我们需要计算事件 A 的概率，且 A 中的每一个试验结果具有相同的概率 p（p 已知）时，那么

$$P(A) = p \cdot (A\text{中元素的数目}).$$

这也涉及事件 A 中元素的计数问题. 在前面提到的 n 次抛掷硬币的试验中，计算出现 k 次正面的事件的概率（二项概率）就是这类计算问题. 这个概率的计算过程显示，计算每个试验结果的概率是比较容易的，但是要搞清楚具有 k 次正面向上的试验结果的个数就有些复杂.

计数问题原则上很简单，但是真正计算起来却不简单. 计数的艺术属于**组合数学**的一部分. 本节将介绍计数的一些基本准则，并将之应用于概率模型中经常遇到的计算问题.

1.6.1 计数准则

这是计数的最基本方法. 计数准则基于分阶段计数的原则，因此可以借助序贯树形图进行计数. 例如，考虑一个由两个相继阶段组成的试验. 第一阶段试验的可能结果为 $a_1, a_2, \cdots, a_m$，第二阶段的结果为 $b_1, b_2, \cdots, b_n$. 这样，两阶段的试验结果为所有的有序对 (a_i, b_j)，$i = 1, \cdots, m$，$j = 1, \cdots, n$. 这些有序对的个数总和为 mn. 这种计数方法可以推广到 r 个阶段试验的情况（也见图 1-17）.

计数准则①

考虑一个由 r 个阶段组成的试验. 假设

(a) 在第一阶段有 n_1 个可能的结果；

(b) 对于第一阶段的任何一个结果，在第二阶段有 n_2 个可能的结果；

(c) 一般地，对于前 $i-1$ 个阶段的任何一个结果，在第 i 阶段有 n_i 个可能的结果.

那么，在 r 个阶段的试验中共有 $n_1 n_2 \cdots n_r$ 个试验结果.

例 1.26（**电话号码数**） 电话号码由 7 位数字组成，第一位不能是 0 或 1. 一共有多少个不同的号码呢？我们可以将之看成序贯地选择数字的过程，每次只选一位. 总共有 7 个阶段，第一阶段有 8 种选择，从第二阶段开始，每次都从 10 个数字中任选一个. 因此电话号码的个数为

$$8 \cdot \underbrace{10 \cdot 10 \cdots 10}_{6\text{ 次}} = 8 \cdot 10^6. \qquad \blacksquare$$

① 国内称为“计数的乘法准则”或“乘法准则”，这两个名称更通俗易懂. ——译者注

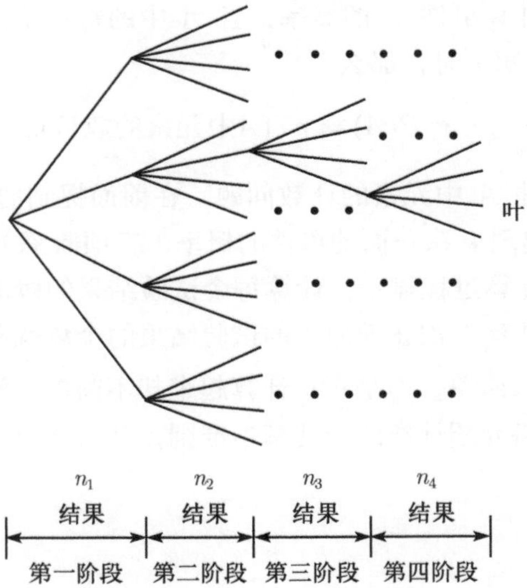

图 1-17　基本计数准则的序贯树形图．通过 r 个阶段进行计数（图中 $r=4$）．第一阶段有 n_1 个可能的结果．对于前 $i-1$ 个阶段的任何一个结果，第 i 阶段有 n_i 个可能的结果．总的树叶数目为 $n_1 n_2 \cdots n_r$

例 1.27（***n* 元素集合的子集的个数**）　考虑一个 n 元素集合 $\{s_1, s_2, \cdots, s_n\}$．这个集合有多少个子集（包括这个集合本身和空集）呢？我们可以用序贯的方法选择一个子集．我们对每一个元素做选择，决定它是否属于这个子集．这样一共分成 n 个阶段，每个阶段有两种选择．因此子集的总数为

$$\underbrace{2 \cdot 2 \cdots 2}_{n\text{ 次}} = 2^n.$$ ■

请注意，即使不同的第一阶段结果可以得出不同的第二阶段结果，这个计数准则也是有效的．只要各个第二阶段的可能结果的数目相同即可．

下面我们将讨论从 n 个对象中选取 k 个对象的计数问题．若选取的对象与次序有关，则这组对象称为**排列**；若选出来的一组对象形成一个集合，与选取对象的次序无关，则这组对象称为**组合**．以后我们还会讨论更一般**分割**的计数问题．所谓分割就是将 n 个对象分成多个子集．

1.6.2　*n* 选 *k* 排列

假定 n 个不同的对象组成一个集合．令 k 是正整数，$k \leqslant n$．现在我们希望找出从 n 个对象中顺序选出 k 个对象的方法数，或者说 k 个不同对象的序列数．在第一阶段，我们可以从 n 个对象中任意选一个．第一个对象选定后，在第二阶段，我们只可能从剩下的 $n-1$ 个对象中选择一个．前两个对象选定后，在第三阶段，只可能从剩下的 $n-2$ 个对象中选择一个，等等．最后，当我们选择第 k 个对象的时候，只能从剩下的 $n-(k-1)$ 个对象中选择了．利用计数准则，所有可能的序列数为

$$n(n-1)\cdots(n-k+1)=\frac{n(n-1)\cdots(n-k+1)(n-k)\cdots 2\cdot 1}{(n-k)\cdots 2\cdot 1}=\frac{n!}{(n-k)!}.$$

这些序列称为 **n 选 k 排列**．特别地，当 $k=n$ 的时候，简称为**排列**①，此时所有可能的序列数为

$$n(n-1)\cdots 2\cdot 1=n!.$$

（在 n 选 k 排列的序列数公式中令 $k=n$，且我们已经约定 $0!=1$．）

例 1.28 现在计算由四个不同英文字母组成的单词的个数．这是 26 选 4 的排列．按排列公式，有

$$\frac{n!}{(n-k)!}=\frac{26!}{22!}=26\cdot 25\cdot 24\cdot 23=358\,800.$$ ■

排列计数法可以与计数的乘法准则联合起来，解决更复杂的排列问题．

例 1.29 你有 n_1 张古典音乐 CD，n_2 张摇滚音乐 CD，n_3 张乡村音乐 CD．有多少种排列方法将这些 CD 排在 CD 架上，使得相同种类的 CD 是排在一起的?

我们将问题分成两步解决．首先选择 CD 类型的次序，然后选择每种 CD 内部的次序．一共有 3! 种类型次序（例如古典/摇滚/乡村，乡村/古典/摇滚等），一共有 $n_1!$（或 $n_2!$，或 $n_3!$）种古典（或摇滚，或乡村）CD 的排列．这样对每一种 CD 类型的排列，有 $n_1!n_2!n_3!$ 种 CD 的排列方式．从而总的排列方法数为 $3!n_1!n_2!n_3!$．

现在假定，计划将每一类 CD 中选出 k_i 张（你原有 n_i 张 i 类 CD）送给你的朋友．当你送出 CD 以后，你的 CD 架上有多少种 CD 排列法?这个问题与没有送出时的计算方法是一样的，只是将 $n_i!$ 换成 n_i 选 n_i-k_i 的排列数即可．所以可能的排列数为②

$$3!\cdot\frac{n_1!}{k_1!}\cdot\frac{n_2!}{k_2!}\cdot\frac{n_3!}{k_3!}.$$ ■

1.6.3 组合

一共有 n 个人，我们希望组织一个 k 个人的委员会．可以组成多少种委员会?抽象地说，n 个元素的集合有多少种包含 k 个元素的子集?注意，形成 k 元素子集不同于形成 n 选 k 排列，因为在选择子集的过程中，选出来的 k 个元素是没有次序的．例如，从 A、B、C、D 四个字母中选两个的排列有 12 种：

AB, AC, AD, BA, BC, BD, CA, CB, CD, DA, DB, DC.

---

① 此处的排列、组合和分割在中英文中均有双重意义．一个排列是指 n 个元素的一个顺序，同时又可以指排列数 $n!$．具体指哪种要依上下文而定．——译者注

② 在计算排列方法数的时候，要顾及各种送 CD 的方法．——译者注

而从这四个字母选两个的组合有 6 种：

$$\text{AB, AC, AD, BC, BD, CD.}$$

（因为在组合中元素是没有次序的，AB 和 BA 是一样的.）

在上面的例子中，组合实际上是由排列归并而成的. 例如，从组合的观点看，AB 和 BA 是无区别的，它们都对应于组合 AB. 这种推导方法可以推广到一般的情况：在 n 个对象取 k 个的组合中，每一个组合对应了 $k!$ 个不同的排列. 这样，n 个对象取 k 个的排列数 $n!/(n-k)!$ 等于组合数乘以 $k!$. 因此，从 n 个元素的集合中选 k 个元素的组合数为

$$\frac{n!}{k!(n-k)!}.$$

现在回到二项式系数 $\binom{n}{k}$ 的表达式. 二项式系数定义为 n 次抛掷硬币时正面向上次数为 k 的可能的试验结果数. 我们注意到，确定一个 k 次正面向上的试验结果等价于在所有 n 次抛掷结果中选出 k 次（正面向上）. 因此二项式系数等于从 n 个元素中选择 k 个元素的组合数. 从而我们有

$$\binom{n}{k}=\frac{n!}{k!(n-k)!}.$$

例 1.30 从 A、B、C、D 四个字母中选出两个字母的组合数为

$$\binom{4}{2}=\frac{4!}{2!2!}=6.$$

这个结果与前面列举的组合数相同. ■

值得指出的是，有时候利用计数法能够导出一些在代数上很难证明的公式. 一个例子是 1.5 节讨论的二项式公式

$$\sum_{k=0}^{n}\binom{n}{k}p^k(1-p)^{n-k}=1.$$

特殊情况下，当 $p=1/2$ 时，公式变成

$$\sum_{k=0}^{n}\binom{n}{k}=2^n.$$

上式还可以得到新的解释. 由于 $\binom{n}{k}$ 是 n 元素集合的所有 k 元素子集的个数，因此将 $\binom{n}{k}$ 对所有的 k 求和得到这个集合的所有子集的个数，而这个数刚好等于 2^n.

例 1.31 假设要在 n 个人中组织一个个人爱好俱乐部，俱乐部由一个主任和若干成员组成（成员人数可为 0）. 组织这样一个俱乐部有多少种方式？我们用两种不同的计数法计算，从而得到一个代数恒等式.

首先挑选一个俱乐部主任，一共有 n 种不同的选法. 然后从剩下的 $n-1$ 个人中挑选一般成员. 实际上，这 $n-1$ 人中任意一个子集，配上主任，就能组成一个俱乐部. 而不同的子集个数共有 2^{n-1} 个. 这样，一共有 $n2^{n-1}$ 种不同的方式组成一个俱乐部.

另外，我们可以这样考虑问题. 对于固定的 k，首先从 n 个人中选择 k 个人组成一个 k 人集体 [有 $\binom{n}{k}$ 种方式]，然后从 k 个人中选择一个主任（有 k 种方式），这样一共有 $k\binom{n}{k}$ 种方式组成一个 k 人俱乐部. 对所有的 k（$k=1,2,\cdots,n$），将组成 k 人俱乐部的方式数相加，就得到组成俱乐部的方式数. 由此得到代数恒等式

$$\sum_{k=1}^{n} k\binom{n}{k} = n2^{n-1}. \qquad \blacksquare$$

1.6.4 分割

组合是从 n 元素集合中选出元素个数为 k 的一个子集，因此可将一个组合看成将集合分成两个子集合的一个分割，其中一个子集的元素个数为 k，另一个子集为其补集，元素的个数为 $n-k$. 现在我们考虑将一个集合分成多于两个集合的分割.

给定一个有 n 个元素的集合，并设 $n_1, n_2, \cdots, n_r$ 为非负整数，其总和为 n. 现在考虑将具有 n 个元素的集合分解成 r 个不相交的子集，使得第 i 个子集的元素个数刚好是 n_i. 一共有多少种分解的方法？

现在分阶段每次确定一个子集. 一共有 $\binom{n}{n_1}$ 种方法确定第一个子集. 当第一个子集确定以后，只剩下 $n-n_1$ 个元素可以用来确定第二个子集. 这样，在确定第二个子集的时候，一共有 $\binom{n-n_1}{n_2}$ 种方法. 其余阶段依此类推. 对 r 个阶段的选择过程利用计数准则，得到总共的选择方法数目为

$$\binom{n}{n_1}\binom{n-n_1}{n_2}\binom{n-n_1-n_2}{n_3}\cdots\binom{n-n_1-\cdots-n_{r-1}}{n_r},$$

上式等于

$$\frac{n!}{n_1!(n-n_1)!}\cdot\frac{(n-n_1)!}{n_2!(n-n_1-n_2)!}\cdots\frac{(n-n_1-\cdots-n_{r-1})!}{n_r!(n-n_1-\cdots-n_{r-1}-n_r)!}.$$

化简后等于

$$\frac{n!}{n_1!n_2!\cdots n_r!}.$$

这个数称为**多项式系数**，记为

$$\binom{n}{n_1, n_2, \cdots, n_r}.$$

例 1.32（**相同字母异序词**）　将 TATTOO 这个英文单词的字母重新排列可得到多少个不同的单词? 这里有 6 个位置供这些字母去填充. 每一种重新排列的方式可以看成一个有 6 个位置的分割，分割的一个小组的大小为 3，用于放置字母 T，另一个小组的大小为 2，用于放置字母 O，第三个小组的大小为 1，用于放置字母 A. 这样一共有

$$\frac{6!}{1!2!3!}=\frac{1\cdot 2\cdot 3\cdot 4\cdot 5\cdot 6}{1\cdot 1\cdot 2\cdot 1\cdot 2\cdot 3}=60$$

个单词.

也可以用另一种方法导出这个结果（这种方法也可以用于导出多项式系数的公式，见本章习题）. 假设这 6 个字母是不相同的，将 TATTOO 写成 $T_1AT_2T_3O_1O_2$ 的形式，这样一共有 6! 种不同的排列. 然而，有 3! 种 $T_1T_2T_3$ 的排列和 2! 种 O_1O_2 的排列形成同一个单词，去掉下标后，就一共有 $6!/(3!2!)$ 个不同的单词. ■

例 1.33　一个班由 4 名研究生和 12 名本科生组成，随机地将这 16 人分成 4 个 4 人组. 每个组刚好包含一名研究生的概率有多大? 这就是 1.3 节例 1.11 的问题. 现在我们要利用计数方法解答这个问题.

首先确定样本空间. 我们将分小组的问题设想成将 16 名学生随机地放入 4 个房间，每个房间 4 个人，这是一个分割问题. 由于 16 个人是随机地分配到各个房间里去的，故每个分割的概率是相等的. ①

按照分割的定义，分割数为

$$\binom{16}{4,4,4,4}=\frac{16!}{4!4!4!4!}.$$

现在考虑每一个房间只分配一名研究生的分割数. 我们分两个阶段来完成学生的分配问题.

(a) 第一阶段，将 4 名研究生分配到 4 个房间中去，每个房间 1 人. 第 1 名研究生可以选择 4 个房间中的任意一间，有 4 种选择；第 2 名研究生可以选择剩下 3 个房间中的任意一间，有 3 种选择；依此类推. 因此，这一阶段共有 4! 种选择.

(b) 第二阶段，将 12 名本科生分配到 4 个房间中去，每个房间分配 3 人. 这是一个分割问题，分割数为

$$\binom{12}{3,3,3,3}=\frac{12!}{3!3!3!3!}.$$

利用乘法准则，每个房间分配 1 名研究生和 3 名本科生的方法一共有

$$\frac{4!12!}{3!3!3!3!}$$

种. 这样，按古典概型的定义，每个小组分配到一名研究生的概率为

$$\frac{\dfrac{4!12!}{3!3!3!3!}}{\dfrac{16!}{4!4!4!4!}}.$$

① 这样，样本空间由全体分割组成，并且概率律是等概率的. ——译者注

经过化简，这个数为

$$\frac{12 \cdot 8 \cdot 4}{15 \cdot 14 \cdot 13}.$$

这个结果与例 1.11 的结果相符. ■

下面是计数法的汇总.

> **计数法汇总**
>
> - n 个对象的**排列数**：$n!$.
> - n 个对象中取 k 个对象的**排列数**：$n!/(n-k)!$.
> - n 个对象中取 k 个对象的**组合数**：$\binom{n}{k} = \frac{n!}{k!(n-k)!}$.
> - 将 n 个对象分成 r 组的**分割数**，其中第 i 组有 n_i 个对象：
>
> $$\binom{n}{n_1, n_2, \cdots, n_r} = \frac{n!}{n_1! n_2! \cdots n_r!}.$$

1.7 小结和讨论

解决一个概率问题通常分成下列几个步骤：

(a) 描述样本空间，样本空间是一个试验的所有可能结果的集合；

(b)（可能不直接地）列出概率律（每个事件的概率）；

(c) 计算各种事件的概率和条件概率.

事件的概率律必须满足非负性、可加性和归一化公理. 对于试验结果总数有限的重要特例，我们只需列出每一个可能试验结果的概率；而计算任何事件的概率，只需将组成这个事件的所有可能的试验结果的概率相加即可.

给定一个概率律，我们经常需要计算条件概率，这是因为条件概率涉及得到部分信息以后的概率计算问题. 我们也可以将条件概率看成特殊的概率律，在这个概率律之下，只有由条件确定的事件内的结果才有正的条件概率. 条件概率可以通过公式 $P(A \mid B) = P(A \cap B)/P(B)$ 进行计算. 然而，在应用中，更常见的是利用条件概率来计算无条件概率.

我们已经用例子说明了计算概率的如下三种方法.

(a) **计数法.** 这种方法适用于古典概型，即试验只有有限个可能的结果，且所有结果是等可能的. 为计算一个事件的概率，只需数清楚这个事件中的基本事件个数，再除以基本事件总数，就能得到这个事件的概率.

(b) **序贯树形图方法**. 当试验具有序贯特征时，可以利用序贯树形图方法. 这种方法的关键是必须计算相应树枝事件的条件概率. 这些条件概率或者是已知的，或者是利用各种方法（包括计数法）计算得到的. 利用乘法规则将相应路径上的事件的条件概率相乘，就可以得到相应事件的概率.

(c) **全概率公式**. 利用全概率公式可以计算事件 B 的概率 $P(B)$，关键是要找到样本空间的一个分割 A_i ($i = 1, \cdots, n$)，使得相应的概率 $P(A_i)$ 和条件概率 $P(B \mid A_i)$ 为已知或容易计算的，然后利用全概率公式计算 $P(B)$.

最后，我们还讨论了若干问题，这些问题或者扩大了概率论的应用范围，或者提高了利用主要定理进行计算的能力. 我们引入了贝叶斯准则，这是概率论的一个重要应用领域. 同时，为了加强计算能力，我们讨论了计数方法的一些基本规则，包括组合、排列等.

1.8 习题

1.1 节 集合

1. 掷一颗六面骰子. 令事件 A 表示掷出偶数，事件 B 表示掷出的点数大于 3. 验证下面的德摩根公式：

$$(A \cup B)^c = A^c \cap B^c, \qquad (A \cap B)^c = A^c \cup B^c.$$

2. 设 A 和 B 是两个集合.

(a) 证明

$$A^c = (A^c \cap B) \cup (A^c \cap B^c), \qquad B^c = (A \cap B^c) \cup (A^c \cap B^c).$$

(b) 证明

$$(A \cap B)^c = (A^c \cap B) \cup (A^c \cap B^c) \cup (A \cap B^c).$$

(c) 掷一颗均匀的六面骰子. 令事件 A 表示掷出奇数，事件 B 表示掷的点数小于 4. 求出 (b) 中公式两边的集合，并验证等式成立.

***3.** 证明恒等式

$$A \cup (\cap_{n=1}^{\infty} B_n) = \cap_{n=1}^{\infty} (A \cup B_n).$$

解 若 x 为左边集合的元素，则有两种可能性：(i) $x \in A$，此时对所有 $n \geqslant 1$ 有 $x \in A \cup B_n$，从而 x 属于等式右边的集合；(ii) $x \in B_n$，此时对所有 $n \geqslant 1$ 有 $x \in A \cup B_n$，这样 x 也属于等式右边的集合.

反过来，若 x 是等式右边集合的元素，说明对所有 $n \geqslant 1$ 有 $x \in A \cup B_n$. 若 $x \in A$，显然 x 是等式左边集合的元素. 若 $x \notin A$，此时对所有 $n \geqslant 1$，x 必须是 B_n 的元素，这再一次证明 x 是等式左边集合的元素.

***4. 康托尔的三角论证方法** 指出单位区间 $[0, 1]$ 是不可数集合，即 $[0, 1]$ 中的数不可能排成一个数列.

解 每一个 $[0,1]$ 区间中的数都有十进制表达式，例如 $1/3 = 0.3333\ldots$. 注意，绝大部分数具有唯一的表达式，但也有例外，例如 $1/2$ 可以表示为 $0.5000\ldots$ 或 $0.4999\ldots$. 可以证明这些数是仅有的例外，即只有结尾是无限个 0 或无限个 9 的数才有两种表达式.

现在用反证法. 假设 $[0,1]$ 区间中的所有数可以排成一列，$x_1, x_2, x_3, \cdots$，即 $[0,1]$ 区间中的每一个数都在这个序列中. 考虑 x_n 的十进制表达式

$$x_n = 0.a_n^1 a_n^2 a_n^3 \ldots,$$

其中 a_n^i 为集合 $\{0, 1, \cdots, 9\}$ 中的一个数. 现在构造一个数 y，它的第 n 位小数取 1 或 2，但是它不等于 x_n 的第 n 位数 a_n^n（$n = 1, 2, \cdots$）. 由于 y 的第 n 位与 x_n 的第 n 位数不同，所以 y 与 x_n 是不同的. 这样 y 不可能在 $x_1, x_2, x_3, \cdots$ 中，与假设矛盾. 从而 $[0,1]$ 区间中的数是不可数的.

1.2 节 概率模型

5. 一个班上有 60% 的学生是天才，70% 的学生喜欢巧克力，40% 的学生既是天才又喜欢巧克力. 现在从班上随机选择一个学生，他既不是天才学生又不喜欢巧克力的概率有多大?

6. 一颗六面骰子是这样设计的：在抛掷骰子的时候，所有偶数面出现的概率比奇数面出现的概率大一倍，不同的偶数面出现的概率是相同的，不同的奇数面出现的概率也是相同的. 现在将骰子抛掷一次，为这个试验建立概率律，并求点数小于 4 的概率.

7. 将一颗四面骰子连续抛掷若干次，直到第一次出现偶数面向上为止. 这个试验的样本空间是什么?

8. 你参加一个象棋比赛，与三个对手下象棋. 假定与每个对手比赛的时候，你赢棋的概率是已知的. 按规定，只有连赢两场才算得胜. 你可以选择比赛的次序. 证明将最弱的对手排在第二位时（不必在乎与其他两位对手的比赛次序），你得胜的概率最大.

9. 样本空间 Ω 的分割是一组互不相容的事件 $\{S_1, \cdots, S_n\}$，满足条件 $\Omega = \cup_{i=1}^n S_i$.

(a) 证明对任意事件 A，有
$$P(A) = \sum_{i=1}^n P(A \cap S_i).$$

(b) 利用 (a) 的结论，证明对任意事件 A、B 和 C，有

$$P(A) = P(A \cap B) + P(A \cap C) + P(A \cap B^c \cap C^c) - P(A \cap B \cap C).$$

10. 证明公式

$$P\left((A \cap B^c) \cup (A^c \cap B)\right) = P(A) + P(B) - 2P(A \cap B),$$

这个公式给出 A 和 B 中恰有一个事件发生的概率.（与公式 $P(A \cup B) = P(A) + P(B) - P(A \cap B)$ 比较，后者给出 A 和 B 中至少有一个事件发生的概率.）

***11. 邦费罗尼不等式.**

(a) 对于任何两个事件 A 和 B，证明

$$P(A\cap B)\geqslant P(A)+P(B)-1.$$

(b) 将上式推广到 n 个事件 $A_1,A_2,\cdots,A_n$ 的情况，证明

$$P(A_1\cap A_2\cap\cdots\cap A_n)\geqslant P(A_1)+P(A_2)+\cdots+P(A_n)-(n-1).$$

解　由等式 $P(A\cup B)=P(A)+P(B)-P(A\cap B)$ 和不等式 $P(A\cup B)\leqslant 1$ 立即可得 (a)．至于 (b)，利用德摩根公式可得

$$\begin{aligned}1-P(A_1\cap A_2\cap\cdots\cap A_n)&=P\big((A_1\cap A_2\cap\cdots\cap A_n)^c\big)\\&=P(A_1^c\cup A_2^c\cup\cdots\cup A_n^c)\\&\leqslant P(A_1^c)+P(A_2^c)+\cdots+P(A_n^c)\\&=\big(1-P(A_1)\big)+\big(1-P(A_2)\big)+\cdots+\big(1-P(A_n)\big)\\&=n-P(A_1)-P(A_2)-\cdots-P(A_n),\end{aligned}$$

由这个公式可得到 (b).

***12. 容斥恒等式.** 推广公式

$$P(A\cup B)=P(A)+P(B)-P(A\cap B).$$

(a) 设 A、B、C 为三个事件，则下列恒等式成立：

$$P(A\cup B\cup C)=P(A)+P(B)+P(C)-P(A\cap B)-P(A\cap C)-P(B\cap C)+P(A\cap B\cap C).$$

(b) 设 $A_1,A_2,\cdots,A_n$ 为 n 个事件．令 $S_1=\{i|1\leqslant i\leqslant n\}$，$S_2=\{(i_1,i_2)|1\leqslant i_1<i_2\leqslant n\}$，一般地，令 S_m 为满足条件 $1\leqslant i_1<i_2<\cdots<i_m\leqslant n$ 的 m 维指标 $(i_1,\cdots,i_m)$ 的集合，则下列恒等式成立：

$$\begin{aligned}P(\cup_{k=1}^n A_k)=&\sum_{i\in S_1}P(A_i)-\sum_{(i_1,i_2)\in S_2}P(A_{i_1}\cap A_{i_2})\\&+\sum_{(i_1,i_2,i_3)\in S_3}P(A_{i_1}\cap A_{i_2}\cap A_{i_3})-\cdots+(-1)^{n-1}P(\cap_{k=1}^n A_k).\end{aligned}$$

解　(a) 利用公式 $P(A\cup B)=P(A)+P(B)-P(A\cap B)$ 和 $(A\cup B)\cap C=(A\cap C)\cup(B\cap C)$，我们有

$$\begin{aligned}P(A\cup B\cup C)&=P(A\cup B)+P(C)-P((A\cup B)\cap C)\\&=P(A\cup B)+P(C)-P((A\cap C)\cup(B\cap C))\\&=P(A\cup B)+P(C)-P(A\cap C)-P(B\cap C)+P(A\cap B\cap C)\\&=P(A)+P(B)-P(A\cap B)+P(C)-P(A\cap C)-P(B\cap C)\\&\quad+P(A\cap B\cap C)\end{aligned}$$

$$= P(A) + P(B) + P(C) - P(A \cap B) - P(A \cap C) - P(B \cap C) + P(A \cap B \cap C).$$

(b) 利用归纳法. 主要推断部分可以模仿 (a) 中的推导步骤. 另一种证明方法见第 2 章末的习题.

***13. 概率的连续性.**

(a) 设 $A_1, A_2, \cdots$ 是一个单调递增的事件序列，即对每一个 n 有 $A_n \subseteq A_{n+1}$. 令 $A = \cup_{n=1}^{\infty} A_n$. 证明 $P(A) = \lim_{n\to\infty} P(A_n)$. 提示：将 A 表示成可数个不相交的事件之和.

(b) 设 $A_1, A_2, \cdots$ 是一个单调递减的事件序列，即对每一个 n 有 $A_n \supseteq A_{n+1}$. 令 $A = \cap_{n=1}^{\infty} A_n$. 证明 $P(A) = \lim_{n\to\infty} P(A_n)$. 提示：将 (a) 的结果应用于事件的补集.

(c) 考虑一个概率模型，其样本空间是实数集合. 证明

$$P([0,\infty)) = \lim_{n\to\infty} P([0,n]) \qquad 且 \qquad \lim_{n\to\infty} P([n,\infty)) = 0.$$

解 (a) 令 $B_1 = A_1$，对 $n \geqslant 2$，令 $B_n = A_n \cap A_{n-1}^c$. 这样定义的事件序列 B_n 是互不相容的事件序列，并且 $\cup_{k=1}^{n} B_k = A_n$，$\cup_{k=1}^{\infty} B_k = A$. 利用可加性公理得到

$$P(A) = \sum_{k=1}^{\infty} P(B_k) = \lim_{n\to\infty} \sum_{k=1}^{n} P(B_k) = \lim_{n\to\infty} P(\cup_{k=1}^{n} B_k) = \lim_{n\to\infty} P(A_n).$$

(b) 令 $C_n = A_n^c$ 且 $C = A^c$. 由于 $A_{n+1} \subseteq A_n$，可知 $C_n \subseteq C_{n+1}$，即事件序列 C_n 是单调递增序列. 进一步，$C = A^c = (\cap_{n=1}^{\infty} A_n)^c = \cup_{n=1}^{\infty} A_n^c = \cup_{n=1}^{\infty} C_n$. 将 (a) 用于事件序列 C_n，得到

$$1 - P(A) = P(A^c) = P(C) = \lim_{n\to\infty} P(C_n) = \lim_{n\to\infty} (1 - P(A_n)),$$

由此可得结论：$P(A) = \lim_{n\to\infty} P(A_n)$.

(c) 令 $A_n = [0,n]$ 和 $A = [0,\infty)$，利用结论 (a)，可得第一个等式. 至于第二个等式，只需令 $A_n = [n,\infty]$ 和 $A = \cap_{n=1}^{\infty} A_n = \varnothing$，再利用结论 (b)，就可以得到.

1.3 节 条件概率

14. 将一颗均匀的六面骰子连续抛掷两次. 36 个可能的结果是等概率的.

(a) 求抛掷出相同点数的概率；

(b) 已知抛掷得到的点数总和小于等于 4，求抛掷出相同点数的概率；

(c) 求至少一次抛得 6 点的概率；

(d) 在两次的点数不同的条件下，求一次抛得 6 点的概率.

15. 将一枚硬币抛掷两次. 爱丽丝声称，相比已知两次中至少有一次正面向上的条件，在已知第一次正面向上的条件下，抛掷得到两次正面向上的可能性更大. 这个结论对吗？在硬币为均匀和不均匀的条件下，结论会不会不同？爱丽丝的推论方法能不能推广？

16. 有三枚硬币，其中一枚的两面都画有正面图像，另一枚的两面都画有反面图像，第三枚是正常硬币（两面的图像是一正一反）. 从中随机抽取一枚硬币进行抛掷，得到正面向上，这枚硬币的另一面画有反面图像的概率有多大？

17. 有一批产品共 100 件. 从中随机抽取 4 件产品进行检查，只要这 4 件产品中有一件不合格，就拒绝这批产品. 如果这批产品中有 5 件不合格品，那么这批产品被拒绝的概率是多少?

18. 令 A 和 B 是两个事件. 假定 $P(B)>0$，证明 $P(A\cap B\,|\,B)=P(A\,|\,B)$.

1.4 节　全概率定理和贝叶斯准则

19. 爱丽丝在文件柜中寻找她的学期报告. 她的文件柜有若干个抽屉. 她知道她的学期报告在第 j 个抽屉内的概率为 p_j（大于 0）. 由于抽屉里的东西放得很乱，即使学期报告真的在第 i 个抽屉内，爱丽丝在第 i 个抽屉内找到学期报告的概率也仅为 d_i. 现在假定爱丽丝在第 i 个抽屉内找，而没有找到. 证明在这个事件发生的条件下，她的学期报告在第 j 个抽屉内的概率是

$$\frac{p_j}{1-p_id_i}\quad(\text{若 } j\neq i),\qquad\qquad \frac{p_i(1-d_i)}{1-p_id_i}\quad(\text{若 } j=i).$$

20. **弱者利用策略在比赛中获利**. 鲍里斯准备与一位对手进行两局象棋比赛. 他希望找出好的策略以提高胜率. 每局棋的结果有三种可能：赢、输、平局. 如果两局后的积分相等，就采用“突然死亡法”，直到一方赢得一局，从而得出比赛的胜负. 鲍里斯有两种不同的下棋风格：*保守*和*进攻*，并且在每一局都能自如地决定采用其中的一种风格，与前一局无关. 当采用保守的风格时，平局的概率为 p_d（$p_d>0$），输的概率为 $1-p_d$. 当采用进攻的风格时，他赢的概率为 p_w，输的概率为 $1-p_w$. 鲍里斯在“突然死亡”阶段总是采用进攻的风格，但是在第一、第二局可以随意采用不同的风格.

(a) 找出在采用下列几种策略的情况下，鲍里斯得胜的概率：

　(i) 在第一、第二局采用进攻风格；

　(ii) 在第一、第二局采用保守风格；

　(iii) 只要他的分数领先，就采用保守风格，其他情况采用进攻风格.

(b) 若 $p_w<1/2$，那么不管采取什么风格，鲍里斯始终是游戏中的弱者. 证明当采用策略 (iii) 的时候，鲍里斯可以有好于 50% 的赢棋机会（依赖于 p_w 和 p_d 的值）. 你怎样解释这种现象?

21. 两个人轮流从一个坛子中随机取出一个球，坛子里放有 m 个白球和 n 个黑球. 首先从坛子里取出白球者为胜. 为计算第一个取球者获胜的概率，导出一个递推公式.

22. 一共有 k 个坛子，每个坛子中有 m 个白球和 n 个黑球. 将坛子 1 中随机取出的一个球放到坛子 2 中，再在坛子 2 中随机取出一个球放到坛子 3 中，如此往复，直到最后，从坛子 k 中随机取出一个球. 证明最后取出的球是白球的概率与第一次取出白球的概率是一样的，即 $m/(n+m)$.

23. 一共有两个坛子，最初两个坛子中含有相等个数的球. 现在进行一次球的交换，即分别同时从一个坛子中随机拿出一个球放到另一个坛子中去. 经过 4 次这样的交换以后，两个坛子的状态保持不变的概率是多少? 所谓状态保持不变即原来在哪个坛子中的球还在哪个坛子中.

24. 犯人的难题. 已知三个犯人中的两个将被释放，在事情公布之前，被释放犯人的身份是保密的. 一个犯人要求看守告诉他，其两个狱友中的哪一个将被释放. 看守拒绝了他的要求，理由是："在现有的信息之下，你被释放的概率为 2/3. 但我若告诉你这个信息，你被释放的概率就将变成 1/2，因为此时将在你和另一个犯人之间确定谁被释放." 这个看守所列理由的错误在哪里?

25. 两个信封之谜. 你面前有两个信封，每个信封内有若干钞票，钞票的数目都是整数（单位：元），但钱数不相同，且可被认为是未知的常数. 你可以随机打开一个信封，查看其中的钱，也允许你改变主意换另一个信封，以便拿到更多的钱. 一个朋友声称有一个策略，可以使拿到钱数较多信封的概率超过 1/2. 方法如下：连续抛掷一枚硬币，直到正面向上为止，令 X 为抛掷硬币的次数再加上 1/2. 如果你头一次打开的信封里的钱数少于 X 就换信封，否则不换. 你朋友的方法可行吗?

26. 归纳法的悖论. 考虑一个不知道真伪的命题. 如果我们看到许多例子与这个命题相匹配，那么就增加对这个命题为真的信心. 这样的推论方法称为（哲学意义上，不是数学上的）归纳推论法. 现在考虑一个命题，"所有的母牛是白色的"，与其等价的命题为"凡不是白色的就不是母牛". 当观测到几只黑色乌鸦的时候，我们的观测显然与这个命题是相匹配的. 但是这些观测会不会使得命题"所有的母牛是白色的"为真的可能性更大一些呢?

为分析这种情况，考虑如下概率模型.

A：所有的母牛是白色的.

A^c：50% 的母牛是白色的.

令 p 是事件 A 发生的先验概率 $P(A)$. 我们分别以概率 q 和 $1-q$ 观测到一头母牛和一只乌鸦. 这个观测与 A 是否发生是独立的. 假设 $0<p<1, 0<q<1$，并且所有的乌鸦都是黑色的.

(a) 给定事件 $B=\{$观测到一只黑色的乌鸦$\}$，求 $P(A\,|\,B)$ 的值.

(b) 给定事件 $C=\{$观测到一头白色的母牛$\}$，求 $P(A\,|\,C)$ 的值.

27. 爱丽丝和鲍勃一共有 $2n+1$ 枚均匀硬币. 鲍勃连续抛掷了 $n+1$ 枚硬币，爱丽丝抛掷了 n 枚硬币. 证明鲍勃抛出的正面数比爱丽丝抛出的正面数多的概率为 1/2.

***28. 关于条件概率的全概率公式**. 设 $C_1,\cdots,C_n$ 为 n 个互不相容的事件，并且形成样本空间的一个分割. 令 A 和 B 是两个事件，满足 $P(B\cap C_i)>0$ 对所有 i 成立. 证明

$$P(A\,|\,B)=\sum_{i=1}^{n}P(C_i\,|\,B)P(A\,|\,B\cap C_i).$$

解 首先，我们有

$$P(A\cap B)=\sum_{i=1}^{n}P\big((A\cap B)\cap C_i\big),$$

再利用乘法规则得到

$$P\big((A\cap B)\cap C_i\big)=P(B)P(C_i\,|\,B)P(A\,|\,B\cap C_i).$$

综合两个等式得到

$$P(A\cap B)=\sum_{i=1}^{n}P(B)P(C_i\,|\,B)P(A\,|\,B\cap C_i),$$

上式两边除以 $P(B)$ 并利用公式 $P(A\,|\,B)=P(A\cap B)/P(B)$，就可得到关于条件概率的全概率公式.

***29.** 设 A 和 B 为两个事件，$P(A)>0$，$P(B)>0$. 如果 $P(A\,|\,B)>P(A)$，则称事件 B 暗示事件 A；如果 $P(A\,|\,B)<P(A)$，则称事件 B 不暗示事件 A.

(a) 证明事件 B 暗示事件 A 的充要条件是事件 A 暗示事件 B.

(b) 假设 $P(B^c)>0$. 证明事件 B 暗示事件 A 的充要条件是事件 B^c 不暗示事件 A.

(c) 已知一个宝物藏匿于两个地点之一，其概率分别为 β 和 $1-\beta$，$0<\beta<1$. 如果这个宝物藏匿于第一个地点，在该地点发掘并找到它的概率为 $p>0$. 证明在第一个地点没有找到这个宝物的事件“暗示”宝物在第二个地点.

解 (a) 利用等式 $P(A\,|\,B)=P(A\cap B)/P(B)$ 可知，B 暗示 A 的充要条件是 $P(A\cap B)>P(A)P(B)$，利用对称性可知，这个条件也是 A 暗示 B 的充要条件.

(b) 由于 $P(B)+P(B^c)=1$，我们有

$$P(B)P(A)+P(B^c)P(A)=P(A)=P(B)P(A\,|\,B)+P(B^c)P(A\,|\,B^c),$$

这个等式意味着

$$P(B^c)(P(A)-P(A\,|\,B^c))=P(B)(P(A\,|\,B)-P(A)).$$

这样，$P(A\,|\,B)-P(A)>0$（B 暗示 A）成立的充要条件为 $P(A)-P(A\,|\,B^c)>0$（B^c 不暗示 A）.

(c) 设 A 和 B 为

$$A=\{\text{宝物在第二个地点}\},$$
$$B=\{\text{在第一个地点未发现宝物}\}.$$

利用全概率公式，我们得到

$$P(B)=P(A^c)P(B\,|\,A^c)+P(A)P(B\,|\,A)=\beta(1-p)+(1-\beta),$$

所以

$$P(A\,|\,B)=\frac{P(A\cap B)}{P(B)}=\frac{1-\beta}{\beta(1-p)+(1-\beta)}=\frac{1-\beta}{1-\beta p}>1-\beta=P(A),$$

这说明 B 暗示 A.

1.5 节 独立性

30. 一天，猎手带着他的两条猎犬追踪某个动物. 他们来到一个三岔口. 猎手知道两条猎犬会相互独立地以概率 p 找到正确的方向. 因此他让两条猎犬各自选择方向. 如果两条猎犬选择同一方向，他就沿着这个方向走. 如果两条猎犬选择不同的方向，他就随机选择一个方向. 这个策略是否比只让一条猎犬选择方向更优?

31. 在噪声通道中通信. 一串二进制信号（0 或 1）在噪声通道内传输. 信号源以概率 p 发送 0，以概率 $1-p$ 发送 1. 错误传输的概率分别为 ε_0 和 ε_1（见图 1-18）. 在传输中，不同信号的误差是相互独立的.

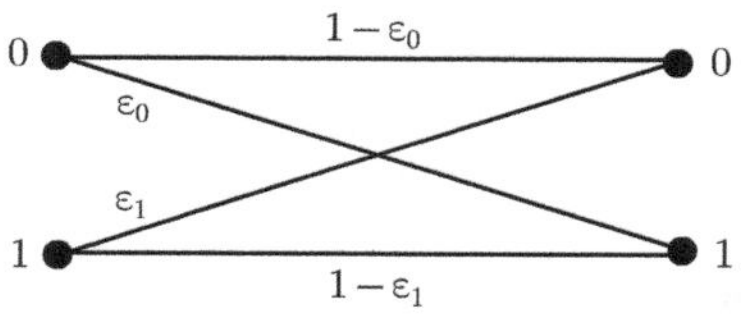

图 1-18 二进制通信通道中的传输误差概率

(a) 第 k 个信号能够被正确接收的概率有多大?

(b) 信号串 1011 能够被正确接收的概率有多大?

(c) 为了提高传输的可靠性，每个信号重复传输三次，译码规则采用多数决定制. 换言之，在传输信号 0（或 1）的时候，实际上传输的是 000（或 111）. 在译码的时候，采用少数服从多数的原则，例如收到的信号为 010，则译成信号 0，若收到的信号为 110，则译成信号 1. 采用这样的编码和译码规则后，信号 0 被正确传输的概率有多大?

(d) 在 (c) 中，ε_0 为何值才能使信号 0 被正确传输的概率增大?

(e) 假设编码和译码的规则采用 (c) 中的规定. 当接收端得到 101 的时候，对方发信号 0 的概率有多大?

32. 国王的兄弟姐妹. 国王只有一个兄弟或姐妹，那么国王有一个兄弟的概率有多大? 此处假定国王的母亲生男或生女的概率为 1/2，而且各次生育是相互独立的. 注意，在回答此问题的时候，你必须说清楚附加的假设.

33. 利用不均匀硬币做出无偏决策. 爱丽丝和鲍勃想利用一枚均匀硬币来决定他们去看歌剧还是看电影. 不幸的是，他们只有一枚不均匀硬币（而且他们并不知道偏差程度）. 怎样利用一枚不均匀硬币做出无偏决策，即以 1/2 的概率看电影，1/2 的概率看歌剧呢?

34. 电子系统由许多相同的元件构成，每个元件有效的概率为 p，且各元件是否有效是相互独立的. 这些元件构成了三个子系统（见图 1-19）. 如果在图中有一条由 A 到 B 的通路，且通路上每一个元件都是有效的，则这个系统有效. 这个系统有效的概率有多大?

35. n 选 k 系统的可靠性. 一个系统由 n 个相同元件组成，其中每个元件有效的概率为 p，且元件有效与否相互独立. 如果这 n 个元件中至少有 k 个元件有效，那么这个 n 选 k 系统有效. 这个 n 选 k 系统有效的概率有多大?

36. 一个电力供应系统从 n 个电厂得到电力给城市供电. 出于种种原因，电厂 i 以概率 p_i 中断供电，而且各电厂之间是独立的.

(a) 假定任何一个电厂都能够单独为全市供电. 全市停电的概率有多大?

(b) 假定需要两个电厂供电才能避免全市停电. 全市停电的概率有多大?

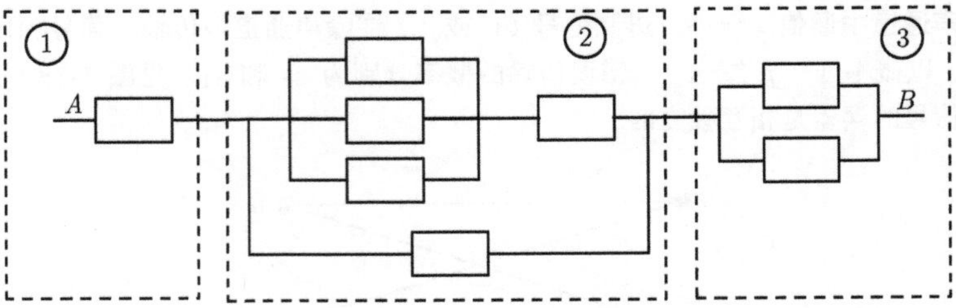

图 1-19　一个系统包含许多相同的元件，并由三个子系统串联而成. 如果存在一条由 A 到 B 的通路，且通路上的每一个元件都是有效的，则这个系统有效

37. 有一个手机服务系统，它有 n_1 个电话用户（有时候需要电话连接）和 n_2 个数据用户（有时候需要数据连接）. 在给定的时刻，每个电话用户需要系统服务的概率为 p_1，每个数据用户需要系统服务的概率为 p_2. 假定各用户的需求是独立的. 已知一个电话用户的数据传输率为 r_1 比特/秒，一个数据用户的数据传输率为 r_2 比特/秒，手机服务系统的容量为 c 比特/秒. 用户的需求超过系统容量的概率是多少?

38. **点数问题.**① 泰里思和温迪在玩 18 个洞的高尔夫球，奖金为 10 元钱. 他们各自赢得一个洞的概率分别为 p（泰里思）和 $1-p$（温迪），并且各个洞的输赢是独立的. 打完 10 个洞后，他们的比分为 4:6，温迪占上风. 此时泰里思接到一个紧急电话，必须回单位工作. 他们决定按照打完比赛时赢得比赛的概率分割奖金. 假定 p_T（p_W）代表在目前 10 个洞的比分为 4:6 的条件下，完成 18 个洞的比赛后泰里思（温迪）领先的概率，则泰里思应得 $10p_T/(p_T+p_W)$ 元，而温迪应得 $10p_W/(p_T+p_W)$ 元. 泰里思应该分得多少钱?

注　这是著名的点数问题的一个例子. 这个问题在概率论发展历史上起着重要的作用. 这是舍瓦利耶 · 德梅雷于 17 世纪向帕斯卡提出的赌博中断情况下赌本的分割问题. 对此问题，帕斯卡提出这样的想法：赌本分割问题应当按中断的条件下双方各自赢得赌博的条件概率进行分配. 帕斯卡在某些特殊情况下解决了这个问题，并且通过与费马的通信激发了更多的想法和与概率有关的研究课题.

39. 有一班学生的出勤率很低，这使教授很苦恼. 她决定，若 n 个学生中的出勤人数少于 k 就不上课. 现在假定各个学生独立地决定自己是否出勤，在好天气的日子里，每个学生出勤的概率为 p_g，在坏天气的日子里，每个学生出勤的概率为 p_b. 现在假定已知某一天是坏天气的概率，计算这位教授在这一天能够讲课的概率.

40. 有一枚不均匀硬币，在抛掷的时候，正面出现的概率为 p，反面出现的概率为 $1-p$. 令 q_n 为 n 次独立抛掷后得到偶数次正面向上的概率. 导出一个联系 q_n 和 q_{n-1} 的递推公式，并利用递推公式导出 q_n 的公式

$$q_n = \left(1 + (1-2p)^n\right)/2.$$

① 国内称为赌本分割问题. ——译者注

41. 有无数个人排队参加一个游戏，每个人依次从整数序列中无放回地抽取一个数. 只有得数最小的那个人留下来. 假设每次抽取相互独立. 令 N 为第一个人被淘汰的轮次. 对任意正整数 n，计算 $P(N=n)$.

***42. 赌徒破产问题**. 一个赌徒进行了一系列独立的押注. 每次押注，他以概率 p 赢 1 元钱，以概率 $1-p$ 输 1 元钱. 开始押注时他有 k 元钱，当他输光钱或者累计钱数为 n 元的时候就停止押注. 他以累计钱数为 n 元而停止押注的概率有多大?

解 用 A 表示以累计钱数为 n 元而停止押注的事件，用 F 表示第一次押注赢得 1 元钱的事件. 用 w_k 表示他在开始时有 k 元钱的条件下事件 A 发生的概率. 利用全概率公式可得

$$w_k = P(A\,|\,F)P(F) + P(A\,|\,F^c)P(F^c) = pP(A\,|\,F) + qP(A\,|\,F^c), \qquad 0<k<n,$$

其中 $q=1-p$. 因为过去押注和以后押注是相互独立的，第一次押注赢得 1 元钱后等同于以 $k+1$ 元钱开始押注，故 $P(A\,|\,F)=w_{k+1}$，类似可得 $P(A\,|\,F^c)=w_{k-1}$. 这样我们得到 $w_k = pw_{k+1}+qw_{k-1}$. 这个结果可以写成

$$w_{k+1}-w_k = r(w_k - w_{k-1}), \qquad 0<k<n,$$

其中 $r=q/p$. 利用这个递推公式和边界条件 $w_0=0$ 和 $w_n=1$ 可以将 w_k 表达为 p 和 q 的函数.

我们有 $w_{k+1}-w_k = r^k(w_1-w_0)$，并注意到 $w_0=0$，从而

$$w_{k+1} = w_k + r^k w_1 = w_{k-1} + r^{k-1}w_1 + r^k w_1 = w_1 + rw_1 + \cdots + r^k w_1.$$

上面的和式可以分成 $r=1$（$p=q$）和 $r\neq 1$（$p\neq q$）两种情况计算出来，得到

$$w_k = \begin{cases} \dfrac{1-r^k}{1-r}w_1, & 若\ p\neq q, \\ kw_1, & 若\ p=q. \end{cases}$$

由于 $w_n=1$，利用上式可以得到

$$w_1 = \begin{cases} \dfrac{1-r}{1-r^n}, & 若\ p\neq q, \\ \dfrac{1}{n}, & 若\ p=q, \end{cases}$$

从而

$$w_k = \begin{cases} \dfrac{1-r^k}{1-r^n}, & 若\ p\neq q, \\ \dfrac{k}{n}, & 若\ p=q. \end{cases}$$

***43.** 令 A 和 B 为相互独立的事件. 利用事件独立性的定义证明下面的结论:

(a) 事件 A 和事件 B^c 相互独立;

(b) 事件 A^c 和事件 B^c 相互独立.

解　(a) 事件 A 可以表示成两个互不相容的事件 $A\cap B^c$ 和 $A\cap B$ 的并. 利用概率的可加性公理和事件 A 以及事件 B 的相互独立性，得到

$$P(A)=P(A\cap B)+P(A\cap B^c)=P(A)P(B)+P(A\cap B^c).$$

由此可知

$$P(A\cap B^c)=P(A)\big(1-P(B)\big)=P(A)P(B^c).$$

即 A 和 B^c 相互独立.

(b) 由 A 和 B 相互独立，利用 (a) 推得 A 和 B^c 的相互独立性. 再将结论 (a) 应用于 B^c 和 A，得到 B^c 和 A^c 的相互独立性.

***44.** 令 A、B、C 为独立事件，$P(C)>0$. 证明 A 和 B 在给定 C 发生的条件下是相互独立的.

解　我们有

$$\begin{aligned}P(A\cap B\,|\,C)&=\frac{P(A\cap B\cap C)}{P(C)}\\&=\frac{P(A)P(B)P(C)}{P(C)}\\&=P(A)P(B)\\&=P(A\,|\,C)P(B\,|\,C),\end{aligned}$$

由此可知，A 和 B 在给定 C 发生的条件下是相互独立的. 在上述计算过程中，第一个等式利用了条件概率的定义，第二个等式利用了事件 A、B、C 的独立性，第三个等式直接约分，第四个等式利用了 A 与 C 的独立性和 B 与 C 的独立性.

***45.** 令 A_1、A_2、A_3、A_4 为独立事件，$P(A_3\cap A_4)>0$. 证明

$$P(A_1\cup A_2\,|\,A_3\cap A_4)=P(A_1\cup A_2).$$

解　我们有

$$P(A_1\,|\,A_3\cap A_4)=\frac{P(A_1\cap A_3\cap A_4)}{P(A_3\cap A_4)}=\frac{P(A_1)P(A_3)P(A_4)}{P(A_3)P(A_4)}=P(A_1).$$

类似地，可以得到 $P(A_2\,|\,A_3\cap A_4)=P(A_2)$ 和 $P(A_1\cap A_2\,|\,A_3\cap A_4)=P(A_1\cap A_2)$. 综上，我们有

$$\begin{aligned}P(A_1\cup A_2\,|\,A_3\cap A_4)&=P(A_1\,|\,A_3\cap A_4)+P(A_2\,|\,A_3\cap A_4)-P(A_1\cap A_2\,|\,A_3\cap A_4)\\&=P(A_1)+P(A_2)-P(A_1\cap A_2)\\&=P(A_1\cup A_2).\end{aligned}$$

***46.** **拉普拉斯继承准则**. 设有 $m+1$ 个盒子，第 k 个盒子内放有 k 个红球和 $m-k$ 个白球，其中 k 由 0 变到 m. 现在随机取一个盒子（每个盒子被等概率取到），独立、有放回地从这个盒子内抽取一个球，一共抽取 n 次. 假定这 n 次抽得的球都是红球. 从这个盒子内再抽取一个球，这个球为红球的概率有多大？当 m 很大的时候，这个概率会怎样变化？

解　令 E 为第 $n+1$ 次抽得红球的事件，R_n 表示前 n 次都抽得红球的事件. 直观上看，连续抽出红球说明被抽取盒子里含有很多红球，因此 $P(E\,|\,R_n)$ 靠近 1. 事实上，拉普

拉斯利用此例计算给定 5000 年中每天日出的条件下明天日出的概率.（我们不清楚拉普拉斯多么严肃地对待这个计算问题，但是这已成为概率论发展过程中的一个传说.）

我们有

$$P(E\,|\,R_n)=\frac{P(E\cap R_n)}{P(R_n)},$$

再利用全概率公式，得到

$$P(R_n)=\sum_{k=0}^{m}P(\text{选中了第 }k\text{ 个盒子})\left(\frac{k}{m}\right)^n=\frac{1}{m+1}\sum_{k=0}^{m}\left(\frac{k}{m}\right)^n,$$

$$P(E\cap R_n)=P(R_{n+1})=\frac{1}{m+1}\sum_{k=0}^{m}\left(\frac{k}{m}\right)^{n+1}.$$

对于较大的 m，可将和数看成积分的近似值：

$$P(R_n)=\frac{1}{m+1}\sum_{k=0}^{m}\left(\frac{k}{m}\right)^n\approx\frac{1}{(m+1)m^n}\int_0^m x^n\mathrm{d}x=\frac{1}{(m+1)m^n}\cdot\frac{m^{n+1}}{n+1}\approx\frac{1}{n+1}.$$

类似地，

$$P(E\cap R_n)=P(R_{n+1})\approx\frac{1}{n+2},$$

故

$$P(E\,|\,R_n)\approx\frac{n+1}{n+2}.$$

当 m 和 n 都很大的时候，再抽得一个红球几乎是确定的.

***47. 二项式公式和帕斯卡三角.** [①]

(a) 在抛掷 n 枚硬币的试验中，将出现 k 次正面向上的结果数记作 $\binom{n}{k}$，利用 $\binom{n}{k}$ 的这个定义导出帕斯卡三角中所具有的递推关系（见图 1-20）.

$$\begin{array}{ccccccccc}
 & & & & \binom{0}{0} & & & & \\
 & & & \binom{1}{0} & & \binom{1}{1} & & & \\
 & & \binom{2}{0} & & \binom{2}{1} & & \binom{2}{2} & & \\
 & \binom{3}{0} & & \binom{3}{1} & & \binom{3}{2} & & \binom{3}{3} & \\
\binom{4}{0} & & \binom{4}{1} & & \binom{4}{2} & & \binom{4}{3} & & \binom{4}{4} \\
 & & & & \cdots\cdots & & & &
\end{array}
\qquad
\begin{array}{ccccccccc}
 & & & & 1 & & & & \\
 & & & 1 & & 1 & & & \\
 & & 1 & & 2 & & 1 & & \\
 & 1 & & 3 & & 3 & & 1 & \\
1 & & 4 & & 6 & & 4 & & 1 \\
 & & & & \cdots\cdots & & & &
\end{array}$$

图 1-20 利用帕斯卡三角依次计算二项式系数的方法. 左边三角阵列上的数经过计算后放在右边阵列上的相应位置上. 右边三角阵列上的数，除了每一排两端的数都是 1 以外，其余位置的数都是上一排两个相邻数的和

(b) 利用 (a) 中推导出来的递推关系和归纳法，证明

$$\binom{n}{k}=\frac{n!}{k!(n-k)!}.$$

① 也称为“贾宪三角”或“杨辉三角”. ——编者注

解 (a) 有两种方法可以产生含有 k（$0<k<n$）次正面向上的序列.

(1) 前 $n-1$ 次抛掷硬币的试验中出现 k 次正面向上，第 n 次抛掷出现反面向上. 这种序列一共有 $\binom{n-1}{k}$ 个.

(2) 前 $n-1$ 次抛掷硬币的试验中出现 $k-1$ 次正面向上，第 n 次抛掷正面向上. 这种序列一共有 $\binom{n-1}{k-1}$ 个.

这样，

$$\binom{n}{k}=\begin{cases}\binom{n-1}{k-1}+\binom{n-1}{k}, & 若\ k=1,2,\cdots,n-1,\\ 1, & 若\ k=0,n.\end{cases}$$

这个公式总结了帕斯卡三角中提示的递推算法（见图 1-20）.

(b) 现在利用 (a) 中的公式以及归纳法导出

$$\binom{n}{k}=\frac{n!}{k!(n-k)!}.$$

对于 $n=1$，利用约定 $0!=1$，我们得到 $\binom{1}{0}=\binom{1}{1}=1$，即对于 $n=1$ 公式是成立的. 现在假定公式对于 $n-1$ 以前的所有正整数都成立. 转而讨论 n 的情况. 对于 $k=0,n$ 的情况，公式显然成立. 对于 $k=1,2,\cdots,n-1$，我们有

$$\begin{aligned}\binom{n}{k}&=\binom{n-1}{k-1}+\binom{n-1}{k}\\&=\frac{(n-1)!}{(k-1)!(n-1-k+1)!}+\frac{(n-1)!}{k!(n-1-k)!}\\&=\frac{k}{n}\cdot\frac{n!}{k!(n-k)!}+\frac{n-k}{n}\cdot\frac{n!}{k!(n-k)!}\\&=\frac{n!}{k!(n-k)!}.\end{aligned}$$

于是，我们用归纳法证明了公式对所有 n 都是成立的.

***48. 博雷尔–坎泰利引理**. 考虑一个无穷次试验序列. 假定第 i 次试验成功的概率为 p_i. 令 N 为试验序列中没有一次成功的事件，I 为试验序列中具有无限多次成功的事件.

(a) 假定试验是相互独立的，并且 $\sum_{i=1}^{\infty}p_i=\infty$. 证明 $P(N)=0$ 且 $P(I)=1$.

(b) 假定 $\sum_{i=1}^{\infty}p_i<\infty$. 证明 $P(I)=0$.

解 (a) 由事件 N 发生可知前 n 次试验中没有一次成功，因此

$$P(N)\leqslant\prod_{i=1}^{n}(1-p_i).$$

两边取对数[①]，得到

$$\log P(N)\leqslant\sum_{i=1}^{n}\log(1-p_i)\leqslant\sum_{i=1}^{n}(-p_i).$$

① 下面公式中对数的底数并不重要，可以取任意值. 如无特别说明，本书中的对数均为如此. ——编者注

上式中令 $n\to\infty$，我们得到 $\log P(N)=-\infty$，因此 $P(N)=0$.

记 L_n 表示这个无穷次试验中只有有限次成功并且最后一次成功出现在第 n 次试验时. 由于我们已经证明了 $P(N)=0$，不难验证 $P(L_n)=0$. 又由于事件 I^c 是不相容的事件序列 L_n（$n\geqslant 1$）和 N 的并，我们得到

$$P(I^c)=P(N)+\sum_{n=1}^{\infty}P(L_n)=0,$$

所以 $P(I)=1$.

(b) 令 S_i 表示第 i 次试验成功的事件. 对某个 n 和每一个 $i>n$，定义 F_i 表示在时刻 n 以后的时刻 i 第一次成功的事件，显然 $F_i\subseteq S_i$. 最后令 A_n 表示在时刻 n 以后至少有一次成功的事件. 注意到 $I\subseteq A_n$，因为无限多次成功说明任意时刻 n 以后至少有一次成功. 显然事件 A_n 是不相容的事件序列 $\{F_i:i>n\}$ 之并. 这样

$$P(I)\leqslant P(A_n)=P\left(\bigcup_{i=n+1}^{\infty}F_i\right)=\sum_{i=n+1}^{\infty}P(F_i)\leqslant\sum_{i=n+1}^{\infty}P(S_i)=\sum_{i=n+1}^{\infty}p_i.$$

由于 $\sum_{i=n+1}^{\infty}p_i<\infty$，令 $n\to\infty$，上式右边趋于 0，这说明 $P(I)=0$.

1.6 节 计数法

49. **德梅雷之谜**. 独立地抛掷一颗六面骰子，共三次. 下面事件中的哪个可能性更大：点数和为 11 还是 12?（这个问题是 17 世纪法国贵族德梅雷向他的朋友帕斯卡提出的.）

50. **生日问题**. 一共有 n 个人参加聚会. 假定每个人的生日独立、均匀地分布在一年中，并且排除了 2 月 29 日这一特殊的日子（假定没有人在这一天出生）. 没有任何两人的生日在同一天的概率有多大?

51. 一个坛子中含 m 个红球和 n 个白球.

(a) 我们随机从中抽取两个球. 写出样本空间并计算抽取两个不同颜色球的概率. 计算的时候利用两种不同的方法：一种方法是利用离散均匀分布率，另一种方法是利用基于乘积规则的序贯方法.

(b) 抛掷一颗具有三条边的骰子，每条边上分别标明 1, 2, 3. 如果出现 k，则从坛子中取出 k 个球，放在一边. 写出样本空间并利用全概率公式计算取出的球全是红色的概率.

52. 在经过充分洗牌的一副 52 张扑克牌中，从上到下一张一张地翻牌，求在第 13 张牌第一次遇到 K 的概率.

53. 一共有 90 个学生，其中包括乔和简. 现在将他们随机地分成 3 个班（每个班 30 人）. 求乔和简被分在同一个班的概率.

54. 有 20 辆小汽车停放在一个停车场，其中有 10 辆国产车，10 辆外国车. 停车场的 20 个车位是一字排开的. 这些车的停放是完全随机的.

(a) 一共有多少种不同的停车方法?

(b) 这些车互相错位停放（既没有两辆国产车相邻，也没有两辆外国车相邻）的概率有多大？

55. 在 8×8 的国际象棋盘中放置 8 个车．假定所有放法都是等可能的．求这些车安全的概率.（安全的意思是：在同一行上最多只能有一个车，在同一列上最多也只能有一个车.）

56. 某系一共开设 8 门低水平课程 $L_1, L_2, \cdots, L_8$ 和 10 门高水平课程 $H_1, H_2, \cdots, H_{10}$．一个有效的课程表由 4 门低水平课程和 3 门高水平课程组成.

(a) 一共可以排出多少种有效的课程表？

(b) 假定课程 $H_1, \cdots, H_5$ 必须以 L_1 为先修课程，$H_6, \cdots, H_{10}$ 必须以 L_2 和 L_3 为先修课程．在这样的条件下可以排出多少种有效的课程表？

57. 利用 26 个字母能够写出多少 6 个单词的句子，其中每个字母恰好出现一次？所谓一个单词就是指一个非空的字母序列．当然，这些单词和句子可以是毫无意义的.

58. 从一副充分洗牌的扑克牌中取出上面的 7 张牌．求下列事件的概率：

(a) 7 张牌中恰好含有 3 张 A；

(b) 7 张牌中恰好含有 2 张 K；

(c) 7 张牌中恰好含有 3 张 A，或者恰好含有 2 张 K，或者恰好含有 3 张 A 和 2 张 K.

59. 停车场停有 100 辆车，其中 k 辆是有问题的．现在从中随机地选出 m 辆进行试车，其中恰有 n 辆问题车的概率有多大？

60. 将一副充分洗牌的 52 张扑克牌分发给 4 个玩家．求每个玩家都得到一张 A 的概率.

***61.** **超几何概率**．一个坛子里放有 n 个球，其中 m 个是红球．现在从坛子中随机、无放回地抽取 k 个球（无放回的意思是在下一次抽取球的时候已经抽出的球不再放回坛子）．抽出的 k 个球中恰含 i 个红球的概率有多大？

解　样本空间由 $\binom{n}{k}$ 种从坛子中选择 k 个球的方法组成．与我们感兴趣的事件有关的选择方法数可以这样计算：在 m 个红球中选 i 个球有 $\binom{m}{i}$ 种选法，从 $n-m$ 个不是红色的球中选 $k-i$ 个球有 $\binom{n-m}{k-i}$ 种选法．这样一共有 $\binom{m}{i}\binom{n-m}{k-i}$ 种选法．由于各种选法都是等可能的，因此相关的概率为

$$\frac{\dbinom{m}{i}\dbinom{n-m}{k-i}}{\dbinom{n}{k}},$$

其中 $i \geqslant 0$，且满足条件 $i \leqslant m, i \leqslant k, k-i \leqslant n-m$．对于其他的 i，相应的概率为 0.

***62.** **存在不可区分对象的排列数**．在对 n 个对象进行排列的时候，若某些对象之间不可区分，就会造成不同的排列之间不可区分．因此，这种具有不可区分对象的排列数会小于 $n!$．例如，三个不同的字母 A、B、C 共有 6 种不同的排列：

ABC, ACB, BAC, BCA, CAB, CBA.

但是，字母 A、D、D 只有 3 种不同的排列：

$$\text{ADD, DAD, DDA.}$$

(a) 假定 n 个对象中有 k 个是不可区分的. 证明可区分的对象序列一共有 $n!/k!$ 个.

(b) 假定一共有 r 种不可区分的对象，第 i 种内一共有 k_i 个不可区分的对象. 证明可区分的对象排列数为

$$\frac{n!}{k_1!k_2!\cdots k_r!}.$$

解 (a) 不妨将 n 个对象中 k 个不可区分的对象 D 记为 $\mathrm{D}_1,\cdots,\mathrm{D}_k$. 若顾及它们的下标，这 k 个原本不可区分的对象就可区分了. 将这些对象进行排列，一共有 $n!$ 个不同的排列. 把这些原本不可区分对象的下标去掉，则这些排列中每一个排列都有与其不可区分的一些排列. 这些不可区分的排列形成一个类，这个类中一共有 $k!$ 个排列. 这样，$n!$ 个排列可以分成 $n!/k!$ 个类，每个类中的排列都是不可区分的. 这样，可区分的对象序列数就是 $n!/k!$. 例如 A、D、D 三个对象的排列有 $3! = 6$ 个（把题中给出的 A、B、C 的 6 种不同排列中的 B、C 都替换为 D 即可）：

$$\text{ADD, ADD, DAD, DDA, DAD, DDA},$$

这 6 个排列中有些排列是不可区分的. 可以将它们分成 $n!/k! = 3!/2! = 3$ 个类：

$$\{\text{ADD, ADD}\},\ \{\text{DAD, DAD}\},\ \{\text{DDA, DDA}\},$$

而每个类含有 $k! = 2! = 2$ 个不可区分的排列.

(b) 一种办法是将 (a) 中的方法进行推广. 对每一种 i，有 k_i 个不可区分的对象，单就这个不可区分的对象而言，就有 $k_i!$ 种不可区分的排列. 由于一共有 r 种不可区分的对象，这样每一个排列都会属于一个具有 $k_1!k_2!\cdots k_r!$ 个排列的大类，在这个大类内的所有排列都是不可区分的. 这样可以区分的对象序列的个数就是

$$\frac{n!}{k_1!k_2!\cdots k_r!}.$$

另一种方法如下：在 n 个位置中选定 k_1 个位置给第一类不可区分的对象，在剩下的 $n-k_1$ 个位置中再选定 k_2 个位置给第二类不可区分的对象，依此类推，对于每一类不可区分的对象都分派了位置. 这样，每一种位置的分配方法对应于一种可区分的对象序列. 这样的分配方法数等于将 n 个对象分成 r 个组的方法数，每组的大小分别是 $k_1\ \cdots,k_r$，而这种分组方法的数目就是多项式系数.

第 2 章　离散随机变量

2.1　基本概念

在许多概率模型中，试验结果是数值，例如许多仪器的仪表板读数或股价等. 也有其他例子中的试验结果不是数值，但与我们感兴趣的数值相关联. 例如，从某个群体中选择学生，我们希望了解每个学生的平均学分. 当我们讨论这些数值的时候，通常为它们确定概率. 我们可以通过**随机变量**实现这个任务，这正是本章重点介绍的对象.

现在假设在某个试验中，所有可能的试验结果构成一个样本空间. 样本空间中每一个可能的试验结果都关联着一个特定的数. 这种试验结果与数的对应关系形成随机变量（见图 2-1）. 我们将试验结果所对应的数称为随机变量的**取值**. 从数学上讲，*随机变量是试验结果的实值函数*.

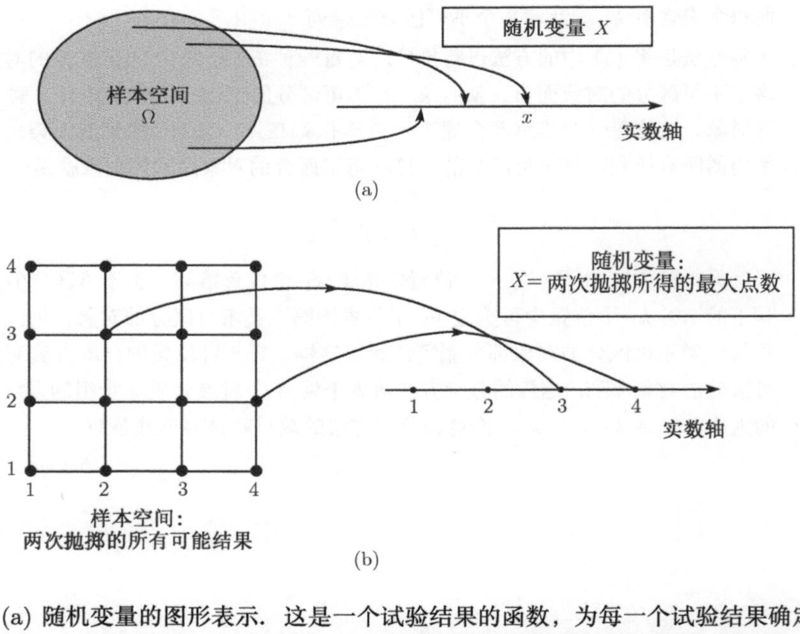

图 2-1　(a) 随机变量的图形表示. 这是一个试验结果的函数，为每一个试验结果确定一个数值. (b) 随机变量的一个例子. 将一颗四面骰子连续抛掷两次，相应的随机变量是两次抛掷所得的最大点数. 若试验结果是 $(4, 2)$，则随机变量的值为 4

现在举几个随机变量的例子.

(a) 连续抛掷一枚硬币 5 次，在这个试验中正面向上的次数是一个随机变量. 然而，作为试验结果的长度为 5 的正反面序列却不能作为随机变量，因为它没有明显的数值.

(b) 在两次抛掷骰子的试验中，下面的例子是随机变量:

  (i) 两次抛掷骰子所得的点数之和;

  (ii) 两次抛掷骰子得到 6 点的次数;

  (iii) 第二次抛掷所得点数的 5 次方.

(c) 在传输信号的试验中，传输信号所需的时间、接收信号发生错误的次数、传输信号过程中的时间延迟等都是随机变量.

我们列出若干关于随机变量的基本概念，这些概念将在本章中详细介绍.

> **与随机变量相关的主要概念**
>
> 在一个试验的概率模型中:
>
> - **随机变量**是试验结果的实值函数;
> - **随机变量的函数**定义了另一个随机变量;
> - 对于一个随机变量，我们可以定义一些平均量，例如**均值**和**方差**;
> - 可以在某事件或某随机变量的**条件**之下定义一个随机变量;
> - 存在一个随机变量与某事件或某随机变量相互**独立**的概念.

若随机变量的值域（随机变量的取值范围）为有限集合或最多为可数无限集合，则称之为**离散的**. 例如上面 (a) 和 (b) 中提到的随机变量，由于它们只能取有限多个值，所以是离散随机变量.

若随机变量可以取到不可数无限多个值，则它就不是离散随机变量. 例如从区间 $[-1,1]$ 中随机取一个点 a，随机变量 a^2 就不是离散随机变量. 而随机变量

$$\operatorname{sgn}(a)=\begin{cases}1, & 若\ a>0,\\ 0, & 若\ a=0,\\ -1, & 若\ a<0\end{cases}$$

是离散随机变量.

本章只讨论离散随机变量. 尽管有时候省略了限定词“离散”，但我们讨论的还是离散随机变量的性质.

与离散随机变量相关的概念

在一个试验的概率模型之下：

- **离散随机变量**是试验结果的实值函数，它的取值范围是有限集合或可数无限集合；
- 离散随机变量有相关的**概率质量函数**，对于随机变量的每一个取值，给出一个概率；
- **离散随机变量的函数**也是一个离散随机变量，它的概率质量函数可以从原随机变量的概率质量函数得到.

下面几节将讨论上面所提到的概念及其相关的方法理论. 此外，我们还将提供重要的离散随机变量的例子. 第 3 章将讨论一般的随机变量（不一定为离散随机变量）.

尽管本章看起来引入了很多新的概念，但实际上并非如此. 我们只是将第 1 章中的概念（概率、条件和独立性等）简单地应用到了随机变量上，并且引入了一些新的记号. 本章中真正的新概念是均值与方差.

2.2　概率质量函数

随机变量的取值概率是其最重要的特征. 对于离散随机变量 X，我们用**概率质量函数**（probability mass function，PMF）表示这种特征，记为 p_X. 设 x 是随机变量 X 的取值，则 X 取值为 x 的**概率质量**定义为事件 $\{X=x\}$ 的概率，即所有与 x 对应的试验结果所组成的事件的概率，用 $p_X(x)$ 表示：

$$p_X(x)=P\big(\{X=x\}\big).$$

例如，在将一枚均匀硬币独立地抛掷两次的试验中，令 X 为正面向上的次数. 则 X 的概率质量函数为

$$p_X(x)=\begin{cases}1/4, & \text{若 } x=0 \text{ 或 } x=2,\\ 1/2, & \text{若 } x=1,\\ 0, & \text{其他}.\end{cases}$$

今后，在不引起混淆的情况下，我们将省去表示事件或集合的花括号. 例如，用 $P(X=x)$ 表示事件 $\{X=x\}$ 的概率，尽管记号 $P\big(\{X=x\}\big)$ 更确切一些. 同时，我们也会遵守下面的约定：用大写字母表示随机变量，用小写字母表示实数（例如随机变量的取值）.

对于概率质量函数，我们有

$$\sum_x p_X(x) = 1,$$

其中求和针对随机变量 X 的所有可能的取值. 可以用概率的可加性和归一化公理证明上式：对于不同的 x，事件 $\{X = x\}$ 是互不相容的，并且所有形如 $\{X = x\}$ 的事件一起形成了样本空间的一个分割. 利用类似的原理可以证明，对于 X 的可能值的任何集合 S，

$$P(X \in S) = \sum_{x \in S} p_X(x).$$

例如，在将一枚均匀硬币独立地抛掷两次的试验中，至少一次正面向上的概率为

$$P(X > 0) = \sum_{x=1}^{2} p_X(x) = \frac{1}{2} + \frac{1}{4} = \frac{3}{4}.$$

概率质量函数的计算在概念上是很简单的，图 2-2 给出了直观的解释.

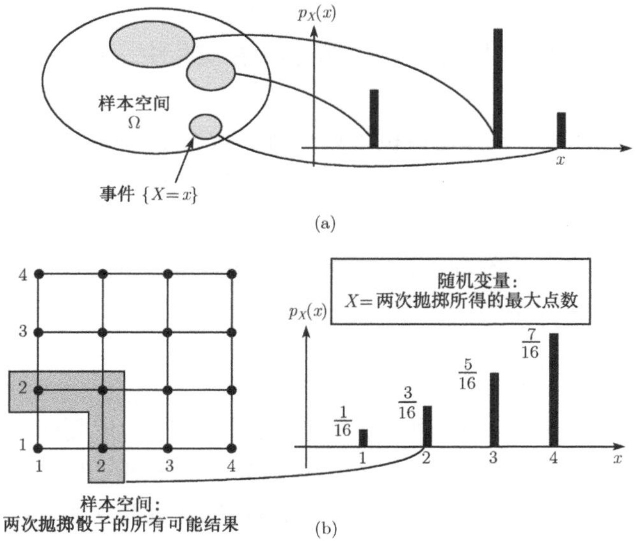

图 2-2 (a) 随机变量 X 的概率质量函数计算方法的图形表示. 对每一个 X 的可能值 x，找出使 $X = x$ 的所有试验结果，将它们的概率相加得到 $p_X(x)$. (b) 设所涉及的试验是独立地抛掷一颗均匀的四面骰子两次. 所涉及的随机变量为 X = 两次抛掷所得的最大点数. X 的可能值为 $1, 2, 3, 4$. 对于给定的 x 的值，为计算 $p_X(x)$ 的值，将 X 取值为 x 的所有试验结果的概率相加，得到 $p_X(x)$ 的值. 例如，有三个试验结果 $((1,2),(2,2),(2,1))$ 的 X 的值为 2，而每一个试验结果的概率为 $1/16$，故 $p_X(2) = 3/16$

随机变量 X 的概率质量函数的计算

对每一个随机变量 X 的值 x:

(1) 找出与事件 $\{X=x\}$ 对应的所有试验结果;

(2) 将相应的试验结果的概率相加得到 $p_X(x)$.

2.2.1　伯努利随机变量

考虑抛掷一枚硬币，设正面向上的概率为 p，反面向上的概率为 $1-p$. **伯努利随机变量**在试验结果为正面向上时取值为 1，在试验结果为反面向上时取值为 0，即

$$X=\begin{cases}1, & \text{若正面向上},\\ 0, & \text{若反面向上}.\end{cases}$$

它的概率质量函数为

$$p_X(k)=\begin{cases}p, & \text{若 } k=1,\\ 1-p, & \text{若 } k=0.\end{cases}$$

伯努利随机变量很简洁，因而非常重要. 在实际中，它用于刻画具有两个试验结果的概率模型. 例如:

(a) 在给定的时刻，一部电话机可处于待机状态或使用状态;

(b) 一个人可以处于健康状态或患有某种疾病状态;

(c) 一个人可以支持或反对某个候选人.

我们可以进一步将多个伯努利随机变量组合成更加复杂的随机变量，下面要讨论的二项随机变量就是其中之一.

2.2.2　二项随机变量

将一枚硬币抛掷 n 次，每次抛掷正面向上的概率为 p，反面向上的概率为 $1-p$，而且各次抛掷是相互独立的. 令 X 为 n 次抛掷中正面向上的次数. 我们称 X 为**二项随机变量**，其参数为 n 和 p. X 的概率质量函数就是 1.5 节讨论的二项概率:

$$p_X(k)=P(X=k)=\binom{n}{k}p^k(1-p)^{n-k},\qquad k=0,1,\cdots,n.$$

（按照传统，我们用 k 代替 x，表示整数值随机变量 X 的取值.）对于二项随机变量，利用归一化公理可以得到

$$\sum_{k=0}^{n}\binom{n}{k}p^k(1-p)^{n-k}=1.$$

图 2-3 用图像表示了某些特殊情况下的二项概率质量函数.

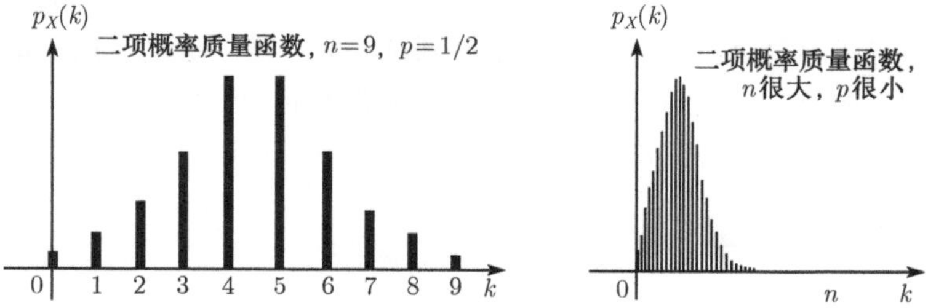

图 2-3 二项随机变量的概率质量函数. 当 $p = 1/2$ 时, 概率质量函数是相对于 $n/2$ 对称的; 当 $p < 1/2$ 时, 概率质量函数偏向 0; 当 $p > 1/2$ 时, 概率质量函数偏向 n

2.2.3 几何随机变量

在连续抛掷硬币的试验中, 每次抛掷正面向上的概率为 p, 反面向上的概率为 $1-p$, 而且各次抛掷是相互独立的. 令 X 为连续地抛掷一枚硬币, 直到第一次正面向上所需要抛掷的次数. X 称为**几何随机变量**. 前 $k-1$ 次抛掷的结果为反面向上且第 k 次抛掷的结果为正面向上的概率为 $(1-p)^{k-1}p$. 因此 X 的概率质量函数为

$$p_X(k) = (1-p)^{k-1}p, \quad k = 1, 2, \cdots.$$

几何随机变量的概率质量函数图像见图 2-4. 从

$$\sum_{k=1}^{\infty} p_X(k) = \sum_{k=1}^{\infty}(1-p)^{k-1}p = p\sum_{k=0}^{\infty}(1-p)^k = p\frac{1}{1-(1-p)} = 1$$

可知, 这是合格的概率质量函数.

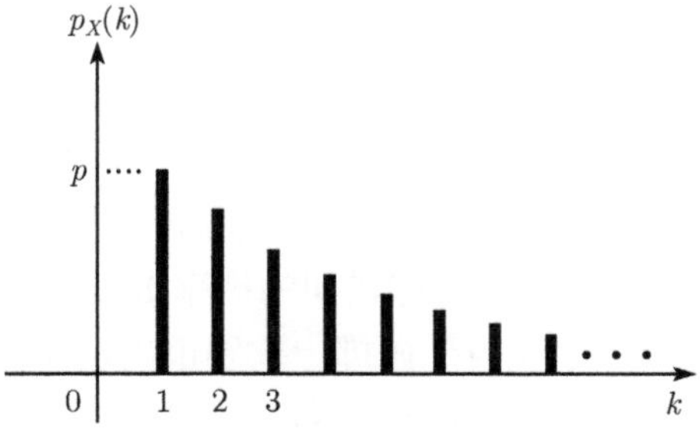

图 2-4 几何随机变量的概率质量函数 $p_X(k) = (1-p)^{k-1}p$ ($k = 1, 2\cdots$), 它以因子为 $1-p$ 的几何级数递减

此处，利用抛掷硬币的试验恰巧抓住了事物的本质. 更一般地，连续抛掷硬币的试验序列中出现正面向上可以解释为独立试验序列中的一次“成功”，这样几何随机变量可以解释为独立试验序列中直到试验第一次“成功”所需的次数. 而试验“成功”的意义是随着所讨论问题的实际背景而变化的. 例如，可以是在某次测验中通过了考试、在某次搜索中发现目标，或成功进入计算机系统等.

2.2.4 泊松随机变量

设随机变量 X 的概率质量函数为

$$p_X(k) = \mathrm{e}^{-\lambda}\frac{\lambda^k}{k!}, \qquad k = 0, 1, 2, \cdots,$$

其中 λ 是刻画概率质量函数的正值参数，则称 X 是**泊松随机变量**（见图 2-5）. 从

$$\sum_{k=0}^{\infty} \mathrm{e}^{-\lambda}\frac{\lambda^k}{k!} = \mathrm{e}^{-\lambda}\left(1 + \lambda + \frac{\lambda^2}{2!} + \cdots\right) = \mathrm{e}^{-\lambda}\mathrm{e}^{\lambda} = 1$$

可知，这是合格的概率质量函数.

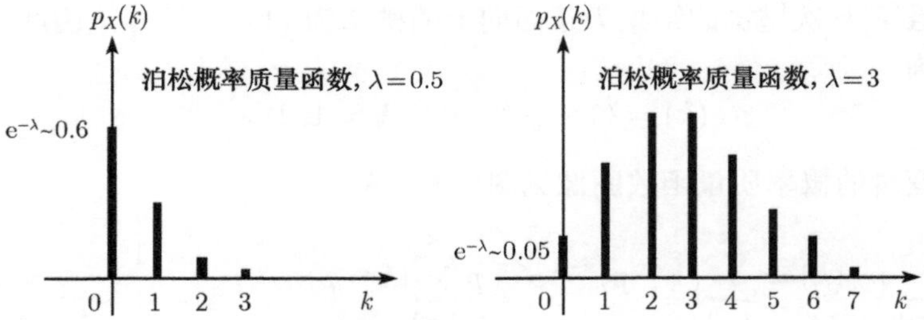

图 2-5 对应于不同 λ 的泊松随机变量的概率质量函数 $\mathrm{e}^{-\lambda}\lambda^k/k!$. 当 $\lambda \leqslant 1$ 时，概率质量函数是单调递减的. 当 $\lambda > 1$ 时，随着 k 的递增，概率质量函数先递增后递减（见章末习题）

为了给出泊松随机变量的直观印象，考虑二项随机变量的参数 n 很大且 p 很小的情况. 例如，令 X 为字数为 n 的一本书中打印错误的字数. 这样，X 是二项随机变量. 但是，由于一个字被打印错误的概率 p 非常小，X 也可以用泊松概率质量函数刻画（打错一个字相当于抛掷一枚硬币出现正面向上，但正面向上的概率 p 很小）. 类似的例子很多，例如某城市一天中发生的车祸事故数. ①

① 普遍认为，第一个关于二项随机变量和泊松随机变量之间联系的实证例子，是在 19 世纪后半叶用泊松概率质量函数去逼近普鲁士骑兵被马踢伤的人数.

用泊松随机变量刻画这样的现象十分恰当. 更确切地说, 参数为 λ 的泊松随机变量的概率质量函数是二项随机变量概率质量函数的很好的逼近:

$$\mathrm{e}^{-\lambda}\frac{\lambda^k}{k!} \approx \frac{n!}{k!(n-k)!}p^k(1-p)^{n-k}, \qquad k=0,1,\cdots,n,$$

其中 $\lambda = np$, n 很大, p 很小. 在这种情况下, 泊松概率质量函数使得模型简单, 计算方便. 例如, $n=100$, $p=0.01$, 用二项随机变量计算成功次数 $k=5$ 的概率为

$$\frac{100!}{95!5!}\cdot 0.01^5(1-0.01)^{95} \approx 0.002\,90.$$

利用泊松随机变量计算这个概率得到近似值

$$\mathrm{e}^{-1}\frac{1^5}{5!} \approx 0.003\,07,$$

其中 $\lambda = np = 100 \cdot 0.01 = 1$.

在章末习题中, 我们将给出泊松逼近的严格证明. 第 6 章将进一步解释和推广, 并且将结果用到泊松过程中去.

2.3 随机变量的函数

设 X 是一个随机变量. 对 X 施行不同的变换, 可以得到其他的随机变量. 举个例子, 用 X 表示今天气温的摄氏度 (°C) 读数. 做变换 $Y = 1.8X + 32$, 就可以得到相应的华氏度 (°F) 读数. 在这个例子中, Y 是 X 的**线性**函数, 形如

$$Y = g(X) = aX + b,$$

其中 a 和 b 是给定的常数. 我们也可以考虑一般的非线性函数

$$Y = g(X).$$

例如, 把气温以对数度量读出, 此时可使用函数 $g(X) = \log(X)$.

设 $Y = g(X)$ 是随机变量 X 的函数, 由于每一个试验结果对应一个 (Y 的) 数值, 故 Y 本身也是一个随机变量. 如果 X 是离散随机变量, 其对应的概率质量函数为 p_X, 则 Y 也是离散随机变量, 其概率质量函数可通过 X 的概率质量函数计算. 实际上, 对于任何 y 值, $p_Y(y)$ 的值都可以通过下式计算:

$$p_Y(y) = \sum_{\{x|g(x)=y\}} p_X(x).$$

例 2.1 利用上述公式计算 $Y = |X|$ 的概率质量函数, 其中 X 的概率质量函数为

$$p_X(x) = \begin{cases} 1/9, & \text{若 } x \text{ 是 } [-4,4] \text{ 中的整数}, \\ 0, & \text{其他}. \end{cases}$$

见图 2-6. 由于 Y 的值域为 $y=0,1,2,3,4$，对于值域中的任意 y，只需将满足 $|x|=y$ 的所有 $p_X(x)$ 的值相加，就可以得到 $p_Y(y)$ 的值. 当 $y=0$ 时，只有 $x=0$ 能够满足条件 $y=|0|=0$. 这样

$$p_Y(0)=p_X(0)=\frac{1}{9}.$$

对于 $y=1,2,3,4$，有两个 x 值满足条件 $y=|x|$. 例如

$$p_Y(1)=p_X(-1)+p_X(1)=\frac{2}{9}.$$

这样，Y 的概率质量函数为

$$p_Y(y)=\begin{cases}2/9, & 若\ y=1,2,3,4,\\ 1/9, & 若\ y=0,\\ 0, & 其他.\end{cases}$$

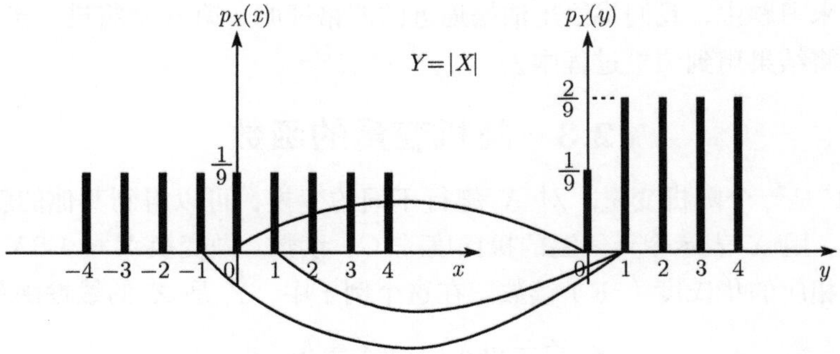

图 2-6 例 2.1 中 X 和 $Y=|X|$ 的概率质量函数

现在看另一个随机变量 $Z=X^2$. 为了求得 Z 的概率质量函数，我们既可以将它看成 X 的平方，也可以看成 $Y=|X|$ 的平方. 利用公式 $p_Z(z)=\sum_{\{x\mid x^2=z\}}p_X(x)$ 或 $p_Z(z)=\sum_{\{y\mid y^2=z\}}p_Y(y)$，得到

$$p_Z(z)=\begin{cases}2/9, & 若\ z=1,4,9,16,\\ 1/9, & 若\ z=0,\\ 0, & 其他.\end{cases}$$ ■

2.4 期望、均值和方差

随机变量 X 的概率质量函数给出了 X 所有可能取值的概率. 通常，我们希望将这些信息综合成一个能够代表这个随机变量的数. X 的**期望**可以实现这个目的. X 的期望就是 X 的所有取值相对于其概率的加权平均.

为了更好地理解期望的意义，假定你有机会多次转动一个幸运轮．每次转动，幸运轮会出现一个数，不妨设为 $m_1, m_2, \cdots, m_n$ 中的一个．这些数出现的概率分别为 $p_1, p_2, \cdots, p_n$．而出现的数就是你所得的钱数（给你的奖励）．“每次”转动，你“期望”得到的钱数是多少？此处“每次”和“期望”都是含糊的词语．但是，下面的解释可以对这些词语的含义给出合理的解读．

假定你一共转动幸运轮 k 次，k_i 次转动的结果为 m_i，于是你得到的总钱数为 $m_1k_1 + m_2k_2 + \cdots + m_nk_n$．每次转动所得的钱数为

$$M = \frac{m_1k_1 + m_2k_2 + \cdots + m_nk_n}{k}.$$

现在假定 k 是一个很大的数，我们有理由假定概率与频率相互接近，即

$$\frac{k_i}{k} \approx p_i, \qquad i = 1, \cdots, n.$$

这样你每次转动幸运轮所期望得到的钱数是

$$M = \frac{m_1k_1 + m_2k_2 + \cdots + m_nk_n}{k} \approx m_1p_1 + m_2p_2 + \cdots + m_np_n.$$

受这个例子的启发，我们引入下面的定义．①

期望

设随机变量 X 的概率质量函数为 p_X．X 的**期望值**（也称**期望**或**均值**）由下式给出：

$$E[X] = \sum_x x p_X(x).$$

例 2.2 考虑两次抛掷一枚硬币的试验，硬币是不均匀的，正面向上的概率为 3/4．令 X 是正面向上的次数，这是一个二项随机变量，$n = 2, p = 3/4$．它的概率质量函数为

$$p_X(k) = \begin{cases} (1/4)^2, & 若\ k = 0, \\ 2 \cdot (1/4) \cdot (3/4), & 若\ k = 1, \\ (3/4)^2, & 若\ k = 2, \end{cases}$$

① 当随机变量的取值范围为可数无限集合的时候，可能会遇到这样的情况：和式 $\sum_x xp_X(x)$ 没有确切定义．通常，当 $\sum_x |x|p_X(x) < \infty$ 的时候，X 的期望值有确切定义，它的值是一个有限数并且等于级数 $\sum_x xp_X(x)$ 的部分和的极限，而这个极限值与求和号内各项的次序无关．

作为一个反例，考虑随机变量 X 的取值范围为 $2^1, 2^2, \cdots$，相应的概率分别为 $2^{-1}, 2^{-2}, \cdots$，此时级数 $\sum_x xp_X(x) = \infty$，称 X 的期望无确切定义．另一个反例是：X 取 2^k 和 -2^k 的概率为 2^{-k}，$k = 2, 3, \cdots$．这个例子中 X 的期望也无确切定义，原因是 $\sum_x |x|p_X(x) = \infty$，尽管这个随机变量是相对于 0 对称的，但其期望值似乎可以定义为 0．

本书所涉及的随机变量的期望总是有定义的，因此在论证中默认随机变量的期望是有定义的．

故其均值为

$$E[X]=0\cdot\left(\frac{1}{4}\right)^2+1\cdot\left(2\cdot\frac{1}{4}\cdot\frac{3}{4}\right)+2\cdot\left(\frac{3}{4}\right)^2=\frac{24}{16}=\frac{3}{2}.$$ ■

通常将 X 的均值解释为 X 的代表值，它位于 X 的值域中间的某一点. 更确切地，可以将分布的均值看成概率质量函数的**重心**（见图 2-7）. 特别地，当随机变量的概率质量函数具有对称中心的时候，这个对称中心必定为这个随机变量的均值.

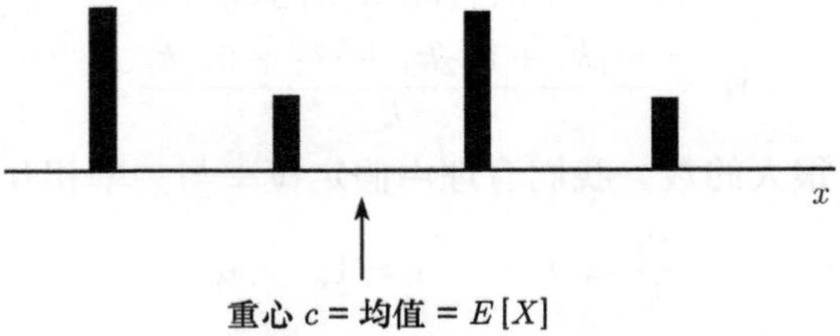

图 2-7 均值作为重心的解释. 设在一根木棍上的 x 处放上质量为 $p_X(x)$ 的物质，$p_X(x)>0$. 所谓重心是指木棍上的平衡位置 c，使得 c 右边的力矩等于其左边的力矩，即满足

$$\sum_x (x-c)p_X(x)=0$$

的 c. 因此 $c=\sum_x xp_X(x)$，即 $E[X]$ 等于 X 的质量分布的重心

2.4.1 方差、矩和随机变量的函数的期望值规则

均值是随机变量及其概率质量函数的重要特征，此外还有其他重要的特征量. 例如，随机变量 X 的**二阶矩**定义为随机变量 X^2 的期望值. 进一步，$\boldsymbol{n}$ **阶矩** $E[X^n]$ 定义为 X^n 的期望值. 这样，X 的一阶矩就刚好是均值.

除了均值，随机变量 X 的最重要的特征量是**方差**，记作 $\mathrm{var}(X)$. 它的定义为

$$\mathrm{var}(X)=E\left[(X-E[X])^2\right].$$

由于 $(X-E[X])^2$ 只能取非负值，故方差总是取非负值.

方差度量了 X 在均值周围的分散程度. 分散程度的另一个测度是**标准差**，定义为

$$\sigma_X=\sqrt{\mathrm{var}(X)}.$$

标准差更容易解读，因为它的量纲与 X 的相同. 例如，如果 X 是以米为单位的长度，则方差的单位为平方米，而标准差的单位为米.

计算方差的一种方法是，首先计算随机变量 $(X-E[X])^2$ 的概率质量函数，然后利用期望值的定义计算 X 的方差. 随机变量 $(X-E[X])^2$ 是 X 的函数，可利用前面提供的方法计算它的概率质量函数.

例 2.3 考虑例 2.1 中的随机变量 X，它的概率质量函数为

$$p_X(x) = \begin{cases} 1/9, & \text{若 } x \text{ 是 } [-4,4] \text{ 中的整数}, \\ 0, & \text{其他}. \end{cases}$$

此时，均值 $E[X]=0$. 这可以从分布的对称性看出，也可以从期望的定义直接计算得到

$$E[X] = \sum_x x p_X(x) = \frac{1}{9}\sum_{x=-4}^{4} x = 0.$$

令 $Z=(X-E[X])^2=X^2$. 在例 2.1 中已经得到

$$p_Z(z) = \begin{cases} 2/9, & \text{若 } z=1,4,9,16, \\ 1/9, & \text{若 } z=0, \\ 0, & \text{其他}. \end{cases}$$

这样，X 的方差为

$$\mathrm{var}(X) = E[Z] = \sum_z z p_Z(z) = 0\cdot\frac{1}{9} + 1\cdot\frac{2}{9} + 4\cdot\frac{2}{9} + 9\cdot\frac{2}{9} + 16\cdot\frac{2}{9} = \frac{60}{9}.$$ ■

在计算 $\mathrm{var}(X)$ 时并不一定要计算 $(X-E[X])^2$ 的概率质量函数，而是有更加便利的方法. 这种方法根据下面的规则得到.

随机变量的函数的期望值规则

设随机变量 X 的概率质量函数为 p_X，又设 $g(X)$ 是 X 的一个函数，则 $g(X)$ 的期望值为

$$E[g(X)] = \sum_x g(x) p_X(x).$$

为验证此公式，令 $Y=g(X)$，利用前面导出的公式

$$p_Y(y) = \sum_{\{x \mid g(x)=y\}} p_X(x),$$

我们有

$$\begin{aligned} E[g(X)] &= E[Y] \\ &= \sum_y y p_Y(y) \\ &= \sum_y y \sum_{\{x \mid g(x)=y\}} p_X(x) \end{aligned}$$

$$
\begin{aligned}
&= \sum_{y} \sum_{\{x \mid g(x)=y\}} y p_X(x) \\
&= \sum_{y} \sum_{\{x \mid g(x)=y\}} g(x) p_X(x) \\
&= \sum_{x} g(x) p_X(x).
\end{aligned}
$$

利用期望值规则，我们得到 X 的方差为

$$
\mathrm{var}(X) = E\left[(X - E[X])^2\right] = \sum_{x} (x - E[X])^2 p_X(x).
$$

类似地，对于 X 的 n 阶矩，我们有

$$
E[X^n] = \sum_{x} x^n p_X(x).
$$

因此，在计算 X 的 n 阶矩的时候，不必计算 X^n 的概率质量函数.

例 2.3（续） 设随机变量 X 的概率质量函数为

$$
p_X(x) = \begin{cases} 1/9, & \text{若 } x \text{ 是 } [-4,4] \text{ 中的整数}, \\ 0, & \text{其他}. \end{cases}
$$

利用期望值规则得到

$$
\begin{aligned}
\mathrm{var}(X) &= E\left[(X - E[X])^2\right] \\
&= \sum_{x} (x - E[X])^2 p_X(x) \\
&= \frac{1}{9} \sum_{x=-4}^{4} x^2 \qquad (\text{因为 } E[X] = 0) \\
&= \frac{1}{9} \cdot (16 + 9 + 4 + 1 + 0 + 1 + 4 + 9 + 16) \\
&= \frac{60}{9}.
\end{aligned}
$$

这个结果与早先得到的结果一样. ■

先前已经提到，方差总是非负的. 那么它可否为 0? 由于在方差公式 $\sum_x (x - E[X])^2 p_X(x)$ 中，每一项都是非负的，因此这个和式为 0 当且仅当对每一个 x，$(x - E[X])^2 p_X(x) = 0$. 这个条件说明对每一个使得 $p_X(x) > 0$ 的 x，均有 $x = E[X]$. 这也说明，X 其实不是真正随机的，其值等于 $E[X]$ 的概率为 1.

方差

随机变量 X 的方差定义为

$$\mathrm{var}(X) = E\left[(X - E[X])^2\right].$$

可使用下式计算：

$$\mathrm{var}(X) = \sum_x (x - E[X])^2 p_X(x).$$

它总是非负的，其平方根称为**标准差**，记为 σ_X.

2.4.2 均值和方差的性质

我们将用随机变量的函数的期望值规则导出均值和方差的一些重要性质. 首先考虑随机变量 X 的函数

$$Y = aX + b,$$

其中 a 和 b 是给定的常数. 关于线性函数 Y 的均值和方差，我们有

$$E[Y] = \sum_x (ax + b)p_X(x) = a\sum_x xp_X(x) + b\sum_x p_X(x) = aE[X] + b,$$

以及

$$\begin{aligned}\mathrm{var}(Y) &= \sum_x \left(ax + b - E[aX + b]\right)^2 p_X(x)\\ &= \sum_x \left(ax + b - aE[X] - b\right)^2 p_X(x)\\ &= a^2\sum_x (x - E[X])^2 p_X(x)\\ &= a^2\mathrm{var}(X).\end{aligned}$$

随机变量的线性函数的均值和方差

设 X 为随机变量，令

$$Y = aX + b,$$

其中 a 和 b 为给定的常数，则

$$E[Y] = aE[X] + b, \quad \mathrm{var}(Y) = a^2\mathrm{var}(X).$$

此外，我们还将证明这样一个关于方差的重要公式.

用矩表达的方差公式

$$\mathrm{var}(X) = E[X^2] - (E[X])^2.$$

这个用矩表达的方差公式可以通过下列等式证明：

$$\begin{aligned}\mathrm{var}(X) &= \sum_x (x - E[X])^2 p_X(x) \\ &= \sum_x \left(x^2 - 2xE[X] + (E[X])^2\right) p_X(x) \\ &= \sum_x x^2 p_X(x) - 2E[X] \sum_x x p_X(x) + (E[X])^2 \sum_x p_X(x) \\ &= E[X^2] - 2(E[X])^2 + (E[X])^2 \\ &= E[X^2] - (E[X])^2.\end{aligned}$$

最后我们用例子说明一个陷阱：除非 $g(X)$ 是线性函数，否则一般情况下 $E[g(X)]$ 不等于 $g(E[X])$.

例 2.4（**平均速度和平均时间**） 如果遇到好天气（出现这种天气的概率为 0.6），爱丽丝会步行 2 英里[①]上学，步行速度为每小时 5 英里（$V = 5$）. 天气不好的时候，她就骑摩托车上学，速度为每小时 30 英里（$V = 30$）. 她上学所用的平均时间是多少？

正确的方法是先计算时间 T 的概率质量函数，

$$p_T(t) = \begin{cases} 0.6, & \text{若 } t = 2/5\text{（小时）}, \\ 0.4, & \text{若 } t = 2/30\text{（小时）}, \end{cases}$$

然后计算均值

$$E[T] = 0.6 \cdot \frac{2}{5} + 0.4 \cdot \frac{2}{30} = \frac{4}{15}\text{（小时）}.$$

然而，下面的计算是错误的：先计算平均速度

$$E[V] = 0.6 \cdot 5 + 0.4 \cdot 30 = 15\text{（英里/小时）},$$

然后声称平均时间为

$$\frac{2}{E[V]} = \frac{2}{15}\text{（小时）}.$$

总之，在这个例子中

$$T = \frac{2}{V}, \qquad E[T] = E\left[\frac{2}{V}\right] \neq \frac{2}{E[V]}.$$

■

① 1 英里 ≈1.6 千米. ——编者注

2.4.3 常用随机变量的均值和方差

我们将推导出一些重要随机变量的均值和方差的公式，它们在本书中会经常使用.

例 2.5（**伯努利随机变量的均值和方差**） 考虑抛掷一枚硬币，设正面向上的概率为 p，反面向上的概率为 $1-p$. 伯努利随机变量 X 的概率质量函数为

$$p_X(k)=\begin{cases}p, & 若\ k=1,\\ 1-p, & 若\ k=0.\end{cases}$$

下面给出了它的均值、二阶矩和方差的计算公式：

$$\begin{aligned}E[X]&=1\cdot p+0\cdot(1-p)=p,\\ E[X^2]&=1^2\cdot p+0^2\cdot(1-p)=p,\\ \mathrm{var}(X)&=E[X^2]-(E[X])^2=p-p^2=p(1-p).\end{aligned}$$

■

例 2.6（**离散均匀随机变量**） 涉及的试验是抛掷一颗均匀的六面骰子. 它的平均点数和方差是多少？我们将试验结果看成一个随机变量 X，它的概率质量函数为

$$p_X(k)=\begin{cases}1/6, & 若\ k=1,2,3,4,5,6,\\ 0, & 其他.\end{cases}$$

由于概率质量函数相对于 3.5 是对称的，因此我们得到 $E[X]=3.5$. 关于方差，我们有

$$\begin{aligned}\mathrm{var}(X)&=E\left[X^2\right]-(E[X])^2\\ &=\frac{1}{6}\cdot(1^2+2^2+3^2+4^2+5^2+6^2)-(3.5)^2,\end{aligned}$$

这样，可得到 $\mathrm{var}(X)=35/12$.

上面的随机变量是**离散均匀随机变量**的特殊情况. 按定义，离散均匀随机变量的取值范围是由相邻整数组成的有限集，且取每个整数的概率都是相等的. 这样，它的概率质量函数为

$$p_X(k)=\begin{cases}\dfrac{1}{b-a+1}, & 若\ k=a,a+1,\cdots,b,\\ 0, & 其他,\end{cases}$$

其中 a,b 是两个整数，为随机变量的值域的两个端点且 $a<b$，见图 2-8. 由于它的概率质量函数相对于 $(a+b)/2$ 是对称的，因此其均值为

$$E[X]=\frac{a+b}{2}.$$

为计算 X 的方差，先考虑 $a=1$ 和 $b=n$ 的简单情况. 利用归纳法可以证明

$$E\left[X^2\right]=\frac{1}{n}\sum_{k=1}^{n}k^2=\frac{1}{6}(n+1)(2n+1).$$

具体证明过程留作习题. 这样，利用一阶矩和二阶矩，可得到 X 的方差：

$$\begin{aligned}\mathrm{var}(X) &= E\left[X^2\right] - (E[X])^2\\ &= \frac{1}{6}(n+1)(2n+1) - \frac{1}{4}(n+1)^2\\ &= \frac{1}{12}(n+1)(4n+2-3n-3)\\ &= \frac{n^2-1}{12}.\end{aligned}$$

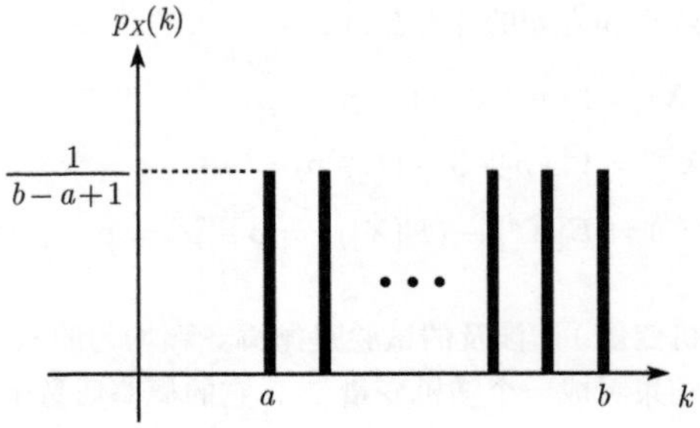

图 2-8 在 a 和 b 之间均匀分布的随机变量的概率质量函数. 它的均值和方差为

$$E[X] = \frac{a+b}{2}, \qquad \mathrm{var}(X) = \frac{(b-a)(b-a+2)}{12}$$

对于 a 和 b 的一般情况，我们注意到，在区间 $[a,b]$ 中的均匀分布与在区间 $[1, b-a+1]$ 中的分布之间的差异，只是一个分布是另一个分布的平移，因此两者具有相同的方差（此处区间 $[a,b]$ 是指处于 a 和 b 之间的整数的集合）. 这样，在一般情况下，X 的方差只需将简单情况下公式中的 n 替换成 $b-a+1$，即

$$\mathrm{var}(X) = \frac{(b-a+1)^2-1}{12} = \frac{(b-a)(b-a+2)}{12}. \qquad \blacksquare$$

例 2.7（泊松随机变量的均值） 设 X 的概率质量函数为泊松概率质量函数，即

$$p_X(k) = \mathrm{e}^{-\lambda}\frac{\lambda^k}{k!}, \quad k = 0,1,2,\cdots,$$

其中 $\lambda > 0$ 为常数. 均值可从下列等式得到：

$$\begin{aligned}E[X] &= \sum_{k=0}^{\infty} k\mathrm{e}^{-\lambda}\frac{\lambda^k}{k!}\\ &= \sum_{k=1}^{\infty} k\mathrm{e}^{-\lambda}\frac{\lambda^k}{k!} \qquad (k=0 \text{ 这一项为 } 0)\\ &= \lambda\sum_{k=1}^{\infty} \mathrm{e}^{-\lambda}\frac{\lambda^{k-1}}{(k-1)!}\end{aligned}$$

$$= \lambda \sum_{m=0}^{\infty} e^{-\lambda} \frac{\lambda^m}{m!} \qquad (令\ m = k-1)$$

$$= \lambda.$$

最后一个等式利用了泊松概率质量函数的归一化性质.

相似的计算指出泊松随机变量的方差为 λ（见 2.7 节例 2.20）. 在后续章节中将用不同的方法导出这个事实. ■

2.4.4 利用期望值进行决策

假设一个项目有几种处理方案，每种处理方案都有随机的回报，那么用什么准则能最优地选择处理方案呢? 期望值是一个合理且方便的准则. 如果把期望回报看成一个长期重复执行处理方案的平均回报，那么选择具有最大期望回报的策略是合理的. 下面是一个例子.

例 2.8（**智力测验**） 这是一个具有随机回报的实施方案最优选择的典型例子.

在一个智力游戏中有两个问题需要回答，游戏规则要求你首先选择一个问题作答. 问题 1 比较容易，你能够正确回答的概率为 0.8，回答正确就能得到 100 元的奖金. 问题 2 比较难，你能够正确回答的概率为 0.5，回答正确就能得到 200 元的奖金. 若你不能正确回答第一个问题，不但拿不到奖金，而且没有机会回答第二个问题. 若你能正确回答第一个问题，就还有机会回答第二个问题. 为了使奖金总和的期望值最大，你应该选择哪一个问题首先作答呢?

这个问题并不简单，高回报必有高风险. 希望首先回答问题 2，因为它的奖金多，但是问题比较难，并且要冒着不能回答问题 1 的风险. 我们将所得到的奖金总额设为随机变量 X，计算一下两种可能的问题回答次序下的期望值 $E[X]$ (见图 2-9).

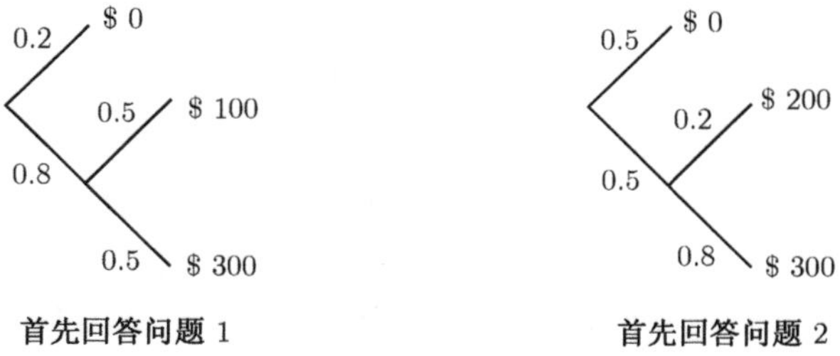

图 2-9 智力测验问题中两种实施方案的序贯树形图说明

(a) 先回答问题 1. 此时 X 的概率质量函数为（见图 2-9 的左边）

$$p_X(0) = 0.2, \qquad p_X(100) = 0.8 \cdot 0.5, \qquad p_X(300) = 0.8 \cdot 0.5,$$

由此得到

$$E[X] = 0.8 \cdot 0.5 \cdot 100 + 0.8 \cdot 0.5 \cdot 300 = 160\ (元).$$

(b) 先回答问题 2. 此时 X 的概率质量函数为（见图 2-9 的右边）

$$p_X(0) = 0.5, \qquad p_X(200) = 0.5 \cdot 0.2, \qquad p_X(300) = 0.5 \cdot 0.8,$$

由此得到

$$E[X] = 0.5 \cdot 0.2 \cdot 200 + 0.5 \cdot 0.8 \cdot 300 = 140\text{（元）}.$$

这样看来，首先回答比较容易的问题 1 比较合算.

上述分析可以推广到一般情况. 用 p_1 和 p_2 分别表示正确回答问题 1 和问题 2 的概率，用 v_1 和 v_2 分别表示正确回答问题后所得的奖金. 若先回答问题 1，所得的奖金总额为

$$E[X] = p_1(1-p_2)v_1 + p_1p_2(v_1+v_2) = p_1v_1 + p_1p_2v_2,$$

若先回答问题 2，所得的奖金总额为

$$E[X] = p_2(1-p_1)v_2 + p_1p_2(v_1+v_2) = p_2v_2 + p_1p_2v_1.$$

这样，最优策略为先回答问题 1 的充要条件是

$$p_1v_1 + p_1p_2v_2 \geqslant p_2v_2 + p_1p_2v_1,$$

也就是

$$\frac{p_1v_1}{1-p_1} \geqslant \frac{p_2v_2}{1-p_2}.$$

这样，每一个问题都有一个指标 $pv/(1-p)$，其中 p 是正确回答问题的概率，v 是正确回答问题以后所得的奖金. 如果 $pv/(1-p)$ 的值很大，相应的问题就应该优先回答. 这条规则还可以推广到多于两个问题的情况（见章末习题）. ■

2.5 多个随机变量的联合概率质量函数

在一个试验中经常涉及几个随机变量. 例如，在医疗诊断中通常参考几个检查指标，或者在网络中常常关注几个网关的负荷. 所谓多个随机变量，是指与同一个试验有关的多个随机变量，它们所涉及的样本空间和概率律是相同的. 这些随机变量的取值是由试验结果确定的，因此相互关联. 这促使我们考虑同时涉及几个随机变量的事件的概率. 本节将概率质量函数和期望推广到多个随机变量的情况. 以后我们还要讨论条件和独立，这些概念与第 1 章中讨论的概念是类似的.

现在设在同一个试验中有两个随机变量 X 和 Y. 它们的取值概率可以用它们的**联合概率质量函数**刻画，用 $p_{X,Y}$ 表示. 设 (x,y) 是 X 和 Y 的可能取值，(x,y) 的概率质量定义为事件 $\{X=x, Y=y\}$ 的概率：

$$p_{X,Y}(x,y) = P(X=x, Y=y).$$

这里我们使用简洁的表达式 $P(X=x, Y=y)$，尽管 $P(\{X=x\} \cap \{Y=y\})$ 或 $P(X=x \text{ 且 } Y=y)$ 是更准确的表达式.

利用联合概率质量函数可以确定任何由随机变量 X 和 Y 所刻画的事件的概率. 例如 A 是某些 (x,y) 所形成的集合，则

$$P\big((X,Y)\in A\big)=\sum_{(x,y)\in A} p_{X,Y}(x,y).$$

事实上，我们还可以利用 X 和 Y 的联合概率质量函数计算 X 或 Y 的概率质量函数：

$$p_X(x)=\sum_y p_{X,Y}(x,y),\qquad p_Y(y)=\sum_x p_{X,Y}(x,y).$$

关于 $p_X(x)$ 的公式可以从下面的等式得到：

$$\begin{aligned} p_X(x) &= P(X=x)\\ &=\sum_y P(X=x,Y=y)\\ &=\sum_y p_{X,Y}(x,y), \end{aligned}$$

上面第二个等式成立是由于事件 $\{X=x\}$ 是所有形如 $\{X=x, Y=y\}$ 的互不相容的事件之和（y 取遍 Y 中所有不同的值）. 关于 $p_Y(y)$ 的公式与之类似. 为区别起见，我们称 $p_X(x)$ 或 $p_Y(y)$ 为**边缘概率质量函数**.

可以通过表格计算 X 或 Y 的边缘概率质量函数. 将 X 和 Y 的联合概率质量函数排成一个二维表，$p_X(x)$ 的值就是二维表中与 x 对应的那一列的所有值的总和. $p_Y(y)$ 的值的计算与之类似. 下面的例子和图 2-10 说明了具体操作方法.

例 2.9 设 X 和 Y 的联合概率质量函数如图 2-10 所示. X 的边缘概率质量函数的值就是表中相应的列和，而 Y 的边缘概率质量函数的值就是表中相应的行和. ■

2.5.1 多个随机变量的函数

当存在多个随机变量时，就有可能从这些随机变量出发构造出新的随机变量. 特别地，从二元函数 $Z=g(X,Y)$ 可以确定一个新的随机变量. 这个新随机变量的概率质量函数可以从联合概率质量函数通过下式计算得到：

$$p_Z(z)=\sum_{\{(x,y)\mid g(x,y)=z\}} p_{X,Y}(x,y).$$

进一步，关于随机变量的函数的期望值规则可以推广成

$$E\left[g(X,Y)\right]=\sum_x\sum_y g(x,y)p_{X,Y}(x,y).$$

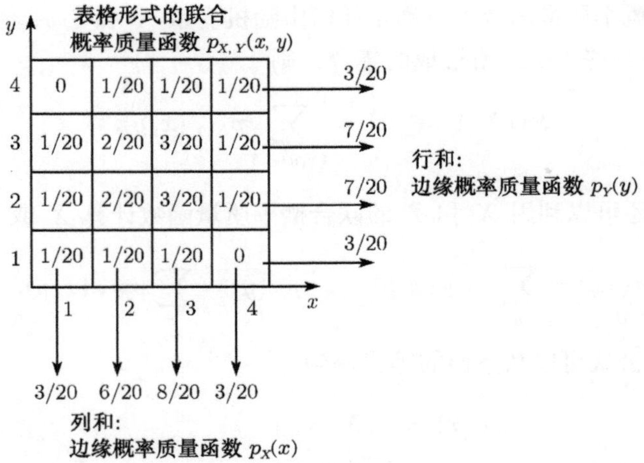

图 2-10 例 2.9 中计算 X 和 Y 的边缘概率质量函数的表格法说明. X 和 Y 的联合概率质量函数 $p_{X,Y}(x,y)$ 的值列于表格中. 在表中对应 (x,y) 的数为 $p_{X,Y}(x,y)$. 对于给定的 x, 只需把 x 对应列上的各 $p_{X,Y}(x,y)$ 值相加就能得到 $p_X(x)$ 的值, 例如 $p_X(2)=6/20$. 类似地, 对于给定的 y, 只需把 y 对应行上的各 $p_{X,Y}(x,y)$ 值相加就能得到 $p_X(y)$ 的值, 例如 $p_Y(2)=7/20$

这个公式的证明与单随机变量函数的公式的证明类似. 特别地, 当 g 是形如 $aX+bY+c$ 的线性函数时, 我们有

$$E[aX+bY+c]=aE[X]+bE[Y]+c,$$

其中 a,b,c 均为给定的常数.

例 2.9（续） 考虑随机变量 X 和 Y, 它们的联合概率质量函数由图 2-10 给出. 由下面的等式可以得出一个新的随机变量:

$$Z=X+2Y.$$

Z 的概率质量函数可以通过下式计算得到:

$$p_Z(z)=\sum_{\{(x,y)|x+2y=z\}} p_{X,Y}(x,y)$$

利用图 2-10 的数据, 得到 Z 的概率质量函数为

$$p_Z(3)=\frac{1}{20},\quad p_Z(4)=\frac{1}{20},\quad p_Z(5)=\frac{2}{20},\quad p_Z(6)=\frac{2}{20},\quad p_Z(7)=\frac{4}{20},$$
$$p_Z(8)=\frac{3}{20},\quad p_Z(9)=\frac{3}{20},\quad p_Z(10)=\frac{2}{20},\quad p_Z(11)=\frac{1}{20},\quad p_Z(12)=\frac{1}{20}.$$

Z 的期望值可从 Z 的概率质量函数得到:

$$\begin{aligned}E[Z] &= \sum zp_Z(z)\\ &= 3\cdot\frac{1}{20}+4\cdot\frac{1}{20}+5\cdot\frac{2}{20}+6\cdot\frac{2}{20}+7\cdot\frac{4}{20}\\ &\quad +8\cdot\frac{3}{20}+9\cdot\frac{3}{20}+10\cdot\frac{2}{20}+11\cdot\frac{1}{20}+12\cdot\frac{1}{20}\\ &= 7.55.\end{aligned}$$

另外，我们也可以利用公式

$$E[Z]=E[X]+2E[Y]$$

计算 $E[Z]$. 利用图 2-10 的数据，先求出 X 和 Y 的期望

$$E[X]=1\cdot\frac{3}{20}+2\cdot\frac{6}{20}+3\cdot\frac{8}{20}+4\cdot\frac{3}{20}=\frac{51}{20},$$

$$E[Y]=1\cdot\frac{3}{20}+2\cdot\frac{7}{20}+3\cdot\frac{7}{20}+4\cdot\frac{3}{20}=\frac{50}{20},$$

故

$$E[Z]=\frac{51}{20}+2\cdot\frac{50}{20}=7.55.$$

■

2.5.2 多于两个随机变量的情况

设有三个随机变量 X, Y, Z，其联合概率质量函数的定义是类似的，即

$$p_{X,Y,Z}(x,y,z)=P(X=x,Y=y,Z=z),$$

其中 (x,y,z) 是 (X,Y,Z) 的所有可能的取值. 可以相应地得到边缘概率质量函数，例如

$$p_{X,Y}(x,y)=\sum_z p_{X,Y,Z}(x,y,z),$$

$$p_X(x)=\sum_y\sum_z p_{X,Y,Z}(x,y,z).$$

关于随机变量的函数的期望值规则为

$$E\left[g(X,Y,Z)\right]=\sum_x\sum_y\sum_z g(x,y,z)p_{X,Y,Z}(x,y,z),$$

并且，如果 g 是形如 $aX+bY+cZ+d$ 的线性函数，则

$$E\left[aX+bY+cZ+d\right]=aE[X]+bE[Y]+cE[Z]+d.$$

上面的结果可以进一步推广到三个以上随机变量的情况. 例如，设 $X_1,X_2,\cdots,X_n$ 为 n 个随机变量，$a_1,a_2,\cdots,a_n$ 为 n 个常数，我们有

$$E[a_1X_1+a_2X_2+\cdots+a_nX_n]=a_1E[X_1]+a_2E[X_2]+\cdots+a_nE[X_n].$$

例 2.10（**二项随机变量的均值**）　你的概率课上有 300 个学生，每个学生有 1/3 的概率得到成绩 A，并且相互独立．设 X 为班上取得 A 的学生数．X 的平均数为多少？记

$$X_i = \begin{cases} 1, & \text{若第 } i \text{ 个学生得 A}, \\ 0, & \text{其他}. \end{cases}$$

这样，$X_1, X_2, \cdots, X_n$ 是独立的伯努利随机变量序列，其公共均值为 $p = 1/3$．它们的和

$$X = X_1 + X_2 + \cdots + X_n$$

是班上取得 A 的人数．由于 X 是 n 次独立重复试验中"成功"的次数，因此它是二项随机变量，其参数为 n 和 p.

利用 X 是诸随机变量 X_i 的线性函数，我们有

$$E[X] = \sum_{i=1}^{300} E[X_i] = \sum_{i=1}^{300} \frac{1}{3} = 300 \cdot \frac{1}{3} = 100.$$

如果我们把它推广成一般问题，设班上有 n 个学生，每个学生得 A 的概率为 p，则

$$E[X] = \sum_{i=1}^{n} E[X_i] = \sum_{i=1}^{n} p = np.$$

■

例 2.11（**帽子问题**）　假设一共有 n 个人，每人各有一顶帽子．将他们的帽子放在一个盒子里，每个人随机地从中拿一顶帽子（每个人只拿一顶帽子，并且人和帽子的各种对应都是等可能的）．拿回自己帽子的人数的期望值是什么？

对于每个人 i，如能拿到自己的帽子，则定义 $X_i = 1$，否则 $X_i = 0$．由于 $P(X_i = 1) = 1/n$ 且 $P(X_i = 0) = 1 - 1/n$，因此 X_i 的均值为

$$E[X_i] = 1 \cdot \frac{1}{n} + 0\left(1 - \frac{1}{n}\right) = \frac{1}{n}.$$

我们有

$$X = X_1 + X_2 + \cdots + X_n,$$

所以

$$E[X] = E[X_1] + E[X_2] + \cdots + E[X_n] = n \cdot \frac{1}{n} = 1.$$

■

关于联合概率质量函数的小结

设 X 和 Y 为在某个试验中的随机变量.

- X 和 Y 的联合概率质量函数 $p_{X,Y}$ 由下式定义：

$$p_{X,Y}(x, y) = P(X = x, Y = y).$$

- X 和 Y 的边缘概率质量函数可由下式得到：

$$p_X(x) = \sum_y p_{X,Y}(x,y), \quad p_Y(y) = \sum_x p_{X,Y}(x,y).$$

- X 和 Y 的函数 $g(X,Y)$ 是一个随机变量，并且

$$E\left[g(X,Y)\right] = \sum_x \sum_y g(x,y) p_{X,Y}(x,y).$$

若 g 是线性的，且 $g = aX + bY + c$, 则

$$E[aX + bY + c] = aE[X] + bE[Y] + c.$$

- 上面的结论可以自然推广到两个以上的随机变量的情况.

2.6 条件

我们在第 1 章中已经指出，通过对随机变量取某些值，条件概率可以给某些事件提供补充信息. 我们将引入随机变量条件概率质量函数的概念，此处的条件是指“某个事件的发生”或“给定另一个随机变量的值”. 本节将讨论条件概率质量函数的性质. 实际上，条件的概念并不新，我们只是根据随机变量的特点重新细述一遍，并引入新的记号.

2.6.1 某个事件发生的条件下的随机变量

假设 $P(A) > 0$，在事件 A 发生的条件下，随机变量 X 的**条件概率质量函数**定义为

$$p_{X\,|\,A}(x) = P(X = x \,|\, A) = \frac{P\left(\{X = x\} \cap A\right)}{P(A)}.$$

注意，对于不同的 x，$\{X = x\} \cap A$ 是互不相容的事件，它们的并为 A，因此

$$P(A) = \sum_x P\left(\{X = x\} \cap A\right).$$

比较上述两个式子，可以看出

$$\sum_x p_{X\,|\,A}(x) = 1,$$

故 $p_{X\,|\,A}$ 符合概率质量函数的要求.

条件概率质量函数的计算类似于无条件概率质量函数的计算，将满足 $X = x$ 且属于 A 的试验结果的概率相加，最后除以 $P(A)$，便得到 $p_{X\,|\,A}(x)$ 的值.

例 2.12　令 X 为抛掷一颗均匀六面骰子所得的点数，A 表示抛掷后得到偶数点的事件. 利用前面的公式，我们得到

$$\begin{aligned} p_{X\,|\,A}(k) &= P(X=k\,|\,\text{抛掷后得到偶数点}) \\ &= \frac{P(X=\ k \text{ 且 } X \text{ 是偶数})}{P(\text{抛掷后得到偶数点})} \\ &= \begin{cases} 1/3, & \text{若 } k=2,4,6, \\ 0, & \text{其他}. \end{cases} \end{aligned}$$

■

例 2.13　一名学生将重复多次参加某种测验，但最多不能超过 n 次. 他每次测验以概率 p 通过，而且与前几次的测验结果独立. 在学生通过测验的条件下，他测验次数的概率质量函数是什么?

令 A 是学生通过测验的事件（他最多参加 n 次测验）. 我们引入随机变量 X，表示为了通过测验所需要参加测验的次数（假定允许他无数次参加测验）. X 是一个几何随机变量，其参数为 p. 刻画条件的事件是 $A=\{X\leqslant n\}$. 我们有

$$P(A)=\sum_{m=1}^{n}(1-p)^{m-1}p,$$

从而，学生测验次数的条件概率质量函数为

$$p_{X|A}(k)=\begin{cases} \dfrac{(1-p)^{k-1}p}{\sum\limits_{m=1}^{n}(1-p)^{m-1}p}, & \text{若 } k=1,\cdots,n, \\ 0, & \text{其他}, \end{cases}$$

见图 2-11 的说明.

■

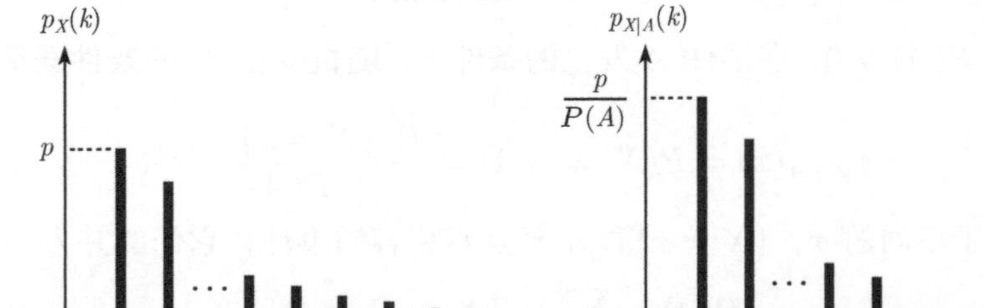

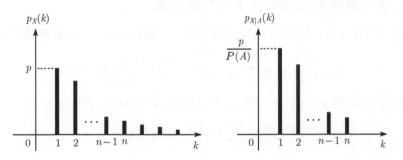

图 2-11　例 2.13 中计算条件概率质量函数 $p_{X|A}(k)$ 的说明. 首先对 X 的无条件概率质量函数 $p_X(k)$ 进行修改：对所有不在 A 中的 k，将其概率质量函数的值设成 0. 然后将其余的概率质量函数的值除以 $P(A)$ 以归一化，得到条件概率质量函数

图 2-12 给出了计算条件概率质量函数的更一般的说明.

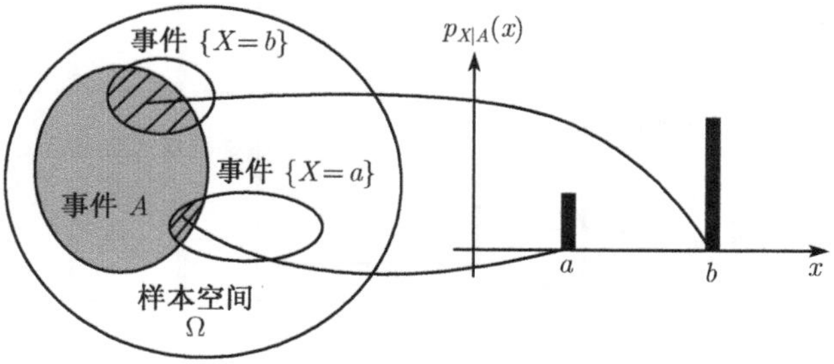

图 2-12 计算条件概率质量函数 $p_{X\,|\,A}(x)$ 的说明. 对每一个 x, 将属于事件 $\{X=x\}\cap A$ 的试验结果的概率相加, 再除以 $P(A)$ 以归一化, 得到 $p_{X\,|\,A}(x)$ 的值

2.6.2 给定另一个随机变量的值的条件下的随机变量

设某一个试验中有两个随机变量 X 和 Y. 我们假定随机变量 Y 已经取定一个值 y, 已知 $p_Y(y)>0$, 且它提供了关于 X 取值的部分信息. 这些信息包含在给定 Y 值时 X 的条件概率质量函数 $p_{X\,|\,Y}$ 中. 所谓条件概率质量函数就是 $p_{X\,|\,A}$, 其中事件 A 就是 $\{Y=y\}$:

$$p_{X\,|\,Y}(x\,|\,y)=P(X=x\,|\,Y=y).$$

利用条件概率的定义, 我们有

$$p_{X\,|\,Y}(x\,|\,y)=\frac{P(X=x,Y=y)}{P(Y=y)}=\frac{p_{X,Y}(x,y)}{p_Y(y)}.$$

现在我们固定 y 的值, 使得 $p_Y(y)>0$, 考察 x 的函数 $p_{X\,|\,Y}(x\,|\,y)$. 这个函数符合 X 的概率质量函数的要求: 对每个 x 有 $p_{X\,|\,Y}(x\,|\,y)\geqslant 0$, 并且将这些值累加后得 1. 另外, 作为 x 的函数, 其形状与 $p_{X,Y}(x,y)$ 相似. 两者相差一个因子 $p_Y(y)$, 这个因子使得 $p_{X\,|\,Y}(x\,|\,y)$ 满足条件

$$\sum_x p_{X\,|\,Y}(x\,|\,y)=1.$$

图 2-13 展示了条件概率质量函数的特性.

条件概率质量函数可以用于计算联合概率质量函数. 例如, 我们有

$$p_{X,Y}(x,y)=p_Y(y)p_{X\,|\,Y}(x\,|\,y),$$

或者

$$p_{X,Y}(x,y)=p_X(x)p_{Y\,|\,X}(y\,|\,x).$$

该方法类似于第 1 章中序贯树形图的乘法规则. 下面是一个例子.

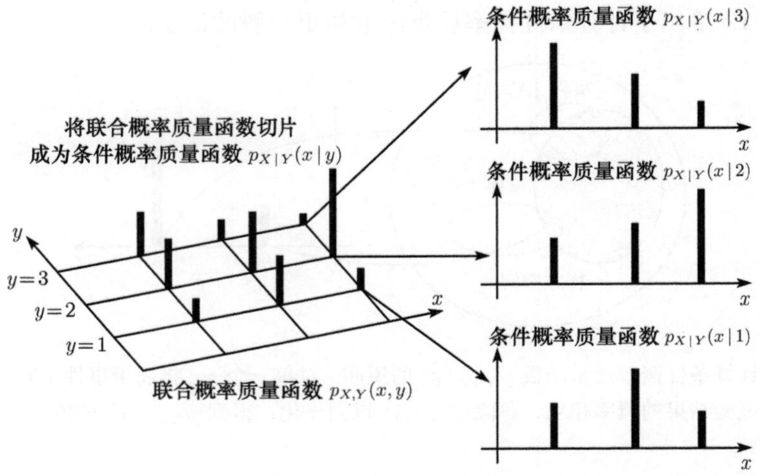

图 2-13　计算条件概率质量函数 $p_{X\,|\,Y}(x\,|\,y)$ 的说明. 对每一个 y，可以将 $p_{X\,|\,Y}(x\,|\,y)$ 看成联合概率质量函数 $p_{X,Y}(x,y)$ 沿 $Y=y$ 的一个切片，并且归一化后使得

$$\sum_x p_{X\,|\,Y}(x\,|\,y) = 1$$

例 2.14　霍许对教授在为学生答疑时常常答错问题. 她每次答错问题的概率为 1/4，而且各题的答疑是独立的. 每堂课上，同学可能提出 0、1、2 个问题，对应的概率均为 1/3. 记 X 和 Y 分别为一堂课上同学提问的次数和回答错误的次数. 为得到 X 和 Y 的联合概率质量函数，我们需要对每一组 (x,y) 值计算概率 $P(X=x, Y=y)$. 这可以利用序贯树形图的乘法规则得到，见图 2-14. 例如，在课堂上，只提出一个问题并回答错误的概率为

$$p_{X,Y}(1,1) = p_X(x)p_{Y\,|\,X}(y\,|\,x) = \frac{1}{3}\cdot\frac{1}{4} = \frac{1}{12}.$$

可将联合概率质量函数的数值列成一个表，见图 2-14. 这个表可以用于计算任何相关事件的概率. 例如

$$\begin{aligned} P(\text{至少有一次回答错误}) &= p_{X,Y}(1,1) + p_{X,Y}(2,1) + p_{X,Y}(2,2) \\ &= \frac{4}{48} + \frac{6}{48} + \frac{1}{48} \\ &= \frac{11}{48}. \end{aligned}$$

■

条件概率质量函数也可以用于计算边缘概率质量函数. 利用定义，我们有

$$p_X(x) = \sum_y p_{X,Y}(x,y) = \sum_y p_Y(y)p_{X\,|\,Y}(x\,|\,y).$$

这个公式用分治法计算边缘概率质量函数，它就是第 1 章中的全概率公式，不过用了不同的记号. 下面是一个例子.

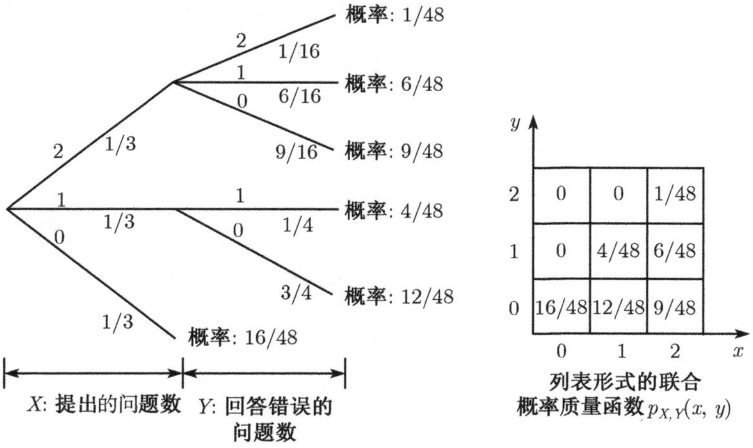

图 2-14 计算例 2.14 中的联合概率质量函数 $p_{X,Y}(x,y)$

例 2.15 考虑计算机网络中的一个信息传送器. 下面是有关的随机变量.

X : 某个消息的传送时间. $\qquad$ Y : 某个消息的长度.

我们知道具有给定消息长度的条件下传送时间的概率质量函数和消息长度的概率质量函数，希望找到传送消息的时间的（无条件）概率质量函数.

假定消息的长度可以取两个可能值：$y=10^2$ 和 $y=10^4$（单位：字节），它们取值的概率分别为 5/6 和 1/6，即

$$p_Y(y)=\begin{cases}5/6, & \text{若 } y=10^2,\\ 1/6, & \text{若 } y=10^4.\end{cases}$$

传送时间 X 依赖于消息的长度 Y 和当时网络的拥塞程度，具体来说，传送时间为 $10^{-4}Y$ 的概率为 1/2，传送时间为 $10^{-3}Y$ 的概率为 1/3，传送时间为 $10^{-2}Y$ 的概率为 1/6. 这样，我们得到

$$p_{X\mid Y}(x\mid 10^2)=\begin{cases}1/2, & \text{若 } x=10^{-2},\\ 1/3, & \text{若 } x=10^{-1},\\ 1/6, & \text{若 } x=1,\end{cases}\qquad p_{X\mid Y}(x\mid 10^4)=\begin{cases}1/2, & \text{若 } x=1,\\ 1/3, & \text{若 } x=10,\\ 1/6, & \text{若 } x=100.\end{cases}$$

为找到 X 的概率质量函数，利用全概率公式

$$p_X(x)=\sum_y p_Y(y)p_{X\mid Y}(x\mid y),$$

我们得到

$$p_X(10^{-2})=\frac{5}{6}\cdot\frac{1}{2}=\frac{5}{12},\qquad p_X(10^{-1})=\frac{5}{6}\cdot\frac{1}{3}=\frac{5}{18},\qquad p_X(1)=\frac{5}{6}\cdot\frac{1}{6}+\frac{1}{6}\cdot\frac{1}{2}=\frac{2}{9},$$

$$p_X(10)=\frac{1}{6}\cdot\frac{1}{3}=\frac{1}{18},\qquad p_X(100)=\frac{1}{6}\cdot\frac{1}{6}=\frac{1}{36}.$$

■

最后，我们可以将条件概率质量函数的概念推广到有两个以上随机变量的情况，例如 $p_{X,Y\,|\,Z}(x,y\,|\,z)$ 或 $p_{X\,|\,Y,Z}(x\,|\,y,z)$. 推广这种概念和方法没有什么难度.

关于条件概率质量函数的小结

设 X 和 Y 为某一试验中的两个随机变量.

- 条件概率质量函数与无条件概率质量函数类似，差别只是前者是在已知某事件发生的情况下的随机变量的概率质量函数.
- 设 A 为某事件，$P(A)>0$. 随机变量 X 在 A 发生的情况下的条件概率质量函数为
$$p_{X\,|\,A}(x)=P(X=x\,|\,A),$$
并且满足
$$\sum_x p_{X\,|\,A}(x)=1.$$
- 设 $A_1,\cdots,A_n$ 是一组互不相容的事件，它们形成样本空间的一个分割. 进一步假定 $P(A_i)>0$ 对所有 i 成立，则
$$p_X(x)=\sum_{i=1}^{n}P(A_i)p_{X\,|\,A_i}(x).$$
（这是全概率定理的一种特殊情况.）此外，假定事件 B 对所有 i 满足 $P(A_i\cap B)>0$，则
$$p_{X\,|\,B}(x)=\sum_{i=1}^{n}P(A_i\,|\,B)p_{X\,|\,A_i\cap B}(x).$$
- 给定 $Y=y$，X 的条件概率质量函数与联合概率质量函数有下列关系：
$$p_{X,Y}(x,y)=p_Y(y)p_{X\,|\,Y}(x\,|\,y).$$
- 给定 Y，使用 X 的条件概率质量函数计算 X 的边缘概率质量函数的公式如下：
$$p_X(x)=\sum_y p_Y(y)p_{X\,|\,Y}(x\,|\,y).$$
- 上面的结论可以自然推广到有两个以上随机变量的情况.

2.6.3 条件期望

条件概率质量函数就是一个普通的概率质量函数，不过它的样本空间由条件所限定的试验结果组成，相应的事件的概率变成条件概率. 出于同样的原因，条

件期望就是普通的期望，不过试验结果的空间由条件所限定的试验结果组成．相应的概率和概率质量函数都被换成了条件概率和条件概率质量函数（条件方差的处理与之类似）．下面列出有关的定义和性质．

关于条件期望的小结

设 X 和 Y 为某一试验中的两个随机变量．

- 设 A 为某事件，$P(A)>0$．随机变量 X 在 A 发生的情况下的条件期望为
$$E[X\,|\,A]=\sum_x xp_{X\,|\,A}(x).$$
对于函数 $g(X)$，我们有
$$E\left[g(X)\,|\,A\right]=\sum_x g(x)p_{X\,|\,A}(x).$$
- 在 $Y=y$ 的情况下，X 的条件期望为
$$E[X\,|\,Y=y]=\sum_x xp_{X\,|\,Y}(x\,|\,y).$$
- 设 $A_1,\cdots,A_n$ 是互不相容的事件并且形成样本空间的一个分割，假定 $P(A_i)>0$ 对所有 i 成立，则
$$E[X]=\sum_{i=1}^n P(A_i)E[X\,|\,A_i].$$
进一步假定事件 B 满足对所有 i 有 $P(A_i\cap B)>0$，则
$$E[X\,|\,B]=\sum_{i=1}^n P(A_i\,|\,B)E[X\,|\,A_i\cap B].$$
- 我们有
$$E[X]=\sum_y p_Y(y)E[X\,|\,Y=y].$$

上面最后的三个等式适用于不同的场合，本质上是等价的，都可以称为**全期望定理**．这些定理表达了这样的事实：无条件平均可以由条件平均再求平均得到．有了全期望定理，我们可利用条件概率质量函数或条件期望计算无条件期望 $E[X]$．现在验证三个公式中的第一个公式．先写出全概率公式

$$p_X(x)=\sum_{i=1}^n P(A_i)p_{x\,|\,A_i}(x\,|\,A_i),$$

再在两边乘 x 并对所有 x 求和，得到

$$
\begin{aligned}
E[X] &= \sum_x x p_X(x) \\
&= \sum_x x \sum_{i=1}^n P(A_i) p_{x \mid A_i}(x \mid A_i) \\
&= \sum_{i=1}^n P(A_i) \sum_x x p_{x \mid A_i}(x \mid A_i) \\
&= \sum_{i=1}^n P(A_i) E[X \mid A_i].
\end{aligned}
$$

其他两个公式的验证是类似的.

例 2.16 设波士顿的一台计算机要通过数据网络发送消息：发往纽约的概率为 0.5，发往芝加哥的概率为 0.3，发往旧金山的概率为 0.2. 传输时间 X 是一个随机变量，发往纽约的平均时间为 0.05 秒，芝加哥为 0.1 秒，旧金山为 0.3 秒. 利用全期望定理容易得到

$$E[X] = 0.5 \cdot 0.05 + 0.3 \cdot 0.1 + 0.2 \cdot 0.3 = 0.115\text{（秒）}.$$ ■

例 2.17（几何随机变量的均值和方差） 你一次又一次地写一个计算机软件，每写一次都有一个成功的概率 p. 假定每次成功与否与以前的历史记录相互独立. 令 X 是你直到成功所写的次数. X 的期望和方差是多少?

由于 X 是一个几何随机变量，其概率质量函数为

$$p_X(k) = (1-p)^{k-1} p, \qquad k = 1, 2, \cdots.$$

X 的均值和方差的公式是

$$E[X] = \sum_{k=1}^{\infty} k(1-p)^{k-1} p, \qquad \operatorname{var}(X) = \sum_{k=1}^{\infty} (k - E[X])^2 (1-p)^{k-1} p.$$

计算上面的无穷级数有些麻烦. 为了使计算简单化，我们利用全期望定理. 令 $A_1 = \{X = 1\} =$ {第一次就写成功}，$A_2 = \{X > 1\} =$ {第一次没有成功}.

如果第一次就写成功（$X = 1$），那么

$$E[X \mid X = 1] = 1.$$

如果第一次失败（$X > 1$），我们浪费了一次努力，必须重新开始. 那么，期望的剩余尝试次数是 $E[X]$，并且

$$E[X \mid X > 1] = 1 + E[X].$$

因此，由全期望定理，

$$
\begin{aligned}
E[X] &= P(X = 1) E[X \mid X = 1] + P(X > 1) E[X \mid X > 1] \\
&= p + (1-p)(1 + E[X]).
\end{aligned}
$$

由此可得

$$E[X]=\frac{1}{p}.$$

类似地，我们有

$$E[X^2\,|\,X=1]=1,\qquad E[X^2\,|\,X>1]=E[(1+X)^2]=1+2E[X]+E[X^2],$$

故

$$E[X^2]=p\cdot 1+(1-p)(1+2E[X]+E[X^2]),$$

从而

$$E[X^2]=\frac{1+2(1-p)E[X]}{p},$$

再利用 $E[X]=1/p$，得到

$$E[X^2]=\frac{2-p}{p^2}.$$

最后得到

$$\text{var}(X)=E[X^2]-(E[X])^2=\frac{2-p}{p^2}-\frac{1}{p^2}=\frac{1-p}{p^2}.$$ ■

例 2.18（两个信封的悖论） 这是一个引起广泛兴趣的智力测验题，它涉及有关条件期望的数学要点.

主持人给你两个信封，告诉你两个信封里都有现金，其中一个信封里的钱是另一个信封里的 m 倍（$m>1$，且是一个整数）. 当你打开其中一个信封，看到信封里面的钱数以后，你可以收下这个信封里面的钱作为奖金，也可以要求换信封，将另一个信封里的钱作为奖金. 有什么好的策略可使你拿到较多的奖金?

下面有一个推理，其结论倾向于换信封. 令 A 是你打开的信封，B 是你可能换的信封. 令 x 和 y 分别为信封 A 和 B 中的钱数. 论证如下：$y=x/m$ 和 $y=mx$ 这两种情况发生的概率都是 1/2. 因此，给定 x, 则 y 的期望值为

$$\frac{1}{2}\cdot\frac{x}{m}+\frac{1}{2}\cdot mx=\frac{1}{2}\left(\frac{1}{m}+m\right)x=\frac{1+m^2}{2m}x>x,$$

因为当 $m>1$ 时有 $1+m^2>2m$. 因此，你应该总是换为信封 B. 当你换为 B 的时候，出于同样的理由，又得换回 A. 这样就陷入了矛盾之中.

在这个悖论中，有两个假设是有瑕疵的.

(a) 对于两个信封内的钱，你无法先知先觉. 当给定 x 的值后，你只知道 y 的值等于 x 的 m 倍或 $1/m$. 当然，你无法假定哪种情况更有可能.

(b) 用随机变量 X 和 Y 表示两个信封内的钱数. 若

$$E[Y\,|\,X=x]>x$$

对所有 x 成立，那么"总是换为 Y"能够得到更多的期望奖金.

现在仔细分析这两种假设.

假设 (a) 是有瑕疵的，因为它没有说明相应的模型. 事实上，对于一个确定的模型，各种事件，包括 X 和 Y 的可能取值，都应该有确定的概率. 有了 X 和 Y 的概率知识，X 的值可能会提供 Y 取值的许多信息. 例如某人选择 Z 元放在一个信封内，Z 的取值范围为 $[\underline{z},\overline{z}]$ 的整数，并且服从某个分布，而在另一个信封内放入 z 的 m 倍的钱数. 然后，你以等概率从两

个信封中随机地抽取一个信封，看里边的钱数 X. 当 X 的值比 $\overline{z}$ 大的时候，你可以肯定你拿到的信封里的钱数是比较多的，因此你不必换信封. 若你拿到的钱数等于 $\underline{z}$，那可以肯定另一个信封中的钱数比 $\underline{z}$ 多，因此你必须换信封. 大致可以说：如果你能够知道 X 的值域或取值的可能性，就可以知道 X 的值比较小还是比较大，从而可以决定是否应该换信封了.

从数学上看，在一个概率模型中，我们一定能够找到 X 和 Y（信封 A 和 B 中的钱数）的联合概率质量函数. 设两个信封中的钱数的较小者为 Z，则 X 和 Y 的联合概率质量函数可由 Z 的概率质量函数确定. 设 Z 的概率质量函数为 p_Z. 则对所有的 z 有

$$p_{X,Y}(mz,z)=p_{X,Y}(z,mz)=\frac{1}{2}p_Z(z),$$

对于不具有 (mz,z) 或 (z,mz) 形式的 (x,y)，

$$p_{X,Y}(x,y)=0.$$

当 $p_{X,Y}(x,y)$ 给定以后，我们可以用以下规则换信封：

$$\text{换信封的充要条件为 } E[Y\,|\,X=x]>x.$$

按照这个规则，可以确定换或者不换信封.

现在的问题是：按照上述的模型和转换规则，是否可以针对某些 x 的值换信封，而针对另一些 x 的值不换？一般情况下是可以的，例如前面举出的 Z 的值域为有界集合的情况，就可以实现这样的转换规则. 然而，下面的例子稍显古怪，使得你总要换信封.

抛掷一枚均匀硬币，直到出现正面向上为止. 记 N 为抛掷硬币的次数. 此时你将 m^N 元放进一个信封，将 m^{N-1} 元放进另一个信封. 令 X 是你打开的信封（信封 A）内的钱数，Y 是另一个信封（信封 B）内的钱数.

现在假定 A 中只有 1 元，显然 B 中有 m 元，你应该换信封. 当 A 中有 m^n 元的时候，B 中或者有 m^{n-1} 元或者有 m^{n+1} 元. 由于 N 具有几何概率质量函数，我们有

$$\frac{P(Y=m^{m+1}\,|\,X=m^n)}{P(Y=m^{m-1}\,|\,X=m^n)}=\frac{P(Y=m^{m+1},X=m^n)}{P(Y=m^{m-1},X=m^n)}=\frac{P(N=n+1)}{P(N=n)}=\frac{1}{2}.$$

从而

$$P(Y=m^{m-1}\,|\,X=m^n)=\frac{2}{3},\qquad P(Y=m^{m+1}\,|\,X=m^n)=\frac{1}{3},$$

$$E[\text{信封 } B \text{ 中的钱数}\,|\,X=m^n]=\frac{2}{3}m^{n-1}+\frac{1}{3}m^{n+1}=\frac{2+m^2}{3m}\cdot m^n.$$

$(2+m^2)/(3m)>1$ 的充要条件是 $m^2-3m+2>0$ 或 $(m-1)(m-2)>0$. 若 $m>2$，则

$$E[\text{信封 } B \text{ 中的钱数}\,|\,X=m^n]>m^n$$

这样，为了获得最大的期望奖金，你应该换为信封 B.

在这个例子中，对所有 x 的值都有

$$E[Y\,|\,X=x]>x,$$

因此你总是应该选择 B. 直观地看，利用全期望定理，应该有结论 $E[Y]>E[X]$. 然而，由于 X 和 Y 具有相同的概率质量函数，因此结论 $E[Y]>E[X]$ 不可能成立. 实际上，我们有

$$E[Y]=E[X]=\infty,$$

这个结论与对所有 x 的值都有 $E[Y\,|\,X=x]>x$ 并不矛盾.

在 $E[Y]=E[X]=\infty$ 的情况下，利用关系式 $E[Y\,|\,X=x]>x$ 更换信封并不能提高期望的金额，从而解决了悖论中的问题. ■

2.7 独立性

现在讨论与随机变量相关的独立性的概念. 这些概念与事件之间的独立性的概念（见第 1 章）是相同的. 只需引入由随机变量导出的相关的事件，再讨论这些事件的独立性.

2.7.1 随机变量和事件的独立性

随机变量和事件的独立性与两个事件的独立性在概念上是相同的，其基本思想是刻画条件的事件的发生与否不会对随机变量取值提供新的信息. 更具体地说，随机变量 X **独立于事件 A** 是指

$$\text{对所有 } x \text{ 有 } P(X=x \text{ 且 } A)=P(X=x)P(A)=p_X(x)P(A),$$

这个条件等价于：对任意选择的 x，随机事件 $\{X=x\}$ 与事件 A 相互独立. 由条件概率质量函数的定义，我们有

$$P(X=x \text{ 且 } A)=p_{X\mid A}(x)P(A),$$

所以，只要 $P(A)>0$，随机变量 X 与事件 A 的独立性与下面的条件是等价的：

$$\text{对所有 } x \text{ 有 } p_{X\mid A}(x)=p_X(x).$$

例 2.19 考虑独立地抛掷一枚均匀硬币，共抛掷两次. 令 X 是正面向上的次数，事件 A 是正面出现的次数为偶数. X 的（无条件）概率质量函数为

$$p_X(x)=\begin{cases}1/4, & \text{若 } x=0,\\ 1/2, & \text{若 } x=1,\\ 1/4, & \text{若 } x=2,\end{cases}$$

而 $P(A)=1/2$. 由条件概率质量函数的定义知 $p_{X\mid A}(x)=P(X=x \text{ 且 } A)/P(A)$：

$$p_{X\mid A}(x)=\begin{cases}1/2, & \text{若 } x=0,\\ 0, & \text{若 } x=1,\\ 1/2, & \text{若 } x=2.\end{cases}$$

显然，由于 p_X 和 $p_{X\mid A}$ 不相同，因此 X 和事件 A 是不独立的. 若随机变量定义为：第一次抛掷得正面向上，则取值为 0；抛掷得反面向上，则取值为 1. 显然，从直观上看，这样定义的随机变量与事件 A 是相互独立的. 当然也可从独立性的定义直接验证. ■

2.7.2 随机变量之间的独立性

随机变量之间的独立性与随机变量和事件的独立性在概念上是完全相同的. 如果随机变量 X 和 Y 满足

$$\text{对所有 } x \text{ 和 } y \text{ 有 } p_{X,Y}(x,y) = p_X(x)p_Y(y),$$

则称它们为**相互独立**的随机变量. 这等价于: 对任意选择的 x 和 y, 事件 $\{X = x\}$ 和 $\{Y = y\}$ 相互独立. 最后, 由公式 $p_{X,Y}(x,y) = p_{X\,|\,Y}(x\,|\,y)p_Y(y)$ 可知, 随机变量 X 和 Y 相互独立的条件等价于

$$\text{对所有 } x \text{ 和所有满足 } p_Y(y) > 0 \text{ 的 } y \text{ 有 } p_{X\,|\,Y}(x\,|\,y) = p_X(x).$$

直观上, X 和 Y 相互独立意味着 Y 的取值不会提供 X 取值的信息.

假设 $P(A) > 0$, 在给定事件 A 的条件下, 我们也可以定义两个随机变量的条件独立性. 把所有事件的概率（或概率质量函数）都换成条件概率（或概率质量函数）. 例如, 如果随机变量 X 和 Y 满足

$$\text{对所有 } x \text{ 和 } y \text{ 有 } P(X = x, Y = y\,|\,A) = P(X = x\,|\,A)P(Y = y\,|\,A),$$

那么称它们在给定正概率事件 A 发生的条件下是**条件独立**的. 或者利用本章的记号:

$$\text{对所有 } x \text{ 和 } y \text{ 有 } p_{X,Y\,|\,A}(x,y) = p_{X\,|\,A}(x)p_{Y\,|\,A}(y).$$

这个结论与下式是等价的:

$$\text{对所有 } x \text{ 和所有满足 } p_Y(y) > 0 \text{ 的 } y \text{ 有 } p_{X\,|\,Y,A}(x\,|\,y) = p_{X\,|\,A}(x).$$

在 1.5 节中曾经提到, 事件的条件独立性并不意味着独立性, 反之亦然. 在随机变量的场合下也是如此. 图 2-15 中的例子说明了这种情况.

设随机变量 X 和 Y 相互独立, 则

$$E[XY] = E[X]E[Y],$$

这个事实可从下面的一系列等式得到:

$$\begin{aligned}
E[XY] &= \sum_x \sum_y xy p_{X,Y}(x,y) \\
&= \sum_x \sum_y xy p_X(x)p_Y(y) \quad \text{（根据独立性）} \\
&= \sum_x x p_X(x) \sum_y y p_Y(y) \\
&= E[X]E[Y].
\end{aligned}$$

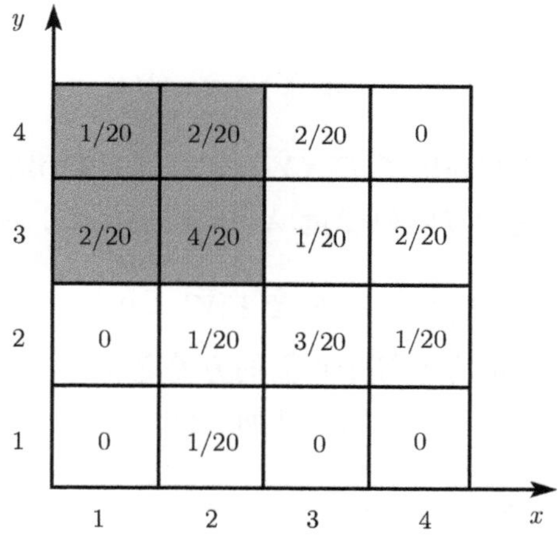

图 2-15 表中数据说明条件独立与独立并不等价. 表中的概率质量函数说明 X 和 Y 是不独立的. 例如

$$p_{X\,|\,Y}(1|1) = P(X = 1\,|\,Y = 1) = 0 \neq P(X = 1) = p_X(1).$$

但是, 若将事件 $A = \{X \leqslant 2, Y \geqslant 3\}$ (图中阴影部分) 作为条件事件, 则随机变量 X 和 Y 是条件独立的. 对于 $y = 3$ 和 $y = 4$, 我们有

$$p_{X\,|\,Y,A}(x\,|\,y) = \begin{cases} 1/3, & \text{若 } x = 1, \\ 2/3, & \text{若 } x = 2 \end{cases}$$

完全类似的计算说明: 若 X 和 Y 相互独立, 则对任意函数 g 和 h,

$$E[g(X)h(Y)] = E[g(X)]E[h(Y)].$$

事实上, 如果我们理解了以下事实, 上述结论就是明显的: X 和 Y 的相互独立性意味着 $g(X)$ 和 $h(Y)$ 的相互独立性. 形式化的验证留作章末习题.

现在考虑两个独立随机变量 X 和 Y 之和 $X+Y$, 希望求出 $X+Y$ 的方差. 随机变量的方差具有如下特性: 随机变量加上一个常数, 其方差保持不变. 利用这个特点, 将随机变量平移, 使得期望归 0. 令 $\tilde{X} = X - E[X]$, $\tilde{Y} = Y - E[Y]$, 这样

$$\begin{aligned} \text{var}(X+Y) &= \text{var}(\tilde{X}+\tilde{Y}) \\ &= E[(\tilde{X}+\tilde{Y})^2] \\ &= E[\tilde{X}^2 + 2\tilde{X}\tilde{Y} + \tilde{Y}^2] \\ &= E[\tilde{X}^2] + 2E[\tilde{X}\tilde{Y}] + E[\tilde{Y}^2] \\ &= E[\tilde{X}^2] + E[\tilde{Y}^2] \end{aligned}$$

$$= \mathrm{var}(\tilde{X}) + \mathrm{var}(\tilde{Y})$$
$$= \mathrm{var}(X) + \mathrm{var}(Y).$$

在上述一系列等式中，我们利用了 $E[\tilde{X}\tilde{Y}]=0$. 这是利用独立随机变量性质的结果（由于 $\tilde{X}$ 和 $\tilde{Y}$ 分别是独立随机变量 X 和 Y 的函数，所以它们也相互独立），即

$$E[\tilde{X}\tilde{Y}] = E[\tilde{X}]E[\tilde{Y}] = 0.$$

总之，**独立随机变量之和的方差等于它们的方差之和**. 注意，随机变量之和的期望总是等于随机变量期望之和，不需要任何条件.

关于独立随机变量的性质的小结

设在某一试验中，A 是一个事件，$P(A)>0$，又设 X 和 Y 是在同一个试验中的两个随机变量.

- 如果
$$\text{对所有 } x \text{ 有 } p_{X\,|\,A}(x) = p_X(x),$$
则称 X 为相对于事件 A 独立，即对所有 x 事件 $\{X=x\}$ 与 A 相互独立.
- 如果对所有可能的数对 (x,y) 事件 $\{X=x\}$ 和 $\{Y=y\}$ 相互独立，或等价地
$$\text{对所有 } x \text{ 和 } y \text{ 有 } p_{X,Y}(x,y) = p_X(x)p_Y(y),$$
则称 X 和 Y 为相互独立的随机变量.
- 若 X 和 Y 相互独立，则
$$E[XY] = E[X]E[Y].$$
进一步，对于任意函数 g 和 h，随机变量 $g(X)$ 和 $h(Y)$ 也是相互独立的，并且
$$E[g(X)h(Y)] = E[g(X)]E[h(Y)].$$
- 若 X 和 Y 相互独立，则
$$\mathrm{var}(X+Y) = \mathrm{var}(X) + \mathrm{var}(Y).$$

2.7.3 多个随机变量的独立性

前面关于随机变量独立性的讨论可以很自然地推广到两个以上随机变量的情况. 例如，如果随机变量 X, Y, Z 满足

$$\text{对所有 } x, y, z \text{ 有 } p_{X,Y,Z}(x, y, z) = p_X(x)p_Y(y)p_Z(z),$$

则称它们是三个独立随机变量.

设 X, Y, Z 是三个独立随机变量，则任何形如 $f(X), g(Y), h(Z)$ 的三个随机变量也是独立的. 类似地，任何两个随机变量 $g(X, Y)$ 和 $h(Z)$ 也是相互独立的. 但是，形如 $g(X, Y)$ 和 $h(Y, Z)$ 的两个随机变量通常不是相互独立的，因为它们受公共随机变量 Y 的影响. 若用互不干扰的试验结果来解释独立性，则上述这些性质在直观上是非常清楚的. 但是正式的证明有些烦琐. 幸运的是，直观理解和数学理论通常是一致的. 这主要是因为，独立性的定义本身反映了对直观理解的解释.

2.7.4 若干个独立随机变量之和的方差

独立随机变量之和出现在许多重要的场合中. 例如，在测量问题中，为了减小测量误差，通常把若干个独立测量值的平均值作为目标物的测量值. 在处理若干个独立随机源的累计效果时，也会遇到随机变量之和的方差问题. 此处我们仅提供几个例子，后面几章会回到这个主题.

在以下的例子中，我们将利用下面的重要性质：设 $X_1, \cdots, X_n$ 为独立随机变量序列，则

$$\text{var}(X_1 + \cdots + X_n) = \text{var}(X_1) + \cdots + \text{var}(X_n).$$

反复应用两个独立随机变量之和的方差公式 $\text{var}(X+Y) = \text{var}(X) + \text{var}(Y)$ 可证得上述结论.

例 2.20（二项分布和泊松分布的方差） 考虑独立地抛掷一枚硬币，共抛掷 n 次，每次正面向上的概率为 p. 对每个 i，令 X_i 表示刻画第 i 次抛掷硬币的伯努利随机变量，即当第 i 次抛掷出现正面向上时 $X_i = 1$，否则 $X_i = 0$. 因此 $X = X_1 + X_2 + \cdots + X_n$ 是二项随机变量. 由于各次抛掷硬币是独立的，所以随机变量 $X_1, \cdots, X_n$ 是独立的，故可利用独立随机变量之和的方差公式

$$\text{var}(X) = \sum_{i=1}^{n} \text{var}(X_i) = np(1-p).$$

2.2 节已经指出，参数为 λ 的泊松随机变量 Y 可以看作二项随机变量的极限（二项随机变量的参数 n 和 p 满足 $n \to \infty$，$p \to 0$，并且 $np = \lambda$）. 这样，对应地求二项分布的期望和方差的极限，可解析地得到泊松分布的期望和方差：$E[Y] = \text{var}(Y) = \lambda$. 我们已经在例 2.7 中证明了 $E[Y] = \lambda$. 现在证明 $\text{var}(Y) = \lambda$.

$$
\begin{aligned}
E[Y^2] &= \sum_{k=1}^{\infty} k^2 \mathrm{e}^{-\lambda} \frac{\lambda^k}{k!} \\
&= \lambda \sum_{k=1}^{\infty} k \frac{\mathrm{e}^{-\lambda}\lambda^{k-1}}{(k-1)!} \\
&= \lambda \sum_{m=0}^{\infty} (m+1) \frac{\mathrm{e}^{-\lambda}\lambda^m}{m!} \\
&= \lambda(E[Y]+1) \\
&= \lambda(\lambda+1),
\end{aligned}
$$

由此得到

$$
\operatorname{var}(Y) = E[Y^2] - (E[Y])^2 = \lambda(\lambda+1) - \lambda^2 = \lambda.
$$

■

对于很多通过对独立样本进行平均来估计随机变量均值的统计过程而言，独立同分布的随机变量的加权和的均值和方差公式是其理论基础．下面是一个典型的例子．

例 2.21（样本均值的期望和方差） 我们希望估计总统的支持率．为此，随机地选取 n 位选民，询问他们的看法．令 X_i 表示第 i 个被问选民的态度：

$$
X_i = \begin{cases} 1, & \text{若第 } i \text{ 个被问选民支持总统}, \\ 0, & \text{若第 } i \text{ 个被问选民不支持总统}. \end{cases}
$$

我们假定 $X_1, \cdots, X_n$ 为独立同分布的伯努利随机变量，其均值为 p，方差为 $p(1-p)$．很自然地，我们视 p 为总统的支持率．我们将调查得到的数值进行平均，得到**样本均值** S_n：

$$
S_n = \frac{X_1 + \cdots + X_n}{n}.
$$

因此，对于 n 位选民的样本空间，随机变量 S_n 是总统的支持率．

由于 S_n 是 $X_1, \cdots, X_n$ 的线性函数，因此我们有

$$
E[S_n] = \sum_{i=1}^{n} \frac{1}{n} E(X_i) = \frac{1}{n} \sum_{i=1}^{n} p = p,
$$

再利用随机变量 $X_1, \cdots, X_n$ 的独立性，得到

$$
\operatorname{var}(S_n) = \sum_{i=1}^{n} \frac{1}{n^2} \operatorname{var}(X_i) = \frac{p(1-p)}{n}.
$$

样本均值 S_n 被认为是支持率 p 的一个很好的估计，因为它的期望值刚好是支持率 p，而且，当 n 增大的时候，反映估计精度的方差会变小．

注意，即使 X_i 不是伯努利随机变量，只要 X_i 之间相互独立，且具有公共期望 $E(X)$ 和方差 $\operatorname{var}(X)$，就能以同样的计算表明，结论

$$
\operatorname{var}(S_n) = \frac{\operatorname{var}(X)}{n}
$$

仍然成立. 这样，样本均值仍然是随机变量的公共期望 $E(X)$ 的一个好的估计：当样本量 n 增大的时候，样本均值 S_n 的方差会变小. 在第 5 章讨论大数定律的时候，我们将详细讨论样本均值的特性. ■

例 2.22（用模拟方法估计概率） 在许多实际问题中，计算一个事件的概率是十分困难的. 然而我们可以用物理方法或计算机方法重复试验，这些试验结果可以显示某事件是否发生. 利用这种模拟方法可以以很高的精度计算某事件的概率. 我们可以独立地模拟试验 n 次，并且记录 n 次试验中事件 A 发生的次数 m，用 m/n 去逼近概率 $P(A)$. 例如，在抛掷硬币试验中，为计算概率 $p = P(\text{正面向上})$，我们独立地抛掷 n 次硬币，用比值"正面向上的次数/n"去逼近概率 p.

为计算这种方法的精确度，考虑 n 个独立同分布的伯努利随机变量 $X_1, \cdots, X_n$，其公共概率质量函数为

$$p_{X_i}(k) = \begin{cases} P(A), & \text{若 } k = 1, \\ 1 - P(A), & \text{若 } k = 0. \end{cases}$$

此处 X_i 相当于第 i 次试验中事件 A 的示性函数，当事件 A 发生时 X_i 的取值为 1，事件 A 不发生时 X_i 的取值为 0. 随机变量

$$X = \frac{X_1 + \cdots + X_n}{n}$$

的取值就是概率 $P(A)$ 的估计值. 由例 2.21 的结果知，X 的期望为 $P(A)$，方差为 $P(A)\big(1 - P(A)\big)/n$. 因此，当 n 很大的时候，X 提供了 $P(A)$ 的精确估计. ■

2.8 小结和讨论

在概率模型中，当试验结果决定了我们感兴趣的一些数值量的取值时，随机变量是一个很自然的工具. 本章集中讨论离散随机变量，为其建立了理论架构并引入了相应的工具.

特别地，我们引入了一些基本概念，例如概率质量函数、均值和方差. 这些概念在不同程度上刻画了离散随机变量的概率特征. 同时指出，为了计算 $Y = g(X)$ 的期望和方差，可以不用 Y 的概率质量函数，只需利用 X 的概率质量函数即可. 特别地，当 g 是线性函数 $Y = aX + b$ 时，X 和 Y 的期望和方差满足

$$E[Y] = aE[X] + b, \qquad \text{var}(Y) = a^2\text{var}(X).$$

我们也讨论了若干具体的离散随机变量，导出了它们的概率质量函数、均值和方差，总结如下.

若干具体的离散随机变量的小结

$[a,b]$ 中的离散均匀分布（a,b 为整数）

$$p_X(k)=\begin{cases}\dfrac{1}{b-a+1}, & 若\ k=a,a+1,\cdots,b,\\ 0, & 其他,\end{cases}$$

$$E[X]=\frac{a+b}{2},\qquad \mathrm{var}(X)=\frac{(b-a)(b-a+2)}{12}.$$

参数为 p 的伯努利随机变量（刻画一次试验成功或失败的概率模型）

$$p_X(k)=\begin{cases}p, & 若\ k=1,\\ 1-p, & 若\ k=0,\end{cases}$$

$$E[X]=p,\qquad \mathrm{var}(X)=p(1-p).$$

参数为 p 和 n 的二项随机变量（刻画 n 次独立重复的伯努利试验中成功次数的随机变量）

$$p_X(k)=\binom{n}{k}p^k(1-p)^{n-k},\quad k=0,1,\cdots,n,$$

$$E[X]=np,\qquad \mathrm{var}(X)=np(1-p).$$

参数为 p 的几何随机变量（在独立同分布的伯努利试验序列中刻画直到第一次成功所需的试验次数的随机变量）

$$p_X(k)=(1-p)^{k-1}p,\quad k=1,2,\cdots,$$

$$E[X]=\frac{1}{p},\quad \mathrm{var}(X)=\frac{1-p}{p^2}.$$

参数为 λ 的泊松随机变量（当 n 很大、p 很小、$\lambda=np$ 时，用于逼近二项分布的随机变量）

$$p_X(k)=\mathrm{e}^{-\lambda}\frac{\lambda^k}{k!},\quad k=0,1,2,\cdots,$$

$$E[X]=\lambda,\qquad \mathrm{var}(X)=\lambda.$$

我们也讨论了多元随机变量及其联合概率质量函数和条件概率质量函数，以及与之相关的条件期望．条件概率质量函数通常是定义一个概率模型的起始点，

通过序贯法或分治法可以计算其他相关的量，例如边缘概率质量函数或联合概率质量函数和相应的期望值. 特别地，当给定条件概率质量函数 $p_{X\,|\,Y}(x\,|\,y)$ 后，有以下几种情形.

(a) X, Y 的联合概率质量函数可由下式计算：

$$p_{X,Y}(x,y) = p_Y(y)p_{X\,|\,Y}(x\,|\,y).$$

这个结果可以推广到多于两个变量的情况，例如：

$$p_{X,Y,Z}(x,y,z) = p_Z(z)p_{Y\,|\,Z}(y\,|\,z)p_{X\,|\,Y,Z}(x\,|\,y,z).$$

这个公式与第 1 章中利用序贯树形图计算概率的方法类似.

(b) X 的边缘概率质量函数可用下式计算：

$$p_X(x) = \sum_y p_Y(y)p_{X\,|\,Y}(x,y).$$

这个公式与第 1 章中的全概率公式类似.

(c) 在 (b) 部分使用的分治法可以推广为计算期望值的全期望定理：

$$E[X] = \sum_y p_Y(y)E[X\,|\,Y=y].$$

类似于事件的独立性，我们也引入了独立随机变量的概念. 特别地，我们引入了独立随机变量之和：

$$X = X_1 + \cdots + X_n.$$

我们证明了

$$E[X] = E[X_1] + \cdots + E[X_n], \qquad \mathrm{var}(X) = \mathrm{var}(X_1) + \cdots + \mathrm{var}(X_n).$$

在上述公式中，关于随机变量之和的期望的公式并不要求随机变量之间具有独立性，但是关于随机变量之和的方差的公式要求随机变量之间具有独立性.

在第 3 章中，我们会将本章的概念和方法推广到一般随机变量的情况. 随机变量的概念是概率论中最基本的概念.

2.9 习题

2.2 节 概率质量函数

1. 麻省理工学院足球队计划在周末举办两场比赛. 第一场比赛不败的概率为 0.4，第二场比赛不败的概率为 0.7，两场比赛的输赢是相互独立的. 如果在一场比赛中不败，那么他们在比赛中赢球或平局的概率是相等的，并且与另一场比赛的结果相互独立. 麻省理工学院足球队在一场比赛中的得分情况是这样的：赢球得 2 分，平局得 1 分，输球得 0 分. 写出这个周末麻省理工学院足球队得到的总分的概率质量函数.

2. 你参加了一个 500 人的晚会，有人与你生日相同的概率有多大？分别利用精确解和泊松分布逼近的方法计算这个概率（为了计算简单，排除生日在 2 月 29 日的特殊情况）.

3. 费希尔和斯帕斯基下国际象棋，按规定第一个赢得一盘者为比赛的胜者. 若两人连续 10 盘和局，则宣称两人言和. 在每盘棋中，费希尔赢棋的概率为 0.4，输棋的概率为 0.3，和棋的概率为 0.3，每盘棋的输赢是相互独立的.

(a) 费希尔赢得比赛的概率有多大？

(b) 两人下棋的盘数的概率质量函数是什么？

4. 一个因特网服务商备有 50 个调制解调器以供 1000 个用户使用. 某一时刻每个用户使用因特网的概率为 0.01，而且使用者之间相互独立.

(a) 在给定的时刻，在用的调制解调器数的概率质量函数是什么？

(b) 重复题 (a)，利用泊松概率质量函数逼近使用网络连接的用户数的概率质量函数.

(c) 计算在某一时刻使用人数超过调制解调数的概率.（利用精确概率质量函数和 (b) 中提供的泊松逼近概率质量函数分别进行计算.）

5. 信息包通信系统的组成是：一个缓冲器，用于存储信息源送来的信息包；一条通信线路，从缓冲器和发送器获取信息包，将它们传送给接收器. 系统将工作时间划分为两个时段. 在第一时段，系统将信息源送来的信息包放在缓冲器内. 信息源送来的信息包的个数是随机的，其概率质量函数为泊松概率质量函数，分布的参数为 λ. 缓冲器能够存储的信息包最大个数为 b，若信息包送来时，缓冲器已经存满，则那些信息包将被丢弃. 在第二时段，系统要么将缓冲器中的信息包全部传送出去，要么传送出 c 个信息包，取较小者. 这里 c 是给定的常数，$0 < c < b$.

(a) 假定在第一时段开始时，缓冲器中信息包的个数为 0. 分别写出第一时段结束时和第二时段结束时缓冲器中信息包的个数的概率质量函数.

(b) 求在第一时段有信息包被缓冲器丢弃的概率.

6. 凯尔特人队和湖人队在季后赛中相遇，双方要打 n 场比赛，其中 n 为奇数. 凯尔特人队赢一场球的概率为 p，而各次赢球是相互独立的.

(a) 求 p 的范围，使得对于凯尔特人队来说，$n = 5$ 比 $n = 3$ 合算.

(b) 将 (a) 进行推广，即对于任何 k 值，找出 p 的范围使得 $n = 2k+1$ 比 $n = 2k-1$ 对凯尔特人队更合算.

7. 你刚租了一所大房子，房产经纪人给了你 5 把钥匙，可以打开 5 扇门. 5 把钥匙外形完全一样. 为了打开大门，你只能一把一把地试.

(a) 找出你打开大门所需的试验钥匙次数的概率质量函数. 在下面不同假设之下分别算出概率质量函数：(1) 当你试开失败后，在钥匙上做一个记号，这样下次试开的时候不会重试这把钥匙；(2) 每次试开失败后，从 5 把钥匙中随机地选一把再试.

(b) 重复 (a) 的情形，这次经纪人给你 10 把钥匙，其中每一扇门有两把完全相同的钥匙.

8. **二项概率质量函数的递推计算公式**. 设 X 是一个二项随机变量，相应的参数为 n 和 p.

证明可以从 $P_X(0)=(1-p)^n$ 开始，利用下面的递推公式计算概率质量函数：

$$p_X(k+1)=\frac{p}{1-p}\cdot\frac{n-k}{k+1}\cdot p_X(k),\qquad k=0,1,\cdots,n-1.$$

9. 二项概率质量函数的形式. 设 X 是一个二项随机变量，相应的参数为 n 和 p. 令 k^* 是小于等于 $(n+1)p$ 的最大整数. 证明：概率质量函数 $p_X(k)$ 当 $0\leqslant k\leqslant k^*$ 时是非降的，当 $k\geqslant k^*$ 时单调下降.

10. 泊松概率质量函数的形式. 设 X 是一个泊松随机变量，相应的参数为 λ. 证明：概率质量函数 $p_X(k)$ 当 k 在区间 $[0,\lambda]$ 中的整数点上变化时单调上升，在区间 (λ,∞) 中的整数点上变化时单调下降.

***11. 火柴问题：巴拿赫的吸烟习惯引出的问题**. 一位爱吸烟的数学家的左右口袋各放一盒火柴. 每次吸烟时，他随机地从左右口袋掏出一盒火柴点香烟（从左右两个口袋中掏火柴盒的概率分别为 1/2），各次掏火柴的动作是相互独立的. 假定在开始的时候，两个口袋的火柴盒里的火柴数目是相等的，都等于 n. 当这位数学家从口袋里掏出来的火柴盒是空盒时，另一个口袋的火柴盒中的火柴根数的概率质量函数是什么？现在将上述问题稍作推广，设数学家在掏火柴盒的时候，从左口袋掏火柴盒的概率为 p，从右口袋掏的概率为 $1-p$，那么相应的结论是什么？

解 令 X 是一个火柴盒为空时另一个火柴盒中火柴的根数. 对于 $k=0,1,\cdots,n$，令 L_k（或 R_k）分别为这样的随机事件：当第一次发现一个火柴盒为空时，这个火柴盒是左（或右）口袋里的火柴盒，并且右（或左）火柴盒里剩下 k 根火柴. X 的概率质量函数为

$$p_X(k)=P(L_k)+P(R_k),\qquad k=0,1,\cdots,n.$$

将选左口袋看成一次成功，选右口袋看成一次失败. 则 L_k 是这样的事件：前 $2n-k$ 次试验中成功了 n 次，在 $2n-k+1$ 次试验时也是成功. 这样

$$P(L_k)=\frac{1}{2}\binom{2n-k}{n}\left(\frac{1}{2}\right)^{2n-k},\qquad k=0,1,\cdots,n.$$

利用对称性 $P(L_k)=P(R_k)$，可得

$$p_X(k)=P(L_k)+P(R_k)=\binom{2n-k}{n}\left(\frac{1}{2}\right)^{2n-k},\qquad k=0,1,\cdots,n.$$

对于稍作推广的问题，即从左口袋取火柴的概率为 p，从右口袋取火柴的概率为 $1-p$，利用相似的推理得到

$$P(L_k)=p\binom{2n-k}{n}p^n(1-p)^{n-k},\qquad k=0,1,\cdots,n,$$

$$P(R_k)=(1-p)\binom{2n-k}{n}p^{n-k}(1-p)^n,\qquad k=0,1,\cdots,n.$$

因此

$$
\begin{aligned}
p_X(k) &= P(L_k) + P(R_k) \\
&= \binom{2n-k}{n}\left(p^{n+1}(1-p)^{n-k} + p^{n-k}(1-p)^{n+1}\right), \qquad k = 0, 1, \cdots, n.
\end{aligned}
$$

***12. 泊松逼近公式的证明**. 考虑二项随机变量的概率质量函数，相应的参数为 n 和 p. 证明：当 np 为固定常数 λ，并且

$$n \to \infty, \qquad p \to 0$$

时，这个二项概率质量函数趋于参数为 λ 的泊松概率质量函数.

解　利用关系式 $\lambda = np$，写出二项概率质量函数：

$$
\begin{aligned}
p_X(k) &= \frac{n!}{(n-k)!k!} p^k (1-p)^{n-k} \\
&= \frac{n(n-1)\cdots(n-k+1)}{n^k} \cdot \frac{\lambda^k}{k!} \cdot \left(1 - \frac{\lambda}{n}\right)^{n-k}.
\end{aligned}
$$

固定 k，令 $n \to \infty$，对于 $j = 1, \cdots, k$，我们有

$$\frac{n-k+j}{n} \to 1, \qquad \left(1 - \frac{\lambda}{n}\right)^{-k} \to 1, \qquad \left(1 - \frac{\lambda}{n}\right)^{n} \to \mathrm{e}^{-\lambda}.$$

因此，对于每个固定的 k，当 $n \to \infty$ 时，我们有

$$p_X(k) \to \mathrm{e}^{-\lambda}\frac{\lambda^k}{k!}.$$

2.3 节　随机变量的函数

13. 一对夫妇生育了 5 个小孩，他们又收养了 2 个女孩. 在他们亲生的 5 个小孩中，每个小孩为男孩或女孩的概率均为 1/2，彼此相互独立. 写出这个家庭中女孩数的概率质量函数.

14. 设 X 是一个随机变量，取值于集合 $\{0, 1, \cdots, 9\}$，取每个值的概率为 1/10.

(a) 求随机变量 $Y = X \bmod (3)$ 的概率质量函数.

(b) 求随机变量 $Y = 5 \bmod (X+1)$ 的概率质量函数.

15. 设 K 是一个随机变量，取值于 $[-n, n]$ 中的整数，取每个值的概率为 $1/(2n+1)$. 求随机变量 $Y = \ln(X)$ 的概率质量函数，其中 $X = a^{|K|}$，a 是正数.

2.4 节　期望、均值和方差

16. 设 X 是一个随机变量，其概率质量函数为

$$
p_X(x) = \begin{cases} x^2/a, & \text{若 } x = -3, -2, -1, 0, 1, 2, 3, \\ 0, & \text{其他}. \end{cases}
$$

(a) 求 a 和 $E[X]$.

(b) 求随机变量 $Z=(X-E[X])^2$ 的概率质量函数.

(c) 利用 (b) 的结果计算 X 的方差.

(d) 利用公式 $\text{var}(X)=\sum_x (x-E[X])^2 p_X(x)$ 计算 X 的方差.

17. 某座城市的温度是一个随机变量，其均值为 10°C，标准差也是 10°C. 如果某一天的温度在均值的一个标准差的范围内变化，则称这一天的温度是正常的. 如果温度以 °F 为单位，正常天气的温度范围应该怎么表示?

18. 设 a 和 b 是两个正整数，满足条件 $a \leqslant b$. 令 X 是一个随机变量，以相等的概率取 $2^i, a \leqslant i \leqslant b$. 求 X 的期望和方差.

***19.** 10 个盒子中的某一个放有奖品. 为确定起见，将这 10 个盒子编上号，由 1 号到 10 号. 我们通过提问逐步确定奖品的位置，规定只能回答“是”或“否”. 下面是两种提问方式.

(a) 枚举法. 我们可以这样问：“奖品是不是在盒子 k 中?”

(b) 二分法. 用排除法把约半数的盒子淘汰，例如可以这样问：“奖品所在盒子的号码是不是小于等于 k?”

对这两种方式分别计算提问次数的期望值.

解 (a) 对于 $i=1,2,\cdots,10$，我们依次问：“奖品是不是在盒子 i 中?”奖品在每一种位置的概率为 1/10，因此提问 i 次猜中奖品的概率为 1/10. 提问次数的期望值是

$$\frac{1}{10}\sum_{i=1}^{10} i=\frac{1}{10}\cdot 55=5.5.$$

(b) 例如，第一次问：“奖品所在的盒子 k 是否满足 $k \leqslant 5$?”若回答为“否”，则第二次问：“奖品所在的盒子 k 是否满足 $k \leqslant 7$?”若回答为“是”，则第三次问：“奖品所在的盒子 k 是否满足 $k \leqslant 6$?”这样就可以确定这个奖品的位置了. 利用这种方法，有 6 种位置提问 3 次就够用了，另有 4 种位置需要提问 4 次. 奖品在每一种位置的概率为 1/10. 因此，提问次数的期望值是

$$\frac{4}{10}\cdot 4+\frac{6}{10}\cdot 3=3.4.$$

20. 巧克力工厂开展宣传活动，在一些巧克力中放入奖券，凭这个奖券可以到工厂参观并随意品尝各种巧克力. 假定一包巧克力内含奖券的概率为 p. 求为拿到奖券所需购买的巧克力的包数的均值和方差.

21. **圣彼得堡悖论**. 抛掷一枚均匀硬币，直到出现反面向上为止. 假定每次抛掷是独立的. 若抛掷了 n 次，你可以获得 2^n 元. 你得到的钱数的期望值是多少? 你愿意付多少钱玩这个游戏呢?

22. 有两枚硬币，在同时抛掷它们的时候，第一枚正面向上的概率为 p，第二枚正面向上的概率为 q. 连续同时抛掷这两枚硬币，直到出现一枚正面向上且另一枚反面向上为止. 假定所有的抛掷是相互独立的.

(a) 写出抛掷次数的概率质量函数、期望值和方差.

(b) 最后一次抛掷得到第一枚硬币正面向上的概率有多大?

23. (a) 抛掷一枚均匀硬币，直到出现连续两次正面向上或连续两次反面向上为止. 写出抛掷次数的概率质量函数、期望值和方差.

(b) 抛掷一枚均匀硬币，直到出现正面向上紧接着反面向上为止. 写出抛掷次数的概率质量函数、期望值和方差.

2.5 节 多个随机变量的联合概率质量函数

24. 某股票经纪人买了甲股票 100 股，乙股票 200 股. 令 X 和 Y 分别为甲、乙两只股票在某一时期的价格变动幅度. 假定 X 和 Y 的联合概率质量函数为满足

$$-2 \leqslant x \leqslant 4, \qquad -1 \leqslant y-x \leqslant 1$$

的整数 x 和 y 的集合上的均匀分布.

(a) 写出 X 和 Y 的边缘概率质量函数和均值.

(b) 写出经纪人的平均利润.

25. 某班上有 n 个学生参加一个测验，测验共有 m 道题目. 假定学生 i 上交了前 m_i 道题目的答案，$i=1,\cdots,n$.

(a) 教师随机地从这些答案中选出一份答案，记作 (I,J)，其中 I 为学生的号码（$I\in\{1,\cdots,n\}$），J 为题目的号码. 假定所有的答案是以相等的可能性被选中的. 计算 I 和 J 的联合概率质量函数和边缘概率质量函数.

(b) 假定学生 i 能够正确回答第 j 道题目的概率为 p_{ij}. 同时假定一道题目回答正确可以得 a 分，否则得 b 分. 计算学生 i 所得的总分的期望值.

26. **几个随机变量的最小值的概率质量函数**. 你的高尔夫球成绩是一个随机变量，其得分的分布是 $\{101,\cdots,110\}$ 中的均匀分布. 规则是得分越低成绩越好. 为了改进成绩，你决定将三天的最小分数作为你的分数 X，即 X 等于 $\min\{X_1,X_2,X_3\}$，其中 X_1, X_2, X_3 表示你三天的分数，并且相互独立.

(a) 计算 X 的概率质量函数.

(b) 若以 X 作为你的得分，其期望值比原来的三天的平均得分改进了多少?

***27.** **多项分布**. 设有一颗 r 面骰子，标记为 $1,\cdots,r$. 将骰子连续转动 n 次. 假定在每次转动的时候第 i 面出现的概率为 p_i，并且各次转动是相互独立的. 令 X_i 为 n 次转动中第 i 面出现的次数.

(a) 写出 $X_1,\cdots,X_r$ 的联合概率质量函数 $p_{X_1,\cdots,X_r}(k_1,\cdots,k_r)$.

(b) 写出 X_i 的期望与方差.

(c) 求 $E[X_iX_j]$（$i\neq j$）.

解 (a) 设 n 次转动后得到一个转动结果序列（试验结果），这个序列中第 i 面出现 k_i 次，$i=1,\cdots,r$. 这个转动结果序列出现的概率为 $p_1^{k_1}\cdots p_r^{k_r}$. 每个这样的序列

确定了一个把 n 元素集合分成 r 个子集的分割，其中第 i 个子集有 k_i 个元素. 分割数为多项式系数（见 1.6.4 节）

$$\binom{n}{k_1,\cdots,k_r}=\frac{n!}{k_1!\cdots k_r!}.$$

这样，如果 $k_1+\cdots+k_r=n$，且对于 $i=1,\cdots,r$ 有 $k_i\geqslant 0$，则

$$p_{X_1,\cdots,X_r}(k_1,\cdots,k_r)=\binom{n}{k_1,\cdots,k_r}p_1^{k_1}\cdots p_r^{k_r},$$

在其他情况下 $p_{X_1,\cdots,X_r}(k_1,\cdots,k_r)=0$.

(b) 随机变量 X_i 是一个二项随机变量，相应的参数为 n 和 p_i. 因此 $E[X_i]=np_i$，$\mathrm{var}(X_i)=np_i(1-p_i)$.

(c) 设 $i\neq j$，令 $Y_{i,k}$（或 $Y_{j,k}$）为伯努利随机变量，当第 k 次转动骰子的时候出现 i（或 j）就取值 1，否则取值 0. 注意，$Y_{i,k}Y_{j,k}=0$，且对于 $l\neq k$，$Y_{i,k}$ 和 $Y_{j,l}$ 相互独立（因此 $E[Y_{i,k}Y_{j,l}]=p_ip_j$），我们得到

$$\begin{aligned}E[X_iX_j]&=E[(Y_{i,1}+\cdots+Y_{i,n})(Y_{j,1}+\cdots+Y_{j,n})]\\&=n(n-1)E[Y_{i,1}Y_{j,2}]\\&=n(n-1)p_ip_j.\end{aligned}$$

***28. 智力测验问题**. 智力测验答题的规则是这样确定的. 一共有 n 个问题，你可以选择任意的回答次序. 对于问题 i，你正确回答的概率为 p_i. 若你回答正确，就可以拿到奖金 v_i，并且有权利选择下一个问题回答. 你第一次回答错误后，不但得不到这个问题的奖金，还会失去继续回答问题的权利，但可以保留以前得到的奖金总额. 为了使奖金总额的期望值最大，证明你应该按 $p_iv_i/(1-p_i)$ 的非增次序选择你所要回答的问题，即 $p_iv_i/(1-p_i)$ 大的问题优先回答.

解 将问题 $\{1,2,\cdots,n\}$ 的回答顺序抽象化为这些问题的一个排列 $L=(i_1,i_2,\cdots,i_n)$. 首先回答的问题是 i_1，其次是 i_2，依此类推. 所谓最优排列是指按最优排列顺序回答问题能获得最大的期望总奖金.

令

$$w(i)=\frac{p_iv_i}{1-p_i}$$

为问题 i 的权值. 如果排列 $L=(i_1,i_2,\cdots,i_n)$ 满足条件

$$w(i_k)<w(i_{k+1}),$$

则称其中相邻的“问题对”(i_k,i_{k+1}) 为“逆序对”. 为了消除这个逆序对，只需将排列 L 中的 i_k 与 i_{k+1} 的位置对调，即变成 $L'=(i_1,i_2,\cdots,i_{k-1},i_{k+1},i_k,i_{k+2},\cdots,i_n)$. 对于 L'，(i_{k+1},i_k) 就不是逆序对了. 现在我们分别计算 L 和 L' 的期望总奖金：

$$E[L\text{的总奖金}] = p_{i_1}v_{i_1} + p_{i_1}p_{i_2}v_{i_2} + \cdots + p_{i_1}p_{i_2}\cdots p_{i_n}v_{i_n},$$

$$E[L'\text{的总奖金}] = p_{i_1}v_{i_1} + \cdots + p_{i_1}\cdots p_{i_{k-1}}v_{i_{k-1}} + p_{i_1}\cdots p_{i_{k-1}}p_{i_{k+1}}v_{i_{k+1}} + p_{i_1}\cdots p_{i_{k-1}}p_{i_{k+1}}p_{i_k}v_{i_k} + p_{i_1}\cdots p_{i_{k+2}}v_{i_{k+2}} + \cdots + p_{i_1}\cdots p_{i_n}v_{i_n}.$$

比较两者，得

$$E[L'\text{的总奖金}] - E[L\text{的总奖金}] = \big(w(i_{k+1}) - w(i_k)\big)\big(p_{i_1}\cdots p_{i_{k-1}}(1-p_{i_k})(1-p_{i_{k+1}})\big) > 0$$

由此可以看出，对于有逆序对的排列 L，不可能达到最高的期望总奖金.

现在，最优排列只能在没有逆序对的排列中找. 没有逆序对的排列就是按权值 $w(i)$ 非增的排列. 我们有下面两个事实.

(a) 任意两个按权值非增的不同排列 L 和 L'，可以通过一系列改变将问题对 (i_k, i_{k+1}) 的顺序由 L 变成 L'，而每次改变顺序的问题对 (i_k, i_{k+1}) 的权值是相同的，即 $w(i_k) = w(i_{k+1})$.

(b) 由于改变顺序的问题对的权值相同，由前面的计算知，在改变顺序前后，两个排列的总奖金的期望值是相同的.

由以上两点可知，只要排列是按权值 $w(i)$ 非增的，这个排列就是最优的排列，其期望总奖金达到最大.

***29. 容斥恒等式.** 设 $A_1, A_2, \cdots, A_n$ 为 n 个事件. 令 $S_1 = \{i \mid 1 \leqslant i \leqslant n\}$, $S_2 = \{(i_1, i_2) \mid 1 \leqslant i_1 < i_2 \leqslant n\}$，更一般地，令 S_m 为满足条件 $1 \leqslant i_1 < i_2 < \cdots < i_m \leqslant n$ 的 m 重指标 $(i_1, \cdots, i_m)$ 的集合. 证明下列容斥恒等式成立：

$$P(\cup_{k=1}^n A_k) = \sum_{i\in S_1} P(A_i) - \sum_{(i_1,i_2)\in S_2} P(A_{i_1}\cap A_{i_2}) + \sum_{(i_1,i_2,i_3)\in S_3} P(A_{i_1}\cap A_{i_2}\cap A_{i_3}) - \cdots + (-1)^{n-1}P(\cap_{k=1}^n A_k).$$

提示：设 X_i 为事件 A_i 的示性函数，即当事件 A_i 发生时 X_i 取值为 1，当事件 A_i 不发生时 X_i 取值为 0. 将随机变量 $(1-X_1)(1-X_2)\cdots(1-X_n)$ 与相关的事件联系起来.

解 我们将事件 $B = \cup_{k=1}^n A_k$ 与随机变量 $X_1, \cdots, X_n$ 联系起来. 事件 B^c 发生等价于所有变量 $X_1, \cdots, X_n$ 取值为 0，或等价于条件 $Y = (1-X_1)(1-X_2)\cdots(1-X_n) = 1$. 由于 Y 只能取值 0 或 1，我们有

$$P(B^c) = P(Y=1) = E[Y].$$

因此

$$P(B) = 1 - E[(1-X_1)(1-X_2)\cdots(1-X_n)]$$
$$= E[X_1 + \cdots + X_n] - E\left[\sum_{(i_1,i_2)\in S_2} X_{i_1}X_{i_2}\right] + \cdots + (-1)^{n-1}E[X_1, \cdots X_n].$$

注意到 X_i 与 A_i 的下列各种关系式

$$E[X_i]=P(A_i),\qquad E[X_{i_1}X_{i_2}]=P(A_{i_1}\cap A_{i_2}),$$
$$E[X_{i_1}X_{i_2}X_{i_3}]=P(A_{i_1}\cap A_{i_2}\cap A_{i_3}),\qquad E[X_1X_2\cdots X_n]=P(\cap_{k=1}^{n}A_k),$$

就可以得到容斥恒等式.

*__30.__ 阿尔文的地址簿数据库中有 n 条记录. 由于软件故障，地址和人员的对应关系处于完全随机的状态. 阿尔文想给每个朋友寄一张节日贺卡，但是地址完全乱了. 在这种情况下，至少有一个朋友得到他本人的贺卡的概率有多大? 提示：利用容斥恒等式.

解 记 A_k 为第 k 张贺卡送到正确地址的事件. 对于任意的 k,j,i，我们有

$$P(A_k)=\frac{1}{n}=\frac{(n-1)!}{n!},$$
$$P(A_k\cap A_j)=P(A_k)P(A_j|A_k)=\frac{1}{n}\frac{1}{n-1}=\frac{(n-2)!}{n!},$$
$$P(A_k\cap A_j\cap A_i)=\frac{1}{n}\frac{1}{n-1}\frac{1}{n-2}=\frac{(n-3)!}{n!},$$

等等，最后还有

$$P(\cap_{k=1}^{n}A_k)=\frac{1}{n!}.$$

将这些结果代入容斥恒等式

$$\begin{aligned}P(\cup_{k=1}^{n}A_k)=&\sum_{i\in S_1}P(A_i)-\sum_{(i_1,i_2)\in S_2}P(A_{i_1}\cap A_{i_2})\\&+\sum_{(i_1,i_2,i_3)\in S_3}P(A_{i_1}\cap A_{i_2}\cap A_{i_3})-\cdots+(-1)^{n-1}P(\cap_{k=1}^{n}A_k),\end{aligned}$$

得到所求概率为

$$\begin{aligned}P(\cup_{k=1}^{n}A_k)&=\binom{n}{1}\frac{(n-1)!}{n!}-\binom{n}{2}\frac{(n-2)!}{n!}+\binom{n}{3}\frac{(n-3)!}{n!}-\cdots+(-1)^{n-1}\frac{1}{n!}\\&=1-\frac{1}{2!}+\frac{1}{3!}-\cdots+(-1)^{n-1}\frac{1}{n!}.\end{aligned}$$

当 n 很大的时候，这个概率趋近于 $1-\mathrm{e}^{-1}$.

2.6 节 条件

31. 独立地抛掷一颗六面骰子，共 4 次. 令 X 为抛掷得到 1 点的次数，Y 为抛掷得到 2 点的次数. X 和 Y 的联合概率质量函数是什么?

32. **丹尼尔 · 伯努利的共同生活问题.** 设有 m 对夫妻共同生活着. 假定若干年以后每个人活着的概率为 p，并且彼此相互独立. 令 A 为若干年后活着的人数，S 为若干年后夫妻都活着的对数. 对任何 a，求 $E[S\,|\,A=a]$.

*__33.__ 独立地抛掷一枚硬币若干次. 每次抛掷的时候硬币正面向上的概率为 p. 我们假定，当连续出现两次正面向上或连续出现两次反面向上的时候，就停止抛掷. 写出抛掷次数的期望值.

解　一种办法是直接计算 X 的概率质量函数，其中 X 就是抛掷硬币的次数. 然后再计算 X 的期望值. 然而，由于硬币是非均匀的，因此计算 X 的概率质量函数有一些麻烦. 我们利用全期望定理并适当地分割样本空间进行计算. 记 H_k（或 T_k）表示第 k 次抛掷正面（或反面）向上的事件. 令 $q=1-p$ 表示抛掷硬币时反面向上的概率. 由于 H_1 和 T_1 形成样本空间的一个分割，并且 $P(H_1)=p$ 且 $P(T_1)=q$，利用全期望定理得到

$$E[X]=pE[X\,|\,H_1]+qE[X\,|\,T_1].$$

再次利用全期望定理，得到

$$E[X\,|\,H_1]=pE[X\,|\,H_1\cap H_2]+qE[X\,|\,H_1\cap T_2]=2p+q(1+E[X\,|\,T_1]),$$

此处我们利用了两个公式，其中一个公式是

$$E[X\,|\,H_1\cap H_2]=2,$$

这是因为两次出现正面向上以后应该停止抛掷. 另一个公式是

$$E[X\,|\,H_1\cap T_2]=1+E[X\,|\,T_1],$$

这是因为，若抛掷没有结束，为了结束抛掷，所需要抛掷硬币的次数只依赖于最后一次的抛掷的结果. 相似的分析可得

$$E[X\,|\,T_1]=2q+p(1+E[X\,|\,H_1]).$$

利用所得的两个关系式和 $p+q=1$，可解得

$$E[X\,|\,T_1]=\frac{2+p^2}{1-pq},$$
$$E[X\,|\,H_1]=\frac{2+q^2}{1-pq}.$$

因此

$$E[X]=p\cdot\frac{2+q^2}{1-pq}+q\cdot\frac{2+p^2}{1-pq},$$

利用等式 $p+q=1$，得到

$$E[X]=\frac{2+pq}{1-pq}.$$

当 $p=q=1/2$ 时，$E[X]=3$. 也可以证明 $2\leqslant E[X]\leqslant 3$ 对所有 p 成立.

***34.** 一只蜘蛛在一条直线上追苍蝇. 苍蝇每一秒以相等的概率 p 向左或向右移动一步，以概率 $1-2p$ 在原处不动. 而蜘蛛每一秒总是向苍蝇的方向移动一步. 在开始的时候，苍蝇与蜘蛛相距 D 步. 这里，D 是一个取值为正整数的随机变量，D 的概率质量函数为已知. 如果蜘蛛与苍蝇的位置相重合，苍蝇就被捉住. 现在的问题是苍蝇被蜘蛛捉住的期望时间是什么?

解　设 T 为蜘蛛捉住苍蝇的时刻. 进行以下定义.

A_d：开始的时候蜘蛛和苍蝇的距离为 d 步.

B_d：开始一秒后蜘蛛和苍蝇的距离为 d 步.

显然 A_d 和 B_d 都是随机事件. 我们的步骤是首先利用（条件的）全期望定理计算 $E[T \mid A_1]$，然后计算 $E[T \mid A_2]$，相似地，可以递推计算 $E[T \mid A_d]$. 最后，我们利用无条件的全期望定理计算 $E[T]$.

我们有

$$A_d = (A_d \cap B_d) \cup (A_d \cap B_{d-1}) \cup (A_d \cap B_{d-2}), \qquad \text{若 } d > 1.$$

上式说明：在开始的时候，苍蝇与蜘蛛距离为 d（$d > 1$），那么 1 秒后它们的距离为 d（如果苍蝇离开蜘蛛）或 $d-1$（如果苍蝇保持不动）或 $d-2$（如果苍蝇向蜘蛛方向移动）. 当苍蝇与蜘蛛距离为 1 的时候,

$$A_1 = (A_1 \cap B_1) \cup (A_1 \cap B_0).$$

利用全期望定理，我们得到

$$\begin{aligned} E[T \mid A_d] = &P(B_d \mid A_d)E[T \mid A_d \cap B_d] \\ &+ P(B_{d-1} \mid A_d)E[T \mid A_d \cap B_{d-1}] \\ &+ P(B_{d-2} \mid A_d)E[T \mid A_d \cap B_{d-2}], \qquad \text{若 } d > 1, \end{aligned}$$

和

$$E[T|A_1] = P(B_1|A_1)E[T|A_1 \cap B_1] + P(B_0|A_1)E[T|A_1 \cap B_0], \qquad \text{若 } d = 1.$$

根据题中提供的数据，我们有

$$P(B_1 \mid A_1) = 2p, \qquad P(B_0 \mid A_1) = 1 - 2p,$$

$$E[T \mid A_1 \cap B_1] = 1 + E[T \mid A_1], \qquad E[T \mid A_1 \cap B_0] = 1,$$

将这些数据应用到 $d = 1$ 的情况，得到

$$E[T \mid A_1] = 2p(1 + E[T \mid A_1]) + (1 - 2p),$$

即

$$E[T \mid A_1] = \frac{1}{1 - 2p}.$$

将这些数据应用到 $d = 2$ 的情况，得到

$$E[T \mid A_2] = pE[T \mid A_2 \cap B_2] + (1 - 2p)E[T \mid A_2 \cap B_1] + pE[T \mid A_2 \cap B_0].$$

此外，我们有

$$\begin{aligned} E[T \mid A_2 \cap B_0] &= 1, \\ E[T \mid A_2 \cap B_1] &= 1 + E[T|A_1], \\ E[T \mid A_2 \cap B_2] &= 1 + E[T|A_2], \end{aligned}$$

将这些量代入 $E[T \mid A_2]$ 的表达式中，得到

$$\begin{aligned} E[T \mid A_2] &= p(1 + E[T \mid A_2]) + (1 - 2p)(1 + E[T \mid A_1]) + p \\ &= p(1 + E[T \mid A_2]) + (1 - 2p)\left(1 + \frac{1}{1 - 2p}\right) + p. \end{aligned}$$

经过整理得到

$$E[T \mid A_2] = \frac{2}{1 - p}.$$

一般地，对于 $d > 2$，我们得到

$$E[T \mid A_d] = p(1 + E[T \mid A_d]) + (1 - 2p)(1 + E[T \mid A_{d-1}]) + p(1 + E[T \mid A_{d-2}]).$$

由于 $E[T \mid A_1]$ 和 $E[T \mid A_2]$ 已经求得，利用上式可以递推地将所有 $E[T \mid A_d]$ 求得.

最后，给定 D 的概率质量函数，利用全期望定理可以求得 T 的期望值：

$$E[T] = \sum_d p_D(d) E[T \mid A_d].$$

***35.** 利用单个随机变量的函数的期望值规则验证下面的期望值规则：

$$E\left[g(X, Y)\right] = \sum_x \sum_y g(x, y) p_{X,Y}(x, y).$$

然后将所得的期望值规则应用到线性函数的特殊情况，得到公式

$$E[aX + bY] = aE[X] + bE[Y],$$

其中 a 和 b 是常数.

解 我们利用全期望定理将问题归结为单个随机变量的函数的期望值规则：

$$\begin{aligned} E[g(X, Y)] &= \sum_y p_Y(y) E\left[g(X, Y) \mid Y = y\right] \\ &= \sum_y p_Y(y) E\left[g(X, y) \mid Y = y\right] \\ &= \sum_y p_Y(y) \sum_x g(x, y) p_{X \mid Y}(x \mid y) \\ &= \sum_x \sum_y g(x, y) p_{X,Y}(x, y). \end{aligned}$$

注意，上面的第三个等式用到了关于单个随机变量 X 的函数 $g(X, y)$ 的期望值规则.

对于线性函数，由期望值规则得到

$$\begin{aligned} E[aX + bY] &= \sum_x \sum_y (ax + by) p_{X,Y}(x, y) \\ &= a \sum_x x \sum_y p_{X,Y}(x, y) + b \sum_y y \sum_x p_{X,Y}(x, y) \\ &= a \sum_x x p_X(x) + b \sum_y y p_Y(y) \\ &= aE[X] + bE[Y]. \end{aligned}$$

***36. 条件概率质量函数的乘法规则.** 设 X, Y, Z 为随机变量.

(a) 证明

$$p_{X,Y,Z}(x, y, z) = p_X(x) p_{Y \mid X}(y \mid x) p_{Z \mid X,Y}(z \mid x, y).$$

(b) 将此公式解释成 1.3 节的乘法规则的特殊情况.

(c) 将乘法规则推广到多个随机变量的情况.

解 (a) 我们有

$$\begin{aligned} p_{X,Y,Z}(x,y,z) &= P(X=x, Y=y, Z=z) \\ &= P(X=x)P(Y=y, Z=z \mid X=x) \\ &= P(X=x)P(Y=y \mid X=x)P(Z=z \mid X=x, Y=y) \\ &= p_X(x)p_{Y \mid X}(y|x)p_{Z \mid X,Y}(z \mid x,y). \end{aligned}$$

(b) 将公式写成

$$P(X=x, Y=y, Z=z) = P(X=x)P(Y=y \mid X=x)P(Z=z \mid X=x, Y=y)$$

的形式，符合 1.3 节的乘法规则.

(c) 推广的形式是

$$\begin{aligned} &p_{X_1,\cdots,X_n}(x_1,\cdots,x_n) \\ &\quad = p_{X_1}(x_1)p_{X_2 \mid X_1}(x_2 \mid x_1)\cdots p_{X_n \mid X_1,\cdots,X_{n-1}}(x_n \mid x_1,\cdots,x_{n-1}) \end{aligned}$$

***37. 泊松随机变量的分解**. 传送器发出的信号是一个 0–1 信号. 发 1 的概率为 p，发 0 的概率为 $1-p$，并且和以前所发的信号独立. 现在假定在一定时间内发出信号的个数为泊松随机变量，其参数为 λ. 证明：在同一段时间内发出 1 的个数也是泊松随机变量，其参数为 $p\lambda$.

解 设 X 和 Y 分别为同一段时间内发出的信号 1 和 0 的个数. 那么 $Z=X+Y$ 就是这一段时间内发出信号的个数. 利用条件概率公式，我们有

$$\begin{aligned} P(X=n, Y=m) &= P(X=n, Y=m \mid Z=n+m)P(Z=n+m) \\ &= \binom{n+m}{n} p^n(1-p)^m \cdot \frac{\mathrm{e}^{-\lambda}\lambda^{n+m}}{(n+m)!} \\ &= \frac{\mathrm{e}^{-\lambda p}(\lambda p)^n}{n!} \cdot \frac{\mathrm{e}^{-\lambda(1-p)}(\lambda(1-p))^m}{m!}. \end{aligned}$$

因此

$$\begin{aligned} P(X=n) &= \sum_{m=0}^{\infty} P(X=n, Y=m) \\ &= \frac{\mathrm{e}^{-\lambda p}(\lambda p)^n}{n!}\mathrm{e}^{-\lambda(1-p)} \sum_{m=0}^{\infty} \frac{(\lambda(1-p))^m}{m!} \\ &= \frac{\mathrm{e}^{-\lambda p}(\lambda p)^n}{n!}\mathrm{e}^{-\lambda(1-p)}\mathrm{e}^{\lambda(1-p)} \\ &= \frac{\mathrm{e}^{-\lambda p}(\lambda p)^n}{n!}. \end{aligned}$$

这说明 X 是一个泊松随机变量，参数为 λp.

2.7 节 独立性

38. 爱丽丝在上班路上要通过四个路口，在每一个路口以相等的概率遇到红灯或绿灯，而且各个路口的红绿灯是相互独立的.

(a) 写出爱丽丝所遇到的红灯数目的概率质量函数、均值和方差.

(b) 假定遇到每个红灯会等待 2 分钟，计算爱丽丝在上班路上花费时间的方差.

39. 每天早上，饥饿的哈里总要吃几个鸡蛋. 假定哈里每天吃鸡蛋的个数是一个随机变量，吃掉的鸡蛋个数是 1 到 6 不等，而且在 $\{1,2,3,4,5,6\}$ 中均匀分布. 令 X 为哈里 10 天所吃掉的鸡蛋数. 求 X 的均值和方差.

40. 一个教授因为他的任意评分办法而知名. 对于每篇论文，他的评分在集合 $\{A, A-, B+, B, B-, C+\}$ 中等概率地分布，各篇论文的评分是相互独立的. 为了使得每种评分等级至少对应一篇论文，大概需要交多少篇论文?

41. 你开车上班，一年工作 50 周，每周工作 5 天. 每天你得到交通罚单的概率为 $p = 0.02$，而且各天之间是否得到罚单是相互独立的. 设 X 为你一年中得到的罚单数.

(a) 你得到的罚单数刚好等于 $E[X]$ 的概率有多大?

(b) 利用泊松分布近似地计算 (a) 中的概率.

(c) 假定每张罚单的罚款额为 10 元、20 元和 50 元，相应的概率分别为 0.5、0.3 和 0.2，并且各张罚单的罚款额之间是相互独立的. 求你一年中交通罚款总额的均值和方差.

(d) 假定你不知道 p 的值，但是在一年中得到了 5 张罚单. 你用样本均值

$$\hat{p} = \frac{5}{250} = 0.02$$

估计 p 的值. 假定 p 与样本均值 $\hat{p}$ 的差在样本均值的 5 倍标准差之内，p 的变化范围是什么?

42. **计算问题**. 此处讨论计算单位正方形中的子集 S 的面积的概率统计方法. 我们利用单位正方形中服从均匀分布的一串随机的点列. 如果第 i 个点在集合 S 中，令 $X_i = 1$，否则为 0. 现在设 $X_1, \cdots, X_n$ 是这样生成的随机变量序列，记

$$S_n = \frac{X_1 + \cdots + X_n}{n}.$$

(a) 证明：$E[S_n]$ 等于子集 S 的面积，当 n 无限增加时 $\mathrm{var}(S_n)$ 趋于 0.

(b) 证明：为了计算 S_n 的值，我们可以利用 S_{n-1} 和 X_n 的值，而不依赖于以前的 $X_1, \cdots, X_{n-1}$. 写出一个公式.

(c) 利用计算机的随机数发生器写一个计算机程序，产生数列 S_n，$n = 1, 2, \cdots, 10\,000$. S 是单位正方形的内切圆. 怎样利用你的程序近似计算圆周率 π 的值?

(d) 利用类似的计算机程序，近似计算单位正方形内由条件 $0 \leqslant \cos \pi x + \sin \pi y \leqslant 1$ 所确定的点集的面积.

***43.** 设 X 和 Y 是两个相互独立且具有相同分布的几何随机变量，其参数为 p. 证明

$$P(X = i \mid X + Y = n) = \frac{1}{n-1}, \qquad i = 1, \cdots, n-1.$$

解 可以将参数为 p 的几何随机变量理解为连续抛掷一枚硬币直到正面向上所需抛掷的次数，其中每次抛掷时正面出现的概率为 p. 这样 $P(X=i\,|\,X+Y=n)$ 可以解释为：在抛掷硬币的序列中第 2 次正面向上所需抛掷次数为 n 的条件下，第 1 次正面向上的时刻为第 i 次抛掷的概率. 可以进行直观的论证：已知在第 n 次抛掷时，出现第 2 次正面，由于对称性，第 1 次正面向上的抛掷时刻等概率地分布在第 1 次到第 $n-1$ 次抛掷中. 现在正式地证明这个事实. 我们有

$$P(X=i\,|\,X+Y=n)=\frac{P(X=i,X+Y=n)}{P(X+Y=n)}=\frac{P(X=i)P(Y=n-i)}{P(X+Y=n)}.$$

而且

$$\begin{aligned} P(X=i)&=p(1-p)^{i-1}, & i\geqslant 1,\\ P(Y=n-i)&=p(1-p)^{n-i-1}, & n-i\geqslant 1,\end{aligned}$$

因此

$$P(X=i)P(Y=n-i)=\begin{cases} p^2(1-p)^{n-2}, & 若\ i=1,\cdots,n-1,\\ 0, & 其他.\end{cases}$$

由此可知，对于 $[1,n-1]$ 中的任何 i 和 j 均有

$$P(X=i\,|\,X+Y=n)=P(X=j\,|\,X+Y=n)$$

从而

$$P(X=i\,|\,X+Y=n)=\frac{1}{n-1},\quad i=1,\cdots,n-1.$$

***44.** 设 X 和 Y 是两个随机变量，其联合概率质量函数已知. 又设 g 和 h 分别为 X 和 Y 的函数. 证明：若 X 和 Y 相互独立，则 $g(X)$ 和 $h(Y)$ 也相互独立.

解 令 $U=g(X)$, $V=h(Y)$. 我们有

$$\begin{aligned} p_{U,V}(u,v)&=\sum_{\{(x,y)\,|\,g(x)=u,h(y)=v\}}p_{X,Y}(x,y)\\ &=\sum_{\{(x,y)\,|\,g(x)=u,h(y)=v\}}p_X(x)p_Y(y)\\ &=\sum_{\{x\,|\,g(x)=u\}}p_X(x)\sum_{\{y\,|\,h(y)=v\}}p_Y(y)\\ &=p_U(u)p_V(v),\end{aligned}$$

这说明 U 和 V 相互独立.

***45. 方差的极值**. 设 $X_1,\cdots,X_n$ 为独立同分布的随机变量序列，$X=X_1+\cdots+X_n$.

(a) 假定 X_i 为伯努利随机变量，参数为 p_i，参数序列 $p_1,\cdots,p_n$ 满足条件 $E[X]=\mu>0$. 证明：当 p_i 全等于 μ/n 的时候，X 的方差达到最大.

(b) 假定 X_i 为几何随机变量，参数为 p_i，参数序列 $p_1,\cdots,p_n$ 满足条件 $E[X]=\mu>0$. 证明：当 p_i 全等于 n/μ 的时候，X 的方差达到最小.

注意，(a) 和 (b) 两部分具有完全不同的特征.

解 (a) 我们有

$$\mathrm{var}(X)=\sum_{i=1}^{n}\mathrm{var}(X_i)=\sum_{i=1}^{n}p_i(1-p_i)=\mu-\sum_{i=1}^{n}p_i^2.$$

把最大化方差的问题变成了最小化 $\sum_{i=1}^{n}p_i^2$ 的问题. 注意到 $\sum_{i=1}^{n}p_i=\mu$，由恒等式

$$\sum_{i=1}^{n}p_i^2=\sum_{i=1}^{n}(p_i-\mu/n)^2+\sum_{i=1}^{n}(\mu/n)^2$$

可知，当 $p_i=\mu/n$（$i=1,\cdots,n$）的时候 $\sum_{i=1}^{n}p_i^2$ 达到最小.

(b) 我们有

$$\mu=\sum_{i=1}^{n}E[X_i]=\sum_{i=1}^{n}\frac{1}{p_i},$$

$$\mathrm{var}(X)=\sum_{i=1}^{n}\mathrm{var}(X_i)=\sum_{i=1}^{n}\frac{1-p_i}{p_i^2}.$$

做变换 $y_i=1/p_i=E[X_i]$. 约束条件变成

$$\sum_{i=1}^{n}y_i=\mu.$$

在此约束条件下，X 的方差达到最小值的问题变成了最小化

$$\sum_{i=1}^{n}y_i(y_i-1)=\sum_{i=1}^{n}y_i^2-\mu$$

的问题. 这与 (a) 中讨论的问题是一样的. 当取 $y_i=\mu/n$（$i=1,\cdots,n$）时使得 $\mathrm{var}(X)$ 达到最小值，即 $p_i=n/\mu$（$i=1,\cdots,n$）时使得 $\mathrm{var}(X)$ 达到最小值.

***46.** **熵和不确定性**. 设 X 是一个随机变量，它的取值范围为 $\{x_1,\cdots,x_n\}$，相应的取值概率分别为 $p_1,\cdots,p_n$. X 的熵定义为

$$H(X)=-\sum_{i=1}^{n}p_i\log p_i.$$

（这个问题中的所有对数都是以 2 为底的对数.）熵 $H(X)$ 是关于随机变量 X 取值不确定性的度量. 为了给出一个直观的印象，注意到 $H(X)\geqslant 0$，当 X 的取值趋于确定值（即 X 取某个值的概率非常接近 1）的时候，$H(X)$ 的值非常接近 0（这是由于当 $p\approx 0$ 或 $p\approx 1$ 时，$p\log p\approx 0$).

熵是信息论的基本概念，它最早由香农提出，在许多专业教材中有陈述. 例如，设有一个随机变量 X，X 取有限个值. 为确定 X 的值，通常用“是非题”的方法逐步确定（比如“X 是否等于 x_1?”或“X 是否小于 x_5?”），其中问题数的平均数的下界为 $H(X)$. 进一步，设为了确定一组独立同分布的随机变量 $X_1,\cdots,X_n$ 的值所需要回答问题的平均数为 k，则当 n 充分大的时候，可以使 k/n 与 $H(X)$ 任意地靠近.

(a) 证明：如果 $q_1, \cdots, q_n$ 是满足 $\sum_{i=1}^n q_i = 1$ 的一组非负数，则

$$H(X) \leqslant -\sum_{i=1}^n p_i \log q_i,$$

其中等号成立的充要条件是 $q_i = p_i$ 对所有 i 成立. 作为特殊情况，证明 $H(X) \leqslant \log n$，且等号成立的充要条件是 $p_i = 1/n$ 对所有 i 成立. 提示：利用不等式 $\ln \alpha \leqslant \alpha - 1$ 对所有 $\alpha > 0$ 成立，并且只有当 $\alpha = 1$ 时等号成立. 这里 $\ln \alpha$ 是自然对数.

(b) 设 X 和 Y 是取有限个值的随机变量，其联合概率质量函数为 $p_{X,Y}(x, y)$. 定义

$$I(X, Y) = \sum_x \sum_y p_{X,Y}(x, y) \log \frac{p_{X,Y}(x, y)}{p_X(x) p_Y(y)}.$$

证明：$I(X, Y) \geqslant 0$，其中等号成立的充要条件是 X 和 Y 相互独立.

(c) 证明

$$I(X, Y) = H(X) + H(Y) - H(X, Y),$$

其中

$$H(X, Y) = -\sum_x \sum_y p_{X,Y}(x, y) \log p_{X,Y}(x, y),$$

$$H(X) = -\sum_x p_X(x) \log p_X(x), \qquad H(Y) = -\sum_y p_Y(y) \log p_Y(y).$$

(d) 证明

$$I(X, Y) = H(X) - H(X \mid Y),$$

其中

$$H(X \mid Y) = -\sum_y p_Y(y) \sum_x p_{X \mid Y}(x \mid y) \log p_{X \mid Y}(x \mid y).$$

注意：可以认为 $H(X \mid Y)$ 是给定 Y 的条件下 X 的条件熵，即给定 $Y = y$ 之下首先对 X 的条件分布求熵，然后对所有可能的 y 值求平均. 这样 $I(X, Y) = H(X) - H(X \mid Y)$ 是在知道 Y 的值的条件下熵（不确定性）的压缩量. $I(X, Y)$ 也可解释为 X 中包含的 Y 那一部分的信息量. 因此也成为 X 和 Y **相互包含的信息量**.

解 (a) 我们利用不等式 $\ln \alpha \leqslant \alpha - 1$（可以这样证明：对于 $\alpha > 1$，$\ln \alpha = \int_1^\alpha \beta^{-1} \mathrm{d}\beta < \int_1^\alpha \mathrm{d}\beta = \alpha - 1$；对于 $0 < \alpha < 1$，$\ln \alpha = -\int_\alpha^1 \beta^{-1} \mathrm{d}\beta < -\int_\alpha^1 \mathrm{d}\beta = \alpha - 1$），得到

$$-\sum_{i=1}^n p_i \ln p_i + \sum_{i=1}^n p_i \ln q_i = \sum_{i=1}^n p_i \ln \left(\frac{q_i}{p_i} \right) \leqslant \sum_{i=1}^n p_i \left(\frac{q_i}{p_i} - 1 \right) = 0,$$

其中等号成立的充要条件是 $q_i = p_i$ 对所有 i 成立. 由于 $\ln p = \log p \ln 2$，上面的不等式与 $H(X) \leqslant -\sum_{i=1}^n p_i \log q_i$ 是等价的. 若令 $q_i = 1/n$（$i = 1, \cdots, n$），$H(X) \leqslant -\sum_{i=1}^n p_i \log q_i$ 变成 $H(X) \leqslant \log n$.

(b) $p_X(x)p_Y(y)$ 满足条件 $\sum_x \sum_y p_X(x)p_Y(y) = 1$. 利用 (a) 的结论，得到

$$\sum_x \sum_y p_{X,Y}(x,y) \log(p_{X,Y}(x,y)) \geqslant \sum_x \sum_y p_{X,Y}(x,y) \log(p_X(x)p_Y(y)),$$

其中等号成立的充要条件是

$$对所有\ x\ 和\ y\ 有\ p_{X,Y}(x,y) = p_X(x)p_Y(y),$$

或等价地 X 和 Y 相互独立.

(c) 利用 I 和 H 之定义，可得

$$I(X,Y) = \sum_x \sum_y p_{X,Y}(x,y) \log p_{X,Y}(x,y) - \sum_x \sum_y p_{X,Y}(x,y) \log(p_X(x)p_Y(y)),$$

$$\sum_x \sum_y p_{X,Y}(x,y) \log p_{X,Y}(x,y) = -H(X,Y),$$

$$\begin{aligned} -\sum_x \sum_y p_{X,Y}(x,y) \log(p_X(x)p_Y(y)) &= -\sum_x \sum_y p_{X,Y}(x,y) \log p_X(x) \\ &\quad - \sum_x \sum_y p_{X,Y}(x,y) \log p_Y(y) \\ &= -\sum_x p_X(x) \log p_X(x) - \sum_y p_Y(y) \log p_Y(y) \\ &= H(X) + H(Y). \end{aligned}$$

由这三个公式，可以得到 $I(X,Y) = H(X) + H(Y) - H(X,Y)$.

(d) 由 (c) 的计算，可以得到

$$\begin{aligned} I(X,Y) &= \sum_x \sum_y p_{X,Y}(x,y) \log p_{X,Y}(x,y) - \sum_x p_X(x) \log p_X(x) \\ &\quad - \sum_x \sum_y p_{X,Y}(x,y) \log p_Y(y) \\ &= H(X) + \sum_x \sum_y p_{X,Y}(x,y) \log \frac{p_{X,Y}(x,y)}{p_Y(y)} \\ &= H(X) + \sum_x \sum_y p_Y(y) p_{X|Y}(x|y) \log p_{X|Y}(x|y) \\ &= H(X) - H(X|Y). \end{aligned}$$

第 3 章　一般随机变量

在连续区域中取值的随机变量十分普遍. 行驶在高速公路上的汽车的速度就是一个例子. 若汽车的速度可从数字仪表盘读得，那么我们可将速度表的读数看成离散随机变量. 但是，为了将汽车的真实速度模型化，使用连续随机变量更为合适. 多种理由说明，连续随机变量是概率论中非常有用的概念. 除了刻画细致和精确外，连续随机变量模型可以利用有力的分析工具解决概率的计算问题. 更主要的是，连续随机变量还可以刻画某些随机现象的本质，而这是单纯靠离散随机变量无法做到的.

第 2 章讨论的所有概念，例如期望、概率质量函数和条件等，在连续随机变量的情况下都有对应的概念. 本章的任务就是建立并解读这些对应的概念.

3.1　连续随机变量和概率密度函数

对于随机变量 X，若存在一个非负函数 f_X 使得

$$P(X \in B) = \int_B f_X(x)\mathrm{d}x$$

对每一个实数轴上的集合 B 都成立[①]，则称 X 为**连续**随机变量，函数 f_X 称为 X 的**概率密度函数**（probability density function，PDF）. 概率密度函数的概念与离散随机变量的概率质量函数是相对应的. 特别地，当 B 是一个区间的时候

$$P(a \leqslant X \leqslant b) = \int_a^b f_X(x)\mathrm{d}x,$$

此时，这个积分可以理解为概率密度函数和区间 $[a,b]$ 所形成的曲边梯形的面积，见图 3-1. 对于单点集合 a，我们有 $P(X=a)=\int_a^a f_X(x)\mathrm{d}x=0$. 出于这个原因，区间的端点对于概率的计算不起作用，即

$$P(a \leqslant X \leqslant b) = P(a < X < b) = P(a \leqslant X < b) = P(a < X \leqslant b).$$

---

① 积分 $\int_B f_X(x)\mathrm{d}x$ 可以理解为黎曼积分，我们假定所涉及的函数是黎曼可积的. 对于不寻常的函数或集合，这个积分可能很难，甚至无法定义，这是更近代的数学分析所处理的问题. 我们通常遇到的函数是具有有限个（或可数个）间断点的逐段连续函数 f_X，通常的积分限为有限个（或可数个）区间的和. 这些情况属于黎曼积分处理的范围.

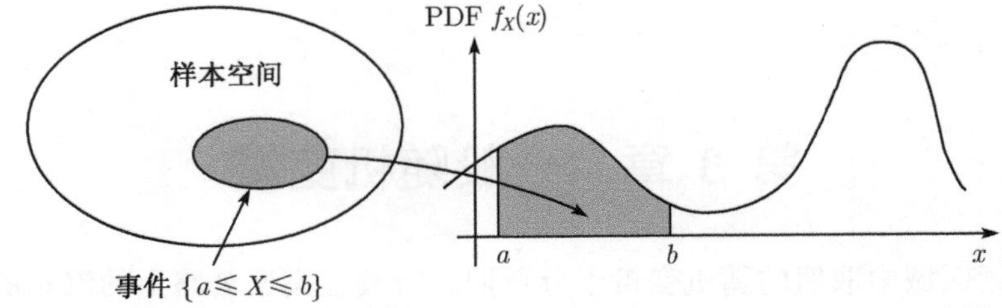

图 3-1　概率密度函数的解释. X 取值于 $[a,b]$ 的概率是 $\int_a^b f_X(x)\mathrm{d}x$，即图中阴影部分的面积

注意，函数 f_X 要成为概率密度函数，必须是非负的，即 $f_X(x)\geqslant 0$ 对所有 x 成立，同时必须满足归一性条件

$$\int_{-\infty}^{\infty} f_X(x)\mathrm{d}x = P(-\infty < X < \infty) = 1.$$

从图像上看，在概率密度函数下面且在 x 轴上面部分的面积必须等于 1.

可以对概率密度函数做这样的解释：对于有很小长度 δ 的区间 $[x,x+\delta]$，我们有

$$P\big([x,x+\delta]\big) = \int_x^{x+\delta} f_X(t)\mathrm{d}t \approx f_X(x)\cdot\delta,$$

这样，我们可以将 $f_X(x)$ 理解为 X 落入 x 附近的单位长度的概率，见图 3-2. 重要的是，要认识到，尽管概率密度函数可以用来计算事件的概率，但由于 $f_X(x)$ 不是某一事件的概率，故 $f_X(x)$ 可以大于 1.

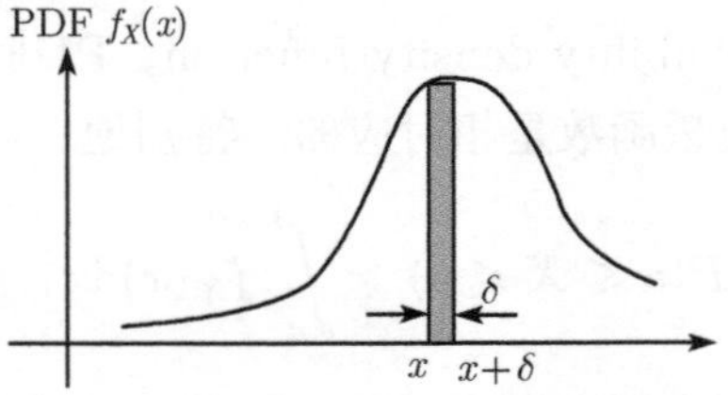

图 3-2　概率密度函数 $f_X(x)$ 作为 x 附近的单位长度的概率的解释. 设 δ 很小，在图中 X 取值于 $[x,x+\delta]$ 的概率是图中阴影部分的面积，它近似地等于 $f_X(x)\cdot\delta$

例 3.1（连续的均匀随机变量）　赌客在赌场转动幸运轮，幸运轮上有从 0 到 1 的连续刻度. 每次轮子转动停止以后，固定的指针会指向轮子上的一个数. 假定转动停止以后，指针指向幸运轮上任意两个长度相同的区间的概率是相等的. 这样的随机试验可用一个随机变量 X 来刻画. X 的概率密度函数为

$$f_X(x) = \begin{cases} c, & 若\ 0\leqslant x\leqslant 1, \\ 0, & 其他, \end{cases}$$

其中 c 为常数. 此处的常数可用归一化条件

$$1=\int_{-\infty}^{\infty} f_X(x)\mathrm{d}x=\int_0^1 c\mathrm{d}x=c\int_0^1 \mathrm{d}x=c$$

确定，即 $c=1$.

更一般地，可以考虑取值于区间 $[a,b]$ 中的随机变量. 假定 X 取值于 $[a,b]$ 中任意两个长度相同的子区间的概率是相同的. 这种随机变量称为**均匀分布随机变量**，其概率密度函数为

$$f_X(x)=\begin{cases}\dfrac{1}{b-a}, & 若\ a\leqslant x\leqslant b,\\ 0, & 其他,\end{cases}$$

见图 3-3. 常数 $1/(b-a)$ 可从归一化条件得到，即

$$1=\int_{-\infty}^{\infty} f_X(x)\mathrm{d}x=\int_a^b \frac{1}{b-a}\mathrm{d}x.$$

■

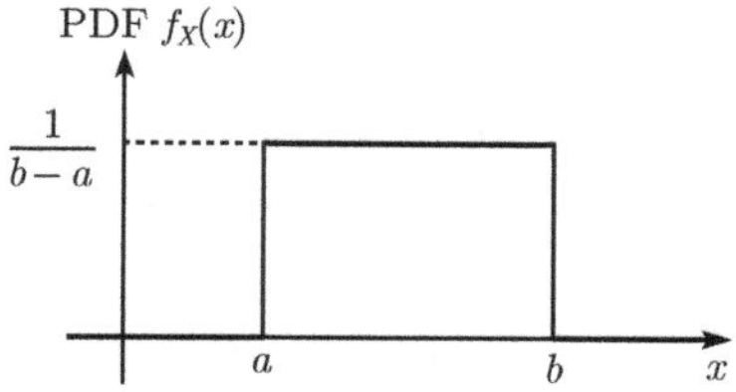

图 3-3 均匀随机变量的概率密度函数

例 3.2（**逐段常数的概率密度函数**） 阿尔文开车上班. 在天气晴朗的日子，大约需要驾驶 15～20 分钟，在雨天需要驾驶 20～25 分钟. 在每种情况下，驾驶时间都是在各自的范围内均匀分布的. 假定晴天的可能性为 2/3，雨天的可能性为 1/3. 若把阿尔文的驾驶时间 X 看成随机变量，那么 X 的概率密度函数是什么?

我们把“驾驶时间在各自的范围内均匀分布”理解为，X 的概率密度函数在各自的区间 $[15,20]$ 和 $[20,25]$ 中分别为常数. 由于这两个区间包含所有可能的驾驶时间，因此 X 的概率密度函数在其他范围内应该是 0. 这样

$$f_X(x)=\begin{cases}c_1, & 若\ 15\leqslant x<20,\\ c_2, & 若\ 20\leqslant x\leqslant 25,\\ 0, & 其他,\end{cases}$$

此处 c_1 和 c_2 是常数. 而这些常数可从雨天和晴天的概率确定.

$$\frac{2}{3}=P(晴天)=\int_{15}^{20} f_X(x)\mathrm{d}x=\int_{15}^{20} c_1\mathrm{d}x=5c_1,$$

$$\frac{1}{3}=P(雨天)=\int_{20}^{25} f_X(x)\mathrm{d}x=\int_{20}^{25} c_2\mathrm{d}x=5c_2,$$

由此得到

$$c_1=\frac{2}{15},\qquad c_2=\frac{1}{15}.$$

推广这个例子，考虑 X 的下列形式的概率密度函数

$$f_X(x)=\begin{cases}c_i, & 若\ a_i\leqslant x<a_{i+1},\ i=1,2,\cdots,n-1,\\ 0, & 其他,\end{cases}$$

其中 $a_1<a_2<\cdots<a_n$ 是常数，$c_1,c_2,\cdots,c_{n-1}$ 是非负常数（见图 3-4）. 可以像前面那样，由一组条件确定常数 $c_1,c_2,\cdots,c_{n-1}$. 一般说来，常数 c_i 必须满足归一化条件：

$$1=\int_{a_1}^{a_n}f_X(x)\mathrm{d}x=\sum_{i=1}^{n-1}\int_{a_i}^{a_{i+1}}c_i\mathrm{d}x=\sum_{i=1}^{n-1}c_i(a_{i+1}-a_i).$$

■

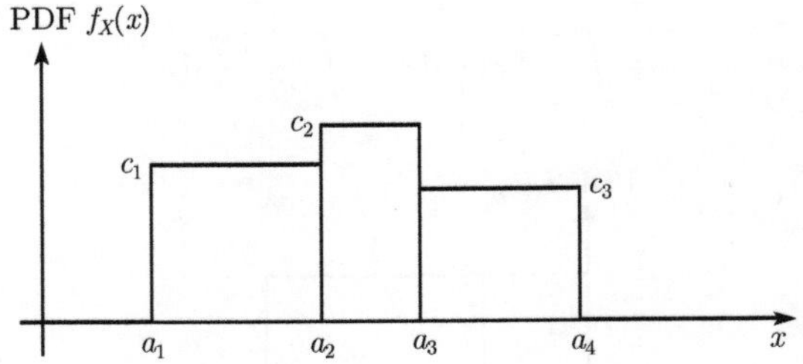

图 3-4 含有三个区间的逐段常数概率密度函数

例 3.3（可以取任意大的值的概率密度函数） 考虑 X 的概率密度函数

$$f_X(x)=\begin{cases}\dfrac{1}{2\sqrt{x}}, & 若\ 0<x\leqslant 1,\\ 0, & 其他.\end{cases}$$

尽管在 x 趋于 0 的时候 $f_X(x)$ 的值可以任意大，但是因为

$$\int_{-\infty}^{\infty}f_X(x)\mathrm{d}x=\int_0^1\frac{1}{2\sqrt{x}}\mathrm{d}x=\sqrt{x}\Big|_0^1=1,$$

所以 $f_X(x)$ 仍然是一个合法的概率密度函数. ■

关于概率密度函数性质的小结

设 X 的概率密度函数为 $f_X(x)$.

- $f_X(x)\geqslant 0$ 对所有 x 成立.
- $\int_{-\infty}^{\infty}f_X(x)\mathrm{d}x=1$.
- 设 δ 是一个充分小的正数，则 $P\big([x,x+\delta]\big)\approx f_X(x)\cdot\delta$.
- 对实数轴上的任意子集 B，

$$P(X\in B)=\int_B f_X(x)\mathrm{d}x.$$

3.1.1 期望

连续随机变量 X 的**期望**或**均值**定义为 ①

$$E[X]=\int_{-\infty}^{\infty} x f_X(x)\mathrm{d}x.$$

这与离散随机变量的情况相似，只需将定义中的概率质量函数换成概率密度函数，求和换成积分. 正如在第 2 章中那样，$E[X]$ 可以解释成概率密度函数的重心和大量独立重复试验中 X 取值的平均数. 毕竟，积分是求和的极限形式，连续情况的期望的数学性质与离散情况是极其相似的.

设 X 是一个连续随机变量，其概率密度函数为 $f_X(x)$，则 X 的任意实值函数 $Y=g(X)$ 也是一个随机变量. 注意，Y 可以是连续随机变量，例如取 $Y=g(X)=X$，此时 Y 的概率密度函数与 X 的概率密度函数相同. Y 也可以是离散随机变量，例如当 $x>0$ 时，令 $g(x)=1$，否则令 $g(x)=0$. 此时，$Y=g(x)$ 是一个只取 0 和 1 的离散随机变量. 但是无论结果是离散的还是连续的，$g(X)$ 的**期望值规则**总是成立的：

$$E[g(X)]=\int_{-\infty}^{\infty} g(x) f_X(x)\mathrm{d}x,$$

见章末习题.

随机变量 X 的 ***n* 阶矩**定义为 $E[X^n]$，即 X^n 的期望. 随机变量 X 的**方差**定义为随机变量 $(X-E[X])^2$ 的期望，记为 $\mathrm{var}(X)$.

现在我们将连续随机变量的性质总结如下，这些性质与离散随机变量的性质是完全相同的.

连续随机变量的期望的性质

记 X 为连续随机变量，其相应的概率密度函数为 $f_X(x)$.

- X 的期望定义为

$$E[X]=\int_{-\infty}^{\infty} x f_X(x)\mathrm{d}x.$$

---

① 在此，我们必须关心的一种可能性是：积分 $\int_{-\infty}^{\infty} x f_X(x)\mathrm{d}x$ 可能取无限值或不存在. 具体地说，我们称期望是有定义的，是指 $\int_{-\infty}^{\infty}|x| f_X(x)\mathrm{d}x<\infty$，此时积分是有确切定义的，并且积分值小于无穷大.

作为期望没有确切定义的例子，考虑 X 的概率密度函数 $f_X(x)=c/(1+x^2)$，此处 c 是归一化常数. 函数 $|x| f_X(x)$ 在 $|x|$ 充分大的时候可用 $c/|x|$ 逼近. 由于 $\int_1^{\infty}(1/x)\mathrm{d}x=\infty$，可知 $\int_{-\infty}^{\infty}(|x| f_X(x))\mathrm{d}x=\infty$. 这样，$E[X]$ 是没有定义的，尽管 X 的概率密度函数相对于 0 是对称的.

如无特别申明，本书总是假定连续随机变量 X 的期望是有定义的.

- 函数 $g(X)$ 的期望值规则为

$$E[g(X)] = \int_{-\infty}^{\infty} g(x) f_X(x) \mathrm{d}x.$$

- X 的方差定义为

$$\mathrm{var}(X) = E[(X - E[X])^2] = \int_{-\infty}^{\infty} (x - E[X])^2 f_X(x) \mathrm{d}x.$$

- 关于方差，我们有

$$0 \leqslant \mathrm{var}(X) = E[X^2] - (E[X])^2.$$

- 设 $Y = aX + b$，其中 a 和 b 为常数，则

$$E[Y] = aE[X] + b, \quad \mathrm{var}(Y) = a^2 \mathrm{var}(X).$$

例 3.4（均匀随机变量的均值和方差） 设随机变量 X 的分布为 $[a, b]$ 中的均匀分布，见例 3.1. 我们有

$$\begin{aligned} E[X] &= \int_{-\infty}^{\infty} x f_X(x) \mathrm{d}x = \int_a^b x \cdot \frac{1}{b-a} \mathrm{d}x \\ &= \frac{1}{b-a} \cdot \frac{1}{2} x^2 \Big|_a^b = \frac{1}{b-a} \cdot \frac{b^2 - a^2}{2} \\ &= \frac{a+b}{2}, \end{aligned}$$

这个期望值刚好等于概率密度函数的对称中心 $(a+b)/2$.

为求得方差，先计算 X 的二阶矩

$$\begin{aligned} E[X^2] &= \int_a^b \frac{x^2}{b-a} \mathrm{d}x = \frac{1}{b-a} \cdot \int_a^b x^2 \mathrm{d}x \\ &= \frac{1}{b-a} \cdot \frac{1}{3} x^3 \Big|_a^b = \frac{b^3 - a^3}{3(b-a)} \\ &= \frac{a^2 + ab + b^2}{3}. \end{aligned}$$

因此，X 的方差为

$$\mathrm{var}(X) = E[X^2] - (E[X])^2 = \frac{a^2 + ab + b^2}{3} - \frac{(a+b)^2}{4} = \frac{(b-a)^2}{12}.$$

■

3.1.2 指数随机变量

若随机变量 X 的概率密度函数具有下列形式：

$$f_X(x) = \begin{cases} \lambda \mathrm{e}^{-\lambda x}, & 若\ x \geqslant 0, \\ 0, & 其他, \end{cases}$$

则称 X 是**指数随机变量**，其中 $\lambda > 0$ 是分布的参数（见图 3-5）. 因为

$$\int_{-\infty}^{\infty} f_X(x)\mathrm{d}x = \int_0^{\infty} \lambda \mathrm{e}^{-\lambda x}\mathrm{d}x = -\mathrm{e}^{-\lambda x}\Big|_0^{\infty} = 1,$$

所以它是合法的概率密度函数. 注意，指数分布具有这样的特性：X 超过某个值的概率随着这个值的增大按指数递减，即对于任意的 $a \geqslant 0$ 有

$$P(X \geqslant a) = \int_a^{\infty} \lambda \mathrm{e}^{-\lambda x}\mathrm{d}x = -\mathrm{e}^{-\lambda x}\Big|_a^{\infty} = \mathrm{e}^{-\lambda a}.$$

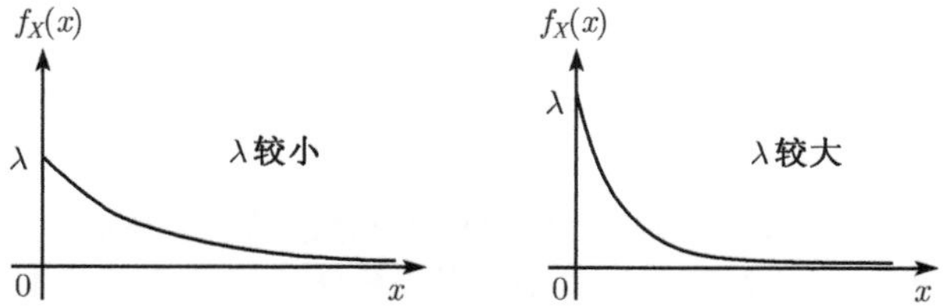

图 3-5　指数随机变量的概率密度函数

指数随机变量具有广泛的用处，它可以表示到发生某个事件为止所用的时间. 例如，这个事件可以是某条信息到达计算机，一台仪器的使用寿命终止，一个灯泡用坏了，一次车祸，等等. 我们将会看到，指数随机变量与离散的几何随机变量十分相似. 几何随机变量与我们感兴趣的某个事件发生的（离散）时间相关. 在第 6 章讨论随机过程时，指数分布是十分重要的工具. 但目前，我们将指数分布作为一种常见的分布处理.

指数随机变量的均值和方差为

$$E[X] = \frac{1}{\lambda}, \qquad \mathrm{var}(X) = \frac{1}{\lambda^2}.$$

我们可以通过直接计算来证明上述公式. 利用分部积分法，

$$\begin{aligned} E[X] &= \int_0^{\infty} x\lambda \mathrm{e}^{-\lambda x}\mathrm{d}x \\ &= \left(-x\mathrm{e}^{-\lambda x}\right)\Big|_0^{\infty} + \int_0^{\infty} \mathrm{e}^{-\lambda x}\mathrm{d}x \\ &= 0 - \frac{\mathrm{e}^{-\lambda x}}{\lambda}\Big|_0^{\infty} \\ &= \frac{1}{\lambda}. \end{aligned}$$

再次利用分部积分法，可以得到 X 的二阶矩

$$\begin{aligned}E[X^2] &= \int_0^\infty x^2\lambda\mathrm{e}^{-\lambda x}\mathrm{d}x \\ &= \left(-x^2\mathrm{e}^{-\lambda x}\right)\Big|_0^\infty + \int_0^\infty 2x\mathrm{e}^{-\lambda x}\mathrm{d}x \\ &= 0 + \frac{2}{\lambda}E[X] \\ &= \frac{2}{\lambda^2}.\end{aligned}$$

最后，利用公式 $\mathrm{var}(X) = E[X^2] - (E[X])^2$，得到

$$\mathrm{var}(X) = \frac{2}{\lambda^2} - \frac{1}{\lambda^2} = \frac{1}{\lambda^2}.$$

例 3.5 小陨石落入非洲撒哈拉沙漠的时间服从指数分布．具体地说，从某一观测者开始观测，直到发现一颗陨石落入沙漠，这个时间服从指数分布，平均长度是 10 天．现在假定，目前时间为晚上 12 点整．从第二天早晨 6:00 到傍晚 6:00，陨石首次落下的概率有多大?

假定 X 是为了观测陨石落下所需要的等待时间，以天为单位．由于 X 的分布为指数分布，均值 $1/\lambda = 10$，由此知 $\lambda = 1/10$．所求的概率为

$$P(1/4 \leqslant X \leqslant 3/4) = P(X \geqslant 1/4) - P(X > 3/4) = \mathrm{e}^{-1/40} - \mathrm{e}^{-3/40} = 0.0476,$$

此处我们利用了公式 $P(X \geqslant a) = P(X > a) = \mathrm{e}^{-\lambda a}$． ■

3.2 累积分布函数

我们分别用概率质量函数（离散情况）和概率密度函数（连续情况）来刻画随机变量 X 的取值规律．现在我们希望用一个统一的数学工具来刻画随机变量的取值规律．**累积分布函数**（cumulative distribution function，CDF）就能完成这个任务．随机变量 X 的累积分布函数是 x 的函数 F_X，对每一个 x，$F_X(x)$ 定义为 $P(X \leqslant x)$．特别地，当 X 为离散或连续的情况下，

$$F_X(x) = P(X \leqslant x) = \begin{cases} \displaystyle\sum_{k \leqslant x} p_X(k), & \text{若 } X \text{ 是离散的,} \\ \displaystyle\int_{-\infty}^{x} f_X(t)\mathrm{d}t, & \text{若 } X \text{ 是连续的.} \end{cases}$$

粗略地说，累积意味着 $F_X(x)$ 将 X 取值的概率由 $-\infty$ 累积到 x．

任何与给定概率模型相关的随机变量都有累积分布函数，无论它是离散的还是连续的．这是因为 $\{X \leqslant x\}$ 总是概率模型中的事件，因此它的概率由概率模型

给出. 在上下文中, 凡是刻画事件 $\{X \leqslant x\}$ 概率的函数, 都称为随机变量 X 的**概率律**. 因此, 离散情况下的概率质量函数、连续情况下的概率密度函数和一般情况下的累积分布函数, 都是相应的随机变量的概率律.

图 3-6 和图 3-7 分别给出离散随机变量的累积分布函数和连续随机变量的累积分布函数的一些说明. 从这些图像以及累积分布函数的定义, 可以得到累积分布函数的某些一般性质.

累积分布函数的性质

随机变量 X 的累积分布函数 F_X 定义为

$$\text{对所有 } x \text{ 有 } F_X(x) = P(X \leqslant x),$$

它具有下列性质.

- F_X 是单调非减函数:

$$\text{若 } x \leqslant y \text{ 则 } F_X(x) \leqslant F_X(y).$$

- 当 $x \to -\infty$ 时 $F_X(x)$ 趋于 0, 当 $x \to \infty$ 时 $F_X(x)$ 趋于 1.
- 当 X 是离散随机变量的时候, $F_X(x)$ 为 x 的阶梯函数.
- 当 X 是连续随机变量的时候, $F_X(x)$ 为 x 的连续函数.
- 当 X 是离散随机变量并且取整数值时, 累积分布函数和概率质量函数可以利用求和或差分互求:

$$F_X(k) = \sum_{i=-\infty}^{k} p_X(i),$$

$$p_X(k) = P(X \leqslant k) - P(X \leqslant k-1) = F_X(k) - F_X(k-1),$$

其中 k 可以是任意整数.

- 当 X 是连续随机变量时, 累积分布函数和概率密度函数可以利用积分或微分互求:

$$F_X(x) = \int_{-\infty}^{x} f_X(t)\mathrm{d}t,$$

$$f_X(x) = \frac{\mathrm{d}F_X}{\mathrm{d}x}(x).$$

第二个等式只在概率密度函数是连续的那些点上成立.

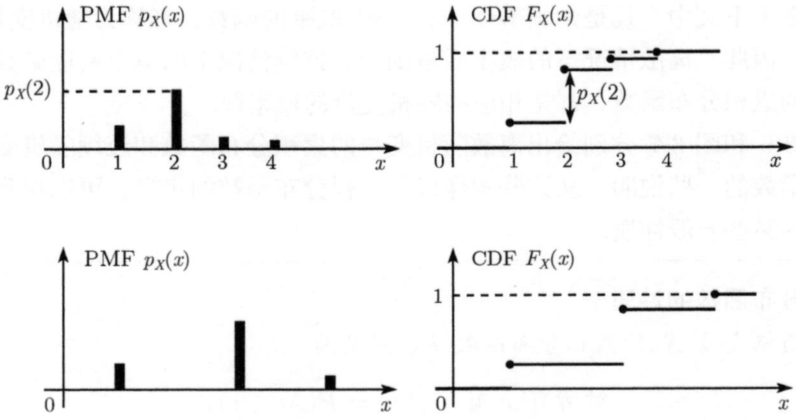

图 3-6　某些离散随机变量的累积分布函数. 通过随机变量的概率质量函数, 可求得相应的累积分布函数:

$$F_X(x) = P(X \leqslant x) = \sum_{k \leqslant x} p_X(k).$$

这个函数是阶梯函数, 在具有正概率的那些点上发生跳跃. 在跳跃点上, $F_X(x)$ 取较大的那个值, 即 $F_X(x)$ 保持右连续

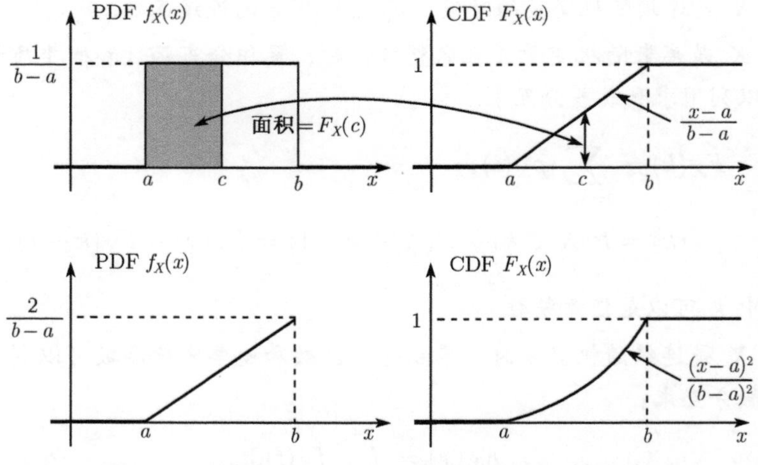

图 3-7　某些连续随机变量的累积分布函数. 通过随机变量的概率密度函数, 可求得相应的累积分布函数:

$$F_X(x) = P(X \leqslant x) = \int_{-\infty}^{x} f_X(t)\mathrm{d}t.$$

概率密度函数 $f_X(x)$ 可由累积分布函数经微分得到:

$$f_X(x) = \frac{\mathrm{d}F_X}{\mathrm{d}x}(x).$$

对于连续随机变量, 累积分布函数是连续的

有时候，为了计算随机变量的概率质量函数或概率密度函数，首先计算随机变量的累积分布函数会更方便些. 我们将在 4.1 节系统地介绍如何用该方法求连续随机变量的函数. 下面是一个离散随机变量的计算例子.

例 3.6（几个随机变量的最大值） 你参加某种测试，以三次测试的最高成绩作为最终成绩. 设

$$X = \max\{X_1, X_2, X_3\},$$

其中 X_1, X_2, X_3 是三次测试的成绩，X 是最终成绩. 假定各次测试是相互独立的，每次测试成绩在 1 分到 10 分之间，并且 $P(X = i) = 1/10$（$i = 1, \cdots, 10$）. 求最终成绩 X 的概率质量函数 P_X.

我们采用间接方法求概率质量函数. 首先计算 X 的累积分布函数，然后通过

$$p_X(k) = F_X(k) - F_X(k-1), \qquad k = 1, \cdots, 10$$

得到 X 的概率质量函数. 对于 $F_X(k)$，我们有

$$\begin{aligned} F_X(k) &= P(X \leqslant k) \\ &= P(X_1 \leqslant k, X_2 \leqslant k, X_3 \leqslant k) \\ &= P(X_1 \leqslant k)P(X_2 \leqslant k)P(X_3 \leqslant k) \\ &= \left(\frac{k}{10}\right)^3, \end{aligned}$$

此处第三个等式是由事件 $\{X_1 \leqslant k\}, \{X_2 \leqslant k\}, \{X_3 \leqslant k\}$ 相互独立所致. 因此，X 的概率质量函数为

$$p_X(k) = \left(\frac{k}{10}\right)^3 - \left(\frac{k-1}{10}\right)^3, \qquad k = 1, \cdots, 10.$$

本例的方法可推广到 n 个随机变量 $X_1, \cdots, X_n$ 的情况. 如果对每一个 x，事件 $\{X_1 \leqslant x\}, \cdots, \{X_n \leqslant x\}$ 相互独立，则 $X = \max\{X_1, \cdots, X_n\}$ 的累积分布函数为

$$F(x) = F_{X_1}(x) \cdots F_{X_n}(x).$$

利用这个公式，在离散情况下通过差分可得到 $p_X(x)$，在连续情况下通过微分可得到 $f_X(x)$.

■

几何和指数随机变量的累积分布函数

由于累积分布函数对所有随机变量都适用，因此我们可以利用它来探讨离散随机变量和连续随机变量之间的关系. 特别地，此处讨论几何随机变量和指数随机变量之间的关系.

设 X 是几何随机变量，参数为 p，即 X 是在伯努利独立试验序列中直到第一次成功所需要的试验次数，其中每次试验成功的概率为 p. 因此，对于 $k = 1, 2, \cdots$，我们有 $P(X = k) = p(1-p)^{k-1}$，累积分布函数为

$$F_{\text{geo}}(n)=\sum_{k=1}^{n}p(1-p)^{k-1}=p\cdot\frac{1-(1-p)^n}{1-(1-p)}=1-(1-p)^n,\qquad n=1,2,\cdots.$$

现在，设 X 是指数随机变量，参数 $\lambda>0$，累积分布函数为

$$F_{\exp}(x)=P(X\leqslant x)=0,\qquad x\leqslant 0,$$

$$F_{\exp}(x)=\int_0^x\lambda\mathrm{e}^{-\lambda t}\mathrm{d}t=-\mathrm{e}^{-\lambda t}\Big|_0^x=1-\mathrm{e}^{-\lambda x},\qquad x>0.$$

比较两个累积分布函数，令 $\delta=-\ln(1-p)/\lambda$，我们有

$$\mathrm{e}^{-\lambda\delta}=1-p.$$

对于 $n=1,2,\cdots$，累积分布函数 $F_{\exp}$ 在 $x=n\delta$ 处与 F_{geo} 在 n 处相等，即

$$F_{\exp}(n\delta)=F_{\text{geo}}(n),\qquad n=1,2,\cdots,$$

在 x 的其他值处，这两个函数彼此接近，见图 3-8. 假定我们以很快的速度抛掷一枚不均匀硬币（每 δ 秒抛掷一次，$\delta\ll 1$），每次抛掷，正面向上的概率为很小的正数 $p=1-\mathrm{e}^{-\lambda\delta}$. 第一次得到正面向上的事件是参数为 p 的几何随机变量，近似于参数为 λ 的指数随机变量，它们的累积分布函数十分接近，见图 3-8. 在第 6 章讨论伯努利过程和泊松过程的时候，这种关系显得特别重要.

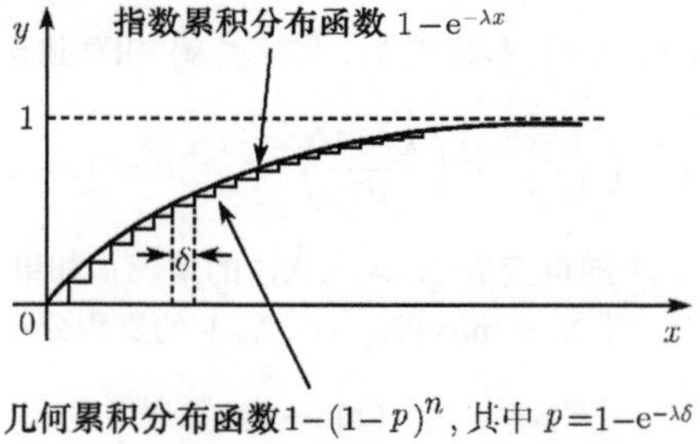

图 3-8　几何随机变量和指数随机变量的累积分布函数之间的关系. 我们有

$$F_{\exp}(n\delta)=F_{\text{geo}}(n),\quad n=1,2,\cdots,$$

其中 δ 的取值满足 $\mathrm{e}^{-\lambda\delta}=1-p$. 当 $\delta\to 0$ 时，指数随机变量可以解释为几何随机变量的“极限”

3.3　正态随机变量

若一个连续随机变量 X 的概率密度函数具有下列形式（见图 3-9）：

$$f_X(x)=\frac{1}{\sqrt{2\pi}\sigma}\mathrm{e}^{-(x-\mu)^2/(2\sigma^2)},$$

其中 μ 和 σ 是概率密度函数的两个参数，σ 是正数，则称 X 为**正态随机变量**或**高斯随机变量**. 可以证明，$f_X(x)$ 满足概率密度函数的归一化条件（见章末习题）:

$$\frac{1}{\sqrt{2\pi}\sigma}\int_{-\infty}^{\infty}\mathrm{e}^{-(x-\mu)^2/(2\sigma^2)}\mathrm{d}x=1.$$

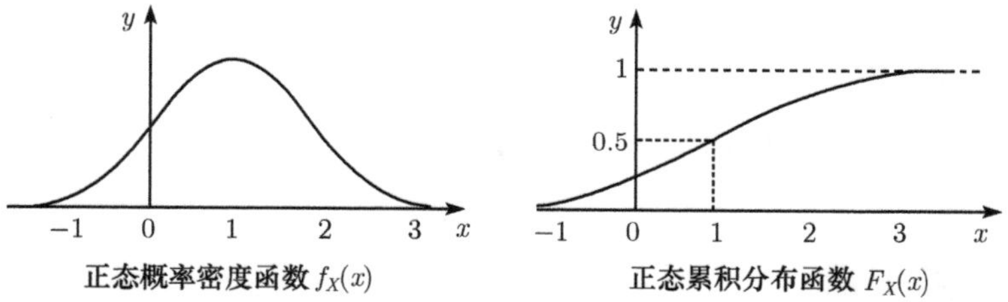

图 3-9 正态分布的概率密度函数和累积分布函数（$\mu=1$ 且 $\sigma^2=1$）. 由图中可以看出，概率密度函数是相对于均值 μ 对称的钟形曲线. 当 x 离开 μ 的时候，概率密度函数的表达式中的项 $\mathrm{e}^{-(x-\mu)^2/(2\sigma^2)}$ 很快地下降. 在图中，概率密度函数在区间 $[-1,3]$ 之外非常接近于 0

正态随机变量的均值和方差是

$$E[X]=\mu,\qquad \mathrm{var}(X)=\sigma^2.$$

由于 X 的概率密度函数相对于 μ 对称，因此其均值只能是 μ. 至于方差，依定义有

$$\mathrm{var}(X)=\frac{1}{\sqrt{2\pi}\sigma}\int_{-\infty}^{\infty}(x-\mu)^2\mathrm{e}^{-(x-\mu)^2/(2\sigma^2)}\mathrm{d}x.$$

做积分变量替换 $y=(x-\mu)/\sigma$，并进行分部积分，得到

$$\begin{aligned}\mathrm{var}(X)&=\frac{\sigma^2}{\sqrt{2\pi}}\int_{-\infty}^{\infty}y^2\mathrm{e}^{-y^2/2}\mathrm{d}y\\&=\frac{\sigma^2}{\sqrt{2\pi}}\left(-y\mathrm{e}^{-y^2/2}\right)\Big|_{-\infty}^{\infty}+\frac{\sigma^2}{\sqrt{2\pi}}\int_{-\infty}^{\infty}\mathrm{e}^{-y^2/2}\mathrm{d}y\\&=\frac{\sigma^2}{\sqrt{2\pi}}\int_{-\infty}^{\infty}\mathrm{e}^{-y^2/2}\mathrm{d}y\\&=\sigma^2.\end{aligned}$$

上面最后的等式成立是由于

$$\frac{1}{\sqrt{2\pi}}\int_{-\infty}^{\infty}\mathrm{e}^{-y^2/2}\mathrm{d}y=1,$$

这个公式是当 $\mu=0$ 和 $\sigma^2=1$ 时正态随机变量的概率密度函数的归一化条件.

正态随机变量具有若干重要的性质，下面的尤其重要，将在 4.1 节中证明.

线性变换之下随机变量的正态性保持不变

设 X 是正态随机变量，其均值为 μ，方差为 σ^2. 若 $a \neq 0$ 和 b 为两个常数，则随机变量

$$Y = aX + b$$

仍然是正态随机变量，其均值和方差为

$$E[Y] = a\mu + b, \quad \mathrm{var}(Y) = a^2\sigma^2.$$

标准正态随机变量

设正态随机变量 Y 的期望为 0，方差为 1，则 Y 称为**标准正态随机变量**. 以 Φ 记它的累积分布函数：

$$\Phi(y) = P(Y \leqslant y) = P(Y < y) = \frac{1}{\sqrt{2\pi}} \int_{-\infty}^{y} \mathrm{e}^{-t^2/2} \mathrm{d}t.$$

通常将它的值列成一个表（见表 3-1），这是计算有关正态随机变量的概率的重要工具，见图 3-10.

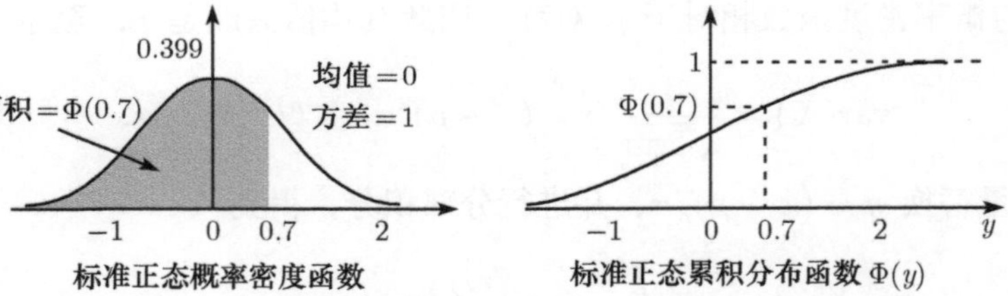

图 3-10 标准正态随机变量的概率密度函数 $f_Y(y) = \frac{1}{\sqrt{2\pi}}\mathrm{e}^{-y^2/2}$ 和相应的累积分布函数 $\Phi(y)$. $\Phi(y)$ 的数值有表可查

表中仅对 $y \geqslant 0$ 列出 $\Phi(y)$ 的值，利用标准正态随机变量的概率密度函数的对称性，可将 $y < 0$ 时 $\Phi(y)$ 的值推导出来. 例如

$$\begin{aligned}\Phi(-0.5) &= P(Y \leqslant -0.5) = P(Y \geqslant 0.5) = 1 - P(Y < 0.5) \\ &= 1 - \Phi(0.5) = 1 - 0.6915 = 0.3085.\end{aligned}$$

更一般地，我们有

$$\text{对所有 } y \text{ 有 } \Phi(-y) = 1 - \Phi(y).$$

表 3-1 标准正态分布表

	0.00	0.01	0.02	0.03	0.04	0.05	0.06	0.07	0.08	0.09
0.0	0.5000	0.5040	0.5080	0.5120	0.5160	0.5199	0.5239	0.5279	0.5319	0.5359
0.1	0.5398	0.5438	0.5478	0.5517	0.5557	0.5596	0.5636	0.5675	0.5714	0.5753
0.2	0.5793	0.5832	0.5871	0.5910	0.5948	0.5987	0.6026	0.6064	0.6103	0.6141
0.3	0.6179	0.6217	0.6255	0.6293	0.6331	0.6368	0.6406	0.6443	0.6480	0.6517
0.4	0.6554	0.6591	0.6628	0.6664	0.6700	0.6736	0.6772	0.6808	0.6844	0.6879
0.5	0.6915	0.6950	0.6985	0.7019	0.7054	0.7088	0.7123	0.7157	0.7190	0.7224
0.6	0.7257	0.7291	0.7324	0.7357	0.7389	0.7422	0.7454	0.7486	0.7517	0.7549
0.7	0.7580	0.7611	0.7642	0.7673	0.7704	0.7734	0.7764	0.7794	0.7823	0.7852
0.8	0.7881	0.7910	0.7939	0.7967	0.7995	0.8023	0.8051	0.8078	0.8106	0.8133
0.9	0.8159	0.8186	0.8212	0.8238	0.8264	0.8289	0.8315	0.8340	0.8365	0.8389
1.0	0.8413	0.8438	0.8461	0.8485	0.8508	0.8531	0.8554	0.8577	0.8599	0.8621
1.1	0.8643	0.8665	0.8686	0.8708	0.8729	0.8749	0.8770	0.8790	0.8810	0.8830
1.2	0.8849	0.8869	0.8888	0.8907	0.8925	0.8944	0.8962	0.8980	0.8997	0.9015
1.3	0.9032	0.9049	0.9066	0.9082	0.9099	0.9115	0.9131	0.9147	0.9162	0.9177
1.4	0.9192	0.9207	0.9222	0.9236	0.9251	0.9265	0.9279	0.9292	0.9306	0.9319
1.5	0.9332	0.9345	0.9357	0.9370	0.9382	0.9394	0.9406	0.9418	0.9429	0.9441
1.6	0.9452	0.9463	0.9474	0.9484	0.9495	0.9505	0.9515	0.9525	0.9535	0.9545
1.7	0.9554	0.9564	0.9573	0.9582	0.9591	0.9599	0.9608	0.9616	0.9625	0.9633
1.8	0.9641	0.9649	0.9656	0.9664	0.9671	0.9678	0.9686	0.9693	0.9699	0.9706
1.9	0.9713	0.9719	0.9726	0.9732	0.9738	0.9744	0.9750	0.9756	0.9761	0.9767
2.0	0.9772	0.9778	0.9783	0.9788	0.9793	0.9798	0.9803	0.9808	0.9812	0.9817
2.1	0.9821	0.9826	0.9830	0.9834	0.9838	0.9842	0.9846	0.9850	0.9854	0.9857
2.2	0.9861	0.9864	0.9868	0.9871	0.9875	0.9878	0.9881	0.9884	0.9887	0.9890
2.3	0.9893	0.9896	0.9898	0.9901	0.9904	0.9906	0.9909	0.9911	0.9913	0.9916
2.4	0.9918	0.9920	0.9922	0.9925	0.9927	0.9929	0.9931	0.9932	0.9934	0.9936
2.5	0.9938	0.9940	0.9941	0.9943	0.9945	0.9946	0.9948	0.9949	0.9951	0.9952
2.6	0.9953	0.9955	0.9956	0.9957	0.9959	0.9960	0.9961	0.9962	0.9963	0.9964
2.7	0.9965	0.9966	0.9967	0.9968	0.9969	0.9970	0.9971	0.9972	0.9973	0.9974
2.8	0.9974	0.9975	0.9976	0.9977	0.9977	0.9978	0.9979	0.9979	0.9980	0.9981
2.9	0.9981	0.9982	0.9982	0.9983	0.9984	0.9984	0.9985	0.9985	0.9986	0.9986
3.0	0.9987	0.9987	0.9987	0.9988	0.9988	0.9989	0.9989	0.9989	0.9990	0.9990
3.1	0.9990	0.9991	0.9991	0.9991	0.9992	0.9992	0.9992	0.9992	0.9993	0.9993
3.2	0.9993	0.9993	0.9994	0.9994	0.9994	0.9994	0.9994	0.9995	0.9995	0.9995
3.3	0.9995	0.9995	0.9995	0.9996	0.9996	0.9996	0.9996	0.9996	0.9996	0.9997
3.4	0.9997	0.9997	0.9997	0.9997	0.9997	0.9997	0.9997	0.9997	0.9997	0.9998

表中的数据为标准正态累积分布函数 $\Phi(y) = P(Y \leqslant y)$ 的值，其中 Y 为标准正态随机变量，y 的变化范围为 $0 \leqslant y \leqslant 3.49$. 例如，想知道 $\Phi(1.71)$ 的值，只需在 1.7 这一行中找与 0.01 对应那一列的数值，查表可得 $\Phi(1.71) = 0.9564$. 当 y 为负值的时候，可利用公式 $\Phi(y) = 1 - \Phi(-y)$ 计算 $\Phi(y)$ 的值

现在设 X 是正态随机变量，期望为 μ，方差为 σ^2. 将 X 标准化成为新的随机变量 Y：

$$Y = \frac{X-\mu}{\sigma}.$$

由于 Y 是 X 的线性函数，所以 Y 也是正态随机变量. 进一步，

$$E[Y] = \frac{E[X]-\mu}{\sigma} = 0, \qquad \mathrm{var}(Y) = \frac{\mathrm{var}(X)}{\sigma^2} = 1.$$

因此，Y 是标准正态随机变量. 利用这个事实，可以计算关于 X 的事件的概率. 将关于 X 的事件化成由 Y 表达的事件，利用标准正态分布表，就可以计算关于 X 的事件的概率.

例 3.7（利用标准正态分布表） 某地区的年降雪量是一个正态随机变量，期望 $\mu = 60$ 英寸[①]，标准差 $\sigma = 20$ 英寸. 本年降雪量至少为 80 英寸的概率有多大?

设 X 为年降雪量，令

$$Y = \frac{X-\mu}{\sigma} = \frac{X-60}{20},$$

显然 Y 是标准正态随机变量.

$$P(X \geqslant 80) = P\left(\frac{X-60}{20} \geqslant \frac{80-60}{20}\right) = P\left(Y \geqslant \frac{80-60}{20}\right) = P(Y \geqslant 1) = 1 - \Phi(1),$$

其中 Φ 为标准正态累积分布函数. 查表得

$$\Phi(1) = 0.8413,$$

所以

$$P(X \geqslant 80) = 1 - \Phi(1) = 0.1587.$$ ■

总结上面的方法，得到如下结果.

关于正态随机变量的累积分布函数的计算

利用标准正态分布表计算正态随机变量 X 的累积分布函数（X 的均值为 μ，方差为 σ^2），可以分两步进行.

(a) 将 X 标准化，即减去 μ，再除以 σ，得到标准正态随机变量 Y.

(b) 从标准正态分布表查得累积分布函数的值：

$$P(X \leqslant x) = P\left(\frac{X-\mu}{\sigma} \leqslant \frac{x-\mu}{\sigma}\right) = P\left(Y \leqslant \frac{x-\mu}{\sigma}\right) = \Phi\left(\frac{x-\mu}{\sigma}\right).$$

在信号处理和通信工程中通常将噪声看成一个正态随机变量，它加在信号上面，使之变形. 下面是一个典型的例子.

① 1 英寸 ≈ 2.54 厘米. ——编者注

例 3.8（**信号检测**） 记一个传输的信号为 s，$s=+1$ 或 $s=-1$. 由于通信误差，在接收端得到的是加有噪声的信号，噪声 N 是正态随机变量，均值 $\mu=0$，方差为 σ^2. 如果接收端得到的混有噪声的信号大于等于 0，则判断信号 $s=+1$；如果接收端得到的混有噪声的信号小于 0，则判断信号 $s=-1$（见图 3-11）. 这种判断方法的误差有多大?

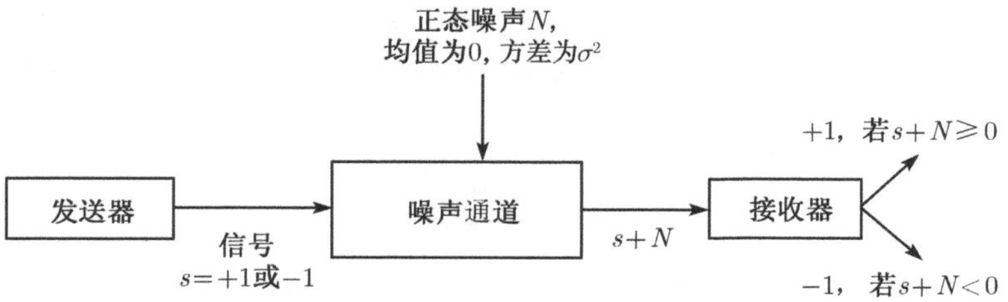

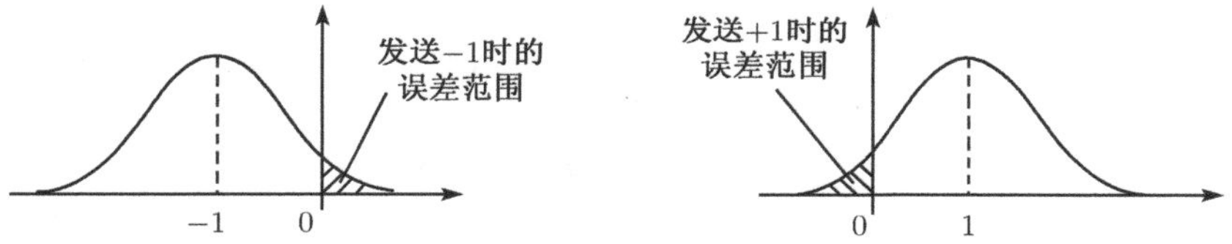

图 3-11 例 3.8 中信号检测问题的图示. 图中阴影部分的面积分别表示传输的信号为 -1 和 $+1$ 时发生误传的概率

如果发送的信号为 $s=-1$，噪声 $N>1$，此时 $s+N=N-1>0$，接收方误判为 $s=+1$. 如果发送的信号为 $s=+1$，噪声 $N<-1$，此时 $s+N=N+1<0$，接收方误判为 $s=-1$. 因此，当 $s=-1$ 时，误判概率为

$$\begin{aligned}P(N>1)&=1-P(N\leqslant 1)=1-P\left(\frac{N-\mu}{\sigma}\leqslant\frac{1-\mu}{\sigma}\right)\\&=1-\Phi\left(\frac{1-\mu}{\sigma}\right)=1-\Phi\left(\frac{1}{\sigma}\right).\end{aligned}$$

由对称性可知，若发送的信号为 $s=+1$，误判概率也是 $1-\Phi(1/\sigma)$. 我们可以通过查表得到 $\Phi(1/\sigma)$，例如，当 $\sigma=1$ 时，$\Phi(1/\sigma)=\Phi(1)=0.8413$，误判概率为 0.1587. ■

正态随机变量在概率论中起着十分重要的作用. 主要原因是，一般来说，在物理、工程和统计背景下，许多随机量是由许多独立效应叠加而成的. 在数学上，又有这样的事实：大量的独立同分布的随机变量（不必为正态）之和的分布近似地服从正态分布，这个事实与各个和项的具体的分布是无关的. 这个事实就是著名的**中心极限定理**. 我们将在第 5 章讨论.

3.4 多个随机变量的联合概率密度函数

现在将概率密度函数的概念推广到多个随机变量的情况. 与离散的情况相似,我们将引入联合概率密度函数、边缘概率密度函数以及条件概率密度函数的概念,其直观解释和主要性质与离散情况类似.

设 X 和 Y 为在同一个试验中的两个随机变量. 若它们存在联合概率密度函数,则称 X 和 Y 是**联合连续的**. 那么相应的概率密度函数是如何定义的呢? 满足

$$P\big((X,Y)\in B\big)=\iint\limits_{(x,y)\in B} f_{X,Y}(x,y)\mathrm{d}x\mathrm{d}y$$

的非负二元函数 $f_{X,Y}(x,y)$ 称为 X 和 Y 的**联合概率密度函数**. 上式中的积分是二重积分,积分区域为平面上的任意二元集合 B. 特别地,若 $B=\{(x,y)\,|\,a\leqslant x\leqslant b,\ c\leqslant y\leqslant d\}$,则上式变成

$$P(a\leqslant X\leqslant b,c\leqslant Y\leqslant d)=\int_c^d\int_a^b f_{X,Y}(x,y)\mathrm{d}x\mathrm{d}y.$$

进一步,若令 B 为整个二维平面,就可以得到概率密度函数的归一化条件

$$\int_{-\infty}^{\infty}\int_{-\infty}^{\infty} f_{X,Y}(x,y)\mathrm{d}x\mathrm{d}y=1.$$

为解释联合概率密度函数的意义,取 δ 为一个充分小的正数,考虑 (X,Y) 落入一个小方块内的概率

$$P(a\leqslant X\leqslant a+\delta,c\leqslant Y\leqslant c+\delta)=\int_c^{c+\delta}\int_a^{a+\delta} f_{X,Y}(x,y)\mathrm{d}x\mathrm{d}y\approx f_{X,Y}(a,c)\cdot\delta^2,$$

我们可以将 $f_{X,Y}(a,c)$ 看成 (X,Y) 落入 (a,c) 附近单位面积的概率.

联合概率密度函数包含了所有关于 (X,Y) 的取值概率的信息,包括它们之间的相互依赖的信息. 利用它,我们可以计算任何由 (X,Y) 所刻画的事件的概率. 作为特殊情况,我们可以计算单独一个随机变量(X 或 Y)所刻画的事件的概率. 例如,令 A 为一个实数的集合,考虑事件 $\{X\in A\}$. 我们有

$$P(X\in A)=P(X\in A,Y\in(-\infty,\infty))=\int_A\int_{-\infty}^{\infty} f_{X,Y}(x,y)\mathrm{d}y\mathrm{d}x.$$

与公式

$$P(X\in A)=\int_A f_X(x)\mathrm{d}x$$

做比较就可以知道，X 的**边缘概率密度函数**为

$$f_X(x) = \int_{-\infty}^{\infty} f_{X,Y}(x,y)\mathrm{d}y.$$

类似地可得

$$f_Y(y) = \int_{-\infty}^{\infty} f_{X,Y}(x,y)\mathrm{d}x.$$

例 3.9（**二维均匀概率密度函数**） 罗密欧和朱丽叶约定在某时某地见面，但是每个人都会迟到，迟到时间在 0~1 小时（见 1.2.6 节的例子）. 令 X 和 Y 分别为罗密欧和朱丽叶迟到的时间. 假定他们迟到的时间 (x,y) 在单位正方形中是等可能的. 这样 (X,Y) 的联合概率密度函数就很自然地定为

$$f_{X,Y}(x,y) = \begin{cases} c, & \text{若 } 0 \leqslant x \leqslant 1 \text{ 且 } 0 \leqslant y \leqslant 1, \\ 0, & \text{其他,} \end{cases}$$

其中 c 是常数. 由概率密度函数满足归一化条件

$$\int_{-\infty}^{\infty}\int_{-\infty}^{\infty} f_{X,Y}(x,y)\mathrm{d}x\mathrm{d}y = \int_0^1\int_0^1 c\mathrm{d}x\mathrm{d}y = 1$$

可以确定

$$c = 1.$$

这是一个联合均匀概率密度函数的例子. 更一般地，令 S 是二维平面中的一个子集. 在子集 S 上的联合均匀概率密度函数可定义为

$$f_{X,Y}(x,y) = \begin{cases} \dfrac{1}{S \text{ 的面积}}, & \text{若 } (x,y) \in S, \\ 0, & \text{其他.} \end{cases}$$

对 S 的任何子集 A，(X,Y) 落入区域 A 的概率为

$$P((X,Y)\in A) = \iint\limits_{(x,y)\in A} f_{X,Y}(x,y)\mathrm{d}x\mathrm{d}y = \frac{1}{S \text{ 的面积}} \iint\limits_{(x,y)\in A} \mathrm{d}x\mathrm{d}y = \frac{A \text{ 的面积}}{S \text{ 的面积}}.$$ ■

例 3.10 设 X 和 Y 是在平面中集合 S 中的均匀随机变量，即它们的联合概率密度函数在集合 S 上为常数 c，在集合 S 之外为 0. S 的形状如图 3-12 所示. 现在希望求出常数 c 以及 X 和 Y 的边缘概率密度函数.

如图 3-12 所示，S 的面积为 4，因此 $f_{X,Y}(x,y) = c = 1/4$, $(x,y) \in S$. 现在要求 X 的边缘概率密度函数 $f_X(x)$，我们只需固定 x 的值，将联合概率密度函数对 y 进行积分，就可以得到 $f_X(x)$ 的值. 最后的结果列于图 3-12 中. f_Y 的计算是类似的. ■

例 3.11（**布丰投针试验**）[①] 这是一个著名的例子，几何概率由此发源，该学科研究随机放置的对象的几何性质.

① 这个问题是法国自然学家布丰于 1777 年提出并解决的. 此后出现了许多类似的问题，包括拉普拉斯于 1812 年提出的向具有网格的平面上投针问题（见章末习题）. 这个问题引起了科学家的兴趣，并且作为以试验产生 π 的主要手段.（据说，美国陆军上尉福克斯在养伤时用针进行抛掷试验，以获得 π 的值.）在互联网上也有一些利用布丰投针试验计算 π 值的图形模拟程序.

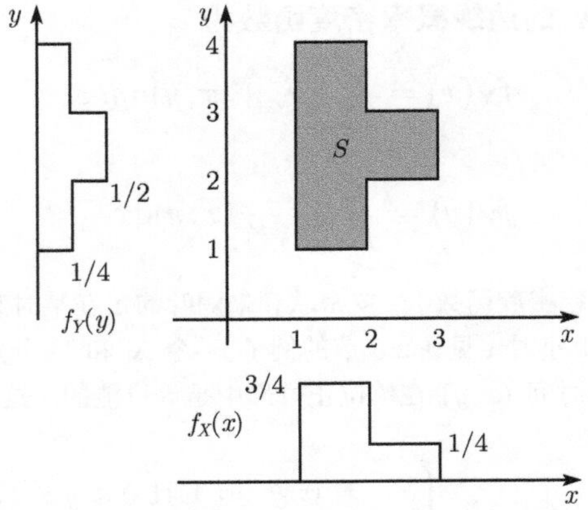

图 3-12　例 3.10 中的联合概率密度函数和相应的边缘概率密度函数

如图 3-13 所示，平面上有若干平行线，相互之间的距离为 d. 现在往平面上随机地抛掷一根针，针的长度为 l. 针与直线相交的概率有多大?

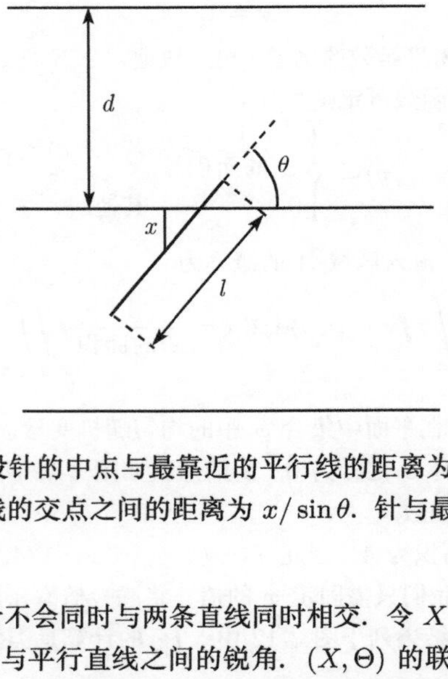

图 3-13　布丰投针试验. 设针的中点与最靠近的平行线的距离为 x，针的中点与针所在直线与这个最近平行线的交点之间的距离为 $x/\sin\theta$. 针与最近平行线相交的充要条件为 $x/\sin\theta < l/2$

我们假定 $l < d$，这样针不会同时与两条直线同时相交. 令 X 为针的中点离最近的那一条直线的垂直距离，Θ 表示针与平行直线之间的锐角. (X, Θ) 的联合概率密度函数为矩形区域 $\{(x,\theta)\,|\,0 \leqslant x \leqslant d/2, 0 \leqslant \theta \leqslant \pi/2\}$ 中的联合均匀概率密度函数. 因此

$$f_{X,\Theta}(x,\theta) = \begin{cases} 4/(\pi d), & \text{若 } x \in [0, d/2] \text{ 且 } \theta \in [0, \pi/2], \\ 0, & \text{其他}. \end{cases}$$

由图 3-13 可以看出，针与平行直线相交的充要条件为

$$X \leqslant \frac{l}{2}\sin\Theta,$$

其相应的概率为

$$
\begin{aligned}
P(X \leqslant (l/2)\sin\Theta) &= \iint\limits_{x\leqslant(l/2)\sin\theta} f_{X,\Theta}(x,\theta)\mathrm{d}x\mathrm{d}\theta \\
&= \frac{4}{\pi d}\int_0^{\pi/2}\int_0^{(l/2)\sin\theta}\mathrm{d}x\mathrm{d}\theta \\
&= \frac{4}{\pi d}\int_0^{\pi/2}\frac{l}{2}\sin\theta\mathrm{d}\theta \\
&= \frac{2l}{\pi d}(-\cos\theta)\Big|_0^{\pi/2} \\
&= \frac{2l}{\pi d}.
\end{aligned}
$$

我们也可利用试验来估计针与平行直线相交的概率．方法是大量重复投针试验，将针与平行直线相交的频率作为这个概率的估计值．由于这个概率值等于 $2l/(\pi d)$，这个试验提供了 π 的经验估值的方法． ■

3.4.1　联合累积分布函数

设 X 和 Y 是同一个试验中的两个随机变量，它们的联合累积分布函数定义为

$$F_{X,Y}(x,y) = P(X \leqslant x, Y \leqslant y).$$

与一个变量的累积分布函数一样，它既适用于离散随机变量，也适用于连续随机变量．特别地，若 X,Y 具有联合概率密度函数 $f_{X,Y}$，则

$$F_{X,Y}(x,y) = P(X \leqslant x, Y \leqslant y) = \int_{-\infty}^{x}\int_{-\infty}^{y} f_{X,Y}(s,t)\mathrm{d}t\mathrm{d}s.$$

反过来，联合概率密度函数也可从联合累积分布函数通过求微分得到：

$$f_{X,Y}(x,y) = \frac{\partial^2 F_{X,Y}}{\partial x\partial y}(x,y).$$

例 3.12　设 X 和 Y 为单位正方形上的均匀随机变量，其联合累积分布函数为

$$F_{X,Y}(x,y) = P(X \leqslant x, Y \leqslant y) = xy, \qquad 0 \leqslant x,y \leqslant 1.$$

这样，对于单位正方形中的任何 (x,y)，我们有

$$\frac{\partial^2 F_{X,Y}}{\partial x\partial y}(x,y) = \frac{\partial^2 xy}{\partial x\partial y}(x,y) = 1 = f_{X,Y}(x,y).$$ ■

3.4.2　期望

设 X 和 Y 为联合连续随机变量，g 是一个函数，则 $Z = g(X,Y)$ 也是一个随机变量．在 4.1 节中，我们将讨论 Z 的概率密度函数的计算方法（如果 Z 有

概率密度函数). 就目前而言，期望值规则仍然有效. 因此

$$E[g(X,Y)] = \int_{-\infty}^{\infty}\int_{-\infty}^{\infty} g(x,y)f_{X,Y}(x,y)\mathrm{d}x\mathrm{d}y.$$

作为一种重要的特殊情况，对于常数 a,b,c，我们有

$$E[aX+bY+c] = aE[X]+bE[Y]+c.$$

3.4.3 多于两个随机变量的情况

三个随机变量 X, Y, Z 的联合概率密度函数的定义与两个随机变量的情况是相似的. 例如，对于任何集合 B，我们有

$$P\big((X,Y,Z)\in B\big) = \iiint\limits_{(x,y,z)\in B} f_{X,Y,Z}(x,y,z)\mathrm{d}x\mathrm{d}y\mathrm{d}z.$$

我们还有

$$f_{X,Y}(x,y) = \int_{-\infty}^{\infty} f_{X,Y,Z}(x,y,z)\mathrm{d}z,$$

$$f_X(x) = \int_{-\infty}^{\infty}\int_{-\infty}^{\infty} f_{X,Y,Z}(x,y,z)\mathrm{d}y\mathrm{d}z.$$

随机变量 $g(X,Y,Z)$ 的期望值规则是

$$E[g(X,Y,Z)] = \int_{-\infty}^{\infty}\int_{-\infty}^{\infty}\int_{-\infty}^{\infty} g(x,y,z)f_{X,Y,Z}(x,y,z)\mathrm{d}x\mathrm{d}y\mathrm{d}z,$$

若 g 是线性函数 $aX+bY+cZ$，则

$$E[aX+bY+cZ] = aE[X]+bE[Y]+cE[Z].$$

一般地，若涉及的随机变量多于三个，相应的改变是显然的. 例如，对于随机变量 $X_1, X_2, \cdots, X_n$ 和任意常数 $a_1, a_2, \cdots, a_n$，我们有

$$E[a_1X_1+a_2X_2+\cdots+a_nX_n] = a_1E[X_1]+a_2E[X_2]+\cdots+a_nE[X_n].$$

关于联合概率密度函数的小结

令 X 和 Y 为联合连续随机变量，其联合概率密度函数为 $f_{X,Y}$.

- **联合概率密度函数**可用于概率计算：

$$P\big((X,Y)\in B\big) = \iint\limits_{(x,y)\in B} f_{X,Y}(x,y)\mathrm{d}x\mathrm{d}y.$$

- 联合概率密度函数可用于计算 X 和 Y 的**边缘概率密度函数**：

$$f_X(x)=\int_{-\infty}^{\infty}f_{(X,Y)}(x,y)\mathrm{d}y,\qquad f_Y(y)=\int_{-\infty}^{\infty}f_{(X,Y)}(x,y)\mathrm{d}x.$$

- 公式 $F_{X,Y}(x,y)=P(X\leqslant x,Y\leqslant y)$ 定义了**联合累积分布函数**，公式

$$f_{X,Y}(x,y)=\frac{\partial^2 F_{X,Y}}{\partial x\partial y}(x,y)$$

确定了联合概率密度函数，其中 (x,y) 为联合概率密度函数的连续点.

- X 和 Y 的函数 $g(X,Y)$ 定义了一个新的随机变量，并且

$$E[g(X,Y)]=\int_{-\infty}^{\infty}\int_{-\infty}^{\infty}g(x,y)f_{X,Y}(x,y)\mathrm{d}x\mathrm{d}y.$$

若 g 是线性函数 $aX+bY+c$，则

$$E[aX+bY+c]=aE[X]+bE[Y]+c.$$

- 以上结论能够很自然地推广到多于两个随机变量的情况.

3.5 条件

与离散随机变量的情况相似，可以以一个随机事件或另一个随机变量为条件，讨论随机变量的特性，并在此基础上建立条件概率密度函数和条件期望的概念. 各种定义和公式都与离散的情况类似，其意义的解释也都是类似的. 在连续情况下，还可能以零概率事件 $\{Y=0\}$ 为条件，这在离散情况下是无法处理的.

3.5.1 以事件为条件的随机变量

假设 $P(A)>0$，在给定事件 A 发生的条件下，连续随机变量 X 的**条件概率密度函数** $f_{X\mid A}(x)$ 是这样定义的：它是非负函数，对实数轴上的任何集合 B 有

$$P(X\in B\mid A)=\int_B f_{X\mid A}(x)\mathrm{d}x.$$

特别地，当 B 取成全部实数集合的时候，得到归一化等式

$$\int_{-\infty}^{\infty}f_{X\mid A}(x)\mathrm{d}x=1,$$

这说明 $f_{X\mid A}$ 是合格的概率密度函数.

假设 $P(X \in A) > 0$，若条件具有 $\{X \in A\}$ 的形式，由条件概率的定义得

$$P(X \in B \mid X \in A) = \frac{P(X \in A, X \in B)}{P(X \in A)} = \frac{\int_{A \cap B} f_X(x) \mathrm{d}x}{P(X \in A)}.$$

将这个式子与前面关于条件概率密度函数的定义比较，可知

$$f_{X \mid \{x \in A\}}(x) = \begin{cases} \dfrac{f_X(x)}{P(X \in A)}, & \text{若 } x \in A, \\ 0, & \text{其他}. \end{cases}$$

与离散情况相同，条件概率密度函数在条件集合外的取值为 0. 在条件集合内部，条件概率密度函数与无条件概率密度函数具有相同的形状，唯一的差别是条件概率密度函数还有一个归一化因子 $1/P(X \in A)$. 归一化因子使得 $f_{X \mid \{x \in A\}}(x)$ 的积分为 1，从而 $f_{X \mid \{x \in A\}}(x)$ 成为合格的概率密度函数，见图 3-14. 这样，条件概率密度函数与通常的概率密度函数一样，不过前者将已经发生的事件 $\{X \in A\}$ 作为随机试验的全空间.

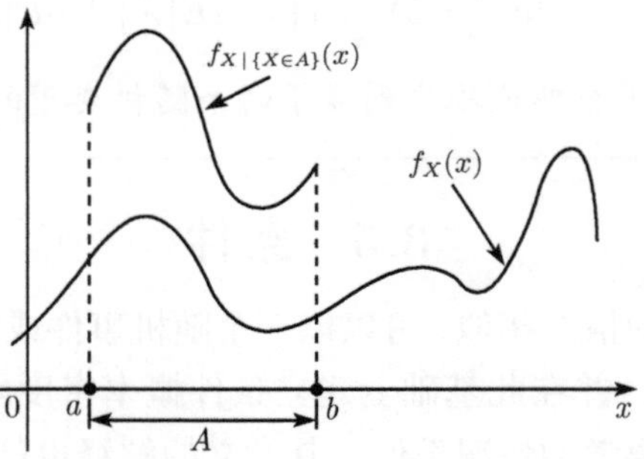

图 3-14 无条件概率密度函数 f_X 和条件概率密度函数 $f_{X \mid \{X \in A\}}$，其中 A 是区间 $[a, b]$. 注意，在集合 A 内 $f_{X \mid \{X \in A\}}$ 与 $f_X(x)$ 形状一致，除了在纵向上有一个比例因子

例 3.13（指数随机变量的无记忆性） 一个灯泡的使用寿命 T 是一个指数随机变量，其参数为 λ. 阿里亚德妮将灯打开后离开房间，在外面待了 t 小时后回到房间，灯还是亮着的. 这相当于事件 $A = \{T > t\}$ 发生了. 设 X 为灯泡的剩余寿命，在事件 A 发生的条件下，求 X 的条件累积分布函数.

对于 $x \geqslant 0$，我们有

$$\begin{aligned} P(X > x \mid A) = P(T > t + x \mid T > t) &= \frac{P(T > t + x \text{ 且 } T > t)}{P(T > t)} \\ &= \frac{P(T > t + x)}{P(T > t)} = \frac{\mathrm{e}^{-\lambda(t+x)}}{\mathrm{e}^{-\lambda t}} = \mathrm{e}^{-\lambda x}, \end{aligned}$$

此处利用了 3.2 节中得到的指数随机变量的累积分布函数的公式.

灯泡的剩余寿命 X 的累积分布函数是指数分布，其参数是 λ，这和灯泡已经亮了多少小时无关. 指数分布的这个性质就是指数分布的**无记忆性**. 一般地，若将完成某个任务所需要的时间定为指数随机变量 X，那么，只要这个任务没有完成，完成这个任务所需要的剩余时间就有相同的指数累积分布函数，不管任务是何时开始的. ■

当涉及多个随机变量的时候，相应地有联合条件概率密度函数. 例如，设 X 和 Y 是联合连续随机变量，其联合概率密度函数为 $f_{X,Y}$. 设作为条件的正概率事件为 $C=\{(X,Y)\in A\}$，X 和 Y 的联合条件概率密度函数为

$$f_{X,Y\,|\,C}(x,y)=\begin{cases}\dfrac{f_{X,Y}(x,y)}{P(C)}, & 若\ (x,y)\in A,\\ 0, & 其他.\end{cases}$$

此时 X 相对于条件 C 的条件概率密度函数可从联合条件概率密度函数得到:

$$f_{X\,|\,C}(x)=\int_{-\infty}^{\infty}f_{X,Y\,|\,C}(x,y)\mathrm{d}y.$$

这两个公式说明，若刻画条件的事件不具有形式 $\{X\in A\}$，而是通过多元随机变量表达，X 的条件概率密度函数可通过联合条件概率密度函数得到.

最后，我们介绍涉及条件概率密度函数的全概率定理. 设 $A_1,\cdots,A_n$ 是样本空间的一个分割，则

$$f_X(x)=\sum_{i=1}^{n}P(A_i)f_{X\,|\,A_i}(x).$$

为验证这个公式，利用第 1 章的全概率定理，得到

$$P(X\leqslant x)=\sum_{i=1}^{n}P(A_i)P(X\leqslant x\,|\,A_i).$$

将这个公式写成积分形式

$$\int_{-\infty}^{x}f_X(t)\mathrm{d}t=\sum_{i=1}^{n}P(A_i)\int_{-\infty}^{x}f_{X\,|\,A_i}(t)\mathrm{d}t.$$

在两边对 x 求导就得到了所需的结果.

以事件为条件的条件概率密度函数

- 假设 $P(A)>0$，对于给定的事件 A，连续随机变量 X 的条件概率密度函数 $f_{X\,|\,A}$ 满足

$$P(X\in B\,|\,A)=\int_B f_{X\,|\,A}(x)\mathrm{d}x,$$

其中 B 是实数轴上的任意集合.

- 设 A 是实数轴上的集合，满足条件 $P(X\in A)>0$，则

$$f_{X\,|\,\{X\in A\}}(x)=\begin{cases}\dfrac{f_X(x)}{P(X\in A)}, & 若\ x\in A,\\ 0, & 其他.\end{cases}$$

- 设 $A_1,A_2,\cdots,A_n$ 是样本空间的一个分割，对所有的 i 有 $P(A_i)>0$，则

$$f_X(x)=\sum_{i=1}^{n}P(A_i)f_{X\,|\,A_i}(x).$$

这是涉及条件概率密度函数的全概率定理.

下面的例子用全概率定理来计算概率密度函数.

例 3.14 你家离地铁站比较近. 已知从早晨 6:00 开始，每一刻钟有一列车进入地铁站. 你步行到达地铁站的时刻为 7:10～7:30，到达时刻是在 [7:10, 7:30] 中均匀分布的随机变量. 求你在车站等车时间的概率密度函数.

设 X 为你到达车站的时刻，它是分布在 [7:10, 7:30] 中的均匀随机变量，见图 3-15a. 设 Y 为等待时间. 我们利用全概率公式计算 Y 的概率密度函数 f_Y. 令

$$A=\{7{:}10\leqslant X\leqslant 7{:}15\}=\{你赶上\ 7{:}15\ 的车\},$$

$$B=\{7{:}15< X\leqslant 7{:}30\}=\{你赶上\ 7{:}30\ 的车\}.$$

在事件 A 发生的条件下，你到达车站的时刻 X 是在 [7:10, 7:15] 中的均匀随机变量. 这样，等待时间 Y 是在 0 分和 5 分之间的均匀随机变量，见图 3-15b. 类似地，在事件 B 发生的条件下，等待时间 Y 是在 0 分和 15 分之间的均匀随机变量，见图 3-15c. 利用涉及条件概率密度函数的全概率定理，Y 的概率密度函数为

$$f_Y(y)=P(A)f_{Y\,|\,A}(y)+P(B)f_{Y\,|\,B}(y),$$

见图 3-15d. 因此

$$f_Y(y)=\frac{1}{4}\cdot\frac{1}{5}+\frac{3}{4}\cdot\frac{1}{15}=\frac{1}{10},\qquad 0\leqslant y\leqslant 5,$$

$$f_Y(y)=\frac{1}{4}\cdot 0+\frac{3}{4}\cdot\frac{1}{15}=\frac{1}{20},\qquad 5<y\leqslant 15.$$ ■

3.5.2　以另一个随机变量为条件的随机变量

设 X 和 Y 为联合连续随机变量，联合概率密度函数为 $f_{X,Y}(x,y)$. 对任何满足 $f_Y(y)>0$ 的 y 值，在给定 $Y=y$ 的情况下，X 的**条件概率密度函数**定义为

$$f_{X\,|\,Y}(x\,|\,y)=\frac{f_{X,Y}(x,y)}{f_Y(y)}.$$

这个定义与离散情况下的公式 $p_{X\,|\,Y}(x\,|\,y)=p_{X,Y}(x,y)/p_Y(y)$ 相似.

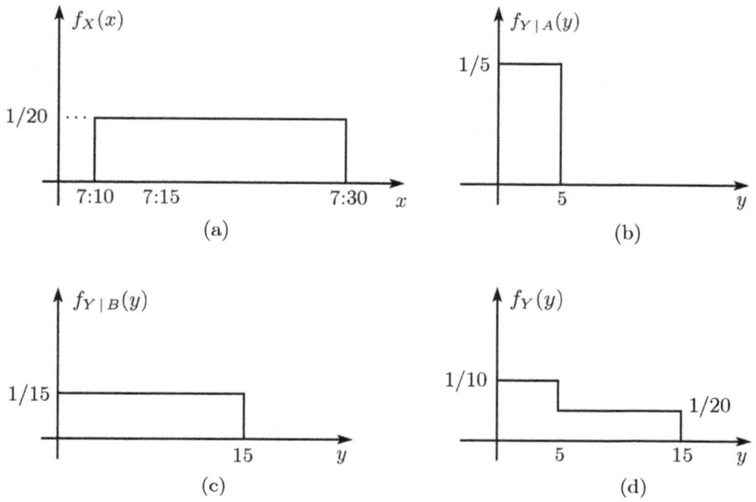

图 3-15 例 3.14 中的概率密度函数 $f_X, f_{Y\,|\,A}, f_{Y\,|\,B}, f_Y$

在考虑条件概率密度函数的时候，最好将 y 值固定下来，并将 $f_{X\,|\,Y}(x\,|\,y)$ 看成 x 的函数. 作为 x 的函数，条件概率密度函数 $f_{X\,|\,Y}(x\,|\,y)$ 与联合概率密度函数 $f_{X,Y}(x,y)$ 具有相同的形状，这是因为它们仅相差一个与 x 无关的常数因子 $f_Y(y)$，见图 3-16.

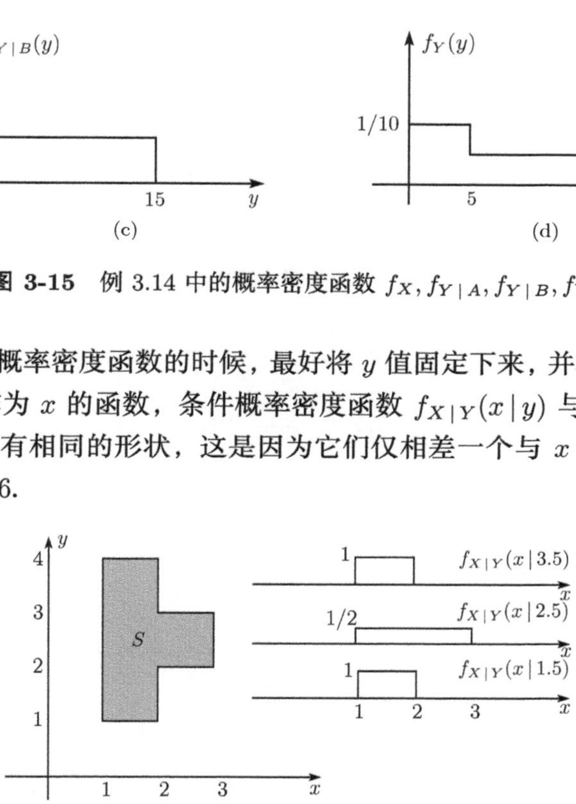

图 3-16 条件概率密度函数 $f_{X\,|\,Y}(x\,|\,y)$ 的直观解释. 设 X 和 Y 的联合概率密度函数是在集合 S 上的均匀概率密度函数. 对固定的 y 值，我们将联合概率密度函数沿 $Y=y$ 进行归一化，使得它的积分等于 1

此外，公式

$$f_Y(y) = \int_{-\infty}^{\infty} f_{X,Y}(x,y)\mathrm{d}x$$

暗示了归一化性质

$$\int_{-\infty}^{\infty} f_{X\,|\,Y}(x\,|\,y)\mathrm{d}x = 1.$$

所以，对任何固定的 y 值，$f_{X\,|\,Y}(x\,|\,y)$ 是合格的概率密度函数.

例 3.15（**圆上的均匀概率密度函数**） 你在玩掷飞镖的游戏，靶是半径为 r 的圆板，见图 3-17. 假定飞镖总是掷向目标，每个落点 (x,y) 都是等可能的. 所以，作为落点的 (X,Y) 的联合概率密度函数是圆上的均匀概率密度函数. 根据例 3.9，X 和 Y 的联合概率密度函数为

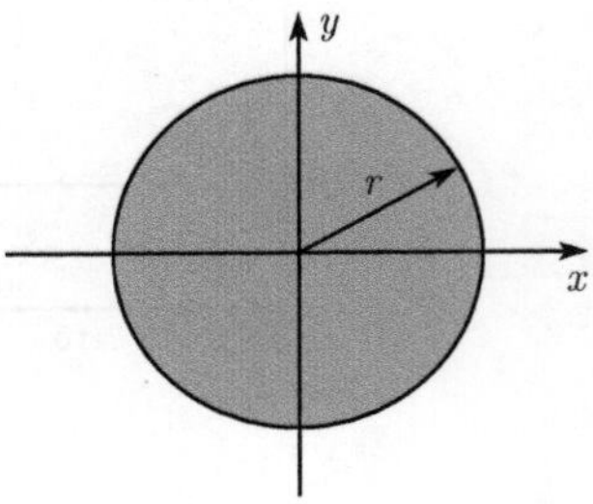

图 3-17　例 3.15 中的圆形靶

$$f_{X,Y}(x,y)=\begin{cases}\dfrac{1}{\text{圆的面积}}, & \text{若 } (x,y) \text{ 在圆内},\\ 0, & \text{其他},\end{cases}$$

$$=\begin{cases}\dfrac{1}{\pi r^2}, & \text{若 } x^2+y^2\leqslant r^2,\\ 0, & \text{其他}.\end{cases}$$

现在计算条件概率密度函数 $f_{X\,|\,Y}(x\,|\,y)$. 为此先计算边缘概率密度函数 $f_Y(y)$. 对于 $|y|>r$ 有 $f_Y(y)=0$. 对于 $|y|\leqslant r$，我们有

$$\begin{aligned}f_Y(y)&=\int_{-\infty}^{\infty}f_{X,Y}(x,y)\mathrm{d}x\\&=\frac{1}{\pi r^2}\int_{x^2+y^2\leqslant r^2}\mathrm{d}x\\&=\frac{1}{\pi r^2}\int_{-\sqrt{r^2-y^2}}^{\sqrt{r^2-y^2}}\mathrm{d}x\\&=\frac{2}{\pi r^2}\sqrt{r^2-y^2},\qquad |y|\leqslant r.\end{aligned}$$

注意，Y 的边缘概率密度函数不是均匀的.

X 的条件概率密度函数为

$$f_{X\,|\,Y}(x\,|\,y)=\frac{f_{X,Y}(x,y)}{f_Y(y)}=\frac{\dfrac{1}{\pi r^2}}{\dfrac{2}{\pi r^2}\sqrt{r^2-y^2}}=\frac{1}{2\sqrt{r^2-y^2}},\qquad x^2+y^2\leqslant r^2.$$

因此，对于固定的 y 值，条件概率密度函数 $f_{X\,|\,Y}$ 是均匀的概率密度函数. ■

现在来解释条件概率密度函数的概率意义. 令 δ_1 和 δ_2 是两个小的正数，考虑条件 $B=\{y\leqslant Y\leqslant y+\delta_2\}$. 我们有

$$\begin{aligned}P(x\leqslant X\leqslant x+\delta_1\,|\,y\leqslant Y\leqslant y+\delta_2)&=\frac{P(x\leqslant X\leqslant x+\delta_1 \text{ 且 } y\leqslant Y\leqslant y+\delta_2)}{P(y\leqslant Y\leqslant y+\delta_2)}\\&\approx\frac{f_{X,Y}(x,y)\delta_1\delta_2}{f_Y(y)\delta_2}\\&=f_{X\,|\,Y}(x\,|\,y)\delta_1.\end{aligned}$$

换言之，$f_{X\,|\,Y}(x\,|\,y)\delta_1$ 就是在给定 $Y\in[y,\,y+\delta_2]$ 的条件下 X 属于小的区间 $[x,\,x+\delta_1]$ 的概率. 由于 $f_{X\,|\,Y}(x\,|\,y)\delta_1$ 并不依赖于 δ_2，因此可以认为 $f_{X\,|\,Y}(x\,|\,y)\delta_1$

是当 $\delta_2 \to 0$ 时的极限情况，即

$$P(x \leqslant X \leqslant x+\delta_1 \,|\, Y=y) \approx f_{X\,|\,Y}(x\,|\,y)\delta_1, \qquad \delta_1 \text{ 较小.}$$

更一般地，我们有

$$P(X \in A \,|\, Y=y) = \int_A f_{X\,|\,Y}(x\,|\,y)\mathrm{d}x.$$

在第 1 章中，给定零概率事件 $\{Y=y\}$，相应的条件概率是没有定义的. 但是，上述公式给出了以零概率事件为条件的条件概率的自然定义. 此外，条件概率密度函数 $f_{X\,|\,Y}(x\,|\,y)$（作为 x 的函数）可以解释为在给定事件 $\{Y=y\}$ 的情况下 X 的概率律.

正如离散情况一样，我们可以利用条件概率密度函数 $f_{X\,|\,Y}$ 和边缘概率密度函数 f_Y 计算相应的联合概率密度函数 $f_{X,Y}$. 事实上，为了刻画一个概率律，我们并不需要直接列出联合概率密度函数 $f_{X,Y}$，通常只需先给出 Y 的概率律 f_Y，然后对 Y 的任何可能值 y 给出 X 的条件概率密度函数 $f_{X\,|\,Y}(x\,|\,y)$.

例 3.16 一辆汽车正在通过交通测速雷达，汽车的速度是随机变量 X. 假定 X 是指数随机变量，平均值为每小时 50 英里. 测速雷达的测量值 Y 是有误差的. 测量误差为正态随机变量，均值为 0，标准差为车速的 1/10. X 和 Y 的联合概率密度函数是什么？

对于 $x \geqslant 0$，我们有 $f_X(x) = (1/50)\mathrm{e}^{-x/50}$. 对于固定的 $X=x$，测量值 Y 的条件概率密度函数为正态概率密度函数，期望为 x，方差为 $x^2/100$. 因此

$$f_{Y\,|\,X}(y\,|\,x) = \frac{1}{\sqrt{2\pi}(x/10)}\mathrm{e}^{-(y-x)^2/(2x^2/100)}.$$

从而，X 和 Y 的联合概率密度函数为

$$\begin{aligned} f_{X,Y}(x,y) &= f_X(x)f_{Y\,|\,X}(y\,|\,x) \\ &= \begin{cases} \dfrac{1}{50}\mathrm{e}^{-x/50}\dfrac{10}{\sqrt{2\pi}x}\mathrm{e}^{-50(y-x)^2/x^2}, & \text{若 } x \geqslant 0,\ y \in (-\infty,\infty), \\ 0, & \text{其他.} \end{cases} \end{aligned}$$

■

以另一个随机变量为条件的条件概率密度函数

设 X 和 Y 为联合连续随机变量，其联合概率密度函数为 $f_{X,Y}$.

- X 和 Y 的联合概率密度函数、边缘概率密度函数和条件概率密度函数是相互关联的. 我们有

$$f_{X,Y}(x,y) = f_Y(y)f_{X\,|\,Y}(x\,|\,y),$$

$$f_X(x) = \int_{-\infty}^{\infty} f_Y(y)f_{X\,|\,Y}(x\,|\,y)\mathrm{d}y.$$

条件概率密度函数 $f_{X\,|\,Y}(x\,|\,y)$ 只在集合 $\{y \,|\, f_Y(y) > 0\}$ 上有定义.

• 关于条件概率，我们有

$$P(X \in A \,|\, Y = y) = \int_A f_{X\,|\,Y}(x\,|\,y)\mathrm{d}x.$$

对于多个随机变量的推广是很自然的. 例如, 可如下定义条件概率密度函数:

$$\text{对所有 } f_Z(z) > 0 \text{ 有 } f_{X,Y\,|\,Z}(x,y\,|\,z) = \frac{f_{X,Y,Z}(x,y,z)}{f_Z(z)},$$

$$\text{对所有 } f_{Y,Z}(y,z) > 0 \text{ 有 } f_{X\,|\,Y,Z}(x\,|\,y,z) = \frac{f_{X,Y,Z}(x,y,z)}{f_{Y,Z}(y,z)}.$$

对于概率密度函数，相应的乘法规则也是成立的：

$$f_{X,Y,Z}(x,y,z) = f_{X\,|\,Y,Z}(x\,|\,y,z)f_{Y\,|\,Z}(y\,|\,z)f_Z(z).$$

本节中的其他公式也可推广到多个变量的情况.

3.5.3 条件期望

对于连续随机变量 X, 给定事件 A 的**条件期望** $E[X\,|\,A]$ 的定义与无条件期望相似, 不过现在利用条件概率密度函数 $f_{X\,|\,A}$ 来定义. 类似地, 条件期望 $E[X\,|\,Y = y]$ 是通过条件概率密度函数 $f_{X\,|\,Y}$ 定义的. 关于期望的各种性质可以原封不动地搬到条件期望中来. 要注意的是，此处所有的公式与离散情况的公式相似，只是将离散情况下的求和号改成了积分号，将概率质量函数改成了概率密度函数.

条件期望性质的小结

设 X 和 Y 为联合连续随机变量，A 是满足 $P(A) > 0$ 的事件.

• **定义**：在给定事件 A 之下 X 的条件期望定义为

$$E[X\,|\,A] = \int_{-\infty}^{\infty} x f_{X\,|\,A}(x)\mathrm{d}x,$$

在给定事件 $\{Y = y\}$ 之下 X 的条件期望定义为

$$E[X\,|\,Y = y] = \int_{-\infty}^{\infty} x f_{X\,|\,Y}(x\,|\,y)\mathrm{d}x.$$

• **期望值规则**：对于函数 $g(x)$，我们有

$$E[g(X)\,|\,A] = \int_{-\infty}^{\infty} g(x) f_{X\,|\,A}(x)\mathrm{d}x,$$

$$E[g(X)\,|\,Y = y] = \int_{-\infty}^{\infty} g(x) f_{X\,|\,Y}(x\,|\,y)\mathrm{d}x.$$

- **全期望定理**：设事件 $A_1, A_2, \cdots, A_n$ 形成样本空间的一个分割，对每个 i 有 $P(A_i) > 0$，则

$$E[X] = \sum_{i=1}^{n} P(A_i) E[X \mid A_i].$$

类似地，

$$E[X] = \int_{-\infty}^{\infty} E[X \mid Y = y] f_Y(y) \mathrm{d}y.$$

- 涉及几个随机变量的函数的情况具有相似的结果. 例如

$$E[g(X,Y) \mid Y = y] = \int g(x,y) f_{X \mid Y}(x \mid y) \mathrm{d}x,$$

$$E[g(X,Y)] = \int E[g(X,Y) \mid Y = y] f_Y(y) \mathrm{d}y.$$

关于期望值规则的证明与无条件期望值规则的证明完全相同，在此不予重复论证. 现在我们验证全期望定理. 利用全概率定理

$$f_X(x) = \sum_{i=1}^{n} P(A_i) f_{X \mid A_i}(x),$$

两边乘以 x，然后在 $(-\infty, \infty)$ 上积分，便得到全期望定理的第一个公式.

关于全期望定理的第二个公式，可从下面一系列等式得到：

$$\begin{aligned}
\int_{-\infty}^{\infty} E[X \mid Y = y] f_Y(y) \mathrm{d}y &= \int_{-\infty}^{\infty} \left[\int_{-\infty}^{\infty} x f_{X \mid Y}(x \mid y) \mathrm{d}x \right] f_Y(y) \mathrm{d}y \\
&= \int_{-\infty}^{\infty} \int_{-\infty}^{\infty} x f_{X \mid Y}(x \mid y) f_Y(y) \mathrm{d}x \mathrm{d}y \\
&= \int_{-\infty}^{\infty} \int_{-\infty}^{\infty} x f_{X,Y}(x,y) \mathrm{d}x \mathrm{d}y \\
&= \int_{-\infty}^{\infty} x \left[\int_{-\infty}^{\infty} f_{X,Y}(x,y) \mathrm{d}y \right] \mathrm{d}x \\
&= \int_{-\infty}^{\infty} x f_X(x) \mathrm{d}x \\
&= E[X].
\end{aligned}$$

全期望定理可用于随机变量的期望、方差和各阶矩的计算.

例 3.17（阶梯形概率密度函数的均值和方差）假定随机变量 X 的概率密度函数为阶梯函数

$$f_X(x) = \begin{cases} 1/3, & 若\ 0 \leqslant x \leqslant 1, \\ 2/3, & 若\ 1 < x \leqslant 2, \\ 0, & 其他, \end{cases}$$

见图 3-18. 现在令

$$A_1 = \{X\ 落入第一个区间\ [0,1]\},$$
$$A_2 = \{X\ 落入第二个区间\ (1,2]\}.$$

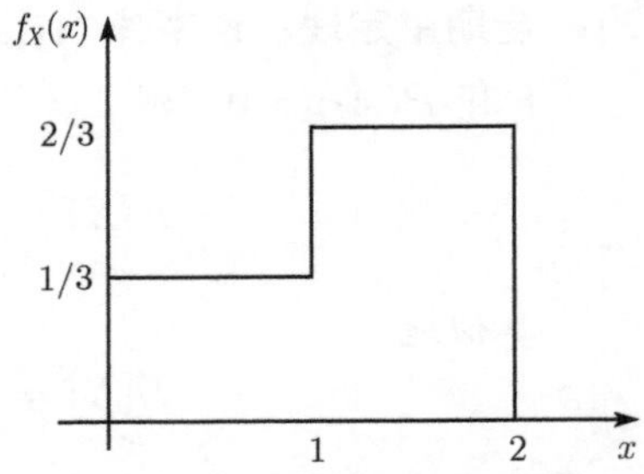

图 3-18 例 3.17 中的阶梯形概率密度函数

利用 X 的概率密度函数，得到

$$P(A_1) = \int_0^1 f_X(x)\mathrm{d}x = \frac{1}{3}, \qquad P(A_2) = \int_1^2 f_X(x)\mathrm{d}x = \frac{2}{3}.$$

此外，由于 $f_{X\,|\,A_1}$ 和 $f_{X\,|\,A_2}$ 都是均匀的条件概率密度函数，所以可以在 A_1 和 A_2 的条件下计算 X 的均值和二阶矩. 从例 3.4 的结论可知，区间 $[a,b]$ 中的均匀随机变量的均值是 $(a+b)/2$，二阶矩是 $(a^2+ab+b^2)/3$，于是

$$E[X\,|\,A_1] = \frac{1}{2}, \qquad E[X\,|\,A_2] = \frac{3}{2},$$
$$E\big[X^2\,|\,A_1\big] = \frac{1}{3}, \qquad E\big[X^2\,|\,A_2\big] = \frac{7}{3}.$$

现在利用全期望定理，得到

$$E[X] = P(A_1)E[X\,|\,A_1] + P(A_2)E[X\,|\,A_2] = \frac{1}{3}\cdot\frac{1}{2} + \frac{2}{3}\cdot\frac{3}{2} = \frac{7}{6},$$
$$E\big[X^2\big] = P(A_1)E\big[X^2\,|\,A_1\big] + P(A_2)E\big[X^2\,|\,A_2\big] = \frac{1}{3}\cdot\frac{1}{3} + \frac{2}{3}\cdot\frac{7}{3} = \frac{15}{9}.$$

X 的方差为

$$\mathrm{var}(X) = E\big[X^2\big] - (E[X])^2 = \frac{15}{9} - \frac{49}{36} = \frac{11}{36}.$$

本例的方法可以推广到多于两段的阶梯形概率密度函数的期望和方差的计算. ■

3.5.4 独立性

与离散的情况相似，若两个连续随机变量 X 和 Y 的联合概率密度函数是它们各自边缘概率密度函数的乘积，即

$$对所有\ x\ 和\ y\ 有\ f_{X,Y}(x,y) = f_X(x)f_Y(y),$$

则称 X 和 Y 是**相互独立的**. 与公式 $f_{X,Y}(x,y) = f_{X\,|\,Y}(x\,|\,y)f_Y(y)$ 比较可知，独立性条件等价于

$$对所有\ x\ 和满足\ f_Y(y) > 0\ 的\ y\ 有\ f_{X\,|\,Y}(x\,|\,y) = f_X(x).$$

基于对称性，独立性条件也等价于

$$\text{对所有 } y \text{ 和满足 } f_X(x)>0 \text{ 的 } x \text{ 有 } f_{Y\,|\,X}(y\,|\,x)=f_Y(y).$$

两个随机变量的相互独立性的概念可自然推广到多个随机变量的独立性．例如，设 X, Y, Z 为三个连续随机变量，若它们的联合概率密度函数为

$$\text{对所有 } x, y, z \text{ 有 } f_{X,Y,Z}(x,y,z)=f_X(x)f_Y(y)f_Z(z),$$

则称它们是独立的．

例 3.18（**独立正态随机变量**） 设 X 和 Y 是相互独立的正态随机变量，均值分别为 μ_x 和 μ_y，方差分别为 σ_x^2 和 σ_y^2．它们的联合概率密度函数为[①]

$$f_{X,Y}(x,y)=f_X(x)f_Y(y)=\frac{1}{2\pi\sigma_x\sigma_y}\exp\left\{-\frac{(x-\mu_x)^2}{2\sigma_x^2}-\frac{(y-\mu_y)^2}{2\sigma_y^2}\right\}.$$

联合概率密度函数的形状像一口椭圆形的钟，中心在 (μ_x,μ_y)，在 x 轴和 y 轴方向上的宽度分别与 σ_x 和 σ_y 成正比．为了对概率密度函数有直观的了解，考虑这口钟的等高线，即 x, y 平面上概率密度函数等于某个常数的点的集合．这些等高线可以表示为

$$\frac{(x-\mu_x)^2}{2\sigma_x^2}+\frac{(y-\mu_y)^2}{2\sigma_y^2}=\text{常数}.$$

这些等高线都是以 (μ_x,μ_y) 为中心的椭圆，长轴和短轴分别平行于两个坐标轴，见图 3-19．哪个轴为长轴，要看 σ_x 和 σ_y 的大小．若 $\sigma_x=\sigma_y$，则等高线为圆． ■

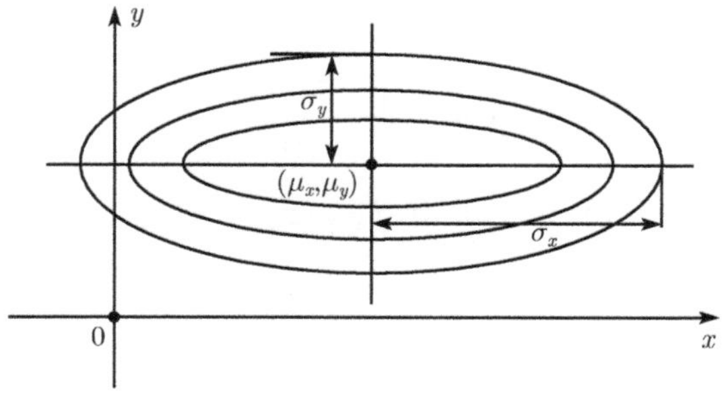

图 3-19 相互独立的正态随机变量 X 和 Y 的联合概率密度函数的等高线．该随机变量的均值分别为 μ_x 和 μ_y，方差分别为 σ_x^2 和 σ_y^2

若 X 和 Y 相互独立，则任何两个形如 $\{X\in A\}$ 和 $\{Y\in B\}$ 的事件是相互独立的．事实上，

$$P(X\in A \text{ 且 } Y\in B)=\int_{x\in A}\int_{y\in B}f_{X,Y}(x,y)\mathrm{d}y\mathrm{d}x$$

① 式中的 $\exp(x)$ 表示指数函数 e^x．——编者注

$$
\begin{aligned}
&= \int_{x\in A}\int_{y\in B} f_X(x)f_Y(y)\mathrm{d}y\mathrm{d}x \\
&= \int_{x\in A} f_X(x)\mathrm{d}x \int_{y\in B} f_Y(y)\mathrm{d}y \\
&= P(X\in A)P(Y\in B).
\end{aligned}
$$

特别地，独立性意味着

$$F_{X,Y}(x,y) = P(X\leqslant x, Y\leqslant y) = P(X\leqslant x)P(Y\leqslant y) = F_X(x)F_Y(y).$$

这些结论的逆命题也是成立的，见章末习题. 性质

$$\text{对所有 } x \text{ 和 } y \text{ 有 } F_{X,Y}(x,y) = F_X(x)F_Y(y)$$

可以作为两个随机变量相互独立的一般定义，即使对于 X 离散、Y 连续的情况，这个定义也是适用的.

类似于离散情况，可以证明：若 X 与 Y 相互独立，则对任意函数 g 和 h 有

$$E[g(X)h(Y)] = E[g(X)]E[h(Y)].$$

最后，独立随机变量之和的方差等于它们的方差之和.

连续随机变量的独立性

设 X 和 Y 为联合连续随机变量.

- 若

$$\text{对所有 } x \text{ 和 } y \text{ 有 } f_{X,Y}(x,y) = f_X(x)f_Y(y),$$

则 X 和 Y **相互独立**.

- 若 X 和 Y 相互独立，则

$$E[XY] = E[X]E[Y].$$

进一步，对于任意函数 g 和 h，随机变量 $g(X)$ 和 $h(Y)$ 也是相互独立的，于是

$$E[g(X)h(Y)] = E[g(X)]E[h(Y)].$$

- 若 X 和 Y 相互独立，则

$$\mathrm{var}(X+Y) = \mathrm{var}(X) + \mathrm{var}(Y).$$

3.6 连续贝叶斯准则

在许多实际问题中，我们会用一个随机变量 X 表示未观测到的量，设其概率密度函数为 f_X. 我们能够观测到的是经过噪声干扰的量 Y，其条件概率密度函数为 $f_{Y\,|\,X}$. 当 Y 的值被观测到后，它包含 X 的多少信息呢？这类问题与 1.4 节处理的推断问题类似，在 1.4 节中，我们用贝叶斯准则解决推断问题，见图 3-20. 现在唯一的不同是，我们处理的是连续随机变量.

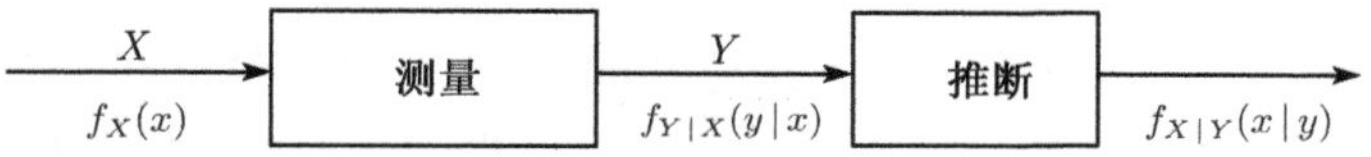

图 3-20 推断问题的框图. 我们有一个未观测到的随机变量 X，其概率密度函数 f_X 是已知的，同时我们得到一个观测到的随机变量 Y，其条件概率密度函数为 $f_{Y\,|\,X}$. 给定 Y 的观测值 y，推断问题化为条件概率密度函数 $f_{X\,|\,Y}(x\,|\,y)$ 的计算问题

注意，当观测到事件 $\{Y=y\}$ 后，所有的信息都包含在条件概率密度函数 $f_{X\,|\,Y}(x\,|\,y)$ 中. 现在我们只需计算这个条件概率密度函数. 利用公式 $f_X f_{Y\,|\,X}=f_{X,Y}=f_Y f_{X\,|\,Y}$ 可以得到

$$f_{X\,|\,Y}(x\,|\,y)=\frac{f_X(x)f_{Y\,|\,X}(y\,|\,x)}{f_Y(y)}.$$

这就是所求公式. 由归一化性质 $\int_{-\infty}^{\infty} f_{X\,|\,Y}(x\,|\,y)\mathrm{d}x=1$，与之等价的表达式为

$$f_{X\,|\,Y}(x\,|\,y)=\frac{f_X(x)f_{Y\,|\,X}(y\,|\,x)}{\int_{-\infty}^{\infty} f_X(t)f_{Y\,|\,X}(y\,|\,t)\mathrm{d}t}.$$

例 3.19 通用照明公司生产一种灯泡，已知其使用寿命 Y 为指数随机变量，概率密度函数为 $\lambda\mathrm{e}^{-\lambda y}$，$y>0$. 按过往经验，在给定的任意一天，参数 λ 实际上是一个随机变量，概率密度函数为区间 $[1,1.5]$ 中的均匀分布. 现在取一个灯泡进行试验，得到灯泡的寿命数据. 得到数据以后，对于 λ 的分布有什么新的认识？

我们将 λ 看成均匀分布的随机变量 Λ，作为对 λ 的初始认识，Λ 的概率密度函数是

$$f_\Lambda(\lambda)=2,\qquad 1\leqslant\lambda\leqslant 1.5.$$

当得到数据 y 以后，关于 Λ 的信息包含在条件概率密度函数 $f_{\Lambda\,|\,Y}(\lambda\,|\,y)$ 中，利用连续贝叶斯准则，得到

$$f_{\Lambda\,|\,Y}(\lambda\,|\,y)=\frac{f_\Lambda(\lambda)f_{Y\,|\,\Lambda}(y\,|\,\lambda)}{\int_{-\infty}^{\infty} f_\Lambda(t)f_{Y\,|\,\Lambda}(y\,|\,t)\mathrm{d}t}=\frac{2\lambda\mathrm{e}^{-\lambda y}}{\int_1^{1.5} 2t\mathrm{e}^{-ty}\mathrm{d}t},\qquad 1\leqslant\lambda\leqslant 1.5.$$ ■

3.6.1　关于离散随机变量的推断

在实际问题中，未观测到的随机变量可能是离散随机变量．例如，在通信问题中传输的是二进制信号，经过传输以后，混入的噪声是正态随机变量，这样，观测到的随机变量就是连续随机变量；或者在医疗诊断中，我们观测到的量也是连续的测量值，例如体温或血液样本中的指标．在这些情况下，我们需要将贝叶斯准则做适当的改变．

现在我们研究一种特殊情况，其中未观测到的是事件 A，而且我们不知道 A 是否发生．事件 A 的概率 $P(A)$ 是已知的．设 Y 是连续随机变量，假定条件概率密度函数 $f_{Y\,|\,A}(y)$ 和 $f_{Y\,|\,A^c}(y)$ 是已知的．我们感兴趣的是事件 A 的条件概率 $P(A\,|\,Y=y)$．这个量代表得到观测值 y 以后关于事件 A 的信息．

由于事件 $\{Y=y\}$ 是零概率事件，我们转而考虑事件 $\{y\leqslant Y\leqslant y+\delta\}$，其中 δ 是很小的正数，然后令 δ 趋向于 0．假定 $f_Y(y)>0$，利用贝叶斯准则得到

$$\begin{aligned}P(A\,|\,Y=y)&\approx P(A\,|\,y\leqslant Y\leqslant y+\delta)\\&=\frac{P(A)P(y\leqslant Y\leqslant y+\delta\,|\,A)}{P(y\leqslant Y\leqslant y+\delta)}\\&\approx\frac{P(A)f_{Y\,|\,A}(y)\delta}{f_Y(y)\delta}\\&=\frac{P(A)f_{Y\,|\,A}(y)}{f_Y(y)}.\end{aligned}$$

利用全概率定理

$$f_Y(y)=P(A)f_{Y\,|\,A}(y)+P(A^c)f_{Y\,|\,A^c}(y),$$

我们有

$$P(A\,|\,Y=y)=\frac{P(A)f_{Y\,|\,A}(y)}{P(A)f_{Y\,|\,A}(y)+P(A^c)f_{Y\,|\,A^c}(y)}.$$

现在令事件 A 具有形式 $\{N=n\}$，其中 N 是离散随机变量，代表未观测到的随机变量．令 p_N 为 N 的概率质量函数．设 Y 为连续随机变量，对 N 的任何值 n，Y 具有条件概率密度函数 $f_{Y\,|\,N}(y\,|\,n)$．这样，上面的公式变成

$$P(N=n\,|\,Y=y)=\frac{p_N(n)f_{Y\,|\,N}(y\,|\,n)}{f_Y(y)}.$$

利用全概率定理

$$f_Y(y)=\sum_i p_N(i)f_{Y\,|\,N}(y\,|\,i),$$

我们有

$$P(N=n\,|\,Y=y)=\frac{p_N(n)f_{Y\,|\,N}(y\,|\,n)}{\sum\limits_i p_N(i)f_{Y\,|\,N}(y\,|\,i)}.$$

例 3.20（**信号检测**） 设 S 是一个二进制信号. 令 $P(S=1)=p$ 和 $P(S=-1)=1-p$. 在接收端，得到的信号为 $Y=N+S$，其中 N 是一个正态噪声，期望为 0，方差为 1，并且与 S 相互独立. 当观测到的信号为 y 的时候，$S=1$ 的概率是多少?

对于给定的 $S=s$，Y 是正态随机变量，期望为 s，方差为 1. 应用刚才得到的公式，有

$$P(S=1\,|\,Y=y)=\frac{p_S(1)f_{Y\,|\,S}(y\,|\,1)}{f_Y(y)}=\frac{\frac{p}{\sqrt{2\pi}}\mathrm{e}^{-(y-1)^2/2}}{\frac{p}{\sqrt{2\pi}}\mathrm{e}^{-(y-1)^2/2}+\frac{1-p}{\sqrt{2\pi}}\mathrm{e}^{-(y+1)^2/2}},$$

化简上式得

$$P(S=1\,|\,Y=y)=\frac{p\mathrm{e}^y}{p\mathrm{e}^y+(1-p)\mathrm{e}^{-y}}.$$

注意，$P(S=1\,|\,Y=y)$ 当 $y\to-\infty$ 时趋于 0，当 $y\to\infty$ 时趋于 1. 当 y 在实数轴上变化时，$P(S=1\,|\,Y=y)$ 是 y 的严格上升函数，这符合直观的理解. ■

3.6.2 基于离散观测值的推断

与前面的情况相反，现在观测值是离散的. 根据前面关于 $P(A\,|\,Y=y)$ 的公式，我们有

$$f_{Y\,|\,A}(y)=\frac{f_Y(y)P(A\,|\,Y=y)}{P(A)}.$$

利用归一化性质 $\int_{-\infty}^{\infty}f_{Y\,|\,A}(y)\mathrm{d}y=1$，相应的等价表达式为

$$f_{Y\,|\,A}(y)=\frac{f_Y(y)P(A\,|\,Y=y)}{\int_{-\infty}^{\infty}f_Y(t)P(A\,|\,Y=t)\mathrm{d}t}.$$

当观测事件 A 时，这个公式可以用于推断 Y，关于 Y 的全部信息都包含在这个条件概率密度函数中. 若事件 A 具有 $\{N=n\}$ 的形式，我们有类似的公式，其中 N 是观测到的离散随机变量，在条件概率质量函数 $p_{N\,|\,Y}(n\,|\,y)$ 下依赖于 Y.

连续随机变量的贝叶斯准则

设 Y 为连续随机变量.

- 若 X 为连续随机变量，我们有

$$f_{X\,|\,Y}(x\,|\,y)f_Y(y)=f_X(x)f_{Y\,|\,X}(y\,|\,x),$$

$$f_{X\,|\,Y}(x\,|\,y)=\frac{f_X(x)f_{Y\,|\,X}(y\,|\,x)}{f_Y(y)}=\frac{f_X(x)f_{Y\,|\,X}(y\,|\,x)}{\int_{-\infty}^{\infty}f_X(t)f_{Y\,|\,X}(y\,|\,t)\mathrm{d}t}.$$

- 若 N 为离散随机变量，我们有

$$f_Y(y)P(N=n\,|\,Y=y)=p_N(n)f_{Y\,|\,N}(y\,|\,n).$$

得到贝叶斯公式

$$P(N=n\,|\,Y=y)=\frac{p_N(n)f_{Y\,|\,N}(y\,|\,n)}{f_Y(y)}=\frac{p_N(n)f_{Y\,|\,N}(y\,|\,n)}{\sum\limits_i p_N(i)f_{Y\,|\,N}(y\,|\,i)},$$

$$f_{Y\,|\,N}(y\,|\,n)=\frac{f_Y(y)P(N=n\,|\,Y=y)}{p_N(n)}=\frac{f_Y(y)P(N=n\,|\,Y=y)}{\int_{-\infty}^{\infty}f_Y(t)P(N=n\,|\,Y=t)\mathrm{d}t}.$$

- 对于事件 A，关于 $P(A\,|\,Y=y)$ 和 $f_{Y\,|\,A}(y)$ 具有类似的贝叶斯公式.

3.7　小结和讨论

连续随机变量由概率密度函数刻画，用于计算事件的概率. 概率密度函数与离散情况下的概率质量函数的作用相似，唯一的区别是前者用积分代替求和. 联合概率密度函数的作用与离散情况下的联合概率质量函数一样，用于计算由多个随机变量刻画的事件的概率. 条件概率密度函数类似于条件概率质量函数，用于计算给定条件随机变量的值的情况下的条件概率. 条件概率的一个重要应用是推断问题. 本章介绍了各种各样用于推断的贝叶斯准则.

在概率模型中，有许多十分重要的连续随机变量. 本章介绍了几个，推导了它们的均值和方差，总结如下.

若干具体的连续随机变量的小结

$[a,b]$ 中的连续均匀随机变量

$$f_X(x)=\begin{cases}\dfrac{1}{b-a}, & 若\ a\leqslant x\leqslant b,\\ 0, & 其他,\end{cases}$$

$$E[X]=\frac{a+b}{2},\qquad \mathrm{var}(X)=\frac{(b-a)^2}{12}.$$

分布参数为 λ 的指数随机变量

$$f_X(x)=\begin{cases}\lambda\mathrm{e}^{-\lambda x}, & 若\ x\geqslant 0,\\ 0, & 其他,\end{cases}\qquad F_X(x)=\begin{cases}1-\mathrm{e}^{-\lambda x}, & 若\ x\geqslant 0,\\ 0, & 其他,\end{cases}$$

$$E[X]=\frac{1}{\lambda},\qquad \mathrm{var}(X)=\frac{1}{\lambda^2}.$$

分布参数为 μ 和 $\sigma^2>0$ 的正态随机变量

$$f_X(x)=\frac{1}{\sqrt{2\pi}\sigma}\mathrm{e}^{-(x-\mu)^2/(2\sigma^2)},$$
$$E[X]=\mu,\qquad \mathrm{var}(X)=\sigma^2.$$

本章也引入了累积分布函数的概念. 它用于刻画一般随机变量, 涵盖了连续随机变量和离散随机变量, 也可用于刻画既非连续又非离散的随机变量. 累积分布函数与概率质量函数和概率密度函数相关, 但其概念更加一般. 在离散情况下, 我们可将累积分布函数进行差分, 得到概率质量函数; 在连续情况下, 将累积分布函数微分, 得到概率密度函数.

3.8 习题

3.1 节 连续随机变量和概率密度函数

1. 设 X 为区间 $[0,1]$ 中的均匀分布的随机变量. 考虑随机变量 $Y=g(X)$, 其中

$$g(x)=\begin{cases}1, & 若\ x\leqslant 1/3,\\ 2, & 若\ x>1/3.\end{cases}$$

首先求出 Y 的概率质量函数, 然后利用期望的计算公式求出 Y 的期望. 用期望值规则验证计算结果.

2. 拉普拉斯随机变量. 设 X 的概率密度函数为

$$f_X(x)=\frac{\lambda}{2}\mathrm{e}^{-\lambda|x|},$$

其中 λ 为正常数. 验证 f_X 满足归一化条件, 并计算 X 的均值和方差.

***3.** 对于离散或连续随机变量 X, 证明其期望值满足

$$E[X]=\int_0^\infty P(X>x)\mathrm{d}x-\int_0^\infty P(X<-x)\mathrm{d}x.$$

解 若 X 是连续随机变量, 则我们有

$$\begin{aligned}\int_0^\infty P(X>x)\mathrm{d}x&=\int_0^\infty\left(\int_x^\infty f_X(y)\mathrm{d}y\right)\mathrm{d}x\\&=\int_0^\infty\left(\int_0^y f_X(y)\mathrm{d}x\right)\mathrm{d}y\\&=\int_0^\infty f_X(y)\left(\int_0^y \mathrm{d}x\right)\mathrm{d}y\end{aligned}$$

$$= \int_0^{\infty} y f_X(y) \mathrm{d}y,$$

其中第二个等式是交换积分次序的结果，在交换次序的过程中利用了集合等式 $\{(x,y) \mid 0 \leqslant x < \infty,\, x \leqslant y < \infty\} = \{(x,y) \mid 0 \leqslant x \leqslant y,\, 0 \leqslant y < \infty\}$. 类似地，可以证明

$$\int_0^{\infty} P(X < -x) \mathrm{d}x = -\int_{-\infty}^{0} y f_Y(y) \mathrm{d}y.$$

利用上述两个等式，可以得到所需的结果.

若 X 是离散随机变量，则我们有

$$\begin{aligned}
\int_0^{\infty} P(X > x) \mathrm{d}x &= \int_0^{\infty} \left(\sum_{y > x} p_X(y) \right) \mathrm{d}x \\
&= \sum_{y > 0} \left(\int_0^{y} p_X(y) \mathrm{d}x \right) \\
&= \sum_{y > 0} p_X(y) \left(\int_0^{y} \mathrm{d}x \right) \\
&= \sum_{y > 0} y p_X(y),
\end{aligned}$$

其余部分的证明与连续情况相似.

***4.** 证明下列期望值规则:

$$E[g(X)] = \int_{-\infty}^{\infty} g(x) f_X(x) \mathrm{d}x,$$

其中 f_X 是连续随机变量 X 的概率密度函数.

解　将函数 g 写成两个非负函数的差:

$$g(x) = g^+(x) - g^-(x),$$

其中 $g^+(x) = \max\{g(x), 0\}$，$g^-(x) = \max\{-g(x), 0\}$. 特别地，对于任何 $t \geqslant 0$，容易验证 $g(x) > t$ 与 $g^+(x) > t$ 等价.

现在利用习题 3 的结果

$$E[g(X)] = \int_0^{\infty} P(g(X) > t) \mathrm{d}t - \int_0^{\infty} P(g(X) < -t) \mathrm{d}t.$$

上式右边第一项等于

$$\int_0^{\infty} \int_{\{x \mid g(x) > t\}} f_X(x) \mathrm{d}x \mathrm{d}t = \int_{-\infty}^{\infty} \int_{\{t \mid 0 \leqslant t < g(x)\}} f_X(x) \mathrm{d}t \mathrm{d}x = \int_{-\infty}^{\infty} g^+(x) f_X(x) \mathrm{d}x.$$

利用对称性，右边的第二项等于

$$\int_0^{\infty} P(g(X) < -t) \mathrm{d}t = \int_{-\infty}^{\infty} g^-(x) f_X(x) \mathrm{d}x.$$

综上，我们有

$$E[g(X)] = \int_{-\infty}^{\infty} g^+(x) f_X(x) \mathrm{d}x - \int_{-\infty}^{\infty} g^-(x) f_X(x) \mathrm{d}x = \int_{-\infty}^{\infty} g(x) f_X(x) \mathrm{d}x.$$

3.2 节 累积分布函数

5. 按照均匀分布律在一个三角形内随机取一个点. 已知三角形的高，求这个点到底边的距离 X 的累积分布函数和概率密度函数.

6. 卡拉米蒂 · 简去银行取款，或者她排在队伍最前面，或者有一个顾客在她前面，这两种情况是等可能的. 每个顾客的服务时间是指数随机变量，参数为 λ. 简等待时间的累积分布函数是什么?

7. 阿尔文在投飞镖，飞镖的靶是一块半径为 r 的圆板. 设 X 为飞镖的落点到靶心的距离. 假定落点在靶板上均匀分布.

(a) 求 X 的概率密度函数、均值和方差.

(b) 靶板上画了一个半径为 t 的圆. 若 $X \leqslant t$，阿尔文的得分为 $S = 1/X$，其他情况下 $S = 0$. 求 S 的累积分布函数. S 是连续随机变量吗?

8. 设 Y 和 Z 是两个连续随机变量. 随机变量 X 以概率 p 等于 Y，以概率 $1-p$ 等于 Z.

(a) 证明 X 的概率密度函数为

$$f_X(x) = pf_Y(x) + (1-p)f_Z(x).$$

(b) 假设双边指数随机变量 X 的概率密度函数为

$$f_X(x) = \begin{cases} p\lambda \mathrm{e}^{\lambda x}, & \text{若 } x < 0, \\ (1-p)\lambda \mathrm{e}^{-\lambda x}, & \text{若 } x \geqslant 0, \end{cases}$$

其中 $\lambda > 0$ 且 $0 < p < 1$. 求 X 的累积分布函数.

***9.** **混合随机变量**. 有时候，一个概率模型可以看成离散随机变量 Y 和连续随机变量 Z 的混合. 例如，X 以概率 p 取 Y 值，以概率 $1-p$ 取 Z 值. 这样，称 X 为**混合随机变量**，利用全概率定理可得 X 的累积分布函数:

$$\begin{aligned} F_X(x) &= P(X \leqslant x) \\ &= pP(Y \leqslant x) + (1-p)P(Z \leqslant x) \\ &= pF_Y(x) + (1-p)F_Z(x). \end{aligned}$$

通过全期望定理，可求得 X 的期望值

$$E[X] = pE[Y] + (1-p)E[Z].$$

阿尔家附近有一个公共汽车站和一个出租汽车站，两个站是在一起的. 阿尔出门的时候，若车站有出租车等着（概率为 2/3)，他就上出租车；不然他就在车站等车，来出租车就上出租车，来公共汽车就上公共汽车，先到先上. 已知出租车将在 0~10 分钟内到达，等待时间是在 (0,10) 分钟内均匀分布的. 等待下一趟公共汽车的时间是 5 分钟. 求阿尔等待时间的累积分布函数和期望值.

解 设 A 表示或者当阿尔到达车站的时候有一辆出租车等候，或者他在车站等 5 分钟以后登上公共汽车. 在阿尔必须等车的条件下，他登上公共汽车的概率为

$$P(\text{出租车在 5 分钟后到达}) = 1/2.$$

阿尔的等车时间 X 是一个混合随机变量. 以概率

$$P(A)=\frac{2}{3}+\frac{1}{3}\cdot\frac{1}{2}=\frac{5}{6}$$

等于离散随机变量 Y（相当于或者车站有出租车等着，或者登上公共汽车）. Y 的概率质量函数为

$$p_Y(y)=\begin{cases}\dfrac{2}{3P(A)}, & \text{若 } y=0,\\ \dfrac{1}{6P(A)}, & \text{若 } y=5,\end{cases}$$

$$=\begin{cases}\dfrac{12}{15}, & \text{若 } y=0,\\ \dfrac{3}{15}, & \text{若 } y=5.\end{cases}$$

[通过下列计算得到 $p_Y(0)$ 的值:

$$p_Y(0)=P(Y=0\,|\,A)=\frac{P(Y=0,A)}{P(A)}=\frac{2}{3P(A)}.$$

$p_Y(5)$ 的计算是类似的.] 与概率 $1-P(A)$ 对应的随机变量 Z（相应于到达车站以后必须等车，但 5 分钟内到达一辆出租车）的概率密度函数为

$$f_Z(z)=\begin{cases}1/5, & \text{若 } 0\leqslant z\leqslant 5,\\ 0, & \text{其他}.\end{cases}$$

因此，X 的累积分布函数 $F_X(x)=P(A)F_Y(x)+(1-P(A))F_Z(x)$ 由下式给出:

$$F_X(x)=\begin{cases}0, & \text{若 } x<0,\\ \dfrac{5}{6}\cdot\dfrac{12}{15}+\dfrac{1}{6}\cdot\dfrac{x}{5}, & \text{若 } 0\leqslant x<5,\\ 1, & \text{若 } 5\leqslant x.\end{cases}$$

阿尔等车时间的期望值为

$$E[X]=P(A)E[Y]+(1-P(A))E[Z]=\frac{5}{6}\cdot\frac{3}{15}\cdot 5+\frac{1}{6}\cdot\frac{5}{2}=\frac{15}{12}.$$

*__10. 模拟连续随机变量__. 计算机有一个生成在区间 $[0,1]$ 中均匀分布的随机变量 U 的程序. 利用这个程序可以生成连续随机变量 X，其累积分布函数为 $F(x)$. 设 U 产生一个数 u，相应 X 的取值 x 为满足方程 $F(x)=u$ 的解. 为简单起见，假定累积分布函数 $F(x)$ 在 $S=\{x\,|\,0<F(x)<1\}$ 中严格递增. 这个假定条件可以保证每个 $u\in(0,1)$ 对应唯一的 x，使得 $F(x)=u$.

(a) 证明：对于如此生成的 X，累积分布函数确实为给定的 $F(x)$.

(b) 利用这种方法模拟生成一个参数为 λ 的指数随机变量.

(c) 利用这种方法模拟生成一个离散的整数值随机变量.

解 (a) 根据生成规则，X 和 U 满足关系式 $F(X)=U$. 由于 F 是严格递增的，对于每个 x 值，

$$X \leqslant x \quad \text{当且仅当} \quad F(X) \leqslant F(x).$$

从而

$$P(X \leqslant x) = P\big(F(X) \leqslant F(x)\big) = P\big(U \leqslant F(x)\big) = F(x).$$

上面最后一个等式利用了 U 是均匀随机变量的特性. 因此，X 的累积分布函数就是事先确定的 $F(x)$.

(b) 指数累积分布函数具有形式 $F(x)=1-\mathrm{e}^{-\lambda x}$（$x>0$）. 为生成 X，需要生成单位区间 $(0,1)$ 中的均匀随机变量 U 的一个值 u. 之后只需解方程 $1-\mathrm{e}^{-\lambda x}=u$. 这个方程的解为 $x=-\ln(1-u)/\lambda$.

(c) 设 F 是取整数值的离散随机变量的累积分布函数. 对于每个 $u\in(0,1)$，存在唯一整数 x_u 满足 $F(x_u-1)<U\leqslant F(x_u)$. 这相当于将随机变量 X 定义为随机变量 U 的函数. 于是，对每个整数 k，

$$P(X=k) = P\big(F(k-1) < U \leqslant F(k)\big) = F(k) - F(k-1).$$

如此构造的随机变量 X 的累积分布函数就是事先指定的 F.

3.3 节 正态随机变量

11. 设 X 和 Y 是两个正态随机变量，均值分别为 0 和 1，方差分别为 1 和 4.

(a) 求 $P(X\leqslant 1.5)$ 和 $P(X\leqslant -1)$.

(b) 求 $(Y-1)/2$ 的概率密度函数.

(c) 求 $P(-1\leqslant Y\leqslant 1)$.

12. 设 X 是正态随机变量，均值为 0，标准差为 σ. 对于 $k=1,2,3$，利用正态分布表计算 $P(X\geqslant k\sigma)$ 和 $P(|X|\leqslant k\sigma)$.

13. 某座城市的气温为正态随机变量，均值和标准差均为 10°C. 在随机给定的时刻气温不高于 59°F 的概率有多大?

***14.** 证明正态概率密度函数的归一化性质. 提示：积分 $\int_{-\infty}^{\infty}\mathrm{e}^{-x^2/2}\mathrm{d}x$ 的值等于积分

$$\int_{-\infty}^{\infty}\int_{-\infty}^{\infty}\mathrm{e}^{-x^2/2}\mathrm{e}^{-y^2/2}\mathrm{d}x\mathrm{d}y$$

的平方根，而后面的积分可以通过积分变换化成极坐标系内的积分.

解 注意等式

$$\begin{aligned}\left(\int_{-\infty}^{\infty}\frac{1}{\sqrt{2\pi}}\mathrm{e}^{-x^2/2}\mathrm{d}x\right)^2 &= \frac{1}{2\pi}\int_{-\infty}^{\infty}\mathrm{e}^{-x^2/2}\mathrm{d}x\int_{-\infty}^{\infty}\mathrm{e}^{-y^2/2}\mathrm{d}y\\ &= \frac{1}{2\pi}\int_{-\infty}^{\infty}\int_{-\infty}^{\infty}\mathrm{e}^{-(x^2+y^2)/2}\mathrm{d}x\mathrm{d}y\\ &= \frac{1}{2\pi}\int_{0}^{2\pi}\int_{0}^{\infty}\mathrm{e}^{-r^2/2}r\mathrm{d}r\mathrm{d}\theta\end{aligned}$$

$$= \int_0^{\infty} \mathrm{e}^{-r^2/2} r \mathrm{d}r$$
$$= \int_0^{\infty} \mathrm{e}^{-u} \mathrm{d}u$$
$$= -\mathrm{e}^{u}\Big|_0^{\infty} = 1,$$

此处，第三个等式是将积分变成极坐标系内的积分的结果，第五个等式是做变量替换 $u = r^2/2$ 的结果. 因为这个积分是非负的，我们得到

$$\int_{-\infty}^{\infty} \frac{1}{\sqrt{2\pi}} \mathrm{e}^{-x^2/2} \mathrm{d}x = 1.$$

利用变量替换 $u = (x-\mu)/\sigma$，得到

$$\int_{-\infty}^{\infty} f_X(x)\mathrm{d}x = \int_{-\infty}^{\infty} \frac{1}{\sqrt{2\pi}\sigma} \mathrm{e}^{-(x-\mu)^2/(2\sigma^2)} \mathrm{d}x = \int_{-\infty}^{\infty} \frac{1}{\sqrt{2\pi}} \mathrm{e}^{-u^2/2} \mathrm{d}u = 1.$$

3.4 节 多个随机变量的联合概率密度函数

15. 给定 $r > 0$，在半圆周 $\{(x,y) \mid x^2 + y^2 \leqslant r, y > 0\}$ 内按均匀分布随机地取一个点 (X,Y).

(a) 求 (X,Y) 的联合概率密度函数.

(b) 求 Y 的边缘概率密度函数，并利用它求 $E[Y]$.

(c) 不用边缘概率密度函数，利用期望值规则直接计算 $E[Y]$.

16. 考虑下面的布丰投针问题（例 3.11）的变形，这是拉普拉斯研究过的问题. 在坐标平面上画上格子，水平线之间的距离为 a，铅直线之间的距离为 b. 现在往平面上丢一根长度为 l 的针，不妨假定 $l < a$ 和 $l < b$ 成立. 针与格子相交的边数的期望值是多少？针与至少一条边相交的概率是多少？

***17. 利用一个随机变量的样本估计另一个随机变量的期望值.** 设 $Y_1, \cdots, Y_n$ 为来自概率密度函数 f_Y 的独立随机变量. 令 S 为 Y_i 的所有可能值的集合，即 $S = \{y \mid f_Y(y) > 0\}$. 令 X 的概率密度函数为 f_X. 假定对所有 $y \notin S$ 均有 $f_X(y) = 0$. 考虑随机变量

$$Z = \frac{1}{n} \sum_{i=1}^{n} Y_i \frac{f_X(Y_i)}{f_Y(Y_i)}.$$

证明

$$E[Z] = E[X].$$

解 我们有

$$E\left[Y_i \frac{f_X(Y_i)}{f_Y(Y_i)}\right] = \int_S y \frac{f_X(y)}{f_Y(y)} f_Y(y) \mathrm{d}y = \int_S y f_X(y) \mathrm{d}y = E[X].$$

因此

$$E[Z] = \frac{1}{n} \sum_{i=1}^{n} E\left[Y_i \frac{f_X(Y_i)}{f_Y(Y_i)}\right] = \frac{1}{n} \sum_{i=1}^{n} E[X] = E[X].$$

3.5 节 条件

18. 随机变量 X 的概率密度函数为

$$f_X(x) = \begin{cases} x/4, & 若\ 1 < x \leqslant 3, \\ 0, & 其他. \end{cases}$$

令事件 $A = \{X \geqslant 2\}$.

(a) 计算 $E[X]$, $P(A)$, $f_{X \mid A}(x)$, $E[X \mid A]$.

(b) 令 $Y = X^2$. 计算 $E[Y]$ 和 $\mathrm{var}(Y)$.

19. 随机变量 X 的概率密度函数为

$$f_X(x) = \begin{cases} cx^{-2}, & 若\ 1 < x \leqslant 2, \\ 0, & 其他. \end{cases}$$

(a) 确定常数 c.

(b) 令 $A = \{X > 1.5\}$. 计算 $P(A)$ 和在 A 发生的情况下 X 的条件概率密度函数.

(c) 令 $Y = X^2$. 计算在 A 发生的情况下 Y 的条件期望和条件方差.

20. 一位粗心的教授错误地将两个学生的答疑时间安排在了同一时刻. 已知两个学生的答疑时间长度是两个相互独立并且同分布的随机变量. 他们共同的分布是指数分布，期望值为 30 分钟. 第一个学生按时到达，5 分钟以后，第二个学生也到达. 从第一个学生到达起直到第二个学生离开所需时间的期望值是多少?

21. 我们从一根长度为 l 的木棍开始，在木棍上按均匀分布找一个点，从这个点将木棍截为两段. 我们保留木棍的左边部分. 设这部分的长度为 X. 对于这一段木棍，我们重复这一截断的过程，设第二次截断后保留部分的长度为 Y.

(a) 求 X 和 Y 的联合概率密度函数.

(b) 求 Y 的边缘概率密度函数.

(c) 利用 Y 的概率密度函数计算 $E[Y]$.

(d) 利用关系式 $Y = X \cdot (Y/X)$ 计算 $E[Y]$.

22. 我们有一根长度为 1 的木棍，利用下面三种不同的方法将木棍截成三段.

(i) 利用均匀概率密度函数在木棍上随机且相互独立地取两个点，在这两个点处将木棍截断.

(ii) 首先，在木棍上按均匀概率密度函数随机地取一点，在这个点处将木棍截断. 然后同样处理右边部分：还是按均匀概率密度函数随机地找一点，在这个点处将这一部分再分成两段.

(iii) 首先，在木棍上按均匀概率密度函数随机地取一点，在这个点处将木棍截断. 然后如法炮制较长的那一部分：还是按均匀概率密度函数随机地取一点，在这个点处将这一部分再分成两段.

对上述每种方法，分别求出截成小段后木棍能组成一个三角形的概率.

23. 在直角坐标系中，三个点 $(0,0)$, $(0,1)$, $(1,0)$ 组成一个三角形. 假定 (X,Y) 是一个随机点的坐标，这个随机点是在三角形上均匀分布的.

(a) 求 X 和 Y 的联合概率密度函数.

(b) 求 Y 的边缘概率密度函数.

(c) 求在给定 Y 值下 X 的条件概率密度函数.

(d) 求 $E[X \mid Y=y]$，利用全期望定理求 $E[X]$ 依赖于 $E[Y]$ 的表达式.

(e) 利用对称性求 $E[X]$

24. 在直角坐标系中，三个点 $(0,0)$, $(1,0)$, $(0,2)$ 组成一个三角形. 假定 (X,Y) 是一个随机点的坐标，这个随机点是在三角形上均匀分布的（与上题不同，此题中的 X 和 Y 是不对称的）. 按上题的方法求 $E[X]$ 和 $E[Y]$.

25. 设平面上一个随机点的两个坐标为 X 和 Y. 它们是独立同分布的正态随机变量，公共期望为 0，方差为 σ^2. 已知这个点与原点的距离至少为 c. 求 X 和 Y 的条件联合概率密度函数.

***26.** 设 $X_1, \cdots, X_n$ 为独立随机变量序列. 证明

$$\frac{\operatorname{var}\left(\prod_{i=1}^n X_i\right)}{\prod_{i=1}^n (E[X_i])^2} = \prod_{i=1}^n \left(\frac{\operatorname{var}(X_i)}{(E[X_i])^2} + 1\right) - 1.$$

解 我们有

$$\begin{aligned}
\operatorname{var}\left(\prod_{i=1}^n X_i\right) &= E\left[\prod_{i=1}^n X_i^2\right] - \prod_{i=1}^n (E[X_i])^2 \\
&= \prod_{i=1}^n E[X_i^2] - \prod_{i=1}^n (E[X_i])^2 \\
&= \prod_{i=1}^n \left(\operatorname{var}(X_i) + (E[X_i])^2\right) - \prod_{i=1}^n (E[X_i])^2 .
\end{aligned}$$

在等式两边用

$$\prod_{i=1}^n (E[X_i])^2$$

除，便得到了所需的结论.

27. **以随机事件为条件的多元随机变量**. 设 X 和 Y 为两个连续随机变量，联合概率密度函数为 $f_{X,Y}$. 令 A 是二维平面的一个子集，又令 $C = \{(X,Y) \in A\}$，事件 C 满足 $P(C) > 0$. 定义

$$f_{X,Y \mid C}(x,y) = \begin{cases} \dfrac{f_{X,Y}(x,y)}{P(C)}, & \text{若 } (x,y) \in A, \\ 0, & \text{其他}. \end{cases}$$

(a) 证明 $f_{X,Y \mid C}$ 是一个合法的联合概率密度函数.

(b) 令 A_i（$i=1,\cdots,n$）为二维平面的一个分割. 令 $C_i=\{(X,Y)\in A_i\}$，假定对每一个 i 有 $P(C_i)>0$. 推导下列形式的全概率定理：

$$f_{X,Y}(x,y)=\sum_{i=1}^{n}P(C_i)f_{X,Y\mid C_i}(x,y).$$

***28.** 随机变量 X 具有双边指数概率密度函数

$$f_X(x)=\begin{cases}p\lambda \mathrm{e}^{-\lambda x}, & 若\ x\geqslant 0,\\ (1-p)\lambda \mathrm{e}^{\lambda x}, & 若\ x<0,\end{cases}$$

参数为 λ 和 p，$\lambda>0$，$p\in[0,1]$. 利用下面两种方法求 X 的均值和方差.

(a) 利用相关的期望值直接计算.

(b) 分而治之，利用（单侧）指数随机变量的均值和方差计算.

解 (a)

$$\begin{aligned}E[X]&=\int_{-\infty}^{\infty}xf_X(x)\mathrm{d}x\\&=\int_{-\infty}^{0}x(1-p)\lambda\mathrm{e}^{\lambda x}\mathrm{d}x+\int_{0}^{\infty}xp\lambda\mathrm{e}^{-\lambda x}\mathrm{d}x\\&=-\frac{1-p}{\lambda}+\frac{p}{\lambda}\\&=\frac{2p-1}{\lambda},\\E\left[X^2\right]&=\int_{-\infty}^{\infty}x^2f_X(x)\mathrm{d}x\\&=\int_{-\infty}^{0}x^2(1-p)\lambda\mathrm{e}^{\lambda x}\mathrm{d}x+\int_{0}^{\infty}x^2p\lambda\mathrm{e}^{-\lambda x}\mathrm{d}x\\&=\frac{2(1-p)}{\lambda^2}+\frac{2p}{\lambda^2}\\&=\frac{2}{\lambda^2},\\\mathrm{var}(X)&=\frac{2}{\lambda^2}-\left(\frac{2p-1}{\lambda}\right)^2.\end{aligned}$$

(b) 令 $A=\{X\geqslant 0\}$. 利用 X 的概率密度函数的公式，很快得到 $P(A)=p$. 在 A 发生的条件下，随机变量 X 的条件分布为（单侧）指数分布，参数为 λ. 同样，在 A^c 发生的条件下，随机变量 $-X$ 也具有（单侧）指数分布，参数为 $-\lambda$. 由此可得

$$E[X\mid A]=\frac{1}{\lambda},\qquad E\big[X\mid A^c\big]=-\frac{1}{\lambda},$$

$$E\big[X^2\mid A\big]=E\big[X^2\mid A^c\big]=\frac{2}{\lambda^2}.$$

再利用全期望定理得到

$$E[X]=P(A)E[X\mid A]+P\left(A^c\right)E\big[X\mid A^c\big]$$

$$
\begin{aligned}
&= \frac{p}{\lambda} - \frac{1-p}{\lambda} \\
&= \frac{2p-1}{\lambda}, \\
E\left[X^2\right] &= P(A)E\left[X^2 \mid A\right] + P(A^c)E\left[X^2 \mid A^c\right] \\
&= \frac{2p}{\lambda^2} + \frac{2(1-p)}{\lambda^2} \\
&= \frac{2}{\lambda^2}, \\
\operatorname{var}(X) &= \frac{2}{\lambda^2} - \left(\frac{2p-1}{\lambda}\right)^2.
\end{aligned}
$$

***29.** 设随机变量 X, Y, Z 的联合概率密度函数为 $f_{X,Y,Z}$. 证明乘法规则

$$f_{X,Y,Z}(x,y,z) = f_{X \mid Y,Z}(x \mid y,z) f_{Y \mid Z}(y \mid z) f_Z(z).$$

解　利用条件概率密度函数的定义,

$$
\begin{aligned}
f_{X \mid Y,Z}(x \mid y,z) &= \frac{f_{X,Y,Z}(x,y,z)}{f_{Y,Z}(y,z)}, \\
f_{Y,Z}(y,z) &= f_{Y \mid Z}(y \mid z) f_Z(z).
\end{aligned}
$$

组合上面两式便得到了所需的结论.

***30.** **贝塔概率密度函数.**　参数为 $\alpha > 0$ 和 $\beta > 0$ 的贝塔概率密度函数为

$$
f_X(x) = \begin{cases} \dfrac{1}{B(\alpha,\beta)} x^{\alpha-1}(1-x)^{\beta-1}, & \text{若 } 0 \leqslant x \leqslant 1, \\ 0, & \text{其他}, \end{cases}
$$

其归一化常数为

$$B(\alpha,\beta) = \int_0^1 x^{\alpha-1}(1-x)^{\beta-1} \mathrm{d}x.$$

$B(\alpha,\beta)$ 就是著名的贝塔函数.

(a) 证明: 对任何 $m > 0$, X 的 m 阶矩为

$$E[X^m] = \frac{B(\alpha+m,\beta)}{B(\alpha,\beta)}.$$

(b) 设 α 和 β 为正整数, 证明

$$B(\alpha,\beta) = \frac{(\alpha-1)!(\beta-1)!}{(\alpha+\beta-1)!}.$$

因此,

$$E[X^m] = \frac{\alpha(\alpha+1)\cdots(\alpha+m-1)}{(\alpha+\beta)(\alpha+\beta+1)\cdots(\alpha+\beta+m-1)}.$$

(注意: 按惯例 $0! = 1$.)

解 (a) 我们有

$$E[X^m] = \frac{1}{B(\alpha,\beta)}\int_0^1 x^m x^{\alpha-1}(1-x)^{\beta-1}\mathrm{d}x = \frac{B(\alpha+m,\beta)}{B(\alpha,\beta)}.$$

(b) 对于 $\alpha=1$ 或 $\beta=1$，我们可以依 $B(\alpha,\beta)$ 的定义直接积分并验算结果. 现在讨论一般情况. 设 $Y, Y_1, \cdots, Y_{\alpha+\beta}$ 为独立的随机变量，在 $[0,1]$ 上均匀分布. 令

$$A = \{Y_1 \leqslant \cdots \leqslant Y_\alpha \leqslant Y \leqslant Y_{\alpha+1} \leqslant \cdots \leqslant Y_{\alpha+\beta}\}.$$

由于 $\alpha+\beta+1$ 个随机变量的各种次序都是等可能的，因此有

$$P(A) = \frac{1}{(\alpha+\beta+1)!}.$$

现在考虑事件

$$B = \{\max\{Y_1,\cdots,Y_\alpha\} \leqslant Y\}, \qquad C = \{Y \leqslant \min\{Y_{\alpha+1},\cdots,Y_{\alpha+\beta}\}\}.$$

利用全概率定理，得到

$$\begin{aligned}
P(B\cap C) &= \int_0^1 P(B\cap C \,|\, Y=y) f_Y(y)\mathrm{d}y \\
&= \int_0^1 P\big(\max\{Y_1,\cdots,Y_\alpha\} \leqslant y \leqslant \min\{Y_{\alpha+1},\cdots,Y_{\alpha+\beta}\}\big)\mathrm{d}y \\
&= \int_0^1 P\big(\max\{Y_1,\cdots,Y_\alpha\} \leqslant y\big) P\big(y \leqslant \min\{Y_{\alpha+1},\cdots,Y_{\alpha+\beta}\}\big)\mathrm{d}y \\
&= \int_0^1 y^\alpha (1-y)^\beta \mathrm{d}y.
\end{aligned}$$

由于在给定 B 和 C 的条件下，所有 $\alpha!$ 个 $Y_1,\cdots,Y_\alpha$ 的次序是等概率的，所有 $\beta!$ 个 $Y_{\alpha+1},\cdots,Y_{\alpha+\beta}$ 的次序也是等概率的，所以

$$P(A \,|\, B\cap C) = \frac{1}{\alpha!\beta!}.$$

将得到的公式代入等式

$$P(A) = P(B\cap C)P(A \,|\, B\cap C),$$

得到

$$\frac{1}{(\alpha+\beta+1)!} = \frac{1}{\alpha!\beta!}\int_0^1 y^\alpha(1-y)^\beta \mathrm{d}y,$$

从而

$$\int_0^1 y^\alpha (1-y)^\beta \mathrm{d}y = \frac{\alpha!\beta!}{(\alpha+\beta+1)!}.$$

所以，对所有正整数 α 和 β 有

$$B(\alpha+1,\beta+1) = \frac{\alpha!\beta!}{(\alpha+\beta+1)!}.$$

***31. 利用模拟求期望值.** 概率密度函数 $f_X(x)$ 满足以下条件：a, b, c 为三个非负数，$a < b$，$f_X(x)$ 在区间 $[a, b]$ 外为 0，对所有 x 有 $xf_X(x) \leqslant c$. 对于 $i = 1, 2, \cdots, n$，以如下方式生成独立随机变量 Y_i：由 $(a, 0)$, $(b, 0)$, (a, c), (b, c) 四个点构成坐标平面上的一个矩形，按这个矩形的均匀分布生成随机点列 (V_i, W_i)，如果 $W_i \leqslant V_i f_X(V_i)$ 令 $Y_i = 1$，否则 $Y_i = 0$. 令

$$Z = \frac{Y_1 + \cdots + Y_n}{n}.$$

证明

$$E[Z] = \frac{E[X]}{c(b-a)}, \qquad \text{var}(Z) \leqslant \frac{1}{4n}.$$

特别地，当 $n \to \infty$ 时 $\text{var}(Z) \to 0$.

解 我们有

$$\begin{aligned} P(Y_i = 1) &= P\big(W_i \leqslant V_i f_X(V_i)\big) \\ &= \int_a^b \int_0^{vf_X(v)} \frac{1}{c(b-a)} \mathrm{d}w\mathrm{d}v \\ &= \frac{\int_a^b vf_X(v)\mathrm{d}v}{c(b-a)} \\ &= \frac{E[X]}{c(b-a)}. \end{aligned}$$

随机变量 Z 的均值为 $P(Y_i = 1)$，方差为

$$\text{var}(Z) = \frac{P(Y_i = 1)\big(1 - P(Y_i = 1)\big)}{n}.$$

由于 $0 \leqslant (1-2p)^2 = 1 - 4p(1-p)$，从而对 $[0, 1]$ 内任意 p 有 $p(1-p) \leqslant 1/4$，由此得到 $\text{var}(Z) \leqslant 1/(4n)$.

***32.** 连续随机变量 X 和 Y 的联合概率密度函数为 $f_{X,Y}$. 对任意实数子集 A 和 B，事件 $X \in A$ 和事件 $Y \in B$ 相互独立. 证明 X 和 Y 是相互独立的随机变量.

解 对于任意两个实数 x 和 y，利用事件 $\{X \leqslant x\}$ 和 $\{Y \leqslant y\}$ 的相互独立性，得到

$$F_{X,Y}(x, y) = P(X \leqslant x, Y \leqslant y) = P(X \leqslant x)P(Y \leqslant y) = F_X(x)F_Y(y).$$

对两边求导，得

$$f_{X,Y}(x, y) = \frac{\partial^2 F_{X,Y}}{\partial x \partial y}(x, y) = \frac{\partial F_X}{\partial x}(x)\frac{\partial F_Y}{\partial y}(y) = f_X(x)f_Y(y).$$

由上式可知，按相互独立的定义，随机变量 X 和 Y 是相互独立的.

***33. 随机数个独立随机变量的和.** 假如你逛了 N 个商店，在第 i 个商店花费的钱数是 X_i. 你花费的总钱数为

$$T = X_1 + X_2 + \cdots + X_N.$$

假定 N 是正整数离散随机变量，已知其概率质量函数，X_i 的期望和方差相同，记为 $E[X]$ 和 $\text{var}(X)$. 进一步假定，所有的 X_i 以及 N 都是相互独立的. 证明

$$E[T] = E[X] \cdot E[N], \qquad \text{var}(T) = \text{var}(X)E[N] + (E[X])^2\text{var}(N).$$

解 设 $N=i$，此时你只进了 i 家商店，在每家商店消费的期望值为 $E[X]$. 这样，对所有 i 有

$$E[T \mid N=i]=iE[X].$$

利用全期望定理，得到

$$\begin{aligned}E[T]&=\sum_{i=1}^{\infty}P(N=i)E[T \mid N=i]\\&=\sum_{i=1}^{\infty}P(N=i)iE[X]\\&=E[X]\sum_{i=1}^{\infty}iP(N=i)\\&=E[X]E[N].\end{aligned}$$

类似地，由 X_i 之间的独立性可知，若 $i\neq j$ 则 $E\big[X_iX_j\big]=\big(E[X]\big)^2$. T 的二阶矩为

$$\begin{aligned}E\big[T^2\big]&=\sum_{i=1}^{\infty}P(N=i)E\big[T^2 \mid N=i\big]\\&=\sum_{i=1}^{\infty}P(N=i)E\big[(X_1+\cdots+X_N)^2 \mid N=i\big]\\&=\sum_{i=1}^{\infty}P(N=i)\left(iE\big[X^2\big]+i(i-1)(E[X])^2\right)\\&=E\big[X^2\big]\sum_{i=1}^{\infty}iP(N=i)+(E[X])^2\sum_{i=1}^{\infty}i(i-1)P(N=i)\\&=E\big[X^2\big]E[N]+(E[X])^2\left(E\big[N^2\big]-E[N]\right)\\&=\mathrm{var}(X)E[N]+(E[X])^2E\big[N^2\big].\end{aligned}$$

T 的方差为

$$\begin{aligned}\mathrm{var}(T)&=E\big[T^2\big]-(E[T])^2\\&=\mathrm{var}(X)E[N]+(E[X])^2E\big[N^2\big]-(E[X])^2(E[N])^2\\&=\mathrm{var}(X)E[N]+(E[X])^2\left(E\big[N^2\big]-(E[N])^2\right)\\&=\mathrm{var}(X)E[N]+(E[X])^2\,\mathrm{var}(N).\end{aligned}$$

注意：在第 4 章，我们将以更抽象的方式得到 $E[T]$ 和 $\mathrm{var}(T)$ 的公式.

3.6 节 连续贝叶斯准则

34. 一台有问题的硬币浇铸机所生产的硬币是有缺陷的. 在抛掷硬币的试验中，正面向上的概率 P 是一个随机变量，概率密度函数为

$$f_P(p)=\begin{cases}p\mathrm{e}^{p}, & 若\ p\in[0,1],\\ 0, & 其他.\end{cases}$$

现在从这批产品中抽取一枚硬币进行独立、重复的抛掷试验.

(a) 求抛掷一枚硬币的时候正面向上的概率.

(b) 已知抛掷一枚硬币后正面向上，求 P 的条件概率密度函数.

(c) 给定第一次抛掷的结果是正面向上，求第二次抛掷硬币的时候正面向上的条件概率.

*35. 设 X 和 Y 为相互独立的连续随机变量，概率密度函数分别为 f_X 和 f_Y，并设 $Z = X+Y$.

(a) 证明 $f_{Z\,|\,X}(z\,|\,x) = f_Y(z-x)$. 提示：写出给定 X 的条件下 Z 的累积分布函数，然后求导.

(b) 假设 X 和 Y 为指数分布，参数为 λ. 求在给定 $Z=z$ 之下 X 的条件概率密度函数.

(c) 假设 X 和 Y 为正态分布，期望为 0，方差分别为 σ_x^2 和 σ_y^2. 求在给定 $Z=z$ 之下 X 的条件概率密度函数.

解 (a) 我们有

$$\begin{aligned} P(Z \leqslant z\,|\,X=x) &= P(X+Y \leqslant z\,|\,X=x) \\ &= P(x+Y \leqslant z\,|\,X=x) \\ &= P(x+Y \leqslant z) \\ &= P(Y \leqslant z-x), \end{aligned}$$

第三个等式是由于 X 和 Y 的独立性. 对两边求导，可得所需结果.

(b) 对于 $0 \leqslant x \leqslant z$，我们有

$$f_{X\,|\,Z}(x\,|\,z) = \frac{f_{Z\,|\,X}(z\,|\,x)f_X(x)}{f_Z(z)} = \frac{f_Y(z-x)f_X(x)}{f_Z(z)} = \frac{\lambda \mathrm{e}^{-\lambda(z-x)}\lambda \mathrm{e}^{-\lambda x}}{f_Z(z)} = \frac{\lambda^2 \mathrm{e}^{-\lambda z}}{f_Z(z)}.$$

由于对所有 x 都如此，所以 X 的条件分布是 $[0,z]$ 中的均匀分布，概率密度函数为 $f_{X\,|\,Z}(x\,|\,z) = 1/z$.

(c) 我们有

$$f_{X\,|\,Z}(x\,|\,z) = \frac{f_Y(z-x)f_X(z)}{f_Z(z)} = \frac{1}{f_Z(z)}\frac{1}{\sqrt{2\pi}\sigma_y}\mathrm{e}^{-(z-x)^2/2\sigma_y^2}\frac{1}{\sqrt{2\pi}\sigma_x}\mathrm{e}^{-x^2/2\sigma_x^2}.$$

我们将注意力集中在指数的幂上. 将其负部按 x 配成平方，得到

$$\frac{(z-x)^2}{2\sigma_y^2} + \frac{x^2}{2\sigma_x^2} = \frac{\sigma_x^2+\sigma_y^2}{2\sigma_x^2\sigma_y^2}\left(x - \frac{z\sigma_x^2}{\sigma_x^2+\sigma_y^2}\right)^2 + \frac{z^2}{2\sigma_y^2}\left(1 - \frac{\sigma_x^2}{\sigma_x^2+\sigma_y^2}\right).$$

因此，X 的条件概率密度函数具有形式

$$f_{X\,|\,Z}(x\,|\,z) = c(z)\cdot\exp\left\{-\frac{\sigma_x^2+\sigma_y^2}{2\sigma_x^2\sigma_y^2}\left(x - \frac{z\sigma_x^2}{\sigma_x^2+\sigma_y^2}\right)^2\right\},$$

其中 $c(z)$ 不依赖于 x，是归一化常数. 因此，所求分布是正态分布，均值为

$$E[X\,|\,Z=z] = \frac{\sigma_x^2}{\sigma_x^2+\sigma_y^2}z,$$

方差为

$$\mathrm{var}[X\,|\,Z=z] = \frac{\sigma_x^2\sigma_y^2}{\sigma_x^2+\sigma_y^2}.$$

第 4 章　随机变量的高级主题

本章引入一些更高级的主题，介绍如下有用的方法：

(a) 推导出关于一个或者多个随机变量的函数的分布；

(b) 处理独立随机变量之和的问题，包括随机变量的个数也随机的情形；

(c) 量化两个随机变量之间的相依程度.

为实现这些目标，我们将介绍一些工具，包括矩母函数和卷积，并且将细化对条件期望概念的理解.

学习第 5 至 7 章时，并不需要本章内容作为基础，因此，在初次阅读本书时可将本章视为选读内容. 然而，这里讨论的很多概念和方法为概率论和随机过程提供了更深入的研究背景，并为应用概率论和随机过程的其他学科提供了有力的工具. 此外，4.2 节和 4.3 节提到的概念是在第 8 章和第 9 章中学习统计推断的预备知识.

4.1　导出分布

本节考虑连续随机变量 X 的函数 $Y = g(X)$ 的概率密度函数，即在已知 X 的概率密度函数的情况下，我们计算 Y 的概率密度函数（也称为**导出的密度函数**）. 主要考虑如下的两步方法.

计算连续随机变量 X 的函数 $Y = g(X)$ 的概率密度函数

(1) 使用如下公式计算 Y 的累积分布函数 F_Y：

$$F_Y(y) = P(g(X) \leqslant y) = \int_{\{x \mid g(x) \leqslant y\}} f_X(x)\mathrm{d}x.$$

(2) 对 F_Y 求导，得到 Y 的概率密度函数：

$$f_Y(y) = \frac{\mathrm{d}F_Y}{\mathrm{d}y}(y).$$

例 4.1　设 X 服从 $[0,1]$ 中的均匀分布，令 $Y = \sqrt{X}$. 注意，对任意的 $y \in [0,1]$ 有

$$F_Y(y) = P(Y \leqslant y) = P(\sqrt{X} \leqslant y) = P(X \leqslant y^2) = y^2.$$

求导，可以得到

$$f_Y(y) = \frac{\mathrm{d}F_Y}{\mathrm{d}y}(y) = \frac{\mathrm{d}(y^2)}{\mathrm{d}y} = 2y, \qquad 0 \leqslant y \leqslant 1.$$

在区间 $[0,1]$ 之外，累积分布函数 $F_Y(y)$ 是个常数，即当 $y \leqslant 0$ 时 $F_Y(y) = 0$，而当 $y \geqslant 1$ 时 $F_Y(y) = 1$. 所以，求导可以得到：当 $y \notin [0,1]$ 时 $f_Y(y) = 0$. ■

例 4.2 约翰·斯洛驾车匀速从波士顿前往纽约，两地距离为 180 英里，速度值服从 $[30,60]$（单位：英里/小时）区间中的均匀分布. 求这段旅程所用时间的概率密度函数.

设 X 是速度，$Y = g(X)$ 是这段旅程所用时间：

$$Y = \frac{180}{X}.$$

根据两步法，首先计算 Y 的累积分布函数，

$$P(Y \leqslant y) = P\left(\frac{180}{X} \leqslant y\right) = P\left(\frac{180}{y} \leqslant X\right).$$

利用 X 的均匀分布性质，即

$$f_X(x) = \begin{cases} 1/30, & 若\ 30 \leqslant x \leqslant 60, \\ 0 & 其他, \end{cases}$$

以及相应的累积分布函数

$$F_X(x) = \begin{cases} 0, & 若\ x \leqslant 30, \\ (x-30)/30, & 若\ 30 \leqslant x \leqslant 60, \\ 1, & 若\ x \geqslant 60. \end{cases}$$

得到

$$\begin{aligned} F_Y(y) &= P\left(\frac{180}{y} \leqslant X\right) \\ &= 1 - F_X\left(\frac{180}{y}\right) \\ &= \begin{cases} 0, & 若\ y \leqslant 180/60, \\ 1 - \left(\dfrac{180}{y} - 30\right)/30, & 若\ 180/60 \leqslant y \leqslant 180/30, \\ 1, & 若\ y \geqslant 180/30, \end{cases} \\ &= \begin{cases} 0, & 若\ y \leqslant 3, \\ 2 - 6/y, & 若\ 3 \leqslant y \leqslant 6, \\ 1, & 若\ y \geqslant 6, \end{cases} \end{aligned}$$

见图 4-1. 然后对上式求导，得到 Y 的概率密度函数：

$$f_Y(y) = \begin{cases} 0, & 若\ y \leqslant 3, \\ 6/y^2, & 若\ 3 < y < 6, \\ 0, & 若\ y \geqslant 6. \end{cases}$$ ■

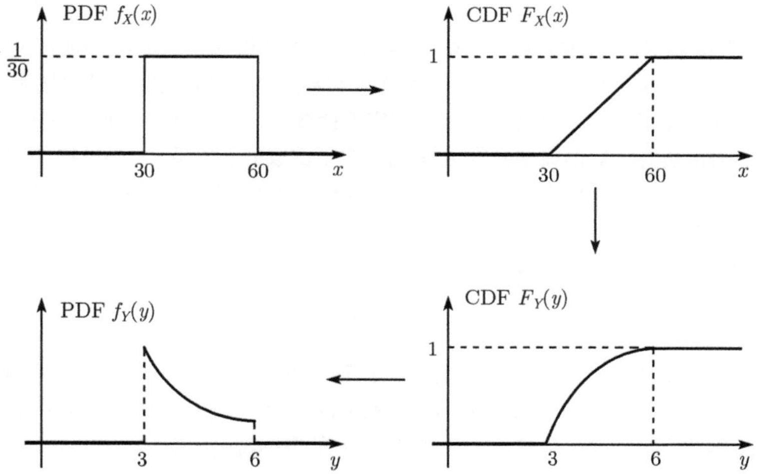

图 4-1 例 4.2 中 $Y = 180/X$ 的概率密度函数的计算过程示意图. 箭头方向表示计算步骤

例 4.3 已知随机变量 X 的概率密度函数，求 $Y = g(X) = X^2$ 的概率密度函数.

对任意 $y \geqslant 0$，我们有

$$\begin{aligned} F_Y(y) &= P(Y \leqslant y) \\ &= P(X^2 \leqslant y) \\ &= P(-\sqrt{y} \leqslant X \leqslant \sqrt{y}) \\ &= F_X(\sqrt{y}) - F_X(-\sqrt{y}), \end{aligned}$$

对上式求导，运用链式法则，可得

$$f_Y(y) = \frac{1}{2\sqrt{y}} f_X(\sqrt{y}) + \frac{1}{2\sqrt{y}} f_X(-\sqrt{y}), \qquad y \geqslant 0.$$ ■

4.1.1 线性函数

现在我们重点介绍一类重要而特殊的情形：Y 是 X 的线性函数. 如图 4-2 中的解释所示，可以直观地得到我们所需的结论.

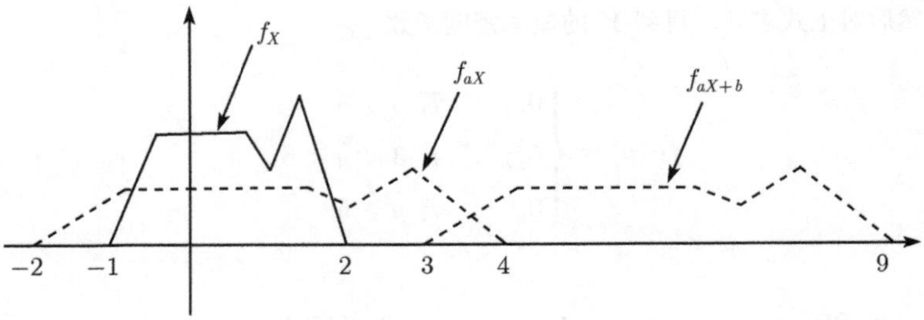

图 4-2 用 X 的概率密度函数来表示线性函数 $aX+b$ 的概率密度函数. 图中 $a=2, b=5$. 为了直观起见，首先计算 aX 的概率密度函数. aX 的值域比 X 的值域大. 所以，aX 的概率密度函数 f_{aX} 是将 X 的概率密度函数 f_X 在 x 轴的方向上拉长到 a 倍. 但是，为了使得 aX 的概率密度函数 f_{aX} 之下围成的面积是 1，必须将 f_X 纵轴下拉到原来的 $1/a$. 随机变量 $aX+b$ 与 aX 一样，只是将图形水平平移 b. 因此，我们首先得到 aX 的概率密度函数，然后水平平移 b. 最后得到的就是随机变量 $Y=aX+b$ 的概率密度函数. 写成公式就是

$$f_Y(y)=\frac{1}{|a|}f_X\left(\frac{y-b}{a}\right).$$

如果 a 是负数，方法是一样的，只是先将 X 的概率密度函数在横轴进行反射，得到 f_{-X}. 然后，在横轴和纵轴上分别乘以 $|a|$ 和 $1/|a|$，得到 $-|a|X=aX$ 的概率密度函数，最后水平平移 b，得到 $aX+b$ 的概率密度函数

计算随机变量 X 的线性函数的概率密度函数

设 X 是连续随机变量，概率密度函数为 f_X，a 和 b 是实数且 $a\neq 0$，如果

$$Y=aX+b,$$

则

$$f_Y(y)=\frac{1}{|a|}f_X\left(\frac{y-b}{a}\right).$$

现在证明该公式. 我们首先计算 Y 的累积分布函数，然后求导. 这里只证明 $a>0$ 的情形，$a<0$ 时的证明类似. 我们有

$$\begin{aligned}F_Y(y)&=P(Y\leqslant y)\\&=P(aX+b\leqslant y)\\&=P\left(X\leqslant\frac{y-b}{a}\right)\\&=F_X\left(\frac{y-b}{a}\right).\end{aligned}$$

对上式求导，运用链式法则，可得

$$f_Y(y) = \frac{\mathrm{d}F_Y}{\mathrm{d}y}(y) = \frac{1}{a} f_X\left(\frac{y-b}{a}\right).$$

例 4.4（指数随机变量的线性函数） 假设随机变量 X 服从参数为 λ 的指数分布，概率密度函数为

$$f_X(x) = \begin{cases} \lambda \mathrm{e}^{-\lambda x}, & \text{若 } x \geqslant 0, \\ 0, & \text{其他,} \end{cases}$$

其中 λ 是正的参数. 定义 $Y = aX + b$，则

$$f_Y(y) = \begin{cases} \dfrac{\lambda}{|a|} \mathrm{e}^{-\lambda(y-b)/a}, & \text{若 } (y-b)/a \geqslant 0, \\ 0, & \text{其他.} \end{cases}$$

注意，当 $b=0$ 且 $a>0$ 时 Y 仍然服从指数分布，参数为 λ/a. 一般而言，Y 可能不是指数的. 例如，当 $a<0$ 且 $b=0$ 时 Y 的取值空间在负实轴上. ■

例 4.5（正态随机变量的线性函数） 假设随机变量 X 服从均值为 μ、方差为 σ^2 的正态分布，概率密度函数为

$$f_X(x) = \frac{1}{\sqrt{2\pi}\sigma} \mathrm{e}^{-(x-\mu)^2/2\sigma^2}.$$

定义 $Y = aX + b$，其中 a 和 b 是实数且 $a \neq 0$，则

$$\begin{aligned} f_Y(y) &= \frac{1}{|a|} f_X\left(\frac{y-b}{a}\right) \\ &= \frac{1}{|a|} \frac{1}{\sqrt{2\pi}\sigma} \mathrm{e}^{-\left(\frac{y-b}{a}-\mu\right)^2/2\sigma^2} \\ &= \frac{1}{\sqrt{2\pi}|a|\sigma} \mathrm{e}^{-\frac{(y-b-a\mu)^2}{2a^2\sigma^2}}. \end{aligned}$$

这是均值为 $a\mu + b$、方差为 $a^2\sigma^2$ 的正态分布的概率密度函数，所以随机变量 Y 是正态的. ■

4.1.2 单调函数

线性函数的概率密度函数的计算方法和公式可以推广到 g 是单调函数的情形. 假设 X 是连续随机变量，取值在给定的区间 I 中，即当 $x \notin I$ 时 $f_X(x) = 0$. 现在考虑随机变量 $Y = g(X)$，假定函数 g 在区间 I 中是**严格单调**的，即以下两种情形之一.

(a) 严格单调递增：对任意 $x, x' \in I$，若 $x < x'$ 则 $g(x) < g(x')$.

(b) 严格单调递减：对任意 $x, x' \in I$，若 $x < x'$ 则 $g(x) > g(x')$.

进一步假设 g 是可微的. 它的导数在递增情形下是非负的，在递减情形下是非正的.

严格单调函数的一个重要性质是它是“可逆的”，也就是说，存在函数 h（称为 g 的逆）使得对任意 $x \in I$，有

$$y = g(x) \quad \text{当且仅当} \quad x = h(y).$$

比如，例 4.2 中的函数 $g(x) = 180/x$ 的逆就是 $h(y) = 180/y$，因为 $y = 180/x$ 当且仅当 $x = 180/y$. 可逆函数的其他例子有

$$g(x) = ax + b, \qquad h(y) = \frac{y-b}{a},$$

其中 a 和 b 是实数，且 $a \neq 0$. 还有

$$g(x) = \mathrm{e}^{ax}, \qquad h(y) = \frac{\ln y}{a},$$

其中 a 是非零实数.

对于严格单调函数 g，使用如下分析公式可以方便地计算 $Y = g(X)$ 的概率密度函数.

计算连续随机变量 X 的严格单调函数 $Y = g(X)$ 的概率密度函数

假设 g 是严格单调函数，其逆函数 h 满足：对 X 的取值空间内任意一点 x，

$$y = g(x) \qquad \text{当且仅当} \qquad x = h(y),$$

若函数 h 是可微的，则 Y 在支撑集 $\{y \mid f_Y(y) > 0\}$ 内的概率密度函数是

$$f_Y(y) = f_X\big(h(y)\big)\left|\frac{\mathrm{d}h}{\mathrm{d}y}(y)\right|.$$

现在证明上式. 假设 g 是严格递增函数，则

$$F_Y(y) = P\big(g(X) \leqslant y\big) = P\big(X \leqslant h(y)\big) = F_X\big(h(y)\big),$$

其中第二个等式运用了函数 g 的严格递增性，见图 4-3. 对上式求导，并运用链式法则，可以得到

$$f_Y(y) = \frac{\mathrm{d}F_Y}{\mathrm{d}y}(y) = f_X\big(h(y)\big)\frac{\mathrm{d}h}{\mathrm{d}y}(y).$$

因为 g 是严格递增的，所以函数 h 也是严格递增的，从而它的导数是非负的：

$$\frac{\mathrm{d}h}{\mathrm{d}y}(y) = \left|\frac{\mathrm{d}h}{\mathrm{d}y}(y)\right|$$

这样，就验证了单调递增函数 g 的概率密度函数公式. 当 g 是单调递减函数时，推导过程是类似的：

$$F_Y(y) = P\big(g(X) \leqslant y\big) = P\big(X \geqslant h(y)\big) = 1 - F_X\big(h(y)\big),$$

对上式求导，并运用链式法则就可以得证.

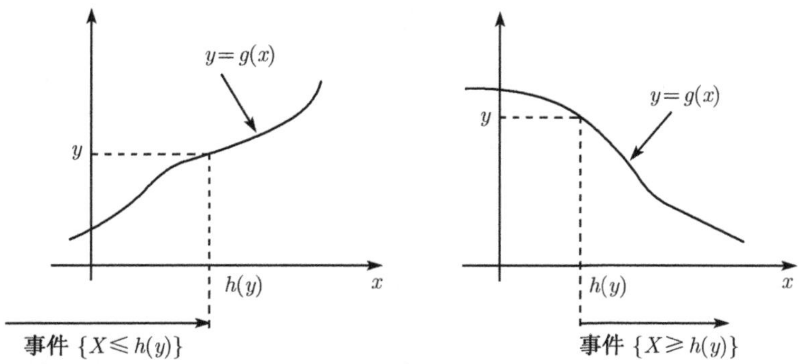

图 4-3 计算概率 $P\big(g(X)\leqslant y\big)$. 当 g 是严格递增的时（见左图），事件 $\{g(X)\leqslant y\}$ 与事件 $\{X\leqslant h(y)\}$ 是一样的. 当 g 是严格递减的时（见右图），事件 $\{g(X)\leqslant y\}$ 与事件 $\{X\geqslant h(y)\}$ 是一样的

例 4.2（续） 我们将上述公式应用于例 4.2. 在区间 $x\in[30,60]$ 中，$h(y)=180/y$，并且

$$f_X\big(h(y)\big)=\frac{1}{30},\qquad \left|\frac{\mathrm{d}h}{\mathrm{d}y}(y)\right|=\frac{180}{y^2}.$$

所以，当 $y\in[3,6]$ 时，运用概率密度函数计算公式可以得到

$$f_Y(y)=f_X\big(h(y)\big)\left|\frac{\mathrm{d}h}{\mathrm{d}y}(y)\right|=\frac{1}{30}\cdot\frac{180}{y^2}=\frac{6}{y^2},$$

这个结果与例 4.2 中得到的结论是一样的. ■

例 4.6 定义 $Y=g(X)=X^2$，其中 X 服从区间 $(0,1]$ 中的均匀分布. 在这个区间里，g 是严格递增函数，它的逆函数是 $h(y)=\sqrt{y}$. 对任意 $y\in(0,1]$，有

$$f_X(\sqrt{y})=1,\qquad \left|\frac{\mathrm{d}h}{\mathrm{d}y}(y)\right|=\frac{1}{2\sqrt{y}},$$

$$f_Y(y)=\begin{cases}\dfrac{1}{2\sqrt{y}}, & 若\ y\in(0,1],\\ 0, & 其他.\end{cases}$$ ■

最后值得注意的是，若用随机变量落入小区间的概率来解释概率密度函数的意义，概率密度函数计算公式会变得十分直观（见图 4-4 的解释）.

4.1.3 两个随机变量的函数

和一个随机变量的情形一样，我们采用两步法：先计算累积分布函数，然后求导得到概率密度函数.

例 4.7 在两个射手射击同一目标的游戏中，假定每次射击的弹着点与靶心的距离服从 $[0,1]$ 中的均匀分布，而且相互独立. 射偏的弹着点离靶心距离的概率密度函数是什么?

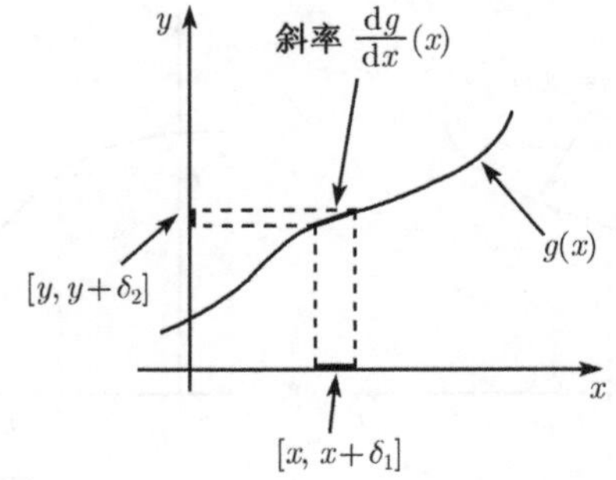

图 4-4 当 g 是严格递增函数时，对 $g(X)$ 的概率密度函数公式的解释．考虑区间 $[x, x+\delta_1]$，其中 δ_1 是非常小的正数．在映射 g 下，该区间映射到另一个区间 $[y, y+\delta_2]$．因为 $(\mathrm{d}g/\mathrm{d}x)(x)$ 是 g 在点 x 处的斜率，所以

$$\frac{\delta_2}{\delta_1} \approx \frac{\mathrm{d}g}{\mathrm{d}x}(x),$$

用逆函数来表述，就是

$$\frac{\delta_1}{\delta_2} \approx \frac{\mathrm{d}h}{\mathrm{d}y}(y).$$

注意，事件 $\{x \leqslant X \leqslant x+\delta_1\}$ 与事件 $\{y \leqslant Y \leqslant y+\delta_2\}$ 是同一事件．所以

$$f_Y(y)\delta_2 \approx P(y \leqslant Y \leqslant y+\delta_2) = P(x \leqslant X \leqslant x+\delta_1) \approx f_X(x)\delta_1.$$

将 δ_1 移到公式的左端，并利用比值 δ_2/δ_1 的结论，就可以得到

$$f_Y(y)\frac{\mathrm{d}g}{\mathrm{d}x}(x) = f_X(x).$$

也可以将 δ_2 移到公式的右端，并利用比值 δ_1/δ_2 的结论，就可以得到

$$f_Y(y) = f_X(h(y))\frac{\mathrm{d}h}{\mathrm{d}y}(y).$$

设 X 和 Y 分别是第一个和第二个射手的弹着点离靶心的距离．令 Z 是射偏的弹着点离靶心的距离，则

$$Z = \max\{X, Y\}.$$

我们知道 X 和 Y 都服从 $[0,1]$ 中的均匀分布，所以对任意 $z \in [0,1]$ 有

$$P(X \leqslant z) = P(Y \leqslant z) = z.$$

利用 X 和 Y 的独立性，对任意 $z \in [0,1]$ 有

$$\begin{aligned} F_Z(z) &= P(Z \leqslant z) \\ &= P(X \leqslant z, Y \leqslant z) \\ &= P(X \leqslant z)P(Y \leqslant z) \\ &= z^2. \end{aligned}$$

求导可得

$$f_Z(z) = \begin{cases} 2z, & 若\ z \in [0,1], \\ 0, & 其他. \end{cases}$$ ■

例 4.8 假设随机变量 X 和 Y 都服从区间 $[0,1]$ 中的均匀分布，而且相互独立. 随机变量 $Z = Y/X$ 的概率密度函数是什么?

我们还是根据两步法先计算 Z 的累积分布函数，然后求导得出它的概率密度函数. 在计算的时候要对两种情形（即 $0 \leqslant z \leqslant 1$ 和 $z > 1$）分别处理. 如图 4-5 所示，我们可以得到

$$F_Z(z) = P\left(\frac{Y}{X} \leqslant z\right) = \begin{cases} z/2, & 若\ z \in [0,1], \\ 1 - 1/(2z), & 若\ z > 1, \\ 0, & 其他. \end{cases}$$

求导可得

$$f_Z(z) = \begin{cases} 1/2, & 若\ z \in [0,1], \\ 1/(2z^2), & 若\ z > 1, \\ 0, & 其他. \end{cases}$$ ■

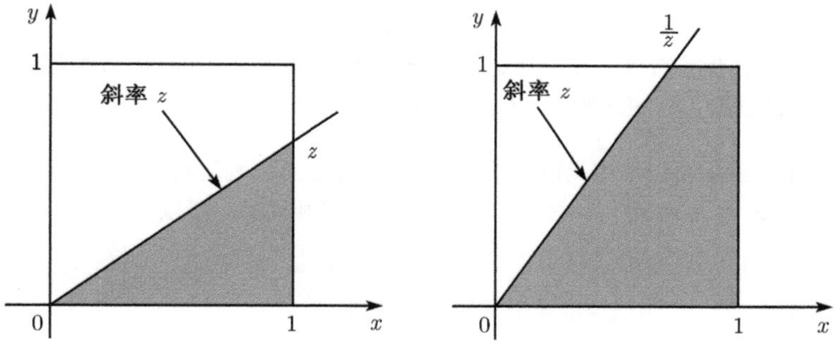

图 4-5 计算例 4.8 中 $Z = Y/X$ 的概率密度函数. 概率 $P(Y/X \leqslant z)$ 等于单位正方形内阴影部分的面积. 左图处理 $0 \leqslant z \leqslant 1$ 情形下的概率，右图处理 $z > 1$ 情形下的概率

例 4.9 罗密欧和朱丽叶定期约会，但是每个人每次都会迟到，且迟到时间相互独立. 假定延迟的时间服从指数分布，参数为 λ. 那么他们到达约会地点的时间差具有什么样的概率密度函数?

设 X 和 Y 分别是罗密欧和朱丽叶约会时迟到的时间. 我们的目标是计算 $Z = X - Y$ 的概率密度函数. 由假设可知 X 和 Y 是相互独立的，服从参数为 λ 的指数分布. 我们先计算累积分布函数 $F_Z(z)$，分两种情况 $z \geqslant 0$ 和 $z < 0$ 来讨论，见图 4-6.

当 $z \geqslant 0$（见图 4-6 的左图），有

$$\begin{aligned} F_Z(z) &= P(X - Y \leqslant z) = 1 - P(X - Y > z) \\ &= 1 - \int_0^\infty \mathrm{d}y \int_{z+y}^\infty f_{X,Y}(x,y)\mathrm{d}x \end{aligned}$$

$$
\begin{aligned}
&= 1 - \int_0^\infty \lambda e^{-\lambda y} dy \int_{z+y}^\infty \lambda e^{-\lambda x} dx \\
&= 1 - \int_0^\infty \lambda e^{-\lambda y} e^{-\lambda(z+y)} dy \\
&= 1 - e^{-\lambda z} \int_0^\infty \lambda e^{-2\lambda y} dy \\
&= 1 - \frac{1}{2} e^{-\lambda z}.
\end{aligned}
$$

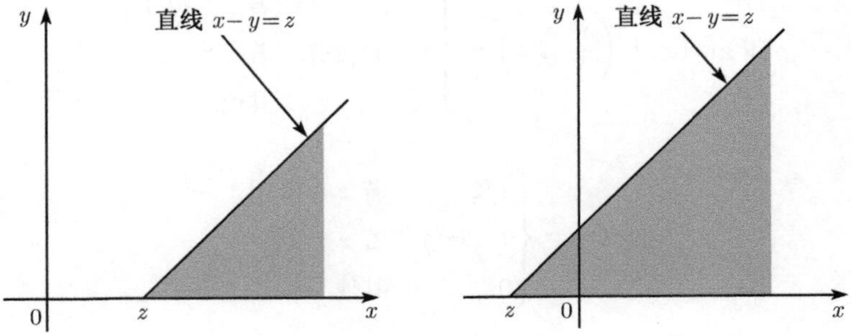

图 4-6　计算例 4.9 中 $Z = X - Y$ 的累积分布函数. 为了求出概率 $P(X - Y > z)$，必须对联合概率密度函数 $f_{X,Y}(x, y)$ 进行积分，积分区域如图中的阴影部分所示. 左图处理 $z \geqslant 0$ 的情形，右图处理 $z < 0$ 的情形

当 $z < 0$ 时，我们可以使用类似的计算方法，但是也可以利用对称性. 实际上，由对称性可知，随机变量 $Z = X - Y$ 与 $-Z = Y - X$ 的分布是相同的. 所以

$$F_Z(z) = P(Z \leqslant z) = P(-Z \geqslant -z) = P(Z \geqslant -z) = 1 - F_Z(-z).$$

当 $z < 0$ 时，$-z > 0$，使用已经推导出来的公式得到

$$F_z(z) = 1 - F_Z(-z) = 1 - \left(1 - \frac{1}{2} e^{-\lambda(-z)}\right) = \frac{1}{2} e^{\lambda z}.$$

综合 $z \geqslant 0$ 和 $z < 0$ 两种情况，我们得到

$$F_Z(z) = \begin{cases} 1 - \frac{1}{2} e^{-\lambda z}, & 若\ z \geqslant 0, \\ \frac{1}{2} e^{\lambda z}, & 若\ z < 0. \end{cases}$$

对累积分布函数求导，可以得到概率密度函数，即

$$f_Z(z) = \begin{cases} \frac{\lambda}{2} e^{-\lambda z}, & 若\ z \geqslant 0, \\ \frac{\lambda}{2} e^{\lambda z}, & 若\ z < 0, \end{cases}$$

也就是

$$f_Z(z) = \frac{\lambda}{2} e^{-\lambda |z|}.$$

这就是著名的**双边指数**概率密度函数，也称为**拉普拉斯**概率密度函数. ■

4.1.4 独立随机变量和——卷积

设 X 和 Y 是两个独立的随机变量，考虑它们的和 $Z=X+Y$ 的分布. 首先，我们推导在 X 和 Y 都是离散的情况下 Z 的概率质量函数.

设 X 和 Y 是仅取整数值的独立随机变量，它们的概率质量函数分别为 p_X 和 p_Y. 则对于任意整数 z，

$$\begin{aligned}p_Z(z) &= P(X+Y=z)\\ &= \sum_{\{(x,y)\mid x+y=z\}} P(X=x, Y=y)\\ &= \sum_x P(X=x, Y=z-x)\\ &= \sum_x p_X(x)p_Y(z-x).\end{aligned}$$

得到的概率质量函数 p_Z 称为 X 和 Y 的概率质量函数的**卷积**. 卷积的直观意义见图 4-7 的说明.

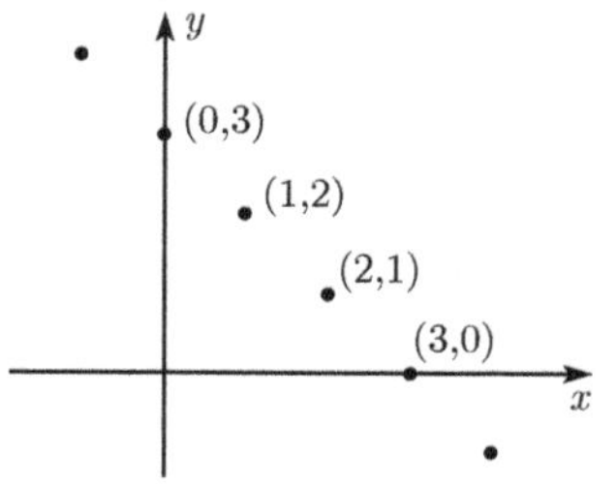

图 4-7 当 $X+Y=3$ 时，对应的概率 $p_Z(3)$ 是所有满足 $x+y=3$ 的 (x,y) 出现的概率之和，图中标出了这些点. 这类点的概率计算公式如下：

$$p_{X,Y}(x,3-x)=p_X(x)p_Y(3-x)$$

现在假设 X 和 Y 为独立的连续随机变量，它们的概率密度函数分别为 f_X 和 f_Y. 我们希望求出 $Z=X+Y$ 的概率密度函数，为此，首先求 X 和 Z 的联合概率密度函数，然后通过积分求 Z 的概率密度函数.

我们注意到，

$$\begin{aligned}P(Z\leqslant z\mid X=x) &= P(X+Y\leqslant z\mid X=x)\\ &= P(x+Y\leqslant z\mid X=x)\\ &= P(x+Y\leqslant z)\\ &= P(Y\leqslant z-x),\end{aligned}$$

第三个等号由 X 和 Y 的独立性所致．两边同时对 z 求导，可知 $f_{Z|X}(z\,|\,x) = f_Y(z-x)$．利用乘法法则，有

$$f_{X,Z}(x,z) = f_X(x)f_{Z|X}(z\,|\,x) = f_X(x)f_Y(z-x),$$

由上式可推得

$$f_Z(z) = \int_{-\infty}^{\infty} f_{X,Z}(x,z)\mathrm{d}x = \int_{-\infty}^{\infty} f_X(x)f_Y(z-x)\mathrm{d}x.$$

这个公式与离散情况下的公式是类似的，只是用积分代替了求和，用概率密度函数代替了概率质量函数．图 4-8 给出了这个公式的一个直观理解．

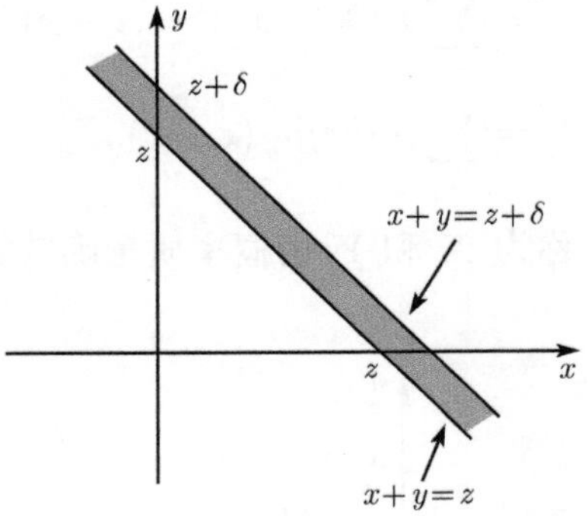

图 4-8　连续随机变量情形下卷积公式的说明（对比图 4-7）．对非常小的 $\delta > 0$，图中带形区域所代表的事件发生的概率是 $P(z \leqslant X+Y \leqslant z+\delta) \approx f_Z(z)\delta$．于是

$$\begin{aligned} f_Z(z)\delta &\approx P(z \leqslant X+Y \leqslant z+\delta) \\ &= \int_{-\infty}^{\infty}\int_{z-x}^{z-x+\delta} f_X(x)f_Y(y)\mathrm{d}y\mathrm{d}x \\ &\approx \int_{-\infty}^{\infty} f_X(x)f_Y(z-x)\delta\mathrm{d}x. \end{aligned}$$

消去上式左右两边的 δ 即得所求公式

例 4.10　设随机变量 X 和 Y 相互独立，服从区间 $[0,1]$ 中的均匀分布．按独立随机变量之和的公式，变量 $Z = X+Y$ 的概率密度函数为

$$f_Z(z) = \int_{-\infty}^{\infty} f_X(x)f_Y(z-x)\mathrm{d}x.$$

被积函数 $f_X(x)f_Y(z-x)$ 当 $0 \leqslant x \leqslant 1$ 且 $0 \leqslant z-x \leqslant 1$ 时是非零的（实际上等于 1）．将这两个不等式联立起来，被积函数当 $\max\{0,z-1\} \leqslant x \leqslant \min\{1,z\}$ 时非零．因此，

$$f_Z(z) = \begin{cases} \min\{1,z\} - \max\{0,z-1\}, & \text{若 } 0 \leqslant z \leqslant 2, \\ 0, & \text{其他情况}. \end{cases}$$

如图 4-9 所示，$f_Z(z)$ 的图像像个三角形的尖顶. ■

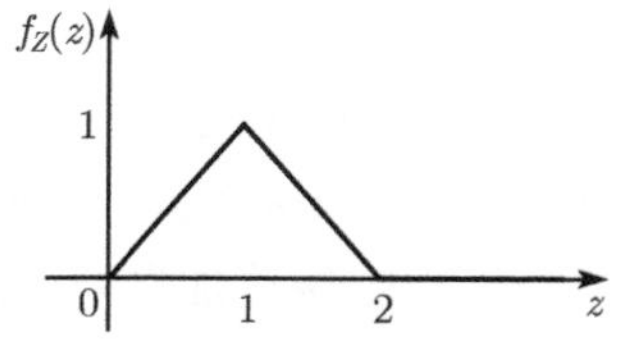

图 4-9 两个独立的、在 $[0,1]$ 中均匀分布的随机变量之和的概率密度函数

下面给出卷积公式的重要应用的例子.

例 4.11（相互独立正态随机变量之和的分布） 设随机变量 X 和 Y 相互独立，服从均值分别为 μ_x 和 μ_y、方差分别为 σ_x^2 和 σ_y^2 的正态分布. 令 $Z=X+Y$. 由卷积公式可得

$$f_Z(z)=\int_{-\infty}^{\infty}\frac{1}{\sqrt{2\pi}\sigma_x}\exp\left(-\frac{(x-\mu_x)^2}{2\sigma_x^2}\right)\frac{1}{\sqrt{2\pi}\sigma_y}\exp\left(-\frac{(z-x-\mu_y)^2}{2\sigma_y^2}\right)\mathrm{d}x.$$

上式中的积分有明确的表达式，但是细节比较麻烦，所以在此省略. 最后的结论是

$$f_Z(z)=\frac{1}{\sqrt{2\pi(\sigma_x^2+\sigma_y^2)}}\exp\left(-\frac{(z-\mu_x-\mu_y)^2}{2(\sigma_x^2+\sigma_y^2)}\right).$$

这是均值为 $\mu_x+\mu_y$、方差为 $\sigma_x^2+\sigma_y^2$ 的正态分布的概率密度函数. 所以可以得出结论：两个独立正态随机变量之和仍然是正态的. 我们还知道，正态随机变量的线性函数仍然是正态的（见例 4.5），从而可以推出，对于任意非零常数 a 和 b，随机变量 $aX+bY$ 也是正态的. 在 4.4 节里会使用矩母函数的方法来讨论本题的派生问题. ■

例 4.12（两独立随机变量之差） 当 X 和 Y 相互独立时，卷积公式也可以用于计算 $X-Y$ 的概率密度函数，方法是将 $X-Y$ 看成 X 与 $-Y$ 的和. 注意，$-Y$ 的概率密度函数是 $f_{-Y}(y)=f_Y(-y)$，从而

$$f_{X-Y}(z)=\int_{-\infty}^{\infty}f_X(x)f_{-Y}(z-x)\mathrm{d}x=\int_{-\infty}^{\infty}f_X(x)f_Y(x-z)\mathrm{d}x.$$

现在设 X 和 Y 相互独立，服从参数为 λ 的指数分布（见例 4.9）. 对任意 $z\geqslant 0$，注意到只有当 $x\geqslant z$ 时 $f_Y(x-z)$ 才非零，所以

$$\begin{aligned}f_{X-Y}(z)&=\int_{-\infty}^{\infty}f_X(x)f_Y(x-z)\mathrm{d}x\\&=\int_z^{\infty}\lambda\mathrm{e}^{-\lambda x}\lambda\mathrm{e}^{-\lambda(x-z)}\mathrm{d}x\\&=\lambda^2\mathrm{e}^{\lambda z}\int_z^{\infty}\mathrm{e}^{-2\lambda x}\mathrm{d}x\\&=\lambda^2\mathrm{e}^{\lambda z}\frac{1}{2\lambda}\mathrm{e}^{-2\lambda z}\\&=\frac{\lambda}{2}\mathrm{e}^{-\lambda z},\end{aligned}$$

这与例 4.9 得到的结论是一致的. 当 $z<0$ 时, 可以仿照上面的方法计算, 也可以运用如下等式来计算,

$$f_{X-Y}(z)=f_{Y-X}(z)=f_{-(X-Y)}(z)=f_{X-Y}(-z),$$

第一个等式成立是因为 X 与 Y 同分布, 具有对称性. ■

使用卷积公式时, 最关键的步骤是要确定正确的积分限. 这通常是烦琐且易错的, 但是可以利用下面将要介绍的图像法加以避免.

4.1.5　卷积的图像计算法

我们使用一个哑变量 t 作为本节涉及的不同函数的自变量, 见图 4-10. 考虑两个概率密度函数 $f_X(t)$ 和 $f_Y(t)$. 给定一个 z 值, 用图像法计算卷积

$$f_Z(z)=\int_{-\infty}^{\infty}f_X(t)f_Y(z-t)\mathrm{d}t$$

包括如下步骤.

(a) 画出 $f_Y(z-t)$ 关于 t 的函数图像. 这个图像和函数 $f_Y(t)$ 的图像的形状类似, 除了一点不同: 它先"翻转"然后根据 z 平移. 如果 $z>0$, 向右平移; 如果 $z<0$, 向左平移.

(b) 将 $f_X(t)$ 和 $f_Y(z-t)$ 的图像放在彼此上面, 形成它们的乘积.

(c) 通过计算乘积函数的积分得到 $f_Z(z)$ 的值.

通过改变 z 的大小, 即平移的量, 就可得到取任何 z 时的 $f_Z(z)$.

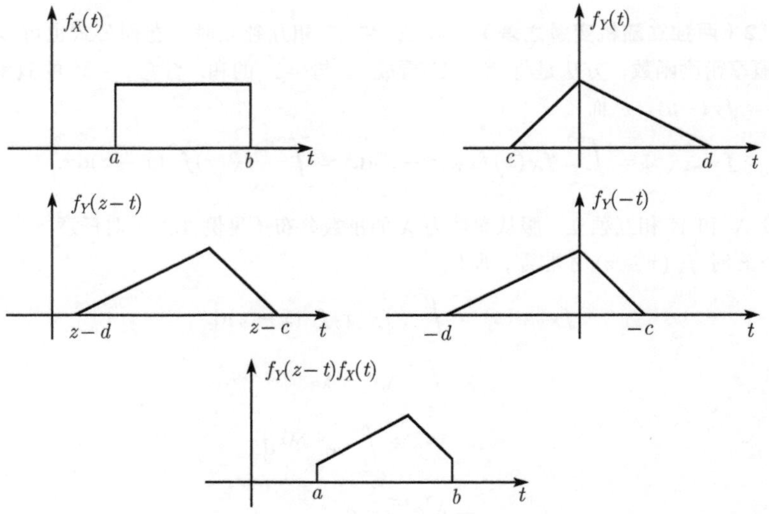

图 4-10　卷积计算的描述. 对于要考虑的 z 值, $f_Z(z)$ 与最后一幅图中所示的函数的积分相等

4.2 协方差和相关

本节介绍如何量化两个随机变量之间关系的大小和方向. 该内容非常重要, 将应用于第 8 章和第 9 章的估计方法.

X 和 Y 的**协方差**记为 $\text{cov}(X,Y)$, 定义如下:

$$\text{cov}(X,Y) = E\big[(X - E[X])(Y - E[Y])\big].$$

当 $\text{cov}(X,Y) = 0$ 时, 我们说 X 和 Y **不相关**. 粗略地说, 一个正或者负的协方差表示在一个试验中的 $X - E[X]$ 和 $Y - E[Y]$ 的值"趋向"有相同或者相反的符号 (见图 4-11). 因此, 协方差的符号提供了 X 和 Y 之间关系的一个重要定量指标.

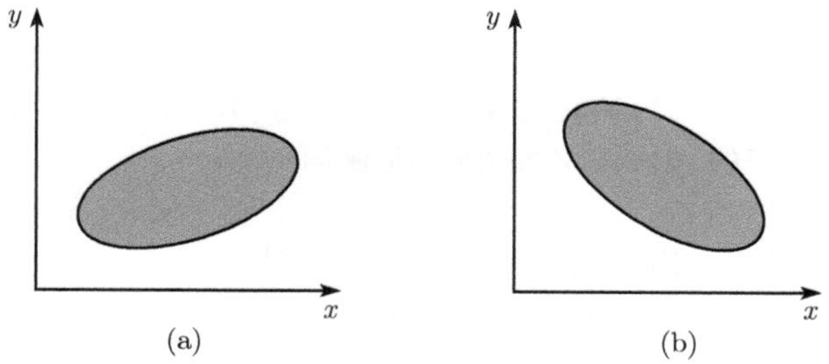

图 4-11 正相关随机变量和负相关随机变量的例子. 这里的 X 和 Y 在图中所示的椭圆中均匀分布. $\text{cov}(X,Y)$ 在情况 (a) 中是正值, 在情况 (b) 中是负值

协方差的另一种表达式为

$$\text{cov}(X,Y) = E[XY] - E[X]E[Y],$$

通过简单计算就可证明这个等式. 从协方差的定义出发, 我们还可以推导出协方差的一些性质: 对任意的随机变量 X, Y, Z, 以及任意实数 a 和 b, 有

$$\begin{aligned}
\text{cov}(X,X) &= \text{var}(X), \\
\text{cov}(X,aY+b) &= a \cdot \text{cov}(X,Y), \\
\text{cov}(X,Y+Z) &= \text{cov}(X,Y) + \text{cov}(X,Z).
\end{aligned}$$

要注意的是, 如果 X 和 Y 是相互独立的, 则 $E[XY] = E[X]E[Y]$, 即有 $\text{cov}(X,Y) = 0$. 因此, 如果 X 和 Y 是相互独立的, 则它们是不相关的. 但是, 逆命题不成立, 见下例.

例 4.13 随机变量 (X,Y) 分别以 1/4 的概率取值 $(1,0),(0,1),(-1,0),(0,-1)$，见图 4-12. 因此，$X$ 和 Y 的边缘概率质量函数都关于 0 对称，且 $E[X]=E[Y]=0$. 更进一步，对 (x,y) 可能取到的任何值，x 和 y 中总有一个为 0，此时 $XY=0$ 且 $E[XY]=0$. 因此

$$\mathrm{cov}(X,Y)=E[XY]-E[X]E[Y]=0,$$

即 X 和 Y 不相关. 但是，X 和 Y 不是独立的，例如当 X 取非零值时就要求 Y 取零值.

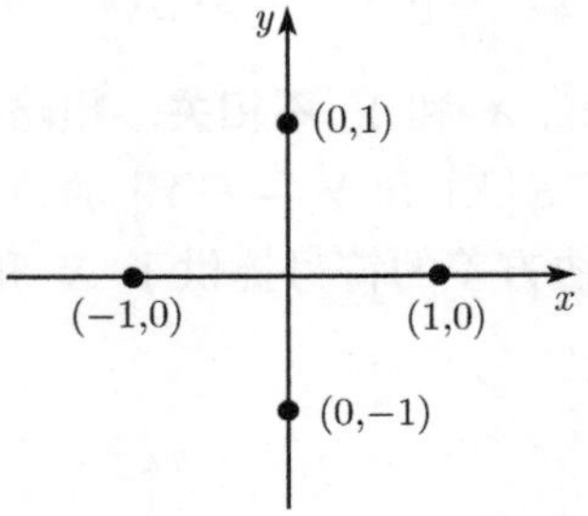

图 4-12　例 4.13 中 X 和 Y 的联合概率质量函数. 图中所示四个点中每个点的出现概率都是 1/4. 这里的 X 和 Y 不相关但不是独立的

这个例子可以推广出一般的结论. 假设 X 和 Y 满足

$$\text{对任意 } y \text{ 有 } E[X\,|\,Y=y]=E[X],$$

那么，若 X 和 Y 是离散变量，利用全期望定理可以得到

$$E[XY]=\sum_y yp_Y(y)E[X\,|\,Y=y]=E[X]\sum_y yp_Y(y)=E[X]E[Y],$$

这样 X 和 Y 是不相关的. 在连续的情形下，这个结论仍然成立. ■

方差非零的随机变量 X 和 Y 的**相关系数** $\rho(X,Y)$ 定义为

$$\rho(X,Y)=\frac{\mathrm{cov}(X,Y)}{\sqrt{\mathrm{var}(X)\mathrm{var}(Y)}}.$$

（当 X 和 Y 在上下文中很明显时可使用简化记号 ρ.）它可视为协方差 $\mathrm{cov}(X,Y)$ 的标准化形式，事实上，可以证明 ρ 取值于 -1 和 1 之间（见章末习题）.

若 $\rho>0$（$\rho<0$），则 $X-E[X]$ 和 $Y-E[Y]$ 的值趋向同号（反号）. $|\rho|$ 的大小反映了趋向程度的标准度量大小. 事实上，如果我们总是假定 X 和 Y 有正的方差，可以证明 $\rho=1$（$\rho=-1$）当且仅当存在一个正的（负的）常数 c，使得

$$Y-E[Y]=c(X-E[X])$$

（见章末习题）. 下面的例子部分解释了这个性质.

例 4.14 考虑一枚硬币的 n 次独立抛掷，其中正面向上的概率是 p. 设 X 和 Y 分别是正面向上和反面向上的次数，现在来看一下 X 和 Y 的相关系数. 这里，我们总有 $X+Y=n$ 且 $E[X]+E[Y]=n$. 因此

$$X-E[X]=-(Y-E[Y]).$$

我们将计算 X 和 Y 的相关系数，证明它确实等于 -1.

我们有

$$\begin{aligned}\operatorname{cov}(X,Y)&=E\big[(X-E[X])(Y-E[Y])\big]\\&=-E\big[(X-E[X])^2\big]\\&=-\operatorname{var}(X).\end{aligned}$$

因此，相关系数为

$$\rho(X,Y)=\frac{\operatorname{cov}(X,Y)}{\sqrt{\operatorname{var}(X)\operatorname{var}(Y)}}=\frac{-\operatorname{var}(X)}{\sqrt{\operatorname{var}(X)\operatorname{var}(X)}}=-1. \quad ■$$

随机变量和的方差

协方差可以用于计算多个（未必独立的）随机变量之和的方差. 特别地，设随机变量 $X_1,\cdots,X_n$ 具有有限的方差，则

$$\operatorname{var}(X_1+X_2)=\operatorname{var}(X_1)+\operatorname{var}(X_2)+2\operatorname{cov}(X_1,X_2),$$

更一般的结论是

$$\operatorname{var}\left(\sum_{i=1}^n X_i\right)=\sum_{i=1}^n\operatorname{var}(X_i)+\sum_{\{(i,j)\,|\,i\neq j\}}\operatorname{cov}(X_i,X_j).$$

我们记 $\tilde{X}_i=X_i-E[X_i]$，上述公式可以如下推导：

$$\begin{aligned}\operatorname{var}\left(\sum_{i=1}^n X_i\right)&=E\left[\left(\sum_{i=1}^n\tilde{X}_i\right)^2\right]\\&=E\left[\sum_{i=1}^n\sum_{j=1}^n\tilde{X}_i\tilde{X}_j\right]\\&=\sum_{i=1}^n\sum_{j=1}^n E\left[\tilde{X}_i\tilde{X}_j\right]\\&=\sum_{i=1}^n E\left[\tilde{X}_i^2\right]+\sum_{\{(i,j)\,|\,i\neq j\}}E\left[\tilde{X}_i\tilde{X}_j\right]\\&=\sum_{i=1}^n\operatorname{var}(X_i)+\sum_{\{(i,j)\,|\,i\neq j\}}\operatorname{cov}(X_i,X_j).\end{aligned}$$

下面是运用这个公式的例子.

例 4.15 考虑 2.5.2 节中的帽子问题. n 个人将各自的帽子放进一个盒子，然后每人随机地选一顶帽子. 设 X 是拿到自己帽子的人数，现在计算 X 的方差. 设 X_i 为表示第 i 个人是否拿到自己帽子的随机变量，即第 i 个人拿到自己的帽子时 $X_i=1$，否则 $X_i=0$. 此时，

$$X = X_1 + \cdots + X_n.$$

注意，X_i 服从 $p = P(X_i = 1) = 1/n$ 的伯努利分布，因此

$$E[X_i] = \frac{1}{n}, \qquad \mathrm{var}(X_i) = \frac{1}{n}\left(1 - \frac{1}{n}\right).$$

当 $i \neq j$ 时，我们有

$$\begin{aligned}
\mathrm{cov}(X_i, X_j) &= E[X_iX_j] - E[X_i]E[X_j] \\
&= P(X_i = 1 \text{ 且 } X_j = 1) - \frac{1}{n}\cdot\frac{1}{n} \\
&= P(X_i = 1)P(X_j = 1 \mid X_i = 1) - \frac{1}{n^2} \\
&= \frac{1}{n}\cdot\frac{1}{n-1} - \frac{1}{n^2} \\
&= \frac{1}{n^2(n-1)}.
\end{aligned}$$

所以

$$\begin{aligned}
\mathrm{var}(X) &= \mathrm{var}\left(\sum_{i=1}^{n} X_i\right) \\
&= \sum_{i=1}^{n}\mathrm{var}(X_i) + \sum_{\{(i,j)\,|\,i\neq j\}}\mathrm{cov}(X_i, X_j) \\
&= n\cdot\frac{1}{n}\left(1-\frac{1}{n}\right) + n(n-1)\cdot\frac{1}{n^2(n-1)} \\
&= 1.
\end{aligned}$$

■

协方差和相关

- X 和 Y 的**协方差**公式如下：

$$\mathrm{cov}(X,Y) = E\big[(X - E[X])(Y - E[Y])\big] = E[XY] - E[X]E[Y].$$

- 如果 $\mathrm{cov}(X,Y)=0$，则称 X 和 Y **不相关**.
- 如果 X 和 Y 是独立的，则它们不相关. 反之不总成立.
- 两变量和的方差公式：

$$\mathrm{var}(X+Y) = \mathrm{var}(X) + \mathrm{var}(Y) + 2\mathrm{cov}(X,Y).$$

- 具有正方差的随机变量 X 和 Y 的**相关系数** $\rho(X,Y)$ 定义为

$$\rho(X,Y)=\frac{\text{cov}(X,Y)}{\sqrt{\text{var}(X)\text{var}(Y)}},$$

且满足

$$-1\leqslant\rho(X,Y)\leqslant 1.$$

4.3 再论条件期望和条件方差

本节再次讨论在给定随机变量 Y 之下随机变量 X 的条件期望，可将这个条件期望看成依赖于 Y 的函数，因而它是随机变量. 我们将导出全期望定理的另一个版本，称为**重期望法则**，用通俗的语言说，就是条件期望的期望等于无条件期望. 同时，我们也推导**全方差法则**，该法则涉及条件方差和无条件方差.

当 Y 取值为 y 时，随机变量 X 的条件期望 $E[X\,|\,Y]$ 取值为 $E[X\,|\,Y=y]$. 因为 $E[X\,|\,Y=y]$ 是 y 的函数，所以 $E[X\,|\,Y]$ 是 Y 的函数，它也是一个随机变量，其分布依赖于 Y 的分布. 在本节中，我们研究 $E[X\,|\,Y]$ 的期望和方差. 它的性质不仅在本章中很重要，而且在第 8 章和第 9 章的估计和统计推断中也特别重要.

例 4.16 假设我们抛掷一枚不均匀的硬币，正面向上的概率记为 Y，也是随机的. 假定已知 Y 在 $[0,1]$ 中的分布. 现在我们抛掷 n 次硬币，定义 X 为正面向上的总次数. 由于对任意的 $y\in[0,1]$，我们有 $E[X\,|\,Y=y]=ny$，所以 $E[X\,|\,Y]$ 是随机变量 nY. ■

既然 $E[X\,|\,Y]$ 是随机变量，那么就应该有自己的期望 $E\big[E[X\,|\,Y]\big]$. 使用期望法则，可得

$$E\big[E[X\,|\,Y]\big]=\begin{cases}\displaystyle\sum_y E[X\,|\,Y=y]p_Y(y), & \text{若 } Y \text{ 离散,}\\ \displaystyle\int_{-\infty}^{\infty} E[X\,|\,Y=y]f_Y(y)\mathrm{d}y, & \text{若 } Y \text{ 连续.}\end{cases}$$

右边的两个表达式在第 2 章和第 3 章就已经出现了. 使用全期望定理，它们都等于 $E[X]$. 这样我们就可以得出如下结论：不管随机变量 Y 是离散、连续还是混合的，只要随机变量 X 具有有限的期望 $E[X]$，下面的法则就成立.

重期望法则：$E\big[E[X\,|\,Y]\big]=E[X]$.

以下实例说明如何运用重期望法则计算涉及条件概率的问题中的期望值.

例 4.16（续） 假设 Y 是抛掷硬币正面向上的概率，其分布是 [0,1] 中的均匀分布. 因为 $E[X \mid Y] = nY$，且 $E[Y] = 1/2$，运用重期望法则，可得

$$E[X] = E\big[E[X|Y]\big] = E[nY] = nE[Y] = n/2.$$ ■

例 4.17 考虑一根长度为 l 的木棍. 从一点将其截断，这一点是随机选择的，且相应概率在整根木棍上均匀分布. 截断以后，留下木棍的左边部分. 接下来重复以上步骤. 试问在截断两次之后，剩下的木棍长度的期望是多少?

记 Y 为第一次截断之后剩下的木棍长度，X 为第二次截断之后木棍剩下的长度. 因为断点是在剩下的长度 Y 上均匀选择的，所以 $E[X \mid Y] = Y/2$. 类似地，有 $E[Y] = l/2$. 因此，

$$E[X] = E\big[E[X \mid Y]\big] = E[Y/2] = E[Y]/2 = l/4.$$ ■

例 4.18（全班平均成绩与分组平均） 一个班级有 n 名学生. 学生 i 的测验分数记为 x_i. 已知班级测验的平均分为

$$m = \frac{1}{n}\sum_{i=1}^{n} x_i.$$

现将全部学生分成 k 个不相交的子集 $A_1, \cdots, A_k$. 设 n_s 为第 s 组的学生数. 第 s 组的平均分数为

$$m_s = \frac{1}{n_s}\sum_{i\in A_s} x_i.$$

全班的平均分数可以用每组的平均分数 m_s 的加权平均来计算，第 s 组的权重正比于该组的学生数，权重为 n_s/n. 直接计算证明此法得到的结果是正确的:

$$\begin{aligned}
\sum_{s=1}^{k} \frac{n_s}{n} m_s &= \sum_{s=1}^{k} \frac{n_s}{n} \cdot \frac{1}{n_s} \sum_{i\in A_s} x_i \\
&= \frac{1}{n}\sum_{s=1}^{k}\sum_{i\in A_s} x_i \\
&= \frac{1}{n}\sum_{i=1}^{n} x_i \\
&= m.
\end{aligned}$$

这和条件期望是怎样联系起来的呢? 考虑这样一个实验. 随机地选择一个学生，每个学生被选中的概率是 $1/n$. 考虑下面两个随机变量:

$$\begin{aligned}
X &= \text{被选中的学生的成绩}, \\
Y &= \text{被选中的学生所在的组}, \qquad Y \in \{1, \cdots, k\}.
\end{aligned}$$

我们有

$$E[X] = m.$$

事件 $\{Y = s\}$ 与选中的学生属于第 s 组是同一事件. 在 $\{Y = s\}$ 发生的条件下，这组中的每个学生被选中的概率为 $1/n_s$. 因此，

$$E[X\,|\,Y=s]=\frac{1}{n_s}\sum_{i\in A_s}x_i=m_s.$$

一位随机选中的学生属于第 s 组的概率为 n_s/n，即 $P(Y=s)=n_s/n$. 因此，

$$m=E[X]=E\big[E[X\,|\,Y]\big]=\sum_{s=1}^{k}E[X\,|\,Y=s]P(Y=s)=\sum_{s=1}^{k}\frac{n_s}{n}m_s.$$

因此，利用组平均求全班平均成绩的方法可视为重期望法则的一种特殊情况. ■

例 4.19（**预测调整**） 设 Y 为公司来年上半年的销量，X 为全年销量. 公司已经建立销量统计模型，所以 X 和 Y 的联合分布是已知的. 在年初，期望 $E[X]$ 可以作为实际销量 X 的一种预测. 在年中，上半年的销量已经实现，因此随机变量 Y 已知. 这将我们置于一个新环境中，在这里所有变量都依赖于 Y. 基于对 Y 的了解，公司建立了调整后的年度销量预测 $E[X\,|\,Y]$.

根据年中信息，我们可将 $E[X\,|\,Y]-E[X]$ 看成上半年的销量预测的修正值. 由重期望法则可知：

$$E\big[E[X\,|\,Y]-E[X]\big]=E\big[E[X\,|\,Y]\big]-E[X]=E[X]-E[X]=0.$$

这意味着虽然上半年销量预测的修正值一般不等于 0，但在年初我们并不知道上半年的销量，只能把销量预测的修正值 $E[X\,|\,Y]-E[X]$ 看成一个随机变量. 概率计算说明这个随机变量的平均值为 0. 这在直观上是十分合理的，事实上，如果这个期望值取正值，原先的预测在最初就应该更高. ■

最后，我们给出条件期望的一个重要性质：对任意给定的函数 g 均有

$$E[Xg(Y)\,|\,Y]=g(Y)E[X\,|\,Y].$$

这是因为，在给定 Y 的条件下，$g(Y)$ 是一个常数，所以可以从期望中提出来（见习题 25）.

4.3.1 条件期望作为估计量

如果将 Y 视为能提供关于 X 的信息的观测值，则我们很自然地将条件期望作为在给定 Y 的条件下对 X 的**估计**，记为

$$\hat{X}=E[X\,|\,Y].$$

这样，**估计误差**就定义为

$$\tilde{X}=\hat{X}-X.$$

估计误差显然是随机变量，满足

$$E[\tilde{X}\,|\,Y]=E[(\hat{X}-X)\,|\,Y]=E[\hat{X}\,|\,Y]-E[X\,|\,Y]=\hat{X}-\hat{X}=0.$$

所以，随机变量 $E[\tilde{X}\,|\,Y]$ 恒为 0：对任意 y 有 $E[\tilde{X}\,|\,Y=y]=0$. 运用重期望法则可得

$$E[\tilde{X}]=E\big[E[\tilde{X}\,|\,Y]\big]=0.$$

这表明估计误差没有系统性的正或负的偏倚.

下面证明 $\hat{X}$ 的另一个重要性质：它与估计误差 $\tilde{X}$ 是不相关的. 事实上，运用重期望法则可得

$$E[\hat{X}\tilde{X}]=E\big[E[\hat{X}\tilde{X}\,|\,Y]\big]=E\big[\hat{X}E[\tilde{X}\,|\,Y]\big]=0,$$

最后两个等式成立的原因是 $\hat{X}$ 完全由 Y 确定，所以

$$E[\hat{X}\tilde{X}\,|\,Y]=\hat{X}E[\tilde{X}\,|\,Y]=0.$$

从而

$$\operatorname{cov}(\hat{X},\tilde{X})=E[\hat{X}\tilde{X}]-E[\hat{X}]E[\tilde{X}]=0-E[\hat{X}]\cdot 0=0,$$

因此 $\hat{X}$ 与 $\tilde{X}$ 是不相关的.

基于 $\operatorname{cov}(\hat{X},\tilde{X})=0$ 的结论，注意到 $X=\hat{X}+\tilde{X}$，两边取方差，得到

$$\operatorname{var}(X)=\operatorname{var}(\hat{X})+\operatorname{var}(\tilde{X}).$$

上面这个等式可以表述为一个有用的法则，下面就开始讨论这个法则.

4.3.2　条件方差

考虑随机变量

$$\operatorname{var}(X\,|\,Y)=E\big[(X-E[X\,|\,Y])^2\,|\,Y\big]=E\big[\tilde{X}^2\,|\,Y\big].$$

这是关于 Y 的函数，它等于当 Y 取值为 y 时 X 的条件方差

$$\operatorname{var}(X\,|\,Y=y)=E[\tilde{X}^2\,|\,Y=y].$$

利用结论 $E[\tilde{X}]=0$ 和重期望法则，可以将估计误差的方差写成

$$\operatorname{var}(\tilde{X})=E[\tilde{X}^2]=E[E[\tilde{X}^2|Y]]=E[\operatorname{var}(X|Y)],$$

所以等式 $\operatorname{var}(X)=\operatorname{var}(\tilde{X})+\operatorname{var}(\hat{X})$ 可以写为如下形式.

全方差法则：$\operatorname{var}(X)=E\big[\operatorname{var}(X\,|\,Y)\big]+\operatorname{var}\big(E[X\,|\,Y]\big)$.

以下例子说明全方差法则对计算随机变量的方差非常有用.

例 4.16（续） 我们还是考虑 n 次抛掷一枚不均匀硬币的实验. 设 Y 是抛掷硬币正面向上的概率，服从区间 $[0,1]$ 中的均匀分布. 定义 X 为 n 次抛掷硬币正面向上的总次数，我们有 $E[X\,|\,Y]=nY$，且 $\mathrm{var}(X\,|\,Y)=nY(1-Y)$. 所以

$$\begin{aligned}E\big[\mathrm{var}(X\,|\,Y)\big]&=E[nY(1-Y)]=n(E[Y]-E[Y^2])\\&=n(E[Y]-\mathrm{var}(Y)-(E[Y])^2)=n\left(\frac{1}{2}-\frac{1}{12}-\frac{1}{4}\right)=\frac{n}{6}.\end{aligned}$$

再有

$$\mathrm{var}(E[X\,|\,Y])=\mathrm{var}(nY)=\frac{n^2}{12}.$$

所以，运用全方差法则，我们有

$$\mathrm{var}(X)=E[\mathrm{var}(X|Y)]+\mathrm{var}(E[X\,|\,Y])=\frac{n}{6}+\frac{n^2}{12}.$$

■

例 4.17（续） 重新考虑两次截断木棍的问题. 木棍原长 l，断点是随机选择的. Y 是第一次截断后剩下的长度，X 是第二次截断后剩下的长度. 我们已经计算得到 X 的期望为 $l/4$. 现在运用全方差法则来计算 $\mathrm{var}(X)$.

因为 X 服从 0 和 Y 之间的均匀分布，得

$$\mathrm{var}(X\,|\,Y)=\frac{Y^2}{12}.$$

因为 Y 服从 0 和 l 之间的均匀分布，得

$$E\big[\mathrm{var}(X\,|\,Y)\big]=\frac{1}{12}\int_0^l\frac{1}{l}y^2\mathrm{d}y=\frac{1}{12}\cdot\frac{1}{3l}y^3\bigg|_0^l=\frac{l^2}{36}.$$

因为 $E[X|Y]=Y/2$，所以

$$\mathrm{var}(E[X\,|\,Y])=\mathrm{var}(Y/2)=\frac{1}{4}\mathrm{var}(Y)=\frac{1}{4}\cdot\frac{l^2}{12}=\frac{l^2}{48}.$$

根据全方差法则，得

$$\mathrm{var}(X)=E\big[\mathrm{var}(X\,|\,Y)\big]+\mathrm{var}(E[X\,|\,Y])=\frac{l^2}{36}+\frac{l^2}{48}=\frac{7l^2}{144}.$$

■

例 4.20（学生成绩的方差与分组方差） 所讨论的问题背景与例 4.18 相同，我们重新考虑以下随机变量：

$$\begin{aligned}X&=\text{学生的成绩},\\Y&=\text{该生所在的组},\qquad Y\in\{1,\cdots,k\}.\end{aligned}$$

设 n_s 为第 s 组的学生数目，n 为学生总数. 我们解释下列公式中不同的量

$$\mathrm{var}(X)=E\big[\mathrm{var}(X\,|\,Y)\big]+\mathrm{var}(E[X\,|\,Y]).$$

在这里，$\mathrm{var}(X\,|\,Y=s)$ 是第 s 组测验分数的方差. 因此，

$$E\big[\mathrm{var}(X\,|\,Y)\big]=\sum_{s=1}^k P(Y=s)\mathrm{var}(X\,|\,Y=s)=\sum_{s=1}^k\frac{n_s}{n}\mathrm{var}(X\,|\,Y=s),$$

所以 $E\big[\mathrm{var}(X\,|\,Y)\big]$ 是各组方差的加权平均，这里每个组的权重与组内人数成正比.

注意，$E[X\,|\,Y=s]$ 是第 s 组的平均成绩. 因此，$\mathrm{var}(E[X\,|\,Y])$ 就是各组均值波动性的度量. 全方差法则表明分数的总方差可以划为两部分：

(a) 在每组内部方差的平均数 $E\big[\mathrm{var}(X\,|\,Y)\big]$；

(b) 各组之间的方差 $\mathrm{var}(E[X\,|\,Y])$. ■

我们前面已经发现重期望法则（以全期望定理的方式给出）可以用来化简复杂的期望计算. 对于方差计算也可用类似的方法.

例 4.21（通过给定条件来计算方差） 考虑连续随机变量 X，它的概率密度函数在图 4-13 中给出，我们定义辅助随机变量 Y 如下：

$$Y=\begin{cases}1, & 若\ x<1,\\ 2, & 若\ x\geqslant 1.\end{cases}$$

这里，$E[X\,|\,Y]$ 以 1/2 的概率分别取值 1/2 和 2. 所以 $E[X\,|\,Y]$ 的均值为 5/4. 因此

$$\mathrm{var}(E[X\,|\,Y])=\frac{1}{2}\left(\frac{1}{2}-\frac{5}{4}\right)^2+\frac{1}{2}\left(2-\frac{5}{4}\right)^2=\frac{9}{16}.$$

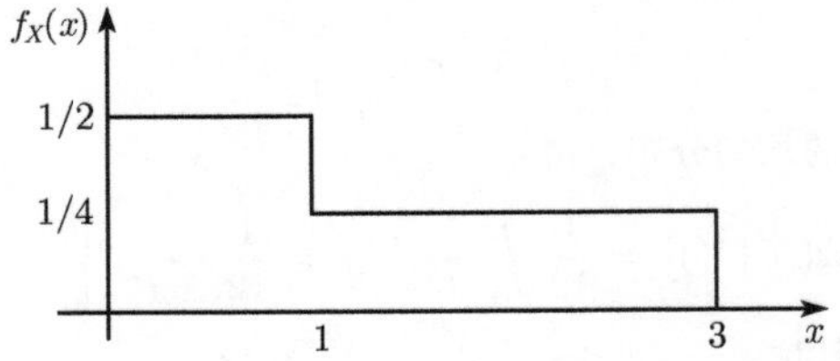

图 4-13 例 4.21 中的概率密度函数

在给定 $Y=1$ 或 $Y=2$ 的条件下，X 在长度为 1 或 2 的线段上均匀分布. 因此

$$\mathrm{var}(X\,|\,Y=1)=\frac{1}{12},\qquad \mathrm{var}(X\,|\,Y=2)=\frac{4}{12},$$

且

$$E[\mathrm{var}(X\,|\,Y)]=\frac{1}{2}\cdot\frac{1}{12}+\frac{1}{2}\cdot\frac{4}{12}=\frac{5}{24}.$$

综上，得

$$\mathrm{var}(X)=E\big[\mathrm{var}(X\,|\,Y)\big]+\mathrm{var}(E[X\,|\,Y])=\frac{5}{24}+\frac{9}{16}=\frac{37}{48}.$$ ■

本节要点总结如下.

条件期望和条件方差的性质

- $E[X\,|\,Y=y]$ 的值依赖于 y.
- $E[X\,|\,Y]$ 是随机变量 Y 的函数，因此它也是一个随机变量. 当 Y 取值为 y 时，它的值就等于 $E[X\,|\,Y=y]$.

- $E\big[E[X\,|\,Y]\big]=E[X]$（**重期望法则**）.
- $E[X\,|\,Y=y]$ 可视为已知 $Y=y$ 时对 X 的估计. 相应的估计误差 $E[X\,|\,Y]-X$ 是一个零均值的随机变量，且与 $E[X\,|\,Y]$ 是不相关的.
- $\mathrm{var}(X\,|\,Y)$ 也是随机变量，当 Y 取值为 y 时其值为 $\mathrm{var}(X\,|\,Y=y)$.
- $\mathrm{var}(X)=E[\mathrm{var}(X\,|\,Y)]+\mathrm{var}(E[X\,|\,Y])$（**全方差法则**）.

4.4 矩母函数

在本节中，我们引入与随机变量相关的矩母函数①这个概念. 矩母函数是对概率律的另一种表述. 它并不是特别直观的，但是在解决某些类型的数学计算时很方便.

与随机变量 X 相关的**矩母函数**是参数为 s 的函数 $M_X(s)$，定义为

$$M_X(s)=E\left[\mathrm{e}^{sX}\right].$$

如果从上下文中可以明显地看出所指随机变量是 X，矩母函数也可以简记为 $M(s)$. 更具体地，当 X 是离散随机变量时，相关矩母函数为

$$M(s)=\sum_x \mathrm{e}^{sx}p_X(x),$$

当 X 是连续随机变量时，有②

$$M(s)=\int_{-\infty}^{\infty}\mathrm{e}^{sx}f_X(x)\mathrm{d}x.$$

下面给出矩母函数的一些例子.

例 4.22 设

$$p_X(x)=\begin{cases}1/2, & \text{若 } x=2,\\ 1/6, & \text{若 } x=3,\\ 1/3, & \text{若 } x=5.\end{cases}$$

相应的矩母函数为

$$M(s)=E\big[\mathrm{e}^{sX}\big]=\frac{1}{2}\mathrm{e}^{2s}+\frac{1}{6}\mathrm{e}^{3s}+\frac{1}{3}\mathrm{e}^{5s}.$$

■

① 原文为“变换”（transform），本书按更正式的术语译成“矩母函数”. ——译者注

② 对拉普拉斯变换熟悉的读者可能会发现：与连续随机变量相关的矩母函数和它的概率密度函数的拉普拉斯变换是基本相同的，唯一的区别是拉普拉斯变换通常使用 e^{-sx} 而不是 e^{sx}. 对于离散情形，变量 z 有时取代 e^s，得到的矩母函数 $M(z)=\sum_x z^x p_X(x)$ 称作 **z 变换**. 但是，本书中不使用 z 变换.

例 4.23（泊松随机变量的矩母函数） 设随机变量 X 服从参数为 λ 的泊松分布：

$$p_X(x) = \frac{\lambda^x \mathrm{e}^{-\lambda}}{x!}, \qquad x = 0, 1, 2, \cdots.$$

相应的矩母函数为

$$M(s) = \sum_{x=0}^{\infty} \mathrm{e}^{sx} \frac{\lambda^x \mathrm{e}^{-\lambda}}{x!}.$$

令 $a = \mathrm{e}^s \lambda$，则

$$M(s) = \mathrm{e}^{-\lambda} \sum_{x=0}^{\infty} \frac{a^x}{x!} = \mathrm{e}^{-\lambda} \mathrm{e}^{a} = \mathrm{e}^{a-\lambda} = \mathrm{e}^{\lambda(\mathrm{e}^s - 1)}.$$

■

例 4.24（指数随机变量的矩母函数） 设随机变量 X 服从参数为 λ 的指数分布：

$$f_X(x) = \lambda \mathrm{e}^{-\lambda x}, \qquad x \geqslant 0.$$

相应的矩母函数为

$$\begin{aligned} M(s) &= \lambda \int_0^{\infty} \mathrm{e}^{sx} \mathrm{e}^{-\lambda x} \mathrm{d}x \\ &= \lambda \int_0^{\infty} \mathrm{e}^{(s-\lambda)x} \mathrm{d}x \\ &= \lambda \left. \frac{\mathrm{e}^{(s-\lambda)x}}{s-\lambda} \right|_0^{\infty} \qquad (s < \lambda) \\ &= \frac{\lambda}{\lambda - s}. \end{aligned}$$

以上运算和 $M(s)$ 的公式成立的条件是：被积函数 $\mathrm{e}^{(s-\lambda)x}$ 为减函数（即 $s < \lambda$），否则积分为无穷大. ■

重要的是，要认识到矩母函数不是一个数而是一个参数为 s 的函数. 矩母函数作用于一个函数（比如概率密度函数），得到一个新函数. 严格地说，$M(s)$ 只在使得 $E\left[\mathrm{e}^{sX}\right]$ 为有限的 s 上有定义. 前面的例子已经说明了这个事实.

例 4.25（随机变量线性函数的矩母函数） 令 $M_X(s)$ 为随机变量 X 的矩母函数，考虑新随机变量 $Y = aX + b$ 的矩母函数. 由矩母函数的定义，我们有

$$M_Y(s) = E\left[\mathrm{e}^{s(aX+b)}\right] = \mathrm{e}^{sb} E\left[\mathrm{e}^{saX}\right] = \mathrm{e}^{sb} M_X(sa).$$

例如，如果 X 服从参数 $\lambda = 1$ 的指数分布，则 $M_X(s) = 1/(1-s)$，如果 $Y = 2X + 3$，则

$$M_Y(s) = \mathrm{e}^{3s} \frac{1}{1-2s}.$$

■

例 4.26（正态随机变量的矩母函数） 设 X 为均值为 μ、方差为 σ^2 的正态随机变量. 为了计算它的矩母函数，我们首先考虑标准正态随机变量 Y 的情况，对于 Y 有 $\mu = 0$ 且 $\sigma^2 = 1$. 求出 Y 的矩母函数以后，再应用前面例子里推出的公式，导出 X 的矩母函数. 标准正态分布的概率密度函数为

$$f_Y(y) = \frac{1}{\sqrt{2\pi}} \mathrm{e}^{-y^2/2},$$

相应的矩母函数为

$$\begin{aligned}M_Y(s) &= \int_{-\infty}^{\infty} \frac{1}{\sqrt{2\pi}} \mathrm{e}^{-y^2/2} \mathrm{e}^{sy} \mathrm{d}y \\ &= \frac{1}{\sqrt{2\pi}} \int_{-\infty}^{\infty} \mathrm{e}^{-(y^2/2)+sy} \mathrm{d}y \\ &= \mathrm{e}^{s^2/2} \frac{1}{\sqrt{2\pi}} \int_{-\infty}^{\infty} \mathrm{e}^{-(y^2/2)+sy-(s^2/2)} \mathrm{d}y \\ &= \mathrm{e}^{s^2/2} \frac{1}{\sqrt{2\pi}} \int_{-\infty}^{\infty} \mathrm{e}^{-(y-s)^2/2} \mathrm{d}y \\ &= \mathrm{e}^{s^2/2},\end{aligned}$$

其中，最后一个等号利用了均值为 s、方差为 1 的正态随机变量的概率密度函数的归一化性质.

均值为 μ、方差为 σ^2 的正态随机变量可表示成标准正态随机变量的线性函数：

$$X = \sigma Y + \mu.$$

标准正态随机变量 Y 的矩母函数为 $M_Y(s) = \mathrm{e}^{s^2/2}$，应用例 4.25 中的公式，有

$$M_X(s) = \mathrm{e}^{s\mu} M_Y(s\sigma) = \mathrm{e}^{(\sigma^2 s^2/2)+\mu s}.$$ ■

4.4.1 从矩母函数到矩

"矩母函数"得名于随机变量的矩可以通过矩母函数的公式轻易计算出来. 为验证这一点，考虑连续随机变量 X，根据定义，我们有

$$M(s) = \int_{-\infty}^{\infty} \mathrm{e}^{sx} f_X(x) \mathrm{d}x,$$

在 $M(s)$ 的定义式两边对 s 求导，得到

$$\begin{aligned}\frac{\mathrm{d}}{\mathrm{d}s} M(s) &= \frac{\mathrm{d}}{\mathrm{d}s} \int_{-\infty}^{\infty} \mathrm{e}^{sx} f_X(x) \mathrm{d}x \\ &= \int_{-\infty}^{\infty} \frac{\mathrm{d}}{\mathrm{d}s} \mathrm{e}^{sx} f_X(x) \mathrm{d}x \\ &= \int_{-\infty}^{\infty} x \mathrm{e}^{sx} f_X(x) \mathrm{d}x.\end{aligned}$$

上面的等式对 s 的任何值都成立. ①考虑当 $s = 0$ 时的特殊情况，有

$$\left.\frac{\mathrm{d}}{\mathrm{d}s} M(s)\right|_{s=0} = \int_{-\infty}^{\infty} x f_X(x) \mathrm{d}x = E[X].$$

---

① 这个导数涉及微分和积分次序的交换. 这种交换对本书讨论的所有情况都适用. 进一步，对于一般的随机变量，这种积分和微分的次序都是可交换的，包括离散随机变量. 事实上，下面更抽象的等式也是成立的：

$$\frac{\mathrm{d}}{\mathrm{d}s} M(s) = \frac{\mathrm{d}}{\mathrm{d}s} E\left[\mathrm{e}^{sX}\right] = E\left[\frac{\mathrm{d}}{\mathrm{d}s} \mathrm{e}^{sX}\right] = E\left[X\mathrm{e}^{sX}\right].$$

更一般地，在 $M(s)$ 的定义式两边对 s 求 n 阶导数，通过类似的计算有

$$\frac{\mathrm{d}^n}{\mathrm{d}s^n}M(s)\bigg|_{s=0}=\int_{-\infty}^{\infty}x^n f_X(x)\mathrm{d}x=E[X^n].$$

例 4.27 考虑前面的例 4.22，若已知

$$p_X(x)=\begin{cases}1/2, & 若\ x=2,\\ 1/6, & 若\ x=3,\\ 1/3, & 若\ x=5.\end{cases}$$

则相应的矩母函数为

$$M(s)=\frac{1}{2}\mathrm{e}^{2s}+\frac{1}{6}\mathrm{e}^{3s}+\frac{1}{3}\mathrm{e}^{5s}.$$

因此，

$$\begin{aligned}E[X]&=\frac{\mathrm{d}}{\mathrm{d}s}M(s)\bigg|_{s=0}\\&=\frac{1}{2}\cdot 2\mathrm{e}^{2s}+\frac{1}{6}\cdot 3\mathrm{e}^{3s}+\frac{1}{3}\cdot 5\mathrm{e}^{5s}\bigg|_{s=0}\\&=\frac{1}{2}\cdot 2+\frac{1}{6}\cdot 3+\frac{1}{3}\cdot 5\\&=\frac{19}{6}.\end{aligned}$$

我们还有

$$\begin{aligned}E[X^2]&=\frac{\mathrm{d}^2}{\mathrm{d}s^2}M(s)\bigg|_{s=0}\\&=\frac{1}{2}\cdot 4\mathrm{e}^{2s}+\frac{1}{6}\cdot 9\mathrm{e}^{3s}+\frac{1}{3}\cdot 25\mathrm{e}^{5s}\bigg|_{s=0}\\&=\frac{1}{2}\cdot 4+\frac{1}{6}\cdot 9+\frac{1}{3}\cdot 25\\&=\frac{71}{6}.\end{aligned}$$

指数随机变量的概率密度函数为

$$f_X(x)=\lambda\mathrm{e}^{-\lambda x},\qquad x\geqslant 0,$$

根据例 4.24，我们有

$$M(s)=\frac{\lambda}{\lambda-s}.$$

因此，

$$\frac{\mathrm{d}}{\mathrm{d}s}M(s)=\frac{\lambda}{(\lambda-s)^2},\qquad \frac{\mathrm{d}^2}{\mathrm{d}s^2}M(s)=\frac{2\lambda}{(\lambda-s)^3}.$$

令 $s=0$，得到

$$E[X]=\frac{1}{\lambda},\qquad E[X^2]=\frac{2}{\lambda^2},$$

这和第 3 章推出的公式吻合. ■

现在介绍矩母函数的两个更有用且普遍的性质. 对于任意的随机变量 X 有

$$M_X(0) = E[\mathrm{e}^{0X}] = E[1] = 1,$$

若 X 仅取非负整数值，则

$$\lim_{s\to-\infty} M_X(s) = P(X=0),$$

见章末习题.

4.4.2 矩母函数的可逆性

矩母函数 $M_X(s)$ 的一个非常重要的性质是可逆，即可用它来确定随机变量 X 的概率律. 当然，为了使矩母函数 $M_X(s)$ 能够确定相应的概率律，一些合适的数学条件是必要的. 幸运的是，我们所举例子中的矩母函数都满足这些条件. 下面是更精准的描述，其证明已经超出了本书范畴.

矩母函数可逆的条件

假定随机变量 X 的矩母函数 $M_X(s)$ 满足：存在正数 a，对区间 $[-a,a]$ 中的任意 s，$M_X(s)$ 都是有限的，则矩母函数 $M_X(s)$ 唯一决定 X 的累积分布函数.

借助显式的公式，我们可以从随机变量的矩母函数导出它的概率质量函数或概率密度函数，但是使用起来相当困难. 实际上，通常可以基于已知分布-矩母函数组合的表格，通过“类型匹配”进行反演. 下面来看一些这样的例子.

例 4.28 已知随机变量 X 的相关矩母函数为

$$M(s) = \frac{1}{4}\mathrm{e}^{-s} + \frac{1}{2} + \frac{1}{8}\mathrm{e}^{4s} + \frac{1}{8}\mathrm{e}^{5s}.$$

因为 $M(s)$ 是 e^{sx} 的代数和，所以可以与离散随机变量的矩母函数的通用公式

$$M(s) = \sum_x \mathrm{e}^{sx} p_X(x)$$

比较，由此推出 X 是离散随机变量. X 的取值范围可以从相应的指数读出来，即 -1, 0, 4, 5. 取每个 x 值的概率可以从 e^{sx} 项前的系数得到. 在本例中，即

$$P(X=-1) = \frac{1}{4}, \qquad P(X=0) = \frac{1}{2}, \qquad P(X=4) = \frac{1}{8}, \qquad P(X=5) = \frac{1}{8}. \qquad \blacksquare$$

从上面的例子可以看出，只取有限个值的离散随机变量的分布可以通过观测其矩母函数得出. 同样，这样的方法对于取可数无限多个值的离散随机变量也有效，可见下例.

例 4.29（几何随机变量的矩母函数） 已知随机变量 X 的矩母函数为

$$M(s)=\frac{pe^s}{1-(1-p)e^s},$$

这里 p 是常数，$0<p\leqslant 1$. 我们想要求出 X 的分布. 由几何级数公式得

$$\frac{1}{1-\alpha}=1+\alpha+\alpha^2+\cdots,$$

上式对于满足 $|\alpha|<1$ 的任意 α 都成立. 我们对 $\alpha=(1-p)e^s$ 运用此公式，这里要求 s 充分接近 0 使得 $(1-p)e^s<1$. 此时，矩母函数具有展开式

$$M(s)=pe^s\left(1+(1-p)e^s+(1-p)^2e^{2s}+(1-p)^3e^{3s}+\cdots\right).$$

将这个式子与上例中一般离散随机变量的矩母函数的表达式比较，可知 $M(s)$ 对应的随机变量是取正整数值的离散随机变量. 概率 $P(X=k)$ 可以通过读取 e^{ks} 的系数得到. 具体来说，$P(X=1)=p$, $P(X=2)=p(1-p)$，一般地，有

$$P(X=k)=p(1-p)^{k-1},\qquad k=1,2,\cdots.$$

这个分布正是参数为 p 的几何分布.

注意到

$$\frac{d}{ds}M(s)=\frac{pe^s}{1-(1-p)e^s}+\frac{(1-p)pe^{2s}}{(1-(1-p)e^s)^2}.$$

当 $s=0$ 时，等式右边等于 $1/p$，这和第 2 章推出的 $E[X]$ 公式相符. ■

例 4.30（混合分布的矩母函数） 附近的银行有三位交易员：两位快速交易员，一位慢速交易员. 交易员为一名客户服务的时间服从指数分布，快速交易员对应的参数 $\lambda=6$，慢速交易员对应的参数 $\lambda=4$. 简来到银行，随机选择了一位交易员，每位交易员被选中的概率为 1/3. 试求简接受服务的时间的概率密度函数和矩母函数.

我们有

$$f_X(x)=\frac{2}{3}\cdot 6e^{-6x}+\frac{1}{3}\cdot 4e^{-4x},\qquad x\geqslant 0.$$

相应的矩母函数为

$$\begin{aligned}M(s)&=\int_0^\infty e^{sx}\left(\frac{2}{3}\cdot 6e^{-6x}+\frac{1}{3}\cdot 4e^{-4x}\right)dx\\&=\frac{2}{3}\int_0^\infty e^{sx}6e^{-6x}dx+\frac{1}{3}\int_0^\infty e^{sx}4e^{-4x}dx\\&=\frac{2}{3}\cdot\frac{6}{6-s}+\frac{1}{3}\cdot\frac{4}{4-s}\qquad(s<4).\end{aligned}$$

更一般地，设 $X_1,\cdots,X_n$ 为具有概率密度函数 $f_{X_1},\cdots,f_{X_n}$ 的连续随机变量. 随机变量 Y 的一个值 y 是这样取得的：先随机地选出指标 i，选到 i 的概率为 p_i，如果指标 i 被选中，y 即取 X_i 的值. 此时，Y 的概率密度函数为

$$f_Y(y)=p_1f_{X_1}(y)+\cdots+p_nf_{X_n}(y),$$

相应的矩母函数为

$$M_Y(s)=p_1M_{X_1}(s)+\cdots+p_nM_{X_n}(s).$$

反过来，我们也可从矩母函数求出相应的分布. 例如，已知随机变量 Y 的矩母函数为

$$\frac{1}{2}\cdot\frac{1}{2-s}+\frac{3}{4}\cdot\frac{1}{1-s}.$$

将其改写为

$$\frac{1}{4}\cdot\frac{2}{2-s}+\frac{3}{4}\cdot\frac{1}{1-s},$$

可见 Y 是两个参数分别为 2 和 1 的指数随机变量的混合变量，这两个变量被选中的概率分别为 1/4 和 3/4. ■

4.4.3 独立随机变量和

矩母函数的方法对于处理随机变量和的问题尤为便利. 我们将看到，*独立随机变量之和的矩母函数是和项的矩母函数之积*. 这样也提供了卷积公式之外的另一个便利的公式.

设 X 和 Y 为独立的随机变量，$Z=X+Y$. 按定义，Z 的矩母函数为

$$M_Z(s)=E\left[e^{sZ}\right]=E\left[e^{s(X+Y)}\right]=E\left[e^{sX}e^{sY}\right].$$

因为 X 和 Y 是独立的，所以对于任意的 s，e^{sX} 和 e^{sY} 是相互独立的随机变量，因此，它们乘积的期望即为它们期望的乘积，即

$$M_Z(s)=E\left[e^{sX}\right]E\left[e^{sY}\right]=M_X(s)M_Y(s).$$

同样地，如果 $X_1,\cdots,X_n$ 是独立的随机变量，且

$$Z=X_1+\cdots+X_n,$$

相应的矩母函数之间有下面的关系：

$$M_Z(s)=M_{X_1}(s)\cdots M_{X_n}(s).$$

例 4.31（二项随机变量的矩母函数） 设 $X_1,\cdots,X_n$ 为独立的伯努利随机变量，参数均为 p. 按定义，不难得到

$$\text{对所有 } i \text{ 有 } M_{X_i}(s)=(1-p)e^{0s}+pe^{1s}=1-p+pe^s.$$

随机变量 $Z=X_1+\cdots+X_n$ 服从参数为 n 和 p 的二项分布，相应的矩母函数为

$$M_Z(s)=(1-p+pe^s)^n.$$

■

例 4.32（独立泊松随机变量之和仍为泊松随机变量） 设 X 和 Y 为两个相互独立的泊松随机变量，均值分别为 λ 和 μ. 由例 4.23 知，

$$M_X(s)=e^{\lambda(e^s-1)},\qquad M_Y(s)=e^{\mu(e^s-1)}.$$

设 $Z=X+Y$. 由于 X 和 Y 相互独立, 我们有

$$M_Z(s)=M_X(s)M_Y(s)=\mathrm{e}^{\lambda(\mathrm{e}^s-1)}\mathrm{e}^{\mu(\mathrm{e}^s-1)}=\mathrm{e}^{(\lambda+\mu)(\mathrm{e}^s-1)}.$$

因此，Z 的矩母函数和均值为 $\lambda+\mu$ 的泊松随机变量的矩母函数相同. 根据矩母函数的唯一性，Z 服从均值为 $\lambda+\mu$ 的泊松分布. ■

例 4.33（独立正态随机变量之和仍为正态随机变量） 设 X 和 Y 为两个相互独立的正态随机变量，均值分别为 μ_x 和 μ_y，方差分别为 σ_x^2 和 σ_y^2. 设 $Z=X+Y$，则

$$M_X(s)=\exp\left(\frac{\sigma_x^2s^2}{2}+\mu_xs\right),\qquad M_Y(s)=\exp\left(\frac{\sigma_y^2s^2}{2}+\mu_ys\right),$$

$$M_Z(s)=\exp\left[\frac{(\sigma_x^2+\sigma_y^2)\,s^2}{2}+(\mu_x+\mu_y)\,s\right].$$

因此，Z 的矩母函数与均值为 $\mu_x+\mu_y$、方差为 $\sigma_x^2+\sigma_y^2$ 的正态随机变量的矩母函数相同. 根据矩母函数的唯一性，Z 服从上述参数的正态分布. 这与 4.1.4 节中根据卷积公式计算出来的结果是一样的. ■

矩母函数及其性质的小结

- 随机变量 X 的矩母函数定义如下：

$$M_X(s)=E\left[\mathrm{e}^{sX}\right]=\begin{cases}\displaystyle\sum_x \mathrm{e}^{sx}p_X(x), & \text{若 } X \text{ 是离散的},\\ \displaystyle\int_{-\infty}^{\infty}\mathrm{e}^{sx}f_X(x)\mathrm{d}x, & \text{若 } X \text{ 是连续的}.\end{cases}$$

- 随机变量的分布完全由它的矩母函数确定.
- 利用矩母函数计算随机变量的各阶矩：

$$M_X(0)=1,\qquad \frac{\mathrm{d}}{\mathrm{d}s}M_X(s)\bigg|_{s=0}=E[X],\qquad \frac{\mathrm{d}^n}{\mathrm{d}s^n}M_X(s)\bigg|_{s=0}=E\left[X^n\right].$$

- 若 $Y=aX+b$，则 $M_Y(s)=\mathrm{e}^{sb}M_X(as)$.
- 若 X 和 Y 相互独立，则 $M_{X+Y}(s)=M_X(s)M_Y(s)$.

我们已经得到了一些常见随机变量的矩母函数的公式. 我们也可以用适量的代数学知识，对许多其他的分布推导类似的公式（见章末有关均匀分布的习题）. 现将这些结果列在下面.

常见的离散随机变量的矩母函数

- 参数为 p 的伯努利分布（$k=0,1$）

$$p_X(k)=\begin{cases}p, & \text{若 } k=1,\\ 1-p, & \text{若 } k=0,\end{cases}\qquad M_X(s)=1-p+p\mathrm{e}^s.$$

- 参数为 (n,p) 的二项分布（$k=0,1,\cdots,n$）

$$p_X(k)=\binom{n}{k}p^k(1-p)^{n-k},\qquad M_X(s)=(1-p+p\mathrm{e}^s)^n.$$

- 参数为 p 的几何分布（$k=1,2,\cdots$）

$$p_X(k)=p(1-p)^{k-1},\qquad M_X(s)=\frac{p\mathrm{e}^s}{1-(1-p)\mathrm{e}^s}.$$

- 参数为 λ 的泊松分布（$k=0,1,\cdots$）

$$p_X(k)=\frac{\mathrm{e}^{-\lambda}\lambda^k}{k!},\qquad M_X(s)=\mathrm{e}^{\lambda(\mathrm{e}^s-1)}.$$

- (a,b) 上的均匀分布（$k=a,a+1,\cdots,b$）

$$p_X(k)=\frac{1}{b-a+1},\qquad M_X(s)=\frac{\mathrm{e}^{as}}{b-a+1}\cdot\frac{\mathrm{e}^{(b-a+1)s}-1}{\mathrm{e}^s-1}.$$

常见的连续随机变量的矩母函数

- (a,b) 中的均匀分布（$a\leqslant x\leqslant b$）

$$f_X(x)=\frac{1}{b-a},\qquad M_X(s)=\frac{1}{b-a}\cdot\frac{\mathrm{e}^{sb}-\mathrm{e}^{sa}}{s}.$$

- 参数为 λ 的指数分布（$x\geqslant 0$）

$$f_X(x)=\lambda\mathrm{e}^{-\lambda x},\qquad M_X(s)=\frac{\lambda}{\lambda-s},\quad s<\lambda.$$

- 参数为 (μ,σ^2) 的正态分布（$-\infty<x<\infty$）

$$f_X(x)=\frac{1}{\sqrt{2\pi}\sigma}\mathrm{e}^{-(x-\mu)^2/2\sigma^2},\qquad M_X(s)=\mathrm{e}^{(\sigma^2s^2/2)+\mu s}.$$

4.4.4 联合分布的矩母函数

如果用联合分布（例如联合概率密度函数）来描述两个随机变量 X 和 Y，那么每个变量都有各自的矩母函数：$M_X(s)$ 和 $M_Y(s)$．它们是边缘分布的矩母函数，不包含任何关于这两个随机变量相依性的信息．两个随机变量相依性的信息包含在多元矩母函数中，下面给出定义．

考虑同一试验中的 n 个随机变量 $X_1, \cdots, X_n$．令 $s_1, \cdots, s_n$ 为无量纲实参数．**多元矩母函数**是这 n 个参数的函数，定义为

$$M_{X_1,\cdots,X_n}(s_1, \cdots s_n) = E\left[\mathrm{e}^{s_1X_1+\cdots+s_nX_n}\right].$$

前面讨论过的矩母函数的可逆性可以推广到多元情形．如果 $Y_1, \cdots, Y_n$ 是另一组随机变量，满足 $M_{X_1,\cdots,X_n}(s_1, \cdots, s_n) = M_{Y_1,\cdots,Y_n}(s_1, \cdots, s_n)$，其中 $(s_1, \cdots, s_n)$ 是具有正体积的 n 维立方体，则 $X_1, \cdots, X_n$ 的联合分布与 $Y_1, \cdots, Y_n$ 的联合分布相同．

4.5 随机数个独立随机变量和

到现在为止，在我们讨论过的随机变量求和的问题中，总是假定随机变量个数是已知且固定的．在本节中，我们考虑这样的情况：在随机变量求和的过程中，随机变量的数目也是随机的．特别地，我们考虑

$$Y = X_1 + \cdots + X_N,$$

这里的 N 是一个取非负整数值的随机变量，$X_1, X_2, \cdots$ 是同分布的随机变量（如果 $N = 0$，则定义 $Y = 0$）．假定 $N, X_1, X_2, \cdots$ 相互独立，即这些随机变量的任意有限子集都是独立的．

下面令 $E[X]$ 和 $\mathrm{var}(X)$ 分别为 X_i 的公共的均值和方差．我们想要求出 Y 的均值、方差和矩母函数．我们使用的方法是先给定事件 $\{N = n\}$，从而转化为常见的情况：求固定数目随机变量和的问题．

确定某非负整数 n．随机变量 $X_1+\cdots+X_n$ 与 N 独立．由此可知，$X_1, \cdots, X_n$ 与事件 $\{N = n\}$ 相互独立．因此，

$$\begin{aligned} E[Y \mid N = n] &= E[X_1 + \cdots + X_N \mid N = n] \\ &= E[X_1 + \cdots + X_n \mid N = n] \\ &= E[X_1 + \cdots + X_n] \\ &= nE[X]. \end{aligned}$$

这对于任意非负整数 n 都成立．因此

$$E[Y \mid N] = NE[X].$$

使用重期望法则，有

$$E[Y]=E\big[E[Y\,|\,N]\big]=E\big[NE[X]\big]=E[X]E[N].$$

类似地，

$$\begin{aligned}\operatorname{var}(Y\,|\,N=n)&=\operatorname{var}(X_1+\cdots+X_N\,|\,N=n)\\&=\operatorname{var}(X_1+\cdots+X_n)\\&=n\operatorname{var}(X).\end{aligned}$$

因为这对任意非负整数 n 都成立，所以随机变量 $\operatorname{var}(Y\,|\,N)$ 等于 $N\operatorname{var}(X)$. 运用全方差法则，得

$$\begin{aligned}\operatorname{var}(Y)&=E\big[\operatorname{var}(Y\,|\,N)\big]+\operatorname{var}\big(E[Y\,|\,N]\big)\\&=E\big[N\operatorname{var}(X)\big]+\operatorname{var}\big(NE[X]\big)\\&=E[N]\operatorname{var}(X)+\big(E[X]\big)^2\operatorname{var}(N).\end{aligned}$$

矩母函数的计算和上面的计算类似. 基于条件 $N=n$ 的 Y 的矩母函数为 $E[\mathrm{e}^{sY}\,|\,N=n]$. 基于条件 $N=n$，Y 是独立随机变量 $X_1,\cdots,X_n$ 之和，且

$$\begin{aligned}E\big[\mathrm{e}^{sY}\,|\,N=n\big]&=E\big[\mathrm{e}^{sX_1}\cdots\mathrm{e}^{sX_N}\,|\,N=n\big]\\&=E\big[\mathrm{e}^{sX_1}\cdots\mathrm{e}^{sX_n}\big]\\&=E\big[\mathrm{e}^{sX_1}\big]\cdots E\big[\mathrm{e}^{sX_n}\big]\\&=\big(M_X(s)\big)^n,\end{aligned}$$

这里 $M_X(s)$ 为对于任意 i 的 X_i 的矩母函数. 运用重期望法则，Y 的（无条件）矩母函数为

$$M_Y(s)=E\big[\mathrm{e}^{sY}\big]=E\Big[E\big[\mathrm{e}^{sY}\,|\,N\big]\Big]=E\big[(M_X(s))^N\big]=\sum_{n=0}^{\infty}\big(M_X(s)\big)^n p_N(n).$$

利用

$$\big(M_X(s)\big)^n=\mathrm{e}^{\ln(M_X(s))^n}=\mathrm{e}^{n\ln M_X(s)},$$

我们有

$$M_Y(s)=\sum_{n=0}^{\infty}\mathrm{e}^{n\ln M_X(s)}p_N(n).$$

与下列公式对照

$$M_N(s)=E\left[\mathrm{e}^{sN}\right]=\sum_{n=0}^{\infty}\mathrm{e}^{sn}p_N(n),$$

可知 $M_Y(s)=M_N\big(\ln M_X(s)\big)$，也就是，用 $\ln M_X(s)$ 替换 $M_N(s)$ 表达式中的 s，或者等价地用 $M_X(s)$ 替换 e^s，即可得到 $M_Y(s)$.

前面已推导的性质总结如下.

随机数个独立随机变量和的性质

令 $X_1, X_2, \cdots$ 是均值为 $E[X]$、方差为 $\mathrm{var}(X)$ 的同分布随机变量，N 为取值于非负整数的随机变量. 假定上述所有随机变量相互独立，考虑变量和

$$Y = X_1 + \cdots + X_N.$$

那么，

- $E[Y] = E[X]E[N]$.
- $\mathrm{var}(Y) = \mathrm{var}(X)E[N] + \big(E[X]\big)^2\mathrm{var}(N)$.
- 我们有
$$M_Y(s) = M_N\big(\ln M_X(s)\big).$$
也就是说，利用矩母函数 $M_N(s)$ 的计算公式，将其中的 e^s 全部替换成 $M_X(s)$，即可得到矩母函数 $M_Y(s)$ 的计算公式.

例 4.34 一个遥远的村庄有三家加油站. 每家加油站在任意一天营业的概率都是 1/2，而且各家营业与否是相互独立的. 各加油站的汽油存量是未知且相互独立的随机变量，都均匀分布在 0 到 1000 加仑[①]. 我们想要刻画营业的加油站汽油存量总和的概率分布规律.

营业加油站的数目 N 是服从 $p = 1/2$ 的二项随机变量，相应的矩母函数为

$$M_N(s) = (1 - p + p\mathrm{e}^s)^3 = \frac{1}{8}(1 + \mathrm{e}^s)^3.$$

每家营业加油站的汽油存量的相应矩母函数 $M_X(s)$ 为

$$M_X(s) = \frac{\mathrm{e}^{1000s} - 1}{1000s}.$$

汽油存量总和 Y 的相应矩母函数可通过 $M_N(s)$ 来计算，把 $M_N(s)$ 公式中的 e^s 替换成 $M_X(s)$ 即可，所以

$$M_Y(s) = \frac{1}{8}\left(1 + \frac{\mathrm{e}^{1000s} - 1}{1000s}\right)^3.$$ ■

例 4.35（个数服从几何分布的独立指数随机变量和） 简为买一本《远大前程》逛了很多家书店. 每家书店有这本书的概率都是 p，且与其他书店相互独立. 逛任意一家书店，简的停留时间是随机变量，服从参数为 λ 的指数分布，直到她找到这本书或者她肯定这家书店没有这本书后离开. 假定简会一直逛下去，直到她买到这本书，且她在每家书店的停留时间与其他任何事情都独立. 我们希望求出简逛书店的时间总和的均值、方差和概率密度函数.

简逛的书店数目 N 服从参数为 p 的几何分布. 因此，在书店中花费的总时间 Y 是 N 个独立同分布指数随机变量 $X_1, X_2, \cdots, X_N$ 之和，其中变量 X_i 服从指数分布，参数为 λ. 我们有

① 1（美制）加仑 ≈ 3.7854 升 = 0.003 785 4 立方米. ——编者注

$$E[Y] = E[N]E[X] = \frac{1}{p} \cdot \frac{1}{\lambda}.$$

运用几何分布和指数分布随机变量的方差公式，得到

$$\text{var}(Y) = E[N]\text{var}(X) + \big(E[X]\big)^2\text{var}(N) = \frac{1}{p} \cdot \frac{1}{\lambda^2} + \frac{1}{\lambda^2} \cdot \frac{1-p}{p^2} = \frac{1}{\lambda^2 p^2}.$$

为得到矩母函数 $M_Y(s)$，注意到

$$M_X(s) = \frac{\lambda}{\lambda - s}, \qquad M_N(s) = \frac{p\mathrm{e}^s}{1-(1-p)\mathrm{e}^s}.$$

将 $M_N(s)$ 公式中每个 e^s 都换成 $M_X(s)$，可得 $M_Y(s)$ 的计算公式：

$$M_Y(s) = \frac{pM_X(s)}{1-(1-p)M_X(s)} = \frac{\dfrac{p\lambda}{\lambda - s}}{1-(1-p)\dfrac{\lambda}{\lambda - s}},$$

经过化简，我们有

$$M_Y(s) = \frac{p\lambda}{p\lambda - s}.$$

这是服从参数为 $p\lambda$ 的指数随机变量的矩母函数，所以

$$f_Y(y) = p\lambda\mathrm{e}^{-p\lambda y}, \qquad y \geqslant 0.$$

这个结果令我们惊讶，因为固定数量的 n 个独立指数随机变量和并不服从指数分布. 例如，当 $n=2$ 时，随机变量和的矩母函数为 $(\lambda/(\lambda-s))^2$，这与指数随机变量的矩母函数不相符. ■

例 4.36（**个数服从几何分布的独立几何随机变量和**） 本例是与前例对应的离散类型. 假定 N 服从参数为 p 的几何分布，每个随机变量 X_i 服从参数为 q 的几何分布，这些随机变量都是独立的. 令 $Y = X_1 + \cdots + X_N$，我们有

$$M_N(s) = \frac{p\mathrm{e}^s}{1-(1-p)\mathrm{e}^s}, \qquad M_X(s) = \frac{q\mathrm{e}^s}{1-(1-q)\mathrm{e}^s}.$$

将 $M_N(s)$ 公式中的每个 e^s 都换成 $M_X(s)$，可得 $M_Y(s)$ 的计算公式：

$$M_Y(s) = \frac{pM_X(s)}{1-(1-p)M_X(s)},$$

经过化简，我们有

$$M_Y(s) = \frac{pq\mathrm{e}^s}{1-(1-pq)\mathrm{e}^s}.$$

从而推断出 Y 服从参数为 pq 的几何分布. ■

4.6 小结和讨论

本章介绍了很多高级主题，这里总结其中的一些重点.

在 4.1 节，我们学习了连续随机变量 X 的函数 $g(X)$ 的概率密度函数的计算方法. 累积分布函数的概念非常有用. 特别地，为计算 $g(X)$ 的概率密度函数，可以先计算它的累积分布函数，然后对其求导. 在某些情况下，$g(X)$ 是严格单调函

数，可以通过特殊的公式来直接计算概率密度函数. 我们也考虑了两个连续随机变量的函数 $g(X,Y)$ 的概率密度函数的计算问题. 特别地，我们推导出了两个独立随机变量之和的概率律的卷积公式.

在 4.2 节，我们介绍了协方差和相关的概念，它们是量化两个随机变量之间关系大小的指标. 协方差及其缩放版本（相关系数）能用于计算独立随机变量之和的方差，在 8.4 节的线性最小二乘估计方法中也会大有作为.

在 4.3 节，我们重新考虑关于条件的话题，目的是导出计算条件期望和条件方差的有用工具. 对条件期望进行了大量的研究和分析，结果表明条件期望可视为随机变量，也有自己独特的期望和方差. 我们推导了许多性质，包括重期望法则和全方差法则.

在 4.4 节，我们介绍了随机变量的矩母函数以及矩母函数是怎么算出来的. 反过来，我们指出，给定一个矩母函数，与这个矩母函数相关联的随机变量的分布是唯一确定的. 对于常用的随机变量，可利用矩母函数表查到其相应的矩母函数. 我们发现矩母函数有以下很多用途.

(a) 随机变量的矩母函数提供了一种计算随机变量矩的捷径.

(b) 两个独立随机变量和的矩母函数等于各自矩母函数的乘积，这个性质用来说明两个独立正态（或泊松）随机变量和也是正态（或泊松）分布.

(c) 矩母函数可以用来确定个数为随机数的随机变量和的分布（见 4.5 节），其他方法通常不可能做到这一点.

最后，在 4.5 节，我们推导出个数为随机变量的独立随机变量和的均值、方差和矩母函数的计算公式，其中综合运用了 4.3 节和 4.4 节中的方法.

4.7　习题

4.1 节　导出分布

1. 假定 X 是在 -1 和 1 之间均匀分布随机变量，求 $\sqrt{|X|}$ 和 $-\ln|X|$ 的概率密度函数.

2. 试用 X 的概率密度函数来表示 e^X 的概率密度函数. 假定 X 服从区间 $[0,1]$ 中的均匀分布，求 e^X 的概率密度函数.

3. 试用 X 的概率密度函数来表示 $|X|^{1/3}$ 和 $|X|^{1/4}$ 的概率密度函数.

4. 从早上 6:00 开始，地铁每隔 15 分钟到达你家附近的车站. 你每天早晨在 7:10 到 7:30 之间的某时刻到达车站. 设到达时间为随机变量，其概率密度函数已知（见第 3 章例 3.14）. 设 X 为你到达车站的时刻与 7:10 之间的时间长度（单位：分钟），Y 为你上车之前需要等待的时间. 试用 X 的累积分布函数来表示 Y 的累积分布函数，然后求导，计算 Y 的概率密度函数.

5. 设 X 和 Y 是相互独立的随机变量，服从 $[0,1]$ 中的均匀分布，求 $|X-Y|$ 的累积分布函数和概率密度函数.

6. 在笛卡儿坐标系中，设 (X,Y) 是在三点 $(0,1)$, $(0,-1)$, $(1,0)$ 围成的三角形内均匀分布的随机点，求 $|X-Y|$ 的累积分布函数和概率密度函数.

7. 依据均匀概率密度函数，从区间 $[0,1]$ 中随机、独立、均匀地选出两个点，证明这两个点之间距离的期望值是 $1/3$.

8. 设 X 和 Y 是相互独立的随机变量，服从参数为 λ 的指数分布，求 $Z=X+Y$ 的概率密度函数.

9. 再次考虑例 4.9，但假设 X 和 Y 分别服从参数为 λ 和 μ 的指数分布，求 $Z=X-Y$ 的概率密度函数.

10. 设 X 和 Y 是相互独立的随机变量，它们的概率质量函数为

$$p_X(x)=\begin{cases}1/3, & 若\ x=1,2,3,\\ 0, & 其他,\end{cases}\qquad p_Y(y)=\begin{cases}1/2, & 若\ y=0,\\ 1/3, & 若\ y=1,\\ 1/6, & 若\ y=2,\\ 0, & 其他,\end{cases}$$

用卷积公式计算 $Z=X+Y$ 的概率质量函数.

11. 用卷积公式证明：两个分别服从参数为 λ 和 μ 的泊松分布的独立随机变量之和仍然是泊松分布，参数为 $\lambda+\mu$.

12. 设 X, Y, Z 是在区间 $[0,1]$ 中均匀分布的独立随机变量，求 $X+Y+Z$ 的概率密度函数.

13. 设概率密度函数只在区间 $[a,b]$ 中取正值，且关于区间中点 $(a+b)/2$ 对称. 设 X 和 Y 是相互独立的随机变量，都具有上述概率密度函数. 如果已经计算出 $X+Y$ 的概率密度函数，如何能容易地得到 $X-Y$ 的概率密度函数?

14. **竞争型指数分布**. 设两个灯泡的寿命 X 和 Y 是相互独立的随机变量，分别服从参数为 λ 和 μ 的指数分布. 首先用坏的时间是

$$Z=\min\{X,Y\}.$$

试证明：随机变量 Z 服从指数分布，参数为 $\lambda+\mu$.

***15.** **柯西随机变量**.

(a) 设 X 是在 $-1/2$ 和 $1/2$ 之间均匀分布的随机变量，证明 $Y=\tan(\pi X)$ 的概率密度函数是

$$f_Y(y)=\frac{1}{\pi(1+y^2)},\qquad -\infty<y<\infty.$$

（Y 称为**柯西随机变量**.）

(b) 设 Y 是柯西随机变量，X 是位于 $-\pi/2$ 和 $\pi/2$ 之间的弧度值，满足 $\tan(X)=Y$. 求 X 的概率密度函数.

解 (a) 注意到 Y 是连续且关于 X 严格递增的函数. 当 $X \in [-1/2, 1/2]$ 时，Y 的取值范围位于 $-\infty$ 和 ∞ 之间. 所以，对任意实数 y 有

$$F_Y(y) = P(Y \leqslant y) = P\big(\tan(\pi X) \leqslant y\big) = P\big(\pi X \leqslant \arctan y\big) = \frac{1}{2} + \frac{1}{\pi}\arctan y,$$

最后一个等式运用了 X 是在 $-1/2$ 和 $1/2$ 之间均匀分布的随机变量的累积分布函数的性质. 所以，通过求导并利用公式 $\mathrm{d}/\mathrm{d}y(\arctan y) = 1/(1+y^2)$，我们可以得到：对任意实数 y 有

$$f_Y(y) = \frac{1}{\pi(1+y^2)}.$$

(b) 计算 X 的累积分布函数，然后求导，就可以得到概率密度函数. 对任意 $-\pi/2 \leqslant x \leqslant \pi/2$，我们有

$$\begin{aligned}
P(X \leqslant x) &= P\big(\arctan Y \leqslant x\big) \\
&= P\big(Y \leqslant \tan x\big) \\
&= \frac{1}{\pi}\int_{-\infty}^{\tan x} \frac{1}{1+y^2}\mathrm{d}y \\
&= \frac{1}{\pi}\arctan y\Big|_{-\infty}^{\tan x} \\
&= \frac{1}{\pi}(x + \pi/2).
\end{aligned}$$

当 $x < -\pi/2$ 时，$P(X \leqslant x) = 0$；当 $x > \pi/2$ 时，$P(X \leqslant x) = 1$. 对累积分布函数 $P(X \leqslant x)$ 求导，可以看出 X 在区间 $[-\pi/2, \pi/2]$ 中均匀分布.

注意：柯西随机变量的一个重要性质是

$$\int_0^{\infty} \frac{y}{\pi(1+y^2)}\mathrm{d}y = -\int_{-\infty}^{0} \frac{y}{\pi(1+y^2)}\mathrm{d}y = \infty,$$

这个性质很容易验证. 所以柯西随机变量没有良好定义的期望值，尽管其概率密度函数关于 0 点对称. 见 3.1.1 节关于连续变量期望的定义的脚注.

***16. 两个独立正态随机变量的极坐标.** 设 X 和 Y 是独立的标准正态随机变量. (X, Y) 可以用极坐标来描述，令 $R \geqslant 0$ 和 $\Theta \in [0, 2\pi]$，则

$$X = R\cos\Theta, \qquad Y = R\sin\Theta.$$

(a) 证明：Θ 在区间 $[0, 2\pi]$ 中均匀分布，R 具有概率密度函数

$$f_R(r) = r\mathrm{e}^{-r^2/2}, \qquad r \geqslant 0,$$

并且 R 与 Θ 相互独立.（随机变量 R 通常称为服从瑞利分布.）

(b) 证明 R^2 服从参数为 $1/2$ 的指数分布.

注意：从该题的结论可以看出，正态分布样本可以通过独立的均匀分布样本和指数分布样本来产生.

解 (a) X 和 Y 的联合概率密度函数是

$$f_{X,Y}(x,y)=f_X(x)f_Y(y)=\frac{1}{2\pi}\mathrm{e}^{-(x^2+y^2)/2}.$$

现在我们来求 R 和 Θ 的联合累积分布函数. 固定 $r>0$ 和 $\theta\in[0,2\pi]$. 设 A 是点 (x,y) 的集合：点的极坐标 $(\bar{r},\bar{\theta})$ 满足 $0\leqslant\bar{r}\leqslant r$ 且 $0\leqslant\bar{\theta}\leqslant\theta$. 注意，集合 A 是半径为 r、圆心角为 θ 的扇形. 所以

$$\begin{aligned}F_{R,\Theta}(r,\theta)&=P(R\leqslant r,\Theta\leqslant\theta)\\&=P\big((X,Y)\in A\big)\\&=\frac{1}{2\pi}\iint\limits_{(x,y)\in A}\exp(-(x^2+y^2)/2)\mathrm{d}x\mathrm{d}y\\&=\frac{1}{2\pi}\int_0^\theta\int_0^r\exp(-\bar{r}^2/2)\bar{r}\mathrm{d}\bar{r}\mathrm{d}\bar{\theta},\end{aligned}$$

最后一个等式利用了极坐标转换. 求导可得

$$f_{R,\Theta}(r,\theta)=\frac{\partial^2F_{R,\Theta}(r,\theta)}{\partial r\partial\theta}=\frac{r}{2\pi}\mathrm{e}^{-r^2/2},\qquad r\geqslant 0,\ \theta\in[0,2\pi].$$

因此

$$f_R(r)=\int_0^{2\pi}f_{R,\Theta}(r,\theta)\mathrm{d}\theta=r\mathrm{e}^{-r^2/2},\qquad r\geqslant 0,$$

而且

$$f_{\Theta\,|\,R}(\theta\,|\,r)=\frac{f_{R,\Theta}(r,\theta)}{f_R(r)}=\frac{1}{2\pi},\qquad \theta\in[0,2\pi].$$

因为 Θ 的条件概率密度函数 $f_{\Theta\,|\,R}(\theta\,|\,r)$ 与 R 的值无关，所以，它必与无条件概率密度函数 f_Θ 一样. 特别地，$f_{R,\Theta}(r,\theta)=f_R(r)f_\Theta(\theta)$，所以 R 与 Θ 相互独立.

(b) 令 $t\geqslant 0$. 我们有

$$P(R^2\geqslant t)=P(R\geqslant\sqrt{t})=\int_{\sqrt{t}}^\infty r\mathrm{e}^{-r^2/2}\mathrm{d}r=\int_{t/2}^\infty\mathrm{e}^{-u}\mathrm{d}u=\mathrm{e}^{-t/2},$$

这里运用了变量替换 $u=r^2/2$. 求导可得

$$f_{R^2}(t)=\frac{1}{2}\mathrm{e}^{-t/2},\qquad t\geqslant 0.$$

4.2 节 协方差和相关

17. 假设随机变量 X 和 Y 具有相同的方差，证明：$X+Y$ 与 $X-Y$ 不相关.

18. 假设四个随机变量 W, X, Y, Z 满足

$$E[W]=E[X]=E[Y]=E[Z]=0,$$
$$\mathrm{var}(W)=\mathrm{var}(X)=\mathrm{var}(Y)=\mathrm{var}(Z)=1.$$

假设 W, X, Y, Z 两两互不相关. 计算相关系数 $\rho(R,S)$ 和 $\rho(R,T)$，这里 $R=W+X$, $S=X+Y$, $T=Y+Z$.

19. 假设随机变量 X 满足

$$E[X]=0,\qquad E[X^2]=1,\qquad E[X^3]=0,\qquad E[X^4]=3.$$

定义新的随机变量

$$Y=a+bX+cX^2.$$

计算相关系数 $\rho(X,Y)$.

***20.** **施瓦茨不等式.** 证明：对任意随机变量 X 和 Y 均有

$$(E[XY])^2\leqslant E[X^2]E[Y^2].$$

解 假设 $E[Y^2]\neq 0$，否则，$P(Y=0)=1$，$E[XY]=0$，所以不等式成立. 我们有

$$\begin{aligned}
0&\leqslant E\left[\left(X-\frac{E[XY]}{E[Y^2]}Y\right)^2\right]\\
&=E\left[X^2-2\frac{E[XY]}{E[Y^2]}XY+\frac{(E[XY])^2}{(E[Y^2])^2}Y^2\right]\\
&=E[X^2]-2\frac{E[XY]}{E[Y^2]}E[XY]+\frac{(E[XY])^2}{(E[Y^2])^2}E[Y^2]\\
&=E[X^2]-\frac{(E[XY])^2}{E[Y^2]},
\end{aligned}$$

所以 $(E[XY])^2\leqslant E[X^2]E[Y^2]$.

***21.** **相关系数.** 考虑随机变量 X 和 Y 的相关系数

$$\rho(X,Y)=\frac{\mathrm{cov}(X,Y)}{\sqrt{\mathrm{var}(X)\mathrm{var}(Y)}},$$

假定它们的方差为正. 证明：

(a) $|\rho(X,Y)|\leqslant 1$. *提示*：用上题的施瓦茨不等式.

(b) 若 $Y-E[Y]$ 是 $X-E[X]$ 的正（或负）倍数，则 $\rho(X,Y)=1$（或 -1）.

(c) 若 $\rho(X,Y)=1$（或 -1），则 $Y-E[Y]$ 以概率 1 为 $X-E[X]$ 的正（或负）倍数.

解 (a) 令 $\tilde{X}=X-E[X]$，$\tilde{Y}=Y-E[Y]$. 利用施瓦茨不等式，我们有

$$\left(\rho(X,Y)\right)^2=\frac{\left(E[\tilde{X}\tilde{Y}]\right)^2}{E[\tilde{X}^2]E[\tilde{Y}^2]}\leqslant 1,$$

所以 $|\rho(X,Y)|\leqslant 1$.

(b) 如果 $\tilde{Y}=a\tilde{X}$，那么

$$\rho(X,Y)=\frac{E[\tilde{X}a\tilde{X}]}{\sqrt{E[\tilde{X}^2]E[(a\tilde{X})^2]}}=\frac{a}{|a|}.$$

(c) 如果 $(\rho(X,Y))^2=1$，那么由习题 20 可得

$$E\left[\left(\tilde{X}-\frac{E[\tilde{X}\tilde{Y}]}{E[\tilde{Y}^2]}\tilde{Y}\right)^2\right]=E[\tilde{X}^2]-\frac{(E[\tilde{X}\tilde{Y}])^2}{E[\tilde{Y}^2]}$$
$$=E[\tilde{X}^2]\left(1-(\rho(X,Y))^2\right)$$
$$=0.$$

因此，随机变量

$$\tilde{X}-\frac{E[\tilde{X}\tilde{Y}]}{E[\tilde{Y}^2]}\tilde{Y}$$

以概率 1 等于 0. 由此得到，以概率 1 有

$$\tilde{X}=\frac{E[\tilde{X}\tilde{Y}]}{E[\tilde{Y}^2]}\tilde{Y}=\sqrt{\frac{E[\tilde{X}^2]}{E[\tilde{Y}^2]}}\rho(X,Y)\tilde{Y},$$

所以 $\tilde{X}$ 和 $\tilde{Y}$ 的倍数关系的正负号由 $\rho(X,Y)$ 决定.

4.3 节 再论条件期望和条件方差

22. 设一个赌徒每次赢或输的概率分别为 p 和 $1-p$，每次输赢与以前独立. 当 $p>1/2$ 时，一个流行的赌博方法（称为凯利策略）是每次赌上当前资产的 $2p-1$ 部分. 设初始资产为 x 元，运用凯利策略，计算经过 n 次赌博之后资产的期望值.

23. 帕特和纳特约会，他们所有的约会都始于晚上 9 点. 纳特总是在 9 点到达，而帕特比较散漫，到达的时间均匀分布在 8 点和 10 点之间. 记 X 是 8 点和帕特到达时间的间隔时间. 如果帕特在 9 点之前到达，约会将持续 3 小时. 如果帕特在 9 点以后到达，约会的持续时间均匀分布在 0 和 $3-X$ 小时之间. 约会在他们见面后开始. 纳特很不满帕特迟到，会在帕特迟到多于 45 分钟的第二次约会时结束他们的关系. 所有的约会都是相互独立的.

(a) 纳特等待帕特的小时数的期望是多少?

(b) 约会持续时间的期望是多少?

(c) 在分手之前，他们约会次数的期望是多少?

24. 一位退休教授到办公室的时间服从上午 9 点到下午 1 点的均匀分布，然后他做一件工作，完成这个任务后就离开办公室. 这项任务完成的时间服从参数为 $\lambda(y)=1/(5-y)$ 的指数分布，这里 y 是 9 点和教授到达时刻之间的小时数.

(a) 教授完成任务需要时间的期望是多少?

(b) 任务完成时刻的期望是多少?

(c) 现在换一种情况. 这位教授有一名博士生，会在某一天去找教授，学生去找教授的时刻服从从上午 9 点到下午 5 点的均匀分布. 如果没找到教授，这个学生就离开. 如果找到教授，他将会和教授一起待一定的时间，这段时间服从 0 到 1 小时的均

匀分布．教授总在他自身的任务上花同样的时间，不管是否被这个学生打扰．请问，教授和学生在一起的时间的期望是多少？教授离开办公室的时间的期望是多少？

***25.** 证明：对任意离散或连续随机变量 X，以及另一个随机变量 Y 的任意函数 $g(Y)$，都有 $E[Xg(Y)\,|\,Y]=g(Y)E[X\,|\,Y]$.

解　假设 X 是连续的．由第 3 章的条件期望公式可得

$$\begin{aligned}E[Xg(Y)\,|\,Y=y]&=\int_{-\infty}^{\infty}xg(y)f_{X\,|\,Y}(x\,|\,y)\mathrm{d}x\\&=g(y)\int_{-\infty}^{\infty}xf_{X\,|\,Y}(x\,|\,y)\mathrm{d}x\\&=g(y)E[X\,|\,Y=y].\end{aligned}$$

这就证明了随机变量 $E[Xg(Y)\,|\,Y]$ 的每一个实现值 $E[Xg(Y)\,|\,Y=y]$ 与随机变量 $g(Y)E[X\,|\,Y]$ 的每一个实现值 $g(y)E[X\,|\,Y=y]$ 总是相等的，所以这两个随机变量也总是相等的．对 X 是离散的情形，证明与之类似．

***26.** X 和 Y 是独立的随机变量．用全方差法则证明

$$\mathrm{var}(XY)=\big(E[X]\big)^2\mathrm{var}(Y)+\big(E[Y]\big)^2\mathrm{var}(X)+\mathrm{var}(X)\mathrm{var}(Y).$$

解　设 $Z=XY$．全方差法则说明

$$\mathrm{var}(Z)=\mathrm{var}(E[Z\,|\,X])+E\big[\mathrm{var}(Z\,|\,X)\big].$$

我们有

$$E[Z\,|\,X]=E[XY\,|\,X]=XE[Y],$$

所以

$$\mathrm{var}\big(E[Z\,|\,X]\big)=\mathrm{var}\big(XE[Y]\big)=\big(E[Y]\big)^2\mathrm{var}(X).$$

我们还有

$$\mathrm{var}(Z\,|\,X)=\mathrm{var}(XY\,|\,X)=X^2\mathrm{var}(Y\,|\,X)=X^2\mathrm{var}(Y),$$

所以

$$E\big[\mathrm{var}(Z\,|\,X)\big]=E\big[X^2\big]\mathrm{var}(Y)=\big(E[X]\big)^2\mathrm{var}(Y)+\mathrm{var}(X)\mathrm{var}(Y).$$

综上，我们得到

$$\mathrm{var}(XY)=\big(E[X]\big)^2\mathrm{var}(Y)+\big(E[Y]\big)^2\mathrm{var}(X)+\mathrm{var}(X)\mathrm{var}(Y).$$

***27.** 抛掷一枚不均匀硬币 n 次，每次正面向上的概率为 q，其值的大小是随机变量 Q 可能的取值，Q 的均值是 μ，方差是 $\sigma^2>0$．设 X_i 为第 i 次抛掷结果的伯努利随机变量（第 i 次抛掷时正面向上则 $X_i=1$，否则 $X_i=0$）．假设在给定 $Q=q$ 时 $X_1,\cdots,X_n$ 是条件独立的．设 X 为 n 次抛掷硬币正面向上的总次数．

(a) 运用重期望公式计算 $E[X_i]$ 和 $E[X]$.

(b) 计算 $\mathrm{cov}(X_i,X_j)$．$X_1,\cdots,X_n$ 独立吗？

(c) 运用全方差法则计算 $\mathrm{var}(X)$，并运用 (b) 中的结果进行验证.

解 (a) 运用重期望公式以及 $E[X_i \mid Q] = Q$，我们有

$$E[X_i] = E\big[E[X_i \mid Q]\big] = E[Q] = \mu.$$

因为 $X = X_1 + \cdots + X_n$，所以

$$E[X] = E[X_1] + \cdots + E[X_n] = n\mu.$$

(b) 当 $i \neq j$ 时，使用条件独立假设可得

$$E[X_i X_j \mid Q] = E[X_i \mid Q] E[X_j \mid Q] = Q^2,$$
$$E[X_i X_j] = E\big[E[X_i X_j \mid Q]\big] = E\big[Q^2\big],$$

所以

$$\mathrm{cov}(X_i, X_j) = E[X_i X_j] - E[X_i]E[X_j] = E\big[Q^2\big] - \mu^2 = \sigma^2.$$

因为 $\mathrm{cov}(X_i, X_j) > 0$，所以 $X_1, \cdots, X_n$ 不独立.

当 $i = j$ 时，注意到 $X_i^2 = X_i$，我们有

$$\begin{aligned}\mathrm{var}(X_i) &= E\big[X_i^2\big] - \big(E[X_i]\big)^2 \\ &= E[X_i] - \big(E[X_i]\big)^2 \\ &= \mu - \mu^2.\end{aligned}$$

(c) 运用全方差法则和 $X_1, \cdots, X_n$ 的条件独立性，我们有

$$\begin{aligned}\mathrm{var}(X) &= E\big[\mathrm{var}(X \mid Q)\big] + \mathrm{var}\big(E[X \mid Q]\big) \\ &= E\big[\mathrm{var}(X_1 + \cdots + X_n \mid Q)\big] + \mathrm{var}\big(E[X_1 + \cdots + X_n \mid Q]\big) \\ &= E\big[nQ(1 - Q)\big] + \mathrm{var}(nQ) \\ &= nE\big[Q - Q^2\big] + n^2 \mathrm{var}(Q) \\ &= n\big(\mu - \mu^2 - \sigma^2\big) + n^2\sigma^2 \\ &= n\big(\mu - \mu^2\big) + n(n-1)\sigma^2.\end{aligned}$$

为运用 (b) 中的结果验证上式，计算如下:

$$\begin{aligned}\mathrm{var}(X) &= \mathrm{var}(X_1 + \cdots + X_n) \\ &= \sum_{i=1}^{n} \mathrm{var}(X_i) + \sum_{\{(i,j) \mid i \neq j\}} \mathrm{cov}(X_i, X_j) \\ &= n\mathrm{var}(X_1) + n(n-1)\mathrm{cov}(X_1, X_2) \\ &= n\big(\mu - \mu^2\big) + n(n-1)\sigma^2.\end{aligned}$$

*__28.__ **二维正态分布的概率密度函数.** （零均值）二维正态分布的概率密度函数形如

$$f_{X,Y}(x, y) = c\,\mathrm{e}^{-q(x,y)},$$

其中指数部分的函数 $q(x,y)$ 是 x 和 y 的二次多项式，

$$q(x,y)=\frac{1}{2(1-\rho^2)}\left(\frac{x^2}{\sigma_x^2}-2\rho\frac{xy}{\sigma_x\sigma_y}+\frac{y^2}{\sigma_y^2}\right),$$

这里的 σ_x 和 σ_y 是正常数，ρ 是满足 $-1<\rho<1$ 的常数，c 是归一化常数.

(a) 配方，即把 $q(x,y)$ 写成 $(\alpha x-\beta y)^2+\gamma y^2$ 的形式，其中 α,β,γ 是常数.

(b) 证明：X 和 Y 分别是均值为 0、方差为 σ_x^2 和 σ_y^2 的正态随机变量.

(c) 求归一化常数 c.

(d) 证明：在给定 $Y=y$ 的条件下，X 的条件概率密度函数是正态的，并求其条件均值和方差.

(e) 证明：X 和 Y 的相关系数是 ρ.

(f) 证明：X 和 Y 相互独立，当且仅当它们不相关.

(g) 证明：估计误差 $E[X\,|\,Y]-X$ 是正态的，均值为 0，方差为 $(1-\rho^2)\sigma_x^2$，而且与 Y 是独立的.

解 (a) 可将 $q(x,y)$ 写成

$$q(x,y)=q_1(x,y)+q_2(y),$$

其中

$$q_1(x,y)=\frac{1}{2(1-\rho^2)}\left(\frac{x}{\sigma_x}-\rho\frac{y}{\sigma_y}\right)^2,\qquad q_2(y)=\frac{y^2}{2\sigma_y^2}.$$

(b) 由 (a) 可得

$$f_Y(y)=c\int_{-\infty}^{\infty}\mathrm{e}^{-q_1(x,y)}\mathrm{e}^{-q_2(y)}\mathrm{d}x=c\mathrm{e}^{-q_2(y)}\int_{-\infty}^{\infty}\mathrm{e}^{-q_1(x,y)}\mathrm{d}x.$$

运用变量替换

$$u=\frac{1}{\sqrt{1-\rho^2}}\left(\frac{x}{\sigma_x}-\rho\frac{y}{\sigma_y}\right)$$

可得

$$\int_{-\infty}^{\infty}\mathrm{e}^{-q_1(x,y)}\mathrm{d}x=\sigma_x\sqrt{1-\rho^2}\int_{-\infty}^{\infty}\mathrm{e}^{-u^2/2}\mathrm{d}u=\sigma_x\sqrt{1-\rho^2}\sqrt{2\pi}.$$

所以

$$f_Y(y)=c\,\sigma_x\sqrt{1-\rho^2}\sqrt{2\pi}\,\mathrm{e}^{-y^2/2\sigma_y^2}.$$

这是均值为 0、方差为 σ_y^2 的正态分布的概率密度函数. 由对称性，可证得 X 是正态的.

(c) Y 的概率密度函数的归一化系数一定为 $1/(\sqrt{2\pi}\,\sigma_y)$. 所以

$$c\,\sigma_x\sqrt{1-\rho^2}\sqrt{2\pi}=1/(\sqrt{2\pi}\,\sigma_y),$$

从而

$$c=\frac{1}{2\pi\sigma_x\sigma_y\sqrt{1-\rho^2}}.$$

(d) 因为

$$f_{X,Y}(x,y)=\frac{1}{2\pi\sigma_x\sigma_y\sqrt{1-\rho^2}}\mathrm{e}^{-q_1(x,y)}\mathrm{e}^{-q_2(y)},$$
$$f_Y(y)=\frac{1}{\sigma_y\sqrt{2\pi}}\mathrm{e}^{-q_2(y)},$$

所以

$$f_{X\,|\,Y}(x\,|\,y)=\frac{f_{X,Y}(x,y)}{f_Y(y)}=\frac{1}{\sqrt{2\pi}\,\sigma_x\sqrt{1-\rho^2}}\exp\left\{-\frac{(x-\rho\sigma_x y/\sigma_y)^2}{2\sigma_x^2(1-\rho^2)}\right\}.$$

对任意给定的 y，这是均值为 $\rho\sigma_x y/\sigma_y$、方差为 $\sigma_x^2(1-\rho^2)$ 的正态分布的概率密度函数. 特别地，我们有 $E[X\,|\,Y=y]=(\rho\sigma_x/\sigma_y)y$ 和 $E[X\,|\,Y]=(\rho\sigma_x/\sigma_y)Y$.

(e) 运用期望公式和重期望法则，可得

$$\begin{aligned}E[XY]&=E\big[E[XY\,|\,Y]\big]\\&=E\big[YE[X\,|\,Y]\big]\\&=E\big[Y(\rho\sigma_x/\sigma_y)Y\big]\\&=(\rho\sigma_x/\sigma_y)E\big[Y^2\big]\\&=\rho\sigma_x\sigma_y.\end{aligned}$$

所以相关系数 $\rho(X,Y)$ 是

$$\rho(X,Y)=\frac{\mathrm{cov}(X,Y)}{\sigma_x\sigma_y}=\frac{E[XY]}{\sigma_x\sigma_y}=\rho.$$

(f) 若 X 和 Y 不相关，则 $\rho=0$，联合概率密度函数满足 $f_{X,Y}(x,y)=f_X(x)f_Y(y)$，所以 X 和 Y 独立. 反之，若 X 和 Y 独立，则它们自动不相关.

(g) 从结论 (d) 可知，在给定 $Y=y$ 的条件下，X 是正态的，均值为 $mE[X\,|\,Y=y]$，方差为 $(1-\rho^2)\sigma_x^2$. 所以，在给定 $Y=y$ 的条件下，估计误差 $\tilde{X}=E[X\,|\,Y=y]-X$ 是正态的，均值为 0，方差为 $(1-\rho^2)\sigma_x^2$，即

$$f_{\tilde{X}\,|\,Y}(\tilde{x}\,|\,y)=\frac{1}{\sqrt{2\pi(1-\rho^2)\sigma_x^2}}\exp\left\{-\frac{\tilde{x}^2}{2(1-\rho^2)\sigma_x^2}\right\}.$$

因为 $\tilde{X}$ 的条件概率密度函数不依赖于 Y 的值 y，所以 $\tilde{X}$ 与 Y 独立，而且上述条件概率密度函数也是 $\tilde{X}$ 的无条件概率密度函数.

4.4 节 矩母函数

29. 设 X 是取值为 1, 2, 3 的随机变量，概率质量函数如下：

$$P(X=1)=\frac{1}{2},\qquad P(X=2)=\frac{1}{4},\qquad P(X=3)=\frac{1}{4}.$$

求 X 的矩母函数，并且用它得到前三个矩 $E[X]$, $E\big[X^2\big]$, $E\big[X^3\big]$.

30. 计算标准正态随机变量 X 的 $E\big[X^3\big]$ 和 $E\big[X^4\big]$

31. 计算参数为 λ 的指数随机变量的三阶矩、四阶矩、五阶矩.

32. 一个非负的整数随机变量 X 有以下两个表达式之一作为它的矩母函数:

(1) $M(s)=\exp\Big\{2(\mathrm{e}^{\mathrm{e}^s-1}-1)\Big\}$;　　(2) $M(s)=\exp\Big\{2(\mathrm{e}^{\mathrm{e}^s}-1)\Big\}$.

(a) 解释为什么这两者中有一个表达式不是矩母函数.

(b) 用真矩母函数计算 $P(X=0)$.

33. 计算具有下列矩母函数的连续随机变量 X 的概率密度函数:

$$M(s)=\frac{1}{3}\cdot\frac{2}{2-s}+\frac{2}{3}\cdot\frac{3}{3-s}.$$

34. 一个足球队选出三名球员，轮流罚点球. 第 i 个球员罚中点球的概率为 p_i，而且与其他球员是相互独立的. 每个球员罚一轮点球后，设 X 为三名球员罚中的总次数. 运用卷积公式计算 X 的概率质量函数. 计算 X 的矩母函数，然后计算 X 的概率质量函数. 看看这两个结论是否一致.

35. X 为取非负整数值的随机变量，具有矩母函数

$$M_X(s)=c\cdot\frac{3+4\mathrm{e}^{2s}+2\mathrm{e}^{3s}}{3-\mathrm{e}^s},$$

这里的 c 是常数. 计算 $E[X]$, $p_X(1)$, $E[X\mid X\neq 0]$.

36. X, Y, Z 是独立的随机变量，X 服从参数为 1/3 的伯努利分布，Y 服从参数为 2 的指数分布，Z 服从参数为 3 的泊松分布.

(a) 计算 $XY+(1-X)Z$ 的矩母函数.

(b) 计算 $2Z+3$ 的矩母函数.

(c) 计算 $Y+Z$ 的矩母函数.

37. 比萨店提供 n 种不同的比萨，在一段时间内有 K 个顾客来消费，K 是取非负整数的随机变量，矩母函数是 $M_K(s)=E\big[\mathrm{e}^{sK}\big]$. 每个顾客订一种比萨，订哪种的概率是相同的，与其他顾客独立. 以 $M_K(\cdot)$ 表达订购比萨的种类数的期望.

***38.** X 是取值为非负整数的离散随机变量. $M(s)$ 是 X 的矩母函数.

(a) 证明

$$P(X=0)=\lim_{s\to-\infty}M(s).$$

(b) 用 (a) 证明下列结果: 若 X 服从参数为 n 和 p 的二项分布，则 $P(X=0)=(1-p)^n$；若 X 服从参数为 λ 的泊松分布，则 $P(X=0)=\mathrm{e}^{-\lambda}$.

(c) 已知 X 只取大于等于给定整数 $\overline{k}$ 的整数，运用 X 的矩母函数计算 $P(X=\overline{k})$.

解 (a) 我们有

$$M(s)=\sum_{k=0}^{\infty}P(X=k)\mathrm{e}^{ks}.$$

当 $s\to-\infty$ 时，满足 $k>0$ 的所有 e^{ks} 趋向于 0，所以 $\lim\limits_{s\to-\infty}M(s)=P(X=0)$.

(b) 对于二项分布，我们有

$$M(s)=(1-p+pe^s)^n,$$

所以 $\lim\limits_{s\to-\infty} M(s)=(1-p)^n$. 对于泊松分布，我们有

$$M(s)=e^{\lambda(e^s-1)},$$

所以 $\lim\limits_{s\to-\infty} M(s)=e^{-\lambda}$.

(c) 随机变量 $Y=X-\overline{k}$ 只取非负整数值，相应的矩母函数是 $M_Y(s)=e^{-s\overline{k}}M(s)$（见例 4.25）. 因为 $P(Y=0)=P(X=\overline{k})$，我们从 (a) 得到

$$P(X=\overline{k})=\lim_{s\to-\infty} e^{-s\overline{k}}M(s).$$

***39. 均匀随机变量的矩母函数.**

(a) 计算在 $\{a,a+1,\cdots,b\}$ 中均匀分布的整数值随机变量 X 的矩母函数.

(b) 计算在区间 $[a,b]$ 中均匀分布的连续随机变量 X 的矩母函数.

解 (a) X 的概率质量函数是

$$p_X(k)=\begin{cases}\dfrac{1}{b-a+1}, & 若\ k=a,a+1,\cdots,b,\\ 0, & 其他.\end{cases}$$

矩母函数为

$$\begin{aligned}M(s)&=\sum_{k=-\infty}^{\infty} e^{sk}P(X=k)\\&=\sum_{k=a}^{b}\frac{1}{b-a+1}e^{sk}\\&=\frac{e^{sa}}{b-a+1}\sum_{k=0}^{b-a}e^{sk}\\&=\frac{e^{sa}}{b-a+1}\cdot\frac{1-e^{s(b-a+1)}}{1-e^s}.\end{aligned}$$

(b) 我们有

$$M(s)=E\left[e^{sX}\right]=\int_a^b\frac{e^{sx}}{b-a}dx=\frac{e^{sb}-e^{sa}}{s(b-a)}.$$

***40.** 离散随机变量 X 的矩母函数形如

$$M(s)=\frac{A(e^s)}{B(e^s)},$$

这里的 $A(t)$ 和 $B(t)$ 都是 t 的多项式. 假设 $A(t)$ 和 $B(t)$ 没有共同的根，而且 $A(t)$ 的次数比 $B(t)$ 的小. 假设 $B(t)$ 的所有根是绝对值大于 1 的互异非零实根. 那么可以看出，$M(s)$ 可以写成

$$M(s)=\frac{a_1}{1-r_1e^s}+\cdots+\frac{a_m}{1-r_me^s}.$$

这里的 $1/r_1,\cdots,1/r_m$ 是 $B(t)$ 的根，对于 $i=1,\cdots,m$，常数 $a_i=\lim\limits_{e^s\to1/r_i}(1-r_ie^s)M(s)$.

(a) 证明 X 的概率质量函数为

$$P(X=k)=\begin{cases}\displaystyle\sum_{i=1}^{m}a_ir_i^k, & 若\ k=0,1,\cdots,\\ 0, & 其他.\end{cases}$$

注意：对于大的 k，X 的概率密度函数可以通过 $a_{\bar{i}}r_{\bar{i}}^k$ 来逼近，这里的 $\bar{i}$ 是最大的 $|r_i|$ 的相应指标（假定 $\bar{i}$ 是唯一的）.

(b) 把 (a) 的结果推广到 $M(s)=\mathrm{e}^{bs}A(\mathrm{e}^s)/B(\mathrm{e}^s)$ 的情况，这里 b 为整数.

解 (a) 对于所有满足 $|r_i|\mathrm{e}^s<1$ 的 s，我们有

$$\frac{1}{1-r_i\mathrm{e}^s}=1+r_i\mathrm{e}^s+r_i^2\mathrm{e}^{2s}+\cdots.$$

因此，

$$M(s)=\sum_{i=1}^{m}a_i+\left(\sum_{i=1}^{m}a_ir_i\right)\mathrm{e}^s+\left(\sum_{i=1}^{m}a_ir_i^2\right)\mathrm{e}^{2s}+\cdots,$$

根据矩母函数的定义，我们知道：对于 $k\geqslant 0$ 有

$$P(X=k)=\sum_{i=1}^{m}a_ir_i^k,$$

对于 $k<0$ 有 $P(X=k)=0$. 注意，如果系数 a_i 为非负实数，这个概率质量函数是几何概率质量函数的混合.

(b) 在这种情况下，$M(s)$ 相当于矩母函数为 $A(e^s)/B(e^s)$ 的随机变量通过平移 b 以后得到的矩母函数（见例 4.25），所以我们有

$$P(X=k)=\begin{cases}\displaystyle\sum_{i=1}^{m}a_ir_i^{(k-b)}, & 若\ k=b,b+1,\cdots,\\ 0, & 其他.\end{cases}$$

4.5 节 随机数个独立随机变量和

41. 在某一确定时间，进入电梯的人数服从参数为 λ 的泊松分布. 每个人的体重都是相互独立的，并且服从 100 磅①和 200 磅之间的均匀分布. 令 X_i 是第 i 个人超出 100 磅部分与 100 的比值. 例如，第 7 个人重 175 磅，则 $X_7=0.75$. Y 是诸 X_i 的和.

(a) 求 Y 的矩母函数.

(b) 用矩母函数计算 Y 的期望值.

(c) 用重期望法则证明 (b) 的答案.

42. 我们知道，固定数目的独立正态随机变量和是正态随机变量. 构造一个例子说明，随机数个独立正态随机变量和可以不是正态随机变量.

① 1 磅 ≈ 0.45 千克. ——编者注

43. 某人骑摩托车通过 4 个红绿灯，当到达每个灯的时候红灯的概率都是 1/2. 在每个灯等待的时间是独立正态随机变量，均值为 1 分钟，标准差为 0.5 分钟. X 是在红灯前等待的总时间.

(a) 用全概率定理计算 X 的概率密度函数和相应的矩母函数，并计算 X 超过 4 分钟的概率. X 是正态随机变量吗?

(b) 把 X 看作随机数个独立随机变量和，计算 X 的矩母函数.

44. 计算随机变量和

$$Y = X_1 + \cdots + X_N$$

的均值和方差，其中 N 是整数值随机变量和，即

$$N = K_1 + \cdots + K_M,$$

这里的 $N, M, K_1, K_2, \cdots, X_1, X_2, \cdots$ 都是独立的随机变量，$N, M, K_1, K_2, \cdots$ 是取非负整数值的随机变量，$K_1, K_2, \cdots$ 的分布相同，具有相同的均值 $E[K]$ 和方差 $\mathrm{var}(K)$. $X_1, X_2, \cdots$ 也具有相同的均值 $E[X]$ 和方差 $\mathrm{var}(X)$.

(a) 用 $E[M]$, $\mathrm{var}(M)$, $E[K]$, $\mathrm{var}(K)$ 来推导 $E[N]$ 和 $\mathrm{var}(N)$.

(b) 用 $E[M]$, $\mathrm{var}(M)$, $E[K]$, $\mathrm{var}(K)$, $E[X]$, $\mathrm{var}(X)$ 来推导 $E[Y]$ 和 $\mathrm{var}(Y)$.

(c) 板条箱里有 M 个纸盒，M 服从参数为 p 的几何分布. 第 i 个纸盒装有 K_i 个零件，K_i 服从参数为 μ 的泊松分布，每个零件的重量服从参数为 λ 的指数分布. 假定所涉及的随机变量都是独立的. 求整个箱子总重量的期望和方差.

***45.** 用矩母函数方法证明，个数服从泊松分布的独立同分布伯努利随机变量和服从泊松分布.

解 令 N 是服从参数为 λ 的泊松分布的随机变量，X_i 是独立的、参数为 p 的伯努利随机变量，其中 $i = 1, \cdots, N$. 令

$$L = X_1 + \cdots + X_N.$$

L 的矩母函数可以通过 N 的矩母函数得到. N 的矩母函数为

$$M_N(s) = \mathrm{e}^{\lambda(\mathrm{e}^s - 1)},$$

X_i 的矩母函数为

$$M_X(s) = 1 - p + p\mathrm{e}^s.$$

把 $M_N(s)$ 公式中的 e^s 替换为 $M_X(s)$，得到

$$M_L(s) = \mathrm{e}^{\lambda(1-p+p\mathrm{e}^s-1)} = \mathrm{e}^{\lambda p(\mathrm{e}^s-1)},$$

这是参数为 λp 的泊松分布的矩母函数.

第 5 章　极限理论

在本章里，我们讨论随机变量序列的渐近性质. 设 $X_1, X_2, \cdots$ 为独立同分布的随机变量序列，其公共的均值为 μ，方差为 σ^2. 定义

$$S_n = X_1 + \cdots + X_n$$

为这个随机变量序列的前 n 项之和. 本章的极限理论研究 S_n 以及与 S_n 相关的变量在 $n \to \infty$ 时的性质.

由随机变量序列的各项之间的相互独立性可知

$$\mathrm{var}(S_n) = \mathrm{var}(X_1) + \cdots + \mathrm{var}(X_n) = n\sigma^2.$$

所以，当 $n \to \infty$ 时，S_n 的分布是发散的，不可能有极限. 然而，**样本均值**

$$M_n = \frac{X_1 + \cdots + X_n}{n} = \frac{S_n}{n}$$

却不同. 经过简单计算可以得到

$$E[M_n] = \mu, \qquad \mathrm{var}(M_n) = \frac{\sigma^2}{n}.$$

所以，当 $n \to \infty$ 时，M_n 的方差趋于 0. 也就是说，M_n 的分布的大部分必然与均值 μ 特别接近. 这种现象就是大数定律的主题. 一般而言，这些定律说明，从大样本的意义上看，样本均值 M_n（一个随机变量）以某种明确的意义收敛于 X_i 的均值 μ（一个数）. 按通常的解释，当样本量很大的时候，从 X 抽取的独立样本平均值就是 $E[X]$，大数定律就为此提供了一个数学理论基础.

下面考虑介于 S_n 和 M_n 之间的一个量. 用 S_n 减去 $n\mu$，可以得到零均值随机变量 $S_n - n\mu$，然后再除以 $\sigma\sqrt{n}$，就得到随机变量

$$Z_n = \frac{S_n - n\mu}{\sigma\sqrt{n}}.$$

容易证明

$$E[Z_n] = 0, \qquad \mathrm{var}(Z_n) = 1.$$

因为 Z_n 的均值和方差不依赖于样本容量 n，所以它的分布既不发散，也不收敛于一点. **中心极限定理**研究 Z_n 的分布的渐近性质，并且得出结论：当 n 充分大的时候，Z_n 的分布就接近标准正态分布.

极限理论的用处很多.

(a) 从理论上看，极限理论为用一个独立同分布试验的长序列表示期望和概率提供了合理的解释.

(b) 极限理论提供了当样本量 n 充分大时 S_n 等随机变量性质的近似分析. 相对地，精确分析方法需要计算 S_n 的概率质量函数或概率密度函数，当 n 充分大时，这些计算非常复杂和乏味.

(c) 在使用大型观测数据集时，极限理论在统计推断中起着主要作用.

5.1 马尔可夫和切比雪夫不等式

本节介绍一些重要的不等式. 这些不等式使用随机变量的均值和方差分析事件的概率. 如果随机变量 X 的均值和方差容易计算，但分布不知道或不易计算，这些不等式就非常有用.

首先介绍**马尔可夫不等式**. 粗略地讲，该不等式是指，若一个非负随机变量的均值非常小，则该随机变量取大值的概率也非常小.

马尔可夫不等式

若随机变量 X 只取非负值，则对任意 $a>0$ 有

$$P(X \geqslant a) \leqslant \frac{E[X]}{a}.$$

现在来证明马尔可夫不等式. 固定正数 a，定义随机变量 Y_a，

$$Y_a = \begin{cases} 0, & 若\ X < a, \\ a, & 若\ X \geqslant a. \end{cases}$$

易知

$$Y_a \leqslant X$$

总成立，从而

$$E[Y_a] \leqslant E[X].$$

此外，

$$E[Y_a] = aP(Y_a = a) = aP(X \geqslant a),$$

所以

$$aP(X \geqslant a) \leqslant E[X].$$

图 5-1 给出了马尔可夫不等式的推导过程.

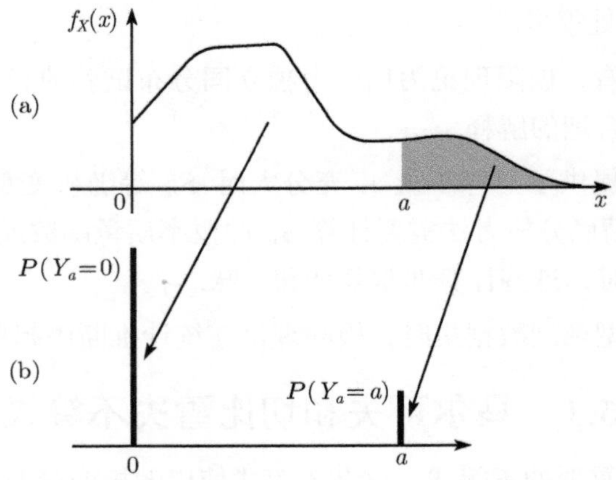

图 5-1　马尔可夫不等式推导过程示意图. 图 (a) 是非负随机变量 X 的概率密度函数. 图 (b) 是与 X 相关的随机变量 Y_a 的概率质量函数. 概率质量函数的构造如下：把 X 位于 0 和 a 之间的所有质量都赋值于 0，大于等于 a 的质量都赋值于 a. 因为所有的质量向左转移，所以期望必然减小，因此 $E[X] \geqslant E[Y_a] = aP(Y_a = a) = aP(X \geqslant a)$

例 5.1　设 X 服从 $[0,4]$ 中的均匀分布. 易知 $E[X]=2$. 由马尔可夫不等式可得

$$P(X \geqslant 2) \leqslant \frac{2}{2} = 1, \quad P(X \geqslant 3) \leqslant \frac{2}{3} \approx 0.67, \quad P(X \geqslant 4) \leqslant \frac{2}{4} = 0.5.$$

与真实概率比较：

$$P(X \geqslant 2) = 0.5, \quad P(X \geqslant 3) = 0.25, \quad P(X \geqslant 4) = 0.$$

可以看出由马尔可夫不等式给出的上界与真实概率相差非常远. ■

下面介绍**切比雪夫不等式**. 粗略地讲，该不等式是指，如果一个随机变量的方差非常小，那么该随机变量取远离均值 μ 的值的概率也非常小. 需要注意的是，切比雪夫不等式并不要求所涉及的随机变量非负.

切比雪夫不等式

若随机变量 X 的均值为 μ，方差为 σ^2，则对任意 $c>0$ 有

$$P(|X-\mu| \geqslant c) \leqslant \frac{\sigma^2}{c^2}.$$

现在来证明切比雪夫不等式. 考虑非负随机变量 $(X-\mu)^2$. 令 $a=c^2$，由马尔可夫不等式可得

$$P\big((X-\mu)^2 \geqslant c^2\big) \leqslant \frac{E[(X-\mu)^2]}{c^2} = \frac{\sigma^2}{c^2}.$$

注意到事件 $(X-\mu)^2 \geqslant c^2$ 等价于事件 $|X-\mu| \geqslant c$，我们有

$$P(|X-\mu| \geqslant c) = P\big((X-\mu)^2 \geqslant c^2\big) \leqslant \frac{\sigma^2}{c^2}.$$

在证明切比雪夫不等式的时候也可以不使用马尔可夫不等式，其推理如下. 为简单起见，假设 X 是连续型随机变量，定义函数

$$g(x) = \begin{cases} 0, & 若\ |x-\mu| < c, \\ c^2, & 若\ |x-\mu| \geqslant c. \end{cases}$$

注意，对任意的 x 有 $(x-\mu)^2 \geqslant g(x)$，所以

$$\sigma^2 = \int_{-\infty}^{\infty} (x-\mu)^2 f_X(x)\mathrm{d}x \geqslant \int_{-\infty}^{\infty} g(x) f_X(x)\mathrm{d}x = c^2 P(|x-\mu| \geqslant c),$$

这就是切比雪夫不等式.

令 $c = k\sigma$，其中 k 是正数. 切比雪夫不等式的另一个版本是

$$P(|X-\mu| \geqslant k\sigma) \leqslant \frac{\sigma^2}{k^2\sigma^2} = \frac{1}{k^2}.$$

所以，随机变量的取值以 k 倍标准差偏离其均值的概率最多是 $1/k^2$.

切比雪夫不等式比马尔可夫不等式更准确，也就是说，由切比雪夫不等式提供的概率的上界离概率的真值更近. 这是因为它利用了 X 的方差的信息. 当然，随机变量的均值和方差也仅仅是粗略地描述了随机变量的性质，所以，由切比雪夫不等式提供的上界与精确概率也可能不是非常接近.

例 5.2 如同在例 5.1 中一样，设 X 服从 $[0,4]$ 上的均匀分布. 现在使用切比雪夫不等式给出事件 $|X-2| \geqslant 1$ 的概率上界. 显然 $\sigma^2 = 16/12 = 4/3$，$\mu = 2$，由切比雪夫不等式可得

$$P(|X-2| \geqslant 1) \leqslant \frac{\sigma^2}{1^2} = \frac{4}{3}.$$

由于概率的值永远不超过 1，所以这个不等式并不带来任何新信息.

现在看另一个例子. 设 X 服从参数 $\lambda = 1$ 的指数分布，则 $E[X] = \mathrm{var}(X) = 1$. 对任意的 $c > 1$，由切比雪夫不等式可得

$$P(X \geqslant c) = P(X-1 \geqslant c-1) \leqslant P(|X-1| \geqslant c-1) \leqslant \frac{1}{(c-1)^2}.$$

真实概率是 $P(X \geqslant c) = \mathrm{e}^{-c}$. 可以看出切比雪夫不等式给出的上界比较保守. ■

例 5.3（切比雪夫不等式的上界） 设随机变量 X 的取值空间是 $[a,b]$，我们可以证明 $\sigma^2 \leqslant (b-a)^2/4$. 因此，如果 σ^2 未知，可以用上界 $(b-a)^2/4$ 代替切比雪夫不等式中的 σ^2，即

$$P(|x-\mu| \geqslant c) \leqslant \frac{(b-a)^2}{4c^2}, \qquad c > 0.$$

现在来证明 $\sigma^2 \leqslant (b-a)^2/4$. 对任意常数 γ，我们有

$$E[(X-\gamma)^2] = E[X^2] - 2E[X]\gamma + \gamma^2,$$

而且该二次多项式在 $\gamma = E[X]$ 处达到极小. 因此，对任意常数 γ，我们有

$$\sigma^2 = E[(X-E[X])^2] \leqslant E[(X-\gamma)^2].$$

令 $\gamma = (a+b)/2$，可得

$$\sigma^2 \leqslant E\left[\left(X - \frac{a+b}{2}\right)^2\right] = E[(X-a)(X-b)] + \frac{(b-a)^2}{4} \leqslant \frac{(b-a)^2}{4},$$

其中的等式可以通过直接计算来验证，最后一个不等式成立的原因是：当 $x \in [a,b]$ 时有

$$(x-a)(x-b) \leqslant 0.$$

上界 $\sigma^2 \leqslant (b-a)^2/4$ 可能会非常保守，但是，在对 X 的信息缺乏更深认识的情况下，这个上界很难改进. 并且，当 X 各以 $1/2$ 的概率只取极端值 a 和 b 时，$\sigma^2 = (b-a)^2/4$. ■

5.2 弱大数定律

弱大数定律是指，在大样本的情况下，独立同分布的随机变量的样本均值以很大的概率与随机变量的均值非常接近.

下面考虑独立同分布随机变量序列 $X_1, X_2, \cdots$，公共的均值为 μ，方差为 σ^2. 定义样本均值为

$$M_n = \frac{1}{n}\sum_{i=1}^{n} X_i,$$

则

$$E[M_n] = \frac{E[X_1] + \cdots + E[X_n]}{n} = \frac{n\mu}{n} = \mu.$$

运用独立性可得

$$\mathrm{var}(M_n) = \frac{\mathrm{var}(X_1 + \cdots + X_n)}{n^2} = \frac{\mathrm{var}(X_1) + \cdots + \mathrm{var}(X_n)}{n^2} = \frac{n\sigma^2}{n^2} = \frac{\sigma^2}{n}.$$

由切比雪夫不等式可得，对任意的 $\varepsilon > 0$ 有

$$P(|M_n - \mu| \geqslant \varepsilon) \leqslant \frac{\sigma^2}{n\varepsilon^2}.$$

注意，对任意固定的 $\varepsilon > 0$，当 $n \to \infty$ 时上面不等式的右边趋于 0，于是就得到如下的弱大数定律. 这里要提到的是：当 X_i 的方差无界时，弱大数定律仍然成立，但是需要更严格而精巧的证明，在此省略. 因此，在下面陈述的弱大数定律中，只需要一个假设，即 $E[X_i]$ 是有限的.

弱大数定律

若 $X_1, X_2, \cdots$ 独立同分布，公共的均值为 μ，则对任意的 $\varepsilon > 0$，当 $n \to \infty$ 时，

$$P(|M_n - \mu| \geqslant \varepsilon) = P\left(\left|\frac{X_1 + \cdots + X_n}{n} - \mu\right| \geqslant \varepsilon\right) \to 0.$$

弱大数定律是指，对于充分大的 n，M_n 的分布的大部分集中在 μ 附近. 设包含 μ 的一个区间为 $[\mu-\varepsilon, \mu+\varepsilon]$，则 M_n 位于该区间内的概率非常大. 当 $n \to \infty$ 时，该概率趋于 1. 当然，当 ε 非常小时，则需要更大的 n，使得 M_n 以很大的概率落在该区间内.

例 5.4（**概率与频率**） 在某个试验中，考虑随机事件 A. 令 $p = P(A)$ 为事件 A 发生的概率. 进行 n 次独立重复试验，令 M_n 为事件 A 发生的次数占总试验次数 n 的比例，M_n 通常称为事件 A 的**经验频率**. 注意

$$M_n = \frac{X_1 + \cdots + X_n}{n},$$

其中 $X_i = 1$ 表示事件 A 发生，否则 $X_i = 0$. 特别地，有 $E[X_i] = p$. 运用弱大数定律可以证明：当 n 充分大时，经验频率以很大的概率落在 p 的 ε 邻域里. 也就是说，经验频率是 p 的一个很好的估计. 换句话说，可以将事件 A 发生的频率解释为概率 p. ■

例 5.5（**选举问题**） 设 p 为选民支持某候选人的比例. 现在“随机”地对 n 个选民进行调查，然后计算这 n 个选民对该候选人的支持率 M_n. 我们将 M_n 视为 p 的估计，并研究它的性质.

“随机”是指这 n 个选民是所有选民中的独立同分布样本. 所以每个选民的回答也可以视为独立的伯努利随机变量 X_i，$X_i = 1$ 表示选民支持候选人，即“试验成功”. 成功的概率为 p，X_i 的方差为 $\sigma^2 = p(1-p)$. 由切比雪夫不等式可得

$$P(|M_n - p| \geqslant \varepsilon) \leqslant \frac{p(1-p)}{n\varepsilon^2}.$$

当然，参数 p 的真值是未知的. 另外，容易验证 $p(1-p) \leqslant 1/4$（见例 5.3），所以

$$P(|M_n - p| \geqslant \varepsilon) \leqslant \frac{1}{4n\varepsilon^2}.$$

例如，若 $\varepsilon = 0.1$ 且 $n = 100$，则

$$P(|M_{100} - p| \geqslant 0.1) \leqslant \frac{1}{4 \cdot 100 \cdot (0.1)^2} = 0.25.$$

也就是说，在 $n = 100$ 的情况下，估计 M_n 与 p 的真值相差大于 0.1 的概率不超过 0.25.

现在考虑另一个问题，假设我们希望估计与真值 p 相差不到 0.01 的概率至少超过 95%，那么至少需要调查多少人?

现在我们唯一可以使用的就是不等式

$$P(|M_n - p| \geqslant 0.01) \leqslant \frac{1}{4n(0.01)^2}.$$

为满足要求，我们要找到足够大的 n 使得

$$\frac{1}{4n(0.01)^2} \leqslant 1 - 0.95 = 0.05,$$

由上式可得 $n \geqslant 50\,000$. 取这样的 n 值就能满足我们的要求，但是，基于切比雪夫不等式得到的这个结论仍然很保守. 更好的结论将在 5.4 节中讨论. ■

5.3　依概率收敛

弱大数定律可以表述为“M_n 收敛于 μ”. 但是，既然 $M_1, M_2, \cdots$ 是随机变量序列，而不是数列，那么这里“收敛”的含义就不同于数列的收敛，应该给予更明确的定义. 下面先给出数列的收敛的定义，以便比较.

数列的收敛

设 $a_1, a_2, \cdots$ 是实数数列，a 为实数，如果对任意的 $\varepsilon > 0$，存在正整数 n_0 使得对所有的 $n \geqslant n_0$ 都有

$$|a_n - a| \leqslant \varepsilon,$$

则称数列 a_n 收敛于 a，记为 $\lim\limits_{n\to\infty} a_n = a$.

所以，如果 $\lim\limits_{n\to\infty} a_n = a$，则对任意给定的 $\varepsilon > 0$，当 n 充分大时 a_n 必须在 a 的 ε 邻域内.

依概率收敛

设 $Y_1, Y_2, \cdots$ 是随机变量序列（不必相互独立），a 为实数，如果对任意的 $\varepsilon > 0$ 都有

$$\lim_{n\to\infty} P(|Y_n - a| \geqslant \varepsilon) = 0,$$

则称 Y_n 依概率收敛于 a.

根据这个定义，弱大数定律就是说样本均值依概率收敛于真实的均值 μ. 更一般地，利用切比雪夫不等式可以证明：如果所有的 Y_n 具有相同的均值，而方差 $\mathrm{var}(Y_n)$ 趋于 0，则 Y_n 依概率收敛于 μ.

如果随机变量序列 $Y_1, Y_2, \cdots$ 有概率质量函数或者概率密度函数，且依概率收敛于 a，则根据依概率收敛的定义，对充分大的 n，Y_n 的概率质量函数或概率

密度函数中的大部分集中在 a 的 ε 邻域 $[a-\varepsilon, a+\varepsilon]$ 内．所以，依概率收敛的定义可描述为：对任意的 $\varepsilon>0$ 和 $\delta>0$，存在 n_0 使得对所有的 $n \geqslant n_0$ 都有

$$P(|Y_n - a| \geqslant \varepsilon) \leqslant \delta.$$

下面称 ε 为**准确度**，δ 为**置信水平**．依概率收敛的定义有如下形式：对于任意给定的准确度和置信水平，Y_n 在 n 充分大时等于 a.

例 5.6 设 $X_1, X_2, \cdots$ 为独立随机变量序列，服从 $[0,1]$ 中的均匀分布，定义

$$Y_n = \min\{X_1, \cdots, X_n\}.$$

当 n 增大时，Y_n 的值不会增大，有时还会减小（若 X_n 的值比前面得到的值还要小），所以，从直觉上看 Y_n 有可能收敛于 0．实际上，对任意的 $\varepsilon>0$，利用 X_n 的独立性可以得到

$$P(|Y_n - 0| \geqslant \varepsilon) = P(X_1 \geqslant \varepsilon, \cdots, X_n \geqslant \varepsilon) = P(X_1 \geqslant \varepsilon) \cdots P(X_n \geqslant \varepsilon) = (1-\varepsilon)^n.$$

于是，

$$\lim_{n\to\infty} P(|Y_n - 0| \geqslant \varepsilon) = \lim_{n\to\infty} (1-\varepsilon)^n = 0.$$

上式对任意的 $\varepsilon>0$ 都是成立的，所以 Y_n 依概率收敛于 0. ■

例 5.7 设随机变量 Y 服从参数 $\lambda=1$ 的指数分布．对任意的正整数 n，定义 $Y_n = Y/n$.（注意该随机变量序列不是独立的．）现在研究 Y_n 是否依概率收敛于 0.

实际上，对任意的 $\varepsilon>0$，我们有

$$P(|Y_n - 0| \geqslant \varepsilon) = P(Y_n \geqslant \varepsilon) = P(Y \geqslant n\varepsilon) = \mathrm{e}^{-n\varepsilon}.$$

于是，

$$\lim_{n\to\infty} P(|Y_n - 0| \geqslant \varepsilon) = \lim_{n\to\infty} \mathrm{e}^{-n\varepsilon} = 0.$$

上式对任意的 $\varepsilon>0$ 都是成立的，所以 Y_n 依概率收敛于 0. ■

人们很容易认为，如果 Y_n 依概率收敛于实数 a，则 $E[Y_n]$ 也应该收敛于 a. 下面的例子说明这个结论是不对的，从而说明依概率收敛的定义有局限性.

例 5.8 考虑离散随机变量序列 Y_n，其分布为

$$P(Y_n = y) = \begin{cases} 1-\dfrac{1}{n}, & 若\ y=0, \\ \dfrac{1}{n}, & 若\ y=n^2, \\ 0, & 其他. \end{cases}$$

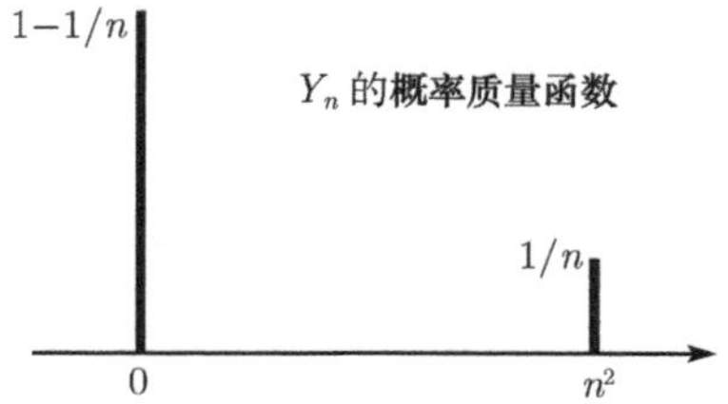

图 5-2 例 5.8 中随机变量 Y_n 的概率质量函数

见图 5-2．对任意的 $\varepsilon>0$ 有

$$\lim_{n\to\infty} P(|Y_n| \geqslant \varepsilon) = \lim_{n\to\infty} \frac{1}{n} = 0.$$

所以 Y_n 依概率收敛于 0．然而，当 $n\to\infty$ 时，$E[Y_n] = n^2/n = n \to \infty$. ■

5.4 中心极限定理

根据弱大数定律，随着 n 的增大，样本均值 $M_n = (X_1 + \cdots + X_n)/n$ 的分布越来越集中在真实均值 μ 的邻域内. 特别地，当 X_i 的方差为有限的时候，M_n 的方差趋于 0. 此外，前 n 项和

$$S_n = X_1 + \cdots + X_n = nM_n$$

的方差趋于 ∞，所以 S_n 的分布不可能收敛. 换一个角度，我们考虑 S_n 与其均值 $n\mu$ 的偏差 $S_n - n\mu$，然后乘以正比于 $1/\sqrt{n}$ 的刻度系数. 乘以刻度系数的目的就是使新的随机变量具有固定的方差. 中心极限定理指出，这个新的随机变量的分布趋于标准正态分布.

具体地说，设 $X_1, X_2, \cdots$ 是独立同分布的随机变量序列，序列每一项的均值为 μ，方差为 σ^2. 令

$$Z_n = \frac{S_n - n\mu}{\sqrt{n}\sigma} = \frac{X_1 + \cdots + X_n - n\mu}{\sqrt{n}\sigma}.$$

经过简单的计算得到

$$E[Z_n] = \frac{E[X_1 + \cdots + X_n] - n\mu}{\sqrt{n}\sigma} = 0,$$

$$\mathrm{var}(Z_n) = \frac{\mathrm{var}(X_1 + \cdots + X_n)}{n\sigma^2} = \frac{\mathrm{var}(X_1) + \cdots + \mathrm{var}(X_n)}{n\sigma^2} = \frac{n\sigma^2}{n\sigma^2} = 1.$$

中心极限定理

设 $X_1, X_2 \cdots$ 是独立同分布的随机变量序列，序列每一项的均值为 μ，方差为 σ^2. 令

$$Z_n = \frac{X_1 + \cdots + X_n - n\mu}{\sqrt{n}\sigma}.$$

则 Z_n 的累积分布函数收敛于标准正态累积分布函数

$$\Phi(z) = \frac{1}{\sqrt{2\pi}} \int_{-\infty}^{z} \mathrm{e}^{-x^2/2} \mathrm{d}x,$$

也就是说，对任意的 z 有

$$\lim_{n \to \infty} P(Z_n \leqslant z) = \Phi(z).$$

中心极限定理的适用范围非常广. 在定理的条件中，除了序列独立同分布之外，还要求各项均值和方差的有限性. 此外，对 X_i 的分布再也没有其他的要求. X_i 的分布可以是离散、连续或混合的. 章末习题提供了定理的证明概要.

这个定理不仅在理论上非常重要，在实践中也是如此. 从理论上看，该定理表明大样本的独立随机变量序列和大致是正态的. 所以，当碰到的随机量是许多影响小但独立的随机因素的总和时，根据中心极限定理，可以判定这个随机量服从正态分布. 例如，在许多自然或工程系统中的噪声就是这种情况.

从应用角度看，中心极限定理可以不必考虑随机变量具体服从什么分布，避免了概率质量函数和概率密度函数的烦琐计算. 在具体计算的时候，只需知道均值和方差的信息，并简单查阅标准正态累积分布函数表即可.

5.4.1 基于中心极限定理的近似

中心极限定理允许我们将 Z_n 看成正态分布，从而计算与 Z_n 相关的随机变量的概率问题. 因为正态分布在线性变换下仍然是正态分布，所以可以将 S_n 视为均值为 $n\mu$、方差为 $n\sigma^2$ 的正态随机变量.

基于中心极限定理的正态近似

令 $S_n = X_1 + \cdots + X_n$，其中 $X_1, X_2, \cdots$ 是独立同分布的随机变量序列，均值为 μ，方差为 σ^2. 当 n 充分大时，概率 $P(S_n \leqslant c)$ 可以通过将 S_n 视为正态随机变量来近似计算. 步骤如下：

(1) 计算 S_n 的均值 $n\mu$ 和方差 $n\sigma^2$；

(2) 计算归一化后的值 $z = (c - n\mu)/(\sqrt{n}\sigma)$；

(3) 计算近似值

$$P(S_n \leqslant c) \approx \Phi(z),$$

其中 $\Phi(z)$ 可从标准正态累计分布函数表查得.

例 5.9 飞机上运载 100 件包裹，每件包裹的重量是独立的随机变量，在 5 磅和 50 磅之间均匀分布. 那么，这 100 件包裹的总重量超过 3000 磅的概率是多少？直接计算总重量的累积分布函数，从而计算该概率非常不容易. 但是，使用中心极限定理很容易计算该概率的近似值.

现在计算 $P(S_{100} > 3000)$，其中 S_{100} 是这 100 件包裹的总重量. 基于均匀概率密度函数的均值和方差公式，每件包裹的均值和方差是

$$\mu = \frac{5+50}{2} = 27.5, \qquad \sigma^2 = \frac{(50-5)^2}{12} = 168.75.$$

然后计算标准正态值

$$z = \frac{3000 - 100 \cdot 27.5}{\sqrt{100 \cdot 168.75}} \approx 1.92.$$

使用标准正态近似，得到

$$P(S_{100} \leqslant 3000) \approx \Phi(1.92) = 0.9726.$$

所以

$$P(S_{100} > 3000) = 1 - P(S_{100} \leqslant 3000) \approx 1 - 0.9726 = 0.0274$$ ■

例 5.10 我们用机器加工零件，每次加工一个零件. 对于不同的零件，加工时间是相互独立的随机变量，在区间 $[1,5]$ 中均匀分布. 在 320 个单位时间内加工的零件总数记为 N_{320}，计算 N_{320} 至少为 100 的概率的近似值.

我们不能将 N_{320} 表示为独立随机变量和，但可以换一种角度来处理问题. 设 X_i 为第 i 个零件的加工时间，$S_{100}=X_1+\cdots+X_{100}$ 是前 100 个零件的总加工时间. 事件 $\{N_{320}\geqslant 100\}$ 和事件 $\{S_{100}\leqslant 320\}$ 是同一个事件，后者中的 S_{100} 是独立同分布的随机变量和，它的分布可用正态分布来近似. 注意到 $\mu=E[X_i]=3$，$\sigma^2=\mathrm{var}(X_i)=(5-1)^2/12=4/3$. 计算正态值

$$z=\frac{320-n\mu}{\sqrt{n}\sigma}=\frac{320-300}{\sqrt{100\cdot 4/3}}\approx 1.73,$$

所求概率为

$$P(S_{100}\leqslant 320)\approx\Phi(1.73)=0.9582.$$ ■

若 X_i 的方差未知，但方差的上界已知，使用正态近似的方法可以得到我们感兴趣的事件的概率上界.

例 5.11（选举问题） 考虑例 5.5 的选举问题. 对 n 个选民进行调查，记录下他们赞成某候选人的比例

$$M_n=\frac{X_1+\cdots+X_n}{n},$$

其中 X_i 是被调查的第 i 个选民的态度，$X_i=1$ 表示选民 i 支持该候选人，$X_i=0$ 表示选民 i 反对该候选人. 若 p 是这个候选人在全体选民中的支持率，则 X_i 是参数为 p 的、独立的伯努利随机变量. 故 M_n 的均值为 p，方差为 $p(1-p)/n$. 利用中心极限定理，$X_1+\cdots+X_n$ 近似服从正态分布，因此 M_n 也近似服从正态分布.

下面计算概率 $P(|M_n-p|\geqslant\varepsilon)$，即计算候选人在这 n 个选民中的支持率与在全体选民中的支持率相差大于 ε 的概率，其中 ε 是估计精度. 由正态分布的对称性可得

$$P(|M_n-p|\geqslant\varepsilon)\approx 2P(M_n-p\geqslant\varepsilon).$$

显然，M_n-p 的方差 $p(1-p)/n$ 依赖于未知参数 p，所以也是未知的. 注意，偏离均值的概率随着方差的增大而增大，所以，为了得到概率 $P(M_n-p\geqslant\varepsilon)$ 的上界，可以假设 M_n-p 有最大的方差，即当 $p=1/2$ 时，方差为 $1/(4n)$. 为得到这个上界，先计算标准正态值

$$z=\frac{\varepsilon}{\sqrt{1/(4n)}}=2\varepsilon\sqrt{n},$$

再利用正态近似方法，得到

$$P(M_n-p\geqslant\varepsilon)\leqslant 1-\Phi(z)=1-\Phi(2\varepsilon\sqrt{n}).$$

例如，当 $n=100$ 且 $\varepsilon=0.1$ 时，假设方差取最大值，且 M_n 是近似正态的，我们有

$$P(|M_n-p|\geqslant 0.1)\approx 2P(M_n-p\geqslant 0.1)\leqslant 2-2\Phi(2\cdot 0.1\cdot\sqrt{100})=2-2\Phi(2)=0.0456.$$

这比在例 5.5 中使用切比雪夫不等式得到的上界 0.25 要小得多，也更准确.

现在考虑另一个问题. 如果希望估计 M_n 与真值 p 的差距在 0.01 之内的概率至少是 0.95，则样本容量 n 应该多大？现在我们假设最坏的情况发生，此时 M_n 的方差达到最大，这个假设引向条件

$$2-2\Phi(2\cdot 0.01\cdot\sqrt{n})\leqslant 0.05,$$

即

$$\Phi(2\cdot 0.01\cdot\sqrt{n})\geqslant 0.975,$$

根据正态分布表，可查得 $\Phi(1.96)=0.9750$，所以上式等价于

$$2\cdot 0.01\cdot\sqrt{n}\geqslant 1.96,$$

即

$$n\geqslant\frac{1.96^2}{4\cdot(0.01)^2}=9604.$$

这个结果是比较理想的，若使用切比雪夫不等式，需要 50 000 个样本才能保证上述结论. ■

当 $n\to\infty$ 时，正态近似就会越来越精确，但是，在实践中，样本容量 n 是固定的、有限的. 所以必须知道在 n 多大时正态近似的结果是可信的. 可惜的是，没有简单和普遍的准则来判断. 这要依赖于 X_i 的分布是否与正态分布接近，特别地，还依赖于 X_i 的分布是否对称. 举个例子，假设 X_i 是均匀分布的，则 S_8 就已经与正态分布接近了. 但是如果 X_i 是指数分布，那么 n 必须充分大，S_n 的分布才与正态分布接近. 进一步，当使用正态近似计算 $P(S_n\leqslant c)$ 的时候，其近似的程度与 c 的值有关. 一般来说，如果 c 在 S_n 均值的附近，精度会更高一些.

5.4.2 二项分布的棣莫弗-拉普拉斯近似

服从参数为 n 和 p 的二项分布的随机变量 S_n 可以看成 n 个服从参数为 p 的伯努利分布的独立随机变量 $X_1,\cdots,X_n$ 的和：

$$S_n=X_1+\cdots+X_n.$$

显然

$$\mu=E[X_i]=p,\qquad\sigma=\sqrt{\mathrm{var}(X_i)}=\sqrt{p(1-p)}.$$

现在使用中心极限定理去近似事件 $\{k\leqslant S_n\leqslant l\}$ 的概率，其中 k 和 l 是给定的整数. 我们运用事件的等价性

$$k\leqslant S_n\leqslant l\qquad\Longleftrightarrow\qquad\frac{k-np}{\sqrt{np(1-p)}}\leqslant\frac{S_n-np}{\sqrt{np(1-p)}}\leqslant\frac{l-np}{\sqrt{np(1-p)}}$$

将事件表达成标准化随机变量的形式. 由中心极限定理可知 $(S_n-np)/\sqrt{np(1-p)}$ 近似服从标准正态分布，所以

$$\begin{aligned}P(k\leqslant S_n\leqslant l)&=P\left(\frac{k-np}{\sqrt{np(1-p)}}\leqslant\frac{S_n-np}{\sqrt{np(1-p)}}\leqslant\frac{l-np}{\sqrt{np(1-p)}}\right)\\&\approx\Phi\left(\frac{l-np}{\sqrt{np(1-p)}}\right)-\Phi\left(\frac{k-np}{\sqrt{np(1-p)}}\right).\end{aligned}$$

上述近似方法等价于将 S_n 看成均值为 np、方差为 $np(1-p)$ 的正态随机变量. 图 5-3 表明，如果将 k 和 l 分别替换成 $k-\frac{1}{2}$ 和 $l+\frac{1}{2}$，则概率的近似结果更加准确，下面给出相关的近似公式.

二项分布的棣莫弗-拉普拉斯近似

设 S_n 是参数为 n 和 p 的二项随机变量，n 充分大，k 和 l 是非负整数，则

$$P(k \leqslant S_n \leqslant l) \approx \Phi\left(\frac{l+\frac{1}{2}-np}{\sqrt{np(1-p)}}\right) - \Phi\left(\frac{k-\frac{1}{2}-np}{\sqrt{np(1-p)}}\right).$$

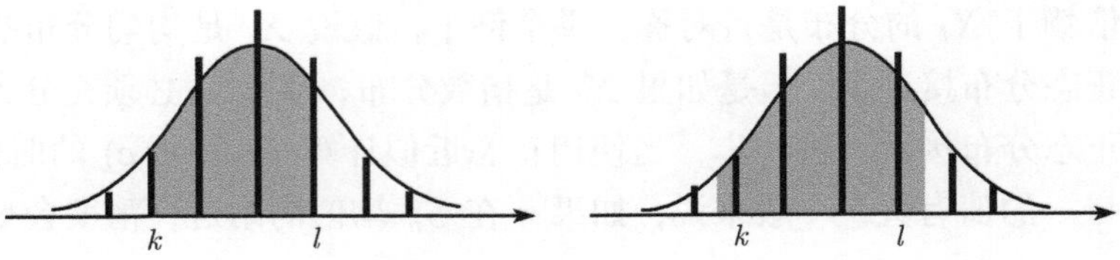

图 5-3　中心极限定理将二项分布随机变量 S_n 看成均值为 np、方差为 $np(1-p)$ 的正态分布. 图中显示了二项分布的概率质量函数和相应的正态概率密度函数. (a) 概率值 $P(k \leqslant S_n \leqslant l)$ 可以由正态概率密度函数从 k 到 l 进行积分计算，即图形中阴影部分的面积. 使用这种方法，当 $k=l$ 时，概率 $P(k \leqslant S_n \leqslant l)$ 就会近似为 0. (b) 弥补这个缺陷的方法就是用区间 $[k-\frac{1}{2}, l+\frac{1}{2}]$ 内正态分布的概率来近似. 按照这一想法，$P(k \leqslant S_n \leqslant l)$ 可以用正态概率密度函数在区间 $[k-\frac{1}{2}, l+\frac{1}{2}]$ 内的面积来近似，即图形中阴影部分的面积

当 p 靠近 1/2 时，X_i 的概率质量函数基本上是对称的，只要 n 达到 40 或者 50，使用上述近似方法就能得到很好的结果. 当 p 靠近 1 或 0 时，这个近似结果就不好，这时需要更大的 n 才能得到相同的精度.

例 5.12　设 S_n 是参数为 $n=36$ 和 $p=0.5$ 的二项随机变量，则

$$P(S_n \leqslant 21) = \sum_{k=0}^{21} \binom{36}{k} 0.5^{36} \approx 0.8785$$

是精确的概率.

使用中心极限定理，若端点不经过修正，上述概率可以近似为

$$P(S_n \leqslant 21) \approx \Phi\left(\frac{21-np}{\sqrt{np(1-p)}}\right) = \Phi\left(\frac{21-18}{3}\right) = \Phi(1) = 0.8413.$$

若端点经过修正，可以得到

$$P(S_n \leqslant 21) \approx \Phi\left(\frac{21.5 - np}{\sqrt{np(1-p)}}\right) = \Phi\left(\frac{21.5 - 18}{3}\right) = \Phi(1.17) = 0.8790.$$

上述计算说明，端点经过修正以后，近似的概率与精确概率非常接近.

棣莫弗-拉普拉斯公式同样可以用来近似 S_n 在单点的概率. 例如，

$$P(S_n = 19) \approx \Phi\left(\frac{19.5 - 18}{3}\right) - \Phi\left(\frac{18.5 - 18}{3}\right) = 0.6915 - 0.5675 = 0.1240,$$

这与真值

$$P(S_n = 19) = \binom{36}{19} 0.5^{36} \approx 0.1251$$

非常接近. ■

5.5 强大数定律

强大数定律与弱大数定律一样，都是指样本均值收敛于真实均值 μ. 但是，它们强调的是不同的收敛类别.

下面是强大数定律的一般陈述. 在章末习题中，在 X_i 的四阶矩有限的附加条件之下给出了证明.

强大数定律

设 $X_1, X_2, \cdots$ 是均值为 μ 的独立同分布随机变量序列，则样本均值 $M_n = (X_1 + X_2 + \cdots + X_n)/n$ **以概率 1** 收敛于 μ，即

$$P\left(\lim_{n\to\infty} \frac{X_1 + X_2 + \cdots + X_n}{n} = \mu\right) = 1.$$

为解释强大数定律，我们还是采用样本空间的概率模型来描述. 试验是由无穷长的一串独立重复的试验序列组成的，每次试验的结果就是随机变量序列 $X_1, X_2, \cdots$ 的一个数据的无穷序列 $x_1, x_2, \cdots$. 所以，人们可以把样本空间定义为无穷序列 $(x_1, x_2, \cdots)$ 的集合：这种形式的任意无穷数列都可能是试验的一个结果. 现在考虑样本空间中由这些序列 $(x_1, x_2, \cdots)$ 构成的集合 A，集合 A 中的样本满足如下条件：在极限意义下的样本均值为 μ，即

$$(x_1, x_2, \cdots) \in A \quad \Longleftrightarrow \quad \lim_{n\to\infty} \frac{x_1 + x_2 + \cdots + x_n}{n} = \mu.$$

强大数定律是指样本空间中几乎所有可能的样本点都集中在这个特殊的子集中. 换句话说，所有不在 A（极限意义下的样本均值不为 μ）中的可能结果组成的子集的概率为 0.

强大数定律与弱大数定律的区别是细微的，需要仔细说明．弱大数定律是指 M_n 显著偏离 μ 的事件的概率 $P(|M_n-\mu|\geqslant\varepsilon)$ 在 $n\to\infty$ 时趋于 0．但是对任意有限的 n，该事件的概率可能是正的．所以可以想象的是，在 M_n 这个无穷序列中，也许偶尔有 M_n 显著偏离 μ．弱大数定律不能提供到底有多少 M_n 会显著偏离 μ，但是强大数定律可以．根据强大数定律，M_n 以概率 1 收敛于 μ．这意味着，对任意的 $\varepsilon>0$，偏离 $|M_n-\mu|$ 超过 ε 无穷次的概率为 0．

例 5.13（**概率与频率**） 如同例 5.4，考虑某试验中事件 A 发生的概率．在多次重复进行的试验中，设 M_n 为 n 次试验中事件 A 发生的频率．强大数定律保证 M_n 以概率 1 收敛于 $P(A)$．相比之下，弱大数定律保证 M_n 依概率收敛于 $P(A)$，见例 5.4．

我们经常将事件 A 的概率直观地解释为独立重复无穷试验序列中事件 A 出现的频率．强大数定律支持了这种直观的解释，并且指出，在独立重复的试验序列中，可以肯定地说（即事件发生的概率为 1）：事件 A 长时间出现的频率就是概率 $P(A)$． ■

以概率 1 收敛

强大数定律中的收敛与弱大数定律中的收敛是两个不同的概念．现在给出以概率 1 收敛的定义，并讨论这个新概念．

以概率 1 收敛

设 $Y_1,Y_2,\cdots$ 是随机变量序列（不必独立），c 是某个实数，如果

$$P\left(\lim_{n\to\infty}Y_n=c\right)=1,$$

则称 Y_n **以概率 1**（即**几乎处处**）收敛于 c．

类似于前面的讨论，我们应该正确理解以概率 1 收敛这种类型，这种收敛也是在由无穷数列组成的样本空间中建立的：若某随机变量序列以概率 1 收敛于常数 c，则在样本空间中，全部的概率集中在满足极限等于 c 的无穷数列的子集上．但这并不意味其他的无穷数列不存在，只不过它们是非常不可能的，即它们的概率为 0．

例 5.14 设 $X_1,X_2,\cdots$ 是独立随机变量序列，X_i 在区间 $[0,1]$ 中均匀分布．令 $Y_n=\min\{X_1,\cdots,X_n\}$．下面证明 Y_n 以概率 1 收敛于 0．

注意，Y_n 是非增的，即对所有的 n 有 $Y_{n+1}\leqslant Y_n$．既然序列 Y_n 有下界 0，所以一定有极限，将这个极限记为 Y．固定 $\varepsilon>0$，我们有 $Y\geqslant\varepsilon$，当且仅当对所有的 i 都有 $X_i\geqslant\varepsilon$，从而对所有 n 有

$$P(Y\geqslant\varepsilon)\leqslant P(Y_n\geqslant\varepsilon)=P(X_1\geqslant\varepsilon,\cdots,X_n\geqslant\varepsilon)=(1-\varepsilon)^n.$$

进一步有

$$P(Y\geqslant\varepsilon)\leqslant\lim_{n\to\infty}(1-\varepsilon)^n=0.$$

这就证明了对任意的正数 ε 有 $P(Y \geqslant \varepsilon) = 0$. 所以 $P(Y > 0) = 0$，从而 $P(Y = 0) = 1$. 又因为 Y 是 Y_n 的极限，所以 Y_n 以概率 1 收敛于 0. ■

以概率 1 收敛意味着依概率收敛（见章末习题），但反之不成立. 以下例子说明依概率收敛和以概率 1 收敛的区别.

例 5.15 考虑一个符合离散时间的到达过程①. 假定到达时刻属于正整数集合 $\{1, 2, \cdots\}$. 现将这个集合分割成若干不相交的集合（区间）$I_k = \{2^k, 2^k + 1, \cdots, 2^{k+1} - 1\}$, $k = 0, 1, \cdots$. 注意，I_k 的长度是 2^k，随着 k 的增大而增大. 假定在每个区间 I_k 中，只有唯一的到达时刻，且在区间中的每个时刻到达是等可能的. 在各个区间中，到达时刻是相互独立的. 若设第 k 个区间 I_k 中的到达时刻为 N_k，则 N_k 是相互独立的随机变量序列，$k = 0, 1, \cdots$. 现在定义随机变量序列 Y_n：如果在时刻 n 到达，则定义 $Y_n = 1$，否则定义 $Y_n = 0$.

如果 $n \in I_k$，则 $P(Y_n \neq 0) = 1/2^k$. 注意到，对任意的 n，存在唯一的 k 使得 $n \in I_k$. 而且随着 n 的增大，k 也会增大，所以

$$\lim_{n \to \infty} P(Y_n \neq 0) = \lim_{k \to \infty} 2^{-k} = 0.$$

因此 Y_n 依概率收敛于 0. 但是，在每个区间 I_k 中都有一个到达时刻，所以到达的次数是无穷多的，从而存在无穷多个 n 使得 $Y_n = 1$. 这样，事件 $\{\lim_{n \to \infty} Y_n = 0\}$ 的概率为 0，即 Y_n 不以概率 1 收敛.

直觉上看，对任意给定时刻 n，Y_n 与 0 的偏差显著大于 0 的概率很小，而且随着 n 的增大，概率在减小. 这就是说，Y_n 是依概率收敛的序列. 但是，只要时间足够长，$Y_n = 1$ 肯定会发生，因此 Y_n 就不以概率 1 收敛. ■

5.6 小结和讨论

本章中，我们讨论了概率论中许多重要的理论，并主要从概念和实际应用两个角度来论述. 从概念上看，概率可以看作大量独立试验的相对频率，本章给出了坚实的理论依据. 从实践角度看，对计算独立随机变量之和的事件的概率给出了合理的近似方法，对这些事件概率的精确计算往往很困难. 在统计推断中，我们将看到这些定律的大量应用.

本章论述了如下三个涉及极限理论的定律.

(a) 弱大数定律：表明在样本容量 n 充分大时，样本均值与真实均值非常接近. 切比雪夫不等式是概率论中的一个非常有用的不等式.

(b) 中心极限定理：概率论中最重要的理论之一. 它是指大量独立随机变量之和的分布可以近似为正态分布. 中心极限定理有许多应用，它是主要的统计分析工具，而且从理论上保证了在实践中大量使用正态模型假设的合理性.

① 到达时刻的直观含义是非常清楚的，例如，“时刻 n 到达一个顾客”或“时刻 n 到达一个基本粒子”等说法. ——译者注

(c) 强大数定律：将概率和相对频率更加紧密地联系起来，在理论研究中也是非常重要的工具.

在研究极限理论时，本章介绍了很多关于收敛的概念（依概率收敛、以概率 1 收敛），同时也提供了概率模型中关于收敛的精确语言. 极限理论和收敛概念是概率模型和随机过程研究中非常重要的课题.

5.7 习题

5.1 节 马尔可夫和切比雪夫不等式

1. 一位统计学家欲估计某类人群的平均身高 h（单位：米），在该类人群中随机抽取 n 个人，获得独立样本 $X_1, \cdots, X_n$. 使用样本均值 $M_n = (X_1 + \cdots + X_n)/n$ 作为 h 的估计，大致猜测 X_i 的标准差为 1 米.

(a) 当样本容量为多少时，能使得 M_n 的标准差最多不超过 1 厘米?

(b) 当样本容量为多少时，使用切比雪夫不等式可以保证估计值与 h 的差距至少以 0.99 的概率在 5 厘米之内?

(c) 该统计学家认识到该类人群里所有人的身高都在 1.4 米和 2.0 米之间，然后他基于例 5.3 使用的上界方法，来修正对标准差的猜测（即原来的 1 米）. 那么 (a) 和 (b) 的结论如何修正?

***2.** **切尔诺夫界**. 切尔诺夫界是概率论中的一个有用工具，它利用随机变量的矩母函数给出某些尾事件的概率上界.

(a) 证明：对所有的 a 和 $s \geqslant 0$ 有

$$P(X \geqslant a) \leqslant \mathrm{e}^{-sa} M(s),$$

其中 $M(s) = E[\mathrm{e}^{sX}]$ 是随机变量 X 的矩母函数，假定矩母函数在 $s = 0$ 的一个小区域内取有限值.

(b) 证明：对所有的 a 和 $s \leqslant 0$ 有

$$P(X \leqslant a) \leqslant \mathrm{e}^{-sa} M(s).$$

(c) 证明：对所有的 a 有

$$P(X \geqslant a) \leqslant \mathrm{e}^{-\phi(a)},$$

其中

$$\phi(a) = \max_{s \geqslant 0} \big(sa - \ln M(s)\big).$$

(d) 证明：如果 $a > E[X]$，则 $\phi(a) > 0$.

(e) 利用 (c) 的结论，给出 $P(X \geqslant a)$ 的上界，其中 X 服从标准正态分布且 $a > 0$.

(f) 设 $X_1, X_2, \cdots$ 是独立随机变量序列，与 X 有相同的分布. 证明：对任意 $a > E[X]$ 有

$$P\left(\frac{1}{n}\sum_{i=1}^{n} X_i \geqslant a\right) \leqslant \mathrm{e}^{-n\phi(a)},$$

所以，样本均值超过均值一定量的概率随着 n 的增大按指数递减.

解 (a) 对任意的实数 a 和 $s>0$，定义随机变量

$$Y_a=\begin{cases}0, & 若\ X<a,\\ \mathrm{e}^{sa}, & 若\ X\geqslant a.\end{cases}$$

显然

$$Y_a\leqslant \mathrm{e}^{sX}$$

总成立，所以

$$E[Y_a]\leqslant E[\mathrm{e}^{sX}]=M(s).$$

另外

$$E[Y_a]=\mathrm{e}^{sa}P(Y_a=\mathrm{e}^{sa})=\mathrm{e}^{sa}P(X\geqslant a),$$

因此

$$P(X\geqslant a)\leqslant \mathrm{e}^{-sa}M(s).$$

(b) 证明过程类似于 (a)，定义

$$Y_a=\begin{cases}\mathrm{e}^{sa}, & 若\ X\leqslant a,\\ 0, & 若\ X>a.\end{cases}$$

因为 $s\leqslant 0$，关系式

$$Y_a\leqslant \mathrm{e}^{sX}$$

总成立，所以

$$E[Y_a]\leqslant E[\mathrm{e}^{sX}]=M(s).$$

另外

$$E[Y_a]=\mathrm{e}^{sa}P(Y_a=\mathrm{e}^{sa})=\mathrm{e}^{sa}P(X\leqslant a),$$

因此

$$P(X\leqslant a)\leqslant \mathrm{e}^{-sa}M(s).$$

(c) 因为 (a) 中的不等式对所有的 $s\geqslant 0$ 成立，所以

$$\begin{aligned}P(X\geqslant a)&\leqslant \min_{s\geqslant 0}\left(\mathrm{e}^{-sa}M(s)\right)\\&=\min_{s\geqslant 0}\mathrm{e}^{-(sa-\ln M(s))}\\&=\mathrm{e}^{-\max_{s\geqslant 0}(sa-\ln M(s))}\\&=\mathrm{e}^{-\phi(a)}.\end{aligned}$$

(d) 当 $s=0$ 时，我们有

$$sa-\ln M(s)=0-\ln 1=0,$$

这里应用了 $M(0)=1$. 此外

$$\frac{\mathrm{d}}{\mathrm{d}s}\Big(sa-\ln M(s)\Big)\bigg|_{s=0}=a-\frac{1}{M(s)}\cdot\frac{\mathrm{d}}{\mathrm{d}s}M(s)\bigg|_{s=0}=a-1\cdot E[X]>0.$$

因为函数 $sa-\ln M(s)$ 在 $s=0$ 处的函数值为 0，且导数是正的，所以，当 s 是很小的正数时，函数值一定是正的. 因此，函数 $sa-\ln M(s)$ 在 $s\geqslant 0$ 的最大值 $\phi(a)$ 也一定是正的.

(e) 当 X 是标准正态分布时 $M(s)=\mathrm{e}^{s^2/2}$，因此 $sa-\ln M(s)=sa-s^2/2$. 为给出 $s\geqslant 0$ 时函数 $sa-s^2/2$ 的最大值，对变量 s 求导，得 $a-s$，令其为 0，解得 $s=a$. 从而 $\phi(a)=a^2/2$. 所以概率 $P(X\geqslant a)$ 的上界为

$$P(X\geqslant a)\leqslant \mathrm{e}^{-a^2/2}.$$

注意，当 $a\leqslant E[X]$ 时，函数 $sa-\ln M(s)$ 在 $s=0$ 处达到最大值，此时 $\phi(a)=0$ 给出一个无意义的上界

$$P(X\geqslant a)\leqslant 1.$$

(f) 令 $Y=X_1+\cdots+X_n$. 运用结论 (c) 可得

$$P\left(\frac{1}{n}\sum_{i=1}^{n}X_i\geqslant a\right)=P(Y\geqslant na)\leqslant \mathrm{e}^{-\phi_Y(na)},$$

其中

$$\phi_Y(na)=\max_{s\geqslant 0}\big(nsa-\ln M_Y(s)\big),$$
$$M_Y(s)=\big(M(s)\big)^n.$$

因为 $\ln M_Y(s)=n\ln M(s)$，所以

$$\phi_Y(na)=n\cdot\max_{s\geqslant 0}\big(sa-\ln M(s)\big)=n\phi(a),$$

$$P\left(\frac{1}{n}\sum_{i=1}^{n}X_i\geqslant a\right)\leqslant \mathrm{e}^{-n\phi(a)}.$$

注意，当 $a>E[X]$ 时，结论 (d) 保证了 $\phi(a)>0$，因此，题中所述概率随着 n 的增大按指数递减.

*3. **詹森不等式.** 设实值函数 f 二次可微. 如果二阶导数 $(\mathrm{d}^2f/\mathrm{d}x^2)(x)$ 在定义域内是非负的，则称函数 f 是凸函数.

(a) 证明：函数 $f(x)=\mathrm{e}^{\alpha x}$、$f(x)=-\ln x$ 和 $f(x)=x^4$ 都是凸函数.

(b) 证明：若 f 是凸的二阶可微函数，则 f 的一阶泰勒展开低估了函数 f，即

$$f(a)+(x-a)\frac{\mathrm{d}f}{\mathrm{d}x}(a)\leqslant f(x)$$

对任意的 a 和 x 成立.

(c) 证明：若 f 满足 (b) 中的条件，X 是随机变量，则

$$f(E[X])\leqslant E[f(X)].$$

解 (a) 我们有

$$\frac{\mathrm{d}^2}{\mathrm{d}x^2}\mathrm{e}^{\alpha x}=\alpha^2\mathrm{e}^{\alpha x}>0,\qquad \frac{\mathrm{d}^2}{\mathrm{d}x^2}(-\ln x)=\frac{1}{x^2}>0,\qquad \frac{\mathrm{d}^2}{\mathrm{d}x^2}x^4=12x^2\geqslant 0.$$

(b) 因为 f 的二阶导数是非负的，所以它的一阶导数一定是非降的. 运用积分原理可得

$$f(x)=f(a)+\int_a^x\frac{\mathrm{d}f}{\mathrm{d}t}(t)\mathrm{d}t\geqslant f(a)+\int_a^x\frac{\mathrm{d}f}{\mathrm{d}t}(a)\mathrm{d}t=f(a)+(x-a)\frac{\mathrm{d}f}{\mathrm{d}x}(a).$$

(c) 由于 (b) 中的不等式对随机变量 X 的所有可能取值 x 都成立，所以

$$f(a)+(X-a)\frac{\mathrm{d}f}{\mathrm{d}x}(a)\leqslant f(X).$$

取 $a=E[X]$，并在上式两边取期望，可得

$$f(E[X])+(E[X]-E[X])\frac{\mathrm{d}f}{\mathrm{d}x}(E[X])\leqslant E[f(X)],$$

即

$$f(E[X])\leqslant E[f(X)].$$

5.2 节 弱大数定律

4. 为估计吸烟人群占总人口的真实比例 f，阿尔文从总人口中随机抽取 n 人. 用这 n 个人中的吸烟人数 S_n 除以 n 得到 M_n，作为该比例的估计，即 $M_n=S_n/n$. 对于固定的正数 ε 和 δ，为选取最小的样本容量 n，使得下式成立（基于切比雪夫不等式）:

$$P(|M_n-f|\geqslant\varepsilon)\leqslant\delta,$$

指出 n 随着下面参数变化而变化的规律.

(a) ε 缩小为原来的一半.

(b) 概率值 δ 缩小为原来的一半.

5.3 节 依概率收敛

5. 设 $X_1,X_2,\cdots$ 独立同分布，服从 $[-1,1]$ 中的均匀分布. 证明下列情形的随机变量序列 $Y_1\ Y_2,\cdots$ 依概率收敛，并求它们的极限.

(a) $Y_n=X_n/n$.

(b) $Y_n=(X_n)^n$.

(c) $Y_n=X_1\cdot X_2\cdots X_n$.

(d) $Y_n=\max\{X_1,\cdots,X_n\}$.

***6.** 考虑两个随机变量序列 $X_1,X_2,\cdots$ 和 $Y_1,Y_2,\cdots$. 假定 X_n 和 Y_n 分别依概率收敛，c 为已知常数，证明: cX_n、X_n+Y_n、$\max\{0,X_n\}$、$|X_n|$ 和 X_nY_n 都依概率收敛于各自的极限.

解 假设 x 和 y 分别是 X_n 和 Y_n 的极限. 对任意的 $\varepsilon>0$ 和常数 c, 如果 $c=0$, 则 cX_n 对所有的 n 都等于 0，自然就收敛. 如果 $c\neq 0$，则 $P(|cX_n-cx|\geqslant\varepsilon)=P(|X_n-x|\geqslant\varepsilon/|c|)\to 0$，所以就证明了 cX_n 依概率收敛于 cx.

对任意的 $\varepsilon>0$，现在我们证明概率 $P(|X_n+Y_n-x-y|\geqslant\varepsilon)\to 0$. 为给该概率一个上界，注意到: 当 $|X_n+Y_n-x-y|\geqslant\varepsilon$ 时，必有 $|X_n-x|\geqslant\varepsilon/2$ 或者 $|Y_n-y|\geqslant\varepsilon/2$（或者两者都成立）. 所以，从事件的角度看，

$$\{|X_n+Y_n-x-y|\geqslant\varepsilon\}\subseteq\{|X_n-x|\geqslant\varepsilon/2\}\cup\{|Y_n-y|\geqslant\varepsilon/2\}.$$

从而

$$P(|X_n+Y_n-x-y|\geqslant\varepsilon)\leqslant P(|X_n-x|\geqslant\varepsilon/2)+P(|Y_n-y|\geqslant\varepsilon/2),$$

由 X_n 和 Y_n 分别依概率收敛于 x 和 y 的假设条件可得

$$\lim_{n\to\infty} P(|X_n+Y_n-x-y|\geqslant\varepsilon)\leqslant \lim_{n\to\infty} P(|X_n-x|\geqslant\varepsilon/2)+\lim_{n\to\infty} P(|Y_n-y|\geqslant\varepsilon/2)=0.$$

类似地，事件 $\{|\max\{0,X_n\}-\max\{0,x\}|\geqslant\varepsilon\}$ 包含在事件 $\{|X_n-x|\geqslant\varepsilon\}$ 之中. 又因为 $\lim\limits_{n\to\infty} P(|X_n-x|\geqslant\varepsilon)=0$，所以

$$\lim_{n\to\infty} P(|\max\{0,X_n\}-\max\{0,x\}|\geqslant\varepsilon)=0.$$

这就证明了 $\max\{0,X_n\}$ 依概率收敛于 $\max\{0,x\}$.

我们有 $|X_n|=\max\{0,X_n\}+\max\{0,-X_n\}$. 前面已经证明了 $\max\{0,X_n\}$ 和 $\max\{0,-X_n\}$ 都依概率收敛，所以它们的和依概率收敛于 $\max\{0,x\}+\max\{0,-x\}=|x|$.

最后，我们有

$$\begin{aligned}P\big(|X_nY_n-xy|\geqslant\varepsilon\big)&=P\big(|(X_n-x)(Y_n-y)+xY_n+yX_n-2xy|\geqslant\varepsilon\big)\\&\leqslant P\big(|(X_n-x)(Y_n-y)|\geqslant\varepsilon/2\big)+P\big(|xY_n+yX_n-2xy|\geqslant\varepsilon/2\big).\end{aligned}$$

因为 xY_n 和 yX_n 都依概率收敛于 xy，所以上式中后一个概率值趋于 0. 剩下只需证明

$$\lim_{n\to\infty} P\big(|(X_n-x)(Y_n-y)|\geqslant\varepsilon/2\big)=0$$

为给该概率一个上界，注意到：当 $|(X_n-x)(Y_n-y)|\geqslant\varepsilon/2$ 时，必有 $|X_n-x|\geqslant\sqrt{\varepsilon/2}$ 或者 $|Y_n-y|\geqslant\sqrt{\varepsilon/2}$（或者两者都成立）. 仿照 X_n+Y_n 依概率收敛的证明，即可完成剩下的证明.

***7.** 如果

$$\lim_{n\to\infty} E\left[(X_n-c)^2\right]=0,$$

则称随机变量序列 X_n 依**均方**收敛于常数 c.

(a) 证明：依均方收敛的随机变量序列必定依概率收敛.

(b) 给出一个例子，说明依概率收敛未必意味着依均方收敛.

解 (a) 假设 X_n 依均方收敛于常数 c，利用马尔可夫不等式，有

$$P(|X_n-c|\geqslant\varepsilon)=P\big(|X_n-c|^2\geqslant\varepsilon^2\big)\leqslant\frac{E\left[(X_n-c)^2\right]}{\varepsilon^2}.$$

令 $n\to\infty$，可得

$$\lim_{n\to\infty} P(|X_n-c|\geqslant\varepsilon)=0,$$

即依概率收敛.

(b) 在例 5.8 中，Y_n 依概率收敛于 0，但是 $E[Y_n^2]=n^3$ 发散到无穷大.

5.4 节　中心极限定理

8. 在赌场玩轮盘赌之前，你通常会想检验轮盘的公正性. 你的办法是：轮盘上标有 1 ~ 36 的数，将轮盘转动 100 次，然后计算轮盘停止在奇数处的总次数. 如果次数大于 55，则可判断轮盘不是公正的. 假设轮盘是公正的，试估计做出错误判断的概率.

9. 假设计算机操作系统每天至少出现一次死机的概率为 5%，在各天里，出现死机的事件是相互独立的. 求在 50 天之内计算机至少有 45 天没有死机的概率.

(a) 试用二项分布的正态近似方法来计算.

(b) 试用二项分布的泊松近似方法来计算.

10. 某工厂在第 n 天生产 X_n 个零件，X_n 是相互独立同分布的随机变量，均值为 5，方差为 9.

(a) 给出在 100 天内生产至少 440 个零件的概率的近似值.

(b) 给出最大的 n 的近似值，使得

$$P(X_1+\cdots+X_n \geqslant 200+5n) \leqslant 0.05.$$

(c) 用 N 表示零件的总产量首次超过 1000 的天数，计算 $N \geqslant 220$ 的概率的近似值.

11 假设 $X_1, Y_1, X_2, Y_2, \cdots$ 是独立的随机变量序列，服从 $[0,1]$ 上的均匀分布. 定义

$$W=\frac{(X_1+\cdots+X_{16})-(Y_1+\cdots+Y_{16})}{16}.$$

试给出概率 $P(|W-E[W]|<0.001)$ 的近似值.

***12.** **中心极限定理的证明.** 假设 $X_1, X_2, \cdots$ 是独立同分布的随机变量序列，均值为 0，方差为 σ^2，矩母函数为 $M_X(s)$. 对某个正实数 d，当 $|s|<d$ 时 $M_X(s)$ 是有界的. 定义

$$Z_n=\frac{X_1+\cdots+X_n}{\sigma\sqrt{n}}.$$

(a) 证明：Z_n 的矩母函数为

$$M_{Z_n}(s)=\left(M_X\left(\frac{s}{\sigma\sqrt{n}}\right)\right)^n.$$

(b) 假定在 $s=0$ 附近 $M_X(s)$ 存在二阶泰勒展开，即

$$M_X(s)=a+bs+cs^2+o(s^2),$$

其中 $o(s^2)$ 满足 $\lim\limits_{s\to 0} o(s^2)/s^2=0$. 写出用 σ^2 表示的 a、b、c 的表达式.

(c) 用 (a) 和 (b) 的结论证明：Z_n 的矩母函数 $M_{Z_n}(s)$ 收敛于标准正态随机变量的矩母函数，即对所有的 s 有

$$\lim_{n\to\infty} M_{Z_n}(s)=\mathrm{e}^{s^2/2}.$$

注：中心极限定理的证明就利用了结论 (c) 以及如下结论——如果 $M_{Z_n}(s)$ 收敛于一个连续随机变量 Z 的矩母函数 $M_Z(s)$，那么 Z_n 的累积分布函数 F_{Z_n} 必收敛于 Z 的累积分布函数 F_Z. 这个结论的证明超出本书的范围，在此不再论述. 利用结论 (c) 和上述结论，可以得到 Z_n 的累积分布函数 F_{Z_n} 必收敛于标准正态分布的累积分布函数，即中心极限定理成立.

解 (a) 利用 X_i 的独立性，我们有

$$M_{Z_n}(s)=E\left[\mathrm{e}^{sZ_n}\right]$$

$$
\begin{aligned}
&= E\left[\exp\left\{\frac{s}{\sigma\sqrt{n}}\sum_{i=1}^{n} X_i\right\}\right] \\
&= \prod_{i=1}^{n} E\left[\mathrm{e}^{sX_i/(\sigma\sqrt{n})}\right] \\
&= \left(M_X\left(\frac{s}{\sigma\sqrt{n}}\right)\right)^n.
\end{aligned}
$$

(b) 利用矩母函数的性质，我们有

$$
\begin{aligned}
a &= M_X(0) = 1, \\
b &= \frac{\mathrm{d}}{\mathrm{d}s} M_X(s)\Big|_{s=0} = E[X] = 0, \\
c &= \frac{1}{2}\frac{\mathrm{d}^2}{\mathrm{d}s^2} M_X(s)\Big|_{s=0} = \frac{E[X^2]}{2} = \frac{\sigma^2}{2}.
\end{aligned}
$$

(c) 综合运用 (a) 和 (b)，我们有

$$
M_{Z_n}(s) = \left(M_X\left(\frac{s}{\sigma\sqrt{n}}\right)\right)^n = \left(a + \frac{bs}{\sigma\sqrt{n}} + \frac{cs^2}{\sigma^2 n} + o\left(\frac{s^2}{\sigma^2 n}\right)\right)^n.
$$

由 $a=1$、$b=0$、$c=\sigma^2/2$ 可得

$$
M_{Z_n}(s) = \left(1 + \frac{s^2}{2n} + o\left(\frac{s^2}{\sigma^2 n}\right)\right)^n.
$$

利用 $\lim\limits_{n\to\infty}(1+\frac{c}{n})^n = \mathrm{e}^c$ 可得

$$
\lim_{n\to\infty} M_{Z_n}(s) = \mathrm{e}^{s^2/2}.
$$

5.5 节 强大数定律

***13.** 考虑两个随机变量序列 $X_1, X_2, \cdots$ 和 $Y_1, Y_2, \cdots$. 假定 X_n 和 Y_n 分别以概率 1 收敛于 a 和 b，证明 $X_n + Y_n$ 以概率 1 收敛于 $a+b$. 此外，如果 $Y_n \neq 0$，证明 X_n/Y_n 以概率 1 收敛于 a/b.

解 令事件 $A = \{X_n$ 不收敛于 $a\}$，$B = \{Y_n$ 不收敛于 $b\}$，$C = \{X_n + Y_n$ 不收敛于 $a+b\}$，则 $C \subseteq A \cup B$.

因为 X_n 和 Y_n 分别以概率 1 收敛于 a 和 b，所以 $P(A) = P(B) = 0$. 因此

$$
P(C) \leqslant P(A \cup B) \leqslant P(A) + P(B) = 0,
$$

从而 $P(C^c) = 1$，即 $X_n + Y_n$ 以概率 1 收敛于 $a+b$. 关于 X_n/Y_n 的命题类似可证.

***14.** 设 $X_1, X_2, \cdots$ 是独立同分布的随机变量序列，$Y_1, Y_2, \cdots$ 是另一个独立同分布的随机变量序列. 假定 X_i 和 Y_i 的均值有限，且 $Y_1 + \cdots + Y_n$ 不可能为零值. 随机变量序列

$$
Z_n = \frac{X_1 + \cdots + X_n}{Y_1 + \cdots + Y_n}
$$

是否以概率 1 收敛？如果是，极限是什么？

解 我们有

$$Z_n = \frac{(X_1 + \cdots + X_n)/n}{(Y_1 + \cdots + Y_n)/n}.$$

运用强大数定律可得，分子和分母都分别以概率 1 收敛于 $E[X]$ 和 $E[Y]$. 利用习题 13 的结论可得，Z_n 以概率 1 收敛于 $E[X]/E[Y]$.

***15.** 假设 $Y_1, Y_2, \cdots$ 以概率 1 收敛于常数 c，证明该序列依概率收敛于常数 c.

解 定义事件 $C = \{Y_n$ 收敛于 $c\}$. 由假设可知 $P(C) = 1$. 给定 $\varepsilon > 0$，定义事件 $A_k = \{$对所有 $n \geqslant k$ 有 $|Y_n - c| < \varepsilon\}$. 如果随机变量序列 Y_n 的一组取值序列收敛于 c，则必然存在 k，使得当 $n \geqslant k$ 时 Y_n 与 c 的偏差在 ε 范围之内. 所以，C 中的任何元素必属于某个 A_k，即

$$C \subseteq \bigcup_{k=1}^{\infty} A_k.$$

注意，对所有的 k，事件序列 A_k 是单调递增的，即 $A_k \subseteq A_{k+1}$. 由事件 A_k 是事件 $\{|Y_n - c| < \varepsilon\}$ 的子集可知

$$\lim_{n\to\infty} P(|Y_n - c| < \varepsilon) \geqslant \lim_{k\to\infty} P(A_k) = P(\cup_{k=1}^{\infty} A_k) \geqslant P(C) = 1.$$

上面的第一个等式利用了概率的连续性（第 1 章习题 13）. 所以

$$\lim_{n\to\infty} P(|Y_n - c| \geqslant \varepsilon) = 0,$$

从而证明了 Y_n 依概率收敛于常数 c.

***16.** 假设 $Y_1, Y_2, \cdots$ 为非负随机变量序列，且

$$E\left[\sum_{n=1}^{\infty} Y_n\right] < \infty.$$

证明 Y_n 以概率 1 收敛于 0.

注：这个结论是证明序列以概率 1 收敛的常用方法. 为计算 $\sum_{n=1}^{\infty} Y_n$ 的期望，通常会使用公式

$$E\left[\sum_{n=1}^{\infty} Y_n\right] = \sum_{n=1}^{\infty} E[Y_n].$$

上式成立的原因是期望和无穷和可以交换顺序. 当随机变量序列是非负值时，就得到了著名的**单调收敛定理**. 这是概率论中的重要结论，该定理的证明超出了本书的范围.

解 无穷和 $\sum_{n=1}^{\infty} Y_n$ 必定以概率 1 有界. 事实上，若这个无穷和等于无穷大的概率大于 0，则其期望一定也是无穷大的. 但是，若 Y_n 的任何数值序列的无穷和是有界的，则该序列一定收敛于 0. 所以事件 $\{\omega : Y_n(\omega) \to 0\}$ 的概率为 1，即 Y_n 以概率 1 收敛于 0.

***17.** 考虑伯努利随机变量序列 X_n，令 $p_n = P(X_n = 1)$ 为第 n 次试验成功的概率. 假设 $\sum_{n=1}^{\infty} p_n < \infty$，证明成功的总次数以概率 1 有界.（与第 1 章习题 48(b) 比较.）

解 利用单调收敛定理（见习题 16 的注）可得

$$E\left[\sum_{n=1}^{\infty} X_n\right] = \sum_{n=1}^{\infty} E[X_n] = \sum_{n=1}^{\infty} p_n < \infty.$$

所以

$$\sum_{n=1}^{\infty} X_n < \infty$$

以概率 1 成立. 注意到事件 $\left\{\sum_{n=1}^{\infty} X_n < \infty\right\}$ 等同于成功的总次数有界，命题得证.

***18. 强大数定律的证明.** 假设 $X_1, X_2, \cdots$ 是独立同分布的随机变量序列，且 $E[X_i^4] < \infty$，证明强大数定律.

解 注意到 $E\left[X_i^4\right] < \infty$ 意味着 X_i 的期望是有限的. 事实上，利用不等式 $|x| \leqslant 1 + x^4$ 可得

$$E\big[|X_i|\big] \leqslant E\left[1 + X_i^4\right] = 1 + E\left[X_i^4\right] < \infty.$$

首先假设 $E[X_i] = 0$. 下面证明

$$E\left[\sum_{n=1}^{\infty} \frac{(X_1 + \cdots + X_n)^4}{n^4}\right] < \infty.$$

我们有

$$E\left[\frac{(X_1 + \cdots + X_n)^4}{n^4}\right] = \frac{1}{n^4} \sum_{i_1=1}^{n} \sum_{i_2=1}^{n} \sum_{i_3=1}^{n} \sum_{i_4=1}^{n} E[X_{i_1} X_{i_2} X_{i_3} X_{i_4}].$$

现在考虑以上和式中的各项. 如果项中某一下标与其他下标不同，则该项为 0. 例如，假设 i_1 与 i_2、i_3、i_4 都不相同，则 $E\left[X_{i_1}\right] = 0$ 意味着

$$E\left[X_{i_1} X_{i_2} X_{i_3} X_{i_4}\right] = E\left[X_{i_1}\right] E[X_{i_2} X_{i_3} X_{i_4}] = 0.$$

所以，和式中的非零项要么是 $E\left[X_i^4\right]$（有 n 项），要么是 $E\left[X_i^2 X_j^2\right]$（$i \neq j$）. 现在计算后者有多少项. 获得这种项有三种方式：或者 $i_1 = i_2 \neq i_3 = i_4$，或者 $i_1 = i_3 \neq i_2 = i_4$，或者 $i_1 = i_4 \neq i_3 = i_2$. 对于这三种方式中的每一种，第一对下标有 n 种选择，第二对下标有 $n-1$ 种选择，故每一种方式有 $n(n-1)$ 项. 这三种方式共有 $3n(n-1)$ 项. 所以

$$E\left[\frac{(X_1 + \cdots + X_n)^4}{n^4}\right] = \frac{nE\left[X_1^4\right] + 3n(n-1)E\left[X_1^2 X_2^2\right]}{n^4}.$$

利用不等式 $xy \leqslant (x^2 + y^2)/2$ 可得 $E\left[X_1^2 X_2^2\right] \leqslant E\left[X_1^4\right]$. 所以

$$E\left[\frac{(X_1 + \cdots + X_n)^4}{n^4}\right] \leqslant \frac{nE\left[X_1^4\right] + 3n(n-1)E\left[X_1^4\right]}{n^4} \leqslant \frac{3n^2 E\left[X_1^4\right]}{n^4} \leqslant \frac{3E\left[X_1^4\right]}{n^2}.$$

于是

$$E\left[\sum_{n=1}^{\infty} \frac{(X_1 + \cdots + X_n)^4}{n^4}\right] = \sum_{n=1}^{\infty} E\left[\frac{(X_1 + \cdots + X_n)^4}{n^4}\right] \leqslant \sum_{n=1}^{\infty} \frac{3}{n^2} E\left[X_1^4\right] < \infty.$$

最后一步使用了熟知的性质 $\sum_{n=1}^{\infty} n^{-2} < \infty$. 这就证明了 $(X_1 + \cdots + X_n)^4/n^4$ 以概率 1 收敛于 0（见习题 16）. 所以 $(X_1 + \cdots + X_n)/n$ 以概率 1 收敛于 0. 这就是强大数定律.

现在考虑一般情况：X_i 的均值非零. 由上述证明方法可得 $(X_1 + \cdots + X_n - nE[X_1])/n$ 以概率 1 收敛于 0，所以 $(X_1 + \cdots + X_n)/n$ 以概率 1 收敛于 $E[X_1]$.

第 6 章　伯努利过程和泊松过程

随机过程是概率实验的一种数学模型，其中的实验会随时间演进并产生一系列数值. 例如，随机过程可用于如下的数值序列建模：

(a) 每天的股票价格数值序列；

(b) 足球比赛得分数值序列；

(c) 机器失效时间数值序列；

(d) 通信网络中每个点的每小时流量负载数值序列；

(e) 雷达对一架飞机定位的数值序列.

序列中的每个数值都被视为一个随机变量，简单地说，随机过程就是一串（有限或者无限的）随机变量序列，与概率的基本概念没有本质区别. 我们依然处理涉及由概率律支配结果的基本实验，以及从这一定律继承了概率性质的随机变量. ①

然而，随机过程还是跟以前强调的随机变量序列有明显的区别，主要表现在以下几个方面.

(a) 我们更倾向于强调过程中产生的数值序列之间的**相关**关系. 例如，股票的未来价格与历史价格是什么关系？

(b) 我们对所产生的整个序列中的**长期均值**感兴趣. 例如，机器有多大比例的时间处于闲置状态？

(c) 有时需要刻画某些**边界事件**的似然估计或者频率. 例如，在给定的时间内，电话系统里所有的电路同时处于忙碌状态的概率是多少？计算机网络中缓冲器数据溢出的频率是多少？

随机过程的种类非常多，本书只讨论两类重要的随机过程.

(i) **到达过程**：我们感兴趣的是某种“到达”特性是否发生. 例如，接收器接收消息，生产线上工作完成，顾客的购买行为，等等. 我们重点研究相邻到达时间（即两次到达间的时间）是相互独立的随机变量模型. 6.1 节考虑到达时间是离散的情形，相邻时间服从几何分布，即**伯努利过程**. 6.2 节考虑到达时间是连续的情形，相邻时间服从指数分布，即**泊松过程**.

① 这里我们强调的是，在随机过程中产生的随机变量都是通常的随机变量，它们都定义在一个相同的样本空间上. 相应的概率律可以（根据其性质）显式或隐式地指明，只要求明确无误地确定所有随机变量集合的任何子集的联合累积分布函数.

(ii) **马尔可夫过程**：考虑数据在时间点上演化，而且未来数据的演化与历史数据有概率相关的结构. 例如，股票的未来价格明显依赖于过去的价格. 但是，在马尔可夫过程中，我们假设一类特殊的相关性：未来的数据仅通过当前数据依赖于过去的数据. 对于马尔可夫过程，概率统计学家积累了丰富的研究成果，处理方法也已经成熟，这是第 7 章讨论的主题.

6.1 伯努利过程

伯努利过程可视为独立抛掷硬币序列，而且每次抛掷硬币正面向上的概率都是 p，$0 < p < 1$. 一般而言，伯努利过程由一串伯努利试验组成. 每次试验以概率 p 产生数据 1（成功），以概率 $1-p$ 产生数据 0（失败），而且跟试验序列中的其他试验是相互独立的.

当然，抛掷硬币只是涉及独立二元结果序列广泛背景的一个范例. 例如，伯努利过程经常用于对诸如顾客到达、服务中心的工作等进行建模. 这里，时间被离散化为若干时间段，如果在第 k 段时间内，至少有一个顾客到达服务中心，就视为第 k 次试验“成功”. 因此，我们常常使用“到达”这个词语，而不用“成功”，这是由实际上下文决定的.

我们用更加正式的语言描述如下. 伯努利过程为一串**相互独立**的伯努利随机变量序列 $X_1, \cdots, X_n$，且对任意的 i 有[①]

$$P(X_i = 1) = P(\text{第 } i \text{ 次试验成功}) = p,$$

$$P(X_i = 0) = P(\text{第 } i \text{ 次试验失败}) = 1 - p.$$

在到达过程中，我们感兴趣的是在一定时间内的总到达次数，或者首次到达的时间. 对于伯努利过程，前几章里已经得到了许多结果，现总结如下.

与伯努利过程相关的随机变量及其性质

- **参数为 n 和 p 的二项分布**. 这是 n 次独立试验成功的总次数 S 的分布. 它的概率质量函数、均值和方差是

$$p_S(k) = \binom{n}{k} p^k (1-p)^{n-k}, \qquad k = 0, 1, \cdots, n,$$

$$E[S] = np, \qquad \mathrm{var}(S) = np(1-p).$$

① 有限个随机变量的独立性，可以推广到一串无限个随机变量序列的独立性：如果对任意有限的 n，随机变量 $X_1, \cdots, X_n$ 是独立的. 直观地看，独立性意味着获得任意有限子集的随机变量的信息，都不能对其他随机变量提供任何概率信息，即后者的条件分布与无条件分布是相同的.

- **参数为 p 的几何分布**. 这是相互独立的重复伯努利试验首次成功的时刻 T 的分布. 它的概率质量函数、均值和方差是

$$p_T(t) = p(1-p)^{t-1}, \qquad t = 1, 2\cdots,$$

$$E[T] = \frac{1}{p}, \qquad \mathrm{var}(T) = \frac{1-p}{p^2}.$$

6.1.1 独立性和无记忆性

伯努利过程中的独立性假设，暗含了很多重要的特征，比如无记忆性（无论过去发生了什么，都不能对未来试验的结果提供任何信息）. 对这个假设进行直观和正确的了解非常有用，这有助于很快地解决一些非常难的问题. 在本小节里，我们将加强这种直觉.

让我们从某些试验结果相关的随机变量入手. 例如，随机变量 $Z = (X_1 + X_3)X_6X_7$ 涉及的是第 1、3、6、7 次试验结果. 现在假定我们研究这类随机过程的两个随机变量，而它们没有共同元素，则这两个随机变量一定是独立的. 这推广了第 2 章中的结论：如果两个随机变量 U 和 V 独立，则它们的任何函数 $g(U)$ 和 $h(V)$ 也是独立的.

例 6.1 (a) 设 U 是第 1 至 5 次试验的成功总次数，V 是第 6 至 10 次试验的成功总次数. 则 U 和 V 独立. 这是因为 $U = X_1 + \cdots + X_5$, $V = X_6 + \cdots + X_{10}$，而且集合 $\{X_1, \cdots, X_5\}$ 与 $\{X_6, \cdots, X_{10}\}$ 没有相同的元素.

(b) 设 U 是在奇数次试验序列中首次成功的时刻，V 是在偶数次试验序列中首次成功的时刻. U 是由奇数次试验的结果序列 $X_1, X_3, \cdots$ 决定的，V 是由偶数次试验的结果序列 $X_2, X_4, \cdots$ 决定的. 因为这两个试验结果序列没有相同的元素，所以 U 和 V 是相互独立的. ■

现在假设伯努利过程运行了 n 次，得到观测数据 $X_1, X_2, \cdots, X_n$. 我们注意到，未来试验序列 $X_{n+1}, X_{n+2}, \cdots$ 仍然是独立的伯努利试验，形成了新的伯努利过程. 进一步，这些未来试验与过去的试验都是独立的. 所以，我们可以得出这样的结论：从任意一个时刻开始，未来也可以用相同的伯努利过程来建模，而且与过去相互独立. 我们称这种伯努利过程性质为**重新开始**.

我们注意到，首次成功时的试验总次数 T 服从几何分布. 假设我们已经观测了过程的 n 步，但是没有“成功”的结果出现. 那么对于直到出现“成功”的结果所进行的余下试验次数 $T-n$ 有什么结论呢? 既然未来的过程（n 次之后的过程）与过去的过程是独立的，而且重新构成一个“重新开始”的伯努利过程，那

么直到出现“成功”结果的未来试验次数仍然是相同的几何分布，即

$$P(T-n=t\,|\,T>n)=(1-p)^{t-1}p=P(T=t),\qquad t=1,2,\cdots.$$

我们称这种性质为**无记忆性**. 当然，这个性质可以运用条件概率的定义来进行数学推导，但是刚才这种推理过程更加直观.

与伯努利过程相关的独立性

- 对任意给定的时刻 n，随机变量序列 $X_{n+1},X_{n+2},\cdots$（过程的将来）也是伯努利过程，而且与 $X_1,\cdots,X_n$（过程的过去）独立.
- 对任意给定的时刻 n，令 $\overline{T}$ 是时刻 n 之后首次成功的时刻，则随机变量 $\overline{T}-n$ 服从参数为 p 的几何分布，且与随机变量 $X_1,\cdots,X_n$ 独立.

例 6.2 计算机执行的任务分为两类：优先任务和非优先任务. 计算机将运行时间划分为互相连接的时间小区间，每个小区间称为**瞬间**（slot），时间区间就实现了离散化. 计算机在每一个瞬间只有两个状态：**忙碌**（B）或**空闲**（I）. 这样计算机运行状态形成一个随机过程. 假定各个瞬间的忙闲是相互独立的. 又假定在每个瞬间的开始，优先任务以概率 p 到达，与其他瞬间独立，且需要一个完整的瞬间完成. 当优先任务到达的时候，计算机执行优先任务，处于忙碌状态. 非优先任务总是处于等待状态，只有在没有优先任务的情况下才会被执行. 当计算机执行非优先任务的时候，称计算机处于空闲状态. 这样计算机在各瞬间的状态形成一个随机过程.

在这种背景下，我们关心的是非优先任务运行的时间间隔的概率特性. 我们将顺序相连的瞬间形成的时间区间称为**段**，段的长度就是这个时间区间内的瞬间数. 现在我们来推导下列随机变量的概率质量函数、均值和方差（见图 6-1）.

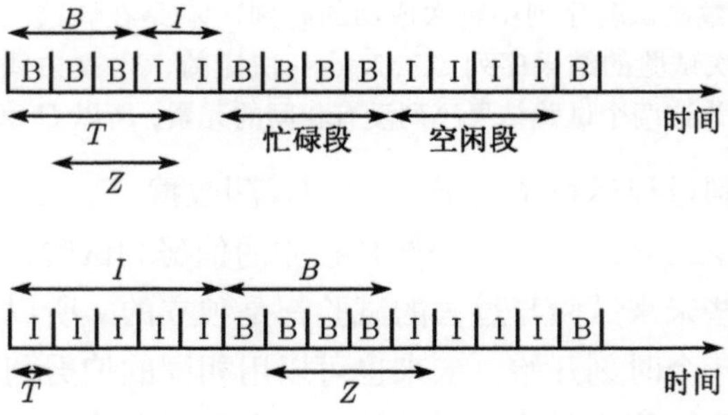

图 6-1 随机变量示意图，例 6.2 中的忙碌时间段和空闲时间段. 在上图中，$T=4$, $B=3$, $I=2$, $Z=3$. 在下图中，$T=1$, $I=5$, $B=4$, $Z=4$

(a) $T=$ 首个空闲瞬间的时间下标.

(b) $B=$ 首个忙碌段的时间长度（即忙碌段中含有的忙碌瞬间的个数）.

(c) $I =$ 首个空闲段的时间长度.

(d) $Z =$ 第一个忙碌瞬间之后直到出现首个空闲瞬间的瞬间数（含这个空闲瞬间，但不含第一个忙碌瞬间）.

T 是服从参数为 $1-p$ 的几何分布随机变量，其概率质量函数是

$$p_T(k) = p^{k-1}(1-p), \qquad k = 1, 2, \cdots,$$

均值和方差是

$$E[T] = \frac{1}{1-p}, \qquad \mathrm{var}(T) = \frac{p}{(1-p)^2}.$$

现在我们考虑第一个忙碌时间段. 起始于第一个忙碌瞬间（称为瞬间 L，图 6-1 的上图 $L=1$，下图 $L=6$.）直到出现下一个空闲瞬间（包括这个瞬间）的瞬间数 Z 与 T 具有相同的分布，这是因为伯努利过程从时间 $L+1$ “重新开始”. 然后，我们注意到 $Z = B$，所以 B 与 T 具有相同的概率质量函数.

如果我们将空闲瞬间和忙碌瞬间的位置对换，把 p 换成 $1-p$，则第一个空闲段的长度 I 与第一个忙碌段的长度具有一样的概率质量函数，所以

$$p_I(k) = (1-p)^{k-1}p, \quad k = 1, 2, \cdots, \qquad E[I] = \frac{1}{p}, \qquad \mathrm{var}(I) = \frac{1-p}{p^2}.$$

最后，注意到上述结论对第二、第三、第四及以后的忙碌（或空闲）段都是成立的. 所以计算得出的概率质量函数也可以应用在任何第 i 个忙碌（或空闲）段. ■

如果我们从时间 n 才开始观测伯努利过程，这等价于重新观测一个新的伯努利过程. 事实上，我们可以从任意随机的时间 N 开始观测伯努利过程，得到的结论是一样的，即重新观测一个伯努利过程，只要 N 完全由过程的过去决定，不能对未来提供任何信息. 在例 6.2 中，我们强调过程是从 $L+1$ 个瞬间重新开始时，运用这个性质，得到 Z 与 T 同分布的结论. 现在再举一个例子，考虑一个轮盘，出现红色就视为成功. 从任意一次旋转（例如，第 25 次）开始记录数据，它遵从的概率特征与从连续 5 次旋转出现红色就立即开始记录数据所遵从的概率特征是完全一样的. 这两个例子就是过程随机时间重新开始的例子（尽管我们可以发现有些赌徒另有他们的解释）. 下面的例子能说明同样的结论，但是更正式一些.

例 6.3（随机时间的重新开始） 设 N 是第一次遇到连续两次成功的时刻（即，N 是满足 $X_i = X_{i-1} = 1$ 的第一个 i）. 求概率 $P(X_{N+1} = X_{N+2} = 0)$，即紧接着两次试验都失败的概率.

直观地看，一旦满足条件 $X_{N-1} = X_N = 1$，从那时开始，未来的过程就由独立的伯努利试验组成. 所以，关于未来事件的概率与重新开始的伯努利过程的相应概率是一样的，所以 $P(X_{N+1} = X_{N+2} = 0) = (1-p)^2$，

现在对上述结论进行严格的证明. 注意，N 是一个随机变量，利用全概率公式得到

$$\begin{aligned} P(X_{N+1} = X_{N+2} = 0) &= \sum_{n=1}^{\infty} P(N=n) P(X_{N+1} = X_{N+2} = 0 \,|\, N=n) \\ &= \sum_{n=1}^{\infty} P(N=n) P(X_{n+1} = X_{n+2} = 0 \,|\, N=n). \end{aligned}$$

因为根据 N 的定义，事件 $\{N=n\}$ 发生，当且仅当 $X_1,\cdots,X_n$ 满足某个特定的条件，而这些随机变量与 X_{n+1},X_{n+2} 是独立的，所以

$$P(X_{n+1}=X_{n+2}=0\,|\,N=n)=P(X_{n+1}=X_{n+2}=0)=(1-p)^2.$$

从而

$$P(X_{N+1}=X_{N+2}=0)=\sum_{n=1}^{\infty}P(N=n)(1-p)^2=(1-p)^2.$$ ■

6.1.2 相邻到达间隔时间

与伯努利过程相关的一个重要的随机变量是第 k 次成功（或到达）的时间，记为 Y_k. 与之相关的随机变量是第 k 次相邻到达的间隔时间，记为 T_k. 即所谓 k 次相邻到达的时间是第 $k-1$ 次到达之后与第 k 次到达之间的总时间. 它们定义为

$$T_1=Y_1,\qquad T_k=Y_k-Y_{k-1},\qquad k=2,3,\cdots,$$

如图 6-2 所示. 它们还满足

$$Y_k=T_1+\cdots+T_k.$$

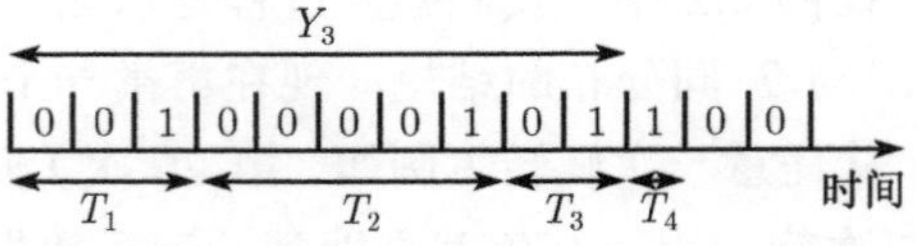

图 6-2　相邻到达时间示意图，图中 1 代表一个到达. 在这个例子中，$T_1=3, T_2=5, T_3=2, T_4=1$. 另外，$Y_1=3, Y_2=8, Y_3=10, Y_4=11$

我们已经得到首次成功的时间 T_1 服从参数为 p 的几何分布. 有了第一次在时间 T_1 的成功之后，未来是一个新的伯努利过程. 利用重新开始的原理，下次成功所需的试验次数 T_2 与 T_1 有相同的分布. 此外，过去的试验（直到且包括时间 T_1）与未来的试验（从时间 T_1+1 开始）是独立的. 因为 T_2 仅仅由未来的试验决定，所以 T_2 与 T_1 独立. 类似地，继续下去，我们可以得到随机变量 $T_1,T_2,T_3,\cdots$ 都是相互独立的，而且具有相同的几何分布.

上述重要特点使我们可以给伯努利过程另一种等价的描述方法，而且有时更方便.

伯努利过程的另一种描述

(1) 开始于一串相互独立的、参数为 p 的几何分布随机变量序列 T_1, $T_2, \cdots$，它们是相邻到达时间间隔.

(2) 记录成功（或到达）的时间为 $T_1, T_1 + T_2, T_1 + T_2 + T_3$，等等.

例 6.4 观测数据表明，雨天之后再次下雨所经过的天数服从参数为 p 的几何分布，而且独立于历史数据. 求本月第 5 天和第 8 天都下雨的概率.

如果我们用几何分布的概率质量函数来解决这个问题，那么方法会非常烦琐. 但是，如果我们将下雨看为“到达”，就可以将天气描述为一个伯努利过程. 所以，任何一天下雨的概率是 p，而且与其他天是独立的. 特别地，在第 5 天和第 8 天都下雨的概率就是 p^2. ■

6.1.3 第 k 次到达的时间

第 k 次成功（或到达）的时间 Y_k 等于 k 个独立同分布、服从几何分布的随机变量之和，即 $Y_k = T_1 + \cdots + T_k$. 这样我们就可以利用下表计算 Y_k 的期望、方差、概率质量函数.

第 k 次到达的时间的性质

- 第 k 次到达的时间等于前 k 个相邻到达时间之和

$$Y_k = T_1 + \cdots + T_k,$$

  而且 $T_1, \cdots, T_k$ 独立同分布，服从参数为 p 的几何分布.

- Y_k 的期望和方差分别为

$$E[Y_k] = E[T_1] + \cdots + E[T_k] = \frac{k}{p},$$

$$\mathrm{var}[Y_k] = \mathrm{var}[T_1] + \cdots + \mathrm{var}[T_k] = \frac{k(1-p)}{p^2}.$$

- Y_k 的概率质量函数是

$$p_{Y_k}(t) = \binom{t-1}{k-1} p^k (1-p)^{t-k}, \qquad t = k, k+1, \cdots,$$

  这就是著名的**阶数为 k 的帕斯卡分布**（**k 阶帕斯卡分布**）.

下面我们来证明 Y_k 的概率质量函数的公式. 首先注意到 Y_k 不小于 k. 对

$t \geqslant k$，注意到事件 $\{Y_k = t\}$（第 k 次成功的时间是 t）发生，当且仅当下面两个事件同时发生.

(a) 事件 A：第 t 次试验成功了.

(b) 事件 B：在前 $t-1$ 次试验中，恰好成功了 $k-1$ 次.

这两个事件发生的概率分别是

$$P(A) = p \qquad \text{和} \qquad P(B) = \binom{t-1}{k-1} p^{k-1}(1-p)^{t-k}.$$

另外，这两个事件是相互独立的（这是因为第 t 次试验成功与否与前 $t-1$ 次试验的结果是相互独立的），所以

$$p_{Y_k}(t) = P(Y_k = t) = P(A \cap B) = P(A)P(B) = \binom{t-1}{k-1} p^k (1-p)^{t-k}.$$

证毕.

例 6.5 在篮球比赛中，艾丽西亚每分钟内犯一次规的概率是 p，不犯规的概率是 $1-p$. 她在各分钟内是否犯规是相互独立的. 比赛时间是 30 分钟，犯规 6 次就会被罚出场. 艾丽西亚参加篮球比赛的时间的概率质量函数是什么?

我们对犯规的次数建立伯努利过程，参数为 p. 艾丽西亚参加比赛的时间为 Z，如果她犯规次数为 6，Z 就等于 Y_6；如果 $Y_6 \geqslant 30$，Z 就等于 30，即 $Z = \min\{Y_6, 30\}$. Y_6 的分布是阶数为 6 的帕斯卡分布，即

$$p_{Y_6}(t) = \binom{t-1}{5} p^6 (1-p)^{t-6}, \qquad t = 6, 7, \cdots.$$

为求 Z 的概率质量函数 $p_Z(z)$，首先考虑 z 位于 6~29 的情形. 在这个区间内，我们有

$$p_Z(z) = P(Z = z) = P(Y_6 = z) = \binom{z-1}{5} p^6 (1-p)^{z-6}, \qquad z = 6, 7, \cdots, 29.$$

因此，则 $Z = 30$ 的概率是

$$p_Z(30) = 1 - \sum_{z=6}^{29} p_Z(z).$$

■

6.1.4 伯努利过程的分裂与合并

假设伯努利过程每次到达的概率为 p，现在考虑如下的**分裂**：每当有一个到达时，我们会选择要么保留（概率为 q），要么抛弃（概率为 $1-q$），见图 6-3. 假设保留还是抛弃的决定在不同的到达时间里是相互独立的. 如果我们集中研究保留的过程，那么可以看到，保留的过程仍然是伯努利过程. 在每个瞬间，发生一次被保留到达的概率是 pq，而且跟其他瞬间是相互独立的. 出于相同的原因，被抛弃的到达过程也是伯努利过程，在每个瞬间发生被抛弃的到达的概率是 $p(1-q)$.

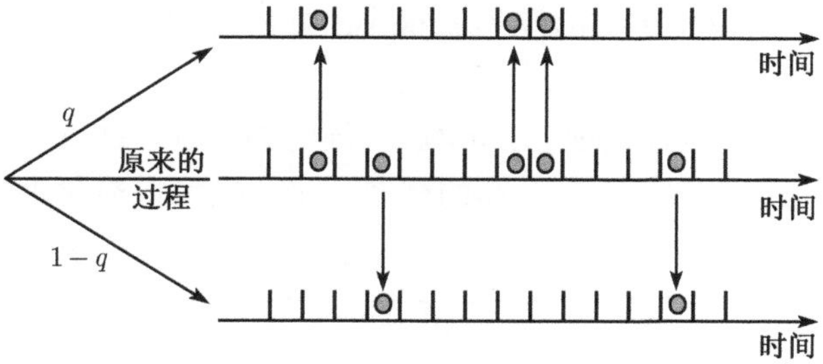

图 6-3 伯努利过程的分裂示意图

反之，如果有两个**独立**的伯努利过程（参数分别是 p 和 q），然后我们采取如下方法进行**合并**：一个到达被收录到合并后的过程中，当且仅当在这两个原始的过程中至少有一个是到达状态. 那么这个事件发生的概率是 $p+q-pq$ [等于 1 减去两个过程都没有到达的概率 $(1-p)(1-q)$]. 因为每个原始过程的不同瞬间是相互独立的，所以合并后的过程的不同瞬间仍然是相互独立的. 因此，合并后的过程仍是伯努利过程，每次成功的概率是 $p+q-pq$，见图 6-4.

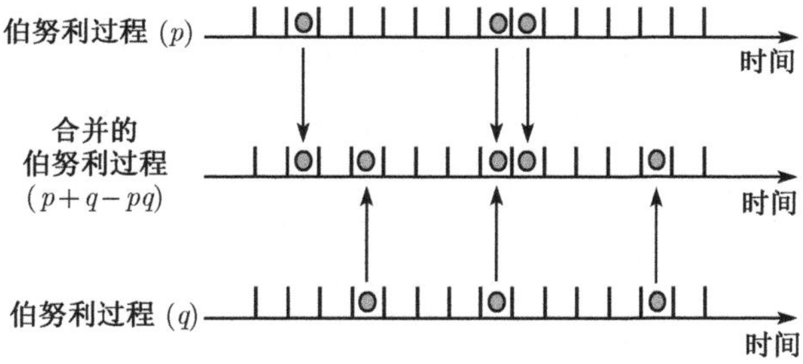

图 6-4 伯努利过程的合并示意图

伯努利过程（或其他过程）的分裂和合并在实际中经常发生. 例如，在双机器系统中，一串到达的零部件会被随机分发给各台机器. 反之，每台机器收到的许多零部件会被合并成一串.

6.1.5 二项分布的泊松近似

n 次独立的伯努利试验成功的次数是一个二项分布的随机变量，参数为 n 和 p，均值为 np. 在本小节里，我们集中处理一类特殊的情况：n 充分大，而 p 很小，均值 np 比较适中. 当从离散时间过渡到连续时间就会发生这种情况，6.2 节会讨论这个主题. 例如，我们考虑任何一天内发生飞行事故的总数：飞行次数 n

很大，但是每次飞行发生事故的概率 p 很小. 或者考虑一本书里的总错误数：单词非常多，但是每个单词拼错的概率很小.

数学上，我们可以这样处理：让 n 增大，同时缩小 p，保持它们的乘积 np 为固定值 λ. 从极限意义上看，二项分布的概率质量函数可以简化为泊松概率质量函数. 下面提供精确描述. 注意，第 2 章已经推导出了泊松概率质量函数的一些性质.

二项分布的泊松近似

- 参数为 λ 的泊松分布的随机变量 Z 取非负整数值，其概率质量函数为

$$p_Z(k) = \mathrm{e}^{-\lambda}\frac{\lambda^k}{k!}, \qquad k = 0, 1, 2, \cdots,$$

  均值和方差是

$$E[Z] = \lambda, \qquad \mathrm{var}(Z) = \lambda.$$

- 当 $n \to \infty$，$p = \lambda/n$ 时，二项分布的概率

$$p_S(k) = \frac{n!}{(n-k)!k!} \cdot p^k(1-p)^{n-k}$$

  收敛于 $p_Z(k)$，其中 λ 是常数，k 是任意固定的非负整数.

- 一般而言，若 $\lambda = np$，n 很大，p 很小，则泊松分布是二项分布的一个很好的近似.

现在我们验证泊松近似的正确性，设 $\lambda = np$，则

$$\begin{aligned} p_S(k) &= \frac{n!}{(n-k)!k!} \cdot p^k(1-p)^{n-k} \\ &= \frac{n(n-1)\cdots(n-k+1)}{k!} \cdot \frac{\lambda^k}{n^k} \cdot \left(1 - \frac{\lambda}{n}\right)^{n-k} \\ &= \frac{n}{n} \cdot \frac{n-1}{n} \cdots \frac{n-k+1}{n} \cdot \frac{\lambda^k}{k!} \cdot \left(1 - \frac{\lambda}{n}\right)^{n-k}. \end{aligned}$$

固定 k，令 $n \to \infty$，则 $\frac{n-1}{n}, \frac{n-2}{n}, \cdots, \frac{n-k+1}{n}$ 中的每一项都收敛于 1，而且①

$$\left(1 - \frac{\lambda}{n}\right)^{-k} \to 1, \qquad \left(1 - \frac{\lambda}{n}\right)^{n} \to \mathrm{e}^{-\lambda}.$$

所以对固定的 k，当 $n \to \infty$ 时我们有

① 这里我们使用了著名的公式 $\lim_{x\to\infty}(1 - \frac{1}{x})^x = \mathrm{e}^{-1}$. 设 $x = n/\lambda$，则 $\lim_{n\to\infty}(1 - \frac{\lambda}{n})^{n/\lambda} = \mathrm{e}^{-1}$，所以 $\lim_{n\to\infty}(1 - \frac{\lambda}{n})^n = \mathrm{e}^{-\lambda}$.

$$p_S(k) \to \mathrm{e}^{-\lambda}\frac{\lambda^k}{k!}.$$

例 6.6 凭经验知，若 $n \geqslant 100$，$p \leqslant 0.01$，$\lambda = np$，泊松近似

$$\mathrm{e}^{-\lambda}\frac{\lambda^k}{k!} \approx \frac{n!}{(n-k)!k!} \cdot p^k(1-p)^{n-k}, \qquad k = 0, 1, 2, \cdots, n$$

的精度有好几位小数. 现在检验一下近似的效果. 看看下面这个例子.

加里 · 卡斯帕罗夫是国际象棋世界冠军. 他在一场表演赛中同时与 100 名业余爱好者对弈. 从历史的经验来看，99% 的比赛都是卡斯帕罗夫获胜（用精确的概率术语来说，我们假设他每局获胜的概率为 0.99，而且各局比赛独立）. 现在我们计算他获胜 100 场、98 场、95 场和 90 场的概率分别是多少.

我们对他总共失败的场数 X 建模，这是二项分布，参数为 $n = 100$，$p = 0.01$. 所以他获胜 100 场、98 场、95 场和 90 场的概率分别是

$$p_X(0) = (1-0.01)^{100} = 0.366,$$

$$p_X(2) = \frac{100!}{98!2!} \cdot 0.01^2(1-0.01)^{98} = 0.185,$$

$$p_X(5) = \frac{100!}{95!5!} \cdot 0.01^5(1-0.01)^{95} = 0.002\,90,$$

$$p_X(10) = \frac{100!}{90!10!} \cdot 0.01^{10}(1-0.01)^{90} = 7.006 \cdot 10^{-8}.$$

现在我们来检验相应的泊松近似，参数 $\lambda = 100 \cdot 0.01 = 1$. 即

$$p_Z(0) = \mathrm{e}^{-1} \cdot \frac{1}{0!} = 0.368,$$

$$p_Z(2) = \mathrm{e}^{-1} \cdot \frac{1}{2!} = 0.184,$$

$$p_Z(5) = \mathrm{e}^{-1} \cdot \frac{1}{5!} = 0.003\,06,$$

$$p_Z(10) = \mathrm{e}^{-1} \cdot \frac{1}{10!} = 1.001 \cdot 10^{-8}.$$

比较一下二项分布的 $p_X(k)$ 和泊松分布的 $p_Z(k)$，可以看出它们对应的结果是相近的.

现在我们假设卡斯帕罗夫只跟 5 名对手同时对弈，但是这次对手的水平高，卡斯帕罗夫每场获胜的概率只有 0.9. 在二项分布 $p_X(k)$ 中，$n = 5$，$p = 0.1$；在相应的泊松分布 $p_Z(k)$ 中，$\lambda = np = 0.5$. 计算结果列表如下.

k	0	1	2	3	4	5
$p_X(k)$	0.590	0.328	0.0729	0.0081	0.00045	0.00001
$p_Z(k)$	0.605	0.303	0.0758	0.0126	0.00160	0.00016

我们可以看出，近似效果虽不差，但是与 $n = 100$ 且 $p = 0.01$ 情形下的近似效果相比，精确度有显著下降. ■

例 6.7 有 n 个字符连成一串组成的信息包在一个有噪声的通道中传输．每个字符存在 $p = 0.0001$ 的概率在传输中出错，而且不同字符的传输错误是独立的．为保证在传输中发生错误的概率不超过 0.001，n 最大是多少？

每个字符的传输可视为一个独立的伯努利试验．所以整个信息包发生错误传输的概率为

$$1 - P(S = 0) = 1 - (1 - p)^n,$$

其中 S 为错误传输的字符总数．为使整个信息包发生错误传输的概率小于 0.001，只需解不等式 $1 - (1 - 0.0001)^n < 0.001$，即

$$n < \frac{\ln(1 - 0.001)}{\ln(1 - 0.0001)} = 10.0045.$$

同样，我们也可使用泊松近似的方法来计算 $P(S = 0)$，即 $P(S = 0) = \mathrm{e}^{-\lambda}$，这里 $\lambda = np = 0.0001 \cdot n$．由条件 $1 - \mathrm{e}^{-0.0001 \cdot n} < 0.001$ 可以得到

$$n < -\frac{\ln 0.999}{0.0001} = 10.005$$

n 必须是整数，两种方法都得出了相同的结果：n 最多是 10. ■

6.2 泊松过程

跟伯努利过程相比，泊松过程是连续时间轴上的到达过程.① 通常，如果一个到达过程在应用上无法将连续时间离散化，就采用泊松过程来刻画．可以说泊松过程是伯努利过程的连续版本.

现在从一个例子来看这种连续化的必要性．考虑一座城市内交通事故的可能模型．我们可以将时间分割成以分钟为单位的时间段，然后记录下每分钟至少发生了一次交通事故的“成功”数据．假设交通事故率不随时间而发生变化，是个常数，则在每个时间段内发生事故的概率是相同的．进一步假设（也非常合理）在不同的时间段里，事故发生是相互独立的．这样得到的成功数据序列就是伯努利过程．注意，在实际生活中，在相同的一分钟时间段里，发生两次或者多次事故当然是可能的．但是，伯努利过程不能记清楚到底发生了多少次事故，特别地，它无法计算在分割确定的单位时间段内发生事故的平均次数.

克服这个缺点的一种可行方法是把时间段选得非常短，使得发生两次或多次事故的概率非常小，以致可以忽略．但是多少才算短？一秒？还是一毫秒？为避免这种随意的选择，我们更喜欢考虑这个时间段的长度趋于零的情况，即连续型时间模型.

现在考虑连续型到达过程，即任意的实数 t 都有可能是到达时刻．我们定义

$$P(k, \tau) = \text{在时间段长度为 } \tau \text{ 的时间内有 } k \text{ 个到达的概率.}$$

① 统计上也称泊松过程为点过程．——译者注

注意这个定义的内涵，它没有指明区间的位置，这意味着，不管这个区间的位置在哪儿，只要时间区间的长度为 τ，这个区间内到达数就服从相同的分布律. 我们引入一个正参数 λ，称为过程的**到达率**或者**强度**. 下面的解释很快会让你明白这个名称的由来.

泊松过程的定义

到达率为 λ 的泊松过程定义为具有如下性质的到达过程.

(a)（**时间同质性**）k 次到达的概率 $P(k,\tau)$ 在相同长度 τ 的所有时间段内都是一样的.

(b)（**独立性**）一个特定时间段内到达的数目与其他时间段内到达的历史是独立的.

(c)（**小区间概率**）概率 $P(k,\tau)$ 满足

$$P(0,\tau) = 1 - \lambda\tau + o(\tau),$$
$$P(1,\tau) = \lambda\tau + o_1(\tau),$$
$$P(k,\tau) = o_k(\tau), \qquad k = 2,3,\cdots,$$

这里，τ 的函数 $o(\tau)$ 和 $o_k(\tau)$ 满足

$$\lim_{\tau\to 0}\frac{o(\tau)}{\tau} = 0, \qquad \lim_{\tau\to 0}\frac{o_k(\tau)}{\tau} = 0.$$

第一个性质表明“到达”在任何时候都是“等可能”的. 在任何长度为 τ 的时间段内，到达数具有相同的统计性质，即具有相同的概率律. 这与伯努利过程中的假设——对所有的试验，成功的概率都是 p——是相对应的.

为解释第二个性质，考虑一个时间长度为 $t'-t$ 的特殊区间 $[t,t']$. 在这个时间段内，发生了 k 次到达的无条件概率是 $P(k,t'-t)$. 假设我们手里有这个区间之外的完全或者部分到达的信息. 那么性质 (b) 是说，这个信息是无用的：在 $[t,t']$ 内发生了 k 次到达的条件概率仍是无条件概率 $P(k,t'-t)$. 这个性质类似于伯努利过程的试验独立性.

第三个性质非常关键. $o(\tau)$ 和 $o_k(\tau)$ 项是指，当 τ 非常小的时候，它们相对 τ 而言是可忽略的. 可以将这些余项理解为 $P(k,\tau)$ 做泰勒展开时展开式中的 $O(\tau^2)$ 项. 所以，对非常小的 τ，到达一次的概率大致是 $\lambda\tau$，加上一个可忽略的项. 类似地，对非常小的 τ，没有到达的概率是 $1-\lambda\tau$，到达两次或更多次的概率与 $P(1,\tau)$ 相比是可以忽略的.

6.2.1　区间内到达的次数

现在开始推导泊松过程中与到达相关的概率分布. 首先，与伯努利过程建立联系来计算一个区间内到达次数的概率质量函数.

考虑一个固定长度为 τ 的时间区间，将它分成 τ/δ 个小区间，每个小区间的长度为 δ，δ 是一个非常小的数，见图 6-5. 由性质 (c) 可知，任意一个小区间内有两次或更多次到达的概率是非常小的，可以忽略不计. 由性质 (b) 知，不同的时间段内到达的状况是相互独立的. 此外，在每个小区间内，到达一次的概率大致是 $\lambda\delta$，没有到达的概率大致是 $1-\lambda\delta$. 所以，这个过程可以大致由伯努利过程来近似. 当 δ 越来越小时，这个近似就会越来越精确.

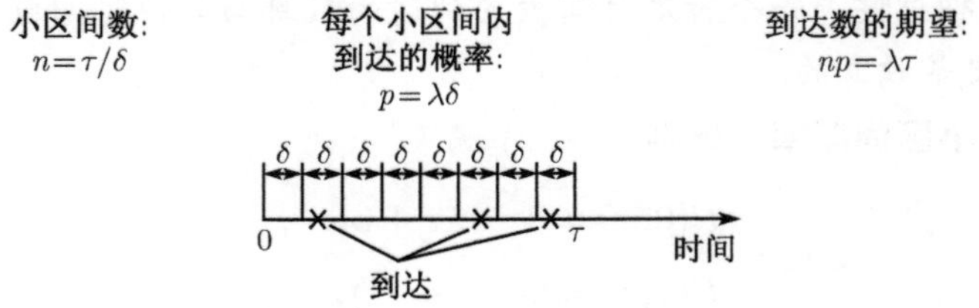

图 6-5　长度 τ 的时间段内的泊松过程的伯努利近似的示意图

在时间 τ 到达 k 次的概率 $P(k,\tau)$ 近似等于以每次试验成功概率为 $p=\lambda\delta$ 进行 $n=\tau/\delta$ 次独立伯努利试验而成功 k 次的（二项）概率. 现在保持 τ 不变，令 δ 趋于 0. 我们注意到，这时时间段数目 n 趋于无穷大，而乘积 np 保持不变，等于 $\lambda\tau$. 在这种情况下，我们在上节已经证明了二项概率质量函数趋于参数为 $\lambda\tau$ 的泊松概率质量函数，于是可以得到如下重要结论:

$$P(k,\tau)=\mathrm{e}^{-\lambda\tau}\frac{(\lambda\tau)^k}{k!},\qquad k=0,1,\cdots.$$

注意，由 $\mathrm{e}^{-\lambda\tau}$ 的泰勒展开可以得到

$$P(0,\tau)=\mathrm{e}^{-\lambda\tau}=1-\lambda\tau+o(\tau),$$
$$P(1,\tau)=\lambda\tau\mathrm{e}^{-\lambda\tau}=\lambda\tau-\lambda^2\tau^2+O(\tau^3)=\lambda\tau+o_1(\tau),$$

跟性质 (c) 相符.

利用泊松质量概率函数的均值和方差的公式，我们有

$$E[N_\tau]=\lambda\tau,\qquad \mathrm{var}(N_\tau)=\lambda\tau,$$

其中 N_τ 表示在长度为 τ 的时间段中到达的次数. 这些公式一点儿都不令人惊讶，因为我们考虑的是参数为 $n=\tau/\delta$ 和 $p=\lambda\delta$ 的二项概率质量函数的极限，均值为 $np=\lambda\tau$，方差为 $np(1-p)\approx np=\lambda\tau$.

现在推导首次到达的时间 T 的概率律. 假设起始时间为 0，则 $T > t$ 当且仅当在时间 $[0, t]$ 内没有一次到达，所以

$$F_T(t) = P(T \leqslant t) = 1 - P(T > t) = 1 - P(0, t) = 1 - \mathrm{e}^{-\lambda t}, \qquad t \geqslant 0.$$

然后，对 T 的累积分布函数求导，得到概率密度函数公式

$$f_T(t) = \lambda \mathrm{e}^{-\lambda t}, \qquad t \geqslant 0.$$

这说明首次到达时间服从参数为 λ 的指数分布. 现总结如下，也见图 6-6.

泊松过程相关的随机变量及其性质

- **参数为 $\boldsymbol{\lambda\tau}$ 的泊松分布**. 这是泊松过程的到达率为 λ，在时间长度为 τ 的区间内到达的总次数 N_τ 的分布. 它的概率质量函数、期望和方差是

$$p_{N_\tau}(k) = P(k, \tau) = \mathrm{e}^{-\lambda\tau}\frac{(\lambda\tau)^k}{k!}, \qquad k = 0, 1, \cdots,$$

$$E[N_\tau] = \lambda\tau, \qquad \mathrm{var}(N_\tau) = \lambda\tau.$$

- **参数为 $\boldsymbol{\lambda}$ 的指数分布**. 这是首次到达的时间 T 的分布. 它的概率质量函数、期望和方差是

$$f_T(t) = \lambda \mathrm{e}^{-\lambda t}, \quad t \geqslant 0, \qquad E[T] = \frac{1}{\lambda}, \qquad \mathrm{var}(T) = \frac{1}{\lambda^2}.$$

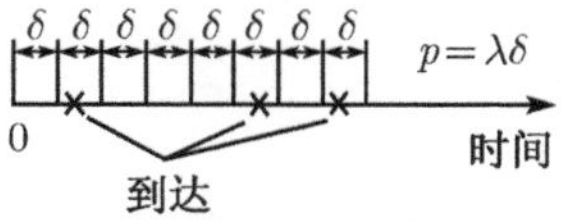

	泊松	伯努利
到达时间	连续	离散
到达次数的分布	泊松	二项
相邻到达时间的分布	指数	几何
到达率	λ/单位时间	p/每次试验

图 6-6 伯努利过程可以看成泊松过程的离散化. 我们将区间分为长度 δ 的小区间，每个小区间对应一个伯努利试验，参数为 $p = \lambda\delta$. 表格中汇总了两个过程的对应关系

例 6.8 假设收电子邮件是一个到达率为每小时 $\lambda = 0.2$ 封的泊松过程. 每小时检查一次邮件, 收到 0 封和 1 封新邮件的概率是多少?

可以使用泊松概率质量函数 $\mathrm{e}^{-\lambda\tau}(\lambda\tau)^k/k!$ 来计算, 这里 $\tau = 1$, $k = 0$ 或 $k = 1$:

$$P(0,1) = \mathrm{e}^{-0.2} = 0.819, \qquad P(1,1) = 0.2\mathrm{e}^{-0.2} = 0.164.$$

如果一整天才检查一次邮件, 一封邮件都没有收到的概率是多少? 我们再次使用泊松概率质量函数来计算, 即

$$P(0,24) = \mathrm{e}^{-0.2\cdot 24} = 0.0083.$$

我们也可以这么想: 一天 24 个小时都没有收到邮件, 也就是连续 24 个一小时都没有收到邮件. 后者的 24 个事件是相互独立的, 每个事件发生的概率是 $P(0,1) = \mathrm{e}^{-0.2}$, 所以

$$P(0,24) = \big(P(0,1)\big)^{24} = \big(\mathrm{e}^{-0.2}\big)^{24} = 0.0083,$$

这与前面的结果一样. ■

例 6.9(独立泊松随机变量和仍是泊松随机变量) 顾客去超市购物可以用泊松过程来刻画, 到达率为每分钟 $\lambda = 10$ 个顾客. 记 M 为 9:00 到 9:10 来超市的顾客总数. N 为 9:30 到 9:35 来超市的顾客总数. 那么 $N + M$ 的分布是什么?

注意, M 服从泊松分布, 参数是 $\mu = 10 \cdot 10 = 100$, N 也服从泊松分布, 参数是 $\nu = 10 \cdot 5 = 50$. M 和 N 是相互独立的. 在 4.4.3 节, 运用矩母函数的方法已经证得 $M + N$ 是泊松分布, 参数是 $\mu + \nu = 150$(也见第 4 章习题 11). 现在我们用直观的方法来推导这个公式.

设 $\tilde{N}$ 是在时间 9:10 到 9:15 来超市的顾客总数, 则 $\tilde{N}$ 与 N 一样服从泊松分布(参数为 50), 而且 $\tilde{N}$ 与 M 独立. 所以 $M + N$ 的分布与 $M + \tilde{N}$ 的分布是一样的. 但是 $M + \tilde{N}$ 是长度为 15 分钟的时间区间内来超市的顾客总数, 所以服从泊松分布, 参数是 $10 \cdot 15 = 150$.

这个例子的结论是普遍的. 对于一个泊松过程来说, 设 X 为若干个不相重合的区间内的到达总数, 则随机事件 $X = k$ 的概率为 $P(k, \tau)$, 其中 τ 为这些不相交的区间长度的总和. 在上述结论中, 只要求不相交的区间个数有限, 并且总长度为 τ(在本例中, 我们处理的是时间段 [9:00, 9:10] 和 [9:30, 9:35], 总长度为 15 分钟). ■

6.2.2 独立性和无记忆性

泊松过程有许多性质与伯努利过程是类似的. 例如, 不相交时间区间内的到达是相互独立的, 相邻时间分布的无记忆性. 泊松过程也可视为伯努利过程的极限情形, 所以, 泊松过程继承了伯努利过程的许多性质也不足为奇.

泊松过程的独立性

- 对任意给定的时间 $t > 0$, 时间 t 之后的过程也是泊松过程, 而且与时间 t 之前(包括时间 t)的历史过程相互独立.

- 对任意给定的时间 t，令 $\overline{T}$ 是时间 t 之后首次到达的时间，则随机变量 $\overline{T}-t$ 服从参数为 λ 的指数分布，且与时间 t 之前（包括时间 t）的历史过程相互独立.

上面的第一个性质成立，是因为从时间 t 开始的过程满足泊松过程定义的性质. 未来与过去的独立性直接来源于泊松过程定义中的独立性假设. 最后，$\overline{T}-t$ 具有相同的指数分布，这是因为

$$P(\overline{T}-t>s)=P(\text{在时间 }[t,\,t+s]\text{ 没有到达})=P(0,s)=\mathrm{e}^{-\lambda s}.$$

这就是无记忆性，这个性质与伯努利过程的无记忆性是类似的. 下面两个例子运用了这个性质.

例 6.10 你和朋友一起去网球场，需要一直等到正在打球的人打完为止. 假设（有些不太现实）他们打球的时间服从指数分布. 则不管他们什么时候开始打球的，你们等待的时间（等价地，他们打球的剩余时间）也服从相同的指数分布. ■

例 6.11 进入银行，你发现有三名营业员正在服务客户，而且没有其他客户在排队等待. 假设你的服务时间和正在服务的客户的服务时间都是具有相同参数的指数分布，且相互独立. 那么，你是最后一位离开银行的客户的概率是多少?

答案是 1/3. 从你开始接受服务的那一刻算起，另外两位正在接受服务的客户还需要的服务时间，与你所需要的服务时间具有相同的分布. 另外两位客户虽然比你早接受服务，但由于泊松过程的无记忆性，他们与你处于同一起跑线上，不算以前的服务时间，三人所需的服务时间的分布是相同的. 所以你和其他两人以相同的概率最后离开银行. ■

6.2.3 相邻到达时间

假设有一个从时刻 0 开始的泊松过程. 与这个过程相关的重要的随机变量是第 k 次成功（或到达）的时间，记为 Y_k. 与 Y_k 密切相关的随机变量是第 k 次相邻到达的时间，记为 T_k. 这些随机变量满足如下关系

$$T_1=Y_1,\qquad T_k=Y_k-Y_{k-1},\qquad k=2,3,\cdots,$$

T_k 的含义是第 $k-1$ 次成功和第 k 次成功之间的时间. 由上面的关系可得

$$Y_k=T_1+\cdots+T_k.$$

我们已经知道首次到达的时间 T_1 服从参数为 λ 的指数分布. 第一次在时刻 T_1 成功之后，未来是一个新的泊松过程，[①] 因此，下次到达所需的时间 T_2 与

① 以前我们说的随机过程“重新开始”是指从任意固定的时刻 t 开始的随机过程. 现在的“重新开始”结论比前述结论更强，这是因为开始时刻 T_1 是随机变量. 但是这个结论还是很直观的. 可以用类似例 6.3 的证明方法证明这个重新开始的过程还是一个泊松过程，即对 T_1 的可能取值取条件的方法，来证明现在的结论.

T_1 有相同的分布. 进一步，过去的过程（直到，且包括时间 T_1）与未来的试验（从时刻 T_1 以后开始）是独立的. 因为 T_2 仅仅由未来决定，所以 T_2 与 T_1 独立. 类似地，继续下去，我们可以得到，随机变量序列 $T_1, T_2, T_3, \cdots$ 是相互独立的，具有相同的指数分布.

这个重要的结论可以给泊松过程另一种等价的描述方法.

泊松过程另一种描述

(1) 具有公共参数 λ 的一串相互独立的指数随机变量序列 $T_1, T_2, \cdots$，可以看作相邻到达时间.

(2) 过程的到达的时间为 $T_1, T_1+T_2, T_1+T_2+T_3$，等等. 这样形成的随机过程就是泊松过程.

6.2.4 第 k 次到达的时间

第 k 次到达的时间 Y_k 等于 k 个独立同分布且服从指数分布的随机变量之和，即 $Y_k = T_1 + \cdots + T_k$. 这样，我们就可以利用下述性质计算 Y_k 的期望、方差和概率密度函数.

第 k 次到达的时间的性质

- 第 k 次到达的时间等于前 k 个相邻到达时间之和

$$Y_k = T_1 + \cdots + T_k,$$

而且 $T_1, \cdots, T_k$ 独立同分布，服从参数为 λ 的指数分布.

- Y_k 的期望和方差为

$$E[Y_k] = E[T_1] + \cdots + E[T_k] = \frac{k}{\lambda},$$

$$\text{var}(Y_k) = \text{var}(T_1) + \cdots + \text{var}(T_k) = \frac{k}{\lambda^2}.$$

- Y_k 的概率密度函数是

$$f_{Y_k}(y) = \frac{\lambda^k y^{k-1} \mathrm{e}^{-\lambda y}}{(k-1)!}, \qquad y \geqslant 0.$$

这就是著名的**阶数为 k 的埃尔朗分布（k 阶埃尔朗分布）**.

下面我们来证明 Y_k 的概率密度函数公式. 对非常小的 δ，乘积 $\delta f_{Y_k}(y)$ 可以

近似看成第 k 个到达发生在时刻 y 与 $y+\delta$ 之间的概率. [①] 当 δ 非常小时，在区间 $[y, y+\delta]$ 中到达的次数超过一次的概率是可以忽略的. 在 y 与 $y+\delta$ 之间发生第 k 次到达，当且仅当下面两个事件同时发生.

(a) 事件 A：在时间段 $[y, y+\delta]$ 到达了一次.

(b) 事件 B：在时间 y 之前恰好发生了 $k-1$ 次.

这两个事件发生的概率分别是

$$P(A) \approx \lambda\delta \quad 和 \quad P(B) = P(k-1, y) = \frac{\lambda^{k-1} y^{k-1} \mathrm{e}^{-\lambda y}}{(k-1)!}.$$

事件 A 与 B 是相互独立的，所以

$$\delta f_{Y_k}(y) \approx P(y \leqslant Y_k \leqslant y+\delta) = P(A \cap B) = P(A)P(B) \approx \lambda\delta \frac{\lambda^{k-1} y^{k-1} \mathrm{e}^{-\lambda y}}{(k-1)!}.$$

因此

$$f_{Y_k}(y) = \frac{\lambda^k y^{k-1} \mathrm{e}^{-\lambda y}}{(k-1)!}, \qquad y \geqslant 0.$$

例 6.12 拨打国税局的热线电话后，你被告知，除正在接受服务的人外，前面还有 55 人等待服务. 呼叫者离开所需时间是泊松过程，参数 λ 是每分钟 2 人. 那么，平均而言，直到接受服务你需要等待多长时间? 你的等待时间超过 30 分钟的概率是多少?

利用无记忆性，正在接受服务的人还需服务的时间服从参数为 $\lambda = 2$ 的指数分布. 而且你前面 55 人的服务时间也服从参数为 $\lambda = 2$ 的指数分布，此外，所有这些随机变量都是独立的. 所以你等待的时间（记为 Y）是 56 阶埃尔朗分布，

$$E[Y] = \frac{56}{\lambda} = 28.$$

你的等待时间超过 30 分钟的概率是

$$P(Y \geqslant 30) = \int_{30}^{\infty} \frac{\lambda^{56} y^{55} \mathrm{e}^{-\lambda y}}{55!} \,\mathrm{d}y.$$

计算上述概率非常麻烦. 此外，因为 Y 是一串独立同分布随机变量序列之和，所以我们可以使用中心极限定理和正态分布表来近似计算. ■

---

① 下面介绍另一种推导方法，不使用近似方法论证. 注意到，对任意 $y \geqslant 0$，事件 $\{Y_k \leqslant y\}$ 与事件

$$\{在时间\ [0, y]\ 内至少到达\ k\ 次\}$$

相同，所以 Y_k 的累积分布函数是

$$F_{Y_k}(y) = P(Y_k \leqslant y) = \sum_{n=k}^{\infty} P(n, y) = 1 - \sum_{n=0}^{k-1} P(n, y) = 1 - \sum_{n=0}^{k-1} \frac{(\lambda y)^n \mathrm{e}^{-\lambda y}}{n!}.$$

Y_k 的概率密度函数可通过将上述表达式对 y 求导得到，直接计算就可以得到埃尔朗概率密度函数公式

$$f_{Y_k}(y) = \frac{\mathrm{d}}{\mathrm{d}y} F_{Y_k}(y) = \frac{\lambda^k y^{k-1} \mathrm{e}^{-\lambda y}}{(k-1)!}.$$

6.2.5　泊松过程的分裂与合并

类似于伯努利过程，到达率为 λ 的泊松过程也可以按如下的方法进行分裂：每当有一个到达时，我们选择保留（概率为 p）或者抛弃（概率为 $1-p$），选择保留与否与其他到达独立. 在伯努利过程的情况下，我们知道分裂后的过程仍是伯努利过程. 在现在的情况下，泊松过程分裂出来的过程仍是泊松过程，只是到达率为 λp.

类似地，如果有两个相互独立的泊松过程（参数分别是 λ_1 和 λ_2），这两个原始过程无论哪一个到达，都认为是新过程的一个到达，那么，这个新过程就是原来过程的合并过程. 可以证明这个合并过程还是泊松过程，到达率为 $\lambda_1+\lambda_2$. 对于合并过程的任何一个到达状态来说，它以 $\lambda_1/(\lambda_1+\lambda_2)$ 的概率来自于第一个泊松过程，以 $\lambda_2/(\lambda_1+\lambda_2)$ 的概率来自于第二个泊松过程.

我们举例来说明这些性质，同时提供证明方法.

例 6.13（**泊松过程的分裂**）　到达数据网络某个结点的信息包，可能是目的地信息包（这种事件发生的概率为 p），也可能是须转发到其他结点的信息包（这种事件发生的概率为 $1-p$）. 信息包到达结点的过程是泊松过程，到达率为 λ，每个到达信息包的类别与其他到达信息包的类别是相互独立的. 如前所述，目的地信息包的到达过程是泊松过程，到达率为 λp. 下面对此进行解释.

我们只需验证目的地信息包的到达过程满足泊松过程的定义. 因为 λ 和 p 是常数，不随时间变化而变化（即任何时间长度为 τ 的区间内的到达次数的分布与这个区间的位置无关），所以满足第一个性质（时间同质性）. 此外，无论到达的信息包是否为目的地信息包，在不相交的时间区间内，这些事件都是相互独立的，这就验证了泊松过程的第二个性质——独立性. 最后，我们重点研究长度为 δ 的一个小区间，目的地信息包到达的概率，近似于一个信息包进入结点且这个信息包就是目的地信息包的概率，即 $\lambda\delta\cdot p$. 另外，两个或多个目的地信息包到达结点的概率相对于 δ 而言是忽略不计的，这就验证了泊松过程关于小区间概率的第三个性质. 综上所述，我们证明了目的地信息包的到达过程是泊松过程. 特别地，在长度为 τ 的时间内，到达的目的地信息包的数目服从参数为 $p\lambda\tau$ 的泊松分布. 由对称性，转发信息包的到达过程也是泊松过程，参数为 $(1-p)\lambda$. 有点奇怪的是，从原始泊松过程分裂出去的两个泊松过程居然是相互独立的. 见章末习题. ■

例 6.14（**泊松过程的合并**）　人们去邮局寄信的到达过程是泊松过程，参数是 λ_1，去邮局寄包裹的到达过程也是泊松过程，参数是 λ_2，寄信与寄包裹是相互独立的. 这样，人们进邮局办事（寄信或寄包裹）的到达过程是泊松过程，参数是 $\lambda_1+\lambda_2$. 下面对此进行解释.

首先，合并后的过程显然满足泊松过程的时间同质性（某个时间区间内到达个数的概率质量函数只与区间的长度有关，与区间的起始时刻无关）. 此外，原来的两个随机过程在不同的时间区间内发生的事件是相互独立的，所以，合并过程在不同的时间区间内发生的事件是相互独立的. 这说明合并过程符合泊松过程定义中的独立性要求. 现在考虑长度为 δ 的小区间，在下面的论证过程中，约等号“$\approx$”表示两边相差一个与 δ 相比可忽略的项. 我们有

$$P(\text{合并过程在小区间内无到达}) \approx (1-\lambda_1\delta)(1-\lambda_2\delta) \approx 1-(\lambda_1+\lambda_2)\delta,$$
$$P(\text{合并过程在小区间内有 1 次到达}) \approx \lambda_1\delta(1-\lambda_2\delta)+\lambda_2\delta(1-\lambda_1\delta) \approx (\lambda_1+\lambda_2)\delta.$$

因此，合并过程满足泊松过程定义的第三个性质，参数为 $\lambda_1+\lambda_2$.

假设有一个人进入邮局，这个人来寄信的概率是多少? 我们关注该时刻附近时长为 δ 的小区间，此时问题化为一个条件概率的计算问题，即计算

$$P(\text{一个人进入邮局寄信} \mid \text{一个人进入邮局}).$$

使用条件概率的定义，忽略超过一个人进邮局的那些小概率值，得到

$$\frac{P(\text{一个人进入邮局寄信})}{P(\text{一个人进入邮局})} \approx \frac{\lambda_1\delta}{(\lambda_1+\lambda_2)\delta} = \frac{\lambda_1}{\lambda_1+\lambda_2}.$$

由泊松过程的性质可知，这个条件概率与这个人进入邮局的时刻无关，他来寄信的概率是 $\lambda_1/(\lambda_1+\lambda_2)$. 现在令 L_k 为事件“第 k 个进入邮局的人是来寄信的”，类似可得

$$P(L_k) = \frac{\lambda_1}{\lambda_1+\lambda_2}.$$

因为不同的人的到达时间不一样，而且对于泊松过程而言，不同时间的到达事件是相互独立的，所以随机事件 $L_1, L_2, \cdots$ 是独立的. ■

例 6.15（竞争指数） 两个灯泡[①]具有独立的寿命 T_a 和 T_b，分别服从参数为 λ_a 和 λ_b 的指数分布. 任意一个灯泡首次烧坏的时间 $Z=\min\{T_a, T_b\}$ 的分布是什么?

对任意的 $z \geqslant 0$ 有

$$\begin{aligned}
F_Z(z) &= P(\min\{T_a, T_b\} \leqslant z) \\
&= 1 - P(\min\{T_a, T_b\} > z) \\
&= 1 - P(T_a > z, T_b > z) \\
&= 1 - P(T_a > z)P(T_b > z) \\
&= 1 - \mathrm{e}^{-\lambda_a z} e^{-\lambda_b z} \\
&= 1 - \mathrm{e}^{-(\lambda_a+\lambda_b)z}.
\end{aligned}$$

这是参数为 $\lambda_a+\lambda_b$ 的指数分布的累积分布函数. 所以，参数分别为 λ_a 和 λ_b 的两个独立的指数分布随机变量，较小的随机变量服从参数为 $\lambda_a+\lambda_b$ 的指数分布.

可以更直观地解释这个事实. 假设 T_a 和 T_b 分别是到达率为 λ_a 和 λ_b 的泊松过程首次到达的时间. 如果我们将两个过程合并，那么首次到达的时间是 $\min\{T_a, T_b\}$. 我们已经知道，合并过程是到达率为 $\lambda_a+\lambda_b$ 的泊松过程，所以，首次到达时间 $\min\{T_a, T_b\}$ 是指数分布，参数为 $\lambda_a+\lambda_b$. ■

前面的结论可以推广到更多过程的情形. 即 n 个到达率分别为 $\lambda_1, \cdots, \lambda_n$ 的独立泊松过程在合并后仍然是泊松过程，到达率为 $\lambda_1+\cdots+\lambda_n$.

① 如果把两个灯泡串联起来，形成一个串联系统. 当一个灯泡“寿终”的时候，系统就“寿终”. 系统的寿命就是本例中的首次烧毁的灯泡的寿命. 串联系统在可靠性统计中具有重要地位. ——译者注

例 6.16（**竞争指数的进一步讨论**） 点亮 3 个灯泡，其寿命都服从参数为 λ 的指数分布，而且相互独立. 那么，直到最后一个灯泡烧坏的时间的期望值是多少?

我们已经讲过，每个灯泡烧坏的时间可视为独立泊松过程的首次到达时间. 开始时，我们有 3 个灯泡，合并后的过程是泊松过程，到达率是 3λ. 所以，第一次烧坏的时间 T_1 服从指数分布，参数是 3λ，均值是 $1/3\lambda$. 一旦有一个灯泡烧坏，由指数分布的无记忆性，其余两个灯泡的剩余寿命时间仍是指数分布，而且独立. 重新开始. 我们有两个泊松过程. 剩下的两个过程合并后仍是泊松过程，到达率是 2λ. 首次烧坏的时间 T_2 服从指数分布，参数为 2λ，均值为 $1/2\lambda$. 最后，在第二个灯泡烧坏之后，只剩下一个灯泡. 再次运用无记忆性，最后一个灯泡烧坏的时间 T_3 是指数分布，参数为 λ，均值为 $1/\lambda$. 因此，整个时间的期望值是

$$E[T_1+T_2+T_3]=\frac{1}{3\lambda}+\frac{1}{2\lambda}+\frac{1}{\lambda}.$$

注意，因为无记忆性，随机变量 T_1、T_2 和 T_3 是相互独立的. 我们可以计算总时间的方差

$$\mathrm{var}(T_1+T_2+T_3)=\mathrm{var}(T_1)+\mathrm{var}(T_2)+\mathrm{var}(T_3)=\frac{1}{9\lambda^2}+\frac{1}{4\lambda^2}+\frac{1}{\lambda^2}.$$ ■

6.2.6 伯努利过程和泊松过程、随机变量和

利用伯努利过程和泊松过程的分裂与合并的性质，可以既巧妙又直观地得到独立随机变量和的许多有趣的性质. 当然，你也可以按定义推导有关分布，或者利用矩母函数进行分布推导. 但这些方法都不是很直观. 这些性质归纳如下.

随机数个独立随机变量和的性质

设 $N, X_1, \cdots, X_n$ 是独立随机变量，其中 N 是非负整数. 当 $N>0$ 时，定义 $Y=X_1+\cdots+X_N$，当 $N=0$ 时，定义 $Y=0$.

- 若 X_i 服从参数为 p 的伯努利分布，N 服从参数为 m 和 q 的二项分布，则 Y 服从参数为 m 和 pq 的二项分布.
- 若 X_i 服从参数为 p 的伯努利分布，N 服从参数为 λ 的泊松分布，则 Y 服从参数为 λp 的泊松分布.
- 若 X_i 服从参数为 p 的几何分布，N 服从参数为 q 的几何分布，则 Y 服从参数为 pq 的几何分布.
- 若 X_i 服从参数为 λ 的指数分布，N 服从参数为 q 的几何分布，则 Y 服从参数为 λq 的指数分布.

前两个性质在习题 22 中证明，第三个性质在习题 6 中证明，最后一个性质在习题 23 中证明. 最后三个性质也在第 4 章中得到了证明，在那里使用了矩母函数（见 4.4.3 节和第 4 章最后一道习题）. 此外，在习题 24 中给出了另一个有趣

的性质：令 N_t 是在长度 t 的时间内到达率为 λ 的泊松过程的到达总数目，T 为时间长度，服从参数为 ν 的指数分布，且与泊松过程独立，则 N_T+1 的分布是几何分布，参数为 $\nu/(\lambda+\nu)$.

下面讨论一个更深的相关性质. **大量**独立到达过程（**不必**是泊松过程）的合并，是否可以用到达率为各自到达率之和的泊松过程来近似? 每个过程的到达率相对总过程而言必须非常小（所以它们中没有一个过程能对总过程的概率特征施加影响），而且它们必须满足一些数学上的假设. 更深的讨论超出本书的范围. 但请注意，在实践中，的确需要分析大量类似泊松的过程的大样本性质. 例如，城市里的电话通信流量就是由许多小分支过程合并而成的，每个小分支过程刻画了当地居民打电话的性质. 这些小过程不一定是泊松过程. 例如，有些人喜欢一起打电话（小型电话会议），并且一个人在打电话的时候是无法接听第二个电话的. 但是，将许多小的过程合并以后可以使用泊松过程来刻画. 基于同样的理由，城市里汽车事故的过程、商店里顾客到达的过程、放射性物质的粒子发射过程等，都可以使用泊松过程来刻画.

6.2.7 随机插入的悖论

泊松过程的到达将时间轴分割成一串相邻的时间间隔序列，每个时间段开始于一个到达，结束于下一个到达. 已经证得，每个相邻时间段的长度（称为相邻到达时间）是参数为 λ 的相互独立的指数分布的随机变量，其中 λ 是泊松过程的到达率. 更精确地说，对每个 k，第 k 个相邻到达时间的长度服从指数分布. 在本小节中，我们从另一个角度来看这些相邻到达时间.

固定一个时间点 t^*，考虑包含时间点 t^*、长度为 L 的相邻时间段. 我们来看看这个问题的实际背景，例如，某人在任意时间点 t^* 到达公共汽车站，记录汽车前次到达与下次到达的时间间隔. 通常称这个人的到达为"随机插入"，然而，这个词容易引起误导，t^* 只是一个特定的时间点，不是随机变量.

假设 t^* 比泊松过程的起始时间大得多，我们可以确定，在时间点 t^* 之前有到达. 为避免时间点 t^* 所引发的这种担忧，假设泊松过程的起始点为 $-\infty$，所以可以确信在时间点 t^* 之前有到达，从而 L 有定义. 人们会错误地认为 L 只是一个"典型"的相邻时间段的长度，因此也是指数分布的，但这是错误的. 事实上，我们将证明 L 服从阶数为 2 的埃尔朗分布.

这就是有名的**随机插入的影响**或者**随机插入的悖论**，可以用图 6-7 来解释. 假设 $[U,V]$ 是含时间点 t^* 的相邻时间段，则 $L=V-U$. 特别地，U 是 t^* 之前的最后一次到达时间，V 是 t^* 之后的首次到达时间. 将 L 分成两部分，

$$L = (t^* - U) + (V - t^*),$$

其中 $t^* - U$ 是已经过去的时间，$V - t^*$ 是剩下的时间．注意，$t^* - U$ 取决于过程的历史（t^* 之前），而 $V - t^*$ 取决于过程的未来（t^* 之后）．由泊松过程的独立性可知，随机变量 $V - t^*$ 与 $t^* - U$ 是独立的．由泊松过程的无记忆性可知，泊松过程从时间点 t^* 重新开始，所以 $V - t^*$ 服从参数为 λ 的指数分布．当然，随机变量 $t^* - U$ 也服从参数为 λ 的指数分布．得到这个结论的最简单方法就是：泊松过程倒着运行仍是泊松过程．这是因为在泊松过程的定义中，不管时间是顺着的还是倒着的，没有什么区别．以下公式是关于 $t^* - U$ 的分布之结论的严格证明：

$$P(t^* - U > x) = P(\text{在时间段 } [t^* - x, t^*] \text{ 内没有到达}) = P(0, x) = \mathrm{e}^{-\lambda x}, \quad x \geqslant 0.$$

于是，我们证明了 L 是两个参数为 λ 的独立指数分布随机变量和，即是阶数为 2 的埃尔朗分布，均值是 $2/\lambda$.

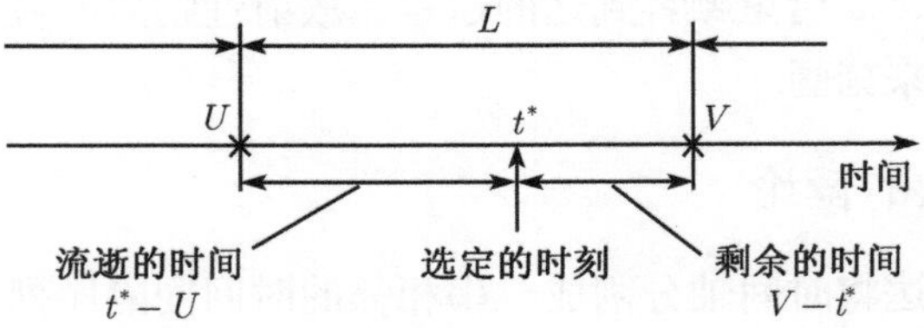

图 6-7　随机插入的影响的示意图．对于固定时间点 t^*，对应的相邻时间段 $[U, V]$ 由流逝时间 $t^* - U$ 与剩余时间 $V - t^*$ 组成．这两个时间变量是独立的，服从参数为 λ 的指数分布，它们的和服从阶数为 2 的埃尔朗分布

随机插入现象通常让人产生误解并会导致错误，然而，这通常能够通过仔细地选择概率模型来避免．关键是，一个观测者到达的任意时刻更可能落在一个较大而不是较小的时间间隔区间里，因此在这种情况下，观测者观测的平均长度将为 $2/\lambda$，比指数分布的均值 $1/\lambda$ 要大．以下例子说明了类似情况的发生．

例 6.17（非泊松到达过程中的随机影响）　公共汽车按规定分别于整点和整点后 5 分钟到达车站，到达间隔时间在 5 分钟和 55 分钟间交替，平均到达间隔时间是 30 分钟．某人在某随机时刻到达公共汽车站．我们说“随机”是指在某特定小时内均匀分布．这样，他在长度为 5 的间隔区间中的概率为 1/12，在长度为 55 的间隔区间中的概率为 11/12，到达间隔时间的期望值是

$$5 \cdot \frac{1}{12} + 55 \cdot \frac{11}{12} \approx 50.83,$$

这比平均到达间隔时间 30 分钟要大得多．■

如上例所示，随机插入是一个会引起更大的相邻到达时间间隔的微妙现象，在非泊松过程的背景下已被很好地说明．更一般地说，当不同的计算方法给出相

悖的结论时，往往是它们给予了不同的概率机制. 例如，考虑给定**非随机**的 k，观测相应的第 k 个相邻到达时间的试验，与固定时间 t、观测第 K 个相邻到达时间间隔覆盖 t 的试验是完全不同的，其中 K 是**随机**变量.

最后，我们考虑一个类似的例子. 关于城市公共汽车使用情况的调查：一种方法是随机选择一些公共汽车，计算所选车辆的平均乘车人数；另一种方法是随机选择一些乘客，观测他们所乘的公共汽车，计算这些车上的平均乘车人数. 这两种方法得到的估计有很大的不同，第二种方法的估计明显偏高. 这是因为，使用第二种方法时，我们更容易选到具有大量乘客的公共汽车，而不是几乎空着的车.

6.3 小结和讨论

在本章中，我们介绍和分析了两种无记忆到达过程. 伯努利过程涉及离散时间，在每一个离散时间中都有一个常值的到达概率 p. 泊松过程涉及连续时间，在每一个长度为 $\delta > 0$ 的小区间内，都有一个到达的近似概率 $\lambda\delta$. 在这两种情况中，不相邻的时间间隔中到达的次数是独立的. 若离散时间间隔是很小的值 δ，泊松过程可以看作伯努利过程的极限情况. 这个事实可以用来提炼两种过程（相似的）主要性质，并将分析一种过程所得知识应用于另一种.

使用伯努利过程和泊松过程的无记忆性，我们得到以下结论.

(a) 对于给定长度的时间间隔，到达次数的概率质量函数分别是二项分布或泊松分布.

(b) 相邻到达时间分别服从几何分布和指数分布.

(c) 第 k 次到达时间的分布分别为 k 阶帕斯卡分布和 k 阶埃尔朗分布.

此外，我们发现，可以从两个独立的伯努利（或泊松）过程开始，将它们合并后形成一个新的伯努利（或泊松）过程. 反之，如果以抛掷硬币的成功概率 p 接受每一次到达（“分裂”），则接受的到达过程仍是伯努利（或泊松）过程，只是平均到达率或强度是原始到达率的 p 倍.

最后，我们考虑了随机插入现象，它是指一个外在观测者在某特定时刻到达并测量他到达的那个到达时间间隔. 测量的区间的概率性质与传统的“典型”到达间隔区间的概率性质不同，原因就在于观测者的到达时间更可能落入大一些的到达间隔时间区间. 这种现象说明，当谈及“典型”区间时，我们必须仔细描述区间选择的机制，不同的机制会导致不同的统计性质出现.

6.4　习题

6.1 节　伯努利过程

1. 某单位有两辆货车，一辆是红色的，一辆是绿色的．现有 n 个包裹需装上车．在装车的时候，每个包裹都是独立地放到红色货车（以概率 p）或绿色货车（以概率 $1-p$）上的，设 R 为红车上包裹的总个数，G 为绿车上包裹的总个数．

(a) 确定随机变量 R 的概率质量函数、期望和方差值．

(b) 求第一次装车时将一个包裹装上某辆车，直到装完第 n 个包裹以后，这辆车上还只有一个包裹的概率．

(c) 计算在装完货以后至少有一辆货车只有一个包裹的概率．

(d) 计算 $R-G$ 的期望和方差．

(e) 假设 $n \geqslant 2$，在前两个包裹都装在红色货车的条件下，求随机变量 R 的条件概率质量函数、期望和方差值．

2. 戴夫在每次测验中不及格的概率为 $1/4$，并且各次测验的结果是相互独立的．

(a) 计算戴夫在 6 次测验中恰好不及格 2 次的概率．

(b) 计算戴夫在不及格 3 次之前通过的平均测验数．

(c) 计算戴夫恰好在第 8 次和第 9 次测验时发生第 2 次和第 3 次不及格的概率．

(d) 计算戴夫在连续 2 次通过测验之前连续 2 次不及格的概率．

3. 计算机系统执行两个用户提交的任务，时间被划分为几部分，每一部分以 $p_I = 1/6$ 的概率空闲，以 $p_B = 5/6$ 的概率忙碌．在忙碌时间段，来自用户 1 或用户 2 的任务被执行的概率为 $p_{1\,|\,B} = 2/5$ 或 $p_{2\,|\,B} = 3/5$，我们假设不同时间段的事件相互独立．

(a) 计算在第 4 个时间段第一次执行用户 1 的任务的概率．

(b) 在前 10 个时间段中有 5 个空闲的条件下，计算第 6 个空闲时间段为第 12 个时间段的概率．

(c) 计算执行来自用户 1 的第 5 个任务时，计算机经历的总时间段的期望数．

(d) 计算执行来自用户 1 的第 5 个任务时，计算机经历的忙碌时间段的期望数．

(e) 计算执行来自用户 1 的第 5 个任务时，计算机执行用户 2 的任务数的概率质量函数、均值和方差．

***4.** 考虑一个伯努利过程，其每次试验成功的概率为 p.

(a) 将第 r 次成功之前失败的次数（通常称作**负二项分布**随机变量）与一个服从帕斯卡分布的随机变量联系起来，并求它的概率质量函数．

(b) 求第 r 次成功之前失败次数的期望和方差．

(c) 写出第 i 次失败发生在第 r 次成功之前的概率的表达式．

解　(a) 设 Y 表示第 r 次成功之前试验的次数，它是服从 r 阶帕斯卡分布的随机变量，再设 X 表示第 r 次成功之前失败的次数，所以 $X = Y - r$，因此 $p_X(k) = p_Y(k+r)$，

并且

$$p_X(k)=\binom{k+r-1}{r-1}p^r(1-p)^k,\qquad k=0,1,\cdots.$$

(b) 使用 (a) 中的记号，我们有

$$E[X]=E[Y]-r=\frac{r}{p}-r=\frac{(1-p)r}{p},$$
$$\mathrm{var}(X)=\mathrm{var}(Y)=\frac{(1-p)r}{p^2}.$$

(c) 设 X 表示第 r 次成功之前失败的次数，在第 r 次成功之前发生第 i 次失败，当且仅当 $X\geqslant i$，因此，其概率等于

$$\sum_{k=i}^{\infty}p_X(k)=\sum_{k=i}^{\infty}\binom{k+r-1}{r-1}p^r(1-p)^k,\qquad i=1,2,\cdots.$$

一个替代的公式可如下推导而得. 考虑前 $r+i-1$ 次试验，在这些试验中失败的次数至少为 i，当且仅当成功的次数少于 r. 但是，这也等价于在第 r 次成功之前发生第 i 次失败，这样，想要的概率就是在前 $r+i-1$ 次试验中成功的次数少于 r 的概率，它是

$$\sum_{k=0}^{r-1}\binom{r+i-1}{k}p^k(1-p)^{r+i-1-k},\qquad i=1,2,\cdots.$$

***5. 伯努利过程中的随机插入.** 你的表弟一直在玩一个视频游戏. 假设他赢每一盘游戏的概率是 p，并且独立于其他盘游戏的结果. 午夜时，你进入他的房间，发现他输掉了当前这盘游戏. 计算他最近一次赢和他未来将要第一次赢之间所输次数的概率质量函数.

解 设 t 表示当你进入房间时所玩这盘游戏的序号，M 表示他赢的最近一盘游戏的序号，N 表示即将赢的一盘游戏序号，则随机变量 $X=N-t$ 服从参数为 p 几何分布. 由于游戏的对称性和独立性，随机变量 $Y=t-M$ 也同样服从参数为 p 的几何分布，在他最近一次赢和未来将要第一次赢之间输掉游戏的盘数即为 M 和 N 之间游戏个数，上述个数 L 为

$$L=N-M-1=X+Y-1.$$

这样，$L+1$ 就服从二阶帕斯卡分布，并且

$$P(L+1=k)=\binom{k-1}{1}p^2(1-p)^{k-2}=(k-1)p^2(1-p)^{k-2},\qquad k=2,3,\cdots.$$

因此

$$p_L(i)=P(L+1=i+1)=ip^2(1-p)^{i-1},\qquad i=1,2,\cdots.$$

***6. 项数为几何随机变量的独立几何随机变量和.** 设 $Y=X_1+X_2+\cdots+X_N$，其中随机变量 X_i 服从参数为 p 的几何分布，N 服从参数为 q 的几何分布. 假设随机变量 $N,X_1,X_2,\cdots$ 相互独立. 在不利用矩母函数的前提下证明，Y 服从参数为 pq 的几何分布. 提示：利用分裂的伯努利过程解释题中涉及的随机变量.

解　在第 4 章我们使用矩母函数得到了这个结论，这里要进行更加直观的推导. 我们将随机变量 X_i 和 N 做如下解释：将时刻 $X_1, X_1+X_2, \cdots$ 视作参数为 p 的伯努利过程中的到达时刻，每一个到达以概率 $1-q$ 拒绝，以概率 q 接受；将 N 解释为第一次接受之前到达的个数. 被接受的到达过程是通过分裂伯努利过程而获得的，因此它本身就是参数为 pq 的伯努利过程. 注意到随机变量 $Y = X_1 + X_2 + \cdots + X_N$ 就是到达被第一次接受的时间，因此服从参数为 pq 的几何分布.

***7. 来自伯努利过程的均匀分布随机变量的比特数**. 设 $X_1, X_2, \cdots$ 是取值于 $\{0,1\}$ 的二值随机变量序列，Y 是取值于 $[0,1]$ 的连续随机变量. 我们这样将 X 和 Y 联系起来：假设 Y 是具有二进制表示 $0.X_1X_2X_3\cdots$ 的实数，具体的表达式是

$$Y = \sum_{k=1}^{\infty} 2^{-k} X_k.$$

(a) 假设 X_i 来自参数为 $p=1/2$ 的伯努利过程，证明 Y 服从均匀分布. *提示*：考虑事件 $(i-1)/2^k < Y < i/2^k$ 的概率，其中 i 和 k 都是正整数.

(b) 假设 Y 服从均匀分布，证明 X_i 来自参数为 $p=1/2$ 的伯努利过程.

解　(a) 我们有

$$P(Y \in [0,1/2]) = \mathrm{P}(X_1 = 0) = \frac{1}{2} = P(Y \in [1/2,1]).$$

进而，

$$P(Y \in [0,1/4]) = P(X_1 = 0, X_2 = 0) = \frac{1}{4}.$$

类似地，我们考虑形如 $[(i-1)/2^k, i/2^k]$ 的区间，其中 i 和 k 都是正整数并且 $i \leqslant 2^k$. 要想 Y 落在这个区间内，我们需要 $X_1, X_2, \cdots, X_k$ 取一些特殊的值（也就是 $i-1$ 的二进制展开的小数点后的 k 个数），这样

$$P\big((i-1)/2^k < Y < i/2^k\big) = \frac{1}{2^k}.$$

同时注意到：对于 $[0,1]$ 中任意的数 y，我们有 $P(Y=y)=0$，这是因为事件 $\{Y=y\}$ 只有当无穷多个 X_i 取特殊值时才可能发生，这是一个零概率事件. 因此，Y 的累积分布函数是连续型的，并且满足

$$P\big(Y \leqslant i/2^k\big) = \frac{i}{2^k}.$$

因为每一个 $[0,1]$ 中的 y 都可以用形如 $i/2^k$ 的数逼近，所以，对于任意的 $y \in [0,1]$，我们有 $P(Y \leqslant y) = y$，这就证明了 Y 服从均匀分布.

(b) 和 (a) 部分一样，我们发现 $X_1, X_2, \cdots, X_k$ 的每一种可能的 0-1 形式都对应着 Y 的一个形如 $[(i-1)/2^k, i/2^k]$ 的特定区间，这些区间具有相同的长度，由于 Y 是均匀分布进而具有相同的概率 $1/2^k$. 对于 $X_1, X_2, \cdots, X_k$ 来说，这个特定的联合概率质量函数就对应于参数为 $p=1/2$ 伯努利独立随机变量.

6.2 节 泊松过程

8. 在上午 8 点到 9 点这段繁忙时间里，交通事故的发生数服从一个强度为每小时 5 次的泊松过程，在上午 9 点到 11 点，交通事故的发生数服从一个独立的强度为每小时 3 次的泊松过程. 试求：上午 8 点到 11 点发生事故总次数的概率质量函数.

9. 体育馆里有 5 个网球场. 假设每对打球者来到体育馆打网球的时间服从均值为 40 分钟的指数分布. 现有一对打球者来到体育馆，发现所有的场地都有人在打球，且前面有 k 对人正在等待，他们等待时间的期望值是多少?

10. 某渔夫在钓鱼，他钓到鱼的规律服从强度为 $\lambda = 0.6$ 条/小时的泊松过程. 他的钓鱼时间至少为 2 小时. 如果到 2 小时他至少钓到一条鱼，就离开，否则将一直钓到钓上一条为止.

(a) 求他的钓鱼时间超过 2 小时（不含）的概率.

(b) 求他钓鱼的总时间在 2~5 小时的概率.

(c) 求他至少钓到两条鱼的概率.

(d) 求他钓鱼条数的期望.

(e) 求他在已经钓鱼 4 小时条件下的总钓鱼时间的期望.

11. 顾客离开书店服从强度为 λ 人/小时的柏松过程，每个顾客买书的概率为 p，并且独立于其他顾客.

(a) 求直到卖出第一本书所用时间的分布.

(b) 求在特定的一小时里，没有书卖出的概率.

(c) 求在特定的一小时里购书的顾客数的期望.

12. 比萨店供应 n 种不同类型的比萨，在给定的时间区间内有 K 个顾客，其中 K 服从均值为 λ 的泊松分布. 每个顾客只买一个比萨，买哪种类型的比萨是等可能的，而且与其他顾客的选择是相互独立的. 求卖出的比萨种类数的平均值.

13. 发报机 A 和 B 分别以强度 λ_A 和 λ_B 的泊松过程的形式向一个接收器独立地发送消息，每条信息都很简短，只占据单个时间点. 各条信息的字数 W 与信息来自哪台发报机无关，它们之间是相互独立的，W 的概率质量函数是

$$p_W(w) = \begin{cases} 2/6, & \text{若 } w = 1, \\ 3/6, & \text{若 } w = 2, \\ 1/6, & \text{若 } w = 3, \\ 0, & \text{其他}. \end{cases}$$

(a) 求在持续时间为 t 的间隔里总共收到 9 条信息的概率.

(b) 设 N 表示在持续时间为 t 的间隔里接收到的总字数，求 N 的期望.

(c) 求从时刻 $t = 0$ 开始，直到接收到来自发报机 A 的 8 条三字信息所需时间的概率密度函数.

(d) 求即将接收的 12 条信息中恰好有 8 条来自发报机 A 的概率.

14. 从时刻 $t=0$ 开始，我们一次使用一个灯泡来为房屋照明，灯泡坏了就立刻更换. 每一个新灯泡等概率、独立地为 A 类型或 B 类型. 对于任何类型的任何一个特定的灯泡，其寿命 X 是随机变量，独立于其他灯泡的寿命，其概率密度函数为

$$\text{对于 } A \text{ 类型灯泡：} f_X(x)=\begin{cases} e^{-x}, & \text{若 } x\geqslant 0, \\ 0, & \text{其他.} \end{cases}$$

$$\text{对于 } B \text{ 类型灯泡：} f_X(x)=\begin{cases} 3e^{-3x}, & \text{若 } x\geqslant 0, \\ 0, & \text{其他.} \end{cases}$$

(a) 求直到第一个灯泡用坏的时间的期望.

(b) 求在时刻 t 之前没有灯泡用坏的概率.

(c) 在时刻 t 之前没有灯泡用坏的条件下，求第一次使用的是 A 类型灯泡的概率.

(d) 求直到第一个灯泡用坏的时间的方差.

(e) 求第 12 个灯泡用坏恰好是第 4 个 A 类型灯泡用坏的概率.

(f) 求直到第 12 个灯泡用坏，总共恰有 4 个 A 类型灯泡用坏的概率.

(g) 求直到第 12 个灯泡用坏，所用时间的概率密度函数，或与之相关的矩母函数.

(h) 求前两个 B 类型灯泡的总照明时间长于第一个 A 类型灯泡的照明时间的概率.

(i) 假设在 12 个灯泡用坏时此过程立刻停止，求整个过程中 B 类型灯泡的总照明时间的均值和方差.

(j) 在时刻 t 之前没有灯泡用坏的条件下，求直到第一个灯泡用坏所需时间的期望.

15. 某服务站处理 A 和 B 两种类型的任务（服务站可以同时处理多个任务），两种类型任务的到达分别服从参数为每分钟 $\lambda_A=3$ 和 $\lambda_B=4$ 的独立泊松过程. 每个 A 类任务在服务站恰好停留一分钟，每个 B 类任务的停留时间是一个整数值，服从均值为 2 的几何分布，各任务的停留时间相互独立. 假定服务站已开业很久.

(a) 对任意给定的 3 分钟区间，求到达服务站的总任务数的均值、方差和概率质量函数.

(b) 在一个 10 分钟区间内恰好到达 10 个任务，求其中恰好有 3 个是 A 类任务的概率.

(c) 已知在时刻 0 服务站是空闲的. 求第一个 A 类任务到达之前 B 类任务到达个数的概率质量函数.

(d) 在时刻 0 服务站恰有两个 A 类任务，求在时刻 0 之前最后一个 A 类任务到达时间的概率密度函数.

(e) 在时刻 1 服务站恰有一个 B 类任务，求直到这个 B 类任务完成所需时间的分布.

16. 每天早上你开车出门时，宁愿在路口直接掉头也不愿绕道，但很不幸，在你居住的附近地区掉头是违规的，警车会以强度为 λ 的泊松过程出现. 你决定一旦在 τ 个单位时间内路上没有出现警车，就掉头一次. 假设在掉头之前你看到 N 辆警车.

(a) 求 $E[N]$.

(b) 给定 $N\geqslant n$，求第 $n-1$ 辆警车和第 n 辆警车之间的间隔时间的条件期望.

(c) 求在掉头之前等待时间的期望. 提示：对 N 取条件.

17. 动物园的一只袋熊每天从洞穴走到食物盘进食，再走回去休息，并且一直重复下去．从洞穴走到食物盘的时间（也是从食物盘走到洞穴的时间）是 20 秒，进食时间和休息时间都服从均值为 30 秒的指数分布．这只袋熊在来回进食的路上会以 1/3 的概率瞬间站立一会儿（时间很短可以忽略），至于在哪个时刻站立则是完全随机的．袋熊的行为在各个阶段是相互独立的．一位摄影师在随机时刻到达，在袋熊站立的时候立即拍照，求摄影师完成拍摄需要等待的时间长度的期望．

***18.** 考虑一个泊松过程，已知在给定的时间间隔 $[0,t]$ 内恰好发生一次到达，试证明：到达时间的概率密度函数在区间 $[0,t]$ 中是均匀分布的．

解 考虑任意区间 $[a,b]\subseteq[0,t]$，其长度为 $l=b-a$．设 T 表示第一次到达的时刻，事件 A 表示在 $[0,t]$ 内恰好发生一次到达．我们有

$$P(T\in[a,b]\,|\,A)=\frac{P(T\in[a,b]\text{ 且 }A)}{P(A)},$$

其中分子等于 $P(1,l)P(0,t-l)$，即泊松过程在长度为 l 的区间 $[a,b]$ 内恰好发生一次到达的概率乘以在总长度为 $t-l$ 的集合 $[0,a)\cup(b,t]$ 中有 0 次到达的概率．因此，

$$P(T\in[a,b]\,|\,A)=\frac{P(1,l)P(0,t-l)}{P(1,t)}=\frac{(\lambda l)\mathrm{e}^{-\lambda l}\mathrm{e}^{-\lambda(t-l)}}{(\lambda t)\mathrm{e}^{-\lambda t}}=\frac{l}{t}.$$

这就证明了 T 是服从均匀分布的．

***19.** (a) 设 X_1 和 X_2 是相互独立的参数为 λ_1 和 λ_2 指数随机变量，求 $\max\{X_1,X_2\}$ 的期望．

(b) 设 Y 服从参数为 λ_1 的指数分布，Z 服从参数为 λ_2 的二阶埃尔朗分布，Y 和 Z 相互独立，求 $\max\{Y,Z\}$ 的期望．

解 一种直接但烦琐的方法是，首先计算感兴趣的随机变量的概率密度函数，然后计算积分求出期望值．更简单的方法是，用泊松过程解释感兴趣的随机变量．

(a) 考虑两个独立的强度分别为 λ_1 和 λ_2 的泊松过程，我们将 X_1 和 X_2 分别解释为第一个过程和第二个过程的首次到达时间，设 $T=\min\{X_1,X_2\}$ 表示两个过程合并以后的首次到达时间，$S=\max\{X_1,X_2\}-T$ 表示直到两个过程都出现到达的附加时间．因为合并过程是强度为 $\lambda_1+\lambda_2$ 的泊松过程，所以

$$E[T]=\frac{1}{\lambda_1+\lambda_2}.$$

对于 S 有两种情况需要考虑．

(i) 第一次到达来自第一个过程，这种情况出现的概率是 $\lambda_1/(\lambda_1+\lambda_2)$，此时我们仍需等待第二个过程的一个到达，平均来说需要时间 $1/\lambda_2$．

(ii) 第一次到达来自第二个过程，这种情况出现的概率是 $\lambda_2/(\lambda_1+\lambda_2)$，此时我们仍需等待第一个过程的一个到达，平均来说需要时间 $1/\lambda_1$．

综上，我们有

$$\begin{aligned}E[\max\{X_1,X_2\}]&=\frac{1}{\lambda_1+\lambda_2}+\frac{\lambda_1}{\lambda_1+\lambda_2}\cdot\frac{1}{\lambda_2}+\frac{\lambda_2}{\lambda_1+\lambda_2}\cdot\frac{1}{\lambda_1}\\&=\frac{1}{\lambda_1+\lambda_2}\left(1+\frac{\lambda_1}{\lambda_2}+\frac{\lambda_2}{\lambda_1}\right).\end{aligned}$$

(b) 考虑两个独立的参数分别为 λ_1 和 λ_2 的泊松过程，我们将 Y 和 Z 分别解释为第一个过程的首次到达时间和第二个过程的第二次到达时间，设 T 表示两个过程合并以后的首次到达时间. 因为合并过程是强度为 $\lambda_1+\lambda_2$ 的泊松过程，所以我们有 $E[T]=1/(\lambda_1+\lambda_2)$. 这里有两种情况需要考虑.

(i) 在时刻 T 的到达来自第一个过程，这种情况出现的概率是 $\lambda_1/(\lambda_1+\lambda_2)$，此时我们仍需等待第二个过程的两个到达，这个附加时间服从参数为 λ_2 的二阶埃尔朗分布，期望时间为 $2/\lambda_2$.

(ii) 在时刻 T 的到达来自第二个过程，这种情况出现的概率是 $\lambda_2/(\lambda_1+\lambda_2)$，此时我们仍需等待的附加时间 S 是直到两个过程各出现一个到达所需的时间，这是两个独立指数分布随机变量的最大值. 由 (a) 部分得到的结果，我们有

$$E[S]=\frac{1}{\lambda_1+\lambda_2}\left(1+\frac{\lambda_1}{\lambda_2}+\frac{\lambda_2}{\lambda_1}\right).$$

综上，我们有

$$E[\max\{Y,Z\}]=\frac{1}{\lambda_1+\lambda_2}+\frac{\lambda_1}{\lambda_1+\lambda_2}\cdot\frac{2}{\lambda_2}+\frac{\lambda_2}{\lambda_1+\lambda_2}\cdot E[S],$$

其中 $E[S]$ 的值由前述公式给出.

***20.** 设 Y_k 表示参数为 λ 的泊松过程中第 k 个到达的时间，试证明：对所有的 $y>0$ 都有

$$\sum_{k=1}^{\infty} f_{Y_k}(y)=\lambda.$$

解　我们有

$$\begin{aligned}\sum_{k=1}^{\infty} f_{Y_k}(y)&=\sum_{k=1}^{\infty}\frac{\lambda^k y^{k-1}\mathrm{e}^{-\lambda y}}{(k-1)!}\\&=\lambda\sum_{k=1}^{\infty}\frac{\lambda^{k-1} y^{k-1}\mathrm{e}^{-\lambda y}}{(k-1)!}\qquad(\text{取 } m=k-1)\\&=\lambda\sum_{m=0}^{\infty}\frac{\lambda^m y^m\mathrm{e}^{-\lambda y}}{m!}\\&=\lambda.\end{aligned}$$

最后一个等式成立是因为 $\lambda^m y^m \mathrm{e}^{-\lambda y}/m!$ 这一项是参数为 λy 的泊松分布的随机变量取值为 m 的概率值，因此其和必为 1.

一个更为直观的推导过程如下. 设 δ 是一个很小的正数，考虑以下事件.

A_k：第 k 次到达发生在 y 和 $y+\delta$ 之间，这个事件发生的概率为 $P(A_k)\approx f_{Y_k}(y)\delta$.

A：某一次到达发生在 y 和 $y+\delta$ 之间，这个事件发生的概率为 $P(A)\approx\lambda\delta$.

假设 δ 取得足够小，以至于在一个长度为 δ 的区间内发生两次或更多次到达的概率可以被忽略. 通过这种近似，事件 $A_1,A_2,\cdots$ 不相交，它们的并集是 A，所以

$$\sum_{k=1}^{\infty} f_{Y_k}(y)\cdot\delta\approx\sum_{k=1}^{\infty}P(A_k)\approx P(A)\approx\lambda\delta.$$

将两边的 δ 消去可得所需结论.

*21. 考虑两个参数分别为 λ_1 和 λ_2 的独立泊松过程. 设 $X_1(k)$ 和 $X_2(k)$ 分别表示第一个过程和第二个过程中第 k 次到达的时间，证明：

$$P\big(X_1(n) < X_2(m)\big) = \sum_{k=n}^{n+m-1} \binom{n+m-1}{k} \left(\frac{\lambda_1}{\lambda_1+\lambda_2}\right)^k \left(\frac{\lambda_2}{\lambda_1+\lambda_2}\right)^{n+m-1-k}.$$

解 考虑参数为 $\lambda_1+\lambda_2$ 的合并泊松过程，合并过程中每出现一个到达，它来自第一个过程（成功）的概率为 $\lambda_1/(\lambda_1+\lambda_2)$，来自第二个过程（失败）的概率为 $\lambda_2/(\lambda_1+\lambda_2)$. 考虑 $n+m-1$ 次到达之后的情况. 来自第一个过程的到达至少有 n 次，当且仅当来自第二个过程的到达少于 m 次，当且仅当第 n 次成功发生在第 m 次失败之前. 这样，事件 $\{X_1(n) < X_2(m)\}$ 就相当于在前 $n+m-1$ 次试验中至少成功 n 次这个事件. 在一个具有确定试验次数的试验中，利用成功次数的二项概率质量函数，我们有

$$P\big(X_1(n) < X_2(m)\big) = \sum_{k=n}^{n+m-1} \binom{n+m-1}{k} \left(\frac{\lambda_1}{\lambda_1+\lambda_2}\right)^k \left(\frac{\lambda_2}{\lambda_1+\lambda_2}\right)^{n+m-1-k}$$

*22. **随机数目个独立伯努利随机变量和**. 设 $N, X_1, X_2, \cdots$ 是独立随机变量，N 取非负整数，随机变量 X_i 服从参数为 p 的伯努利分布. 当 $N>0$ 时定义 $Y = X_1+\cdots+X_N$，否则定义 $Y=0$.

(a) 证明：若 N 是参数为 m 和 q 的二项分布，则 Y 是参数为 m 和 pq 的二项分布.

(b) 证明：若 N 是参数为 λ 的泊松分布，则 Y 是参数为 λp 的泊松分布.

解 (a) 将伯努利过程 $X_1, X_2, \cdots$ 进行分裂，以概率 q 保留，以概率 $1-q$ 抛弃. Y 是前 m 次试验中分裂过程保留的次数. 因为分裂过程服从参数为 pq 的伯努利分布，所以 Y 是参数为 m 和 pq 的二项分布.

(b) 将参数为 λ 的泊松过程进行分裂，以概率 p 保留，以概率 $1-p$ 抛弃. Y 是单位时间内分裂过程保留的次数. 因为分裂过程服从参数为 λp 的泊松分布，所以 Y 是参数为 λp 的泊松分布.

*23. **个数为几何分布的独立指数随机变量和**. 设 $Y = X_1+\cdots+X_N$，其中随机变量 X_i 服从参数为 λ 的指数分布，N 服从参数为 p 的几何分布. 假设随机变量 $N, X_1, X_2, \cdots$ 是相互独立的. 在不使用矩母函数的前提下证明：Y 服从参数为 λp 的指数分布. 提示：根据分裂的泊松过程随机变量的含义来证明.

解 我们在第 4 章利用矩母函数的方法得到了这个结论，这里要得到更加直观的推导. 下面我们重新解释随机变量 X_i 和 N. 将时刻 $X_1, X_1+X_2, \cdots$ 视为服从参数为 λ 的泊松过程的到达时刻. 现在将这个过程（称为原过程）进行分裂，每个到达以概率 $1-p$ 拒绝，以概率 p 接受. 接受的到达形成分裂过程的到达，分裂过程服从参数为 λp 的泊松分布. 将 N 解释为第一次接受时原过程到达的个数，注意到随机变量 $Y = X_1+X_2+\cdots+X_N$ 就是原过程的到达中第一次被接受的时间，这个时间也是分裂过程的第一次到达时间，按泊松过程的定义，这个分裂过程的第一次到达时间服从参数为 λp 的指数分布.

*24. **泊松过程在指数分布的随机区间内的到达个数**. 独立的随机变量 T 服从参数为 ν 的指数分布，计算在时间区间 $[0,T]$ 内服从参数为 λ 的泊松过程的到达个数的概率质量函数.

解 我们将 T 视为一个参数为 ν 的新的独立泊松过程第一次到达的时间，将此过程与原始泊松过程合并. 在合并过程中，每一个到达来自原始泊松过程的概率为 $\lambda/(\lambda+v)$，且独立于其他到达. 将合并过程中的每一次到达都看作一次试验，将来自新过程的到达视为一次成功，我们注意到，直到第一次成功的到达数（试验数）K 是几何分布，它的概率质量函数是

$$p_K(k)=\left(\frac{\nu}{\lambda+\nu}\right)\left(\frac{\lambda}{\lambda+\nu}\right)^{k-1},\qquad k=1,2,\cdots.$$

第一次成功之前来自原始泊松过程的到达数 L 等于 $K-1$，它的概率质量函数是

$$p_L(l)=p_K(l+1)=\left(\frac{\nu}{\lambda+\nu}\right)\left(\frac{\lambda}{\lambda+\nu}\right)^{l},\qquad l=0,1,\cdots.$$

*25. **无限服务队列**. 考虑一个拥有无限个服务者的排队系统，在此系统中的顾客以强度为 λ 的泊松过程到达. 第 i 个顾客在系统中停留一段随机时间，记为 X_i. 假设随机变量 X_i 独立同分布，独立于到达过程. 为简单起见，假设 X_i 以给定的概率取 $1,\cdots,n$ 中的整数值. 试计算在时刻 t 系统中的顾客数 N_t 的概率质量函数.

解 我们将那些在系统中停留时间 X_i 为 k 的顾客记为"类型 k"顾客. 可以将整个到达过程看作 n 个子泊松过程的合并，第 k 个子过程就相应于"类型 k"顾客的到达过程，它独立于其他过程且强度为 λp_k，其中 $p_k=P(X_i=k)$. 令 N_t^k 表示在时刻 t 系统中"类型 k"的顾客数，这样就有

$$N_t=\sum_{k=1}^{n}N_t^k,$$

且随机变量 N_t^k 是独立的.

现在计算 N_t^k 的概率质量函数. 一个"类型 k"顾客于时刻 t 在系统中，当且仅当该顾客是在时刻 $t-k$ 和时刻 t 之间到达的. 因此，N_t^k 服从均值为 $\lambda k p_k$ 的泊松分布. 独立泊松随机变量之和依然服从泊松分布，因此，N_t 服从泊松分布，参数是

$$E[N_t]=\lambda\sum_{k=1}^{n}kp_k=\lambda E[X_i].$$

26.* **分裂的泊松过程的独立性**. 考虑一个泊松过程，它被以成功概率为 p 的抛掷独立硬币的方式分裂为两个过程. 在例 6.13 中，我们得出每一个子过程都是泊松过程的结论，现在证明这两个子过程是独立的.

解 考虑强度分别为 $p\lambda$ 和 $(1-p)\lambda$ 的两个独立泊松过程 $\mathcal{P}_1$ 和 $\mathcal{P}_2$. 将这两个过程合并，得到一个强度为 λ 的泊松过程 $\mathcal{P}$，然后按照以下规则将过程 $\mathcal{P}$ 分裂为两个子过程 $\mathcal{P}_1'$ 和 $\mathcal{P}_2'$：一个到达归属于子过程 $\mathcal{P}_1'$（或 $\mathcal{P}_2'$），当且仅当该到达来自子过程 $\mathcal{P}_1$（或 $\mathcal{P}_2$）. 很明显，两个新子过程 $\mathcal{P}_1'$ 和 $\mathcal{P}_2'$ 是独立的，因为它们等同于原始子过程 $\mathcal{P}_1$ 和 $\mathcal{P}_2$. 然而，产生子过程 $\mathcal{P}_1'$ 和 $\mathcal{P}_2'$ 的分裂机制与题目中的陈述看上去并不一致. 我们要证明这个新的分裂机制在统计意义上等同于题目中的陈述. 进而得到，按题目中的陈述构造的子过程与上述子过程 $\mathcal{P}_1'$ 和 $\mathcal{P}_2'$ 具有相同的统计性质，所以是独立的.

现在我们考虑上述分裂机制. 假设过程 $\mathcal{P}$ 在时刻 t 出现一个到达，它或者来自子过程 $\mathcal{P}_1$（以概率 p），或者来自子过程 $\mathcal{P}_2$（以概率 $1-p$）. 因此，过程 $\mathcal{P}$ 的到达归属于

子过程 $\mathcal{P}_1'$ 和 $\mathcal{P}_2'$ 的概率分别为 p 和 $1-p$，与题目中描述的分裂过程一致. 现在考虑过程 $\mathcal{P}$ 的第 k 个到达，令 L_k 表示这个到达来自子过程 $\mathcal{P}_1$ 这个事件，这与第 k 个到达归属于子过程 $\mathcal{P}_1'$ 这个事件是完全一样的. 就像在例 6.14 中解释的，事件 L_k 是独立的. 这样，对于不同的到达，它们归属于子过程 $\mathcal{P}_1'$ 和 $\mathcal{P}_2'$ 也是独立的. 这说明将 $\mathcal{P}$ 分裂成 $\mathcal{P}_1'$ 和 $\mathcal{P}_2'$ 的统计机制与题目中所描述的分裂机制是一样的.

*27. **埃尔朗到达过程中的随机插入**. 考虑一个到达过程，到达间隔时间是均值为 $2/\lambda$ 的二阶独立埃尔朗随机变量. 假设过程已经进行了很长一段时间. 一个外在观测者于时刻 t 到达，求包含 t 的到达间隔区间长度的概率密度函数.

解 我们将题目中所说的埃尔朗到达过程看作强度为 λ 的泊松过程的一部分. 特别地，泊松过程每出现两次到达则埃尔朗过程出现一次到达. 更具体地，我们可以说埃尔朗过程的到达相当于泊松过程的偶数次到达. 设 Y_k 表示泊松过程中第 k 次到达的时间.

取满足 $Y_K \leqslant t < Y_{K+1}$ 的 K，通过正文中对泊松过程的随机插入的讨论，我们知道 $Y_{K+1}-Y_K$ 服从二阶埃尔朗分布. 题目中所说的埃尔朗过程的到达间隔区间根据 K 的偶或奇分别具有形式 $[Y_K, Y_{K+2}]$ 或 $[Y_{K-1}, Y_{K+1}]$. 在第一种情况，埃尔朗过程的到达间隔时间具有形式 $(Y_{K+1}-Y_K)+(Y_{K+2}-Y_{K+1})$. 这里 $Y_{K+2}-Y_{K+1}$ 服从参数为 λ 的指数分布，且独立于 $Y_{K+1}-Y_K$. 事实上，一个观测者在时刻 t 到达并发现 K 是偶数，则必须首先等待到下一个泊松到达时刻 Y_{K+1}. 从那个时刻起，泊松过程重新开始，所以到下一个泊松到达的所需时间 $Y_{K+2}-Y_{K+1}$ 是独立于过去的（也就独立于 $Y_{K+1}-Y_K$），并且服从参数为 λ 的指数分布. 这就说明，在 K 是偶数的条件下，埃尔朗过程的到达间隔时间区间长度 $Y_{K+2}-Y_K$ 是三阶埃尔朗分布（因为它是指数随机变量和二阶埃尔朗随机变量之和）. 同理可得，在 K 是奇数的条件下，埃尔朗过程的到达间隔时间区间长度 $Y_{K+1}-Y_{K-1}$ 的条件概率密度函数是一样的. 因为对于每一个条件，包含时刻 t 的到达间隔区间长度的条件概率密度函数都是三阶埃尔朗分布，所以包含 t 的相邻的到达间隔区间长度的无条件分布也是三阶埃尔朗分布.

第 7 章 马尔可夫链

第 6 章讨论的伯努利过程和泊松过程具有无记忆性，也就是未来的状态不依赖于过去的状态：新的“成功”或“到达”不依赖于该过程过去的历史. 在本章中，我们将考虑未来会依赖于过去的过程，并且能够在某种程度上通过过去发生的情况预测未来.

在我们强调的模型里，过去对未来的影响归结为对**状态**的影响，它的概率分布随时间变化. 进一步，在我们讨论的模型中，假设状态只能取有限个值并且可以依据不随时间变化的概率而变化. 我们将分析状态值序列的概率性质.

本章中介绍的模型具有广泛的应用，几乎包含了各类动力系统. 在状态被适当定义的前提下，这种系统会随时间变化，具有不确定性. 这种系统在很多领域有应用，例如通信、自动控制、信号处理、制造业、经济学和运筹学.

7.1 离散时间马尔可夫链

我们首先考虑**离散时间马尔可夫链**，其中状态在确定的离散时间点上发生变化，整数变量 n 表示离散时间点. 在任意时刻 n，用 X_n 表示链的状态，假定所有可能状态组成有限集合 $\mathcal{S}$，称该集合为**状态空间**. 不失一般性，除非另有陈述，我们用 $\mathcal{S}=\{1,\cdots,m\}$ 表示这个状态空间，其中 m 为正整数. 马尔可夫链由**转移概率** p_{ij} 描述，当状态为 i 时，下一个状态等于 j 的概率是 p_{ij}. 这在数学上表示为

$$p_{ij}=P(X_{n+1}=j\,|\,X_n=i),\qquad i,j\in\mathcal{S}.$$

马尔可夫链的核心假设是，只要时刻 n 的状态为 i，不论过去发生了什么，也不论链是如何到达状态 i 的，下一个时刻转移到状态 j 的概率就一定是转移概率 p_{ij}. 数学上，马尔可夫链的特征称为**马尔可夫性质**，即对于任意的时间 n，任意的状态 $i,j\in\mathcal{S}$，以及之前可能的任意状态序列 $i_0,\cdots,i_{n-1}$，均有

$$P(X_{n+1}=j\,|\,X_n=i,X_{n-1}=i_{n-1},\cdots,X_0=i_0)=P(X_{n+1}=j\,|\,X_n=i)=p_{ij}.$$

所以，下一个状态 X_{n+1} 的概率律只依赖于前一个状态 X_n.

转移概率 p_{ij} 一定是非负的，其和为 1，即

$$\text{对所有 } i \text{ 有 } \sum_{j=1}^{m}p_{ij}=1.$$

p_{ii} 通常可取正值，这样下一个状态有可能和当前状态一样. 就算状态不发生变化，我们也认为状态发生了一次特殊的转移（自身转移）.

马尔可夫模型的性质

- 马尔可夫链模型由以下特征确定：
  (a) 状态集合 $\mathcal{S} = \{1, \cdots, m\}$；
  (b) 可能发生状态转移 (i,j) 的集合，由所有 $p_{ij} > 0$ 的 (i,j) 组成；
  (c) 取正值的 p_{ij} 的具体数值.
- 由该模型描述的马尔可夫链是一个随机变量序列 $X_0, X_1, X_2, \cdots$，它们取值于 $\mathcal{S}$，并且满足：对于任意的时间 n，所有的状态 $i, j \in \mathcal{S}$，以及之前可能的任意状态序列 $i_0, \cdots, i_{n-1}$，均有

$$P(X_{n+1} = j \mid X_n = i, X_{n-1} = i_{n-1}, \cdots, X_0 = i_0) = p_{ij}.$$

马尔可夫链可以用**转移概率矩阵**刻画，它是一个简单的二维矩阵，第 i 行第 j 列的元素为 p_{ij}：

$$\begin{bmatrix} p_{11} & p_{12} & \cdots & p_{1m} \\ p_{21} & p_{22} & \cdots & p_{2m} \\ \vdots & \vdots & \vdots & \vdots \\ p_{m1} & p_{m2} & \cdots & p_{mm} \end{bmatrix}.$$

同时，也可以直观地用**转移概率图**表示马尔可夫链，图中用结点表示状态，连接结点的有向弧表示可能发生的转移. 将 p_{ij} 的数值标记在相应的弧旁，使得整个模型更加直观，模型的主要性质也会变得显而易见.

例 7.1 爱丽丝上一门概率课. 每个周末，她可能跟得上课程，也可能跟不上课程. 如果她在某一周是跟上课程的，那么她在下周跟上课程（或跟不上课程）的概率是 0.8（或 0.2）；相应地，如果她在某一周没有跟上课程，那么她在下周跟上课程（或跟不上课程）的概率是 0.6（或 0.4）. 我们假设这些概率都不依赖于她之前的每周是否跟得上课程，所以该问题就是一个典型的马尔可夫链问题（未来的状态依赖过去的方式体现在只依赖于当前状态）.

我们令状态 1 和状态 2 分别表示跟上课程和跟不上课程，那么转移概率为

$$p_{11} = 0.8, \qquad p_{12} = 0.2, \qquad p_{21} = 0.6, \qquad p_{22} = 0.4,$$

转移概率矩阵是

$$\begin{bmatrix} 0.8 & 0.2 \\ 0.6 & 0.4 \end{bmatrix}.$$

转移概率图见图 7-1. ■

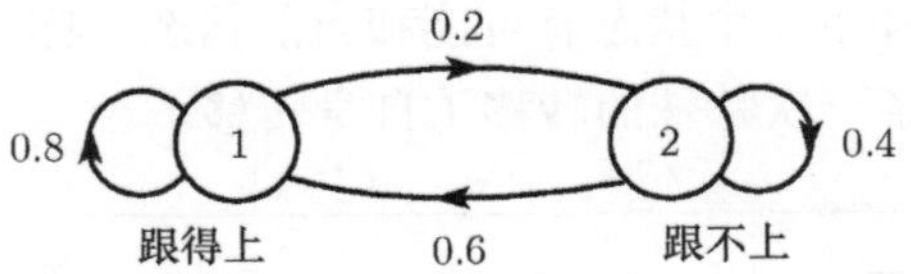

图 7-1　例 7.1 中的转移概率图

例 7.2（**蜘蛛和苍蝇**）　一只苍蝇在直线上移动，每次移动一个单位长度. 每单位时间，它以 0.3 的概率向左移动一个单位，以 0.3 的概率向右移动一个单位，以 0.4 的概率停留在原地，并且此次移动独立于过去的移动. 两只蜘蛛守候在位置 1 和位置 m，如果苍蝇到达这两个位置，将被蜘蛛捕捉，过程结束. 在开始时苍蝇位于 1 和 m 中间的某一位置. 我们将应用马尔可夫链模型进行分析.

我们令状态为 $1,2,\cdots,m$，对应苍蝇的位置. 于是非零转移概率为

$$p_{11}=1,$$

$$p_{mm}=1,$$

$$p_{ij}=\begin{cases}0.3, & 若\ j=i-1\ 或者\ j=i+1,\\ 0.4, & 若\ j=i,\end{cases}\qquad 其中\ i=2,\cdots,m-1.$$

转移概率图和转移概率矩阵见图 7-2. ■

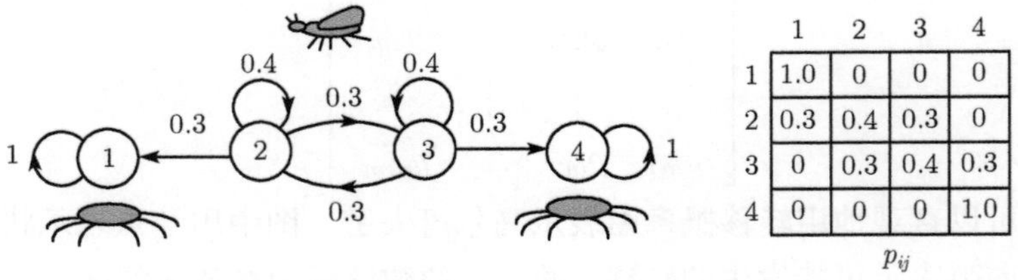

图 7-2　例 7.2 中的转移概率图和转移概率矩阵，其中 $m=4$

例 7.3（**机器故障、维修和更换**）　在给定的某天，一台机器既可能正常工作，也可能出现故障. 如果它正常工作，则以概率 b 在第二天出现故障，以概率 $1-b$ 在第二天正常工作. 如果它在该天出现故障，就维修这台机器，然后，它以概率 r 在第二天正常工作，以概率 $1-r$ 在第二天仍然出现故障.

我们利用马尔可夫链给这台机器的状态建立模型，它有以下两个状态.

状态 1：机器正常工作.　　状态 2：机器出现故障.

图 7-3 给出了转移概率图. 转移概率矩阵为

$$\begin{bmatrix}1-b & b\\ r & 1-r\end{bmatrix}.$$

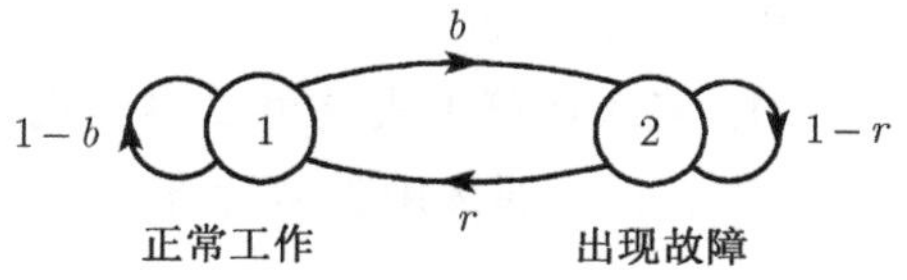

图 7-3 例 7.3 前半部分的转移概率图

这里的状态转移显然具有马尔可夫性质：这台机器第二天的状态只依赖于当天的状态. 但是，就算状态依赖于前几天的状态，也是可以利用马尔可夫链模型的. 一般的想法是添加新的状态来刻画过去的相关信息. 下面介绍这种处理方法.

假设如果机器在过去 l 天都出现故障，就用一台正常工作的新机器代替这台机器. 为了利用马尔可夫链模型，我们用几个新的状态代替原来表示机器出现故障的状态 2，这些状态包含了机器出现故障的天数. 它们是

$$\text{状态 } (2,i)\text{：机器已经出现故障 } i \text{ 天，} \quad i=1,2,\cdots,l.$$

图 7-4 给出了转移概率图，其中 $l=4$. ■

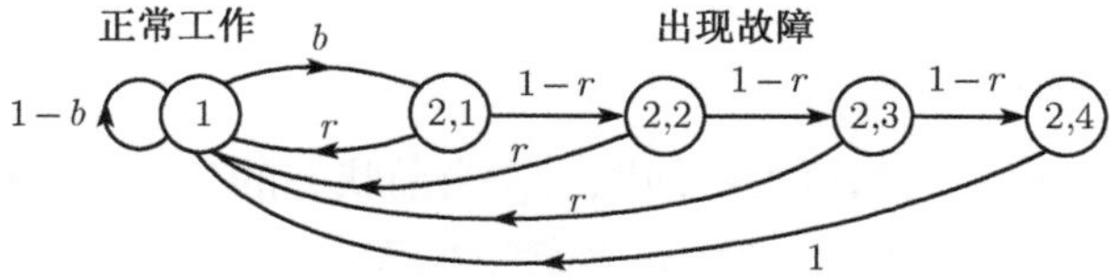

图 7-4 例 7.3 后半部分的转移概率图. 如果机器持续出现故障 $l=4$ 天，就用一台能正常工作的新机器代替它

例 7.3 的后半部分说明了，如果想建立马尔可夫模型，需要根据未来状态对过去的依赖性建立新的状态. 要注意的是，添加新的状态具有一定的自由性，但是一般而言，数量要尽量少，这样是为了避免分析或计算的麻烦.

7.1.1 路径的概率

给定一个马尔可夫链模型，我们可以计算未来任何一个给定状态序列的概率. 这类似于在序贯树形图中应用乘法规则. 特别地，我们有

$$P(X_0=i_0,X_1=i_1,\cdots,X_n=i_n)=P(X_0=i_0)p_{i_0i_1}p_{i_1i_2}\cdots p_{i_{n-1}i_n}.$$

为了证明该性质，注意到

$$\begin{aligned}
&P(X_0=i_0,X_1=i_1,\cdots,X_n=i_n)\\
&=P(X_n=i_n\,|\,X_0=i_0,\cdots,X_{n-1}=i_{n-1})P(X_0=i_0,\cdots,X_{n-1}=i_{n-1})\\
&=p_{i_{n-1}i_n}P(X_0=i_0,\cdots,X_{n-1}=i_{n-1}),
\end{aligned}$$

最后一个等式利用了马尔可夫链的性质. 接下来，我们应用同样的方法来计算 $P(X_0 = i_0, \cdots, X_{n-1} = i_{n-1})$，依次计算下去就可以得到我们所期望的形式. 如果初始状态 X_0 已知，且等于某个 i_0，那么由类似的推导可得

$$P(X_1 = i_1, \cdots, X_n = i_n \mid X_0 = i_0) = p_{i_0 i_1} p_{i_1 i_2} \cdots p_{i_{n-1} i_n}.$$

图形上，一个状态序列表示为转移概率图中的一个转移弧序列，并且在给定初始状态下，该路径的概率等于每条弧上转移概率的乘积.

例 7.4 对于蜘蛛和苍蝇的例子（例 7.2），我们有

$$P(X_1 = 2, X_2 = 2, X_3 = 3, X_4 = 4 \mid X_0 = 2) = p_{22} p_{22} p_{23} p_{34} = (0.4)^2 (0.3)^2.$$

我们也可以得到

$$\begin{aligned} P(X_0 = 2, X_1 = 2, X_2 = 2, X_3 = 3, X_4 = 4) &= P(X_0 = 2) p_{22} p_{22} p_{23} p_{34} \\ &= P(X_0 = 2)(0.4)^2 (0.3)^2. \end{aligned}$$

■

注意，要计算上述无条件形式的路径概率，需要知道初始状态 X_0 的概率分布.

7.1.2 n 步转移概率

有许多这种类型的马尔可夫链问题：在当前状态的条件下，计算未来某个时期状态的概率分布. 这个概率称为 **n 步转移概率**，定义为

$$r_{ij}(n) = P(X_n = j \mid X_0 = i).$$

换句话说，$r_{ij}(n)$ 表示在给定当前状态 i 的条件下，n 个时间段后的状态将是 j 的概率. 可以通过下面的基本递归公式计算它，该公式称为**柯尔莫哥洛夫-查普曼方程**（Kolmogorov-Chapman 方程，即 K-C 方程）.

n 步转移概率的柯尔莫哥洛夫-查普曼方程

利用递归方法求得 n 步转移概率公式

$$\text{对所有 } n > 1 \text{ 和 } i, j \text{ 有 } r_{ij}(n) = \sum_{k=1}^{m} r_{ik}(n-1) p_{kj},$$

其中

$$r_{ij}(1) = p_{ij}.$$

为证明该公式，只需应用全概率公式

$$P(X_n = j \mid X_0 = i) = \sum_{k=1}^{m} P(X_{n-1} = k \mid X_0 = i) P(X_n = j \mid X_{n-1} = k, X_0 = i)$$

$$= \sum_{k=1}^{m} r_{ik}(n-1)p_{kj},$$

图 7-5 给出了推导过程. 我们在这里利用了马尔可夫性质：只要以 $X_{n-1}=k$ 为条件，那么条件 $X_0=i$ 将不会对下一步到达 j 的概率 p_{kj} 产生影响.

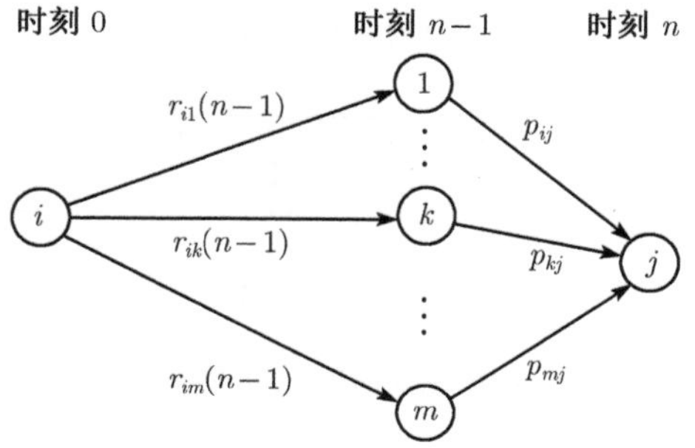

图 7-5 柯尔莫哥洛夫-查普曼方程的推导示意图. n 时刻达到状态 j 的概率等于以不同路径到达 j 的概率 $r_{ik}(n-1)p_{kj}$ 的总和

我们把 $r_{ij}(n)$ 看成二维矩阵第 i 行第 j 列的元素，该矩阵称为 ***n* 步转移概率矩阵**.① 图 7-6 和 图 7-7 分别表示例 7.1 和例 7.2 中的 n 步转移概率 $r_{ij}(n)$. 在这两个例子中，我们发现 $r_{ij}(n)$ 许多有趣的极限性质. 在 图 7-6 中，当 $n\to\infty$ 时，每个 $r_{ij}(n)$ 都收敛于一个极限值，这个极限值不依赖于初始状态 i. 因此，当时间不断增加时，每个状态都有一个正的"稳态"概率. 进一步，概率 $r_{ij}(n)$ 在 n 很小时依赖于初始状态 i，但是，随着时间的不断增加，这种依赖性会逐渐消失. 很多（但不是全部）随时间变化的概率模型具有这样的性质：在充分长的时间后，初始条件的影响可以忽略.

在图 7-7 中，我们发现了本质不同的行为：$r_{ij}(n)$ 依旧收敛，但是极限值依赖于初始状态，而且对于某特定的状态极限值可能为 0. 这里，我们有两个状态是"吸收"状态，也就是说一旦到达了这个状态，将永远处于这个状态. 具体地说，状态 1 和状态 4 是"吸收状态"，与实际问题对应的意思是苍蝇被两只蜘蛛之一捕捉. 只要给足时间，苍蝇一定会到达吸收状态，即被蜘蛛捕捉. 因此，处于非吸收状态 2 和状态 3 的概率随时间的增加将减小为 0. 最后，究竟是达到哪个吸收状态，其概率的大小取决于初始位置的远近.

① 对于熟悉矩阵乘法运算的读者，柯尔莫哥洛夫-查普曼方程可表述如下：$r_{ij}(n)$ 组成的 n 步转移概率矩阵，等于由 $r_{ij}(n-1)$ 组成的 $n-1$ 步转移概率矩阵乘以一步转移概率矩阵. 所以 n 步转移概率矩阵是转移概率矩阵的 n 次方.

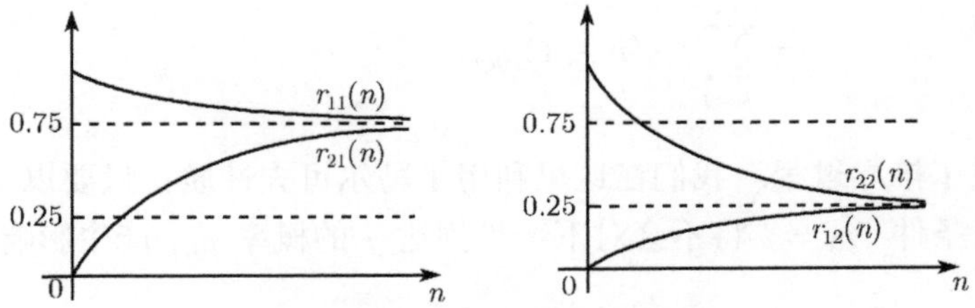

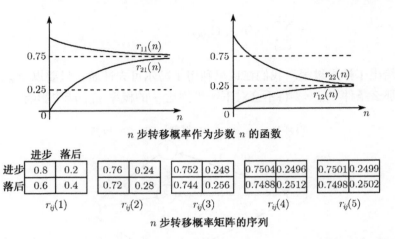

n 步转移概率作为步数 n 的函数

	进步	落后								
进步	0.8	0.2	0.76	0.24	0.752	0.248	0.7504	0.2496	0.7501	0.2499
落后	0.6	0.4	0.72	0.28	0.744	0.256	0.7488	0.2512	0.7498	0.2502
	$r_{ij}(1)$		$r_{ij}(2)$		$r_{ij}(3)$		$r_{ij}(4)$		$r_{ij}(5)$	

n 步转移概率矩阵的序列

图 7-6　例 7.1 的 n 步转移概率. 观测到随时间 n 的增加，$r_{ij}(n)$ 收敛于不依赖于初始状态的极限值

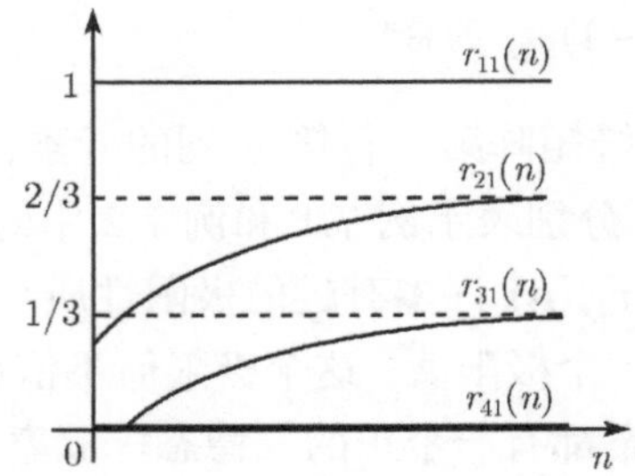

n 步转向状态1的概率 $r_{i1}(n)$ 的趋向示意图

$r_{ij}(1)$

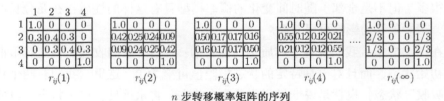

	1	2	3	4
1	1.0	0	0	0
2	0.3	0.4	0.3	0
3	0	0.3	0.4	0.3
4	0	0	0	1.0

$r_{ij}(2)$

1.0	0	0	0
0.42	0.25	0.24	0.09
0.09	0.24	0.25	0.42
0	0	0	1.0

$r_{ij}(3)$

1.0	0	0	0
0.50	0.17	0.17	0.16
0.16	0.17	0.17	0.50
0	0	0	1.0

$r_{ij}(4)$

1.0	0	0	0
0.55	0.12	0.12	0.21
0.21	0.12	0.12	0.55
0	0	0	1.0

⋯⋯

$r_{ij}(\infty)$

1.0	0	0	0
2/3	0	0	1/3
1/3	0	0	2/3
0	0	0	1.0

n 步转移概率矩阵的序列

图 7-7　图的上部表示例 7.2 中 n 步转移概率 $r_{i1}(n)$ 随 n 变化趋向状态 1 的状况. 我们观测到这些概率收敛于一个极限值，但是极限值依赖于初始状态 i. 图的下部展示 n 步转移概率矩阵随 n 的变化状况. 注意，处于非吸收状态 2 或状态 3 的概率 $r_{i2}(n)$ 和 $r_{i3}(n)$ 随 n 的增大趋近于 0

这些例子说明了马尔可夫链状态类型和渐近性质的多样性，激发了我们对马尔可夫链进行分类和分析的兴趣，这将是接下来三节的主题.

7.2 状态的分类

从 7.1 节列举的例子中可以看到，马尔可夫链的不同状态在数值上具有不同的性质. 特别地，一些状态被访问一次后，一定还会被继续访问，而另外一些状态却不是这样的. 本节将重点讨论这种情况的原理. 特别地，我们希望给出马尔可夫链的状态分类，重点分析它们被访问的长期频率.

第一步，我们对状态的可访问性给出一些严格的定义. 如果对于某个 n，n 步转移概率 $r_{ij}(n)$ 是正的，也就是说，从状态 i 出发，某个时段之后能以一个正概率到达状态 j，则称状态 j 是从状态 i **可达的**. 一个等价的定义是，存在可能的状态序列 $i, i_1, \cdots, i_{n-1}, j$，开始于状态 i，结束于状态 j，并且其中每步转移 $(i, i_1), (i_1, i_2), \cdots, (i_{n-2}, i_{n-1}), (i_{n-1}, j)$ 都具有正概率. 今后，我们采用直观的语言“从 i 出发可到达 j”表示这种意思. 令 $A(i)$ 是所有从状态 i 可达的状态集合. 如果对于每个从 i 出发可达的状态 j，相应地从 j 出发也可达 i，也就是说，对于所有属于 $A(i)$ 的状态 j，状态 i 也属于 $A(j)$，那么就称状态 i 是**常返的**.

开始于一个常返状态 i，我们只能访问状态 $j \in A(i)$，其中 i 是从 j 可达的. 由于 i 是常返的，因此从未来任何一个状态，总是有一定概率可以回到状态 i 的. 只要给足时间，这总能发生. 重复该推导可知，如果一个常返状态被访问一次，那么一定能被回访无限次（章末习题给出了该推导的严格证明）.

如果一个状态不是常返的，我们称之为**非常返的**. 所以，如果存在一个状态 $j \in A(i)$ 使得 $i \notin A(j)$，那么状态 i 是非常返的. 在状态 i 每次访问后，将能以正概率到达状态 j. 只要给足时间，这将会发生，但在那之后，状态 i 将不会再被回访. 所以，非常返的状态只能被回访有限次，见章末习题.

注意，状态的非常返或常返可由转移概率图的弧决定 [这些状态转移对 (i, j) 有 $p_{ij} > 0$]，而不由 p_{ij} 的具体数值决定. 图 7-8 列举了一个转移概率图，并且附上了状态的特性：常返或非常返.

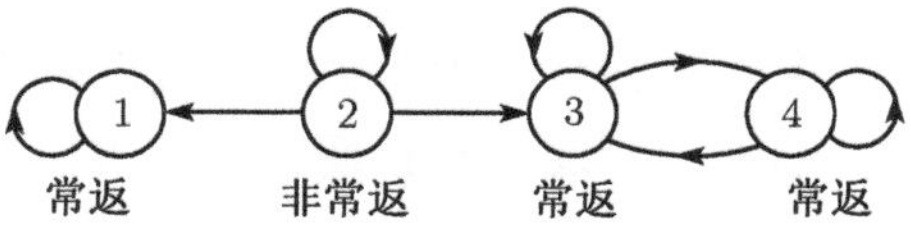

图 7-8 转移概率图中表示状态的分类示意图. 对于状态 1，唯一可达的状态就是它本身，所以状态 1 是常返状态. 状态 1、3、4 是从状态 2 可达的，但是状态 2 不能从它们可达，所以状态 2 是非常返状态. 状态 3、4 是相互可达的，所以它们都是常返的

如果 i 是常返状态，那么从 i 可达的状态集合 $A(i)$ 组成一个**常返类**（或简称为**类**），这意味着 $A(i)$ 中所有的状态都是相互可达的，$A(i)$ 之外的状态不是从

这些状态可达的. 用数学形式来表述就是，对于一个常返状态 i，对任意的 j 属于 $A(i)$，我们有 $A(i) = A(j)$，这个结论由常返的定义可得. 例如，在图 7-8 中，状态 3 和状态 4 形成一个常返类，状态 1 自身形成一个常返类.

可以看到，从任何一个非常返状态出发，至少有一个常返状态是从它可达的. 这是一个直观的事实，证明留作章末习题. 由此可以知道，一个马尔可夫链至少存在一个常返状态，从而至少存在一个常返类. 我们可以得到以下结论.

马尔可夫链的分解

- 一个马尔可夫链的状态集合可以分解成一个或多个常返类，加上可能的一些非常返状态.
- 一个常返状态从它所属的类里任何一个状态出发是可达的，但从其他类里的常返状态出发是不可达的.
- 从任何一个常返状态出发都不可到达非常返状态.
- 从一个非常返状态出发，至少有一个（可能有更多个）常返状态是可达的.

图 7-9 给出马尔可夫链分解的一些例子. 状态的分解为研究马尔可夫链提供了强有力的方法，对状态转移也提供了直观解释. 特别地，我们可以看到以下现象.

(a) 一旦一个状态进入（或开始于）一个常返类，它就会停留在这个类里. 因为在这个类里的所有状态都是相互可达的，类里所有状态将被无限次回访.

(b) 如果初始状态是非常返的，那么状态转移的路径由两部分构成，即由非常返状态构成的初始部分，以及由属于同一类的常返状态构成的后续部分.

为了理解马尔可夫链的长期行为，分析由单个常返类组成的链是很重要的. 为了理解它的短期行为，分析如何从一个给定的非常返状态出发，进入一个特定的常返类也是很重要的. 这两个问题——长期行为和短期行为——分别是 7.3 节和 7.4 节的研究重点.

周期

常返类还有一个重要性质，即一个状态被回访时间出现或者不出现周期性. 特别地，如果一个常返类的状态能被分成 $d > 1$ 个不相交的子集 $S_1, \cdots, S_d$，且满足所有的转移都是从一个这样的子集到下一个，就称它是**有周期的**，见图 7-10.

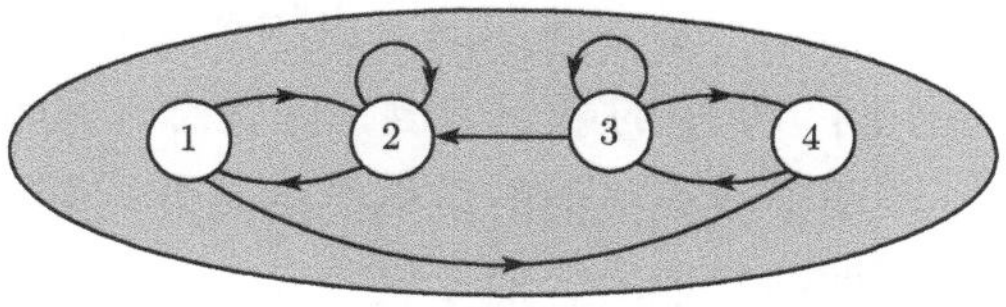

单个常返类

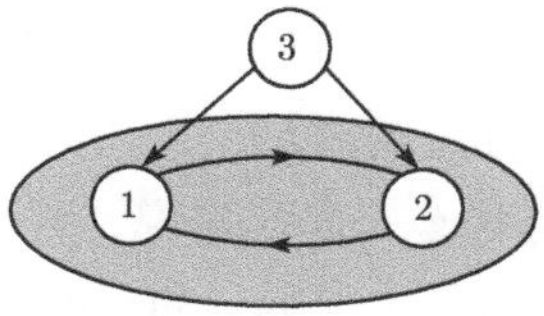

一个非常返状态（3）和一个常返类（1和2）

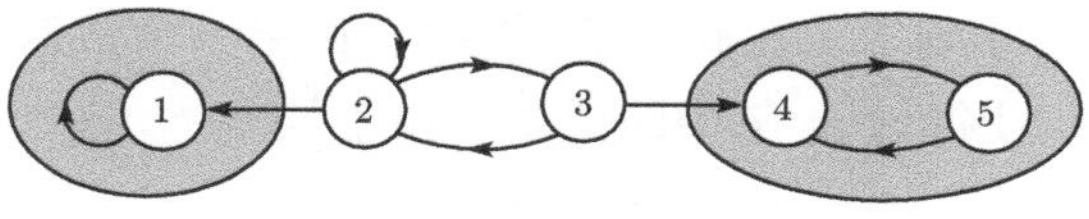

两个非常返状态（2和3）和两个常返类
（1是一个常返类，4和5组成另一个常返类）

图 7-9 马尔可夫链的状态分解为常返类和非常返状态的例子

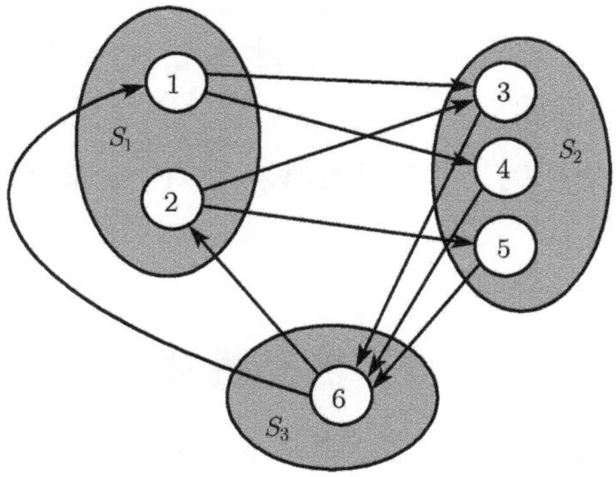

图 7-10 有周期的常返类的结构. 本图中，周期 $d = 3$

更精确地说，

$$\text{如果 } i \in S_k \text{ 且 } p_{ij} > 0\text{，那么 } \begin{cases} j \in S_{k+1}, & \text{若 } k = 1, \cdots, d-1, \\ j \in S_1, & \text{若 } k = d. \end{cases}$$

如果一个常返类不具有周期，我们称之为**非周期的**.

所以，在一个有周期的常返类中，我们从某个子集的一个状态出发，依次通过每一个子集，经过 d 步后，又回到了原来的子集. 比如对于图 7-9 中的第二个链，常返类（状态 1 和状态 2）是有周期的，由状态 1 出发，经过状态 2，又回到状态 1. 同样地，对于图 7-9 中的第三个链，由状态 4 和状态 5 组成的常返类也是有周期的. 此外，该图中所有其他的常返类都是非周期的.

注意，给定一个有周期的常返类，对于链中任意一个正时刻 n，以及类中的状态 i，必存在一个或多个状态 j 使得 $r_{ij}(n)=0$. 原因是，从状态 i 出发，在时刻 n 只可能到达其中一个集合 S_k. 所以，要证明一个给定的常返类 R 是非周期的，只需验证是否存在一个特定的时刻 $n\geqslant 1$ 和特定的状态 $i\in R$，使得经过 n 步以后可以到达 R 中的所有状态，也就是说，对于所有的 $j\in R$ 有 $r_{ij}(n)>0$. 例如图 7-9 中的第一个链. 从状态 1 开始，每一个状态都可能在时刻 $n=3$ 时到达，所以该链中唯一的常返类是非周期的.

相反的陈述也是正确的（在此不予证明）：如果一个常返类 R 是非周期的，那么必存在时刻 n，使得对于 R 中的任意 i 和 j 均有 $r_{ij}(n)>0$. 见章末习题.

周期

考虑一个常返类 R.

- 如果一个类中的状态能被分成 $d>1$ 个不相交的子集 $S_1,\cdots,S_d$，且满足所有的转移都是从子集 S_k 到 S_{k+1} 的（当 $k=d$ 时到 S_1），则称该类为**有周期的**.
- 类 R 称为**非周期的**，当且仅当存在时刻 n，使得对于任何 $i,j\in R$ 有 $r_{ij}(n)>0$.

7.3 稳态性质

在马尔可夫链模型中，我们常常感兴趣的是它的长期状态性质，也就是说，当时刻 n 非常大时，n 步转移概率 $r_{ij}(n)$ 的渐近行为. 我们在图 7-6 中看到，$r_{ij}(n)$ 收敛到一个固定的值，并独立于初始状态. 我们希望了解这一收敛性质在多大程度上是典型的性质.

如果有两个或者更多个常返状态类，显然，$r_{ij}(n)$ 的极限值一定依赖于初始状态（未来访问 j 的概率依赖于状态 j 是否和初始状态 i 处于相同的类）. 所以，我们将链限定于只有一个常返类，加上一些可能存在非常返状态. 把单个常返类的情况研究清楚以后，多个常返类的情况也就变得简单明白了. 因为我们知道，一旦状态进入一个特定的常返类，它就会一直处于这个类中. 所以，可以利用单一类链的渐近行为去理解具有多个常返类的马尔可夫链的渐近行为.

就算是只有单个常返类的链，$r_{ij}(n)$ 也可能是不收敛的. 为了验证这一点，我们假设一个常返类具有两个状态：状态 1 和状态 2，其中状态 1 只能到达状态 2，状态 2 只能到达状态 1，$p_{12} = p_{21} = 1$. 那么，从某一个状态开始，任意偶数次转移后将回到原来的状态，任意奇数次转移之后将达到另一个状态. 也就是，

$$r_{ii}(n) = \begin{cases} 1, & \text{若 } n \text{ 是偶数}, \\ 0, & \text{若 } n \text{ 是奇数}. \end{cases}$$

这种现象说明该常返状态是有周期的，并且 $r_{ij}(n)$ 是摆动的.

排除前面讨论的两种情况（多个常返类和有周期的类），现在我们可以断言，对于每一个状态 j，处于状态 j 的概率 $r_{ij}(n)$ 趋近于一个（独立于初始状态 i 的）极限值，这个极限值记为 π_j，表示为

$$\text{当 } n \text{ 很大时有 } \pi_j \approx P(X_n = j),$$

称为状态 j 的**稳态概率**. 接下来是一个重要的定理. 它的证明很复杂，将结合章末习题的几个其他证明列出.

稳态收敛定理

考虑一个具有单个非周期常返类的马尔可夫链. 那么，状态 j 和它对应的稳态概率 π_j 具有如下性质.

(a) 对于每个 j，我们有

$$\text{对所有 } i \text{ 有 } \lim_{n\to\infty} r_{ij}(n) = \pi_j.$$

(b) π_j 是以下方程组的唯一解：

$$\begin{cases} \pi_j = \sum_{k=1}^{m} \pi_k p_{kj}, & j = 1, \cdots, m, \\ 1 = \sum_{k=1}^{m} \pi_k. \end{cases}$$

(c) 另外有

$$\text{对所有非常返状态 } j \text{ 有 } \pi_j = 0,$$
$$\text{对所有常返状态 } j \text{ 有 } \pi_j > 0.$$

稳态概率 π_j 的总和为 1，在状态空间中形成了概率分布，通常称为链的**平稳分布**（stationary distribution）. 称为“平稳”的原因是，如果初始状态是根据该

分布选择的，也就是说，如果

$$P(X_0=j)=\pi_j, \qquad j=1,\cdots,m,$$

那么，利用全概率公式，我们有

$$P(X_1=j)=\sum_{k=1}^{m}P(X_0=k)p_{kj}=\sum_{k=1}^{m}\pi_k p_{kj}=\pi_j,$$

上式最后一个等号利用的是稳态收敛定理的 (b) 部分. 类似地，对于所有 n 和 j 均有 $P(X_n=j)=\pi_j$. 所以，如果初始状态根据平稳分布选择，那么未来任何时候的状态都具有相同的分布.

方程组

$$\pi_j=\sum_{k=1}^{m}\pi_k p_{kj}, \qquad j=1,\cdots,m$$

称为**平衡方程组**. 它们是上述定理 (a) 部分和柯尔莫哥洛夫-查普曼方程简单结合的结果. 实际上，一旦 $r_{ij}(n)$ 收敛于某一个 π_j，那么，考虑方程组

$$r_{ij}(n)=\sum_{k=1}^{m}r_{ik}(n-1)p_{kj},$$

两边对 $n\to\infty$ 取极限，就得到平衡方程组.① 结合**归一化方程**

$$\sum_{k=1}^{m}\pi_k=1,$$

平衡方程组能够解出 π_j. 下面举一些例子来说明如何求解.

例 7.5 考虑两个状态的马尔可夫链，它们的转移概率是

$$p_{11}=0.8, \qquad p_{12}=0.2,$$
$$p_{21}=0.6, \qquad p_{22}=0.4.$$

（这与例 7.1 和图 7-1 介绍的链是相同的.）平衡方程组为

$$\pi_1=\pi_1p_{11}+\pi_2p_{21}, \qquad \pi_2=\pi_1p_{12}+\pi_2p_{22},$$

即

$$\pi_1=0.8\cdot\pi_1+0.6\cdot\pi_2, \qquad \pi_2=0.2\cdot\pi_1+0.4\cdot\pi_2.$$

注意，上面的两个方程是相互依赖的，因为它们都等价于

$$\pi_1=3\pi_2.$$

① 运用线性代数中一个重要的著名定理——佩龙-弗洛比尼斯定理，可以证明任意马尔可夫链的平衡方程组总有非负解. 给定一个具有单个非周期常返类的马尔可夫链，结合归一化方程可得，其平衡方程组的解是唯一的，等于 n 步转移概率 $r_{ij}(n)$ 的极限.

这个结论具有普遍性. 实际上我们可以证明，平衡方程组内的任何方程都可以利用剩下的式子推导出来. 然而，我们知道 π_j 满足归一化方程

$$\pi_1 + \pi_2 = 1,$$

它是平衡方程组的一个补充，从而能唯一地得到 π_j. 实际上，将方程 $\pi_1 = 3\pi_2$ 代入方程 $\pi_1 + \pi_2 = 1$，可以得到 $3\pi_2 + \pi_2 = 1$，从而

$$\pi_2 = 0.25,$$

再将它代入 $\pi_1 + \pi_2 = 1$，得到

$$\pi_1 = 0.75.$$

这个结果和我们前面通过迭代柯尔莫哥洛夫-查普曼方程得到的结果一致，见图 7-6. ■

例 7.6 一位健忘的教授有两把伞，用于在家和学校之间往返. 如果下雨且在她的所在地有伞可用，那么她就会带上伞. 如果没有下雨，她总是忘记带伞. 假设她每次出门下雨的概率是 p，且独立于其他时候. 求她在路上被雨淋的稳态概率.

我们利用马尔可夫链建立模型，假设有以下状态.

状态 i：在她所在地有 i 把伞可用，　$i = 0, 1, 2.$

图 7-11 表示对应的转移概率图，相应的转移概率矩阵为①

$$\begin{bmatrix} 0 & 0 & 1 \\ 0 & 1-p & p \\ 1-p & p & 0 \end{bmatrix}.$$

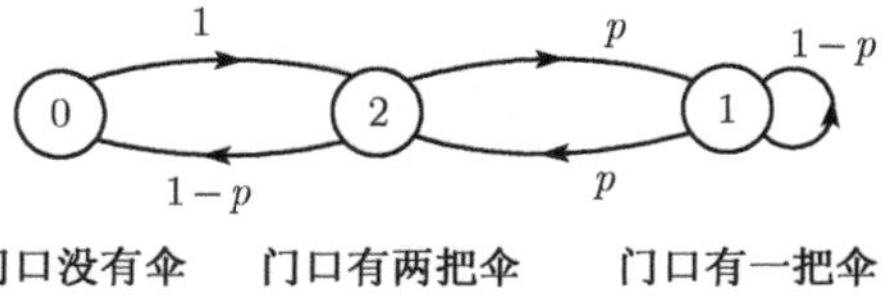

图 7-11 例 7.6 中的转移概率图

这个马尔可夫链具有单个非周期的常返类（假设 $0 < p < 1$），所以可以使用稳态收敛定理. 平衡方程组是

$$\pi_0 = (1-p)\pi_2, \qquad \pi_1 = (1-p)\pi_1 + p\pi_2, \qquad \pi_2 = \pi_0 + p\pi_1.$$

由第二个方程得 $\pi_1 = \pi_2$，结合第一个方程 $\pi_0 = (1-p)\pi_2$ 和归一化方程 $\pi_0 + \pi_1 + \pi_2 = 1$ 得

$$\pi_0 = \frac{1-p}{3-p}, \qquad \pi_1 = \frac{1}{3-p}, \qquad \pi_2 = \frac{1}{3-p}.$$

① 矩阵中的第一行表示她出门时门口没有伞，目的地门口必定有两把伞，因此 $p_{00} = 0, p_{01} = 0, p_{02} = 1$. 第二行表示她出门时门口只有一把伞，她以概率为 $(1-p)$ 将伞留在原地，以概率 p 将这把伞带走，这样，目的地门口的状态为 1 或 2，相应的转移概率如矩阵的第二行所示. 总之，她所在地门口伞的数量形成一个马尔可夫链. ——译者注

根据稳态收敛定理，教授发现自己所在地门口没有伞的稳态概率是 π_0. 那么，教授被雨淋的概率是 π_0 乘以下雨的概率 p. ■

例 7.7 一位迷信的教授在一座具有 m 扇门的环形建筑里工作，m 是奇数. 他绝不连续两次打开同一扇门，而是以概率 p（或概率 $1-p$）以顺时针方向（或逆时针方向）打开他上一次打开的门的相邻门. 求任意一扇门将在未来某一天被用到的概率.

引入马尔可夫模型，有以下 m 个状态.

状态 i：教授打开的是第 i 扇门，　$i=1,\cdots,m.$

图 7-12 给出转移概率图，图中 $m=5$. 转移概率矩阵为

$$\begin{bmatrix} 0 & p & 0 & 0 & \dots & 0 & 1-p \\ 1-p & 0 & p & 0 & \dots & 0 & 0 \\ 0 & 1-p & 0 & p & \dots & 0 & 0 \\ \vdots & \vdots & \vdots & \vdots & \vdots & \vdots & \vdots \\ p & 0 & 0 & 0 & \dots & 1-p & 0 \end{bmatrix}.$$

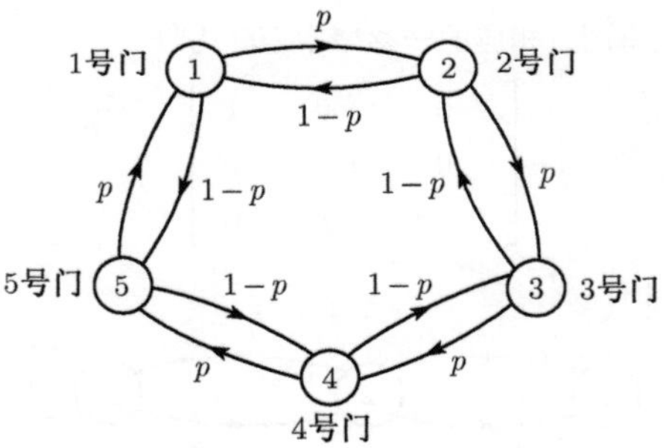

图 7-12 例 7.7 中的转移概率图，$m=5$. 假设 $0<p<1$，不难发现，选定一个初始状态 i，每一个状态 j 都可以在 5 步内到达，所以该链是非周期的

假设 $0<p<1$，该链有非周期的单个常返类（验证非周期性：选定一个初始状态 i，每个状态 j 都可以在确定的 m 步内到达，满足上节末提出的非周期性判定规则）. 平衡方程组为

$$\begin{cases} \pi_1 = (1-p)\pi_2 + p\pi_m, \\ \pi_i = p\pi_{i-1} + (1-p)\pi_{i+1}, \qquad i = 2,\cdots,m-1, \\ \pi_m = (1-p)\pi_1 + p\pi_{m-1}. \end{cases}$$

注意，由对称性，这个方程组很好解. 所有的门都具有一样的稳态概率，所以解为

$$\pi_j = \frac{1}{m}, \qquad j = 1,2,\cdots,m.$$

可以看到，π_j 满足平衡方程组和归一化方程，所以它们一定就是我们所求的稳态概率（利用稳态收敛定理的唯一性）.

注意，如果 $p=0$ 或者 $p=1$，链也只有单个常返类，但是是有周期的，那么 n 步转移概率 $r_{ij}(n)$ 不会收敛于某一个极限值，因为门将会按照环形顺序使用. 类似地，如果 m 是偶数，链的常返类也是有周期的，因为状态可以分成两个子集（偶数和奇数号码的状态），从一个子集只能到达下一个子集. ■

7.3.1 长期频率解释

概率通常被解释为无限次独立重复试验的事件发生的对应频率. 尽管缺乏独立重复试验的那种独立性，但是马尔可夫链的稳态概率也具有类似的解释.

例如，考虑一个与机器相关的马尔可夫链. 每天工作结束时，机器处于两种状态之一：正常工作或出现故障. 每次出现故障时，立即花 1 元维修. 我们应该如何建立模型，计算长期的每天平均修理费? 一种可能是将它看成未来任意一天的修理费的均值，这需要计算故障状态的稳态概率. 另一种方法是：对很大的 n 计算 n 天内的总期望花费，再除以 n. 直觉告诉我们，两种计算方法会得到一样的结果. 这样的直觉是有理论根据的. 下面是关于稳态概率的解释（章末习题中给出证明).

稳态概率的期望频率解释

对于具有单个非周期常返类的马尔可夫链，状态的稳态概率 π_j 满足

$$\pi_j=\lim_{n\to\infty}\frac{\nu_{ij}(n)}{n},$$

其中 $\nu_{ij}(n)$ 表示从状态 i 出发，在 n 次转移中到达状态 j 的总次数的期望值.

基于上述解释，π_j 表示状态是 j 的长期的期望频率. 每次状态 j 被访问，则下一步将转移到状态 k 的概率是 p_{jk}. 所以，我们得到结论，$\pi_j p_{jk}$ 可以看作从 j 转移到 k 的长期转移概率. ①

特定转移的期望频率

考虑一个马尔可夫链的 n 次转移，该链从给定初始状态出发，且具有单个非周期的常返类. 令 $q_{jk}(n)$ 为在时间 n 内从状态 j 到状态 k 的转移期望次数，那么，无论初始状态是什么，均有

$$\lim_{n\to\infty}\frac{q_{jk}(n)}{n}=\pi_j p_{jk}.$$

① 事实上，下面更强的结论也是成立的. 对马尔可夫链进行一个概率试验，产生一个马尔可夫链的无限长的轨迹，观测这个轨迹的到达状态 j 的长期频率就是 π_j，发生从状态 j 转移到状态 k 的长期频率正好是 $\pi_j p_{jk}$. 尽管轨迹是随机的，但这些等式仍然以概率 1 成立.

给出 π_j 和 $\pi_j p_{jk}$ 的频率解释后，平衡方程组

$$\pi_j = \sum_{k=1}^{m} \pi_k p_{kj}$$

就具有直观意义了. 访问 j 的期望频率 π_j 等于能到达 j 的转移的期望频率 $\pi_k p_{kj}$ 的总和，见图 7-13.

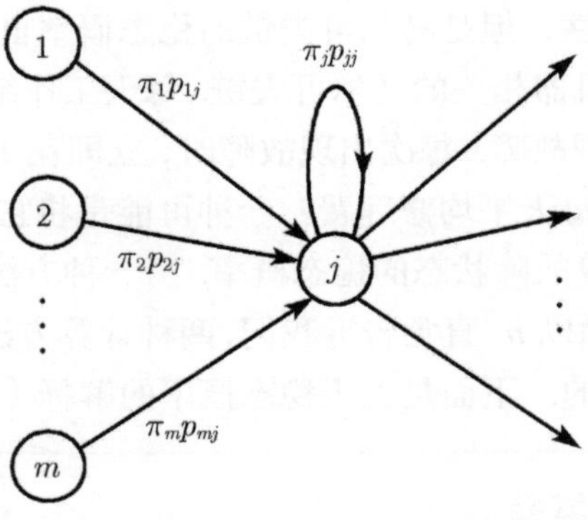

图 7-13　在频率意义下对平衡方程组的解释. 在次数很大的转移中，我们认为 $\pi_k p_{kj}$ 表示状态从 k 到 j 的期望频率（它也可以应用于 j 到本身的转移，对应频率为 $\pi_j p_{jj}$）. 这样的转移的期望频率总和就是访问 j 的期望频率 π_j

7.3.2　生灭过程

生灭过程也是马尔可夫链，它的状态是线性排列的. 具体地说，生灭过程的状态空间为 $\{0, 1, \cdots, m\}$，且转移只发生在相邻状态之间，或者状态保持不变. 实际的例子非常多，尤其是排队论. 图 7-14 表示了生灭过程的一般结构，也介绍了转移概率的一般情况. 特别地，

$$b_i = P(X_{n+1} = i+1 \mid X_n = i), \qquad （在状态 i “生”的概率），$$
$$d_i = P(X_{n+1} = i-1 \mid X_n = i), \qquad （在状态 i “灭”的概率）.$$

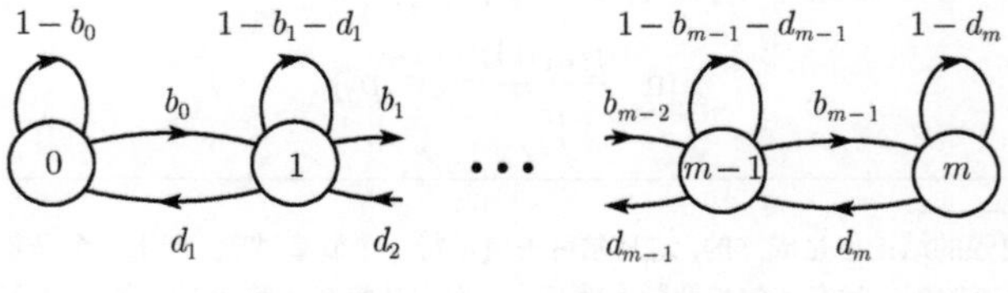

图 7-14　生灭过程的转移概率图

对于生灭过程，平衡方程组能够充分地化简. 我们重点考察相邻状态 i 和 $i+1$. 在马尔可夫链的任何轨迹中，在发生一次从 i 到 $i+1$ 的转移后，如果再次发生相同的转移，那么，在此之前必须有一次从 $i+1$ 到 i 的转移. 所以，从 i 到 $i+1$ 的转移的期望频率 $\pi_i b_i$ 一定等于从 $i+1$ 到 i 的转移的期望频率 $\pi_{i+1}d_{i+1}$. 这就推出了**局部平衡方程组**[①]

$$\pi_i b_i = \pi_{i+1}d_{i+1}, \qquad i = 0, 1, \cdots, m-1.$$

利用这个局部平衡方程组可以得到

$$\pi_i = \pi_0 \frac{b_0 b_1 \cdots b_{i-1}}{d_1 d_2 \cdots d_i}, \qquad i = 1, \cdots, m,$$

由此，再利用归一化方程 $\sum_i \pi_i = 1$，稳态概率 π_i 就容易算出了.

例 7.8（具有反射壁的随机走动） 某人在直线上行走，每个时刻，他向右走的概率是 b，向左走的概率是 $1-b$. 该人开始于位置 $1, 2, \cdots, m$ 中的任一个，如果到达位置 0（或者 $m+1$），他将自动返回到位置 1（或者 m）. 这等价于，当他到达位置 1（或者 m）的时候，将以概率 $1-b$（或者 b）停留在原处，以概率 b 向右走一步（或以概率 $1-b$ 向左走一步）. 我们利用马尔可夫链建立模型，其状态为 $1, 2, \cdots, m$. 图 7-15 给出了转移概率图.

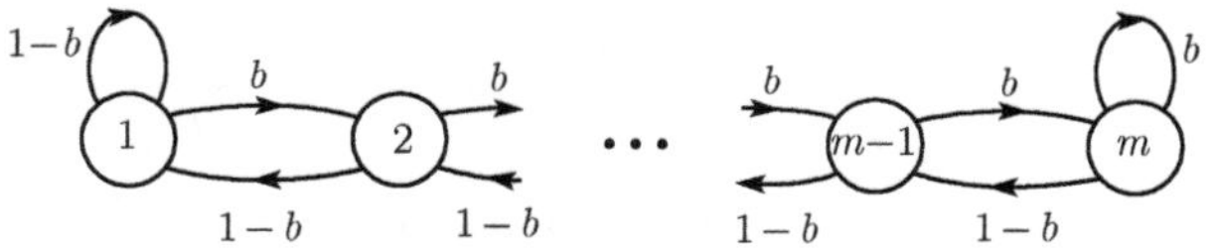

图 7-15 例 7.8 随机走动例子的转移概率图

局部平衡方程组为

$$\pi_i b = \pi_{i+1}(1-b), \qquad i = 1, \cdots, m-1.$$

所以，$\pi_{i+1} = \rho\pi_i$，其中

$$\rho = \frac{b}{1-b},$$

因此，我们能用 π_1 表示所有的 π_i，即

$$\pi_i = \rho^{i-1}\pi_1, \qquad i = 1, \cdots, m.$$

利用归一化方程 $1 = \pi_1 + \cdots + \pi_m$，我们有

$$1 = \pi_1(1 + \rho + \cdots + \rho^{m-1}),$$

① 不运用频率解释法，也可以如下正式推导. 状态 0 的平衡方程是 $\pi_0(1-b_0) + \pi_1 d_1 = \pi_0$，所以可以推导出第一个局部平衡方程：$\pi_0 b_0 = \pi_1 d_1$.

状态 1 的平衡方程是 $\pi_0 b_0 + \pi_1(1 - b_1 - d_1) + \pi_2 d_2 = \pi_1$. 运用前一个状态的局部平衡方程 $\pi_0 b_0 = \pi_1 d_1$，可得 $\pi_1 d_1 + \pi_1(1 - b_1 - d_1) + \pi_2 d_2 = \pi_1$. 化简可得 $\pi_1 b_1 = \pi_2 d_2$. 继续推导下去，就可以得到所有状态的局部平衡方程组.

因此

$$\pi_i = \frac{\rho^{i-1}}{1+\rho+\cdots+\rho^{m-1}}, \qquad i=1,\cdots,m.$$

注意，如果 $\rho=1$（向左和向右的概率一样），那么对于所有 i 有 $\pi_i=1/m$. ■

例 7.9（排队论） 在通信网络中，信息到达后被存放在缓冲器中然后传输. 缓冲器的存储容量是 m：如果缓冲器中已有 m 条信息，那么新到的信息就会被丢弃. 我们将时间切分成很小的部分，假设每个时间段最多有一个事件发生（一条新信息到达，或将缓冲器中一条信息发送出去），从而改变系统中信息的数量. 特别地，假设每个时间段只有以下事件之一发生.

(a) 一条新信息到达，发生概率是 $b>0$.

(b) 如果缓冲器中至少有一条信息，则将一条信息发送出去，发生的概率是 $d>0$，否则概率为 0.

(c) 既没有新信息到达，也没有现存信息发送出去. 此时，若缓冲器未满且至少有一条信息，则事件发生的概率为 $1-b-d$；若缓冲器中没有信息，则事件发生的概率为 $1-b$.

我们建立马尔可夫链，其状态空间为 $0,1,\cdots,m$，这些状态表示缓冲器中信息的数量. 图 7-16 给出了转移概率图. 转移概率图能够更加清晰地表达这些状态的转移关系.

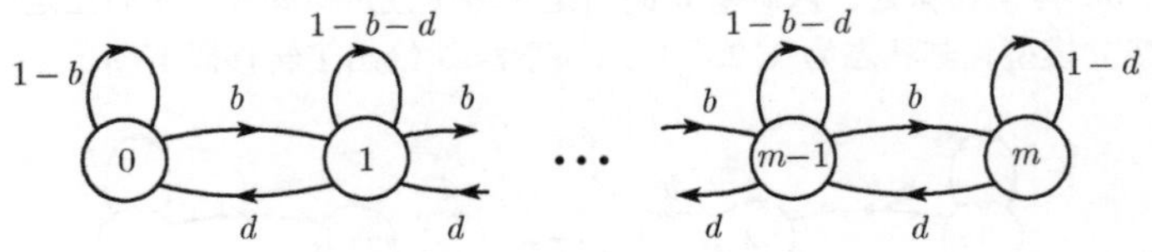

图 7-16　例 7.9 的转移概率图

局部平衡方程组为

$$\pi_i b = \pi_{i+1} d, \qquad i=0,1,\cdots,m-1.$$

我们定义

$$\rho = \frac{b}{d},$$

可以得到 $\pi_{i+1}=\rho\pi_i$，从而推出

$$\pi_i = \rho^i \pi_0, \qquad i=0,1,\cdots,m.$$

应用归一化方程 $1=\pi_0+\pi_1+\cdots+\pi_m$，我们有

$$1=\pi_0(1+\rho+\cdots+\rho^m),$$

以及

$$\pi_0 = \begin{cases} \dfrac{1-\rho}{1-\rho^{m+1}}, & 若\ \rho\neq 1, \\ \dfrac{1}{m+1}, & 若\ \rho=1. \end{cases}$$

利用等式 $\pi_i = \rho^i \pi_0$，稳态概率为

$$\pi_i = \begin{cases} \dfrac{1-\rho}{1-\rho^{m+1}}\rho^i, & 若\ \rho \neq 1, \\ \dfrac{1}{m+1}, & 若\ \rho = 1, \end{cases} \qquad i = 0, 1, \cdots, m.$$

如果缓冲器容量 m 很大，实际上可以认为它是无穷大的，看看会发生什么有趣的事情. 分两种情况讨论.

(a) 假设 $b < d$，或者说 $\rho < 1$. 这种情况下，新信息到达的概率小于缓冲器中信息离开的概率. 这就避免了缓冲器中信息数量的增加，并且稳态概率 π_i 随着 i 增大而减小，其概率质量函数为截尾型的几何分布. 注意，当 $m \to \infty$ 时有 $1 - \rho^{m+1} \to 1$，以及

$$对所有\ i\ 有\ \pi_i \to \rho^i(1-\rho).$$

我们可以把它看成具有无限个缓冲器的系统的稳态概率. [验证时，注意 $\sum_{i=0}^{\infty}\rho^i(1-\rho) = 1$.]

(b) 假设 $b > d$，或者说 $\rho > 1$. 这种情况下，新信息到达的概率大于缓冲器中信息离开的概率. 缓冲器中信息的数量趋于增加，并且稳态概率 π_i 随着 i 增大而增大. 随着我们考虑的缓冲器具有很大的容量 m，任何状态 i 的稳态概率都是逐渐趋近于 0 的：

$$对所有\ i\ 有\ \pi_i \to 0.$$

如果考虑系统具有无限个缓冲器，我们将得到一个具有可数无穷多个状态的马尔可夫链. 尽管我们不讨论这样的链，但是根据前面的计算，我们知道每个状态都具有零的稳态概率，都将是非常返的. 缓冲器中信息的数量将增加到无穷多个，并且任何特定的状态都只能被访问有限次.

前面的分析大致给出了具有可数无穷多个状态的马尔可夫链的性质. 在这种马尔可夫链中，即使是只有一个非周期的常返类，链的状态也不会是稳态的，不会存在平稳概率分布. ■

7.4 吸收概率和吸收的期望时间

在本节中，我们将学习马尔可夫链的短期行为. 首先，考虑开始于非常返状态的情形，我们感兴趣的是首次访问的常返状态以及对应的到达时间.

当我们讨论这个问题的时候，马尔可夫链（到达常返状态之后）的后续行为是不重要的. 因此，我们重点讨论的情况是每个常返状态 k 是**吸收的**，也就是

$$p_{kk} = 1, \qquad 对所有\ j \neq k\ 有\ p_{kj} = 0.$$

如果只有唯一的吸收状态 k，那么它的稳态概率为 1（因为其他所有的状态都是非常返的，并且稳态概率都是 0）. 从任何一个初始的非常返状态出发，将以概率 1 达到这个吸收状态. 如果有多个吸收状态，那么，经过若干步转移，终将到达某个吸收状态. 但是，具体到达哪个吸收状态是随机的，并且到达各吸收状态

的概率依赖于初始状态．现在我们固定一个吸收状态，设为 s，令 a_i 表示链从状态 i 开始最终达到 s 的概率：

$$a_i = P(X_n \text{ 最终等于吸收状态 } s \mid X_0 = i).$$

这个概率称为吸收概率，可以通过解以下线性方程组得到．

吸收概率方程组

考虑一个马尔可夫链，它的每一个状态或者是非常返的，或者是吸收的，并固定一个吸收状态 s．那么从状态 i 开始，最终达到 s 的概率 a_i 是以下方程组的唯一解：

$$\begin{cases} a_s = 1, & \\ a_i = 0, & \text{对于所有吸收状态 } i \neq s, \\ a_i = \displaystyle\sum_{j=1}^{m} p_{ij} a_j, & \text{对于所有非常返状态 } i. \end{cases}$$

由吸收概率的定义，易得方程 $a_s = 1$，以及对于所有吸收状态 $i \neq s$ 有 $a_i = 0$．为得到剩下的方程，论证如下．考虑非常返状态 i，令 A 表示最终到达状态 s 的事件．我们有

$$\begin{aligned} a_i &= P(A \mid X_0 = i) \\ &= \sum_{j=1}^{m} P(A \mid X_0 = i, X_1 = j) P(X_1 = j \mid X_0 = i) \quad \text{（全概率定理）} \\ &= \sum_{j=1}^{m} P(A \mid X_1 = j) p_{ij} \quad \text{（马尔可夫性质）} \\ &= \sum_{j=1}^{m} a_j p_{ij}. \end{aligned}$$

吸收概率方程组解的唯一性需要另行证明，见章末习题．

接下来的例子将阐明，如何利用前述方法计算进入给定常返类的概率（并非仅仅是进入给定吸收状态）．

例 7.10 考虑如图 7-17a 所示的马尔可夫链．注意这里有两个常返类，分别是 {1} 和 {4, 5}．我们计算开始于一个非常返状态、最终进入常返类 {4, 5} 的概率．为此，考虑常返类 {4, 5} 内的可能转移并不重要．所以，我们将该常返类的状态整合，把它们看成单个的吸收状态（称为状态 6），见图 7-17b．现在只需计算新链中最终进入状态 6 的概率．

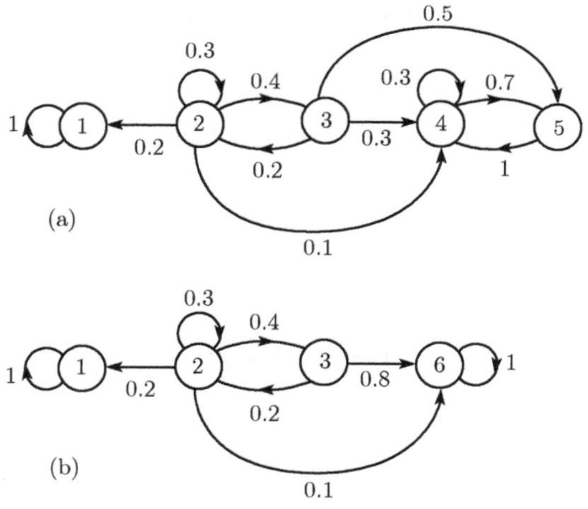

图 7-17 (a) 例 7.10 的转移概率图；(b) 将状态 4 和状态 5 整合成吸收状态 6 的新链

从非常返状态 2 和 3 最终达到 6 的概率满足以下方程组:

$$\begin{cases} a_2 = 0.2a_1 + 0.3a_2 + 0.4a_3 + 0.1a_6, \\ a_3 = 0.2a_2 + 0.8a_6. \end{cases}$$

利用事实 $a_1 = 0$ 和 $a_6 = 1$，我们得到

$$\begin{cases} a_2 = 0.3a_2 + 0.4a_3 + 0.1, \\ a_3 = 0.2a_2 + 0.8. \end{cases}$$

这是关于未知数 a_2 和 a_3 的二元一次方程组. 求解得到 $a_2 = 21/31$ 及 $a_3 = 29/31$. ■

例 7.11（赌徒破产问题） 某赌徒每局赌博以概率 p 赢 1 元，以概率 $1-p$ 输掉 1 元. 假设不同赌局之间是相互独立的. 赌徒会一直赌博直到资金到达某个目标总数 m，或者输掉全部资金. 请问最终资金能到达目标 m 或者输掉全部资金的概率是多少?

我们建立马尔可夫链，见图 7-18，它的状态 i 表示每次赌局开始时赌徒的资金. 状态 $i=0$ 和 $i=m$ 分别表示最终的输和赢.

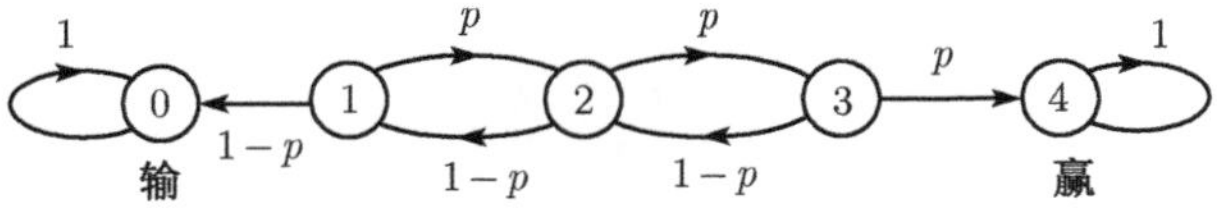

图 7-18 赌徒破产问题（例 7.11）的转移概率图，这里 $m=4$

除了最终输和赢的状态是吸收的，其余状态都是非常返的. 所以，问题转变成了对应计算每个吸收状态的吸收概率. 当然，这些吸收概率会依赖于初始状态 i.

令 $s=m$，吸收概率 a_i 表示从状态 i 出发最终赢的概率. 那么这些概率满足

$$\begin{cases} a_0 = 0, \\ a_i = (1-p)a_{i-1} + pa_{i+1}, \qquad i = 1, \cdots, m-1, \\ a_m = 1. \end{cases}$$

有很多种方法可以求解这个方程组，下面介绍一种比较简单的方法.

对于每个 a_i，我们有

$$(1-p)(a_i - a_{i-1}) = p(a_{i+1} - a_i), \qquad i = 1, \cdots, m-1.$$

令

$$\delta_i = a_{i+1} - a_i, \qquad i = 0, \cdots, m-1,$$

以及

$$\rho = \frac{1-p}{p},$$

方程组变成

$$\delta_i = \rho\delta_{i-1}, \qquad i = 1, \cdots, m-1,$$

由此可得

$$\delta_i = \rho^i \delta_0, \qquad i = 1, \cdots, m-1.$$

结合等式 $\delta_0 + \delta_1 + \cdots + \delta_{m-1} = a_m - a_0 = 1$，可得

$$\left(1 + \rho + \cdots + \rho^{m-1}\right)\delta_0 = 1,$$

也就是

$$\delta_0 = \frac{1}{1 + \rho + \cdots + \rho^{m-1}}.$$

因为 $a_0 = 0$ 且 $a_{i+1} = a_i + \delta_i$，所以从状态 i 出发，最终赢的概率 a_i 是

$$\begin{aligned} a_i &= \delta_0 + \delta_1 + \cdots + \delta_{i-1} \\ &= \left(1 + \rho + \ldots + \rho^{i-1}\right)\delta_0 \\ &= \frac{1 + \rho + \ldots + \rho^{i-1}}{1 + \rho + \ldots + \rho^{m-1}}. \end{aligned}$$

化简得

$$a_i = \begin{cases} \dfrac{1-\rho^i}{1-\rho^m}, & 若\ \rho \neq 1, \\ \dfrac{i}{m}, & 若\ \rho = 1. \end{cases}$$

结果揭示了，如果 $\rho > 1$，也就是 $p < 1/2$（赌徒每次赢的概率相对小），那么不管初始资金是多少，最终赢的概率都随 $m \to \infty$ 趋近于 0. 这表明，如果我们在不理想的概率下（每次赢的概率小于输的概率），想赢取更大的资金，最终完全破产几乎是一定的. ■

7.4.1 吸收的期望时间

现在我们转而关注从一个特定的非常返状态出发，直到到达一个常返状态（称为“吸收”）的期望步数．对于任何一个 i，我们定义

$$\begin{aligned}\mu_i &= E[\text{从状态 } i \text{ 开始，直到吸收发生所需的步数}]\\ &= E[\min\{n \geqslant 0 \mid X_n \text{ 是常返状态}\} \mid X_0 = i].\end{aligned}$$

注意，如果 i 本身为常返状态，那么根据定义 $\mu_i = 0$.

我们利用全期望定理得到关于 μ_i 的方程组．从一个非常返状态 i 出发直到进入吸收状态所需时间的期望值，等于 1 加上从下一个状态 j 出发直到进入吸收状态所需时间的期望值的加权平均，权值是由 i 到下一个状态 j 的概率 p_{ij}．于是我们得到一个线性方程组，可以证明，这个线性方程组具有唯一解（见章末习题 33）.

吸收的期望时间的方程组

吸收的期望时间 $\mu_1, \cdots, \mu_m$ 是以下方程组的唯一解：

$$\begin{cases}\mu_i = 0, & \text{对于所有常返状态 } i,\\ \mu_i = 1 + \sum_{j=1}^{m} p_{ij}\mu_j, & \text{对于所有非常返状态 } i.\end{cases}$$

例 7.12（蜘蛛和苍蝇） 考虑例 7.2 中的蜘蛛和苍蝇的模型．它对应图 7-19 中的马尔可夫链．状态对应苍蝇可能的位置，吸收状态 1 和状态 m 表示蜘蛛对苍蝇的捕捉.

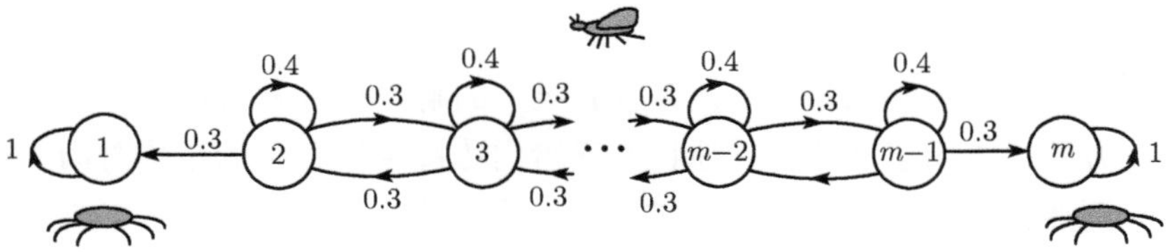

图 7-19 例 7.12 中的转移概率图

现在计算苍蝇被捕捉的步数的期望值．我们有

$$\begin{cases}\mu_1 = 0,\\ \mu_m = 0,\\ \mu_i = 1 + 0.3\mu_{i-1} + 0.4\mu_i + 0.3\mu_{i+1}, \quad i = 2, \cdots, m-1.\end{cases}$$

解这个方程组有很多方法，例如依次代入法．现在我们详细阐述．假定 $m=4$，方程组可以简化为

$$\begin{cases}\mu_2 = 1 + 0.4\mu_2 + 0.3\mu_3,\\ \mu_3 = 1 + 0.3\mu_2 + 0.4\mu_3.\end{cases}$$

从第一个方程得出 $\mu_2=(1/0.6)+(0.3/0.6)\mu_3$，代入第二个方程解得 $\mu_3=10/3$，再代入第一个方程得到 $\mu_2=10/3$. ■

7.4.2　平均首访时间及回访时间

用于计算吸收的期望时间的想法，也可以用于计算从任何其他状态开始到达某特定常返状态的期望时间．为了简化，我们考虑只有单个常返类的马尔可夫链．着眼于一个特定的常返状态 s，令 t_i 表示从状态 i 到状态 s 的**平均首访时间**，定义为

$$\begin{aligned} t_i &= E[\text{从状态 } i \text{ 开始，首次达到状态 } s \text{ 的转移步数}]\\ &= E[\min\{n \geqslant 0 \mid X_n = s\} \mid X_0 = i]. \end{aligned}$$

到达状态 s 之后的转移和计算平均首访时间是没有关系的．所以，我们将特殊状态 s 看成一个吸收状态（令 $p_{ss}=1$，对于所有 $j\neq s$ 令 $p_{sj}=0$），而其余方面与原链保持一致．通过这种变换，除了 s 外的所有状态都是非常返的．于是，利用本节前面给出的公式，计算时间 t_i 相当于计算从状态 i 出发被吸收的平均步数．我们有

$$\begin{cases} t_i = 1 + \sum_{j=1}^{m} p_{ij} t_j, & \text{对于所有 } i \neq s,\\ t_s = 0. \end{cases}$$

该线性方程组能用于解未知的 t_i，并且有唯一的解（见章末习题）.

上述方程组给出了从任何其他状态开始到达特定状态 s 的平均时间．我们也可以计算到达特定状态 s 的**平均回访时间**，定义为

$$\begin{aligned} t_s^* &= E[\text{从状态 } s \text{ 开始，首次回到状态 } s \text{ 的转移步数}]\\ &= E[\min\{n \geqslant 1 | X_n = s\} | X_0 = s]. \end{aligned}$$

如果我们知道首次访问时间 t_i，就可以通过以下方程得到 t_s^*，

$$t_s^* = 1 + \sum_{j=1}^{m} p_{sj} t_j.$$

为了验证该等式，我们说，从状态 s 开始回到状态 s 的平均时间，等于 1 加上从下一个状态出发到达状态 s 的平均首访时间，链处于下一个状态 j 的概率为 p_{sj}. 利用全期望定理即可得到 t_s^* 的公式.

例 7.13 考虑例 7.1 中爱丽丝上课的两种状态"跟得上"和"跟不上"，证明她的状态形成一个马尔可夫链，状态 1 和状态 2 分别对应跟得上和跟不上，转移概率为

$$p_{11}=0.8,\qquad p_{12}=0.2,$$
$$p_{21}=0.6,\qquad p_{22}=0.4.$$

我们着眼于状态 $s=1$，计算从状态 2 开始到达状态 1 的平均首访时间. 我们有 $t_1=0$，以及

$$t_2=1+p_{21}t_1+p_{22}t_2=1+0.4t_2,$$

由此可得

$$t_2=\frac{1}{0.6}=\frac{5}{3}.$$

到达状态 1 的平均回访时间等于

$$t_1^*=1+p_{11}t_1+p_{12}t_2=1+0+0.2\cdot\frac{5}{3}=\frac{4}{3}.$$ ■

平均首访时间和回访时间的方程组

考虑只有单个常返类的马尔可夫链，令 s 为特定的常返状态.

- 从状态 i 到状态 s 的平均首访时间 t_i 是以下方程组的唯一解：

$$t_s=0,\qquad 对于所有\ i\neq s\ 有\ t_i=1+\sum_{j=1}^{m}p_{ij}t_j.$$

- 状态 s 的平均回访时间 t_s^* 为

$$t_s^*=1+\sum_{j=1}^{m}p_{sj}t_j.$$

7.5 连续时间的马尔可夫链

在前面所考虑的马尔可夫链中，我们假设状态的转移都是在单位时间内发生的. 本节将考虑连续时间的模型，它能用于很多按照连续时间到达的过程. 例如，通信网络中的分布中心或结点，其中我们感兴趣的事件（如新呼叫的到达）是以泊松过程描述的.

与前面类似，我们将考虑一个过程，它按照一定的转移概率从一个状态转移到下一个状态，但是这里令两次转移之间的时间是连续随机变量. 依旧假设状态的个数是有限的，在不特别指明的情况下，设状态空间是集合 $\mathcal{S}=\{1,\cdots,m\}$.

为了进一步描述该过程，我们引入以下随机变量.

X_n：第 n 次转移后的状态.

Y_n：第 n 次转移的时间.

T_n：第 $n-1$ 次转移和第 n 次转移的间隔时间.

为完整起见，假设 X_0 表示初始状态，令 $Y_0=0$. 我们给出以下假设.

连续时间马尔可夫链的假设

- 如果当前状态是 i，到下一个转移的时间服从给定参数 ν_i 的指数分布，而且独立于之前的历史过程和下一个状态.
- 如果当前状态是 i，按照给定的概率 p_{ij} 到达下一个状态 j，而且独立于之前的历史过程和转移到下一个状态的时间间隔.

上述假设是该过程的一个完整的描述，并提供一种清晰的方法来解释它：链进入状态 i，在状态 i 停留，停留时间服从参数为 ν_i 的指数分布，然后再以转移概率 p_{ij} 到达状态 j. 一个直接的结果是，状态序列 X_n 在经过依次转移后，成为离散时间的马尔可夫链，转移概率是 p_{ij}，该链称为**嵌入的**马尔可夫链.

数学形式上，我们的假设可以用公式来表达. 令事件

$$A=\{T_1=t_1,\cdots,T_n=t_n,X_0=i_0,\cdots,X_{n-1}=i_{n-1},X_n=i\}$$

表示直到第 n 次转移发生之前链中所有的状态变化. 我们有

$$\begin{aligned}P(X_{n+1}=j,T_{n+1}\geqslant t\,|\,A)&=P(X_{n+1}=j,T_{n+1}\geqslant t\,|\,X_n=i)\\&=P(X_{n+1}=j\,|\,X_n=i)P(T_{n+1}\geqslant t\,|\,X_n=i)\\&=p_{ij}\mathrm{e}^{-\nu_i t},\qquad \text{对于所有 } t\geqslant 0.\end{aligned}$$

到下一次转移的平均时间为

$$E[T_{n+1}\,|\,X_n=i]=\int_0^\infty \tau\nu_i\mathrm{e}^{-\nu_i\tau}\mathrm{d}\tau=\frac{1}{\nu_i},$$

所以，我们可以认为 ν_i 是停留在状态 i 的单位时间上转移出状态 i 的平均转移次数. 于是，参数 ν_i 称为**跳出状态 i 的转移速率**. 因为 p_{ij} 表示从状态 i 转移到状态 j 的概率，所以

$$q_{ij} = \nu_i p_{ij}$$

表示停留在状态 i 的单位时间上从状态 i 到状态 j 的平均转移次数. 从而, 我们称 q_{ij} 为**从状态 i 到 j 的转移速率**. 注意, 给定转移速率 q_{ij}, 可以通过下列公式计算转移速率:

$$\nu_i = \sum_{j=1}^{m} q_{ij},$$

并利用下列公式计算转移概率:

$$p_{ij} = \frac{q_{ij}}{\nu_i}.$$

注意, 模型可能发生自身转移, 就是从一个状态出发又回到该状态. 当自身转移概率 p_{ii} 不为 0 时, 自身转移就会发生. 但是, 这样的自身转移没有观测的意义: 因为指数分布的无记忆性, 直到下一个转移剩余的时间是一样的, 不论自身转移发生与否. 因此, 我们忽略自身转移, 假设

$$\text{对于所有 } i \text{ 有 } p_{ii} = q_{ii} = 0.$$

例 7.14 一台运转中的机器会一直工作, 直到产生警告信息. 从开始工作直到产生警告信息的时间服从参数为 1 的指数分布. 产生警告之后, 机器将被检修, 检修时间服从参数为 5 的指数分布. 检修时有 1/2 的概率将机器修好, 此时机器将恢复正常工作; 另一个可能的结果是机器已经损坏 (概率为 1/2), 将被送去修理. 修理时间服从参数为 3 的指数分布. 假设前面提到的随机变量都是相互独立的, 且独立于检修结果.

令状态 1、2、3 分别表示正常工作、检修、修理. 转移速率是 $\nu_1 = 1, \nu_2 = 5, \nu_3 = 3$. 转移概率矩阵和转移速率矩阵分别是

$$\boldsymbol{P} = \begin{bmatrix} 0 & 1 & 0 \\ 1/2 & 0 & 1/2 \\ 1 & 0 & 0 \end{bmatrix}, \qquad \boldsymbol{Q} = \begin{bmatrix} 0 & 1 & 0 \\ 5/2 & 0 & 5/2 \\ 3 & 0 & 0 \end{bmatrix}.$$

具体解释见图 7-20.

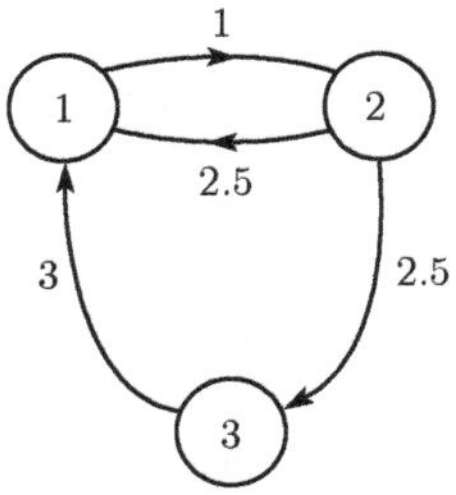

图 7-20 例 7.14 中马尔可夫链的阐述, 弧线附近的数据表示转移速率 q_{ij}

我们最终发现前面定义的连续时间的马尔可夫链具有和离散时间马尔可夫链类似的马尔可夫性质：在给定的当前状态下，未来独立于过去．为了进一步理解该性质，定义 $X(t)$ 表示连续时间马尔可夫链在时间 $t>0$ 的状态，且注意它在两次转移之间[①]将停留一段时间．利用指数分布的无记忆性可以推出，对于第 n 次转移时间 Y_n 和第 $n+1$ 次转移时间 Y_{n+1} 之间的任意时刻 t，直到下一个转移发生的剩余时间 $Y_{n+1}-t$ 独立于系统已经在目前状态所停留的时间 $t-Y_n$．进一步推出，对于任意时刻 t 和给定当前的状态 $X(t)$，过程的未来（随机变量 $X(\tau), \tau>t$）独立于过去（随机变量 $X(\tau), \tau<t$）. ■

7.5.1 利用离散时间马尔可夫链的近似

我们来阐述连续时间马尔可夫链和对应离散时间形式的联系．这个联系给出了连续时间马尔可夫链的另一种描述，以及表示稳态行为的平衡方程组．

给定一个小的正数 δ，考虑离散时间马尔可夫链 Z_n，它是通过每隔一小段时间 δ 观测 $X(t)$ 得到的：

$$Z_n = X(n\delta), \qquad n = 0, 1, \cdots.$$

实际上，根据 $X(t)$ 的马尔可夫性质可知 Z_n 是马尔可夫链（给定当前状态的前提下，未来独立于过去）．我们利用记号 $\overline{p}_{ij}$ 表示 Z_n 的转移概率．

给定状态 $Z_n = i$，则时刻 $n\delta$ 和 $(n+1)\delta$ 之间发生转移的概率近似等于 $\nu_i\delta$．进一步，概率 p_{ij} 表示转移到的下一个状态是 j．所以

$$\overline{p}_{ij} = P(Z_{n+1} = j \,|\, Z_n = i) = \nu_i p_{ij}\delta + o(\delta) = q_{ij}\delta + o(\delta), \qquad j \neq i,$$

其中 $o(\delta)$ 随着 δ 变小可以忽略不计．停留在状态 i［也就是，在时刻 $n\delta$ 和 $(n+1)\delta$ 之间没有发生转移］的概率是

$$\overline{p}_{ii} = P(Z_{n+1} = i \,|\, Z_n = i) = 1 - \sum_{j\neq i} \overline{p}_{ij}.$$

这就给出连续时间马尔可夫链的另一种描述．[②]

> **连续时间马尔可夫链的另一种描述**
>
> 给定连续时间马尔可夫链的当前状态 i，对于任何 $j \neq i$，单位时间 δ 之后的状态是 j 的概率是
>
> $$q_{ij}\delta + o(\delta),$$
>
> 且独立于过程过去的情况．

① 如果转移恰好发生在时刻 t，记号 $X(t)$ 的定义有些不清楚．通常的做法是令 $X(t)$ 为恰好发生转移之后的状态，这时 $X(Y_n)$ 就是 X_n．

② 到目前为止，我们已经阐明连续时间马尔可夫链满足另一种描述中的相关性质．反之，可以证明：如果使用这种描述，直到从状态 i 发生转移所需要的时间是指数分布，参数是 $\nu_i = \sum_j q_{ij}$．进一步，在这种转移已经发生的条件下，转移到状态 j 的概率是 $q_{ij}/\nu_i = p_{ij}$．这就证明了这种描述与原始描述是一样的．

例 7.14（续） 忽略 $o(\delta)$ 项，对应的离散时间马尔可夫链 Z_n 的转移概率矩阵为

$$\begin{bmatrix} 1-\delta & \delta & 0 \\ 5\delta/2 & 1-5\delta & 5\delta/2 \\ 3\delta & 0 & 1-3\delta \end{bmatrix}.$$

■

例 7.15（排队论） 在通信系统中，到达缓冲器的信息服从参数为 λ 的泊松分布. 信息存放在容量为 m 的缓冲器里，每次传输一条信息. 如果缓冲器已满，到达的新信息就会被丢弃. 传输一条信息需要的时间服从参数为 μ 的指数分布. 不同信息之间的传输时间是相互独立的，也独立于所有到达间隔时间.

我们利用连续时间马尔可夫链对该系统建模，状态 $X(t)$ 表示 t 时刻对应系统中的信息数量［如果 $X(t)>0$，那么 $X(t)-1$ 表示队列中等待的信息数量，有一条信息正在被传输］. 当新信息达到时，状态将增加 1；当现存信息被传输时，状态将减少 1. 为了证明 $X(t)$ 确实是一个马尔可夫链，利用马尔可夫过程的另一种描述性定义，并且同时给出转移速率 q_{ij}.

首先，考虑缓冲器为空的情况，此时状态 $X(t)=0$. 从状态 0 的转移只有当新信息到达时才能发生，在这种情况下，状态变成了 1. 因为信息的到达是一个泊松过程，所以有

$$P(X(t+\delta)=1\,|\,X(t)=0)=\lambda\delta+o(\delta),$$

$$q_{0j}=\begin{cases}\lambda, & 若\ j=1, \\ 0, & 其他.\end{cases}$$

接下来，考虑缓冲器满的情况，此时状态 $X(t)=m$. 从状态 m 的转移只有当现存的一条信息完成传输才能发生，传输完成后状态变成了 $m-1$. 因为传输所用的时间服从（无记忆性的）指数分布，所以有

$$P(X(t+\delta)=m-1\,|\,X(t)=m)=\mu\delta+o(\delta),$$

$$q_{mj}=\begin{cases}\mu, & 若\ j=m-1, \\ 0, & 其他.\end{cases}$$

最后，考虑系统状态 $X(t)$ 等于某个中间状态 i（$0<i<m$）的情况. 在下一个单位时间 δ 中，新信息到达的概率是 $\lambda\delta+o(\delta)$，使得状态变成了 $i+1$，完成一条信息传输的概率是 $\mu\delta+o(\delta)$，使得状态变成了 $i-1$.［在时间间隔 δ 中同时有新信息到达和现存信息传输完成的概率是与 δ^2 同阶的，所以可以忽略，$o(\delta)$ 的其他形式也可类似处理.］所以

$$P(X(t+\delta)=i-1\,|\,X(t)=i)=\mu\delta+o(\delta),$$
$$P(X(t+\delta)=i+1\,|\,X(t)=i)=\lambda\delta+o(\delta),$$

$$对于所有\ i=1,2,\cdots,m-1\ 有\ q_{ij}=\begin{cases}\lambda, & 若\ j=i+1, \\ \mu, & 若\ j=i-1, \\ 0, & 其他.\end{cases}$$

见图 7-21. ■

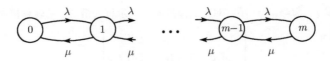

图 7-21　例 7.15 中的转移图

7.5.2　稳态性质

现在我们把注意力放在连续时间马尔可夫链的长期行为上，重点计算当时间 t 不断增大时，停留在状态 i 的概率 $P(X(t)=i)$ 的极限. 我们通过研究对应的离散时间马尔可夫链 Z_n 的稳态概率来解决该问题.

因为 $Z_n = X(n\delta)$，所以显然，如果 $P(Z_n = j \mid Z_0 = i)$ 的极限 π_j 存在，则它必等于 $P(X(t)=j \mid X(0)=i)$ 的极限. 所以我们只需考虑 Z_n 的稳态概率. 鉴于与离散时间链中相同的原因，为了使稳态独立于初始状态，我们需要假设链 Z_n 中只有一个常返类. 后续内容都基于此假设. 我们也注意到马尔可夫链 Z_n 一定是非周期的. 这是因为自身转移概率为

$$\overline{p}_{ii} = 1 - \delta \sum_{j \neq i} q_{ij} + o(\delta),$$

当 δ 很小时，这个概率为正数. 而具有非零自身转移概率的链总是非周期的.

链 Z_n 的平衡方程组形如

$$\text{对于所有 } j \text{ 有 } \pi_j = \sum_{k=1}^{m} \pi_k \overline{p}_{kj},$$

也就是

$$\begin{aligned}
\pi_j &= \pi_j \overline{p}_{jj} + \sum_{k \neq j} \pi_k \overline{p}_{kj} \\
&= \pi_j \left(1 - \delta \sum_{k \neq j} q_{jk} + o(\delta) \right) + \sum_{k \neq j} \pi_k (q_{kj}\delta + o(\delta)).
\end{aligned}$$

合并方程两边关于 π_j 的项，再除以 δ，计算当 δ 趋于 0 时的极限，得到平衡方程组

$$\pi_j \sum_{k \neq j} q_{jk} = \sum_{k \neq j} \pi_k q_{kj}.$$

现在可以给出链 Z_n 的稳态收敛定理.

稳态收敛定理

考虑具有单个常返类的连续时间马尔可夫链．那么，状态 j 以及对应的稳态概率 π_j 具有如下性质．

(a) 对于每个 j，我们有

$$\text{对于所有 } i \text{ 有 } \lim_{t\to\infty} P(X(t)=j \mid X(0)=i)=\pi_j.$$

(b) π_j 是下列方程组的唯一解：

$$\begin{cases} \pi_j \sum_{k\neq j} q_{jk} = \sum_{k\neq j} \pi_k q_{kj}, & j=1,\cdots,m, \\ 1=\sum_{k=1}^{m} \pi_k. \end{cases}$$

(c) 另外有

$$\text{对于所有非常返状态 } j \text{ 有 } \pi_j = 0,$$
$$\text{对于所有常返状态 } j \text{ 有 } \pi_j > 0.$$

为了进一步阐述平衡方程组，我们把 π_j 看成过程花费在状态 j 上的时间的平均长期频率．那么 $\pi_k q_{kj}$ 就可以看成从 k 到 j 的转移的平均频率（单位时间内，从 k 到 j 转移的平均次数）．所以平衡方程组的本质就是，从状态 j 开始的转移的频率（方程的左边项 $\pi_j \sum_{k\neq j} q_{jk}$）等于进入状态 j 的转移的频率（方程的右边项 $\sum_{k\neq j} \pi_k q_{kj}$）．

例 7.14（续） 该例的平衡方程组和归一化方程为

$$\pi_1 = \frac{5}{2}\pi_2 + 3\pi_3, \qquad 5\pi_2 = \pi_1, \qquad 3\pi_3 = \frac{5}{2}\pi_2,$$
$$1 = \pi_1 + \pi_2 + \pi_3.$$

和离散时间的情况一样，这些方程中有一个是多余的．比如，第三个方程可以由前两个方程得到．我们可以得到唯一解

$$\pi_1 = \frac{30}{41}, \qquad \pi_2 = \frac{6}{41}, \qquad \pi_3 = \frac{5}{41}.$$

所以，如果让过程长期转移下去，$X(t)$ 将以稳态概率 30/41 停留在状态 1，独立于初始状态．

该稳态概率 π_j 要区分于嵌入的马尔可夫链 X_n 的稳态概率 $\overline{\pi}_j$．实际上，嵌入的马尔可夫链 X_n 的平衡方程组和归一化方程为

$$\overline{\pi}_1 = \frac{1}{2}\overline{\pi}_2 + \overline{\pi}_3, \qquad \overline{\pi}_2 = \overline{\pi}_1, \qquad \overline{\pi}_3 = \frac{1}{2}\overline{\pi}_2,$$

$$1 = \overline{\pi}_1 + \overline{\pi}_2 + \overline{\pi}_3,$$

得出唯一解

$$\overline{\pi}_1 = \frac{2}{5}, \qquad \overline{\pi}_2 = \frac{2}{5}, \qquad \overline{\pi}_3 = \frac{1}{5}.$$

为了阐述概率 $\overline{\pi}_j$ 的意义，我们举例说明，如果让转移过程长期进行下去，到达状态 1 的转移平均频率为 2/5.

注意，尽管 $\overline{\pi}_1 = \overline{\pi}_2$（也就是，转移到达状态 1 的次数和到达状态 2 的次数相当），我们也有 $\pi_1 > \pi_2$. 原因是过程倾向于当停留在状态 1 时多花费一些时间，相对于花费在状态 2 上的时间要长. 所以，给定一个时刻 t，过程 $X(t)$ 更有可能处于状态 1. 这种情况是典型的，两组稳态概率（π_j 和 $\overline{\pi}_j$）在一般情况下是不同的. 主要的例外情况是，转移速率 ν_i 对每一个 i 都是一致的，见章末习题. ■

7.5.3 生灭过程

类似于离散时间的情况，**生灭过程**中的状态是线性排列的，转移只发生在相邻状态之间，或者停留在原处. 正式地说，我们有

$$\text{当 } |i-j| > 1 \text{ 时 } q_{ij} = 0.$$

在生灭过程中，从 i 到 j 的转移和从 j 到 i 的转移的长期平均频率是相同的，由此推出了**局部平衡方程组**

$$\text{对于所有 } i, j \text{ 有 } \pi_j q_{ji} = \pi_i q_{ij}.$$

局部平衡方程组与离散时间的情况有相同的结构，能推出类似形式的稳态概率公式.

例 7.15（续） 局部平衡方程组形如

$$\pi_i \lambda = \pi_{i+1}\mu, \qquad i = 0, 1, \cdots, m-1,$$

我们得到 $\pi_{i+1} = \rho\pi_i$，其中 $\rho = \lambda/\mu$. 所以，对于所有 i 有 $\pi_i = \rho^i \pi_0$. 又由归一化方程 $1 = \sum_{i=0}^{m} \pi_i$ 得到

$$1 = \pi_0 \sum_{i=0}^{m} \rho^i,$$

稳态概率为

$$\pi_i = \frac{\rho^i}{1 + \rho + \cdots + \rho^m}, \qquad i = 0, 1, \cdots, m.$$ ■

7.6 小结和讨论

在本章中，我们介绍了具有有限个状态的马尔可夫链. 在离散时间马尔可夫链中，状态转换发生在整数时刻，转移概率为 p_{ij}. 马尔可夫链区别于一般随机过程的核心性质是转移概率 p_{ij} 的性质，在当前状态为 i 的条件下，下一个时刻为状态 j 的转移概率为 p_{ij}，这与 i 所在的时刻是无关的，且独立于时刻以前的状态. 所以，给定当前的一个状态，过程未来的状态与过去的状态是相互独立的.

从现实角度看，建立适当的马尔可夫链模型从某种意义上说的确是一门艺术. 一般地，我们需要给出足够充分的状态信息，使得当前状态能反映来自过程中任何能联系过去与未来相关的信息. 在满足上述要求的基础上，我们通常需要将模型变得尽量简洁，避免包含不必要的状态.

给定一个马尔可夫链模型，这里有几个有趣的问题.

(a) 有关有限时间上过程的统计量的问题. 我们知道，过程经过任何一个特定路径的概率等于沿路径轨迹的转移概率的乘积. 更一般的事件由一些相关的路径组成，因此，计算这些事件的概率，只需将与事件相关路径的概率相加即可. 在一些情况下，我们可以利用马尔可夫性质进行计算，避免列举与事件相关的所有路径. 例如，计算 n 步转移概率，可以利用柯尔莫哥洛夫-查普曼方程进行迭代.

(b) 有关马尔可夫链的稳态概率的问题. 为了解决这类问题，我们对马尔可夫链的状态进行分类，可分为非常返和常返的两类. 马尔可夫链的所有常返状态的集合又可以划分为不相交的常返类，使得在同一个常返类中的状态都是相互可达的. 每个常返类又可以区分为有周期和非周期的. 马尔可夫链理论的中心结论是，如果链是由单个非周期的常返类加上几个可能的非常返状态组成的，那么状态到达某个 j 的概率 $r_{ij}(n)$ 在时间趋于无穷大时是收敛的，其极限值称为稳态概率 π_j，它不依赖于初始状态 i. 换句话说，初始状态不论取什么值，当 n 很大时，对 X_n 的统计特性都没有影响. 通过解由平衡方程组和归一化方程 $\sum_j \pi_j = 1$ 组成的线性方程组，我们可以得到稳态概率.

(c) 有关马尔可夫链的状态转移性质的问题. 我们已讨论过吸收概率（从给定的非常返状态出发，最终进入给定的常返状态的概率），以及平均首访时间（假设链具有单个常返类，一个特定常返状态被首次访问的平均时间）. 两种情况下，我们都证明了，求解一系列线性方程可以得到感兴趣量的唯一解.

最后，我们也考虑连续时间的马尔可夫链. 在这类模型中，给定当前状态，下一个状态由类似于离散时间的马尔可夫链的相同机制决定. 然而，到下次转移之前的时间是一个呈指数分布的随机变量，它的参数只取决于当前状态. 连续时间的马尔可夫链在许多方面可以类比于离散时间的马尔可夫链. 它们具有相同的马尔可夫性质（给定当前情况，未来与过去独立.）事实上，可以将连续时间的马尔可夫链看成在时间轴上进行细分离散化的离散时间的马尔可夫链. 建立这个联系后，连续时间的马尔可夫链与离散时间的马尔可夫链的稳态特性是相似的：假设只有一个常返类，那么当时间趋于无穷长的时候，处于任何状态的概率都收敛于一个稳态概率，该概率不依赖于初始状态. 求解平衡方程组和归一化方程可以得到稳态概率.

7.7　习题

7.1 节　离散时间马尔可夫链

1. 相邻两个顾客陆续到达一个机构的时间间隔是独立同分布的随机变量序列，其公共概率质量函数为

$$p(k)=\begin{cases}0.2, & 若\ k=1,\\ 0.3, & 若\ k=3,\\ 0.5, & 若\ k=4,\\ 0, & 其他.\end{cases}$$

构造一个四状态马尔可夫链模型来描述该到达过程. 在这个模型里，一个状态应该与到达发生的时间相对应.

2. 一只老鼠在走廊里移动，走廊里有 $2m$ 块瓷砖，$m>1$. 走到瓷砖 $i\neq 1,2m$ 时，老鼠以等概率向左（$i-1$）或向右（$i+1$）移动. 走到瓷砖 1 或者 $2m$ 时，老鼠分别移向瓷砖 2 或者 $2m-1$. 老鼠每次走到瓷砖 $i\leqslant m$ 或 $i>m$ 时，电子设备分别发出信号 L 或者 R. 那么，由信号 L 和 R 组成的序列是由状态 L 和 R 组成的马尔可夫链吗?

3. 考虑例 7.2 中图 7-2 所示的 $m=4$ 情况下的马尔可夫链. 假设过程以等概率地从 4 个状态中的任意一个开始：当马尔可夫链处于状态 1 或状态 2 时，令 $Y_n=1$；当马尔可夫链处于状态 3 或状态 4 时，令 $Y_n=2$. 那么，过程 Y_n 是马尔可夫链吗?

7.2 节　状态的分类

4. 一只蜘蛛和一只苍蝇在直线上移动，蜘蛛总是向苍蝇移动一步，苍蝇以 0.3 的概率向靠近蜘蛛方向移动一步，以 0.3 的概率向远离蜘蛛方向移动一步，以 0.4 的概率在原地不动. 蜘蛛和苍蝇间的初始距离是整数. 当蜘蛛和苍蝇到达同一位置时，蜘蛛就捉住了苍蝇.

(a) 构造一个马尔可夫链描述蜘蛛和苍蝇之间的相对距离.

(b) 指出状态空间中哪些是非常返状态，哪些是常返状态.

5. 考虑状态为 $1,2,\cdots,9$ 的马尔可夫链. 转移概率如下：$p_{12}=p_{17}=1/2$，$p_{61}=p_{91}=1$，当 $i\neq 1,6,9$ 时 $p_{i(i+1)}=1$. 该马尔可夫链的常返类是有周期的吗?

***6.** **常返状态的存在性**. 证明：在马尔可夫链中，从任意一个给定的状态出发至少可以到达一个常返状态，也就是说，对于任意状态 i，在从 i 出发可以到达的状态集合 $A(i)$ 中至少存在一个常返状态 j.

解　固定状态 i. 若 i 是常返的，则每个 $j\in A(i)$ 也是常返的，结论成立. 若 i 是非常返的，则存在一个状态 $i_1\in A(i)$ 使得 $i\notin A(i_1)$. 若 i_1 是常返的，则已经找到了一个从 i 出

发可以到达的常返状态. 假设 i_1 是非常返的, 则必有 $i \neq i_1$, 若不然, 由假设 $i_1 \in A(i)$ 和 $i \notin A(i_1)$, 且 i 与 i_1 相同, 就得到 $i \in A(i)$ 和 $i \notin A(i)$ 这两个相悖的结论. 因为 i_1 是非常返的, 必存在某个 i_2 使得 $i_2 \in A(i_1)$ 且 $i_1 \notin A(i_2)$. 特别地, $i_2 \in A(i)$. 若 i_2 是常返的, 则结论成立, 所以此时假设 i_2 是非常返的, 相同的方法可以证得 $i_1 \neq i_2$. 更进一步, 我们必须有 $i_2 \neq i$, 这是因为如果我们有 $i_2 = i$, 将得到 $i_1 \in A(i) = A(i_2)$ 的结论, 和假设 $i_1 \notin A(i_2)$ 矛盾. 将这个过程一直继续下去, 在第 k 步时, 我们将得到一个可以从状态 i 出发到达的常返状态 i_k, 或者得到不同于之前所有状态 $i, i_1, \cdots, i_{k-1}$ 的非常返状态. 因为状态的数量是有限的, 所以必然会最终达到常返状态.

***7.** 考虑一个由一些非常返状态和常返状态组成的马尔可夫链.

(a) 证明: 存在正数 $c > 0$ 和 $0 < \gamma < 1$, 使得

$$\text{对于所有 } i \text{ 和 } n \geqslant 1 \text{ 有 } P(X_n \text{ 是非常返状态} \mid X_0 = i) \leqslant c\gamma^n.$$

(b) 设 T 表示使得 X_n 到达常返状态的第一个时刻 n, 证明: 这样的时刻确实是存在的 (等价于, 以概率 1 存在时刻 n 使得 X_n 为常返状态), 并且 $E[T] < \infty$.

解 (a) 为方便起见, 记

$$q_i(n) = P(X_n \text{ 是非常返状态} \mid X_0 = i).$$

容易证明, 从状态 i 出发, 一定可以找到步长不大于 m 的路径 (这里的 m 是指状态个数), 这些路径以常返状态为终点, 并且其概率为正. 这些路径不可能以正的概率延长到一个非常返状态. 这样, 在计算 $q_i(m)$ 的时候, 要排除这些路径的概率, 因此, 有结论 $q_i(m) < 1$. 令

$$\beta = \max_{i=1,2,\cdots,m} q_i(m).$$

注意, 对于所有的 i, 都有 $q_i(m) \leqslant \beta < 1$. 如果到时刻 m 还没有到达一个常返状态, 此事件发生的概率至多为 β. 在此条件下, 在未来 m 步还不能到达常返状态的条件概率也同样至多为 β, 也就是说 $q_i(2m) \leqslant \beta^2$. 事实上, 我们可以将这个不等式正式地写下来.

$$\begin{aligned}
q_i(2m) &= P(X_{2m} \text{ 是非常返状态} \mid X_0 = i) \\
&= \sum_{j \text{ 是非常返状态}} P(X_{2m} \text{ 是非常返状态} \mid X_m = j, X_0 = i) P(X_m = j \mid X_0 = i) \\
&= \sum_{j \text{ 是非常返状态}} P(X_{2m} \text{ 是非常返状态} \mid X_m = j) P(X_m = j \mid X_0 = i) \\
&= \sum_{j \text{ 是非常返状态}} P(X_m \text{ 是非常返状态} \mid X_0 = j) P(X_m = j \mid X_0 = i) \\
&\leqslant \beta \sum_{j \text{ 是非常返状态}} P(X_m = j \mid X_0 = i) \\
&= \beta P(X_m \text{ 是非常返状态} \mid X_0 = i) \\
&\leqslant \beta^2.
\end{aligned}$$

类似地继续下去，我们有

$$\text{对于所有 } i \text{ 和 } k \geqslant 1 \text{ 有 } q_i(km) \leqslant \beta^k.$$

令 n 表示任意正整数，k 表示使得 $km \leqslant n < (k+1)m$ 的整数，我们有

$$q_i(n) \leqslant q_i(km) \leqslant \beta^k = \beta^{-1}(\beta^{1/m})^{(k+1)m} \leqslant \beta^{-1}(\beta^{1/m})^n.$$

因此，取 $c = \beta^{-1}$ 和 $\gamma = \beta^{1/m}$ 即可获得想要的关系.

(b) 设 A 表示状态永远不进入常返状态集合的事件，使用 (a) 部分得到的结果，我们有

$$P(A) \leqslant P(X_n \text{ 是非常返状态}) \leqslant c\gamma^n.$$

因为这对于所有的 n 都成立，并且 $\gamma < 1$，我们必然有 $P(A) = 0$，这就说明，几乎可以肯定（概率等于 1）第一次到达常返状态的时间 T 是有限的. 这样便得到

$$\begin{aligned}
E[T] &= \sum_{n=1}^{\infty} nP(X_{n-1} \text{ 是非常返状态}, X_n \text{ 是常返状态}) \\
&\leqslant \sum_{n=1}^{\infty} nP(X_{n-1} \text{ 是非常返状态}) \\
&\leqslant \sum_{n=1}^{\infty} nc\gamma^{n-1} \\
&= \frac{c}{1-\gamma} \sum_{n=1}^{\infty} n(1-\gamma)\gamma^{n-1} \\
&= \frac{c}{(1-\gamma)^2},
\end{aligned}$$

最后一个等式使用了几何分布均值的计算公式.

*8. **常返状态**. 证明：如果常返状态已经被访问了一次，那么在将来它被再次访问的概率等于 1（因此，在将来时间里无限次被访问的概率也等于 1）. 提示：修改马尔可夫链，使得我们感兴趣的常返状态是唯一的常返状态，然后使用习题 7(b) 的结论.

解 在正文中已经指出，常返状态的集合可以分解成若干个不相交的常返类，不同类的状态是互不可达的. 设 s 是一个常返状态，并假设 s 已经被访问过一次，从那时开始，可能的状态就只在 s 所在的常返类内. 因此，不失一般性，我们假设只有一个常返类. 假设目前的状态是某个 $i \neq s$，我们想要证明，s 一定会在将来的某个时间被再次访问.

考虑一个新的马尔可夫链，在原来的转移概率矩阵中将 p_{ss} 设成 1，$p_{si} = 0, i \neq s$，这样从 s 状态不能够转移出去. 对于其他状态 $i \neq s$，其转移出去的概率 p_{ij} 保持不变. 显然，s 是新链的常返状态. 更进一步，对于任何状态 $i \neq s$，在原链中从 i 到 s 都有一条有着正概率的路径（因为 s 在原链中是常返状态）. 同样的结论在新链中也成立. 而在新链中从 s 出发无法到达 i，所以对于新链中的每一个 $i \neq s$ 都是非常返状态. 通过习题 7(b) 的结论，状态 s 在新链中将以概率 1 被最终到达，但是原始链在 s 被第一次到达之前与新链是完全等同的. 因此，在原链中一定能最终到达状态 s. 重复这个证明过程，我们可以得到，s 一定会以概率 1 被无穷次访问.

***9. 周期类**. 考虑一个常返类 R. 证明以下二者恰有一个成立.

(i) R 中的状态可以被分为 $d>1$ 个不相交的子集 $S_1,\cdots,S_d$，使得 S_k 中的所有状态下一步都转移到 S_{k+1} 中，或者当 $k=d$ 时 S_k 中的所有状态下一步都转移到 S_1 中（在这种情况下，R 是有周期的）.

(ii) 除了有限个时刻外，对所有时刻 n 和所有 $i,j\in R$ 都有 $r_{ij}(n)>0$（在这种情况下，R 是非周期的）.

提示：固定状态 i，设 d 是集合 $Q=\{n\,|\,r_{ii}(n)>0\}$ 中元素的最大公因数. 若 $d=1$，使用基础数论的这一事实：若正整数的集合 $\{\alpha_1,\alpha_2,\cdots\}$ 没有除 1 以外的公因数，则除一个有限集外的任意正整数 n 均可以表达为 $n=k_1\alpha_1+k_2\alpha_2+\cdots+k_t\alpha_t$，其中 t 是正整数，$k_1,\cdots,k_t$ 是非负整数.

解 固定状态 $i\in R$，考虑集合 $Q=\{n\,|\,r_{ii}(n)>0\}$. 设 d 是集合 Q 中元素的最大公因数. 首先考虑 $d\neq 1$ 的情况. 对于 $k=1,2,\cdots,d$，设 S_k 表示对于某个非负整数 l，从状态 i 出发经过 $ld+k$ 步能到达的所有状态的集合. 假设 $s\in S_k$ 且 $p_{ss'}>0$. 因为 $s\in S_k$，所以对某个 l，从状态 i 出发经过 $ld+k$ 步能到达 s，也就是说从状态 i 出发经过 $ld+k+1$ 步能到达 s'. 这就证明了当 $k<d$ 时 $s'\in S_{k+1}$，当 $k=d$ 时 $s'\in S_1$. 现在只剩下证明集合 $S_1,\cdots,S_d$ 是不相交的. 用反证法. 假设存在某个 $k\neq k'$，且存在 s 使得 $s\in S_k$ 且 $s\in S_{k'}$. 设 q 表示一条从 s 到 i 的正概率路径的长度. 从 i 出发，经过 $ld+k$ 步到达 s，再经过 q 步返回 i. 因此 $ld+k+q\in Q$，也就是说 d 整除 $k+q$，同理可证 d 整除 $k'+q$，这样就有 d 整除 $k-k'$，但由于 $1\leqslant|k-k'|\leqslant d-1$，因此得到矛盾.①

现在考虑 $d=1$ 的情况，令 $Q=\{\alpha_1,\alpha_2,\cdots\}$，因为这些都是从 i 出发再回到 i 的正概率路径的可能长度，因此具有形如 $n=k_1\alpha_1+k_2\alpha_2+\cdots+k_t\alpha_t$ 的任何整数 n 也在集合 Q 里.（想得到这个结论，用 k_1 乘以长度为 α_1 的路径，k_2 乘以长度为 α_2 的路径，……）通过提示中给出的数论事实可知，除了有限多个正整数以外，集合 Q 几乎包含全体正整数，即存在一个 n_i，使得

$$\text{对所有 } n>n_i \text{ 有 } r_{ii}(n)>0.$$

固定某个 $j\neq i$，设 q 是从 i 到 j 长度最短的正概率路径，故 $q<m$，这里的 m 是链中状态的总个数. 考虑某个满足 $n>n_i+m$ 的 n，注意到 $n-q>n_i+m-q>n_i$. 这样，可以经过 $n-q$ 步从 i 出发回到自身，然后经过 q 步从 i 到 j. 因此，只要 $n>n_i+m$，从 i 到 j 就有 $r_{ij}(n)>0$ 对任意 $j\in R$ 成立. 这个结论显然对任意 i 都成立. 故结论 (ii) 成立.

我们已经证明了题目中的两个结论至少有一个是成立的. 它们显然不能同时成立，这是因为一个常返类要么是有周期的要么是非周期的，两者不能同时成立.

为完整起见，我们提供上面用到的数论事实的证明. 从正整数集合 $\alpha_1,\alpha_2,\cdots$ 开始，假设它们除了 1 外没有其他的公因数. 定义 M 表示所有具有形式 $\sum_{i=1}^{t}k_i\alpha_i$ 的正整数的集合，其中 k_i 是非负整数. 注意这个集合在加法运算下是封闭的（M 中的两元素之

① 由 $d\neq 1$ 可导致马尔可夫链的常返类是有周期的，并且周期为 d. 这个性质与 $i\in R$ 的取法是无关的，即使从一开始随便固定一个状态（例如取 $j\neq i$），也会得到相同的结论. ——译者注

和也具有这种形式，因此必定属于 M）. 设 g 表示 M 中不同元素的最小差. 因此 $g \geqslant 1$，且对于所有的 i 有 $g \leqslant \alpha_i$（因为 α_i 和 $2\alpha_i$ 都属于 M）.

假设 $g > 1$，因为 $\{\alpha_1, \alpha_2, \cdots\}$ 的最大公因数为 1，所以存在某个 α_{i^*} 不能被 g 整除，于是，对于某个正整数 l 有

$$\alpha_{i^*} = lg + r,$$

其中余数 r 满足 $0 < r < g$. 从 g 的定义看，存在非负整数 $k_1, k_1', k_2, k_2', \cdots, k_t, k_t'$ 使得

$$\sum_{i=1}^{t} k_i \alpha_i = \sum_{i=1}^{t} k_i' \alpha_i + g.$$

上式两边同乘以 l，利用等式 $\alpha_{i^*} = lg + r$，得到

$$\sum_{i=1}^{t} (lk_i)\alpha_i = \sum_{i=1}^{t} (lk_i')\alpha_i + lg = \sum_{i=1}^{t} (lk_i')\alpha_i + \alpha_{i^*} - r.$$

这说明，集合 M 中存在两个数的差为 r. 因为 $0 < r < g$，这与假设 g 是最小的可能差值矛盾. 所以 g 必须等于 1.

既然 $g = 1$，就存在某个正整数 x 使得 $x \in M$ 且 $x + 1 \in M$. 我们将要证明，每个大于 $\alpha_1 x$ 的整数 n 都属于 M. 事实上，用 α_1 去除 n 可以得到 $n = k\alpha_1 + r$，其中 $k \geqslant x$，余数 r 满足 $0 \leqslant r < \alpha_1$. 我们将 n 改写成

$$n = x(\alpha_1 - r) + (x+1)r + (k-x)\alpha_1.$$

因为 x, $x+1$, α_1 都属于 M，这就证明了 n 是 M 的元素和，因此也属于 M. 这样就证明了我们的结论.

7.3 节　稳态性质

10. 考虑例 7.3 中机器损坏和维修的两个模型. 求马尔可夫链含有单个非周期常返类时 b 和 r 应满足的条件，并在这个条件下求出稳态概率的闭形式表达式.

11. 一位教授要进行难、中等、容易三类测试. 如果她给出的是难的测试，那么下一次测试的难度将是中等或者容易，并且这两种难度出现的概率是相等的. 但是，如果她给出的测试题难度是中等或者容易，则下一次测试将以 0.5 的概率依然保持此难度，以 0.25 的概率分别为其他两种难度. 构造一个合适的马尔可夫链，并计算稳态概率.

12. 阿尔文每周六出海去附近小岛上的别墅. 他喜欢钓鱼，只要天气好，就会在往返小岛的路上钓鱼. 但是，往返小岛的路上天气好的概率只有 p，并且独立于过去航行的天气情况（所以可能去程天气很好，返程天气不好）. 如果天气很好，阿尔文就会带着 n 支鱼竿中的一支；如果天气不好，他就不会携带鱼竿. 我们想求出在给定一段去小岛（或者从小岛回家）的旅途中，天气很好但阿尔文因为鱼竿在另一处房子而没有钓鱼的概率.

(a) 构造有 $n+1$ 个状态的合适的马尔可夫链，计算各状态的稳态概率.

(b) 在给定行程的条件下，求阿尔文在好天气出海却没有带鱼竿的稳态概率.

13. 考虑如图 7-22 所示的马尔可夫链，我们将转移到一个高（或低）指标状态称为"生"（或"死"）. 假设在我们开始观测这个链时它已经平稳了，计算如下各个量.

(a) 对于每个状态 i，求当前状态是 i 的概率.

(b) 求我们观测到的第一次转移是"生"的概率.

(c) 求我们观测到的第一次状态变化是"生"的概率. ①

(d) 在转移是"生"的条件下，求在我们观测到的第一次转移之前过程位于状态 2 的概率.

(e) 在状态变化是"生"的条件下，求在我们观测到的第一次状态变化之前过程位于状态 2 的概率.

(f) 在第一次观测到的转移造成了状态改变的条件下，求第一次转移是"生"的概率.

(g) 在第一次观测到的转移造成了状态改变的条件下，求第一次转移到状态 2 的概率.

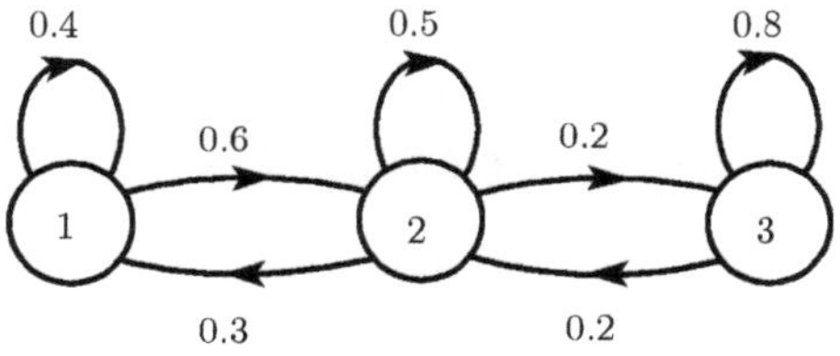

图 7-22 习题 13 中的转移概率图

14. 考虑一个已知转移概率并且含有单一非周期常返类的马尔可夫链. 假设对于 $n \geqslant 500$，n 步转移概率非常接近于平稳状态概率.

(a) 求 $P(X_{1000} = j, X_{1001} = k, X_{2000} = l \mid X_0 = i)$ 的近似计算公式.

(b) 求 $P(X_{1000} = i \mid X_{1001} = j)$ 的近似计算公式.

15. 埃伦菲斯特扩散模型. 总共有 n 个球，有些为黑球，有些为白球. 在每个时间点，或者以概率 ε（$0 < \varepsilon < 1$）什么也不做，或者随机选一个球，使得每个球被选中的概率为 $(1-\varepsilon)/n > 0$. 在后一种情况下，我们将所选球的颜色改变（白的变成黑的，黑的变成白的），过程就这样无穷地重复下去. 求白球个数的稳态分布.

16. 伯努利-拉普拉斯扩散模型. 两个坛子中各有 m 个小球. 在这 $2m$ 个小球中，有 m 个白球、m 个黑球. 同时从两个坛子中各拿出一个球放入另一个坛子中，并将过程一直持续下去. 求每个坛子中白球个数的稳态分布.

17. 考虑两种状态（分别记为 1 和 2）的马尔可夫链，转移概率为

$$p_{11} = 1 - \alpha, \qquad p_{12} = \alpha,$$

$$p_{21} = \beta, \qquad p_{22} = 1 - \beta,$$

其中 $0 < \alpha < 1$ 且 $0 < \beta < 1$.

① "状态转移"是指从状态 i 转移到状态 j，但是 i 与 j 可以相同；"状态变化"是指从状态 i 变化到状态 j，这时状态 i 与 j 一定不同. ——译者注

(a) 证明：链中的两种状态形成了一个非周期常返类.

(b) 用归纳法证明：对于所有的 n 有

$$r_{11}(n)=\frac{\beta}{\alpha+\beta}+\frac{\alpha(1-\alpha-\beta)^n}{\alpha+\beta},\qquad r_{12}(n)=\frac{\alpha}{\alpha+\beta}-\frac{\alpha(1-\alpha-\beta)^n}{\alpha+\beta},$$

$$r_{21}(n)=\frac{\beta}{\alpha+\beta}-\frac{\beta(1-\alpha-\beta)^n}{\alpha+\beta},\qquad r_{22}(n)=\frac{\alpha}{\alpha+\beta}+\frac{\beta(1-\alpha-\beta)^n}{\alpha+\beta}.$$

(c) 稳态概率 π_1 和 π_2 是多少?

18. 麻省理工学院停车场安装了一个磁卡门，遗憾的是，门的故障率较高. 具体来说，每天以概率 p 发生车撞门的事故，此时需要安装一个新门. 同时，门在坚持了 m 天之后，由于周期性的维修必须更换. 门更换频率的长期期望是多少?

***19.** **稳态收敛**. 考虑含有单个常返类的马尔可夫链，假设存在一个时刻 $\overline{n}$ 使得：对于所有 i 和所有常返状态 j 有

$$r_{ij}(\overline{n})>0.$$

（这和假设"常返类是非周期的"是等价的）. 我们想要证明：对于任意 i 和 j，极限

$$\lim_{n\to\infty} r_{ij}(n)$$

存在，且不依赖于 i. 为了证明这个结论，需要证明初始状态的选择没有长期效应. 要量化这个效应，考虑两个不同的初始状态 i 和 k，以及两个独立的马尔可夫链 X_n 和 Y_n，它们具有相同的转移概率，但初始状态不一样，$X_0=i$, $Y_0=k$. 令 $T=\min\{n\,|\,X_n=Y_n\}$ 表示两个链第一次到达同一状态的时间.

(a) 证明：存在正常数 c 和 $\gamma<1$ 使得

$$P(T\geqslant n)\leqslant c\gamma^n.$$

(b) 证明：若直到时刻 n 两个链的状态都相同，则它们在时刻 n 的状态概率相同，即

$$P(X_n=j\,|\,T\leqslant n)=P(Y_n=j\,|\,T\leqslant n).$$

(c) 证明：对所有 i, j, k, n 有 $|r_{ij}(n)-r_{kj}(n)|\leqslant c\gamma^n$. *提示*：分别计算在事件 $\{T>n\}$ 和 $\{T\leqslant n\}$ 的条件下的条件概率.

(d) 令 $q_j^+(n)=\max_i r_{ij}(n)$ 和 $q_j^-(n)=\min_i r_{ij}(n)$，证明：对所有 n 有

$$q_j^-(n)\leqslant q_j^-(n+1)\leqslant q_j^+(n+1)\leqslant q_j^+(n).$$

(e) 证明：序列 r_{ij} 收敛于一个不依赖于 i 的极限. *提示*：综合 (c) 和 (d) 的结论，证明序列 $q_j^+(n)$ 和 $q_j^-(n)$ 都是收敛的，并且极限相同.

解 (a) 此结论与习题 7 中计算直到到达常返状态所需时间的概率质量函数的上界是相似的. 设 l 是某个常返状态，定义 $\beta=\min_i r_{il}(\overline{n})>0$. 无论现在链 X_n 和 Y_n 的状态是什么，在 $\overline{n}$ 步后两链都处于状态 l 的概率至少为 β^2. 因此

$$P(T>\overline{n})\leqslant 1-\beta^2.$$

类似可得

$$P(T > 2\overline{n}) = P(T > \overline{n})P(T > 2\overline{n} \mid T > \overline{n}) \leqslant (1-\beta^2)^2,$$
$$P(T > k\overline{n}) \leqslant (1-\beta^2)^k,$$

这就证明了

$$P(T \geqslant n) \leqslant c\gamma^n,$$

其中 $\gamma = (1-\beta^2)^{1/\overline{n}}$ 且 $c = 1/(1-\beta^2)^{\overline{n}}$.

(b) 分别在 T 可能的取值上以及两链在时刻 T 时的共同状态 l 下取条件，使用全概率公式，我们有

$$\begin{aligned} P(X_n = j \mid T \leqslant n) &= \sum_{t=0}^{n}\sum_{l=1}^{m} P(X_n = j \mid T = t\ X_t = l)P(T = t, X_t = l \mid T \leqslant n) \\ &= \sum_{t=0}^{n}\sum_{l=1}^{m} P(X_n = j \mid X_t = l)P(T = t, X_t = l \mid T \leqslant n) \\ &= \sum_{t=0}^{n}\sum_{l=1}^{m} r_{lj}(n-t)P(T = t, X_t = l \mid T \leqslant n). \end{aligned}$$

类似可得

$$P(Y_n = j \mid T \leqslant n) = \sum_{t=0}^{n}\sum_{l=1}^{m} r_{lj}(n-t)P(T = t, Y_t = l \mid T \leqslant n).$$

事件 $\{T = t, X_t = l\}$ 和 $\{T = t, Y_t = l\}$ 是等同的，因此具有相同的概率，也就是说，$P(X_n = j \mid T \leqslant n) = P(Y_n = j \mid T \leqslant n)$.

(c) 我们有

$$r_{ij}(n) = P(X_n = j) = P(X_n = j \mid T \leqslant n)P(T \leqslant n) + P(X_n = j \mid T > n)P(T > n),$$
$$r_{kj}(n) = P(Y_n = j) = P(Y_n = j \mid T \leqslant n)P(T \leqslant n) + P(Y_n = j \mid T > n)P(T > n),$$

将上述两式相减，用 (b) 部分的结论消去右边第一项，得到

$$\begin{aligned} |r_{ij}(n) - r_{kj}(n)| &\leqslant |P(X_n = j \mid T > n)P(T > n) - P(Y_n = j \mid T > n)P(T > n)| \\ &\leqslant P(T > n) \\ &\leqslant c\gamma^n. \end{aligned}$$

(d) 通过对第一次转移的状态取条件化，使用全概率公式，我们得到柯尔莫哥洛夫-查普曼方程的另一种形式

$$r_{ij}(n+1) = \sum_{k=1}^{m} p_{ik} r_{kj}(n).$$

使用这个等式，得到

$$q_j^+(n+1) = \max_i r_{ij}(n+1) = \max_i \sum_{k=1}^{m} p_{ik} r_{kj}(n) \leqslant \max_i \sum_{k=1}^{m} p_{ik} q_j^+(n) = q_j^+(n).$$

利用对称性可得 $q_j^-(n) \leqslant q_j^-(n+1)$，由定义直接可得 $q_j^-(n+1) \leqslant q_j^+(n+1)$.

(e) 由于序列 $q_j^-(n)$ 和 $q_j^+(n)$ 对 n 的单调性，当 $n \to \infty$ 时，这两个序列是收敛的. 对于所有的 i 和 k，不等式 $|r_{ij}(n) - r_{kj}(n)| \leqslant c\gamma^n$ 可以推出 $q_j^+(n) - q_j^-(n) \leqslant c\gamma^n$. 令 $n \to \infty$，由这个不等式可知 $q_j^-(n)$ 和 $q_j^+(n)$ 的极限是一样的. 令 π_j 表示这个共同的极限. 因为 $q_j^-(n) \leqslant r_{ij}(n) \leqslant q_j^+(n)$，所以 $r_{ij}(n)$ 也收敛于 π_j，并且极限独立于 i.

***20. 平衡方程组解法的唯一性**. 考虑具有单个常返类并且附加一些非常返状态的马尔可夫链.

(a) 假设常返类是非周期的，证明平衡方程组加上归一化方程存在唯一非负解. 提示：给出一个不同于稳态概率的解，使得它是 X_0 的概率质量函数并且考虑当时间趋于无穷长时的情况.

(b) 证明在 (a) 部分唯一解的结论在有周期的常返类的情形下依然成立. 提示：引入自我转移的马尔可夫链，这样可以产生等价的平衡方程组，再应用 (a) 部分的结论.

解 (a) 设 $\pi_1, \cdots, \pi_m$ 是稳态概率，即 $r_{ij}(n)$ 的极限. 它们满足平衡方程组和归一化方程. 假设存在另一组非负解 $\bar{\pi}_1, \cdots, \bar{\pi}_m$. 通过这些概率建立马尔可夫链，从而对于所有 j 有 $P(X_0 = j) = \bar{\pi}_j$. 由正文中的讨论，在各个时间点都有 $P(X_n = j) = \bar{\pi}_j$. 因此，

$$\bar{\pi}_j = \lim_{n\to\infty} P(X_n = j) = \lim_{n\to\infty} \sum_{k=1}^{m} \bar{\pi}_k r_{kj}(n) = \sum_{k=1}^{m} \bar{\pi}_k \pi_j = \pi_j.$$

(b) 考虑一个新的马尔可夫链，转换概率为

$$\bar{p}_{ii} = (1-\alpha)p_{ii} + \alpha, \qquad \bar{p}_{ij} = (1-\alpha)p_{ij}, \quad j \neq i,$$

其中 $0 < \alpha < 1$. 这个新的马尔可夫链的平衡方程组表达式为

$$\pi_j = \pi_j\big((1-\alpha)p_{jj} + \alpha\big) + \sum_{i\neq j} \pi_i (1-\alpha) p_{ij},$$

即

$$(1-\alpha)\pi_j = (1-\alpha)\sum_{i=1}^{m} \pi_i p_{ij}.$$

这些方程和原链的平衡方程组是等价的. 注意，新链是非周期的，原因是自我转移有正概率. 这就为新链建立了唯一解，对原链同样适用.

***21. 平均长期频率的解释**. 考虑非周期单一常返类的马尔可夫链. 证明：

$$\text{对所有 } i, j = 1, \cdots, m \text{ 有 } \pi_j = \lim_{n\to\infty} \frac{v_{ij}(n)}{n}.$$

这里 π_j 是稳态概率，$v_{ij}(n)$ 是指在头 n 次转移中从状态 i 开始到达状态 j 的平均访问次数. 提示：使用以下数学分析领域的事实. 如果序列 a_n 收敛到实数 a，那么序列 $b_n = (1/n)\sum_{k=1}^{n} a_k$ 同样收敛到 a.

解 我们断言，对于所有 n, i, j 有

$$v_{ij}(n) = \sum_{k=1}^{n} r_{ij}(k).$$

为明白这点，注意到

$$v_{ij}(n) = E\left[\sum_{k=1}^{n} I_k \,\middle|\, X_0 = i\right],$$

这里 I_k 是随机变量，当 $X_k = j$ 时取 1，其他情况下取 0，于是

$$E[I_k \mid X_0 = i] = r_{ij}(k).$$

因为

$$\frac{v_{ij}(n)}{n} = \frac{1}{n}\sum_{k=1}^{n} r_{ij}(k),$$

且 $r_{ij}(k)$ 收敛到 π_j，所以表明 $v_{ij}(n)/n$ 同样收敛到 π_j，这就是我们希望的结果.

为了保证完整性，我们来证明提示中给出的事实（它在上面讨论的最后一步用到）. 考虑一个收敛到 a 的序列 a_n，记 $b_n = (1/n)\sum_{k=1}^{n} a_k$. 固定某个 $\varepsilon > 0$，因为 a_n 收敛到 a，所以，存在某个 n_0，使得当 $k > n_0$ 时有 $a_k \leqslant a + (\varepsilon/2)$. 记 $c = \max_k a_k$，我们有

$$b_n = \frac{1}{n}\sum_{k=1}^{n_0} a_k + \frac{1}{n}\sum_{k=n_0+1}^{n} a_k \leqslant \frac{n_0}{n}c + \frac{n-n_0}{n}\left(a + \frac{\varepsilon}{2}\right).$$

当 n 趋于无穷大时，上式右边的极限是 $a + (\varepsilon/2)$. 因此，存在某个 n_1，使得当 $n \geqslant n_1$ 时有 $b_n \leqslant a + \varepsilon$. 运用对称论证，存在某个 n_2，使得当 $n \geqslant n_2$ 时有 $b_n \geqslant a - \varepsilon$. 我们已经证明，对任意的 $\varepsilon > 0$，存在某个 n_3（例如，$n_3 = \max\{n_1\ n_2\}$），使得当 $n \geqslant n_3$ 时有 $|b_n - a| \leqslant \varepsilon$. 这表明 b_n 收敛到 a.

***22. 二重随机矩阵**. 考虑非周期单一常返类的马尔可夫链，且转换概率矩阵是二重随机的. 也就是说，它每一列（或每一行）的元素和为 1，因此有

$$\sum_{i=1}^{m} p_{ij} = 1, \qquad j = 1, \cdots, m.$$

(a) 证明例 7.7 中链的转换概率矩阵是二重随机的.

(b) 证明稳态概率是

$$\pi_j = \frac{1}{m}, \qquad j = 1, \cdots, m.$$

(c) 假设这个链的常返类是有周期的. 证明 $\pi_1 = \cdots = \pi_m = 1/m$ 是平衡方程组加上归一化方程构成的方程组（简称为平衡和归一化方程组）的唯一解. 在例 7.7 的条件（当 m 是偶数时）下讨论你的答案.

解 (a) 很明显，该例中的转换概率矩阵的每一行和每一列的和均为 1.

(b) 我们有

$$\sum_{i=1}^{m} \frac{1}{m} p_{ij} = \frac{1}{m}.$$

因此，给定的概率 $\pi_j = 1/m$ 满足平衡方程组，它必定是稳态概率.

(c) 令 $(\pi_1, \cdots, \pi_m)$ 是平衡和归一化方程组的任意一组解. 考虑一个特别的 j，使得对于所有 i 有 $\pi_j \geqslant \pi_i$，令 $q = \pi_j$，在状态 j 时平衡方程满足

$$q = \pi_j = \sum_{i=1}^{m} \pi_i p_{ij} \leqslant q \sum_{i=1}^{m} p_{ij} = q,$$

这里的最后一步能够成立是因为转移概率矩阵是二重随机的. 这表明以上不等式事实上是一个等式，即

$$\sum_{i=1}^{m} \pi_i p_{ij} = \sum_{i=1}^{m} q p_{ij}.$$

由于对所有 i 有 $\pi_i \leqslant q$，我们得到对所有的 i 有 $\pi_i p_{ij} = q p_{ij}$，因此对每一个可能转移到 j 的状态 i 有 $\pi_i = q$. 既然所有满足 $p_{ij} > 0$ 的状态 i 均有 $\pi_i = q$，重复这一过程，可知所有满足 $p_{li} > 0$（此处 i 满足 $p_{ij} > 0$）的状态 l 均有 $\pi_l = q$，即所有两步能到达状态 j 的状态，其相应的稳态概率为 q. 我们进而发现，对于每个状态 i，当存在从 i 到 j 的非负的概率路径时，就有 $\pi_i = q$. 所有状态都属于同一个周期类，因此所有的状态 i 都有这一特性，对所有的 i，π_i 都是一样的. 因为 π_i 的和为 1，所以我们得到对所有的 i 有 $\pi_i = 1/m$.

在例 7.7 中，如果 m 是偶数，链的周期是 2. 我们得到的结果表明：$\pi_j = 1/m$ 确实是平衡和归一化方程组的唯一解.

***23.** **排队论**. 考虑例 7.9 中的排队问题，但假设信息到达和发送的概率取决于排队的状态本身. 特别地，在每一段时间里，在结点处有 i 条信息，以下三种情况恰有一种发生.

(i) 一条新信息到达，发生的概率是 b_i，当 $i < m$ 时 $b_i > 0$，当 $i = m$ 时 $b_i = 0$.

(ii) 一条现存信息发送出去，发生的概率是 d_i，当 $i > 0$ 时 $d_i > 0$，当 $i = 0$ 时 $d_i = 0$.

(iii) 既没有新信息到达，也没有现存信息发送出去. 当 $i > 0$ 时发生的概率为 $1 - b_i - d_i$，当 $i = 0$ 时发生的概率为 $1 - b_i$.

计算对应马尔可夫链的稳态概率.

解　我们引入一条马尔可夫链，状态为 $0, 1, \cdots, m$，它们分别对应在结点上存放的信息总数. 图 7-23 给出了转移概率图.

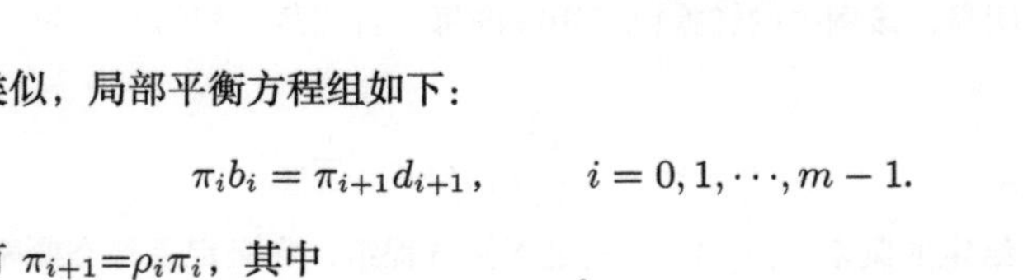

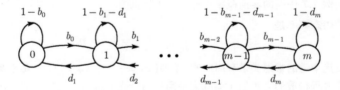

图 7-23　习题 23 中的转移概率图

与例 7.9 类似，局部平衡方程组如下：

$$\pi_i b_i = \pi_{i+1} d_{i+1}, \qquad i = 0, 1, \cdots, m-1.$$

从而我们有 $\pi_{i+1} = \rho_i \pi_i$，其中

$$\rho_i = \frac{b_i}{d_{i+1}}.$$

因此，对 $i = 1, \cdots, m$ 有 $\pi_i = (\rho_0 \cdots \rho_{i-1})\pi_0$. 利用归一化方程 $1 = \pi_0 + \pi_1 + \cdots + \pi_m$，我们有

$$1 = \pi_0(1 + \rho_0 + \rho_0\rho_1 + \cdots + \rho_0 \cdots \rho_{m-1}),$$

因此

$$\pi_0 = \frac{1}{1+\rho_0+\rho_0\rho_1+\cdots+\rho_0\cdots\rho_{m-1}}.$$

其余稳态概率是

$$\pi_i = \frac{\rho_0\cdots\rho_{i-1}}{1+\rho_0+\rho_0\rho_1+\cdots+\rho_0\cdots\rho_{m-1}}, \qquad i=1,\cdots,m.$$

*24. **平衡方程之间的相依性**. 证明：将前 $m-1$ 个平衡方程 $\pi_j=\sum_{k=1}^m \pi_k p_{kj}$（$j=1,\cdots,m-1$）加起来，能得到最后一个平衡方程 $\pi_m=\sum_{k=1}^m \pi_k p_{km}$.

解 将前 $m-1$ 个平衡方程加起来，我们有

$$\begin{aligned}\sum_{j=1}^{m-1}\pi_j &= \sum_{j=1}^{m-1}\sum_{k=1}^{m}\pi_k p_{kj}\\ &= \sum_{k=1}^{m}\pi_k\sum_{j=1}^{m-1}p_{kj}\\ &= \sum_{k=1}^{m}\pi_k(1-p_{km})\\ &= \pi_m+\sum_{k=1}^{m-1}\pi_k-\sum_{k=1}^{m}\pi_k p_{km}.\end{aligned}$$

这个方程和最后一个平衡方程 $\pi_m=\sum_{k=1}^m \pi_k p_{km}$ 是等价的.

*25. **局部平衡方程组**. 考虑非周期单一常返类的马尔可夫链，假设 $\pi_1,\cdots,\pi_m$ 是以下局部平衡和归一化方程组的一组解.

$$\begin{aligned}\pi_i p_{ij}&=\pi_j p_{ji}, \qquad && i,j=1,\cdots,m,\\ \sum_{i=1}^m \pi_i &= 1, && i=1,\cdots,m.\end{aligned}$$

(a) 证明 π_j 是稳态概率.

(b) 利用 i 和 j 之间的平均长期转移频率的意义来解释方程组 $\pi_i p_{ij}=\pi_j p_{ji}$ 的含义.

(c) 构造一个例子，使得局部平衡方程组不满足稳态概率.

解 (a) 把局部平衡方程组 $\pi_i p_{ij}=\pi_j p_{ji}$ 对下标 i 相加，得到

$$\sum_{i=1}^m \pi_i p_{ij}=\sum_{i=1}^m \pi_j p_{ji}=\pi_j, \qquad j=1,\cdots,m,$$

因此 π_j（$j=1,\cdots,m$）满足平衡方程组. 所以它们等于稳态概率.

(b) 我们知道 $\pi_i p_{ij}$ 可以解释为从状态 i 到状态 j 的平均长期频率，所以局部平衡方程组表明，从一个状态到另一个状态的转移，其长期平均频率与反方向转移的长期平均频率是相同的（这个性质也叫作链的**时逆性**）.

(c) 我们构造一个例子，它有三个状态，分别为 1, 2, 3. 令 $p_{12}>0, p_{13}>0, p_{21}>0, p_{32}>0$，其他转移概率均为 0. 这条链有非周期的单一常返类. 此时局部平衡方程组不能成立，因为 1 到 3 的平均转移频率都是正的，但逆转移频率的期望值是 0.

*26. **抽样马尔可夫链**. 考虑马尔可夫链 X_n，转移概率是 p_{ij}，记 $r_{ij}(n)$ 是 n 步转移概率.

(a) 证明：对所有 $n\geqslant 1$ 和 $l\geqslant 1$ 有

$$r_{ij}(n+l)=\sum_{k=1}^{m} r_{ik}(n)r_{kj}(l).$$

(b) 考虑非周期单一常返类. 对这条马尔可夫链每隔 l 个转移取样，由此得到过程 Y_n，其中 $Y_n=X_{ln}$. 证明：这个取样过程能用非周期单一常返类的马尔可夫链刻画，而且转移概率为 $r_{ij}(l)$.

(c) 证明：(b) 部分中的马尔可夫链和原过程有同样的稳态概率.

解 (a) 我们在 X_n 的条件上使用全概率定理，得到

$$\begin{aligned}
r_{ij}(n+l)&=P(X_{n+l}=j\,|\,X_0=i)\\
&=\sum_{k=1}^{m}P(X_n=k\,|\,X_0=i)P(X_{n+l}=j\,|\,X_n=k,X_0=i)\\
&=\sum_{k=1}^{m}P(X_n=k\,|\,X_0=i)P(X_{n+l}=j\,|\,X_n=k)\\
&=\sum_{k=1}^{m}r_{ik}(n)r_{kj}(l),
\end{aligned}$$

在第三个等式中用到了马尔可夫性质.

(b) 因为 X_n 是马尔可夫链，所以，在给定 X_{ln} 的条件下，过程的过去（$k<ln$ 时的状态 X_k）与将来（$k>ln$ 时的状态 X_k）是独立的. 这表明，在给定 Y_n 的条件下，过程的过去（$k<n$ 时的状态 Y_k）与将来（$k>n$ 时的状态 Y_k）是独立的. 因此 Y_n 有马尔可夫性质. 又由对 X_n 的假设，存在一个时间 $\bar{n}$ 使得：对所有 $n\geqslant\bar{n}$、所有状态 i 以及所有在 X_n 的单一常返类 R 中的状态 j，均有

$$P(X_n=j\,|\,X_0=i)>0.$$

这表明，对所有 $n\geqslant\bar{n}$、所有 i 以及所有 $j\in R$ 均有

$$P(Y_n=j\,|\,Y_0=i)>0.$$

因此过程 Y_n 有非周期的单一常返类.

(c) 过程 X_n 的 n 步转换概率 $r_{ij}(n)$ 收敛到稳态概率 π_j. 过程 Y_n 的 n 步转换概率形式为 $r_{ij}(ln)$，同样收敛到 π_j. 这表明 π_j 是过程 Y_n 的稳态概率.

*27. 给定非周期单一常返类的马尔可夫链 X_n，考虑一个新的马尔可夫链，它在时刻 n 的状态为 (X_{n-1}, X_n). 新链的状态是原链的状态再加上前一个时刻的状态.

(a) 证明：新链的稳态概率是

$$\eta_{ij} = \pi_i p_{ij},$$

这里 π_i 是原链的稳态概率.

(b) 现在设新的马尔可夫链是这样定义的：在时刻 n 的状态为 $(X_{n-k}, X_{n-k+1}, \cdots, X_n)$，其状态和原链的连续 k 步转移建立联系. 将 (a) 的结论推广到新的马尔可夫链.

解 (a) 对新链的每一个状态 (i,j)，我们有

$$P\big((X_{n-1}, X_n) = (i\ j)\big) = P(X_{n-1} = i)P(X_n = j \,|\, X_{n-1} = i) = P(X_{n-1} = i)p_{ij}.$$

因为马尔可夫链 X_n 有非周期的单一常返类，并且对所有 i，$P(X_{n-1} = i)$ 收敛到稳态概率 π_i，所以表明 $P\big((X_{n-1}, X_n) = (i,j)\big)$ 收敛到 $\pi_i p_{ij}$，这同样是 (i,j) 的稳态概率.

(b) 使用乘法法则，我们有

$$P\big((X_{n-k}, \cdots, X_n) = (i_0, \cdots, i_k)\big) = P(X_{n-k} = i_0)p_{i_0 i_1} \cdots p_{i_{k-1} i_k}.$$

因此，由 (a) 部分相类似的讨论，状态 $(i_0, \cdots, i_k)$ 的稳态概率为 $\pi_{i_0} p_{i_0 i_1} \cdots p_{i_{k-1} i_k}$.

7.4 节 吸收概率和吸收的期望时间

28. 某系有 m 门课，每一年，学生将课程难度从 1 到 m 排名，其中排 m 的最难. 遗憾的是，这个排名是完全随机的. 因此，每一年任意一门课程名次的概率质量函数是 $1, \cdots, m$ 上的均匀分布（但是两门课程的难度排名不可能相同）. 某教授只记住他教过的课程的最高名次.

(a) 求这位教授记住的名次的马尔可夫链的转移概率.

(b) 求常返状态和非常返状态.

(c) 给定第一年他的课程拿到第 i 名，求该课程拿到最高名次的期望年数.

29. 考虑图 7-24 中的马尔可夫链. 稳态概率如下：

$$\pi_1 = \frac{6}{31}, \qquad \pi_2 = \frac{9}{31}, \qquad \pi_3 = \frac{6}{31}, \qquad \pi_4 = \frac{10}{31}.$$

假设过程在第一次转移前是状态 1.

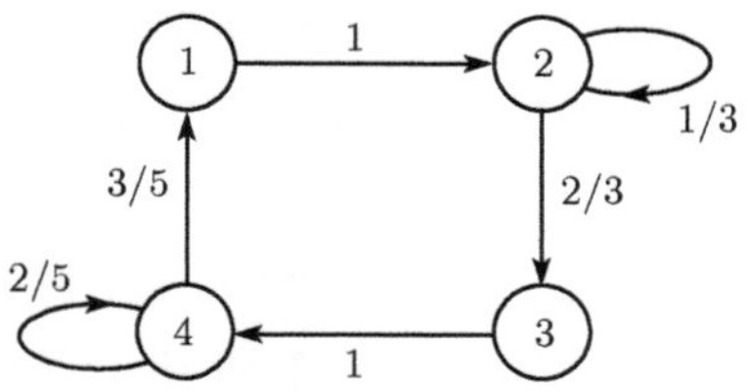

图 7-24 习题 29 中的转移概率图

(a) 经过 6 次转移后过程状态是 1 的概率是多少?

(b) 求过程重新回到状态 1 的总转移次数的期望值和方差.

(c) 系统转移 1000 次后的状态既不与转移 999 次后的状态相同，也不与转移 1001 次后的状态相同，求该事件概率的近似值.

30. 考虑图 7-25 中的马尔可夫链.

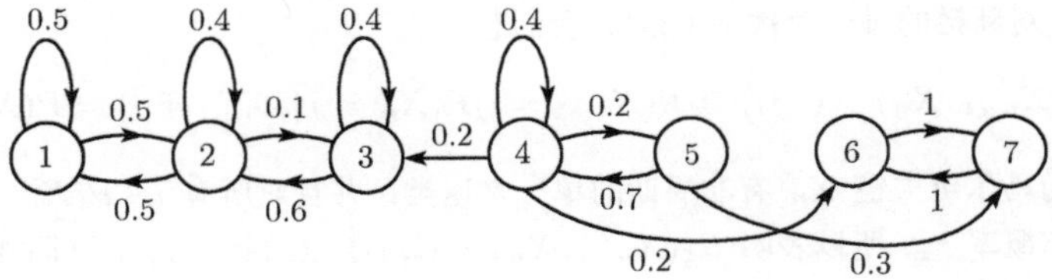

图 7-25　习题 30 中的转移概率图

(a) 确定非常返状态和常返状态. 将常返状态划分为常返类，如果有周期，也请指明.

(b) 在状态 1 开始时是否存在稳态概率，如果有，请确定其值.

(c) 在状态 6 开始时是否存在稳态概率，如果有，请确定其值.

(d) 假设过程在状态 1 开始，我们在它到达稳态时开始观测.

(i) 在我们观测到第一次转移时，求状态增加 1 的概率.

(ii) 在我们观测到第一次转移状态是增加 1 的条件下，求观测到过程转移到状态 2 时的条件概率.

(iii) 在我们第一次观测到状态变化时，求状态增加 1 的概率.

(e) 假设过程从状态 4 开始.

(i) 对每一个常返类，确定我们最终达到每一类时的概率.

(ii) 求过程第一次达到常返类时的转换总次数的期望值.

***31.** **吸收概率.** 考虑一个马尔可夫链，其状态要么是非常返的，要么是吸收的. 固定一个吸收状态 s. 证明：从状态 i 开始最终达到 s 状态时的概率 a_i 是以下方程组的唯一解.

$$\begin{cases} a_s = 1, & \\ a_i = 0, & \text{对所有吸收状态 } i \neq s, \\ a_i = \displaystyle\sum_{j=1}^{m} p_{ij} a_j, & \text{对所有非常返状态 } i. \end{cases}$$

提示：假设有两组解，找到满足它们差的方程组，然后说明这个方程组只有零解.

解　在正文中已经运用全概率定理指出 a_i 满足上述方程组. 为了证明唯一性，令 $\bar{a}_i$ 是另一组解，再令 $\delta_i = \bar{a}_i - a_i$. 用 A 表示吸收状态集合. 由于对所有 $j \in A$ 有 $\delta_j = 0$，我们得到

$$\text{对所有非常返状态 } i \text{ 有 } \delta_i = \sum_{j=1}^{m} p_{ij}\delta_j = \sum_{j \notin A} p_{ij}\delta_j.$$

把这个关系套用 m 次，我们有

$$\delta_i = \sum_{j_1 \notin A} p_{ij_1} \sum_{j_2 \notin A} p_{j_1 j_2} \cdots \sum_{j_m \notin A} p_{j_{m-1} j_m} \cdot \delta_{j_m}.$$

因此

$$\begin{aligned}|\delta_i| &\leqslant \sum_{j_1 \notin A} p_{ij_1} \sum_{j_2 \notin A} p_{j_1 j_2} \cdots \sum_{j_m \notin A} p_{j_{m-1} j_m} \cdot |\delta_{j_m}| \\ &= P(X_1 \notin A, \cdots, X_m \notin A \mid X_0 = i) \cdot |\delta_{j_m}| \\ &\leqslant P(X_1 \notin A, \cdots, X_m \notin A \mid X_0 = i) \cdot \max_{j \notin A} |\delta_j|.\end{aligned}$$

以上关系对所有非常返状态 i 均成立，所以

$$\max_{j \notin A} |\delta_j| \leqslant \beta \cdot \max_{j \notin A} |\delta_j|,$$

其中

$$\beta = P(X_1 \notin A, \cdots, X_m \notin A \mid X_0 = i).$$

注意 $\beta < 1$，因为不管初始状态是什么，X_m 被吸收的概率都是正的. 因此 $\max_{j \notin A} |\delta_j| = 0$，也就是对所有非吸收的 i 有 $a_i = \bar{a}_i$. 此外，对所有吸收的 j 有 $a_j = \bar{a}_j$. 所以，对所有 i 有 $a_i = \bar{a}_i$.

***32. 多重常返类**. 考虑有多个常返类的马尔可夫链，当然还有一些非常返状态. 假设所有的常返类都是非周期的.

(a) 对任意非常返状态 i，令 $a_i(k)$ 是从 i 开始到达第 k 个常返类中状态的概率. 推导关于 $a_i(k)$ 的方程组.

(b) 证明每个 n 步转换概率 $r_{ij}(n)$ 都收敛到一个极限，并讨论如何计算这些极限.

解 (a) 我们引入新马尔可夫链，它只有非常返状态和吸收状态. 非常返状态对应原链的非常返状态，吸收状态对应于原链的常返类. 新链的转移概率 $\hat{p}_{ij}$ 表示如下：如果 i 和 j 是非常返状态，则 $\hat{p}_{ij} = p_{ij}$；如果 i 是非常返状态，k 对应常返类，则 $\hat{p}_{ik}$ 是 i 在原链中到达常返类中所有状态的转移概率的和.

所求的概率 $a_i(k)$ 是新链中的吸收概率，由以下公式给出：

$$\text{对所有非常返状态 } i \text{ 有 } a_i(k) = \hat{p}_{ik} + \sum_{j \text{ 是非常返状态}} \hat{p}_{ij} a_j(k).$$

(b) 若 i 和 j 是常返状态但不属于同一类，$r_{ij}(n)$ 总是 0. 若 i 和 j 是常返状态且属于同一类，考虑由这个常返类的状态组成的新马尔可夫链. 原链的 $r_{ij}(n)$ 与新链的 $r_{ij}(n)$ 是相同的. 在新链中，$r_{ij}(n)$ 收敛到状态 j 的稳态概率. 若 j 是非常返状态，$r_{ij}(n)$ 收敛到 0. 最后，若 i 是非常返状态，j 是常返状态，则 $r_{ij}(n)$ 收敛到以下两个概率的乘积：(1) 从 i 开始过程到达 j 所在的常返类的概率；(2) 开始状态在 j 的常返类的条件下，过程到达 j 的稳态概率.

***33. 平均首次到达时间**. 考虑单一常返类的马尔可夫链，设 s 是固定的常返状态. 证明：平均首次到达时间满足方程组

$$t_s = 0, \qquad \text{对所有 } i \neq s \text{ 有 } t_i = 1 + \sum_{j=1}^{m} p_{ij} t_j.$$

并证明上述方程组只有唯一解. 提示：假设有两组解，找到满足它们差的方程组，然后说明这个方程组只有零解.

解　设 t_i 是首次到达 i 的平均时间，利用全期望定理，可以证明它满足题目中的方程组. 现在只需证明解的唯一性. 为了证明唯一性，令 $\bar{t}_i$ 是另一组解. 对所有 $i \neq s$ 有

$$t_i = 1 + \sum_{j \neq s} p_{ij} t_j, \qquad \bar{t}_i = 1 + \sum_{j \neq s} p_{ij} \bar{t}_j,$$

两者相减，我们得到

$$\delta_i = \sum_{j \neq s} p_{ij} \delta_j,$$

其中 $\delta_i = \bar{t}_i - t_i$. 将这个等式连续套用 m 次，得到

$$\delta_i = \sum_{j_1 \neq s} p_{ij_1} \sum_{j_2 \neq s} p_{j_1 j_2} \cdots \sum_{j_m \neq s} p_{j_{m-1} j_m} \cdot \delta_{j_m}.$$

因此，对所有的 $i \neq s$ 有

$$\begin{aligned} |\delta_i| &\leqslant \sum_{j_1 \neq s} p_{ij_1} \sum_{j_2 \neq s} p_{j_1 j_2} \cdots \sum_{j_m \neq s} p_{j_{m-1} j_m} \cdot \max_j |\delta_j| \\ &= P(X_1 \neq s, \cdots, X_m \neq s \mid X_0 = i) \cdot \max_j |\delta_j|. \end{aligned}$$

此外，我们有 $P(X_1 \neq s, \cdots, X_m \neq s \mid X_0 = i) < 1$. 这是因为从任意状态开始，$s$ 能在 m 步内达到的概率为正. 这表明 δ_i 必须是 0.

***34. 平均常返时间和平衡方程组**. 考虑单一常返类的马尔可夫链，设 s 是固定的常返状态. 对任意状态 i，令

$$\rho_i = E[\text{在相邻两次访问状态 } s \text{ 之间访问状态 } i \text{ 的次数}].$$

这里规定 $\rho_s = 1$.

(a) 证明：对所有的 i 有

$$\rho_i = \sum_{k=1}^{m} \rho_k p_{ki}.$$

(b) 证明：数值

$$\pi_i = \frac{\rho_i}{t_s^*}, \qquad i = 1, \cdots, m$$

的总和为 1 且满足平衡方程组，这里 t_s^* 是 s 的平均常返时间（从 s 开始第一次回到 s 的期望转移数）.

(c) 证明：如果 $\pi_1, \cdots, \pi_m$ 是非负的，满足平衡方程组且和为 1，则

$$\pi_i = \begin{cases} \dfrac{1}{t_i^*}, & \text{若 } i \text{ 是常返状态,} \\ 0, & \text{若 } i \text{ 是非常返状态,} \end{cases}$$

其中 t_i^* 是 i 的平均常返时间.

(d) 证明 (b) 部分的分布是满足平衡方程组的唯一概率分布.

注意：本题不仅提供了满足平衡方程组的概率分布的存在性和唯一性的另一种证明，而且在稳态概率和平均常返时间之间建立了一种直观的联系. 主要思路是，把整个过程分割成“圈”，每当常返状态 s 被访问，那么一个新圈就会开始. 状态 s 的稳态概率就可以解释为访问状态 s 的长期的期望频率，长期的期望频率与两次连续访问 s 之间的平均步数（即平均常返时间）成反比例. 参见 (c) 部分. 进一步，在某个圈内，如果一个状态 i 能被访问到的期望频率是另一个状态 j 的两倍，那么状态 i 的长期期望频率 π_i 也应该是 π_j 的两倍. 因此，稳态概率 π_i 应该和在一圈中期望访问次数 ρ_i 成比例.

解 (a) 考虑马尔可夫链 X_n，初始状态 $X_0 = s$. 我们首先证明对所有 i 有

$$\rho_i = \sum_{n=1}^{\infty} P(X_1 \neq s, \cdots, X_{n-1} \neq s, X_n = i).$$

为验证这个公式，首先考虑 $i \neq s$ 的情况，令 I_n 是随机变量，如果 $X_1 \neq s, \cdots, X_{n-1} \neq s, X_n = i$，则 I_n 取值 1，否则 I_n 取值 0. 那么，在访问状态 s 前访问状态 i 的次数为 $\sum_{n=1}^{\infty} I_n$. 因此①

$$\rho_i = E\left[\sum_{n=1}^{\infty} I_n\right] = \sum_{n=1}^{\infty} E[I_n] = \sum_{n=1}^{\infty} P(X_1 \neq s, \cdots, X_{n-1} \neq s, X_n = i).$$

当 $i = s$ 时，对不同的 n 值，事件

$$\{X_1 \neq s, \cdots, X_{n-1} \neq s, X_n = s\}$$

构成样本空间的一个分割，这是因为，它们对应于下次访问状态 s 的时间的不同概率. 因此，

① 下面将用到无穷和运算和期望运算的可交换性，现在来证明这个事实. 对任意 $k > 0$ 有

$$E\left[\sum_{n=1}^{\infty} I_n\right] = E\left[\sum_{n=1}^{k} I_n\right] + E\left[\sum_{n=k+1}^{\infty} I_n\right] = \sum_{n=1}^{k} E[I_n] + E\left[\sum_{n=k+1}^{\infty} I_n\right].$$

令 T 是序列 $\{X_1, X_2, \cdots\}$ 中第一次等于 s 的时刻. 因此，

$$E\left[\sum_{n=k+1}^{\infty} I_n\right] = \sum_{t=k+2}^{\infty} P(T = t) E\left[\sum_{n=k+1}^{\infty} I_n \mid T = t\right] \leqslant \sum_{t=k+2}^{\infty} t P(T = t).$$

既然平均常返时间 $\sum_{t=1}^{\infty} t P(T = t)$ 是有限的，那么当 $k \to \infty$ 时，$\sum_{t=k+2}^{\infty} t P(T = t)$ 的极限等于 0，从而 $E\left[\sum_{n=k+1}^{\infty} I_n\right] \to 0$. 这样，当 $k \to \infty$ 时有

$$E\left[\sum_{n=1}^{\infty} I_n\right] = \sum_{n=1}^{\infty} E[I_n].$$

$$\sum_{n=1}^{\infty} P(X_1 \neq s, \cdots, X_{n-1} \neq s, X_n = s) = 1 = \rho_s,$$

这就完成了我们声明的证明.

接下来，我们对 $n \geqslant 2$ 的情况使用全概率公式，

$$P(X_1 \neq s, \cdots, X_{n-1} \neq s, X_n = i) = \sum_{k \neq s} P(X_1 \neq s, \cdots, X_{n-2} \neq s, X_{n-1} = k) p_{ki}.$$

因此，

$$\begin{aligned}
\rho_i &= \sum_{n=1}^{\infty} P(X_1 \neq s, \cdots, X_{n-1} \neq s, X_n = i) \\
&= p_{si} + \sum_{n=2}^{\infty} P(X_1 \neq s, \cdots, X_{n-1} \neq s, X_n = i) \\
&= p_{si} + \sum_{n=2}^{\infty} \sum_{k \neq s} (X_1 \neq s, \cdots, X_{n-2} \neq s, X_{n-1} = k) p_{ki} \\
&= p_{si} + \sum_{k \neq s} p_{ki} \sum_{n=2}^{\infty} P(X_1 \neq s, \cdots, X_{n-2} \neq s, X_{n-1} = k) \\
&= \rho_s p_{si} + \sum_{k \neq s} p_{ki} \rho_k \\
&= \sum_{k=1}^{m} \rho_k p_{ki}.
\end{aligned}$$

(b) 考虑 (a) 部分建立的关系式，两边同时除以 t_s^*，可得

$$\pi_i = \sum_{k=1}^{m} \pi_k p_{ki},$$

其中 $\pi_i = \rho_i / t_s^*$. 因此 π_i 是这个平衡方程组的解. 进一步，π_i 是非负的，显然 $\sum_{i=1}^{m} \rho_i = t_s^*$，从而 $\sum_{i=1}^{m} \pi_i = 1$. 因此 $(\pi_1, \cdots, \pi_m)$ 是一个概率分布.

(c) 考虑满足平衡方程组的概率分布 $(\pi_1, \cdots, \pi_m)$. 固定常返状态 s，令 t_s^* 是 s 的平均常返时间，令 t_i 是从状态 $i \neq s$ 到状态 s 的平均首次到达时间. 我们将证明 $\pi_s t_s^* = 1$. 事实上，我们有

$$\begin{aligned}
t_s^* &= 1 + \sum_{j \neq s} p_{sj} t_j, \\
t_i &= 1 + \sum_{j \neq s} p_{ij} t_j, \quad \text{对所有 } i \neq s.
\end{aligned}$$

把这些等式分别乘以 π_s 和 π_i，然后相加，得到

$$\pi_s t_s^* + \sum_{i \neq s} \pi_i t_i = 1 + \sum_{i=1}^{m} \pi_i \sum_{j \neq s} p_{ij} t_j.$$

运用平衡方程组，右边等于

$$1 + \sum_{i=1}^{m} \pi_i \sum_{j \neq s} p_{ij} t_j = 1 + \sum_{j \neq s} t_j \sum_{i=1}^{m} \pi_i p_{ij} = 1 + \sum_{j \neq s} t_j \pi_j.$$

结合最后两个等式，我们得到 $\pi_s t_s^* = 1$.

因为概率分布 $(\pi_1, \cdots, \pi_m)$ 满足平衡方程组，若初始状态 X_0 是根据这个分布来选取的，则所有后续状态 X_n 具有相同的分布. 如果过程是从常返状态 i 开始的，那么，当 $n \to \infty$ 时，X_n 在此状态的概率趋于 0. 这表明我们必须有 $\pi_i = 0$.

(d) (b) 部分表明至少存在一个概率分布满足平衡方程组. (c) 部分表明只有一个这样的概率分布.

***35. 马尔可夫链的大数定律**. 考虑非周期的只有一个常返类的有限状态马尔可夫链. 固定状态 s，定义 Y_k 为第 k 次访问状态 s 的时间，V_n 为前 n 次转移时访问 s 的总次数.

(a) 证明：Y_k/k 以概率 1 收敛到状态 s 的平均常返时间 t_s^*.

(b) 证明：V_n/n 以概率 1 收敛到 $1/t_s^*$.

(c) 建立 V_n/n 的极限与 s 的稳态概率之间的关系.

解 (a) 固定初始状态 i（可能与 s 不同）. 因此，对于 $k > 1$，随机变量 $Y_{k+1} - Y_k$ 对应于相邻两次访问 s 的时间间隔. 根据马尔可夫性质（给定当前状态，未来与过去独立），过程在回访 s 时相当于重新开始，所以 $Y_{k+1} - Y_k$ 是相互独立、同分布的随机变量，而且均值等于平均常返时间 t_s^*. 运用大数定律，以概率 1 地有

$$\lim_{k\to\infty} \frac{Y_k}{k} = \lim_{k\to\infty} \frac{Y_1}{k} + \lim_{k\to\infty} \frac{(Y_2 - Y_1) + \cdots + (Y_k - Y_{k-1})}{k} = 0 + t_s^*.$$

(b) 首先，我们将固定样本空间（马尔可夫链的所有轨道的集合）的一个轨道来论证. 记 Y_k 和 V_n 的取值分别为 y_k 和 v_n. 进一步，根据 (a) 部分的结论，假设序列 y_k/k 收敛到 t_s^*，而且具有这种性质的轨道集合的概率为 1. 现在取这样的时间 n：位于第 k 次访问 s 的时间和第 $k+1$ 次访问 s 的时间之间，即

$$y_k \leqslant n < y_{k+1}.$$

对于这样的 n，我们有 $v_n = k$ 且

$$\frac{1}{y_{k+1}} < \frac{1}{n} \leqslant \frac{1}{y_k},$$

从而

$$\frac{k}{y_{k+1}} < \frac{v_n}{n} \leqslant \frac{k}{y_k}.$$

注意到

$$\lim_{k\to\infty} \frac{k}{y_{k+1}} = \lim_{k\to\infty} \frac{k+1}{y_{k+1}} \cdot \lim_{k\to\infty} \frac{k}{k+1} = \lim_{k\to\infty} \frac{k}{y_k} = \frac{1}{t_s^*}.$$

令 n 趋于无穷大，则满足条件 $y_k \leqslant n < y_{k+1}$ 的 k 也必然趋于无穷大. 序列 v_n/n 介于两个都趋于 $1/t_s^*$ 的序列之间，因此序列 v_n/n 也同样趋于极限 $1/t_s^*$. 而这个性质对于概率为 1 的轨道集合中的任一轨道都成立，所以得出 V_n/n 以概率 1 收敛到 $1/t_s^*$.

(c) 在习题 34 中已经证明了 $1/t_s^* = \pi_s$. 这说明了 V_n/n 以概率 1 收敛到 π_s. 注意：人们也试图使用另一种方法来证明 V_n/n 以概率 1 收敛到 π_s. 方法如下：由 (b) 部分知道 V_n/n 收敛，又因为 $E[V_n/n]$ 收敛到 π_s（见 7.3 节中的稳态概率之长期期望

频率的解释），故 V_n/n 以概率 1 收敛到 π_s. 但这种推导方法是不对的. 这是因为，一个随机变量序列 Y_n 以概率 1 收敛到一个常数，而序列的期望序列却有可能收敛到另一个常数. 例子如下. 设 X 是单位区间 $[0,1]$ 中的均匀分布随机变量. 定义

$$Y_n = \begin{cases} 0, & 若\ X \geqslant 1/n, \\ n, & 若\ X < 1/n. \end{cases}$$

只要 X 非零（以概率 1 发生），则序列 Y_n 收敛到 0. 另外，可以验证

$$对所有\ n\ 有\ E[Y_n] = P(X < 1/n)E[Y_n \mid X < 1/n] = \frac{1}{n} \cdot \frac{n}{2} = \frac{1}{2}.$$

7.5 节 连续时间的马尔可夫链

36. 一名修理工人需要修理一套有 m 台相同机器的设备. 修理故障机器的时间为指数分布，均值为 $1/\lambda$. 机器启动后正常工作直到发生故障的时间也是随机变量，其分布为指数分布，均值为 $1/\mu$. 发生故障和修理时间是相互独立的.

(a) 求所有机器都处于修理状态的稳态概率.

(b) 在稳态情况下，计算处于工作状态的机器的平均台数.

37. 空出租车路过某路口的规律是泊松过程，通过的车辆数服从强度为每分钟两辆的泊松分布. 乘客达到路口的过程也是泊松过程，均值为每分钟一人. 而且如果前面乘客少于四名，新到乘客就会等待出租车，否则就会离开. 彭妮在一给定时间到达该路口. 假设过程进入稳态，求她在加入等待队列条件下的期望等待时间.

38. m 位用户共用一个计算机系统. 用户有两种状态，一种是“思考状态”，持续时间为独立的指数分布，参数为 λ；另一种是“活跃模式”，需要先递交一份服务请求. 服务器一次只能接收一份请求，且在完成服务之前不会接收其他用户的请求. 服务请求的时间为独立的指数分布随机变量，参数为 μ，与用户的思考时间也是独立的. 建立马尔可夫链，求等待请求的用户数量的稳态分布（包括正在接受服务的用户，如果有的话）.

***39.** 考虑连续时间马尔可夫链，其转移率 ν_i 对所有 i 相同. 假设过程只有一个常返类.

(a) 试解释为什么转移时间序列 Y_n 是泊松过程.

(b) 证明：马尔可夫链 $X(t)$ 的稳态概率和嵌入马尔可夫链 X_n 的稳态概率是一样的.

解 (a) 用 ν 表示转移率 ν_i 的共同值. 序列 Y_n 是独立指数分布时间区间序列，参数为 ν. 因此它们能和到达时间联系起来，那是强度为 ν 的泊松过程.

(b) 这条连续时间链的平衡和归一化方程组为

$$\begin{cases} \pi_j \sum_{k \neq j} q_{jk} = \sum_{k \neq j} \pi_k q_{kj}, & j = 1, \cdots, m, \\ 1 = \sum_{k=1}^{m} \pi_k. \end{cases}$$

通过关系式 $q_{jk}=\nu p_{jk}$ 约掉公因子 ν，这组方程可写为

$$\begin{cases}\pi_j\sum_{k\neq j}p_{jk}=\sum_{k\neq j}\pi_k p_{kj}, & j=1,\cdots,m,\\ 1=\sum_{k=1}^{m}\pi_k.\end{cases}$$

于是有 $\sum_{k\neq j}p_{jk}=1-p_{jj}$，所以上述方程组中的平衡方程组可以写为

$$\pi_j(1-p_{jj})=\sum_{k\neq j}\pi_k p_{kj},\qquad j=1,\cdots,m,$$

从而

$$\pi_j=\sum_{k=1}^{m}\pi_k p_{kj},\qquad j=1,\cdots,m.$$

这是嵌入马尔可夫链的平衡方程组．因为它是非周期单一常返类，所以平衡方程组只有唯一解．因此 π_j 也是这条嵌入马尔可夫链的稳态概率.

第 8 章　贝叶斯统计推断

统计推断是从观测数据推断未知变量或未知模型相关信息的过程. 本章和第 9 章旨在:

(a) 评价统计学中两种主要方法（贝叶斯统计推断和经典统计推断）的优缺点、区别和相似之处;

(b) 介绍统计推断的主要内容（参数估计、假设检验和显著性检验）;

(c) 讨论统计学中最重要的方法（最大后验概率准则、最小均方估计、最大似然估计、回归、似然比检验，等等）;

(d) 举例说明如何运用理论.

1. 概率与统计

统计推断与概率理论有一些本质区别. 概率论是建立在第 1 章公理的基础上的自我完善的数学课题. 在概率推理中，我们假设有一个完整的特定概率模型满足这些概率公理. 然后运用数学方法对这个概率模型进行量化，回答感兴趣的问题. 特别地，每个明确定义的问题都有唯一正确的答案，尽管有时这些问题并不容易求解. 模型被认为是理所当然的，而且原则上不需要与现实相似（不过模型要想有用，最好与现实一致）.

统计学却与这种情况不同，可以说统计学包含艺术的成分. 对一个具体的问题，存在很多合理的方法，可得出不同的结论. 一般而言，除非人们可对所研究的问题施加一些假设或者附加约束条件，由此推断出“理想”的结论，否则没有一个绝对的准则来选择“最好”的方法. 例如，只知道股票市场在最近五年回报率的历史数据，就不会有“最好”的方法来预测下一年的回报率.

所以，人们把寻找“正确”的方法局限在能得到一些理想性质（例如，在数据样本量无穷大的情况下能做出正确推断）的方法上. 判断一种方法优于其他方法通常基于如下几个因素: 性能优良、过去的经验、共同的观点，以及统计学家对一种特定方法解决一类特殊问题方面形成的共识. 我们将重点介绍一些最流行的方法，并介绍对它们进行分析和比较的主要方法.

2. 贝叶斯统计与经典统计

在统计领域，有两种突出但对立的思想学派：**贝叶斯**学派和**经典**学派（也称**频率**学派）. 它们之间最重要的区别就是如何看待未知模型或者变量. 贝叶斯学派的观点是将其看成已知分布的随机变量，经典统计学派的观点是将其看成待估计的确定的量.

贝叶斯方法主要是想将统计领域拉回概率论的王国，使得每个问题都只有唯一的答案. 特别地，当人们欲对未知模型进行推断时，贝叶斯方法将该模型看成随机地从已知的一类模型中选出来的. 处理方法是引入一个随机变量 Θ 来刻画该模型，然后构造一个**先验**概率分布 $p_\Theta(\theta)$. 在已知数据 x 的情况下，人们原则上使用贝叶斯公式来推导**后验**概率分布 $p_{\Theta\,|\,X}(\theta\,|\,x)$. 这样就获取了 x 能提供的关于 θ 的所有信息.

与之相反，经典统计方法将未知参数 θ 视为常数，但是未知就需要估计. 于是经典统计的目标就是提出参数 θ 的估计方法，且保证具有一些性质. 这是经典统计与本书中介绍的其他方法在概念上的重要区别：经典方法处理的不是一个概率模型，而是多个待选的概率模型，每个对应 θ 的一个可能值.

两个学派的争论已经持续大约一个世纪了，经常带有哲学色彩. 在两派的争论过程中，每派都构造一些例子来说明对方学派的方法有时会得到不合理的或者不吸引人的结论. 我们简短回顾两个学派争论的观点.

假设我们要通过噪声实验来测量一个物理常数，比如电子的质量. 经典统计学家认为电子的质量尽管未知，但只是一个常数，不能把它看成随机变量. 贝叶斯统计学家却给它一个先验分布，来反映人们对电子质量的已有知识. 例如，如果我们已经从历史实验中获知电子质量的大概范围，则可以将先验分布集中在那个范围内.

经典学派统计学家经常反对这种挑选一个特定先验分布的随意性. 贝叶斯统计学家反驳说，任何统计推断往往隐含着一些先验信息. 进一步，在某些例子中，先验分布如果是某个特殊选定的分布，经典方法实质上是与贝叶斯方法等价的. 通过将所有的假设以先验的形式放在一起，贝叶斯统计学家认为这样就将假设公开了，而且使它们能经得起推敲.

最后，从实际的角度考虑. 在许多情况下，贝叶斯方法在计算方面很棘手，比如需要计算多维的积分. 此外，随着快速计算逐渐为人们所用，贝叶斯统计学派的大量最新研究成果就集中在如何使贝叶斯方法具有可行性上.

3. 模型推断和变量推断

统计推断的应用主要有两种类型：模型推断和变量推断. 在**模型推断**中，研究的目标是物理现象或过程，基于得到的数据为这些物理现象或过程构造或者验证一个模型（例如，行星运行的轨道是否为椭圆轨道）. 利用这样的模型就可以对未来进行预测，或者推知许多未知的原因. 在**变量推断**中，人们使用许多相关的或者带有噪声的信息估计一个或者多个变量值（例如，在给定一些 GPS 信息的条件下，我们现在在什么位置）.

模型推断与变量推断的区别不是很明显. 例如，将模型描述为一组变量的形式，我们就可以将模型推断的问题转换成变量推断的问题. 在很多情况下，我们不强调它们的区别，因为相同的方法可以同时在这两种类型的推断中使用.

在有些应用中，需要同时考虑这两种推断问题. 例如，我们收集了一些原始数据，使用数据来建立一个模型，然后利用模型去推知相关变量值.

例 8.1（噪声信道） 发送端发送一串二进制信号 $s_i \in \{0,1\}$，接收端观测到

$$X_i = as_i + W_i, \qquad i = 1, \cdots, n,$$

其中 W_i 是零均值的正态随机变量（反映信道的噪声），a 是实数（用于刻画信道的衰减率）. 在模型推断中，a 是未知的. 发送端发送一组测试信号 $s_1, s_2, \cdots, s_n$，接收端知道其值. 现在的任务是基于观测值 $X_1, \cdots, X_n$，信号接收方欲估计 a 的值. 这就是模型推断的任务：建立这个信道的模型.

另外，在变量推断中，假设 a 是已知的（可能是因为如上利用测试数据推断出来了）. 接收方观测到数据 $X_1, \cdots, X_n$ 后，欲估计 $s_1, \cdots, s_n$ 的值. 这就是变量推断的任务：确定 $s_1, \cdots, s_n$ 的值. ■

4. 统计推断问题的简单分类

这里我们描述一些不同类型的统计推断问题. 在**估计**问题中，模型是完全确定的，只有一些未知的（可能是多维的）参数 θ 需要估计. 参数既可以看成随机变量（贝叶斯方法），也可以看成未知常数（经典方法）. 通常的目标就是得到 θ 的估计值，使得它在某种意义上与真实值接近. 例如：

(a) 在例 8.1 噪声信道问题中，使用测试序列知识和观测值去估计 a；

(b) 使用民意测验数据，估计一个选区内选民支持候选人 A，而反对候选人 B 的比例；

(c) 基于股票市场历史数据，估计特定股票价格每日走势的均值和方差.

在**二重假设检验**问题中，从两个假设出发，运用得到的数据去判断其中的哪一个是正确的. 例如：

(a) 在例 8.1 噪声信道问题中，使用 a 和 X_i 的知识去判断 s_i 是 0 还是 1；

(b) 给定一张带有噪声的图片，判断图片中是否有人；

(c) 给定有两种不同医疗处理方法的临床实验数据，判断哪种疗法更有效.

更一般地，在 **m 重假设检验**问题中，有 m 个对立的假设（其中 m 为有限值）. 我们的任务是，依据方法做出错误结论的概率大小判断方法的好坏. 当然，贝叶斯方法和经典方法都是可以利用的.

在本章中，我们重点介绍贝叶斯估计问题，也会讨论假设检验问题. 在第 9 章中，除了讨论估计问题外，我们还要讨论更广泛的假设检验问题. 我们的讨论只是介绍性的，远远不能满足实际中存在的统计推断问题的需要. 为说明实际问题的广泛性，考虑形如 $Y = g(X) + W$ 的模型，该模型涉及两个随机变量 X 和 Y，其中 W 是零均值噪声，g 是需要估计的未知函数. 在这类问题中，未知目标（比如这里的函数 g）不能通过固定数目的参数来表示，因此称为**非参数**统计推断问题，这就不在本书的考虑范围之内了.

本章的主要术语、问题和方法

- **贝叶斯统计**将未知参数视为已知先验分布的随机变量.
- 在**参数估计**中，对参数进行估计，使得在某种概率意义下估计接近真实值.
- 在**假设检验**中，未知参数根据对立的假设可能取有限个值. 人们去选择其中一个假设，目标是使犯错误的概率很小.
- 贝叶斯推断的主要方法有以下三个.
  - (a) **最大后验概率（MAP）**准则：在可能的参数/假设的取值范围内，选择一个在给定数据下具有最大化条件概率/后验概率的值（见 8.2 节）.
  - (b) **最小均方（LMS）**估计：选择数据的一个估计量或者函数，使得参数与估计之间的均方误差达到最小（见 8.3 节）.
  - (c) **线性最小均方（LLMS）**估计：选择数据的一个线性函数，使得参数与估计之间的均方误差达到最小（见 8.4 节）. 这可能会得到更高的均方误差，但是计算简单，因为计算过程只依赖于相应随机变量的均值、方差和协方差.

8.1 贝叶斯推断与后验分布

在贝叶斯推断中，感兴趣的未知量记为 Θ，视为一个随机变量，或者有限多个随机变量. 这里的 Θ 代表物理量，比如车辆的位置和速度，也可代表一个概率模型的未知参数集合. 简而言之，在没有明确标明的情况下，将 Θ 视为一个简单的随机变量.

我们的目标就是基于观测到相关随机变量的值 $X=(X_1,\cdots,X_n)$ 来提取 Θ 的信息. 我们称 $X=(X_1,\cdots,X_n)$ 为**观测值**、**测量值**或者**观测向量**. 为此，假定我们知道 Θ 和 X 的联合分布. 等价地，假定我们已知：

(a) 先验分布 p_Θ 或者 f_Θ，这要看 Θ 是离散的还是连续的；

(b) 条件分布 $p_{X\,|\,\Theta}$ 或者 $f_{X\,|\,\Theta}$，同样要看 X 是离散的还是连续的.

一旦观测到 X 的一个特定值 x，贝叶斯推断问题的完整答案就由 Θ 的后验分布 $p_{\Theta\,|\,X}(\theta\,|\,x)$ 或者 $f_{\Theta\,|\,X}(\theta\,|\,x)$ 决定，见图 8-1. 这个分布可以使用贝叶斯法则来计算. 有了已经得知的信息，这个分布就获得了关于 Θ 的所有信息，从而成为进一步分析的起点.

图 8-1　贝叶斯推断模型的总结. 起点是随机变量 Θ 和观测向量 X 的联合分布，等价的说法是先验分布和条件概率质量函数/概率密度函数. 已知 X 的观测值 x 后，运用贝叶斯法则计算后验概率质量函数/概率密度函数. 后验分布可用来回答更多的推断问题. 比如计算 Θ 的估计、相关的概率和误差方差

贝叶斯推断的总结

- 起点是未知随机变量 Θ 的先验分布 p_Θ 或者 f_Θ.
- 得到观测向量 X 的 $p_{X\,|\,\Theta}$ 或者 $f_{X\,|\,\Theta}$.
- 一旦观测到 X 的一个特定值 x 后，运用贝叶斯法则计算 Θ 的后验分布.

在此提醒大家注意：针对 Θ 和 X 的离散性和连续性的不同组合，贝叶斯法则有四种不同的形式. 现在我们列举如下，便于使用. 然而，四种形式是类似的，我们只需把最简单的形式（所有变量都是离散的）理解清楚，对其余情况只需做概念的对换. 在遇到连续变量时，我们只需将概率质量函数替换成概率密度函数，把求和换成积分. 进一步, 如果 Θ 是多维的, 相应的求和或者积分就是多重求和或者多维积分.

贝叶斯法则的四种形式

- Θ 离散, X 离散:
$$p_{\Theta\,|\,X}(\theta\,|\,x) = \frac{p_\Theta(\theta)p_{X\,|\,\Theta}(x\,|\,\theta)}{\sum_{\theta'} p_\Theta(\theta')p_{X\,|\,\Theta}(x\,|\,\theta')}.$$
- Θ 离散, X 连续:
$$p_{\Theta\,|\,X}(\theta\,|\,x) = \frac{p_\Theta(\theta)f_{X\,|\,\Theta}(x\,|\,\theta)}{\sum_{\theta'} p_\Theta(\theta')f_{X\,|\,\Theta}(x\,|\,\theta')}.$$
- Θ 连续, X 离散:
$$f_{\Theta\,|\,X}(\theta\,|\,x) = \frac{f_\Theta(\theta)p_{X\,|\,\Theta}(x\,|\,\theta)}{\int f_\Theta(\theta')p_{X\,|\,\Theta}(x\,|\,\theta')\mathrm{d}\theta'}.$$
- Θ 连续, X 连续:
$$f_{\Theta\,|\,X}(\theta\,|\,x) = \frac{f_\Theta(\theta)f_{X\,|\,\Theta}(x\,|\,\theta)}{\int f_\Theta(\theta')f_{X\,|\,\Theta}(x\,|\,\theta')\mathrm{d}\theta'}.$$

下面举一些例子来说明如何计算后验分布.

例 8.2 罗密欧和朱丽叶开始约会, 但是朱丽叶在任何约会中都可能迟到, 迟到时间记为随机变量 X, 服从区间 $[0,\theta]$ 中的均匀分布, 参数 θ 是未知的, 且是随机变量 Θ 的一个值. Θ 在 0 和 1 小时之间均匀分布. 假设朱丽叶在第一次约会中迟到了 x, 那么罗密欧如何利用这个信息去更新 Θ 的分布.

这里先验概率密度函数是
$$f_\Theta(\theta) = \begin{cases} 1, & \text{若 } 0 \leqslant \theta \leqslant 1, \\ 0, & \text{其他}, \end{cases}$$
观测值的条件概率密度函数是
$$f_{X\,|\,\Theta}(x\,|\,\theta) = \begin{cases} 1/\theta, & \text{若 } 0 \leqslant x \leqslant \theta, \\ 0, & \text{其他}. \end{cases}$$
注意, $f_\Theta(\theta)f_{X\,|\,\Theta}(x\,|\,\theta)$ 只有当 $0 \leqslant x \leqslant \theta \leqslant 1$ 时非零, 运用贝叶斯法则可得: 对任意 $x \in [0,1]$, 后验概率密度函数是
$$f_{\Theta\,|\,X}(\theta\,|\,x) = \frac{f_\Theta(\theta)f_{X\,|\,\Theta}(x\,|\,\theta)}{\int_0^1 f_\Theta(\theta')f_{X\,|\,\Theta}(x\,|\,\theta')\mathrm{d}\theta'} = \frac{1/\theta}{\int_x^1 \frac{1}{\theta'}\mathrm{d}\theta'} = \frac{1}{\theta\cdot|\log x|}, \qquad x \leqslant \theta \leqslant 1,$$
且当 $\theta < x$ 或者 $\theta > 1$ 时, $f_{\Theta\,|\,X}(\theta\,|\,x) = 0$.

现在我们考虑前 n 次约会引起的变化. 假设朱丽叶迟到的时间记为 $X_1, \cdots, X_n$，在给定 $\Theta = \theta$ 的条件下，它是区间 $[0, \theta]$ 中的均匀分布，且条件独立. 令 $X = (X_1, \cdots, X_n)$ 和 $x = (x_1, \cdots, x_n)$. 类似于 $n = 1$ 的情形，我们有

$$f_{X\,|\,\Theta}(x\,|\,\theta) = \begin{cases} 1/\theta^n, & \text{若 } \bar{x} \leqslant \theta \leqslant 1, \\ 0, & \text{其他}, \end{cases}$$

其中 $\bar{x} = \max\{x_1, \cdots, x_n\}$. 后验概率密度函数是

$$f_{\Theta\,|\,X}(\theta\,|\,x) = \begin{cases} c(\bar{x})/\theta^n, & \text{若 } \bar{x} \leqslant \theta \leqslant 1, \\ 0, & \text{其他}, \end{cases}$$

其中 $c(\bar{x})$ 是归一化常数，只依赖于 $\bar{x}$:

$$c(\bar{x}) = \frac{1}{\displaystyle\int_{\bar{x}}^{1} \frac{1}{(\theta')^n} \mathrm{d}\theta'}.$$ ■

例 8.3（正态随机变量公共均值的推断） 设随机变量观测值 $X = (X_1, \cdots, X_n)$ 具有相同的均值，但是均值未知，需要估计. 假设在给定均值的条件下，X_i 是正态的且相互独立，方差分别为 $\sigma_1^2, \cdots, \sigma_n^2$. 使用贝叶斯方法，我们对均值建模，设 X_i 的公共均值为随机变量 Θ，且已知其先验分布. 具体而言，我们假设随机变量 Θ 的分布为正态分布，均值已知为 x_0，方差已知为 σ_0^2.

注意到我们的模型等价于

$$X_i = \Theta + W_i, \qquad i = 1, \cdots, n,$$

其中随机变量 $\Theta, W_1, \cdots, W_n$ 相互独立，且是正态的，均值和方差均已知. 特别地，对任意 θ，

$$E[W_i] = E[W_i\,|\,\Theta = \theta] = 0, \qquad \mathrm{var}(W_i) = \mathrm{var}(X_i\,|\,\Theta = \theta) = \sigma_i^2.$$

这类模型在许多工程应用中非常普遍，工程中的一个未知量往往有若干个独立的测量值.

根据假设，我们有

$$f_\Theta(\theta) = c_1 \cdot \exp\left\{-\frac{(\theta - x_0)^2}{2\sigma_0^2}\right\},$$

以及

$$f_{X\,|\,\Theta}(x\,|\,\theta) = c_2 \cdot \exp\left\{-\frac{(x_1 - \theta)^2}{2\sigma_1^2}\right\} \cdots \exp\left\{-\frac{(x_n - \theta)^2}{2\sigma_n^2}\right\},$$

这里 c_1, c_2 是归一化常数，不依赖于 θ. 运用贝叶斯法则，

$$f_{\Theta\,|\,X}(\theta\,|\,x) = \frac{f_\Theta(\theta) f_{X\,|\,\Theta}(x\,|\,\theta)}{\int f_\Theta(\theta') f_{X\,|\,\Theta}(x\,|\,\theta') \mathrm{d}\theta'},$$

注意，分子项 $f_\Theta(\theta) f_{X\,|\,\Theta}(x\,|\,\theta)$ 的形式是

$$c_1 c_2 \cdot \exp\left\{-\sum_{i=0}^{n} \frac{(x_i - \theta)^2}{2\sigma_i^2}\right\}.$$

通过代数运算，包括指数内的配方，可以算出分子项的形式是

$$d\cdot\exp\left\{-\frac{(\theta-m)^2}{2v}\right\},$$

其中

$$m=\frac{\sum_{i=0}^{n}x_i/\sigma_i^2}{\sum_{i=0}^{n}1/\sigma_i^2},\qquad v=\frac{1}{\sum_{i=0}^{n}1/\sigma_i^2},$$

d 是常数，只依赖于 x_i，不依赖于 θ. 贝叶斯法则公式中的分母项也不依赖于 θ，所以我们可以得出结论，后验概率密度函数的形式是

$$f_{\Theta\,|\,X}(\theta\,|\,x)=a\cdot\exp\left\{-\frac{(\theta-m)^2}{2v}\right\},$$

$a=1/\sqrt{2\pi v}$ 是归一化常数，只依赖于 x_i，不依赖于 θ. 这是正态概率密度函数的形式，所以后验概率密度函数是正态的，均值是 m，方差是 v.

特殊情况下，假设 $\sigma_0^2,\sigma_1^2,\cdots,\sigma_n^2$ 都等于 σ^2，则 Θ 的后验概率密度函数是正态的，均值和方差分别是

$$m=\frac{x_0+\cdots+x_n}{n+1},\qquad v=\frac{\sigma^2}{n+1}.$$

在这种情况下，先验均值 x_0 扮演着观测值的作用，而且对计算 Θ 后验均值而言，它与其他观测值发挥同等的作用. 同时注意到，在观测样本量增大时，Θ 的后验概率密度函数的标准差趋于 0，速度大致是 $1/\sqrt{n}$.

如果方差 σ_i^2 不相同，后验均值 m 仍是每个 x_i 的加权平均，不过方差越小，对 m 的权重就越大. ■

上例有一个显著的性质，那就是 Θ 的后验分布与先验分布是同一个分布族，比如正态分布族. 这个性质非常吸引人，原因有两个.

(a) 后验分布的特征只有两个数：均值和方差.

(b) 后验分布的解形式可以有效**递归推断**. 假设已经获得了观测值 $X_1,\cdots,X_n$，并且得到了下一个观测值 X_{n+1}，那么我们不必从头开始计算后验分布，而是可以将 $f_{\Theta\,|\,X_1,\cdots,X_n}$ 作为先验，然后运用新观测值运算得到新后验 $f_{\Theta\,|\,X_1,\cdots,X_n,X_{n+1}}$. 我们可以使用例 8.3 的结论来求这个后验. 显然（当然可以正式推导），Θ 的新后验分布也是正态的，均值是

$$\frac{(m/v)+(x_{n+1}/\sigma_{n+1}^2)}{(1/v)+(1/\sigma_{n+1}^2)},$$

方差是

$$\frac{1}{(1/v)+(1/\sigma_{n+1}^2)},$$

其中 m 和 v 分别是后验 $f_{\Theta\,|\,X_1,\cdots,X_n}$ 的均值和方差.

但是，后验分布与先验分布属于同一分布族的情形不是非常普遍. 除了正态分布族外，有名的例子还有抛掷硬币的伯努利试验和二项分布.

例 8.4（**非均匀硬币的贝塔先验**） 我们希望估计抛掷一枚不均匀的硬币时正面向上的概率，记为 θ. 将 θ 看成随机变量 Θ 的一个值，Θ 的先验概率密度函数为 f_Θ. 现在考虑 n 次独立抛掷试验，记 X 为观测到的正面向上的总次数. 运用贝叶斯法则，Θ 的后验概率密度函数是：对任意 $\theta \in [0,1]$，

$$f_{\Theta\,|\,X}(\theta\,|\,k) = cf_\Theta(\theta)p_{X\,|\,\Theta}(k\,|\,\theta) = df_\Theta(\theta)\theta^k(1-\theta)^{n-k},$$

其中 c 是归一化常数（不依赖于 θ），且 $d = c\binom{n}{k}$.

现在假设先验是贝塔分布，参数是正整数 $\alpha > 0$ 和 $\beta > 0$，即

$$f_\Theta(\theta) = \begin{cases} \dfrac{1}{B(\alpha,\beta)}\theta^{\alpha-1}(1-\theta)^{\beta-1}, & \text{若 } 0 < \theta < 1, \\ 0, & \text{其他}, \end{cases}$$

其中 $B(\alpha,\beta)$ 是归一化常数，这是著名的贝塔函数，即

$$B(\alpha,\beta) = \int_0^1 \theta^{\alpha-1}(1-\theta)^{\beta-1}\mathrm{d}\theta = \frac{(\alpha-1)!(\beta-1)!}{(\alpha+\beta-1)!},$$

使用分部积分的方法或者概率方法（第 3 章习题 30）可以得到最后一个等式. 于是，Θ 的后验概率密度函数的形式是

$$f_{\Theta\,|\,X}(\theta\,|\,k) = \frac{d}{B(\alpha,\beta)}\theta^{\alpha+k-1}(1-\theta)^{n-k+\beta-1}, \qquad 0 \leqslant \theta \leqslant 1,$$

它也是贝塔分布，参数是

$$\alpha' = k+\alpha, \qquad \beta' = n-k+\beta.$$

特殊情形是 $\alpha = \beta = 1$，即先验 f_Θ 是 $[0,1]$ 的均匀分布密度. 在这种情况下，后验密度也是贝塔密度，参数是 $k+1$ 和 $n-k+1$.

贝塔密度常常在统计推断的实际应用中遇到，而且具有很有趣的性质. 特别地，如果 Θ 服从参数为 $\alpha > 0$ 和 $\beta > 0$ 的贝塔分布，那么它的 m 阶矩是

$$\begin{aligned} E[\Theta^m] &= \frac{1}{B(\alpha,\beta)}\int_0^1 \theta^{m+\alpha-1}(1-\theta)^{\beta-1}\mathrm{d}\theta \\ &= \frac{B(m+\alpha,\beta)}{B(\alpha,\beta)} \\ &= \frac{\alpha(\alpha+1)\cdots(\alpha+m-1)}{(\alpha+\beta)(\alpha+\beta+1)\cdots(\alpha+\beta+m-1)}. \end{aligned}$$

■

前面几个例子都讨论了 Θ 是连续的情形，而且是典型的参数估计问题. 下面这个例子是离散情形，是典型的二重假设检验问题.

例 8.5（**垃圾邮件过滤**） 一封电子邮件不是垃圾邮件就是正常邮件. 我们引入参数 Θ，取值为 1 和 2，分别代表垃圾邮件和正常邮件，概率分别为 $p_\Theta(1)$ 和 $p_\Theta(2)$. 设 $\{w_1,\cdots,w_n\}$ 代表一些特殊的词（或者词的组合）形成的集合，它们出现就表示这可能是垃圾邮件. 对每个 i，记 X_i 是伯努利随机变量，用来定义 w_i 是否出现在信息中，即当 w_i 出现时，$X_i = 1$，否则 $X_i = 0$. 假设对于 $x_i = 0,1$，条件概率 $p_{X_i\,|\,\Theta}(x_i\,|\,1)$ 和 $p_{X_i\,|\,\Theta}(x_i\,|\,2)$ 是已知的. 为简单起见，假设在给定 Θ 的条件下随机变量 $X_1,\cdots,X_n$ 是相互独立的.

我们运用贝叶斯法则来计算垃圾邮件和正常邮件的后验概率，即

$$P(\Theta = m \mid X_1 = x_1, \cdots, X_n = x_n) = \frac{p_\Theta(m) \prod_{i=1}^n p_{X_i \mid \Theta}(x_i \mid m)}{\sum_{j=1}^2 p_\Theta(j) \prod_{i=1}^n p_{X_i \mid \Theta}(x_i \mid j)}, \qquad m = 1, 2.$$

这两个后验概率可以用于将邮件分类为垃圾邮件还是正常邮件，稍后给出具体分类方法. ■

多参数问题

到目前为止，我们只讨论了单个未知参数的情形. 多个未知参数的情形与其类似. 以下例子讨论的是两个参数的问题.

例 8.6（传感器网络的定位） 假设有 n 个声敏元件，分布在我们关注的地理区域内. 设第 i 个声敏元件的坐标是 (a_i, b_i). 一辆发送已知声音信号的车在这个区域内，坐标记为 $\Theta = (\Theta_1, \Theta_2)$，具体数值未知. 每个声敏元件探测到这辆车（即捕捉到这辆车的信号）的概率依赖于它们之间的距离. 观测数据是哪些声敏元件探测到了这辆车，哪些没有探测到. 目标就是尽可能地找到这辆车所在的位置，见图 8-2.

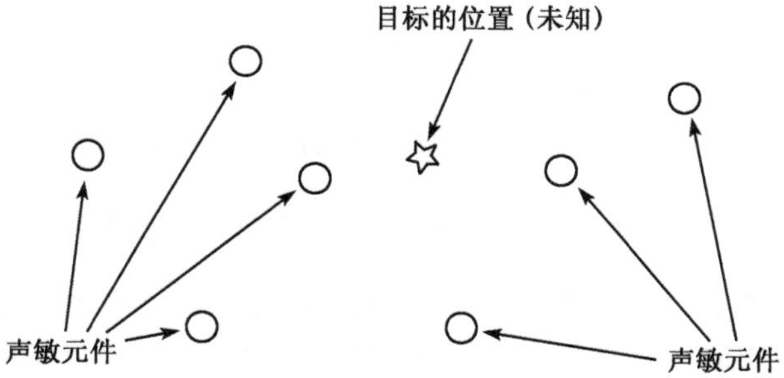

图 8-2 运用声感传感器网络定位示意图

先验概率密度函数 f_Θ 的意思是，我们基于历史观测数据对这辆车的位置获得大致的认识. 为简单起见，假设 Θ_1 和 Θ_2 是相互独立的正态随机变量，均值为 0，方差为 1. 所以

$$f_\Theta(\theta_1, \theta_2) = \frac{1}{2\pi} \mathrm{e}^{-(\theta_1^2 + \theta_2^2)/2}.$$

当第 i 个声敏元件探测到车辆时，令 $X_i = 1$，否则 $X_i = 0$. 由于信号强度随目标与声敏元件之间的距离的增加而衰变，因此我们假定捕捉概率与声敏元件和车辆之间的距离 $d_i(\theta_1, \theta_2)$ 呈指数递降. 具体来说，我们使用模型

$$P(X_i = 1 \mid \Theta = (\theta_1, \theta_2)) = p_{X_i \mid \Theta}(1 \mid \theta_1, \theta_2) = \mathrm{e}^{-d_i(\theta_1, \theta_2)},$$

其中 $d_i^2(\theta_1, \theta_2) = (a_i - \theta_1)^2 + (b_i - \theta_2)^2$. 此外，假设在给定车辆位置 Θ 的条件下，X_i 是彼此独立的.

现在计算后验概率密度函数. 定义 S 为 $X_i = 1$ 的传感器集合. 计算 $f_{\Theta \mid X}(\theta \mid x)$ 的贝叶斯公式中的分子是

$$f_\Theta(\theta)p_{X\,|\,\Theta}(x\,|\,\theta)=\frac{1}{2\pi}\mathrm{e}^{-(\theta_1^2+\theta_2^2)/2}\prod_{i\in S}\mathrm{e}^{-d_i(\theta_1,\theta_2)}\prod_{i\notin S}\left(1-\mathrm{e}^{-d_i(\theta_1,\theta_2)}\right),$$

其中 x 是 n 维向量 $(x_1,\cdots,x_n)$，当 $i\in S$ 时 $x_i=1$，否则 $x_i=0$. $f_{\Theta\,|\,X}(\theta\,|\,x)$ 的表达式中的分母是对分子表达式的二重积分，积分变量分别为 θ_1 到 θ_2. ■

例 8.6 表明，不管 Θ 是一个还是多个变量的向量，计算后验概率密度函数 $f_{\Theta\,|\,X}(\theta\,|\,x)$ 的原则都是一样的. 但是，即使原则上后验概率密度函数是通过使用贝叶斯法则运算得到的，一般而言，也不能指望后验概率密度函数有闭形式表达式. 实际上，可能需要进行数值计算. 通常，运用贝叶斯公式计算分母的归一化常数很具有挑战性. 在例 8.6 中，分母是对 θ_1 和 θ_2 的二重积分，数值计算具有可行性. 但是，如果 Θ 是高维的，数值积分就会非常困难. 现在已有成熟的近似计算方法，可以运用随机抽样的方法求近似积分，这些内容不在本书的讨论范围之内.

当 $\Theta=(\Theta_1,\cdots,\Theta_m)$ 是多维的时候，我们有时只对 Θ 的一个分量（比如 Θ_1）感兴趣. 这样，我们仅关注 $f_{\Theta_1\,|\,X}(\theta_1\,|\,x)$，即 Θ_1 的边缘后验分布，计算公式是

$$f_{\Theta_1\,|\,X}(\theta_1\,|\,x)=\int\cdots\int f_{\Theta\,|\,X}(\theta_1,\theta_2,\cdots,\theta_m\,|\,x)\mathrm{d}\theta_2\cdots\mathrm{d}\theta_m.$$

然而，当 Θ 是高维的时候，计算这个多重积分是非常困难的.

8.2　点估计、假设检验、最大后验概率准则

本节介绍一种简单但是普遍的贝叶斯推断方法，并应用于点估计和假设检验问题. 给定观测值 x，选择一个 θ 的取值，记为 $\hat{\theta}$，使得后验概率质量函数 $p_{\Theta\,|\,X}(\theta\,|\,x)$ [若 Θ 连续则为后验分布概率密度函数 $f_{\Theta\,|\,X}(\theta\,|\,x)$] 达到最大：

$$\hat{\theta}=\arg\max_{\theta}p_{\Theta\,|\,X}(\theta\,|\,x),\qquad \Theta\text{ 离散},$$

$$\hat{\theta}=\arg\max_{\theta}f_{\Theta\,|\,X}(\theta\,|\,x),\qquad \Theta\text{ 连续}.$$

这就是**最大后验概率**（MAP）准则，见图 8-3.

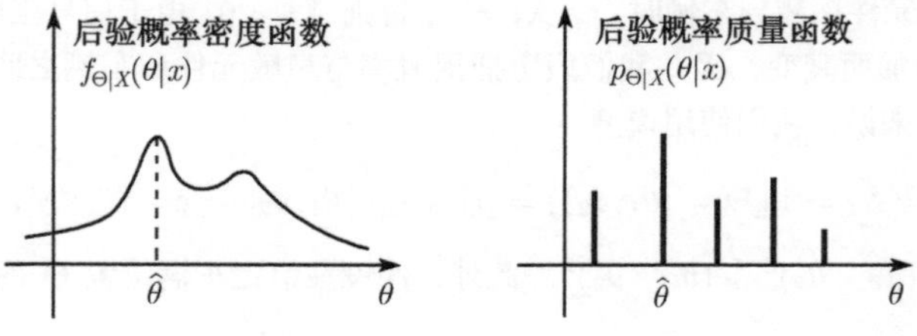

图 8-3　最大后验准则用于推断的说明，左边是连续变量，右边是离散变量

当 Θ 是离散变量时，最大后验概率准则有一条重要的最优性质：由于 $\hat{\theta}$ 是 Θ 最有可能的取值，因此，它使得对任意给定的 x 做出正确决策的概率最大. 这也说明，在所有决策准则中，最大后验概率准则使得总体（平均了所有 x 可能的取值）做出正确决策的概率达到最大. 等价地，最大后验概率准则使得做出错误决策的概率达到最小（对于每个 x 的观测值，也针对总体错误的概率）. ①

在贝叶斯准则下的后验分布有一条计算上的捷径：对所有的 θ 分母都是一样的，只由 x 的观测值决定. 因此，为了让后验概率达到最大，在 Θ 和 X 都离散的情况下，只需寻找 θ 使得 $p_\Theta(\theta)p_{X\mid\Theta}(x\mid\theta)$ 的数值达到最大，在 Θ 或 X 连续的时候也有类似的表达. 这里没有必要计算分母.

最大后验概率准则

- 给定 x 的观测值，最大后验概率准则是指：在所有 θ 中寻找 $\hat{\theta}$ 使得后验分布 $p_{\Theta\mid X}(\theta\mid x)$（若 Θ 离散）或 $f_{\Theta|X}(\theta\mid x)$（若 Θ 连续）达到最大.
- 等价地，最大后验概率准则是在所有 θ 中寻找 $\hat{\theta}$ 使得下面的函数值达到最大：

$$
\begin{aligned}
&p_\Theta(\theta)p_{X\mid\Theta}(x\mid\theta), && \Theta \text{ 和 } X \text{ 均离散},\\
&p_\Theta(\theta)f_{X\mid\Theta}(x\mid\theta), && \Theta \text{ 离散，} X \text{ 连续},\\
&f_\Theta(\theta)p_{X\mid\Theta}(x\mid\theta), && \Theta \text{ 连续，} X \text{ 离散},\\
&f_\Theta(\theta)f_{X\mid\Theta}(x\mid\theta), && \Theta \text{ 和 } X \text{ 均连续}.
\end{aligned}
$$

- 如果 Θ 只取有限个数值，那么，在所有决策准则中，最大后验概率准则使得选择错误假设的概率达到最小. 在给定观测值 x 的情况下，无论是犯错误的条件概率或者无条件概率，这个准则都是正确的.

① 为了更准确地表述这一问题，考虑一个基于 x 的观测值的一般决策准则，即选择一个 θ 的取值，将这个一般决策准则记为 $g(x)$. 同时，记最大后验准则为 $g_{\mathrm{MAP}}(\cdot)$. 用 I 和 I_{MAP} 分别表示相应的伯努利随机变量，当一般决策准则（相应地，最大概率后验准则）正确的时候，I 的取值为 1（相应地，I_{MAP} 的取值为 1）. 因此，事件 $I=1$ 和 $g(X)=\Theta$ 是一样的，对于 g_{MAP} 也是如此. 根据最大后验概率准则的定义，对于每个可能实现的 X，

$$E[I\mid X]=P(g(X)=\Theta\mid X)\leqslant P(g_{\mathrm{MAP}}(X)=\Theta\mid X)=E[I_{\mathrm{MAP}}\mid X].$$

根据条件期望的性质，得到 $E[I]\leqslant E[I_{\mathrm{MAP}}]$，即

$$P(g(X)=\Theta)\leqslant P(g_{\mathrm{MAP}}(X)=\Theta).$$

因此，在所有的决策准则中，最大概率后验准则使得做正确决策的总概率达到最大. 注意，这里讨论的 Θ 是离散的. 当 $X=x$ 时，若 Θ 连续，则在任何准则下做出正确决策的概率都是 0.

下面我们回顾前面几个例子，以解释最大后验概率准则.

例 8.3（续） 设 Θ 是正态随机变量，均值为 x_0、方差为 σ_0^2. 给定 Θ 的取值 θ，观测到随机变量 $X=(X_1,\cdots,X_n)$，它的分量是相互独立的正态随机变量，均值为 θ，方差分别为 $\sigma_1^2,\cdots,\sigma_n^2$. 已经发现后验概率分布密度是均值为 m、方差为 v 的正态分布，其中 m 和 v 的表达式为

$$m=E[\Theta\,|\,X=x]=\frac{\sum_{i=0}^{n}x_i/\sigma_i^2}{\sum_{i=0}^{n}1/\sigma_i^2},\qquad v=\mathrm{var}(\Theta\,|\,X=x)=\frac{1}{\sum_{i=0}^{n}1/\sigma_i^2}.$$

因为正态分布的概率密度函数在均值处取最大值，所以最大后验概率估计为 $\hat{\theta}=m$. ■

例 8.5（续） 在这个例子中，参数 Θ 取值为 1 和 2，分别代表垃圾邮件和正常邮件，概率分别为 $p_\Theta(1)$ 和 $p_\Theta(2)$. X_i 是伯努利随机变量，用于定义词 w_i 是否出现在信息中，即当 w_i 出现时 $X_i=1$，否则 $X_i=0$. 我们已经计算得到垃圾邮件和正常邮件的后验概率，即

$$P(\Theta=m\,|\,X_1=x_1,\cdots,X_n=x_n)=\frac{p_\Theta(m)\prod_{i=1}^{n}p_{X_i\,|\,\Theta}(x_i\,|\,m)}{\sum_{j=1}^{2}p_\Theta(j)\prod_{i=1}^{n}p_{X_i\,|\,\Theta}(x_i\,|\,j)},\qquad m=1,2.$$

我们希望根据相应向量 $(x_1,\cdots,x_n)$ 来判断一封邮件是垃圾邮件还是正常邮件. 最大后验概率准则根据下式判断，如果下面的式子成立，则判断该邮件为垃圾邮件：

$$P(\Theta=1\,|\,X_1=x_1,\cdots,X_n=x_n)>P(\Theta=2\,|\,X_1=x_1,\cdots,X_n=x_n),$$

或等价的

$$p_\Theta(1)\prod_{i=1}^{n}p_{X_i\,|\,\Theta}(x_i\,|\,1)>p_\Theta(2)\prod_{i=1}^{n}p_{X_i\,|\,\Theta}(x_i\,|\,2).$$ ■

8.2.1 点估计

在一个估计问题中，给定 X 的观测值 x，后验分布获得了 x 提供的所有相关信息. 此外，我们对概括了后验性质的某些量很感兴趣. 例如，**点估计**是一个数值，它表达了我们关于 Θ 取值的最好猜测.

先介绍一下有关估计的概念和术语. 为简单起见，假设 Θ 是一维的，但是，这里讨论的方法同样适用于多维. **估计值**指的是在得到实际观测值 x 的基础上我们选择的 $\hat{\theta}$ 的数值. $\hat{\theta}$ 的数值是由观测值 x 的某些函数 g 决定的，即 $\hat{\theta}=g(x)$. 随机变量 $\hat{\Theta}=g(X)$ 也称为**估计量**，之所以说 $\hat{\Theta}$ 是随机变量，是因为估计的结果由随机的观测值决定.

利用不同的函数 g 可以构造不同的估计量，其中总有一些会是比较好的估计. 举一个极端的例子，考虑函数 $g(x)=0$. 估计量 $\hat{\Theta}=0$ 根本没有用到数据，因此并不是一个好的估计. 目前有两个最流行的估计量.

(a) **最大后验概率**估计量. 观测到 x，在所有的 θ 中选 $\hat{\theta}$ 使得后验分布达到最大，当有很多这样的取值时，$\hat{\theta}$ 可在备选量中任意选定.

(b) **条件期望**估计量，曾在 4.3 节介绍. 这里选定的估计量为 $\hat{\theta}=E[\Theta\,|\,X=x]$.

条件期望估计量将在 8.3 节仔细讨论. 届时称它为“最小均方（LMS）估计”，因为它有个很重要的性质：在所有估计量中使均方误差达到最小（后面会讨论）. 这里有两条关于最大后验概率估计量的注释.

(a) 如果 Θ 的后验分布关于（条件）均值对称并且是单峰的 [此时，Θ 的后验概率质量函数（或后验概率密度函数）只有一个最大值]，那么最大值会在均值处取得，这时最大后验概率估计量和条件期望估计量就会一样. 比如在例 8.3 中，后验分布保持为正态的情况.

(b) 如果 Θ 是连续型变量，有些时候最大后验概率估计量 $\hat{\theta}$ 的具体值可以通过分析的方法得到. 例如，在对 θ 没有限制的情况下，将 $f_{\Theta|X}(\theta|x)$ 或 $\log f_{\Theta|X}(\theta|x)$ 的导数取为 0，得到一个方程，由方程解出 θ 即可. 但是，在其他情况下，可能需要通过数值计算搜寻.

点估计

- **估计量**是定义为 $\hat{\Theta}=g(X)$ 的随机变量，其中 g 为某些函数. 不同的 g 形成不同的估计量.
- 当得到观测的随机变量 X 的值 x 后，就得到估计量 $\hat{\Theta}=g(X)$ 的取值 $\hat{\theta}$，我们称之为**估计值**.
- 一旦观测到 X 的取值 x，**最大后验概率**估计量就将所有 θ 中使得后验分布达到最大时所对应的参数值赋予估计值 $\hat{\theta}$.
- 一旦观测到 X 的取值 x，**条件期望**估计量就将 $E[\Theta|X=x]$ 赋予估计值 $\hat{\theta}$.

例 8.7 考虑例 8.2 中朱丽叶第一次约会迟到时间的随机变量 X. X 服从区间 $[0,\Theta]$ 中的均匀分布，参数 Θ 是未知随机变量，先验概率密度函数 f_Θ 为 $[0,1]$ 中的均匀分布（随机变量 θ 的单位是小时）. 在那个例子中，对任意 $x\in[0,1]$，后验概率密度函数是

$$f_{\Theta|X}(\theta|x)=\begin{cases}\dfrac{1}{\theta\cdot|\log x|}, & \text{若 } x\leqslant\theta\leqslant 1,\\ 0, & \text{其他.}\end{cases}$$

对于给定的 x，$f_{\Theta|X}(\theta|x)$ 在 Θ 的取值范围 $[x,1]$ 中随 θ 增大而减小. 因此，最大后验概率估计就是 x. 注意这是一个很“乐观”的估计. 如果朱丽叶在第一次约会时只迟到了一小会儿（$x\approx 0$），则未来约会迟到时间的估计是很小的.

条件期望估计就没有这么乐观了. 事实上，我们有

$$E[\Theta|X=x]=\int_x^1\theta\frac{1}{\theta\cdot|\log x|}\mathrm{d}\theta=\frac{1-x}{|\log x|}.$$

图 8-4 描绘了两个估计量随着 x 的变化. 可以看出, 对任意的迟到时间 x, $E[\Theta \mid X = x]$ 比 Θ 的最大后验概率估计要大. ■

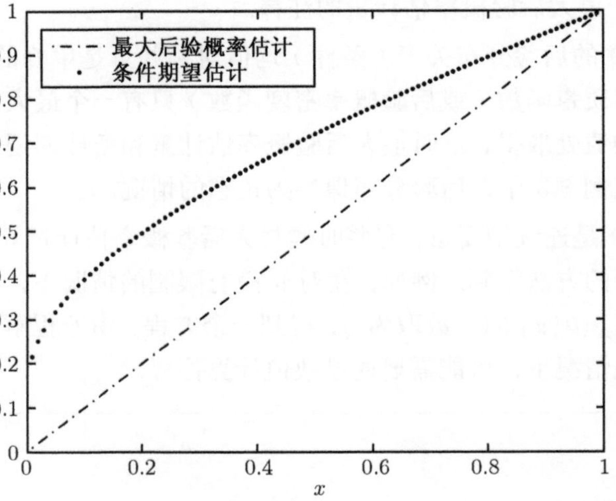

图 8-4　例 8.7 中, 最大后验概率估计和条件期望估计的比较

例 8.8　考虑例 8.4 中的模型, X 为观测到的正面向上的总次数. 假设 Θ 的先验分布 (正面向上的概率) 是 $[0,1]$ 中的均匀分布. 下面来计算 Θ 的最大后验概率估计和条件期望估计.

如例 8.4 所示, 当 $X = k$ 时 Θ 的后验概率密度函数服从参数为 $\alpha = k+1$ 和 $\beta = n-k+1$ 的贝塔分布:

$$f_{\Theta \mid X}(\theta \mid k) = \begin{cases} \dfrac{1}{B(k+1, n-k+1)} \theta^k (1-\theta)^{n-k}, & \text{若 } \theta \in [0,1], \\ 0, & \text{其他}. \end{cases}$$

后验概率密度函数是单峰的. 为了确定峰值的位置, 将表达式 $\theta^k(1-\theta)^{n-k}$ 看作随 θ 变化而变化的函数. 令概率密度函数的导数取值为 0, 得到方程

$$k\theta^{k-1}(1-\theta)^{n-k} - (n-k)\theta^k(1-\theta)^{n-k-1} = 0,$$

由此得到

$$\hat{\theta} = \frac{k}{n}.$$

这就是最大后验概率估计.

为得到条件期望估计, 使用贝塔分布的期望公式 (见例 8.4):

$$E[\Theta \mid X = k] = \frac{k+1}{n+2}.$$

注意, 当 n 的取值很大时, 最大后验概率估计和条件期望估计是基本一致的. ■

如果没有附加的假设条件, 点估计的准确性是没有多大保障的. 举例来说, 最大后验概率估计可能和后验分布的主体部分相距甚远. 因此, 人们通常希望得到

关于估计的一些附加信息，例如条件均方误差 $E[(\hat{\Theta}-\Theta)^2 \mid X=x]$. 在 8.3 节中，我们将进一步讨论这个问题. 特别地，将通过对前面两个例子的回顾，分别计算最大后验概率估计和条件期望估计的条件均方误差.

8.2.2 假设检验

在一个假设检验问题中，Θ 取 $\theta_1,\cdots,\theta_m$ 中的一个值，其中 m 通常是取值较小的整数. 经常处理的问题是 $m=2$，就是二重假设检验问题. 称事件 $\{\Theta=\theta_i\}$ 为第 i 个假设，记为 H_i.

一旦观测到 X 的取值 x，就可以用贝叶斯准则对每个 i 计算后验概率 $P(\Theta=\theta_i \mid X=x)=p_{\Theta \mid X}(\theta_i \mid x)$. 接着根据最大后验概率准则选出后验概率最大的假设.（如果几个假设都拥有相同的最大后验概率，可以任意选择.）正如前面提到的，最大后验概率准则在所有准则中使得做正确决策的概率达到最大，从这个意义上来说它是最理想的.

假设检验的最大后验概率准则

- 给定观测值 x，最大后验概率准则选择使后验概率 $P(\Theta=\theta_i \mid X=x)$ 最大的假设 H_i.
- 等价地，也就是使 $p_\Theta(\theta_i)p_{X \mid \Theta}(x \mid \theta)$（$X$ 离散）或 $p_\Theta(\theta_i)f_{X \mid \Theta}(x \mid \theta)$（$X$ 连续）达到最大的假设 H_i.
- 对任意观测值 x，与其他决策准则相比，最大后验概率准则使得选择错误假设的概率（即犯错的概率）达到最小.

有了最大后验概率准则，就可以计算相应的做出正确决策（或错误决策）的概率，它是关于 x 的函数. 特别地，如果 $g_{\mathrm{MAP}}(x)$ 是最大后验概率准则在 $X=x$ 的情况下选出来的假设，那么做出正确决策的概率是

$$P(\Theta=g_{\mathrm{MAP}}(x) \mid X=x).$$

进一步，S_i 是按最大后验概率准则选择假设 H_i 时所对应的 x 的集合，则做出正确决策的总概率为

$$P(\Theta=g_{\mathrm{MAP}}(X))=\sum_i P(\Theta=\theta_i, X \in S_i),$$

犯错误的概率是

$$\sum_i P(\Theta \neq \theta_i, X \in S_i).$$

下面是用最大后验概率准则计算二重假设的典型例子.

例 8.9 有两枚不均匀的硬币，记为硬币 1 和硬币 2，正面向上的概率分别为 p_1 和 p_2. 随机选择一枚硬币（每枚有相同的入选概率），希望在一次抛硬币结果的基础上判断这枚硬币是硬币 1 还是硬币 2. 令 $\Theta = 1$ 和 $\Theta = 2$ 分别代表假设“选择硬币 1”和“选择硬币 2”. 记 $X = 1$ 表示硬币正面向上，$X = 0$ 表示反面向上.

利用最大后验概率准则，比较 $p_\Theta(1)p_{X\,|\,\Theta}(x\,|\,1)$ 和 $p_\Theta(2)p_{X\,|\,\Theta}(x\,|\,2)$ 的大小，并且认为所抛掷的硬币就是表达式取值较大的那个. 由于 $p_\Theta(1) = p_\Theta(2) = 1/2$，只需比较 $p_{X\,|\,\Theta}(x\,|\,1)$ 和 $p_{X\,|\,\Theta}(x|2)$. 例如，若 $p_1 = 0.46, p_2 = 0.52$，抛掷结果是反面，注意到

$$P(\text{反面}\,|\,\Theta = 1) = 1 - 0.46 > 1 - 0.52 = P(\text{反面}\,|\,\Theta = 2),$$

从而认为所抛掷的是硬币 1.

假设现在将所选的硬币抛掷了 n 次，X 是正面向上的次数. 以前的做法仍然正确，根据最大后验概率准则选择观测结果最有可能发生的假设（建立在假设 $p_\Theta(1) = p_\Theta(2) = 1/2$ 的基础上）. 因此，当 $X = k$ 时，若

$$p_1^k(1 - p_1)^{n-k} > p_2^k(1 - p_2)^{(n-k)},$$

认为 $\Theta = 1$，否则认为 $\Theta = 2$. 图 8-5 解释了最大后验概率准则.

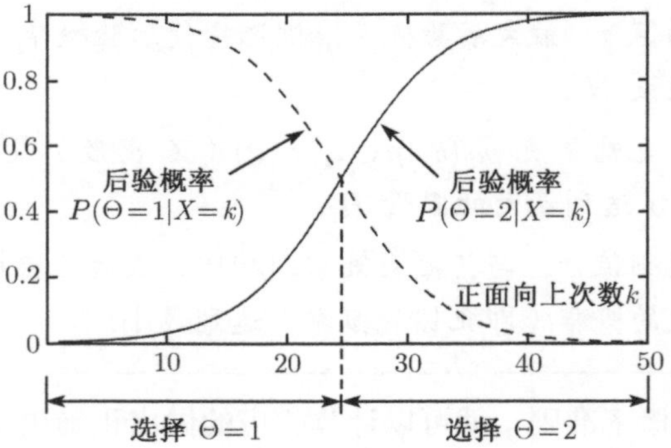

图 8-5 最大后验概率准则在例 8.9 中的应用，其中 $n = 50, p_1 = 0.46, p_2 = 0.52$. 对于 $i = 1, 2$，计算后验概率

$$P(\Theta = i\,|\,X = k) = c(k)p_\Theta(i)P(X = k\,|\,\Theta = i) = c(k)p_\Theta(i)p_i^k(1 - p_i)^{n-k},$$

其中 $c(k) > 0$ 是规范化常数，选择有最大后验概率的假设 $\Theta = i$. 由于例中 $p_\Theta(1) = p_\Theta(2) = 1/2$，按最大后验概率准则，只需选择使 $p_i^k(1 - p_i)^{n-k}$ 达到最大的假设 $\Theta = i$. 在例 8.9 中，$k^* = 24$，当 $k \leqslant k^*$ 时接受 $\Theta = 1$，否则接受 $\Theta = 2$

如图 8-5 所示，最大后验概率准则的特征是典型的二重假设检验问题的决策准则：它的实现是将观测空间划分为两块没有交集的子区域，在每个子区域中接受一种假设. 在这个例子中，最大后验概率准则通过 k^* 的划分而得以实现：当 $k \leqslant k^*$ 时接受 $\Theta = 1$，否则接受 $\Theta = 2$. 由全概率公式可得犯错误的总概率是：

$$\begin{aligned}P(\text{错误}) &= P(\Theta=1, X>k^*)+P(\Theta=2, X\leqslant k^*)\\ &= p_\Theta(1)\sum_{k=k^*+1}^{n} c(k)p_1^k(1-p_1)^{n-k}+p_\Theta(2)\sum_{k=1}^{k^*} c(k)p_2^k(1-p_2)^{n-k}\\ &= \frac{1}{2}\left(\sum_{k=k^*+1}^{n} c(k)p_1^k(1-p_1)^{n-k}+\sum_{k=1}^{k^*} c(k)p_2^k(1-p_2)^{n-k}\right),\end{aligned}$$

其中 $c(k)>0$ 是规范化常数. 图 8-6 给出了一类门限决策准则的犯错误的概率，所谓门限决策准则是由一个 k^* 决定的决策准则，当 $k\leqslant k^*$ 时接受 $\Theta=1$，否则接受 $\Theta=2$. 因此，门限决策准则犯错误的概率是关于 k^* 的函数. 最大后验概率准则是一个特殊的门限决策准则，此例中 $k^*=24$，这个准则使得做正确决策的概率达到最大，从而使犯错误的概率达到最小. ■

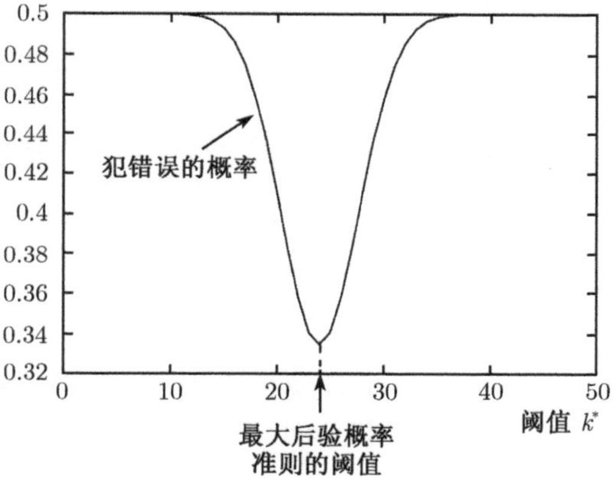

图 8-6 犯错误的概率随门限决策准则中的阈值 k^*（当 $k\leqslant k^*$ 时接受 $\Theta=1$，否则接受 $\Theta=2$）变化的图示. 和图 8-5 一样，相关的参数为 $n=50, p_1=0.46, p_2=0.52$. 最大后验概率准则的阈值为 $k^*=24$，此时犯错误的概率最小

下面介绍通信工程中的一个经典例子.

例 8.10（信号检测和匹配的滤波器） 某发射机传送两条可能的信息中的一条. 若传送信息 1 则 $\Theta=1$，否则 $\Theta=2$. 假设两条信息传送的概率是相等的，即 $p_\Theta(1)=p_\Theta(2)=1/2$.

为提高抗噪声的能力，发射机使用一种信号使得传送信息的时间延长. 实际上，发射机发出信号 $S=(S_1,\cdots,S_n)$，其中 S_i 为实数. 若 $\Theta=1$（或 $\Theta=2$），则 S 是确定的序列 $(a_1,\cdots,a_n)$ [或 $(b_1,\cdots,b_n)$]. 假设两个备选信息有相同的“能量”，即 $a_1^2+\cdots+a_n^2=b_1^2+\cdots+b_n^2$. 接收机能够观测到传送的信号，但伴随着附加噪声的干扰. 具体地，它的观测值为

$$X_i=S_i+W_i,\qquad i=1,\cdots,n,$$

假设 W_i 服从标准正态分布，互相独立，且与信号独立.

在 $\Theta=1$ 的假设下，X_i 是独立正态随机变量，均值为 a_i、方差为 1. 因此

$$f_{X\,|\,\Theta}(x\,|\,1)=\frac{1}{\left(\sqrt{2\pi}\right)^n}\exp\left\{-\frac{(x_1-a_1)^2+\cdots+(x_n-a_n)^2}{2}\right\}.$$

类似地，

$$f_{X\,|\,\Theta}(x\,|\,2)=\frac{1}{\left(\sqrt{2\pi}\right)^n}\exp\left\{-\frac{(x_1-b_1)^2+\cdots+(x_n-b_n)^2}{2}\right\}.$$

根据贝叶斯准则，信息 1 被传送的概率是

$$\frac{\exp\left\{-\left((x_1-a_1)^2+\cdots+(x_n-a_n)^2\right)/2\right\}}{\exp\left\{-\left((x_1-a_1)^2+\cdots+(x_n-a_n)^2\right)/2\right\}+\exp\{-\left((x_1-b_1)^2+\cdots+(x_n-b_n)^2\right)/2\}}.$$

展开指数式的二次项，并利用假设 $a_1^2+\cdots+a_n^2=b_1^2+\cdots+b_n^2$，表达式化简为

$$P(\Theta=1\,|\,X=x)=p_{\Theta\,|\,X}(1\,|\,x)=\frac{\exp\{a_1x_1+\cdots+a_nx_n\}}{\exp\{a_1x_1+\cdots+a_nx_n\}+\exp\{b_1x_1+\cdots+b_nx_n\}}.$$

计算 $P(\Theta=2\,|\,X=x)$ 的公式也是类似的，把分子中的 a_i 换作 b_i 即可.

根据最大后验概率准则，要选择使后验概率最大的假设，即

若 $\sum_{i=1}^n a_ix_i>\sum_{i=1}^n b_ix_i$，选 $\Theta=1$；
若 $\sum_{i=1}^n a_ix_i<\sum_{i=1}^n b_ix_i$，选 $\Theta=2$.

（若内积相等，则随机选择一个假设.）用来判断传送信号的这种特殊结构称为**匹配的滤波器**：根据得到的信号 $(x_1,\cdots,x_n)$ 计算内积 $\sum_{i=1}^n a_ix_i$ 和 $\sum_{i=1}^n b_ix_i$，选出取值高的作为假设（也就是最佳“匹配”).

这个例子可以推广到 $m>2$ 的情形，其中每条信息传送的概率是相等的. 假设对于信息 k，发射机发出确定的信号 $(a_1^k,\cdots,a_n^k)$ 对于每个 k，$(a_1^k)^2+\cdots+(a_n^k)^2$ 都相等. 这样，在相同的噪声模型下，通过类似的计算，最大后验概率准则解码得到的信号 $(x_1,\cdots,x_n)$ 将会是 $\sum_{i=1}^n a_i^kx_i$ 取值最大的信号 k. ■

8.3 贝叶斯最小均方估计

本节详细讨论条件期望估计量. 特别地，它具有使可能的均方误差达到最小（最小均方）的性质. 我们还将讨论它的一些其他性质.

考虑在没有观测值 X 的情况下用常数 $\hat{\theta}$ 来估计 Θ 的简单问题. 估计误差 $\hat{\theta}-\Theta$ 是随机的（因为 Θ 是随机的)，但均方误差 $E[(\Theta-\hat{\theta})^2]$ 是一个由 $\hat{\theta}$ 决定的数，可以取遍 $\hat{\theta}$ 将其值最小化. 在这种准则下，最好的估计是 $\hat{\theta}=E[\Theta]$，下面验证该结论.

对任何估计 $\hat{\theta}$，我们有

$$E[(\Theta-\hat{\theta})^2]=\mathrm{var}(\Theta-\hat{\theta})+(E[(\Theta-\hat{\theta})])^2=\mathrm{var}(\Theta)+(E[\Theta]-\hat{\theta})^2,$$

第一个等号利用了公式 $E[Z^2]=\text{var}(Z)+(E[Z])^2$，第二个等号成立是因为减去常数 $\hat{\theta}$ 不改变随机变量 Θ 的方差. 现在注意到 $\text{var}(\Theta)$ 是与 $\hat{\theta}$ 无关的. 因此只要选择使 $(E[\Theta]-\hat{\theta})^2$ 达到最小的 $\hat{\theta}$，也就是 $\hat{\theta}=E[\Theta]$. 见图 8-7.

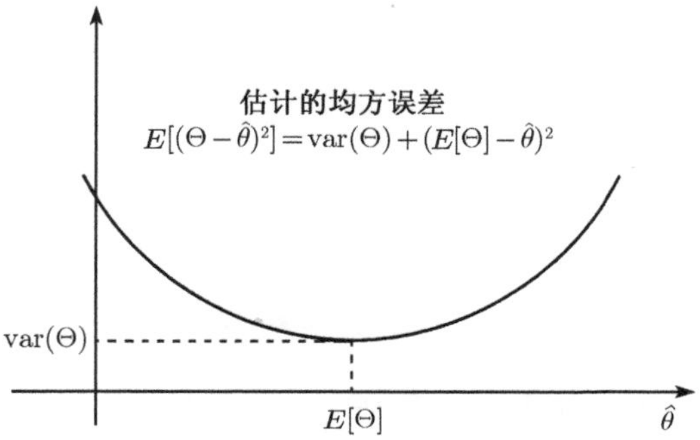

图 8-7 均方误差 $E[(\Theta-\hat{\theta})^2]$ 是关于估计值 $\hat{\theta}$ 的二次函数，在 $\hat{\theta}=E[\Theta]$ 时达到最小. 均方误差的最小值是 $\text{var}(\Theta)$

假设现在我们由观测值 X 来估计 Θ，同时要求均方误差最小. 一旦得到 X 的值 x，情况就变得和之前讨论的一样，但是我们已经进入一个新的“世界”，就是所有的事情都取决于 $X=x$. 所以可以把之前的结论拿过来并且得到结论：在所有常数 $\hat{\theta}$ 中，条件期望 $E[\Theta\,|\,X=x]$ 使得条件均方误差 $E[(\Theta-\hat{\theta})^2\,|\,X=x]$ 达到最小.

广义上，估计量为 $g(X)$ 的（无条件）均方估计误差定义为

$$E[(\Theta-g(X))^2].$$

如果我们将 $E[\Theta\,|\,X]$ 视为 X 的函数或估计量，前面的分析说明，在所有可能的估计量中，$g(X)=E[\Theta\,|\,X]$ 使得均方误差最小. ①

① 对于任意给定 X 的取值 x，$g(x)$ 是一个数，所以

$$E\left[(\Theta-E[\Theta\,|\,X=x])^2\,|\,X=x\right]\leqslant E\left[(\Theta-g(x))^2\,|\,X=x\right].$$

因此

$$E\left[(\Theta-E[\Theta\,|\,X])^2\,|\,X\right]\leqslant E\left[(\Theta-g(X))^2\,|\,X\right],$$

这是关于两个随机变量（X 的函数）的不等式. 对两边取期望，利用全期望定理，得到

$$E\left[(\Theta-E[\Theta\,|\,X])^2\right]\leqslant E\left[(\Theta-g(X))^2\right]$$

对于所有估计量 $g(X)$ 成立.

关于最小均方估计的重要事实

- 在没有观测值的情况下，当 $\hat{\theta}=E[\Theta]$ 时 $E\big[(\Theta-\hat{\theta})^2\big]$ 达到最小：

$$\text{对所有 } \hat{\theta} \text{ 有 } E\big[(\Theta-E[\Theta])^2\big]\leqslant E\big[(\Theta-\hat{\theta})^2\big].$$

- 给定 X 的取值 x，当 $\hat{\theta}=E[\Theta\,|\,X=x]$ 时 $E\big[(\Theta-\hat{\theta})^2\,\big|\,X=x\big]$ 达到最小：

$$\text{对所有 } \hat{\theta} \text{ 有 } E\big[(\Theta-E[\Theta\,|\,X=x])^2\,\big|\,X=x\big]\leqslant E\big[(\Theta-\hat{\theta})^2\,\big|\,X=x\big].$$

- 在所有的基于 X 的 Θ 的估计量 $g(X)$ 中，当 $g(X)=E[\Theta\,|\,X]$ 时均方估计误差 $E\big[(\Theta-g(X))^2\big]$ 达到最小：

$$\text{对所有估计量 } g(X) \text{ 有 } E\big[(\Theta-E[\Theta\,|\,X])^2\big]\leqslant E\big[(\Theta-g(X))^2\big].$$

例 8.11 设 Θ 服从 $[4,10]$ 中的均匀分布．假设在观测 Θ 时伴有随机误差 W．特别地，观测到随机变量的值是

$$X=\Theta+W,$$

假设 W 服从 $[-1,1]$ 中的均匀分布且与 Θ 独立．

为计算 $E[\Theta\,|\,X=x]$，注意到，若 $4\leqslant\theta\leqslant10$ 则 $f_\Theta(\theta)=1/6$，否则 $f_\Theta(\theta)=0$．在 Θ 取值 θ 的情况下，X 就是 $\theta+W$，并且服从 $[\theta-1,\theta+1]$ 区间中的均匀分布．因此，联合概率密度函数为

$$f_{\Theta,X}(\theta,x)=f_\Theta(\theta)f_{X\,|\,\Theta}(x\,|\,\theta)=\frac{1}{6}\cdot\frac{1}{2}=\frac{1}{12},$$

当 $4\leqslant\theta\leqslant10$ 且 $\theta-1\leqslant x\leqslant\theta+1$ 时上式成立，对于其他 $(\theta,\,x)$ 值上式取值为 0．图 8-8 右边的平行四边形是 $f_{\Theta,X}(\theta,x)$ 使得取值不为 0 的 (θ,x) 值的集合．

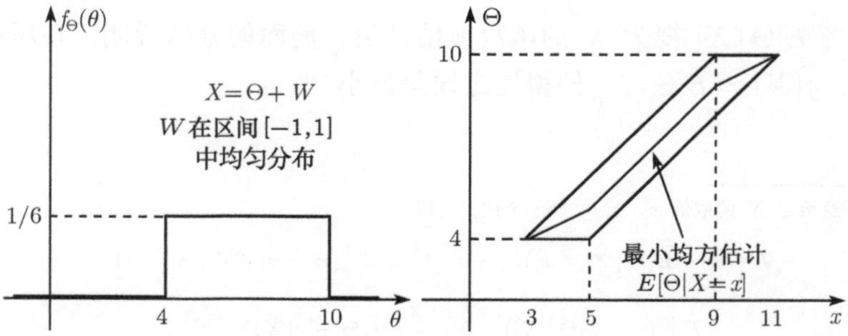

图 8-8　例 8.11 中的概率密度函数．Θ 和 X 的联合概率密度函数是在右图中平行四边形内的均匀分布．给定随机变量 $X=\Theta+W$ 的取值 x，Θ 的最小均方估计由 x 和右边所示的分段线性函数决定

给定 $X=x$，后验概率密度函数 $f_{\Theta\,|\,X}$ 相应于平行四边形的纵断面是均匀分布的. 因此 $E[\Theta\,|\,X=x]$ 是断面的中点，在这个例子中恰好是 x 的分段线性函数. 在给定 $X=x$ 的情况下，均方误差定义为 $E\big[(\Theta-E[\Theta\,|\,X])^2\,\big|\,X=x\big]$，是 Θ 的条件方差. 它是 x 的函数，解释见图 8-9. ■

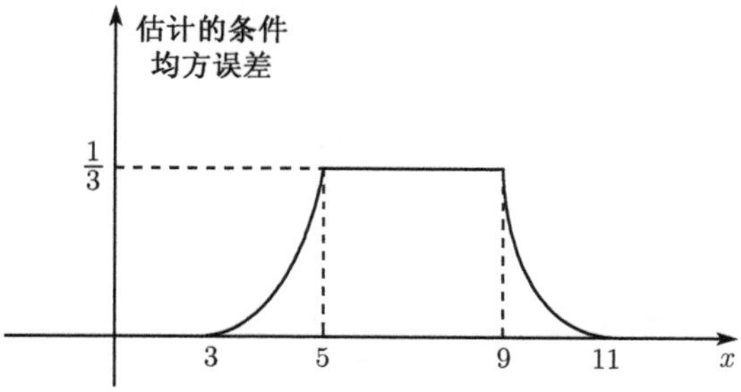

图 8-9 例 8.11 中估计的条件均方误差，它是关于 X 的观测值 x 的函数. 注意，有一些观测值要优于其他的. 例如，若 $X=3$，则可确定 $\Theta=4$ 且条件均方误差为 0

例 8.12 考虑例 8.7，朱丽叶第一次约会的迟到时间是随机变量 X，服从 $[0,\Theta]$ 区间中的均匀分布. 这里 Θ 是未知随机变量，它的先验分布 f_Θ 服从 $[0,1]$ 中的均匀分布. 在那个例子中，已知最大后验概率估计等于 x 且最小均方估计是

$$E[\Theta|X=x]=\int_x^1\theta\frac{1}{\theta\cdot|\log x|}\mathrm{d}\theta=\frac{1-x}{|\log x|}.$$

下面计算最大后验概率估计和最小均方估计的条件均方误差. 给定 $X=x$，对于任意 $\hat{\theta}$ 有

$$\begin{aligned}E[(\hat{\theta}-\Theta)^2\,|\,X=x]&=\int_x^1(\hat{\theta}-\theta)^2\cdot\frac{1}{\theta|\log x|}\mathrm{d}\theta\\&=\int_x^1(\hat{\theta}^2-2\hat{\theta}\theta+\theta^2)\cdot\frac{1}{\theta|\log x|}\mathrm{d}\theta\\&=\hat{\theta}^2-\hat{\theta}\frac{2(1-x)}{|\log x|}+\frac{1-x^2}{2|\log x|}.\end{aligned}$$

对于最大后验概率估计，$\hat{\theta}=x$，条件均方误差是

$$E[(\hat{\theta}-\Theta)^2|X=x]=x^2+\frac{3x^2-4x+1}{2|\log x|}.$$

对于最小均方估计，$\hat{\theta}=(1-x)/|\log x|$，条件均方误差是

$$E[(\hat{\theta}-\Theta)^2|X=x]=\frac{1-x^2}{2|\log x|}-\left(\frac{1-x}{\log x}\right)^2.$$

图 8-10 绘制了两种估计（最大后验概率估计和最小均方估计）的条件均方误差. 可以看出，最小均方估计有一致的相对较小的均方误差. 这是最小均方估计量总体性能优良的体现. ■

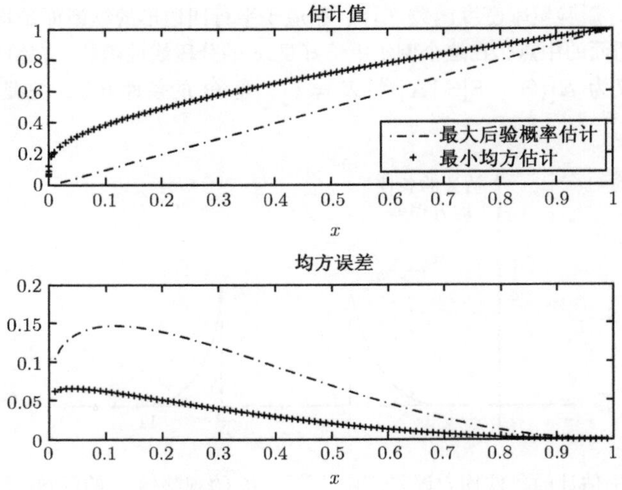

图 8-10　例 8.12 中最大后验概率估计和最小均方估计的比较

例 8.13 考虑例 8.8 中的模型，观测 n 次抛掷一枚不均匀硬币正面向上的次数 X. 假设 Θ（正面向上的概率）的先验分布是 $[0,1]$ 中的均匀分布. 在那个例子中，当 $X=k$ 时，后验密度是参数 $\alpha=k+1$ 和 $\beta=n-k+1$ 的贝塔密度，且最大后验概率等于 k/n. 通过贝塔密度的矩估计公式（见例 8.4）得到

$$E[\Theta^m \mid X=k]=\frac{(k+1)(k+2)\cdots(k+m)}{(n+2)(n+3)\cdots(n+m+1)},$$

特别地，最小均方估计为

$$E[\Theta \mid X=k]=\frac{k+1}{n+2}.$$

给定 $X=k$，任意估计 $\hat{\theta}$ 的条件均方误差是

$$\begin{aligned}E[(\hat{\theta}-\Theta)^2 \mid X=k]&=\hat{\theta}^2-2\hat{\theta}E[\Theta \mid X=k]+E[\Theta^2 \mid X=k]\\&=\hat{\theta}^2-2\hat{\theta}\frac{k+1}{n+2}+\frac{(k+1)(k+2)}{(n+2)(n+3)}.\end{aligned}$$

最大后验概率估计的条件均方误差是

$$\begin{aligned}E[(\hat{\theta}-\Theta)^2 \mid X=k]&=E\left[\left(\frac{k}{n}-\Theta\right)^2 \,\middle|\, X=k\right]\\&=\frac{k^2}{n}-2\frac{k}{n}\cdot\frac{k+1}{n+2}+\frac{(k+1)(k+2)}{(n+2)(n+3)}.\end{aligned}$$

最小均方估计的条件均方误差是

$$\begin{aligned}E[(\hat{\theta}-\Theta)^2 \mid X=k]&=E[\Theta^2 \mid X=k]-(E[\Theta \mid X=k])^2\\&=\frac{(k+1)(k+2)}{(n+2)(n+3)}-\left(\frac{k+1}{n+2}\right)^2.\end{aligned}$$

图 8-11 画出了抛掷 $n=15$ 次的结果. 值得注意的是，和前面的例子一样，最小均方估计有一致的相对较小的条件均方误差. ■

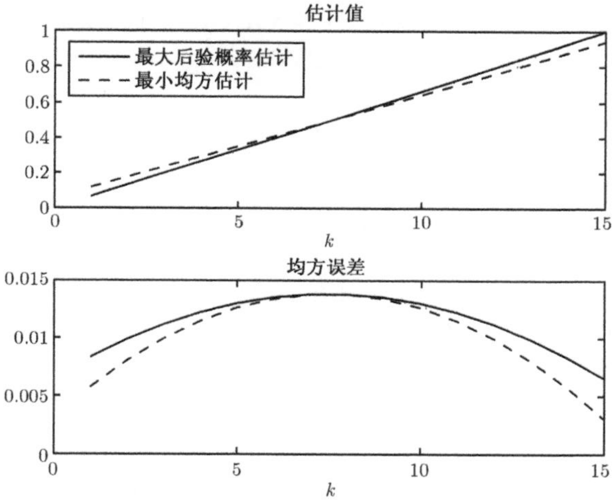

图 8-11 例 8.13 中，在抛掷 $n = 15$ 次、观测到正面向上 k 次的情况下，最大后验概率估计和最小均方估计及其条件均方误差之比较

8.3.1 估计误差的一些性质

将最小均方估计和相应的估计误差分别记为

$$\hat{\Theta} = E[\Theta|X], \qquad \tilde{\Theta} = \hat{\Theta} - \Theta,$$

随机变量 $\hat{\Theta}$ 和 $\tilde{\Theta}$ 有一些很有用的性质，在 4.3 节中已经推导得到，这里只是简单地复述如下.（注意记号上的变化. 在 4.3 节中，观测值记为 Y，待估参数记为 X，这里分别记为 X 和 Θ.）

估计误差的性质

- 估计误差 $\tilde{\Theta}$ 是**无偏**的，具体来说，它的无条件期望和条件期望都是 0:

$$E[\tilde{\Theta}] = 0, \qquad \text{对所有 } x \text{ 有 } E[\tilde{\Theta} \,|\, X = x] = 0.$$

- 估计误差 $\tilde{\Theta}$ 和估计量 $\hat{\Theta}$ 是不相关的：

$$\mathrm{cov}(\hat{\Theta}, \tilde{\Theta}) = 0.$$

- Θ 的方差可以分解为

$$\mathrm{var}(\Theta) = \mathrm{var}(\hat{\Theta}) + \mathrm{var}(\tilde{\Theta}).$$

例 8.14 如果均方误差 $E[\tilde{\Theta}^2] = \mathrm{var}(\tilde{\Theta})$ 和 $\mathrm{var}(\Theta)$（Θ 的无条件方差）是一样的，则称观测 X 是**无信息**的．什么时候会出现这样的情形呢？

利用公式

$$\mathrm{var}(\Theta) = \mathrm{var}(\hat{\Theta}) + \mathrm{var}(\tilde{\Theta})$$

可以看出，X 是无信息的，当且仅当 $\mathrm{var}(\tilde{\Theta}) = 0$．随机变量的方差为 0，当且仅当该随机变量是常数，与其均值相等．于是，我们得出结论，X 是无信息的，当且仅当对于 X 的任意取值，估计 $\hat{\Theta} = E[\Theta \,|\, X]$ 与 $E[\Theta]$ 相等．

若 Θ 和 X 是独立的，对于所有的 x 都有 $E[\Theta \,|\, X = x] = E[\Theta]$，直观上可以看出 X 是无信息的．反过来却不成立：有可能 $E[\Theta \,|\, X = x]$ 总是等于常数 $E[\Theta]$ 的，但是 Θ 和 X 不独立．（你能构造一个例子吗？）■

8.3.2 多次观测和多参数情况

前面的讨论都建立在 X 是一元随机变量的基础之上．然而，在 X 是随机向量 $X = (X_1, \cdots, X_n)$ 时，整个论证和结论也适用．因此，在选 $E[\Theta \,|\, X_1, \cdots, X_n]$ 作为估计量的时候，均方估计误差达到最小，即

$$E[(\Theta - E[\Theta \,|\, X_1, \cdots, X_n])^2] \leqslant E[(\Theta - g(X_1, \cdots, X_n))^2]$$

对于所有估计量 $g(X_1, \cdots, X_n)$ 都成立．

这就对一般的最小均方估计给出了完整的解决方案，但一般很难实现，主要有以下原因：

(a) 为计算条件期望 $E[\Theta \,|\, X_1, \cdots, X_n]$，需要建立概率模型得到联合概率密度函数 $f_{\Theta, X_1, \cdots, X_n}$；

(b) 即使可以找到联合概率密度函数，$E[\Theta \,|\, X_1, \cdots, X_n]$ 也可能是 $X_1, \cdots, X_n$ 的很复杂的函数．

因此，实际中常常求助于条件期望的近似值，或者更关注那些并非最优但是简单而易于实现的估计量．最常用的方法（在 8.4 节讨论）加入了线性估计的约束．

最后，我们考虑估计多参数 $\Theta_1, \cdots, \Theta_m$ 的情况．最自然的是考虑准则

$$E[(\Theta_1 - \hat{\Theta}_1)^2] + \cdots + E[(\Theta_m - \hat{\Theta}_m)^2],$$

我们的目的是求估计量 $\hat{\Theta}_1, \cdots, \hat{\Theta}_m$，使得上式在所有估计量中达到最小．这与寻找每个 $\hat{\Theta}_i$ 使得 $E[(\Theta_i - \hat{\Theta}_i)^2]$ 达到最小是等价的．因此，多参数的估计问题本质上是处理 m 个单参数的估计问题：对于每个未知参数 Θ_i，其相应的最小均方估计为 $\hat{\Theta}_i = E[\Theta_i \,|\, X_1, \cdots, X_n]$，对所有 i 均成立．

8.4 贝叶斯线性最小均方估计

在本节中，我们在估计量的一个较小的集合类中，即在那些观测值的线性函数的集合类中，寻找使得均方误差最小的估计量. 虽然这种估计量会导致较高的均方误差，但是在实际中有明显的优势：计算简单，只涉及均值、方差以及观测与参数之间的协方差. 在最大后验估计量和最小均方估计量难以计算的情况下，这是个很有用的替代估计量.

基于观测 $X_1,\cdots,X_n$ 的 Θ 的线性估计量具有形式

$$\hat{\Theta} = a_1X_1 + \cdots + a_nX_n + b.$$

给定 $a_1,\cdots,a_n,b$，相应的均方误差是

$$E[(\Theta - a_1X_1 - \cdots - a_nX_n - b)^2].$$

线性最小均方估计选择 $a_1,\cdots,a_n,b$ 使得上面的表达式取最小值. 我们首先解决 $n=1$ 的情况，然后再将解法推广.

8.4.1 一次观测的线性最小均方估计

现在我们感兴趣的问题是找到 Θ 的线性估计 $aX+b$，使得均方误差 $E[(\Theta - aX - b)^2]$ 达到最小. 假设已经选好了 a，如何选 b 呢？这个问题等价于选择常数 b 来估计随机变量 $\Theta - aX$. 通过 8.3 节最初的讨论，最好的选择是

$$b = E[\Theta - aX] = E[\Theta] - aE[X].$$

选择了 b 之后，剩下的问题是，选择 a 使得下面的表达式取最小值：

$$E[(\Theta - aX - E[\Theta] + aE[X])^2].$$

将表达式写为

$$\mathrm{var}(\Theta - aX) = \sigma_\Theta^2 + a^2\sigma_X^2 + 2\mathrm{cov}(\Theta, -aX) = \sigma_\Theta^2 + a^2\sigma_X^2 - 2a\cdot\mathrm{cov}(\Theta, X),$$

其中 σ_Θ 和 σ_X 分别是 Θ 和 X 的标准差，且

$$\mathrm{cov}(\Theta, X) = E\big[(\Theta - E[\Theta])(X - E[X])\big]$$

是 Θ 和 X 的协方差. 为使关于 a 的二次函数 $\mathrm{var}(\Theta - aX)$ 达到最小，令表达式的导数为 0，求解 a. 得到

$$a = \frac{\mathrm{cov}(\Theta, X)}{\sigma_X^2} = \frac{\rho\sigma_\Theta\sigma_X}{\sigma_X^2} = \rho\frac{\sigma_\Theta}{\sigma_X},$$

其中

$$\rho = \frac{\mathrm{cov}(\Theta, X)}{\sigma_\Theta \sigma_X}$$

是 Θ 和 X 的相关系数. 根据 a 的选择, 所选线性估计量 $\hat{\Theta}$ 的均方估计误差是

$$\begin{aligned}\mathrm{var}(\Theta - \hat{\Theta}) &= \sigma_\Theta^2 + a^2\sigma_X^2 - 2a \cdot \mathrm{cov}(\Theta, X) \\ &= \sigma_\Theta^2 + \rho^2 \frac{\sigma_\Theta^2}{\sigma_X^2}\sigma_X^2 - 2\rho\frac{\sigma_\Theta}{\sigma_X}\rho\sigma_\Theta\sigma_X \\ &= (1-\rho^2)\sigma_\Theta^2.\end{aligned}$$

线性最小均方估计的公式

- 基于 X 的 Θ 的线性最小均方估计 $\hat{\Theta}$ 是

$$\hat{\Theta} = E[\Theta] + \frac{\mathrm{cov}(\Theta, X)}{\mathrm{var}(X)}(X - \mathrm{E}[X]) = E[\Theta] + \rho\frac{\sigma_\Theta}{\sigma_X}(X - E[X]),$$

  其中

$$\rho = \frac{\mathrm{cov}(\Theta, X)}{\sigma_\Theta \sigma_X}$$

  是相关系数.

- 所得均方估计误差是

$$(1-\rho^2)\sigma_\Theta^2.$$

线性最小均方估计的公式只包括均值、方差以及 Θ 与 X 间的协方差. 更进一步, 它有个直观的解释. 为描述准确起见, 假设相关系数 ρ 是正的. 估计量以 Θ 的基本估计 $E[\Theta]$ 为基础, 通过 $X - E[X]$ 的取值来调整. 举例来说, 若 X 比均值大, 则 X 与 Θ 之间的正相关系数告诉我们预期中的 Θ 将大于它的均值. 因此, 估计量会是一个大于 $E[\Theta]$ 的取值. ρ 的取值同样也会影响估计的质量. 当 $|\rho|$ 接近 1 的时候, 两个随机变量高度相关, 了解 X 将帮助我们准确地估计 Θ, 从而均方误差也比较小.

最后请注意, 在 8.3 节中提到的估计误差的性质对于 Θ 的线性最小均方估计量仍然成立. 见章末习题.

例 8.15 回顾例 8.2、例 8.7 和例 8.12 中的模型: 朱丽叶第一次约会的迟到时间 X 服从区间 $[0, \Theta]$ 中的均匀分布, 这里 Θ 是未知随机变量, 它的先验分布 f_Θ 服从 $[0,1]$ 中的均匀分布. 下面来求基于 X 的 Θ 的线性最小均方估计.

利用事实 $E[X\,|\,\Theta]=\Theta/2$ 和重期望法则，X 的期望值是

$$E[X]=E\big[E[X\,|\,\Theta]\big]=E\left[\frac{\Theta}{2}\right]=\frac{E[\Theta]}{2}=\frac{1}{4}.$$

进一步，利用全方差法则（同第 4 章例 4.17 中的计算），得到

$$\mathrm{var}(X)=\frac{7}{144}.$$

现在，利用公式

$$\mathrm{cov}(\Theta,X)=E[\Theta X]-E[\Theta]E[X]$$

和事实

$$E[\Theta^2]=\mathrm{var}(\Theta)+(E[\Theta])^2=\frac{1}{12}+\frac{1}{4}=\frac{1}{3}$$

计算 X 和 Θ 间的协方差. 我们有

$$E[\Theta X]=E\big[E[\Theta X\,|\,\Theta]\big]=E\big[\Theta E[X\,|\,\Theta]\big]=E\left[\frac{\Theta^2}{2}\right]=\frac{1}{6},$$

其中第一个等式利用了重期望法则，第二个等式成立是因为对所有的 θ 有

$$E[\Theta X\,|\,\Theta=\theta]=E[\theta X\,|\,\Theta=\theta]=\theta E[X\,|\,\Theta=\theta].$$

因此

$$\mathrm{cov}(\Theta,X)=E[\Theta X]-E[\Theta]E[X]=\frac{1}{6}-\frac{1}{2}\cdot\frac{1}{4}=\frac{1}{24}.$$

线性最小均方估计量是

$$\hat{\Theta}=E[\Theta]+\frac{\mathrm{cov}(\Theta,X)}{\mathrm{var}(X)}(X-E[X])=\frac{1}{2}+\frac{1/24}{7/144}\left(X-\frac{1}{4}\right)=\frac{6}{7}X+\frac{2}{7}.$$

相应的条件均方误差按照例 8.12 中的公式计算，

$$E\big[(\hat{\theta}-\Theta)^2\,\big|\,X=x\big]=\hat{\theta}^2-\hat{\theta}\,\frac{2(1-x)}{|\log x|}+\frac{1-x^2}{2|\log x|},$$

再将 $\hat{\theta}=(6/7)x+(2/7)$ 代入上式，就得到条件均方误差. 在图 8-12 中，我们将线性最小均方估计量、最大后验概率估计量和最小均方估计量（见例 8.2、例 8.7 和例 8.12）放在一起比较. 注意，在图中我们感兴趣的大部分区域里，最小均方估计量和线性最小均方估计量是一致的，相应的条件均方误差也是如此. 而最大后验概率估计量与其他两个估计量相比很明显有较大的均方误差. 当 x 趋近于 1 时，线性最小均方估计量比其他两个估计量的效果要差，有的甚至给出了 $\hat{\theta}>1$ 的估计值，这已经在 Θ 可能取值的范围之外了. ■

例 8.16（不均匀硬币的线性最小均方估计） 回顾例 8.4、例 8.8 和例 8.13 中提到的硬币抛掷问题，现在来求线性最小均方估计量. 在这一问题中，随机变量 Θ（正面向上的概率）的先验分布是 $[0,1]$ 中的均匀分布. 将一枚不均匀硬币独立地抛掷 n 次，观测到正面向上的次数为 X. 因此，如果 Θ 等于 θ，那么随机变量 X 服从参数为 n 和 θ 的二项分布.

我们分别计算线性最小均方估计量公式中的系数. 已知 $E[\Theta]=1/2$ 和

$$E[X]=E\big[E[X\,|\,\Theta]\big]=E[n\Theta]=\frac{n}{2}.$$

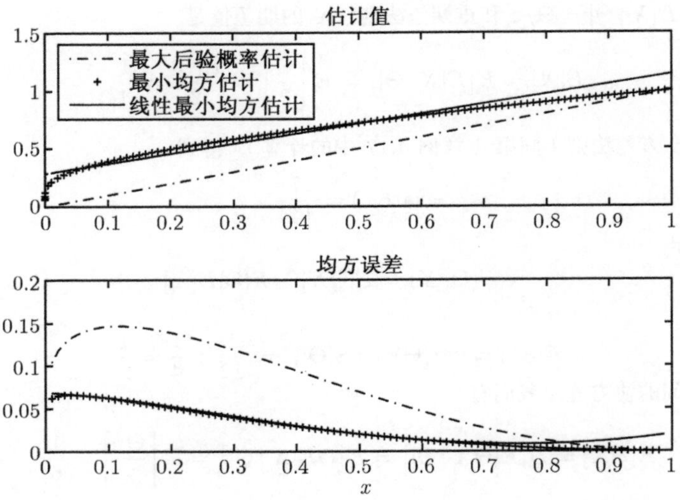

图 8-12 例 8.15 中三个估计量及其条件均方误差的比较

Θ 的方差是 $1/12$，所以 $\sigma_\Theta = 1/\sqrt{12}$. 同样，前面的例子中已经算得 $E[\Theta^2] = 1/3$. 若 Θ 取值 θ，则 X 的（条件）方差是 $n\theta(1-\theta)$. 利用全方差法则，得到

$$\begin{aligned}\text{var}(X) &= E\big[\text{var}(X \mid \Theta)\big] + \text{var}(E[X \mid \Theta]) \\ &= E[n\Theta(1-\Theta)] + \text{var}(n\Theta) \\ &= \frac{n}{2} - \frac{n}{3} + \frac{n^2}{12} \\ &= \frac{n(n+2)}{12}.\end{aligned}$$

为了计算 X 和 Θ 的协方差，利用公式

$$\text{cov}(\Theta, X) = E[\Theta X] - E[\Theta]E[X] = E[\Theta X] - \frac{n}{4}.$$

类似于例 8.15，我们有

$$E[\Theta X] = E\big[E[\Theta X \mid \Theta]\big] = E\big[\Theta E[X \mid \Theta]\big] = E\big[n\Theta^2\big] = \frac{n}{3},$$

所以

$$\text{cov}(\Theta, X) = \frac{n}{3} - \frac{n}{4} = \frac{n}{12}.$$

将所有的计算结果代入线性最小均方估计量的公式，得到

$$\hat{\Theta} = \frac{1}{2} + \frac{n/12}{n(n+2)/12}\Big(X - \frac{n}{2}\Big) = \frac{1}{2} + \frac{1}{n+2}\Big(X - \frac{n}{2}\Big) = \frac{X+1}{n+2}.$$

注意，这与之前例 8.13 中得到的最小均方估计是一致的. 这并不奇怪：如果最小均方估计量是线性的，就如例 8.13 中那样，则此估计量在线性估计量（更小的类）中仍然是最优的. ■

8.4.2 多次观测和多参数情形

现在将求线性最小均方估计的方法推广到多次观测的情形. 由单次观测值的情形推广到多次观测值到情形并不会带来困难，用相似的方法可推导得到线性最小均方估计的公式. 线性估计的系数只和各观测值的均值、方差以及不同的随机变量对的协方差有关. 同样地，对于多参数 Θ_i 估计，考虑准则

$$E\big[(\Theta_1-\hat{\Theta}_1)^2\big]+\cdots+E\big[(\Theta_m-\hat{\Theta}_m)^2\big],$$

使其在所有估计量 $\hat{\Theta}_1,\cdots,\hat{\Theta}_m$ 都是观测值的线性函数的情况下达到最小. 这与寻找每个 $\hat{\Theta}_i$ 使得 $E\big[(\Theta_i-\hat{\Theta}_i)^2\big]$ 达到最小是等价的，因此在本质上将问题化简成了 m 个单参数的线性最小均方估计的求解问题.

在多次观测且相互独立的情况下，单个参数的线性最小均方估计量的公式可以简化如下. Θ 是均值为 μ、方差为 σ_0^2 的随机变量，$X_1,\cdots,X_n$ 是具有如下形式的多次观测：

$$X_i=\Theta+W_i,$$

其中观测误差 W_i 是均值为 0、方差为 σ_i^2 的随机变量. 假设 $\Theta,W_1,\cdots,W_n$ 各不相关，基于观测值 $X_1,\cdots,X_n$ 的 Θ 的线性最小均方估计量是

$$\hat{\Theta}=\frac{\mu/\sigma_0^2+\sum_{i=1}^n X_i/\sigma_i^2}{\sum_{i=0}^n 1/\sigma_i^2}.$$

上述结果的推导是非常简单的. 我们的目标函数为

$$h(a_1,\cdots,a_n,b)=E\big[(\Theta-a_1X_1-\cdots-a_nX_n-b)^2\big],$$

为求其最小值，令其关于 $a_1,\cdots,a_n,b$ 的偏导数分别为 0. 经过计算（见章末习题）得到前面线性最小均方估计量公式中的系数为

$$b=\frac{\mu/\sigma_0^2}{\sum_{i=0}^n 1/\sigma_i^2},\qquad a_j=\frac{1/\sigma_j^2}{\sum_{i=0}^n 1/\sigma_i^2},\qquad j=1,\cdots,n.$$

8.4.3 线性估计和正态模型

线性最小均方估计量往往和最小均方估计量 $E[\Theta\,|\,X_1,\cdots,X_n]$ 有不同的形式，因此它次于最小均方估计量. 但是，如果最小均方估计量恰好是观测值 $X_1,\cdots,X_n$ 的线性函数，则它同时也是线性最小均方估计量，即两个估计量重合.

这种情况发生的一个重要例子是：Θ 是正态随机变量，观测值是 $X_i=\Theta+W_i$，其中 W_i 是独立零均值的正态噪声项，与 Θ 独立. 这个模型与例 8.3 中的一样，我们看到 Θ 的后验分布是正态的，其条件均值 $E[\Theta\,|\,X_1,\cdots,X_n]$ 是观测值的线性

函数. 因此，最小均方估计量和线性最小均方估计量重合. 事实上，本节中给出的线性最小均方估计量的公式和例 8.3 中后验均值 $\hat{\theta}$ 的表达式是一致的. 这个结果还可以进一步推广：如果 $\Theta, X_1, \cdots, X_n$ 都是一些独立正态随机变量的线性函数，那么最小均方估计和线性最小均方估计量是一致的. 它们和最大后验概率估计量也是一致的，这是由于正态分布是单峰对称的.

上述讨论引出了对线性最小均方估计量的一种有趣解读：如果假装涉及的随机变量是正态分布的，并且有指定的均值、方差和协方差，则获取的估计量会与这个估计量相同. 因此，可以从两个角度看待线性最小均方估计量：一是将其看作计算捷径（避免公式 $E[\Theta \mid X]$ 的复杂计算），二是将其看作对模型的简化（用正态分布替代较难处理的分布）.

8.4.4　线性估计的变量选择

下面指出线性最小均方估计和最小均方估计的一个重要区别. 考虑未知随机变量 Θ，观测值 $X_1, \cdots, X_n$ 以及经过变换的观测值 $Y_i = h(X_i)$（$i = 1, \cdots, n$），其中函数 h 是一一映射. 经过变换后的观测值 Y_i 和原始的观测值 X_i 所传达的信息是相同的，因此基于 $Y_1, \cdots, Y_n$ 的最小均方估计和基于 $X_1, \cdots, X_n$ 的最小均方估计是一样的：

$$E[\Theta \mid h(X_1), \cdots, h(X_n)] = E[\Theta \mid X_1, \cdots, X_n].$$

与之相比，线性最小均方估计存在的前提是，在观测 $X_1, \cdots, X_n$ 的线性函数类中存在 Θ 的合理的估计量；但这并不总是成立的. 例如，Θ 是某分布的未知方差，$X_1, \cdots, X_n$ 是从那个分布独立抽样的随机变量. 如此一来，希望从 $X_1, \cdots, X_n$ 的线性函数中找出 Θ 的好的估计是不可能的. 这也说明，对观测的变换对于找到 Θ 的好的估计是有帮助的. 要找到合适的变换并不总是很容易的，对问题结构的直觉往往可以提供一些比较好的选择. 习题 17 就是一个简单的例子.

8.5　小结和讨论

本章介绍了统计推断方法，目的是从与概率相关的观测中提取未知变量或模型的信息. 我们关注的未知量是一个（也可能是多个）参数 θ，并且讨论了假设检验和估计问题.

我们已经对贝叶斯和经典统计推断方法做了区分. 本章着重讨论贝叶斯方法，即将参数看作具有先验分布的随机变量 Θ. 我们最感兴趣的目标是在给定观测时 Θ 的后验分布. 从原理上说，可以通过贝叶斯准则计算后验分布，但实际上，这是一项很艰巨的任务.

最大后验概率准则（使 Θ 的后验概率达到最大）是用途广泛的推断方法，可以用于估计和假设检验问题. 我们还讨论了其他两种参数估计的方法：最小均方（或条件期望）估计量和线性最小均方估计量. 它们基于使 Θ 及其估计间的均方误差最小化的原则. 线性最小均方估计有时会导致较大的均方误差，但是计算简单，且只与相关变量的均值、方差及 Θ 和观测之间的协方差有关. 在 Θ 和观测随机变量都服从正态分布的假设下，最大后验概率估计量和两个最小均方估计量是重合的.

8.6 习题

8.1 节 贝叶斯推断与后验分布

1. 阿尔泰米西娅搬入一间新房子，她只有 50% 的概率确定新房子的电话号码是 2537267. 为此，她用房间的电话机拨打 2537267，结果接到"忙碌"的提示. 她因此得出结论，这个号码是正确的. 假设在任何时间内一个 7 位数电话号码忙碌的概率是 1%，那么，阿尔泰米西娅的结论正确的概率为多少呢?

2. 学生南菲丽在概率论课堂上做选择题测试. 共 10 道题，每题 3 个选项. 题与题之间是独立的，每道题有两种可能的情况：她知道答案，这样她就能够答对这道题；她不知道答案，会猜答案，有 1/3 的概率猜对答案.

(a) 假设南菲丽答对了第一道题，她的确知道该正确答案的概率是多大?

(b) 假设南菲丽答对了 10 道题中的 6 道，她的确知道正确答案的题目数的后验概率质量函数是什么?

8.2 节 点估计、假设检验、最大后验概率准则

3. 相继到达阿尔文乘车的车站的两辆公共汽车之间的间隔时间（分钟）是一个随机变量，服从参数为 Θ 的指数分布. Θ 的先验概率密度函数是

$$f_\Theta(\theta) = \begin{cases} 10\theta, & \text{若 } \theta \in [0, 1/\sqrt{5}], \\ 0, & \text{其他}. \end{cases}$$

(a) 周一，阿尔文到达车站后等了 30 分钟汽车才来. 求 Θ 的后验概率密度函数、最大后验概率估计和条件期望估计.

(b) 基于周一的经验，阿尔文决定更准确地估计 Θ，于是记录了他五天的等车时间，分别为 30, 25, 15, 40, 20 分钟. 假设观测值相互独立. 基于五天的观测数据，求 Θ 的后验概率密度函数、最大后验概率估计和条件期望估计.

4. 学生们在概率论课上做选择题，共 10 道题，每题 3 个选项. 知道答案的学生能够正确作答，不知道答案的会猜答案且猜对的概率为 1/3. 每个学生属于下面三个类别 $i = 1, 2, 3$ 的概率是相等的：知道每题答案的概率 θ_i，其中 $\theta_1 = 0.3$, $\theta_2 = 0.7$, $\theta_3 = 0.95$（题与题之间是独立的）. 假设随机抽取的一个学生答对了 k 道题.

(a) 对于 k 的每个取值，求这个学生属于哪个类别的最大后验概率估计.

(b) 设 M 是这个学生知道答案的题目数. 在这个学生答对 5 道题的情况下，求 M 的后验概率质量函数、最大后验概率估计和最小均方估计.

5. 将例 8.4 中不均匀硬币问题稍加变动. 假设正面向上的概率 Θ 分布在区间 $[0,1]$ 中，概率密度函数为

$$f_\Theta(\theta) = 2 - 4\left|\frac{1}{2} - \theta\right|, \qquad \theta \in [0,1].$$

假设 n 次独立抛掷的结果是 k 次正面和 $n-k$ 次反面，求 Θ 的最大后验概率估计.

6. 霍许难教授想在概率论考试中出些难题，她正在考虑一道准备在下次考试中出的题目. 因此她让助教解这道题并记录解题时间. 这道题是难题（$\Theta=1$）的先验概率为 0.3，助教解题时间的条件概率密度函数（单位：分钟）是

$$f_{T\mid\Theta}(x\mid\Theta=1) = \begin{cases} c_1 \mathrm{e}^{-0.04x}, & 若\ 5 \leqslant x \leqslant 60, \\ 0, & 其他, \end{cases}$$

（$\Theta=1$ 表示题目难），

$$f_{T\mid\Theta}(x\mid\Theta=2) = \begin{cases} c_2 \mathrm{e}^{-0.16x}, & 若\ 5 \leqslant x \leqslant 60, \\ 0, & 其他, \end{cases}$$

（$\Theta=2$ 表示题目不难），其中 c_1 和 c_2 为归一化常数. 她用最大后验概率准则来判断这道题是否难.

(a) 若助教解题时间为 20 分钟，她将接受何种假设？犯错误的概率是多少？

(b) 为了提高她的判断的可靠性，霍教授又找来四位助教解这道题. 助教的解题时间是相互独立的且服从前述解题时间分布. 记录的解题时间分别是 10, 25, 15, 35 分钟. 基于这五个观测值，霍教授现在将接受何种假设？犯错误的概率是多少？

7. 有两个盒子，各装三个球：盒子 1 中装一个黑球和两个白球，盒子 2 中装两个黑球和一个白球. 我们随机选择一个盒子，选盒子 1 的概率是确定的 p，然后从选定的盒子中抽出一个球.

(a) 描述通过抽出球的颜色来判断盒子编号的最大后验概率准则.

(b) 假设 $p=0.5$，求做出判断时犯错的概率，并与不抽球就做出判断时犯错的概率比较.

8. 已知硬币正面向上的概率为 q_0（假设 H_0）或 q_1（假设 H_1）. 现独立重复地抛掷硬币，记录在首次出现反面向上之前正面向上的次数. 假设 $0<q_0<q_1<1$，且给定先验概率 $P(H_0)$ 和 $P(H_1)$ 的值.

(a) 给定在首次出现反面之前出现了 k 次正面，假定先验概率 $P(H_0)=P(H_1)=1/2$，计算假设 H_1 正确的条件概率.

(b) 考虑决策准则：设 k^* 为非负整数，当 $k \geqslant k^*$ 时选择备择假设 H_1，否则选择假设 H_0. 假定先验概率 $P(H_0)=P(H_1)=0.5$，试给出这个决策准则犯错概率的公式. 当 k^* 取何值时犯错的概率达到最小？还有其他类型的决策准则可以进一步降低犯错的概率吗？

(c) 假设 $q_0 = 0.3, q_1 = 0.7, P(H_1) > 0.7$. 在 $P(H_1)$ 从 0.7 变到 1 的过程中，最优选择 k^*（使犯错概率达到最小）是如何变化的？

***9.** 考虑含有 m 重假设的贝叶斯假设检验问题，观测向量为 $X = (X_1, \cdots, X_n)$. $g_n(X_1, \cdots, X_n)$ 是基于 $X_1, \cdots, X_n$ 的最大后验概率估计，$g_{n-1}(X_1, \cdots, X_{n-1})$ 是基于 $X_1, \cdots, X_{n-1}$ 的最大后验概率估计（最大后验概率准则只利用观测向量中的前 $n-1$ 个元素）. $x = (x_1, \cdots, x_n)$ 是观测向量的实际值，令

$$e_n(x_1, \cdots, x_n) = P(\Theta \neq g_n(x_1, \cdots, x_n) \mid X_1 = x_1, \cdots, X_n = x_n),$$
$$e_{n-1}(x_1, \cdots, x_{n-1}) = P(\Theta \neq g_{n-1}(x_1, \cdots, X_{n-1}) \mid X_1 = x_1, \cdots, X_{n-1} = x_{n-1})$$

为相应的犯错概率. 证明

$$e_n(x_1, \cdots, x_n) \leqslant e_{n-1}(x_1, \cdots, x_{n-1}),$$

所以在做最大后验概率决策的时候，增加数据不会造成犯错概率的增加.

解 将 $g_{n-1}(X_1, \cdots, X_{n-1})$ 看作基于观测向量所有元素 $X_1, \cdots, X_n$ 的特殊决策准则. 由于最大后验概率准则 $g_n(X_1, \cdots, X_n)$ 使犯错概率达到最小（在所有基于 $X_1, \cdots, X_n$ 的准则中），即得结果.

8.3 节 贝叶斯最小均方估计

10. 警方的测速雷达总是高估驶来汽车的速度，高估的数量服从 [0, 5] 英里/小时的均匀分布. 假设汽车行驶的速度服从 [55, 75] 英里/小时的均匀分布，雷达测量的汽车速度的最小均方估计是什么？

11. 商店购物车的数量 Θ 服从 1 到 100 的均匀分布，购物车从 1 到 Θ 依次编号. 你在进入商店的时候观测到的第一辆购物车的编号为 X，假定 X 服从 $1, \cdots, \Theta$ 中的均匀分布. 现在想利用此信息来估计 Θ. 找出最大后验概率估计和最小均方估计并绘图. 提示：注意与例 8.2 的相似性.

12. 考虑例 8.2 中的多个观测变量的情况：给定 $\Theta = \theta$，随机变量 $X_1, \cdots, X_n$ 相互独立且服从区间 $[0, \theta]$ 中的均匀分布，Θ 的先验分布是区间 [0, 1] 中的均匀分布. 假设 $n > 3$.

(a) 给定 $X_1, \cdots, X_n$ 的值 $x_1, \cdots, x_n$，求 Θ 的最小均方估计.

(b) 当 $n = 5$ 时，画出最大后验概率估计量和最小均方估计量的条件均方误差关于 $\bar{x} = \max\{x_1, \cdots, x_n\}$ 的函数图像.

(c) 若固定 $\bar{x} = 0.5$，当 $n \to \infty$ 时，最大后验概率估计、最小均方估计和相应的条件均方误差的表现如何？

***13.** (a) $Y_1, \cdots, Y_n$ 是独立同分布的随机变量，令 $Y = Y_1 + \cdots + Y_n$. 证明 $E[Y_1 \mid Y] = Y/n$.

(b) Θ 和 W 是独立零均值正态随机变量，方差分别为正整数 k 和 m. 利用 (a) 部分的结论求 $E[\Theta \mid \Theta + W]$，并确认这与例 8.3 中的条件期望公式是一样的. 提示：将 Θ 和 W 看作独立随机变量之和.

(c) 重复 (b) 部分的过程，不过 Θ 和 W 为相互独立的泊松随机变量，均值分别为整数 λ 和 μ.

解 (a) 根据对称性，对每个 i 来说 $E[Y_i \,|\, Y]$ 是一样的. 进一步，

$$E[Y_1 + \cdots + Y_n \,|\, Y] = E[Y \,|\, Y] = Y.$$

所以，$E[Y_1 \,|\, Y] = Y/n$.

(b) 可以将 Θ 和 W 看作独立标准正态随机变量之和：

$$\Theta = \Theta_1 + \cdots + \Theta_k, \qquad W = W_1 + \cdots + W_m.$$

将 (a) 部分中的 Y 看作 $\Theta + W$，得到

$$E[\Theta_i \,|\, \Theta + W] = \frac{\Theta + W}{k + m}.$$

因此，

$$E[\Theta \,|\, \Theta + W] = E[\Theta_1 + \cdots + \Theta_k \,|\, \Theta + W] = \frac{k}{k+m}(\Theta + W).$$

考虑例 8.3 中条件均值的公式，应用到本题的情况（零先验均值、单观测值），得到条件期望的形式为

$$\frac{(\Theta + W)/\sigma_W^2}{(1/\sigma_\Theta^2) + (1/\sigma_W^2)} = \frac{\sigma_\Theta^2}{\sigma_\Theta^2 + \sigma_W^2}(\Theta + W) = \frac{k}{k+m}(\Theta + W),$$

与这里的答案一致.

(c) 回忆一下，独立的泊松随机变量和的分布还是泊松随机变量. 因此，(b) 部分中的论证可以将 Θ 和 W 看作 λ 和 μ 个均值为 1 独立泊松随机变量和，即得

$$E[\Theta \,|\, \Theta + W] = \frac{\lambda}{\lambda + \mu}(\Theta + W).$$

8.4 节　贝叶斯线性最小均方估计

14. 考虑例 8.11 中的随机变量 Θ 和 X. 求 Θ 基于 X 的线性最小均方估计量以及相应的均方误差.

15. 对于习题 11 中的购物车模型，找出最大后验概率、最小均方和线性最小均方估计量，画出它们的条件均方误差关于观测到的购物车编号的函数.

16. 随机变量 X 和 Θ 的联合概率密度函数形式为

$$f_{X,\Theta}(x,\theta) = \begin{cases} c, & \text{若 } (x,\theta) \in S, \\ 0, & \text{其他}, \end{cases}$$

其中 c 是常数，S 是集合

$$S = \{(x,\theta) \,\big|\, 0 \leqslant x \leqslant 2,\, 0 \leqslant \theta \leqslant 2,\, x - 1 \leqslant \theta \leqslant x\}.$$

现希望基于 X 来估计 Θ.

(a) 找出 Θ 的最小均方估计 $g(x)$.

(b) 计算 $E\big[(\Theta - g(X))^2 \,\big|\, X = x\big]$, $E\big[g(X)\big]$, $\mathrm{var}\big(g(X)\big)$.

(c) 计算均方误差 $E\big[(\Theta - g(X))^2\big]$. 它和 $E\big[\mathrm{var}(\Theta \,|\, X)\big]$ 是一样的吗?

(d) 用全期望定理计算 $\mathrm{var}(\Theta)$.

(e) 求 Θ 基于 X 的线性最小均方估计量，并计算其均方误差.

17. Θ 是已知均值为 μ、方差为 σ^2 的正随机变量，将基于具有形式 $X = \sqrt{\Theta}W$ 的测量值来估计. 假设 W 与 Θ 独立，均值为 0、方差为 1，且具有已知的四阶矩 $E\big[W^4\big]$. 因此，在给定 Θ 的情况下，X 的条件均值和方差分别为 0 和 Θ. 我们的目的是在给定观测的情况下估计 X 的条件方差 Θ. 试分别找出 Θ 基于 X 的线性最小均方估计量以及基于 X^2 的线性最小均方估计量.

18. 吞下的布丰针. 医生正在医治不小心吞下一根针的病人. 决定要不要做手术的关键是未知的针的长度 Θ，假设其服从 0 和 $l > 0$ 之间的均匀分布. 希望基于 X 射线下投影长度 X 来估计 Θ. 建立二维坐标系，令

$$X = \Theta \cos W,$$

其中 W 是针和某一轴形成的夹角（锐角）. 假设 W 服从区间 $[0, \pi/2]$ 中的均匀分布，并且与 Θ 独立.

(a) 试求最小均方估计量 $E[\Theta \,|\, X]$. 特别地，写出 $F_{X\,|\,\Theta}(x \,|\, \theta)$, $f_{X\,|\,\Theta}(x \,|\, \theta)$, $f_X(x)$, $f_{\Theta\,|\,X}(\theta \,|\, x)$，并计算 $E[\Theta \,|\, X = x]$. *提示*：下面的公式很有用.

$$\int_a^b \frac{1}{\sqrt{\alpha^2 - c^2}} \mathrm{d}\alpha = \log\big(\alpha + \sqrt{\alpha^2 - c^2}\big)\Big|_a^b, \qquad \int_a^b \frac{\alpha}{\sqrt{\alpha^2 - c^2}} \mathrm{d}\alpha = \sqrt{\alpha^2 - c^2}\Big|_a^b.$$

(b) 试求 Θ 基于 X 的线性最小均方估计以及相应均方误差.

19. 光通信系统中的光电探测器对给定时间区间内到达的光子进行计数. 用户通过开关光子传送器来传送信息. 假设传送器开着的概率是 p. 当传送器开着的时候，传送过来的光子的个数 Θ 服从均值为 λ 的泊松分布. 传送器关着的时候不传送光子.

遗憾的是，不论传送器是关还是开，由于发射噪声现象的存在，光子都有可能被探测到. 发射噪声被探测到的个数 N 服从均值为 μ 的泊松分布. 因此，探测到光子的总数 X 在传送器开着的时候是 $\Theta + N$，在关着的时候是 N. 假设 Θ 和 N 是独立的，于是 $\Theta + N$ 服从均值为 $\lambda + \mu$ 的泊松分布.

(a) 给定光电探测器探测到的光子数 k，传送器开着的概率是多少?

(b) 描述判断传送器是否开着的最大后验概率准则.

(c) 基于探测到的光子个数，找出传送光子个数的线性最小均方估计.

***20. 球形不变概率密度函数的估计**. Θ 和 X 是连续型随机变量，联合概率密度具有形式

$$f_{\Theta,X}(\theta, x) = h\big(q(\theta, x)\big),$$

其中 h 是非负标量函数，$q(\theta, x)$ 是二次函数，形式为

$$q(\theta, x) = a(\theta - \bar{\theta})^2 + b(x - \bar{x})^2 - 2c(\theta - \bar{\theta})(x - \bar{x}).$$

这里 $a \neq 0, b, c, \bar{\theta}, \bar{x}$ 是标量. 对于使得 $E[\Theta \mid X = x]$ 有定义且有限的任意 x，给出最小均方估计和线性最小均方估计. 假设对于所有 θ 和 x，$q(\theta, x) \geqslant 0$，h 单调递减. 给出最大后验概率估计，说明它和最小均方估计以及线性最小均方估计是一致的.

解　θ 的后验概率密度是

$$f_{\Theta \mid X}(\theta \mid x) = \frac{f_{\Theta, X}(\theta, x)}{f_X(x)} = \frac{h\big(q(\theta, x)\big)}{f_X(x)}.$$

为推导最小均方和线性最小均方估计，首先考虑最大后验概率估计，假设对于所有 θ 和 x，$q(\theta, x) \geqslant 0$，h 单调递减. 最大后验概率估计使得 $h\big(q(\theta, x)\big)$ 达到最大，又因为 h 是递减函数，我们要选 θ 使得 $q(\theta, x)$ 达到最小. 令 $q(\theta, x)$ 的导数为 0，得到

$$\hat{\theta} = \bar{\theta} + \frac{c}{a}(x - \bar{x}).$$

（这里用到：非负二次函数的最小值在导数为 0 处取得.）①

现在来证明，$\hat{\theta}$ 和最小均方估计以及线性最小均方估计是等价的（不需要假设对于所有 θ 和 x，$q(\theta, x) \geqslant 0$，h 单调递减）. 注意到

$$\theta - \bar{\theta} = \theta - \hat{\theta} + \frac{c}{a}(x - \bar{x}),$$

将 $q(\theta, x)$ 的表达式代入，经过一些代数计算得到

$$q(\theta, x) = a(\theta - \hat{\theta})^2 + \left(b - \frac{c^2}{a}\right)(x - \bar{x})^2.$$

因此，对于任意给定的 x，后验概率密度是关于 $\hat{\theta}$ 对称的函数. 这说明只要条件均值 $E[\Theta \mid X = x]$ 有限，$\hat{\theta}$ 和 $E[\Theta \mid X = x]$ 就是相等的. 此外，我们有

$$E[\Theta \mid X] = \bar{\theta} + \frac{c}{a}(X - \bar{x}).$$

由于 $E[\Theta \mid X]$ 是 X 的线性函数，因而也是线性最小均方估计量.

***21. 基于两个观测的线性最小均方估计**. 考虑已知均值和方差的三个随机变量 Θ, X, Y. 假设 $\mathrm{var}(X) > 0, \mathrm{var}(Y) > 0$ 且 $|\rho(X, Y)| \neq 1$. 给出 Θ 基于 X 和 Y 的线性最小均方估计.

解　考虑形式为 $\hat{\Theta} = aX + bY + c$ 的线性估计量，选择 a, b, c 使得均方误差 $E\big[(\Theta - aX - bY - c)^2\big]$ 达到最小. 假设 a 和 b 已经选定. 不难验证

$$c = E[\Theta] - aE[X] - bE[Y]$$

使得 $E\big[(\Theta - aX - bY - c)^2\big]$ 达到最小. 接下来的问题就变为选择 a 和 b 使得

$$E\left[\big((\Theta - E[\Theta]) - a(X - E[X]) - b(Y - E[Y])\big)^2\right]$$

① 这说明 $\hat{\theta}$ 是 θ 的最大后验概率估计. ——译者注

达到最小. 将上式展开，得到

$$\text{var}(\Theta)+a^2\text{var}(X)+b^2\text{var}(Y)-2a\text{cov}(\Theta,X)-2b\text{cov}(\Theta,Y)+2ab\text{cov}(X,Y).$$

假设 X 和 Y 是不相关的，因此 $\text{cov}(X,Y)=0$. 将均方误差的表达式分别对 a 和 b 求导，令导数等于 0，得到

$$a=\frac{\text{cov}(\Theta,X)}{\text{var}(X)},\qquad b=\frac{\text{cov}(\Theta Y)}{\text{var}(Y)}.$$

因此，线性最小均方估计量是

$$\hat{\Theta}=E[\Theta]+\frac{\text{cov}(\Theta,X)}{\text{var}(X)}(X-E[X])+\frac{\text{cov}(\Theta,Y)}{\text{var}(Y)}(Y-E[Y]).$$

如果 X 和 Y 是相关的，同样对 a 和 b 求导，令导数等于 0. 得到两个关于 a 和 b 的线性方程，解得

$$a=\frac{\text{var}(Y)\text{cov}(\Theta,X)-\text{cov}(\Theta,Y)\text{cov}(X,Y)}{\text{var}(X)\text{var}(Y)-\text{cov}^2(X,Y)},$$
$$b=\frac{\text{var}(X)\text{cov}(\Theta,Y)-\text{cov}(\Theta,X)\text{cov}(X,Y)}{\text{var}(X)\text{var}(Y)-\text{cov}^2(X,Y)}.$$

注意，条件 $|\rho(X,Y)|\neq 1$ 可保证上面两式的分母不为 0.

*22. **基于多观测的线性最小均方估计.** 设 Θ 是均值为 μ、方差为 σ_0^2 的随机变量，$X_1,\cdots,X_n$ 是具有以下形式的多个观测值：

$$X_i=\Theta+W_i,$$

其中观测误差 W_i 是均值为 0、方差为 σ_i^2 的随机变量，假设 $\Theta,W_1,\cdots,W_n$ 各不相关. 通过取遍 $a_1,\cdots,a_n,b$ 使得下面的函数取最小值：

$$h(a_1,\cdots,a_n,b)=\frac{1}{2}E[(\Theta-a_1X_1-\cdots-a_nX_n-b)^2].$$

证明：Θ 基于观测值 $X_1,\cdots,X_n$ 的线性最小均方估计量是

$$\hat{\Theta}=\frac{\mu/\sigma_0^2+\sum_{i=1}^n X_i/\sigma_i^2}{\sum_{i=0}^n 1/\sigma_i^2}.$$

解 下面将证明取得最小值时的 $a_1,\cdots,a_n,b$ 是

$$b^*=\frac{\mu/\sigma_0^2}{\sum_{i=0}^n 1/\sigma_i^2},\qquad a_j^*=\frac{1/\sigma_j^2}{\sum_{i=0}^n 1/\sigma_i^2},\qquad j=1,\cdots,n.$$

为此，只要证明 $a_1^*,\cdots,a_n^*,b^*$ 是满足 h 关于 $a_1,\cdots,a_n,b$ 的偏导数等于 0 的系数即可（对于非负二次函数 h，导数取值为 0 的点即为最小值）.

对 h 求导，得

$$\left.\frac{\partial h}{\partial b}\right|_{a_i^*,b^*}=E\left[\left(\sum_{i=1}^n a_i^*-1\right)\Theta+\sum_{i=1}^n a_i^*W_i+b^*\right],$$
$$\left.\frac{\partial h}{\partial a_i}\right|_{a_i^*,b^*}=E\left[X_i\left(\left(\sum_{i=1}^n a_i^*-1\right)\Theta+\sum_{i=1}^n a_i^*W_i+b^*\right)\right].$$

根据 b^* 和 a_i^* 的表达式可知

$$\sum_{i=1}^{n} a_i^* - 1 = -\frac{b^*}{\mu}.$$

利用这个等式以及事实

$$E[\Theta] = \mu, \qquad E[W_i] = 0,$$

得到

$$\left.\frac{\partial h}{\partial b}\right|_{a_i^*, b^*} = E\left[\left(-\frac{b^*}{\mu}\right)\Theta + \sum_{i=1}^{n} a_i^* W_i + b^*\right] = 0.$$

再利用等式

$$\begin{aligned} E[X_i(\mu - \Theta)] &= E[(\Theta - \mu + W_i + \mu)(\mu - \Theta)] = -\sigma_0^2, \\ E[X_i W_i] &= E[(\Theta + W_i)W_i] = \sigma_i^2, \qquad \text{对所有 } i, \\ E[X_j W_i] &= E[(\Theta + W_j)W_i] = 0, \qquad \text{对所有 } i \neq j, \end{aligned}$$

得到

$$\begin{aligned} \left.\frac{\partial h}{\partial a_i}\right|_{a_i^*, b^*} &= E\left[X_i\left(\left(-\frac{b^*}{\mu}\right)\Theta + \sum_{i=1}^{n} a_i^* W_i + b^*\right)\right] \\ &= E\left[X_i\left((\mu - \Theta)\frac{b^*}{\mu} + \sum_{i=1}^{n} a_i^* W_i\right)\right] \\ &= -\sigma_0^2\frac{b^*}{\mu} + a_i^*\sigma_i^2 \\ &= 0, \end{aligned}$$

其中最后一个等式成立是由于 b^* 和 a_i^* 的定义.

***23. 最小均方估计的性质.** 设 Θ 和 X 是两个具有正方差的随机变量. 令 $\hat{\Theta}_L$ 是 Θ 基于 X 的线性最小均方估计量，$\tilde{\Theta}_L = \hat{\Theta}_L - \Theta$ 是相应的误差. 同样地，令 $\hat{\Theta}$ 是 Θ 基于 X 的最小均方估计量 $E[\Theta \mid X]$，$\tilde{\Theta} = \hat{\Theta} - \Theta$ 是相应的误差.

(a) 证明：估计误差 $\tilde{\Theta}_L$ 满足

$$E[\tilde{\Theta}_L] = 0.$$

(b) 证明：估计误差 $\tilde{\Theta}_L$ 和观测 X 不相关.

(c) 证明：Θ 的方差可以分解为

$$\mathrm{var}(\Theta) = \mathrm{var}(\hat{\Theta}_L) + \mathrm{var}(\tilde{\Theta}_L).$$

(d) 证明：最小均方估计的估计误差 $\tilde{\Theta}$ 与观测 X 的任意函数 $h(X)$ 不相关.

(e) 证明：$\tilde{\Theta}$ 未必与 X 独立.

(f) 证明：线性最小均方估计误差 $\tilde{\Theta}_L$ 未必与观测 X 的所有函数 $h(X)$ 都不相关，且 $E[\tilde{\Theta}_L \mid X = x]$ 对于所有 x 未必等于 0.

解 (a) 依线性最小均方估计的公式

$$\hat{\Theta}_L = E[\Theta] + \frac{\operatorname{cov}(\Theta, X)}{\sigma_X^2}(X - E[X]),$$

两边取期望得到 $E[\hat{\Theta}_L] = E[\Theta]$，即 $E[\tilde{\Theta}_L] = 0$.

(b) 利用 $\hat{\Theta}_L$ 的公式得到

$$\begin{aligned}
E\big[(\hat{\Theta}_L - \Theta)X\big] &= E\left[\left(E[\Theta] + \frac{\operatorname{cov}(\Theta, X)}{\sigma_X^2}(X - E[X])\right)X - \Theta X\right] \\
&= E\left[E[\Theta]X + \frac{\operatorname{cov}(\Theta, X)}{\sigma_X^2}\left(X^2 - XE[X]\right) - \Theta X\right] \\
&= \frac{\operatorname{cov}(\Theta, X)E\big[X^2\big]}{\sigma_X^2} - \frac{\operatorname{cov}(\Theta, X)(E[X])^2}{\sigma_X^2} - (E[\Theta X] - E[\Theta]E[X]) \\
&= \operatorname{cov}(\Theta, X)\left(\frac{E\big[X^2\big]}{\sigma_X^2} - \frac{(E[X])^2}{\sigma_X^2} - 1\right) \\
&= \operatorname{cov}(\Theta, X)\left(\frac{\sigma_X^2}{\sigma_X^2} - 1\right) \\
&= 0.
\end{aligned}$$

注意到刚刚证得 $E\big[\tilde{\Theta}_L X\big] = 0$，再利用 (a) 部分中的事实 $E[\tilde{\Theta}_L] = 0$，我们有

$$\operatorname{cov}(\tilde{\Theta}_L, X) = E[\tilde{\Theta}_L X] - E[\tilde{\Theta}_L]E[X] = 0,$$

因此估计误差 $\tilde{\Theta}_L$ 和观测 X 不相关.

(c) 由于 $\operatorname{cov}(\tilde{\Theta}_L, X) = 0$，而 $\hat{\Theta}_L$ 是 X 的线性函数，于是有 $\operatorname{cov}(\tilde{\Theta}_L, \hat{\Theta}_L) = 0$. 因此，

$$\begin{aligned}
\operatorname{var}(\Theta) &= \operatorname{var}(\hat{\Theta}_L - \tilde{\Theta}_L) = \operatorname{var}(\hat{\Theta}_L) + \operatorname{var}(-\tilde{\Theta}_L) + 2\operatorname{cov}(\hat{\Theta}_L, -\tilde{\Theta}_L) \\
&= \operatorname{var}(\hat{\Theta}_L) + \operatorname{var}(\tilde{\Theta}_L) - 2\operatorname{cov}(\hat{\Theta}_L, \tilde{\Theta}_L) = \operatorname{var}(\hat{\Theta}_L) + \operatorname{var}(\tilde{\Theta}_L).
\end{aligned}$$

(d) 这是由于 $E[\tilde{\Theta}] = 0$ 以及

$$\begin{aligned}
E\big[\tilde{\Theta}h(X)\big] &= E\big[(E[\Theta \,|\, X] - \Theta)h(X)\big] \\
&= E\big[E[\Theta \,|\, X]h(X)\big] - E\big[\Theta h(X)\big] \\
&= E\big[E[\Theta h(X) \,|\, X]\big] - E\big[\Theta h(X)\big] \\
&= E\big[\Theta h(X)\big] - E\big[\Theta h(X)\big] \\
&= 0.
\end{aligned}$$

(e) 设 Θ 和 X 是具有联合概率质量函数

$$p_{\Theta,X}(\theta, x) = \begin{cases} 1/3, & \text{若 } (\theta, x) = (0,0),\ (1,1),\ (-1,1), \\ 0, & \text{其他} \end{cases}$$

的离散随机变量. 在这个例子中，$X = |\Theta|$，这样 X 和 Θ 不相互独立. 注意到对于任意可能的取值 x 有 $E[\Theta \,|\, X = x] = 0$，从而 $E[\Theta \,|\, X] = 0$. 所以有 $\tilde{\Theta} = -\Theta$. 由于 X 和 Θ 不相互独立，X 和 $\tilde{\Theta}$ 也不相互独立.

(f) 设 Θ 和 X 是具有联合概率质量函数

$$p_{\Theta,X}(\theta,x)=\begin{cases}1/3, & 若\ (\theta,x)=(0,0),\ (1,1),\ (1,-1),\\ 0, & 其他\end{cases}$$

的离散随机变量. 在这个例子中，$\Theta=|X|$. 注意到 $E[X]=0$ 和 $E[\Theta X]=0$，所以 X 和 Θ 是不相关的. 依线性最小均方估计的定义，$\hat{\Theta}_L=E[\Theta]=2/3$，$\tilde{\Theta}_L=(2/3)-\Theta=(2/3)-|X|$ 与 X 不独立. 进一步有 $E[\tilde{\Theta}_L\,|\,X=x]=(2/3)-|x|$，这依赖于 $x=0$ 或 $|x|=1$ 取值为 2/3 或 $-1/3$.

*__24.__ **基于多观测的线性最小均方估计的性质.** 令 $\Theta,X_1,\cdots,X_n$ 是给定方差和协方差的随机变量. $\hat{\Theta}_L$ 是 Θ 基于 $X_1,\cdots,X_n$ 的线性最小均方估计量，$\tilde{\Theta}_L=\hat{\Theta}_L-\Theta$ 是相应的误差. 证明：$E[\tilde{\Theta}_L]=0$，且对每个 i，$\tilde{\Theta}_L$ 和 X_i 不相关.

解　先证明对于所有 i 有 $E[\tilde{\Theta}_L X_i]=0$. 考虑一个新的线性估计量 $\hat{\Theta}_L+\alpha X_i$，其中 α 是标量参数. 由于 $\hat{\Theta}_L$ 是线性最小均方估计量，它的均方误差 $E[(\hat{\Theta}_L-\Theta)^2]$ 不会超过新估计量的均方误差 $h(\alpha)=E[(\hat{\Theta}_L+\alpha X_i-\Theta)^2]$. 因此，函数 $h(\alpha)$ 在 $\alpha=0$ 的时候取最小值，即 $(\mathrm{d}h/\mathrm{d}\alpha)(0)=0$. 注意到

$$h(\alpha)=E[(\tilde{\Theta}_L+\alpha X_i)^2]=E[\tilde{\Theta}_L^2]+\alpha E[\tilde{\Theta}_L X_i]+\alpha^2E[X_i^2].$$

由条件 $(\mathrm{d}h/\mathrm{d}\alpha)(0)=0$ 得出 $E[\tilde{\Theta}_L X_i]=0$.

现在我们重复上面的论证，但用常数 1 代替随机变量 X_i. 经过相同的步骤，得到 $E[\tilde{\Theta}_L]=0$. 最后，注意到

$$\mathrm{cov}(\tilde{\Theta}_L,X_i)=E[\tilde{\Theta}_L X_i]-E[\tilde{\Theta}_L]E[X_i]=0-0\cdot E[X_i]=0,$$

所以 $\tilde{\Theta}_L$ 和 X_i 是不相关的.

第 9 章　经典统计推断

在第 8 章，我们将未知参数看成随机变量，利用贝叶斯方法进行统计推断. 我们处理的所有例子都是单一、完全确定的概率模型，并能够利用贝叶斯准则进行推导和计算.

相比之下，本章采用一种完全不同的原理：认为未知参数 θ 是确定的（非随机）而取值未知. 观测 X 是随机的，根据 θ 取值的不同，服从 $p_X(x;\theta)$（X 是离散的）或 $f_X(x;\theta)$（X 是连续的）. 因此，我们将同时处理多重候选模型，每个模型对应 θ 的一个可能取值，而不是仅仅处理单一的概率模型（见图 9-1）. 在这里，一个“好”的假设检验或者估计过程是指：在每个候选模型为真模型时，都拥有某些理想的性质. 某些情况下，这种方法可被视为采用了最坏情况的视角，即一种估计过程只在 θ 取最差值时仍满足要求，才被视为可以接受.

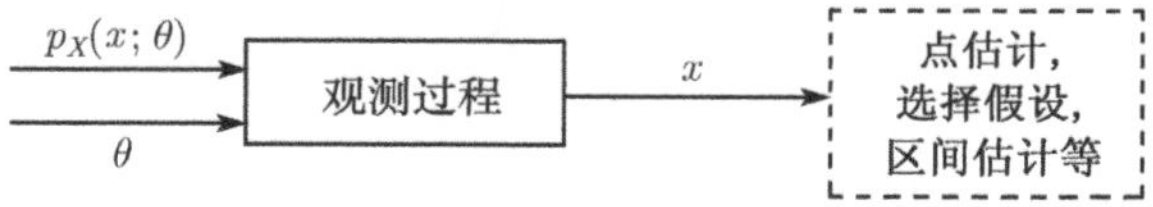

图 9-1　经典推断模型的总结. 对于 θ 的每个取值，有分布 $p_X(x;\theta)$. 利用观测 X 的取值 x 计算点估计，或者选择一个假设，等等

总的来说，在我们的记号中，概率和期望都标明了相应的 θ 的值，从而体现其对 θ 的依赖. 例如，令 $E_\theta\big[h(X)\big]$ 为随机变量 $h(X)$ 的期望，表明它是 θ 的函数. 类似地，用记号 $P_\theta(A)$ 表示事件 A 的概率. 需要注意的是，这里指示 $P_\theta(A)$ 对于 θ 的依赖性仅仅是函数上的依赖性，而不像贝叶斯分析中那样，θ 的出现意味着相应的概率是条件概率.

9.1 节和 9.2 节介绍参数估计，重点是最大似然估计和线性回归方法，经常涉及的是独立同分布的观测值. 这里的问题和第 8 章讨论贝叶斯估计量是类似的. 我们的目标是找到那些具有优良性能的估计量（观测值的函数）. 但是，选取的准则会有所不同，因为它们必须面对未知参数的所有可能取值. 例如，我们的选取准则是要求估计误差的期望为 0（对所有 θ 的值都成立），或者对于未知参数的所有可能取值，估计误差在很大的概率下很小.

9.3 节讨论简单假设检验. 这里提及的方法和第 8 章中（贝叶斯）最大后验

概率方法类似. 特别地，我们计算每个假设成立的似然程度基于已经观测到的数据，并通过两个假设的似然比的某种门限值来选择假设.

9.4 节讨论不同类型的假设检验问题. 举一个例子，假设抛掷一枚硬币 n 次，观测到由抛掷结果（正面或反面）组成的一个序列，我们想知道这枚硬币是否均匀. 需要检验的主要假设是 $p = 0.5$ 是否成立，其中 p 是正面向上的未知概率. 备择假设 $p \neq 0.5$ 是**复合的**，也就是说，它由很多（甚至可能是无限多）子假设组成（例如，$p = 0.1$，$p = 0.4999$，等等）. 很明显，在观测值不是很多的情况下，没有一种可靠的方法能够区分 $p = 0.5$ 还是 $p = 0.4999$. 这类问题通常利用**显著性检验**的方法来解决. 在这些情况下问题通常是：观测数据和假设 $p = 0.5$ 是否一致？粗略地说，在某假设基础上，如果观测到的数据看起来不像是在这个假设之下“碰巧”产生的，那么该假设将被拒绝.

本章的主要术语、问题和方法

- **经典统计**将未知参数看作待确定的常数. 对于未知参数的每个可能取值都假设一个单独的概率模型.
- 在**参数估计**中，希望找到在未知参数取任何可能值的情况下都基本正确的估计.
- 在**假设检验**中，未知参数对应于对立假设取有限的 m（$m \geqslant 2$）个值. 想要选择一个假设，使得在任何可能的假设下错误的概率最小.
- 在**显著性检验**中，希望接受或者拒绝一个简单的假设，保持错误拒绝的概率适当地小.
- 本章主要的经典推断方法.
  (a) **最大似然估计**. 选择参数使得被观测到的数据“最有可能”出现，例如，使获得当前数据的概率最大（见 9.1 节）.
  (b) **线性回归**. 找出最好地匹配一组数据对的线性关系，可以使模型和数据之间差值的平方和最小.（见 9.2 节）.
  (c) **似然比检验**. 给定两个假设，根据它们发生“可能性”的比值选择其一，使得犯错的概率适当小（见 9.3 节）.
  (d) **显著性检验**. 给定一个假设，当且仅当观测数据落在某个拒绝域的时候拒绝该假设. 特别设计的拒绝域使得错误拒绝的概率低于某个给定阈值（见 9.4 节）.

9.1 经典参数估计

本节利用经典方法讨论参数估计问题，所谓经典方法就是将参数 θ 看作未知常数，而不是随机变量. 先介绍一些定义和估计量的相关性质. 然后讨论最大似然估计量，它可以看作经典统计中与贝叶斯最大后验概率估计量相对应的部分. 最后关注简单但重要的估计未知均值的例子，如果可能，也估计未知方差. 本章还讨论建立有很大概率包含未知参数的区间（"置信区间"）的相关问题. 这里用到的重要方法是大数定律和中心极限定理（见第 5 章）.

9.1.1 估计量的性质

给定观测 $X = (X_1, \cdots, X_n)$，**估计量**是指形如 $\hat{\Theta} = g(X)$ 的随机变量. 注意，由于 X 的分布依赖于 θ，因而 $\hat{\Theta}$ 的分布也一样. 估计量 $\hat{\Theta}$ 的取值称为**估计值**.

有时候，尤其是当我们对观测对象的数量 n 起的作用感兴趣时，用 $\hat{\Theta}_n$ 表示一个估计量. 当然，将 $\hat{\Theta}_n$ 看作一系列估计量（分别对应 n 的不同取值）也是合适的. 按照一般的定义，$\hat{\Theta}_n$ 的均值和方差记为 $E_\theta[\hat{\Theta}_n]$ 和 $\text{var}_\theta(\hat{\Theta}_n)$. $E_\theta[\hat{\Theta}_n]$ 和 $\text{var}_\theta(\hat{\Theta}_n)$ 都是 θ 的数值函数，为简单起见，在情况清楚的时候就不说明这种依赖性了.

下面介绍和估计量的各种性质相关的一些术语.

估计量的相关术语

$\hat{\Theta}_n$ 是未知参数 θ 的一个**估计量**，是关于 n 个观测 $X_1, \cdots, X_n$（服从依赖参数 θ 的分布）的函数.

- **估计误差**，记为 $\tilde{\Theta}_n$，定义为 $\tilde{\Theta}_n = \hat{\Theta}_n - \theta$.
- 估计量的**偏差**，记为 $b_\theta(\hat{\Theta}_n)$，是估计误差的期望值：

$$b_\theta\left(\hat{\Theta}_n\right) = E_\theta\left[\hat{\Theta}_n\right] - \theta.$$

- $\hat{\Theta}_n$ 的期望值、方差和偏差都依赖于 θ，而估计误差同时还依赖于观测 $X_1, \cdots, X_n$.
- 若 $E_\theta[\hat{\Theta}_n] = \theta$ 对于 θ 所有可能的取值都成立，则称 $\hat{\Theta}_n$ **无偏**.
- 若 $\lim_{n\to\infty} E_\theta[\hat{\Theta}_n] = \theta$ 对于 θ 所有可能的取值都成立，则称 $\hat{\Theta}_n$ **渐近无偏**.
- 如果对于 θ 所有可能的取值，序列 $\hat{\Theta}_n$ 依概率收敛到参数 θ 的真值，则称 $\hat{\Theta}_n$ 为 θ 的**相合**估计序列.

我们不可能指望作为随机观测的函数（估计量）正好和未知参数真值 θ 相等. 因此，估计误差一般非零. 然而，对于 θ 所有可能的取值，如果平均估计误差是零，则得到一个无偏的估计量，这是我们想要的性质. 渐近无偏估计只需要估计量随着观测数目 n 的增加变得无偏即可，这在 n 比较大的情况下是乐见的.

除了偏差 $b_\theta(\hat{\Theta}_n)$，我们往往对估计误差的大小感兴趣. 均方误差 $E_\theta[\tilde{\Theta}_n^2]$ 可以捕捉这一信息. 下面的公式将均方误差、偏差和 $\hat{\Theta}_n$ 的方差联系在一起：①

$$E_\theta\big[\tilde{\Theta}_n^2\big] = b_\theta^2\big(\hat{\Theta}_n\big) + \mathrm{var}_\theta\big(\hat{\Theta}_n\big).$$

这个公式很重要，在很多统计问题中存在等式右边两项的平衡. 方差的减小总是伴随着偏差的增大. 当然，一个好的估计量会让两项的取值都比较小.

下面将讨论一些具体的估计方法，首先是最大似然估计，这是一种适用范围较广的估计方法，与之前贝叶斯推断中的最大后验概率估计有很多相似之处. 然后，我们会考虑简单但重要的估计随机变量均值和方差的例子，这和第 5 章我们讨论的大数定律有一些联系.

9.1.2 最大似然估计

设观测向量 $X=(X_1,\cdots,X_n)$ 的联合概率质量函数为 $p_X(x;\theta)=p_X(x_1,\cdots,x_n;\theta)$（$\theta$ 可为向量或数量），其中 $x=(x_1,\cdots,x_n)$ 为 X 的观测值. 那么，**最大似然估计**是使（θ 的）数值函数 $p_X(x_1,\cdots,x_n;\theta)$ 达到最大的参数值（见图 9-2）:

$$\hat{\theta}_n = \arg\max_\theta p_X(x_1,\cdots,x_n;\theta).$$

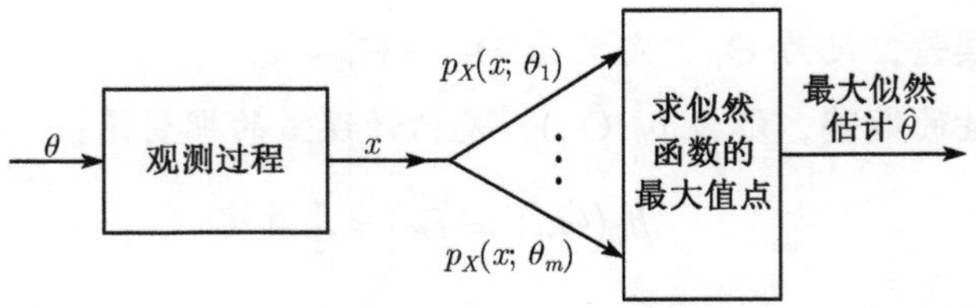

图 9-2 最大似然估计的说明：假设 X 是离散的，θ 在有限集 $\{\theta_1,\cdots,\theta_m\}$ 中取值. 给定观测值 $X=x$，对于每个 i，可计算得到似然函数 $p_X(x;\theta_i)$ 的值，从而可以选出使 $p_X(x;\theta)$ 最大的 θ 的取值

当 X 为连续型随机变量时，可将同样的方法用于联合概率密度函数 $f_X(x;\theta)$ [取代 $p_X(x;\theta)$]，即

$$\hat{\theta}_n = \arg\max_\theta f_X(x_1,\cdots,x_n;\theta).$$

① 这是公式 $E[X^2]=(E[X])^2+\mathrm{var}(X)$ 的应用，其中 $X=\tilde{\Theta}_n$，期望与相应于 θ 的分布有关. 我们也利用了事实 $E_\theta[\tilde{\Theta}_n]=b_\theta(\hat{\Theta}_n)$ 和 $\mathrm{var}_\theta(\tilde{\Theta}_n)=\mathrm{var}_\theta(\hat{\Theta}_n-\theta)=\mathrm{var}_\theta(\hat{\Theta}_n)$.

我们称 $p_X(x;\theta)$ [或 $f_X(x;\theta)$，若 X 为连续型随机变量] 为**似然函数**.

很多应用假设观测 X_i 独立，从而对于每个 i，X_i 是离散随机变量，似然函数的形式为

$$p_X(x_1,\cdots,x_n;\theta)=\prod_{i=1}^{n}p_{X_i}(x_i;\theta).$$

在这种情况下，为了分析和计算的方便，可让其对数达到最大，下面的式子称为**对数似然函数**，

$$\ln p_X(x_1,\cdots,x_n;\theta)=\ln\prod_{i=1}^{n}p_{X_i}(x_i;\theta)=\sum_{i=1}^{n}\ln p_{X_i}(x_i;\theta).$$

当 X 为连续型随机变量时，类似地，用概率密度函数取代概率质量函数，取遍 θ 使得下面表达式值最大：

$$\ln f_X(x_1,\cdots,x_n;\theta)=\ln\prod_{i=1}^{n}f_{X_i}(x_i;\theta)=\sum_{i=1}^{n}\ln f_{X_i}(x_i;\theta).$$

此处需要对术语“似然”给出一些解释. 对于已知 X 的观测值 x，$p_X(x;\theta)$ 不是未知参数等于 θ 的概率. 事实上，这是当参数取值为 θ 时，观测值 x 可能出现的概率. 因此，为确定 θ 的估计值，我们会问这样的问题：基于已知的观测，θ 取什么值可使观测值最可能出现？这就是术语“似然”的本意.

回忆在贝叶斯最大后验概率估计中，估计的选择是使表达式 $p_\Theta(\theta)p_{X\mid\Theta}(x\mid\theta)$ 取遍 θ 达到最大，其中 $p_\Theta(\theta)$ 是包含一个未知离散参数 θ 的先验概率质量函数. 因此，若将 $p_X(x;\theta)$ 看作条件概率质量函数，可将最大似然估计解释为具有**均匀先验**的最大后验概率估计. 所谓均匀先验概率质量函数是指，对于所有 θ 都具有一样的先验概率，即没有任何信息的先验概率质量函数. 同样地，对于连续的取值有界的 θ，可将最大似然估计解释为具有均匀先验密度的最大后验概率估计，对所有 θ 和某个常数 c，其均匀先验密度为 $f_\Theta(\theta)=c$.

例 9.1 让我们来回顾例 8.2. 朱丽叶的迟到时间为 X，服从 $[0,\theta]$ 中的均匀分布，其中 θ 是未知参数. 在那个例子中，我们用服从均匀先验概率密度函数 $f_\Theta(\theta)$（$[0,1]$ 区间中的均匀分布）的随机变量 Θ 建立参数的模型，并说明了最大后验概率估计是 x. 在本节的经典方法中，没有先验，θ 被当作常数，但最大似然估计仍是 $\hat{\theta}=x$. ■

例 9.2（伯努利随机变量的均值估计） 我们希望根据 n 次独立抛掷的结果 $X_1,\cdots,X_n$（若正面向上则 $X_i=1$，反之 $X_i=0$）来估计一枚不均匀硬币正面向上的概率 θ. 这和例 8.8 中贝叶斯的做法类似，假设了一个均匀先验密度. 发现后验概率密度函数的峰值（最大后验概率估计）出现在 $\theta=k/n$，其中 k 是观测到正面向上的次数. 从而 k/n 也是 θ 的最大似然估计，所以最大似然估计量是

$$\hat{\Theta}_n=\frac{X_1+\cdots+X_n}{n}.$$

估计量是无偏的. 同时它具有相合性，因为根据弱大数定律，$\hat{\Theta}_n$ 依概率收敛到 θ.

比较最大似然估计量和例 8.8 中用贝叶斯方法得到的线性最小均方估计量是很有意思的. 我们说过，给了一个均匀先验，后验均值为 $(k+1)/(n+2)$. 因此，最大似然估计 k/n 与通过贝叶斯方法得到的线性最小均方估计量相近却不一样. 然而，当 $n\to\infty$ 时，两个估计渐近一致. ■

例 9.3（估计指数随机变量分布中的参数） 考虑顾客到达某服务台的时间问题. 设第 i 个顾客到达服务台的时刻是 Y_i. 假设第 i 个时间间隔 $X_i=Y_i-Y_{i-1}$（通常设 $Y_0=0$）服从未知参数为 θ 的指数分布，随机变量 $X_1,\cdots,X_n$ 是相互独立的.（这是第 6 章学习的泊松到达模型.）现在想用观测 $X_1,\cdots,X_n$ 来估计 θ 的值（可解释为到达的速率）.

相应的似然函数是

$$f_X(x;\theta)=\prod_{i=1}^{n}f_{X_i}(x_i;\theta)=\prod_{i=1}^{n}\theta\mathrm{e}^{-\theta x_i},$$

对数似然函数是

$$\ln f_X(x;\theta)=n\ln\theta-\theta y_n,$$

其中

$$y_n=\sum_{i=1}^{n}x_i.$$

对 θ 求导得到 $(n/\theta)-y_n$，令其为零，得到在 $\theta\geqslant 0$ 上使 $\ln f_X(x;\theta)$ 最大的是 $\hat{\theta}_n=n/y_n$. 所得估计量是

$$\hat{\Theta}_n=\left(\frac{Y_n}{n}\right)^{-1}.$$

它是到达间隔时间样本均值的倒数，可以解释为经验的到达速率.

注意，由弱大数定律，当 $n\to\infty$ 时 Y_n/n 依概率收敛到 $E[X_i]=1/\theta$. 这可以用来说明 $\hat{\Theta}_n$ 依概率收敛到 θ，因此估计量是相合的. ■

到目前为止，我们都在讨论单个未知参数 θ 的情况. 下例中含有二维参数.

例 9.4（正态随机变量均值和方差的估计） 考虑通过 n 个观测 $X_1,\cdots,X_n$ 来估计正态分布的均值和方差. 参数向量为 $\theta=(\mu,v)$. 相应的似然函数是

$$f_X(x;\mu,v)=\prod_{i=1}^{n}f_{X_i}(x_i;\mu,v)=\prod_{i=1}^{n}\frac{1}{\sqrt{2\pi v}}\mathrm{e}^{-(x_i-\mu)^2/2v}.$$

通过一些计算，上式可以写作[①]

$$f_X(x;\mu,v)=\frac{1}{(2\pi v)^{n/2}}\cdot\exp\left\{-\frac{ns_n^2}{2v}\right\}\cdot\exp\left\{-\frac{n(m_n-\mu)^2}{2v}\right\},$$

① 为核实之，对于 $i=1,\cdots,n$ 有

$$(x_i-\mu)^2=(x_i-m_n+m_n-\mu)^2=(x_i-m_n)^2+(m_n-\mu)^2+2(x_i-m_n)(m_n-\mu),$$

对 i 求和，并注意到

$$\sum_{i=1}^{n}(x_i-m_n)(m_n-\mu)=(m_n-\mu)\sum_{i=1}^{n}(x_i-m_n)=0.$$

其中 m_n 是随机变量

$$M_n = \frac{1}{n}\sum_{i=1}^{n} X_i$$

的取值，s_n^2 是随机变量

$$\bar{S}_n^2 = \frac{1}{n}\sum_{i=1}^{n}(X_i - M_n)^2$$

的取值. 对数似然函数是

$$\ln f_X(x;\mu,v) = -\frac{n}{2}\cdot\ln(2\pi) - \frac{n}{2}\cdot\ln v - \frac{ns_n^2}{2v} - \frac{n(m_n-\mu)^2}{2v}.$$

将上式分别对 μ 和 v 求导，令所得导数为零，得到估计值和估计量，

$$\hat{\theta}_n = (m_n, s_n^2), \qquad \hat{\Theta}_n = (M_n, \bar{S}_n^2).$$

注意，M_n 是样本均值，$\bar{S}_n^2$ 可以看成“样本方差”. 易证，当 n 增大时 $E_\theta\big[\bar{S}_n^2\big]$ 收敛到 v，因此 $\bar{S}_n^2$ 是渐近无偏的. 运用弱大数定律可知，M_n 和 $\bar{S}_n^2$ 分别是 μ 和 v 的相合估计量. ■

最大似然估计有一些明显的性质. 例如，它遵循**不变原理**：如果 $\hat{\Theta}_n$ 是 θ 的最大似然估计，那么，对于任意关于 θ 的一一映射 h，$\zeta = h(\theta)$ 的最大似然估计是 $h(\hat{\Theta}_n)$. 对于独立同分布的观测，在一些适合的假设条件下，最大似然估计量是相合的.

另一个有趣的性质是，当 θ 是标量参数的时候，在某些合适的条件下，最大似然估计量具有**渐近正态**性质. 特别地，可以证明 $(\hat{\Theta}_n - \theta)/\sigma(\hat{\Theta}_n)$ 的分布接近标准正态分布，其中 $\sigma^2(\hat{\Theta}_n)$ 是 $\hat{\Theta}_n$ 的方差. 因此，如果我们还能够估计 $\sigma(\hat{\Theta}_n)$，就能进一步得到基于正态近似的误差方差估计. 若 θ 是向量参数，针对每个分量可以得到类似的结论.

最大似然估计

- 已知随机向量 $X = (X_1, \cdots, X_n)$ 的观测值为 $x = (x_1, \cdots, x_n)$，其联合概率质量函数为 $p_X(x;\theta)$ [或连续情况下的联合概率密度函数 $f_X(x;\theta)$].
- 最大似然估计是使得似然函数 $p_X(x;\theta)$ [或 $f_X(x;\theta)$] 达到最大值时 θ 的取值.
- 关于 θ 的一一映射 $h(\theta)$ 的最大似然估计是 $h(\hat{\theta}_n)$，其中 $\hat{\theta}_n$ 是 θ 的最大似然估计.
- 当随机变量 X_i 是独立同分布时，在某些合适的假定条件下，最大似然估计的每个分量都具有相合性且渐近正态.

9.1.3　随机变量均值和方差的估计

现在来讨论一个简单而重要的问题：如何估计一个概率分布的均值和方差？这个问题与之前例 9.4 讨论的问题有些类似，不同的是，此处没有正态分布的假设. 事实上，这里展示的估计量不需要用到与 $p_X(x;\theta)$ [或 $f_X(x;\theta)$，X 为连续型随机变量时] 有关的知识.

假设观测 $X_1,\cdots,X_n$ 是独立同分布的，均值为未知参数 θ. θ 最自然的估计量是**样本均值**：

$$M_n=\frac{X_1+\cdots+X_n}{n}.$$

由于 $E_\theta[M_n]=E_\theta[X]=\theta$，所以此估计量是无偏的. 它的均方误差和方差相等，是 v/n，其中 v 是 X_i 的方差. 由计算看出，M_n 的均方误差并不依赖于 θ. 进一步，由弱大数定律，估计量依概率收敛到 θ，因此具有相合性.

样本均值未必是方差最小的估计量. 例如，考虑估计量 $\hat{\Theta}_n=0$，这是完全忽略观测的一个估计（这个估计总是零）. $\hat{\Theta}_n$ 的方差是零，但偏差 $b_\theta(\hat{\Theta}_n)=-\theta$. 特别地，依赖 θ 的均方误差为 θ^2.

下例比较样本均值和在 8.2 节特定假设下推导的贝叶斯最大后验概率估计量.

例 9.5 假设观测 $X_1,\cdots,X_n$ 是正态独立同分布的，具有共同的未知均值 θ 和已知方差 v. 在例 8.3 中应用的是贝叶斯方法，假设参数 θ 服从正态的先验分布. 对于 θ 的先验均值是零的情况，得到下面的估计量：

$$\hat{\Theta}_n=\frac{X_1+\cdots+X_n}{n+1}.$$

因为 $E_\theta[\hat{\Theta}_n]=n\theta/(n+1)$ 且 $b_\theta(\hat{\Theta}_n)=-\theta/(n+1)$，该估计量是有偏的. 但 $\lim_{n\to\infty}b_\theta(\hat{\Theta}_n)=0$，所以 $\hat{\Theta}_n$ 是渐近无偏的. 它的方差是

$$\text{var}_\theta(\hat{\Theta}_n)=\frac{vn}{(n+1)^2},$$

比样本均值的方差 v/n 略小一些. 注意这个例子的特殊之处：$\text{var}_\theta(\hat{\Theta}_n)$ 不依赖于 θ. 均方误差等于

$$E_\theta[\tilde{\Theta}_n^2]=b_\theta^2(\hat{\Theta}_n)+\text{var}_\theta(\hat{\Theta}_n)=\frac{\theta^2}{(n+1)^2}+\frac{vn}{(n+1)^2}.$$ ■

除了样本均值（θ 的估计量）

$$M_n=\frac{X_1+\cdots+X_n}{n},$$

我们还对方差 v 的估计量感兴趣. 一个自然的选择是

$$\bar{S}_n^2=\frac{1}{n}\sum_{i=1}^{n}(X_i-M_n)^2,$$

这和基于正态性假设的例 9.4 推导得出的最大似然估计量一致.

根据以下结果

$$E_{(\theta,v)}\left[M_n\right]=\theta,\qquad E_{(\theta,v)}\left[X_i^2\right]=\theta^2+v,\qquad E_{(\theta,v)}\left[M_n^2\right]=\theta^2+\frac{v}{n},$$

我们有

$$\begin{aligned}E_{(\theta,v)}\left[\bar{S}_n^2\right]&=\frac{1}{n}E_{(\theta,v)}\left[\sum_{i=1}^n X_i^2-2M_n\sum_{i=1}^n X_i+nM_n^2\right]\\&=E_{(\theta,v)}\left[\frac{1}{n}\sum_{i=1}^n X_i^2-2M_n^2+M_n^2\right]\\&=E_{(\theta,v)}\left[\frac{1}{n}\sum_{i=1}^n X_i^2-M_n^2\right]\\&=\theta^2+v-\left(\theta^2+\frac{v}{n}\right)\\&=\frac{n-1}{n}v.\end{aligned}$$

因此，$\bar{S}_n^2$ 不是 v 的无偏估计量，尽管它是渐近无偏的.

通过适当的比例缩放可以得到方差的无偏估计量

$$\hat{S}_n^2=\frac{1}{n-1}\sum_{i=1}^n(X_i-M_n)^2=\frac{n}{n-1}\bar{S}_n^2.$$

前面的计算说明

$$E_{(\theta,v)}[\hat{S}_n^2]=v,$$

因此，对于所有 n，$\hat{S}_n^2$ 是 v 的无偏估计量. 但是，当 n 很大时，$\hat{S}_n^2$ 和 $\bar{S}_n^2$ 本质上是一样的.

随机变量的均值和方差估计

假设观测值 $X_1,\cdots,X_n$ 是独立同分布的，均值 θ 和方差 v 未知.

- 样本均值

$$M_n=\frac{X_1+\cdots+X_n}{n}$$

  是 θ 的无偏估计量，它的均方误差是 v/n.

- 方差的估计量有两个：

$$\bar{S}_n^2=\frac{1}{n}\sum_{i=1}^n(X_i-M_n)^2,\qquad \hat{S}_n^2=\frac{1}{n-1}\sum_{i=1}^n(X_i-M_n)^2.$$

- 若 X_i 服从正态分布，估计量 $\bar{S}_n^2$ 和最大似然估计量相等. 它有偏但渐近无偏. 估计量 $\hat{S}_n^2$ 是无偏的. 当 n 很大时，方差的两个估计量本质上是一致的.

9.1.4 置信区间

考虑未知参数 θ 的一个估计量 $\hat{\Theta}_n$. 除了估计所得的数值，我们还想建立一个所谓的置信区间. 粗略地说，这个区间以某个很高的概率包含参数 θ 的真值.

为准确定义，我们首先固定一个希望达到的**置信水平** $1-\alpha$，其中 α 往往是个很小的数. 然后用一个略小的估计量 $\hat{\Theta}_n^-$ 和一个略大的估计量 $\hat{\Theta}_n^+$ 代替点估计量 $\hat{\Theta}_n$，于是 $\hat{\Theta}_n^- \leqslant \hat{\Theta}_n^+$，且对于 θ 的每个可能取值，

$$P_\theta(\hat{\Theta}_n^- \leqslant \theta \leqslant \hat{\Theta}_n^+) \geqslant 1-\alpha.$$

注意，与一般估计量类似，$\hat{\Theta}_n^-$ 和 $\hat{\Theta}_n^+$ 也是观测的函数，因此是分布依赖 θ 的随机变量. 我们称 $[\hat{\Theta}_n^-, \hat{\Theta}_n^+]$ 为 $(1-\alpha)$ **置信区间**.

例 9.6 假设观测 X_i 是正态独立同分布的，均值 θ 未知，方差 v 已知. 样本均值估计量

$$\hat{\Theta}_n = \frac{X_1+\cdots+X_n}{n}$$

服从正态分布，[①] 均值为 θ，方差为 v/n. 利用标准正态分布的概率分布函数 $\Phi(z)$（可从正态分布表中查得），我们有 $\Phi(1.96)=0.975=1-\alpha/2$，以及

$$P_\theta\left(\frac{|\hat{\Theta}_n-\theta|}{\sqrt{v/n}} \leqslant 1.96\right) = 0.95.$$

可以整理为如下形式：

$$P_\theta\left(\hat{\Theta}_n - 1.96\sqrt{\frac{v}{n}} \leqslant \theta \leqslant \hat{\Theta}_n + 1.96\sqrt{\frac{v}{n}}\right) = 0.95,$$

这说明

$$\left[\hat{\Theta}_n - 1.96\sqrt{\frac{v}{n}},\ \hat{\Theta}_n + 1.96\sqrt{\frac{v}{n}}\right]$$

是 95% 置信区间，分别定义 $\hat{\Theta}_n^-$ 和 $\hat{\Theta}_n^+$ 为 $\hat{\Theta}_n - 1.96\sqrt{v/n}$ 和 $\hat{\Theta}_n + 1.96\sqrt{v/n}$. ■

在前面的例子中，人们可能想用这样的表述来刻画 95% 的置信区间：真实的参数落在置信区间内的概率是 95%. 然而，这样的表述是模糊的. 例如，假设得到观测值之后得到置信区间 $[-2.3, 4.1]$. 我们不能说 θ 有 95% 的概率落在 $[-2.3, 4.1]$，因为这种表述并不包含任何随机变量. 毕竟，在经典方法中，θ 是一个常数. 实际上，短语"真实参数落在置信区间"中的随机项是置信区间，而不是真实参数.

① 这里利用了独立正态随机变量和还是正态的这一重要事实，见第 4 章.

假设 θ 是固定的，下面给出一个具体的解释. 我们运用相同的统计过程建立了很多个置信区间. 例如，每次获得 n 个独立的观测并建立 95% 置信区间. 可以预期有 95% 的置信区间将包含 θ. 无论 θ 的值是多少，这总是正确的.

置信区间

- 对于一维的未知参数 θ，其**置信区间**是一个以很高概率包括 θ 的区间，端点为 $\hat{\Theta}_n^-$ 和 $\hat{\Theta}_n^+$.
- $\hat{\Theta}_n^-$ 和 $\hat{\Theta}_n^+$ 是依赖于观测 $X_1,\cdots,X_n$ 的随机变量.
- $(1-\alpha)$ 置信区间对于 θ 的所有可能取值满足

$$P_\theta(\hat{\Theta}_n^- \leqslant \theta \leqslant \hat{\Theta}_n^+) \geqslant 1-\alpha.$$

通常情况下，置信区间是包含估计量 $\hat{\Theta}_n$ 的区间. 进一步，在许多符合要求的置信区间中，我们喜欢长度最短的. 但这并不容易找到，因为误差 $\hat{\Theta}_n - \theta$ 的分布或者是未知的，或者是依赖于 θ 的. 所幸在很多重要的模型中，$\hat{\Theta}_n - \theta$ 的分布是渐近正态无偏的. 这就是说，对于 θ 的所有可能取值，在 n 增加的时候，随机变量

$$\frac{\hat{\Theta}_n - \theta}{\sqrt{\mathrm{var}_\theta(\hat{\Theta}_n)}}$$

的累积分布函数趋于标准正态累积分布函数. 现在，我们可以像例 9.6 一样，导出近似的置信区间.

9.1.5 基于方差近似估计量的置信区间

假设观测 X_i 是正态独立同分布的，均值 θ 和方差 v 均未知. 用样本均值

$$\hat{\Theta}_n = \frac{X_1 + \cdots + X_n}{n}$$

来估计 θ，用之前介绍的无偏估计量

$$\hat{S}_n^2 = \frac{1}{n-1}\sum_{i=1}^{n}(X_i - \hat{\Theta}_n)^2$$

来估计 v. 特别地，用 $\hat{S}_n^2/n$ 来估计样本均值的方差 v/n. 给定 α，可以用上述估计和中心极限定理构造一个（近似）$(1-\alpha)$ 置信区间，即

$$\left[\hat{\Theta}_n - z\frac{\hat{S}_n}{\sqrt{n}},\ \hat{\Theta}_n + z\frac{\hat{S}_n}{\sqrt{n}}\right],$$

其中 z 由关系式

$$\Phi(z) = 1 - \frac{\alpha}{2}$$

和正态分布表得到，$\hat{S}_n$ 是 $\hat{S}_n^2$ 的正平方根. 例如，若 $\alpha = 0.05$，利用事实 $\Phi(1.96) = 0.975 = 1 - \alpha/2$（从正态分布表中可知）得到近似 95% 置信区间的形式为

$$\left[\hat{\Theta}_n - 1.96\frac{\hat{S}_n}{\sqrt{n}},\ \hat{\Theta}_n + 1.96\frac{\hat{S}_n}{\sqrt{n}}\right].$$

注意，在这种方法中，两个不同的近似起了作用. 首先，将 $\hat{\Theta}_n$ 看成正态的随机变量；其次，用估计 $\hat{S}_n^2/n$ 代替 $\hat{\Theta}_n$ 的真实方差 v/n.

即使在 X_i 是正态随机变量的特殊情况下，上面建立的置信区间也仍然是近似的. 这是因为 $\hat{S}_n^2$ 只是真实方差 v 的近似估计，而随机变量

$$T_n = \frac{\sqrt{n}(\hat{\Theta}_n - \theta)}{\hat{S}_n}$$

不是正态的. 但是，对于正态的 X_i，T_n 的概率密度函数不依赖于 θ 和 v，可以显式地计算出来. 我们称 T_n 的分布为**自由度为 $n-1$ 的 t 分布**. ① 类似标准正态分布的概率密度函数，它是对称钟形的，但散布更广，尾部更重（见图 9-3）. 感兴趣的各种区间的概率可以通过 t 分布表查到，t 分布表类似于正态分布表. 因此，当 X_i（近似）正态并且 n 相对较小的时候，下面给出的是更加精确的置信区间：

$$\left[\hat{\Theta}_n - z\frac{\hat{S}_n}{\sqrt{n}},\ \hat{\Theta}_n + z\frac{\hat{S}_n}{\sqrt{n}}\right],$$

其中 z 由关系式

$$\Psi_{n-1}(z) = 1 - \frac{\alpha}{2}$$

得到，$\Psi_{n-1}(z)$ 是自由度为 $n-1$ 的 t 分布的累积分布函数，z 的值可以通过查表得到. 这些表可以在很多地方找到，表 9-1 给出了一个简略的版本.

此外，当 n 比较大（例如 $n \geqslant 50$）的时候，t 分布和正态分布非常接近，因此可以直接用正态分布表（表 3-1）.

例 9.7 用电子天平得到某物体重量的 8 次测量值. 测量值是真实的重量加上服从正态分布均值为零方差未知的随机误差. 假设每次观测的直接误差是相互独立的. 得到的结果如下：

0.5547, 0.5404, 0.6364, 0.6438, 0.4917, 0.5674, 0.5564, 0.6066.

① t 分布具有很有意思的性质并且有闭形式表达式，但是对我们的目的而言精确的公式并不重要. 有时候它又被称作“学生分布”. 这是 1908 年由受雇于都柏林酿酒厂的威廉 · 戈塞特发表的. 他假冒学生的名义写了这篇文章，因为以他本人的名字发表文章在当时是被禁止的. 戈塞特致力于挑选产量最好的大麦，但只有较小的样本数量.

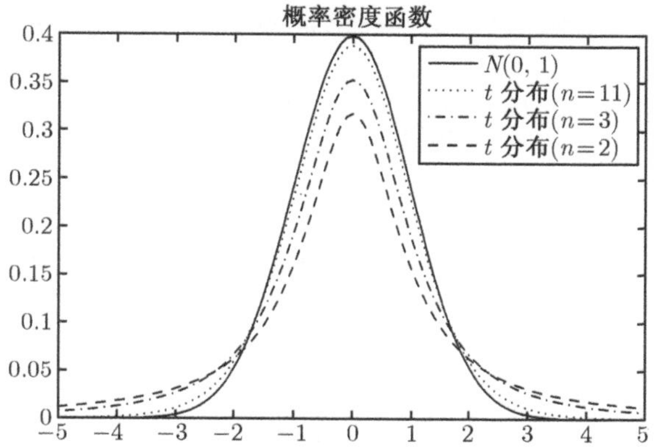

图 9-3 自由度为 $n-1$ 的 t 分布的概率密度函数与标准正态概率密度函数的比较

表 9-1 t 分布表：给定自由度为 $n-1$ 时 t 分布的概率分布函数 $\Psi_{n-1}(z)$

	0.100	0.050	0.025	0.010	0.005	0.001
1	3.078	6.314	12.71	31.82	63.66	318.3
2	1.886	2.920	4.303	6.965	9.925	22.33
3	1.638	2.353	3.182	4.541	5.841	10.21
4	1.533	2.132	2.776	3.747	4.604	7.173
5	1.476	2.015	2.571	3.365	4.032	5.893
6	1.440	1.943	2.447	3.143	3.707	5.208
7	1.415	1.895	2.365	2.998	3.499	4.785
8	1.397	1.860	2.306	2.896	3.355	4.501
9	1.383	1.833	2.262	2.821	3.250	4.297
10	1.372	1.812	2.228	2.764	3.169	4.144
11	1.363	1.796	2.201	2.718	3.106	4.025
12	1.356	1.782	2.179	2.681	3.055	3.930
13	1.350	1.771	2.160	2.650	3.012	3.852
14	1.345	1.761	2.145	2.624	2.977	3.787
15	1.341	1.753	2.131	2.602	2.947	3.733
20	1.325	1.725	2.086	2.528	2.845	3.552
30	1.310	1.697	2.042	2.457	2.750	3.385
60	1.296	1.671	2.000	2.390	2.660	3.232
120	1.289	1.658	1.980	2.358	2.617	3.160
∞	1.282	1.645	1.960	2.326	2.576	3.090

表中左列是自由度 $n-1$，顶行是尾部概率 β，顶行以下的每行是 $\Psi_{n-1}(z)=1-\beta$ 中 z 的值

我们利用 t 分布来计算 95% 置信区间. 样本均值 $\hat{\Theta}_n$ 是 0.5747，$\hat{\Theta}_n$ 方差的估计是

$$\frac{\hat{S}_n^2}{n}=\frac{1}{n(n-1)}\sum_{i=1}^{n}(X_i-\hat{\Theta}_n)^2=3.2952\cdot 10^{-4},$$

因此 $\hat{S}_n/\sqrt{n}=0.0182$. 根据 t 分布表，$1-\Psi_7(2.365)=0.025=\alpha/2$，所以

$$P_\theta\left(\frac{|\hat{\Theta}_n-\theta|}{\hat{S}_n/\sqrt{n}}\leqslant 2.365\right)=0.95.$$

θ 的 95% 置信区间为

$$\left[\hat{\Theta}_n-2.365\frac{\hat{S}_n}{\sqrt{n}},\ \hat{\Theta}_n+2.365\frac{\hat{S}_n}{\sqrt{n}}\right]=[0.531,\ 0.618].$$

与由正态分布表得到的置信区间

$$\left[\hat{\Theta}_n-1.96\frac{\hat{S}_n}{\sqrt{n}},\ \hat{\Theta}_n+1.96\frac{\hat{S}_n}{\sqrt{n}}\right]=[0.539,\ 0.610]$$

相比，它更窄，即对于点估计 $\hat{\theta}=0.5747$ 的精度更持乐观的态度. ■

目前建立的近似置信区间都依赖于未知方差 v 的特殊估计量 $\hat{S}_n^2$. 然而，方差可能有不同的估计量或近似. 例如，假设观测 $X_1,\cdots,X_n$ 是独立同分布的伯努利随机变量，均值 θ 未知，方差 $v=\theta(1-\theta)$. 除了 $\hat{S}_n^2$，方差的另一个近似是 $\hat{\Theta}_n(1-\hat{\Theta}_n)$. 事实上，当 n 增加时 $\hat{\Theta}_n$ 依概率收敛到 θ，因此 $\hat{\Theta}_n(1-\hat{\Theta}_n)$ 也收敛到方差 $v=\theta(1-\theta)$. 还有一种可能是观测到 $\theta(1-\theta)\leqslant 1/4$ 对于 $\theta\in[0,1]$ 总成立，用 $1/4$ 作为方差的保守估计. 下面的例子就说明了这些选择.

例 9.8（**选举问题**） 考虑 5.4.1 节例 5.11 的选举问题，我们想估计的是选民支持某位候选人的比例 θ. 收集到 n 位独立选民的回应 $X_1,\cdots,X_n$，其中将 X 看作伯努利随机变量，若第 i 位选民支持则 $X_i=1$，否则为 0. 用样本均值 $\hat{\Theta}_n$ 来估计 θ，并用正态逼近方法来建立置信区间. 但正态逼近方法需要估计 X 的方差，而估计方差有不同的方法. 为了进行具体化，假设样本数为 $n=1200$ 的选民中有 684 位支持候选人，$\hat{\Theta}_n=684/1200=0.57$.

(a) 如果用方差估计

$$\begin{aligned}\hat{S}_n^2&=\frac{1}{n-1}\sum_{i=1}^n(X_i-\hat{\Theta}_n)^2\\&=\frac{1}{1199}\left(684\cdot\left(1-\frac{684}{1200}\right)^2+(1200-684)\cdot\left(0-\frac{684}{1200}\right)^2\right)\\&\approx 0.245,\end{aligned}$$

并将 $\hat{\Theta}_n$ 看作均值为 θ、方差为 0.245 的正态随机变量，则得到 95% 置信区间

$$\begin{aligned}\left[\hat{\Theta}_n-1.96\cdot\frac{\hat{S}_n}{\sqrt{n}},\ \hat{\Theta}_n+1.96\cdot\frac{\hat{S}_n}{\sqrt{n}}\right]&=\left[0.57-\frac{1.96\cdot\sqrt{0.245}}{\sqrt{1200}},\ 0.57+\frac{1.96\cdot\sqrt{0.245}}{\sqrt{1200}}\right]\\&=[0.542,\ 0.598].\end{aligned}$$

(b) 方差估计

$$\hat{\Theta}_n(1-\hat{\Theta}_n)=\frac{684}{1200}\left(1-\frac{684}{1200}\right)\approx 0.245.$$

其结果和 (a) 部分是一样的（精确到三位小数），所以 95% 置信区间为

$$\left[\hat{\Theta}_n-1.96\cdot\frac{\sqrt{\hat{\Theta}_n\left(1-\hat{\Theta}_n\right)}}{\sqrt{n}},\ \hat{\Theta}_n+1.96\cdot\frac{\sqrt{\hat{\Theta}_n\left(1-\hat{\Theta}_n\right)}}{\sqrt{n}}\right],$$

还是 [0.542, 0.598].

(c) 利用方差的上界 1/4 作为方差的估计，得到的置信区间是

$$\left[\hat{\Theta}_n-1.96\cdot\frac{1/2}{\sqrt{n}},\ \hat{\Theta}_n+1.96\cdot\frac{1/2}{\sqrt{n}}\right]=\left[0.57-\frac{1.96\cdot(1/2)}{\sqrt{1200}},\ 0.57+\frac{1.96\cdot(1/2)}{\sqrt{1200}}\right]$$
$$=[0.542,\ 0.599],$$

比起 (a) 和 (b) 的结果，只宽了一点儿，实际上和前面的几乎一样.

图 9-4 比较了利用方法 (b) 和方法 (c) 得到的置信区间，其中固定 $\hat{\Theta}_n=0.57$，样本数量在 $n=10$ 和 $n=10\,000$ 之间变化. 可以看出，当 n 在几百的时候（这也是典型的调查样本量），区别很小. 但需要注意，若 n 的取值很小，两者的差异是十分明显的. 因此，在 n 比较小的时候，需要特别小心. ■

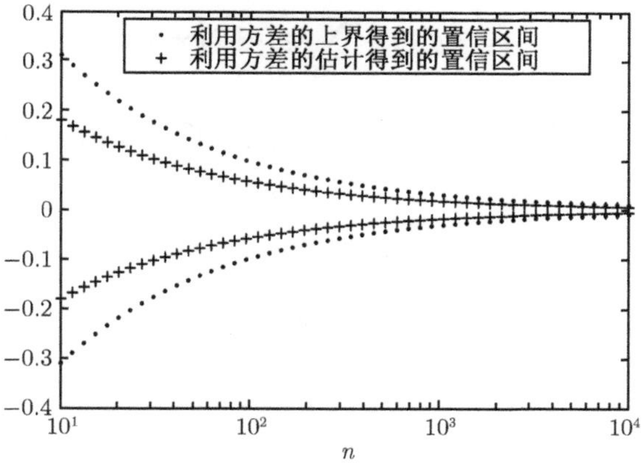

图 9-4 以例 9.8 中的方法 (b) 和方法 (c) 近似构造的置信区间，其中 $\hat{\Theta}_n=0.57$ 是固定的，样本数量在 $n=10$ 和 $n=10\,000$ 之间变化

9.2 线性回归

本节讨论用线性回归的方法对感兴趣的两个或更多个变量之间的关系建立模型. 这种方法的一个特征是：它可以由最小二乘法完成操作，而不需要任何概率上的解释. 当然，线性回归也可以在各种概率框架之下进行解释.

首先考虑两个变量的情况，然后推广到对多个变量之间关系的讨论．现在想要对感兴趣的两个变量 x 和 y 的关系建模（例如受教育的年数和收入），为此收集了一些数据 (x_i, y_i)，$i = 1, \cdots, n$．例如，x_i 是第 i 位个体受教育的年数，y_i 是相应的年收入．通常，关于样本的二维散点图会显示 x_i 和 y_i 之间有规律的、近似线性的关系．于是，我们自然想建立如下形式的线性模型：

$$y \approx \theta_0 + \theta_1 x,$$

其中 θ_0 和 θ_1 是未知的待估参数．

特别地，给定对结果参数的估计 $\hat{\theta}_0$ 和 $\hat{\theta}_1$，模型对 x_i 相应的 y_i 的预测是

$$\hat{y}_i = \hat{\theta}_0 + \hat{\theta}_1 x_i.$$

一般地，$\hat{y}_i$ 和已知的真实 y_i 值会有差异

$$\tilde{y}_i = y_i - \hat{y}_i,$$

称为第 i 个**残差**．残差小的估计被认为很好地拟合了数据．为此，线性回归在所有 θ_0 和 θ_1 中选择使得残差平方和

$$\sum_{i=1}^{n}(y_i - \hat{y}_i)^2 = \sum_{i=1}^{n}(y_i - \theta_0 - \theta_1 x_i)^2$$

最小的 $\hat{\theta}_0$ 和 $\hat{\theta}_1$ 作为未知参数 θ_0 和 θ_1 的估计．图 9-5 给出了说明．

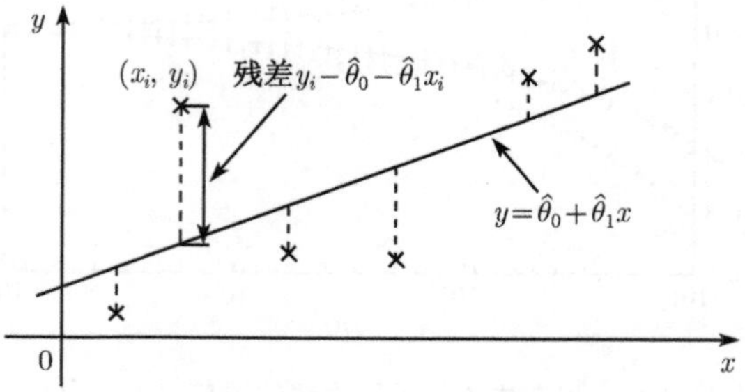

图 9-5　由数据集 $\{(x_i, y_i), i = 1, \cdots, n\}$ 出发，选择 θ_0 和 θ_1，使之成为残差 $y_i - \theta_0 - \theta_1 x_i$ 的平方和最小的估计，得到模型 $y = \hat{\theta}_0 + \hat{\theta}_1 x$

注意，在实际问题中，关于线性模型的假定未必是正确的，比如两个变量之间的关系可能实际上是非线性关系．线性最小二乘法的目标是找到最好的线性模型，这需要一个隐含的假设，即线性模型是有效的．在实践中，通常还有一个附加阶段，我们检查线性模型的假设是否有数据的支持，并尝试验证估计模型．

为推导线性回归估计 $\hat{\theta}_0$ 和 $\hat{\theta}_1$ 的公式，我们发现，一旦给定数据，残差平方和是关于 θ_0 和 θ_1 的二次函数. 为求最小值，分别对 θ_0 和 θ_1 求导，再令导数为零. 经过计算，得到解的简单显式表达式，总结如下.

线性回归

给定 n 个数据对 (x_i, y_i)，使得残差平方和最小的估计是

$$\hat{\theta}_1 = \frac{\sum_{i=1}^n (x_i - \bar{x})(y_i - \bar{y})}{\sum_{i=1}^n (x_i - \bar{x})^2}, \qquad \hat{\theta}_0 = \bar{y} - \hat{\theta}_1 \bar{x},$$

其中

$$\bar{x} = \frac{1}{n}\sum_{i=1}^n x_i, \qquad \bar{y} = \frac{1}{n}\sum_{i=1}^n y_i.$$

例 9.9 比萨斜塔随着时间的推移倾斜得越来越厉害. 下表记录了 1975 ~ 1987 年塔上一固定点的位移［此点的实际位置和塔垂直时该点的位置的距离（单位：米）］的测量值.

年份	1975	1976	1977	1978	1979	1980	1981
倾斜	2.9642	2.9644	2.9656	2.9667	2.9673	2.9688	2.9696

年份	1982	1983	1984	1985	1986	1987
倾斜	2.9698	2.9713	2.9717	2.9725	2.9742	2.9757

现在用线性回归来估计模型 $y = \theta_0 + \theta_1 x$ 中的参数 θ_0 和 θ_1，其中 x 是年份，y 是倾斜值. 根据回归公式得到

$$\hat{\theta}_1 = \frac{\sum_{i=1}^n (x_i - \bar{x})(y_i - \bar{y})}{\sum_{i=1}^n (x_i - \bar{x})^2} = 0.0009, \qquad \hat{\theta}_0 = \bar{y} - \hat{\theta}_1 \bar{x} = 1.1233,$$

其中

$$\bar{x} = \frac{1}{n}\sum_{i=1}^n x_i = 1981, \qquad \bar{y} = \frac{1}{n}\sum_{i=1}^n y_i = 2.9694.$$

估计的线性模型为

$$y = 0.0009x + 1.1233,$$

见图 9-6. ■

9.2.1 最小二乘公式的合理性①

基于概率论的考虑，可从不同角度来说明最小二乘公式的合理性.

(a) **最大似然（线性模型、正态噪声）**. 假设 x_i 是给定的数（不是随机变量），y_i 是随机变量 Y_i 的实现，Y_i 的模型为

$$Y_i = \theta_0 + \theta_1 x_i + W_i, \qquad i = 1, \cdots, n,$$

① 跳过这一小节不会影响课程的连续性.

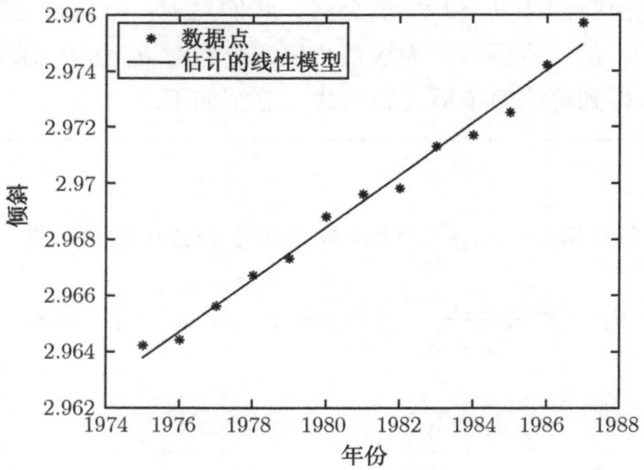

图 9-6　例 9.9 中比萨斜塔的倾斜数据和倾斜度的估计模型

其中 W_i 是均值为 0、方差为 σ^2 的正态独立同分布随机变量. 因此，Y_i 也是独立的正态随机变量，均值为 $\theta_0+\theta_1 x_i$、方差为 σ^2. 似然函数的形式为

$$f_Y(y;\theta)=\prod_{i=1}^{n}\frac{1}{\sqrt{2\pi}\sigma}\exp\left\{-\frac{(y_i-\theta_0-\theta_1 x_i)^2}{2\sigma^2}\right\}.$$

似然函数达到最大等价于表达式中的指数部分达到最大，即残差平方和最小. 因此，基于最小二乘法的参数 θ_0 和 θ_1 的线性回归估计，Y 的期望可以看作具有线性结构的正态模型中参数 θ_0 和 θ_1 的最大似然估计. 事实上，当 Y_i 与 x_i 有这种关系时，θ_0 和 θ_1 基于最小二乘法的估计是无偏估计. 进一步，估计的方差可以用简便的公式算得（见章末习题），然后用 9.1 节中的方法建立 θ_0 和 θ_1 的置信区间.

(b)（**在可能的非线性模型中的**）**近似贝叶斯线性最小均方估计**. 假设 x_i 和 y_i 分别是 X_i 和 Y_i 的实现. 不同数对 (X_i,Y_i) 之间是独立同分布的，但是 X_i 和 Y_i 的二维联合分布未知. 考虑服从同一分布的另一独立数对 (X_0,Y_0). 假设观测到 X_0 并希望用线性估计量 $\hat{Y}_0=\theta_0+\theta_1 X_0$ 来估计 Y_0. 从 8.4.1 节得知，给定 X_0，则 Y_0 的线性最小均方估计量的形式为

$$E[Y_0]+\frac{\mathrm{cov}(X_0,Y_0)}{\mathrm{var}(X_0)}(X_0-E[X_0]),$$

即

$$\theta_1=\frac{\mathrm{cov}(X_0,Y_0)}{\mathrm{var}(X_0)},\qquad \theta_0=E[Y_0]-\theta_1 E[X_0].$$

由于不知道 (X_0, Y_0) 的分布，用 $\bar{x}$ 作为 $E[X_0]$ 的估计，$\bar{y}$ 作为 $E[Y_0]$ 的估计，$\sum_{i=1}^{n}(x_i-\bar{x})(y_i-\bar{y})/n$ 作为 $\text{cov}(X_0, Y_0)$ 的估计，$\sum_{i=1}^{n}(x_i-\bar{x})^2/n$ 作为 $\text{var}(X_0)$ 的估计. 将这些估计代入 θ_0 和 θ_1 的公式，发现此处得到的线性回归参数估计表达式就是之前给出的最小二乘法公式. 值得注意的是，这里的论断不需要线性模型正确性的假设.

(c) **近似贝叶斯最小均方估计（线性模型）**. 假设数据对 (X_i, Y_i) 独立同分布，和 (b) 部分中一样. 还有附加的假设：数据对满足模型

$$Y_i = \theta_0 + \theta_1 X_i + W_i,$$

其中 W_i 是独立同分布的零均值噪声项，与 X_i 独立. 根据条件期望的最小均方性质，可知 $E[Y_0 \mid X_0]$ 在所有函数 g 中使得估计误差平方的期望 $E\big[(Y_0 - g(X_0))^2\big]$ 最小. 根据假设，$E[Y_0 \mid X_0] = \theta_0 + \theta_1 X_0$. 因此，真实的参数 θ_0 和 θ_1 使得

$$E\big[(Y_0 - \theta_0' - \theta_1' X_0)^2\big]$$

达到最小. 由弱大数定律，这个表达式是当 $n \to \infty$ 时

$$\frac{1}{n}\sum_{i=1}^{n}(Y_i - \theta_0' - \theta_1' X_i)^2$$

的极限. 这说明，通过使上述表达式（用 x_i 和 y_i 分别代替 X_i 和 Y_i）达到最小，是使 $E\big[(Y_0 - \theta_0' - \theta_1' X_0)^2\big]$（真实参数）达到最小的较好近似. 而使这个表达式达到最小与使残差平方和达到最小是一样的.

9.2.2 贝叶斯线性回归①

线性模型和回归并不仅仅与经典推断方法相关. 下面在贝叶斯框架中来学习它们. 特别地，将 $x_1, \cdots, x_n$ 当作给定的数，$(y_1, \cdots, y_n)$ 是向量 $Y = (Y_1, \cdots, Y_n)$ 的观测值，随机向量 Y_i 满足线性关系

$$Y_i = \Theta_0 + \Theta_1 x_i + W_i.$$

这里，$\Theta = (\Theta_0, \Theta_1)$ 是待估参数，$W_1, \cdots, W_n$ 是独立同分布的随机变量，均值为零，方差已知为 σ^2. 与贝叶斯哲学思想一致，将 Θ_0 和 Θ_1 建模为随机变量. 假设 $\Theta_0, \Theta_1, W_1, \cdots, W_n$ 相互独立，Θ_0 和 Θ_1 的均值为零，方差分别是 σ_0^2 和 σ_1^2.

基于 $\Theta_0, \Theta_1, W_1, \cdots, W_n$ 都是正态随机变量的假设，现在可以利用最大后验概率方法来推导贝叶斯估计量. 在所有 θ_0 和 θ_1 中让后验概率密度函数 $f_{\Theta \mid Y}(\theta_0, \theta_1 \mid y_1, \cdots, y_n)$ 最大. 根据贝叶斯准则，后验概率密度函数是②

① 跳过这一小节不会影响课程的连续性.

② 注意这一段用到了条件概率的概念，因为采用的是贝叶斯框架.

$$f_\Theta(\theta_0,\theta_1)f_{Y|\Theta}(y_1,\cdots,y_n\,|\,\theta_0,\theta_1)$$

除以一个和 (θ_0,θ_1) 无关的归一化常数. 根据正态性假设，表达式写成

$$c\cdot\exp\left\{-\frac{\theta_0^2}{2\sigma_0^2}\right\}\cdot\exp\left\{-\frac{\theta_1^2}{2\sigma_1^2}\right\}\cdot\prod_{i=1}^{n}\exp\left\{-\frac{(y_i-\theta_0-x_i\theta_1)^2}{2\sigma^2}\right\},$$

其中 c 是和 (θ_0,θ_1) 无关的归一化常数. 等价地，在所有 θ_0 和 θ_1 中使表达式

$$\frac{\theta_0^2}{2\sigma_0^2}+\frac{\theta_1^2}{2\sigma_1^2}+\frac{(y_i-\theta_0-x_i\theta_1)^2}{2\sigma^2}$$

最小. 注意，这和前面经典推断中期望达到最小的表达式 $\sum_{i=1}^n(y_i-\theta_0-x_i\theta_1)^2$ 是类似的（当 σ_0 和 σ_1 足够大时，可以忽略 $\theta_0^2/2\sigma_0^2$ 和 $\theta_1^2/2\sigma_1^2$，则这两个最小化是一样的）. 为求最小值，分别对 θ_0 和 θ_1 求导，令导数为零. 经过计算，得到如下解.

贝叶斯线性回归

- **模型**:

  (a) 假设有线性关系 $Y_i=\Theta_0+\Theta_1x_i+W_i$；

  (b) 认为 x_i 是已知常数；

  (c) 随机变量 $\Theta_0,\Theta_1,W_1,\cdots,W_n$ 服从正态分布且独立；

  (d) 随机变量 Θ_0 和 Θ_1 的均值为零，方差分别是 σ_0^2 和 σ_1^2；

  (e) 随机变量 W_i 的均值为零，方差为 σ^2.

- **估计公式**:

  给定数据对 (x_i,y_i)，Θ_0 和 Θ_1 的最大后验概率估计是

$$\hat{\theta}_1=\frac{1}{b-a\bar{x}^2}\left(\frac{1}{n}\sum_{i=1}^{n}x_iy_i-a\bar{x}\bar{y}\right),$$

$$\hat{\theta}_0=a(\bar{y}-\hat{\theta}_1\bar{x}),$$

  其中

$$a=\frac{n\sigma_0^2}{\sigma^2+n\sigma_0^2},\quad b=\frac{\sigma^2+\sigma_1^2\sum_{i=1}^n x_i^2}{n\sigma_1^2},\quad \bar{x}=\frac{1}{n}\sum_{i=1}^{n}x_i,\quad \bar{y}=\frac{1}{n}\sum_{i=1}^{n}y_i.$$

这里有一些注释.

(a) 如果与 σ_0^2 和 σ_1^2 相比 σ^2 很大，则得到 $\hat{\theta}_0\approx 0$，$\hat{\theta}_1\approx 0$. 这种情况下噪声很大，观测基本被忽略，因此估计和先验均值（假设为零）是一样的.

(b) 如果让先验方差 σ_0^2 和 σ_1^2 增大到无穷大，那么不存在任何关于 Θ_0 和 Θ_1 的有用的先验信息. 在这种情况下，最大后验概率估计和 σ^2 不相干，其结果就和之前推导的经典的线性回归公式一样.

(c) 为简单起见，假设 $\bar{x}=0$. 在估计 Θ_1 时，观测 Y_i 的取值 y_i 的权重和相关的 x_i 成比例. 这可以从直观上解释：当 x_i 很大时，Y_i 中 $\Theta_1 x_i$ 的贡献就相对大，从而 Y_i 含有关于 Θ_1 的有用信息. 反之，x_i 为 0，观测 Y_i 和 Θ_1 独立，进而可以被忽略.

(d) 估计 $\hat{\theta}_0$ 和 $\hat{\theta}_1$ 是 y_i 的线性函数，而不是 x_i 的. 然而要记住，x_i 是外生的、非随机的数，而 y_i 是随机变量 Y_i 的观测值. 因而从 8.4 节定义的意义上来说，最大后验概率估计量 $\hat{\Theta}_0$ 和 $\hat{\Theta}_1$ 是线性的. 再看我们的正态性假设，这些估计量同时是贝叶斯线性最小均方估计量和最小均方估计量（见 8.4 节末尾的讨论）.

9.2.3 多元线性回归

到目前为止，我们关于线性回归的讨论只包含一个**解释变量**，记作 x，即**一元回归**. 一元回归的目标是建立用 x_i 的值来解释 y_i 的观测值的模型. 但是，在许多情况下，有很多潜在的解释变量（例如，考虑解释年收入的模型，它是关于年龄和受教育年数的函数）. 这类模型称为**多元回归模型**.

举例来说，现在的数据由三元组 (x_i, y_i, z_i) 组成，我们想估计参数 θ_j，模型如下：

$$y \approx \theta_0 + \theta_1 x + \theta_2 z.$$

例如，对于随机样本中的第 i 个人，y_i 可以是收入，x_i 是年龄，z_i 是受教育年数. 在所有的 $\theta_0, \theta_1, \theta_2$ 中寻找使得残差平方和

$$\sum_{i=1}^{n}(y_i - \theta_0 - \theta_1 x_i - \theta_2 z_i)^2$$

最小的解. 理论上，多个解释变量的情况与两个解释变量的情况没有本质差别. 回归估计 $\hat{\theta}_i$ 的计算在概念上和单个解释变量的情形一样，但公式更复杂.

一个特例是，假设 $z_i = x_i^2$，处理的模型变为

$$y \approx \theta_0 + \theta_1 x + \theta_2 x^2.$$

如果能够找到 y_i 关于 x_i 是二次函数关系的解释，那么这个模型是合适的（当然，更高阶多项式模型也是可能的）. 虽然二次函数是非线性的，但这个模型仍被称作线性的，因为未知参数 θ_j 和观测的随机变量 Y_i 是线性关系. 推而广之，可以考虑

$$y \approx \theta_0 + \sum_{j=1}^{m} \theta_j h_j(x)$$

这种一般形式的模型. 通过取遍 $\theta_0, \theta_1, \cdots, \theta_m$ 使得表达式

$$\sum_{i=1}^{n} (y_i - \theta_0 - \sum_{j=1}^{m} \theta_j h_j(x_i))^2$$

取值最小, 即得到参数的估计 $\hat{\theta}_0, \hat{\theta}_1, \cdots, \hat{\theta}_m$. 这类最小化问题已有现成的闭形式的解, 同时, 它们具有高效的数值解法.

9.2.4 非线性回归

如果假设中关于未知参数的模型结构是非线性的, 可将线性回归方法推广到非线性的情况. 特别地, 假设变量 x 和 y 的关系如下

$$y \approx h(x; \theta),$$

其中 h 是给定的函数, θ 是待估参数. 对于已知的数据对 (x_i, y_i) ($i = 1, \cdots, n$), 欲寻找 θ 使得残差平方和

$$\sum_{i=1}^{n} \big(y_i - h(x_i; \theta)\big)^2$$

达到最小.

与线性回归不同, 这类最小化问题通常没有闭形式的解. 但是, 解决实际问题时有一些相当有效的计算方法. 和线性回归类似, 非线性最小二乘估计源自参数 θ 的最大似然估计. 假定数据 y_i 来自模型

$$Y_i = h(x_i; \theta) + W_i, \qquad i = 1, \cdots, n,$$

其中 θ 为未知的回归模型的参数, W_i 是独立同分布的零均值正态随机变量. 这个模型的似然函数的形式为

$$f_Y(y; \theta) = \prod_{i=1}^{n} \frac{1}{\sqrt{2\pi}\sigma} \exp\left\{-\frac{(y_i - h(x_i; \theta))^2}{2\sigma^2}\right\},$$

其中 σ^2 为 W_i 的方差. 似然函数最大等价于上式中指数部分最大, 也就是使得残差平方和最小. 这说明, 在 Y_i 为正态的情况下, 非线性回归模型中参数 θ 的最小二乘估计就是参数 θ 的最大似然估计.

9.2.5 实际中的考虑

回归方法的应用领域非常广泛，从工程到社会科学领域，无不涉及. 但是，应用时需要小心. 这里讨论一些很重要的、需要牢记的问题，如果忽略这些事项，将无法通过回归分析得到可靠的结论.

(a) **异方差性**. 在涉及正态误差的线性回归模型中，最小二乘估计要求模型中误差项 [噪声项 W_i ($i = 1, \cdots, n$)] 的方差相同. 然而，在现实中，不同数据对的 W_i 的方差可能有很大差别. 例如，W_i 的方差可能受到 x_i 的严重影响（更具体一些，假设 x_i 是年收入且 y_i 是年消费. 很自然地，能够预期富人消费的方差远大于穷人消费的方差）. 在这种情况下，一些方差较大的噪声项将对参数估计造成不恰当的影响. 一种合适的补救办法是使用加权最小二乘准则 $\sum_{i=1}^{n} \alpha_i(y_i - \theta_0 - \theta_1 x_i)^2$，其中对于 W_i 的方差较大的 i，权重 α_i 就小一些.

(b) **非线性**. 在很多时候，变量 x 的取值可以影响变量 y 的取值，但这种影响可能是非线性的. 之前也讨论过，选择合适的 h，基于数据对 $\big(h(x_i), y_i\big)$ 的回归模型可能更合适.

(c) **多重共线性**. 假设现在用两个解释变量 x 和 z 来建模预测另一个变量 y. 如果 x 和 z 之间本身就有很强的关系，那么估计的过程可能无法可靠地区分两个解释变量各自对模型的影响. 一个极端的例子是，假设 $y = 2x + 1$ 是真实的关系，而 $z = 2x$ 总是成立的. 那么模型 $y = z + 1$ 也是正确的，但并不存在能够区分上述两个模型的估计方法.

(d) **过度拟合**. 用大量的解释变量和相应的参数来建立多元回归，其拟合效果是良好的，但这种建立模型的方法并非总是有利的，也有可能是没有用的. 举例来说，假设一个线性模型是正确的，但是，我们用 9 次多项式来拟合 10 个数据. 模型的数据拟合效果肯定非常好，却是不对的. 一个实用的惯例是，数据点的数量应该比待估参数个数多 5 倍，最好是 10 倍.

(e) **因果关系**. 不要把两个变量 x 和 y 之间的线性关系错误理解成因果关系. 一个非常好的拟合可能源于变量 x 是导致 y 的原因，也有可能 y 是导致 x 的原因. 还可能有一些用变量 z 来刻画的外在因素，以相同的方式影响着 x 和 y. 举例来说，在一个家庭中，x_i 是长子的财富，y_i 是次子的财富. 粗略地预计 y_i 会随着 x_i 的增加而线性增长，但是这应该归功于共同家庭和背景的影响，而不是两个孩子之间的因果关系.

9.3　简单假设检验

本节将再次讨论如何从两个假设中进行选择. 与 8.2 节中贝叶斯公式的表达不同，这里没有先验概率的假设. 可以将此看作 θ 只有两个可能取值的推断问题，但为了与传统统计语言保持一致，我们不再使用 θ 的符号，而用 H_0 和 H_1 代表两个假设. 在传统的统计语言中，H_0 称作**原**假设，H_1 称作**备择**假设. 这个假设检验问题称为简单假设检验问题. 这说明 H_0 发挥着默认模型的作用，可以根据得到的数据来决定是支持还是拒绝 H_0.

观测随机变量 $X=(X_1,\cdots,X_n)$ 的分布依赖于假设. 记号 $P(X\in A;H_j)$ 表示当假设 H_j 成立时 X 属于 A 的概率. 请注意，与经典推断内容一致，不存在条件概率，因为真实的假设并没有被当作随机变量对待. 类似地，用 $p_X(x;H_j)$ 和 $f_X(x;H_j)$ 分别表示向量 X 在假设 H_j 下的概率质量函数和概率密度函数. 我们希望找到一个决策准则将观测值 x 映射到其中一个假设上去，见图 9-7.

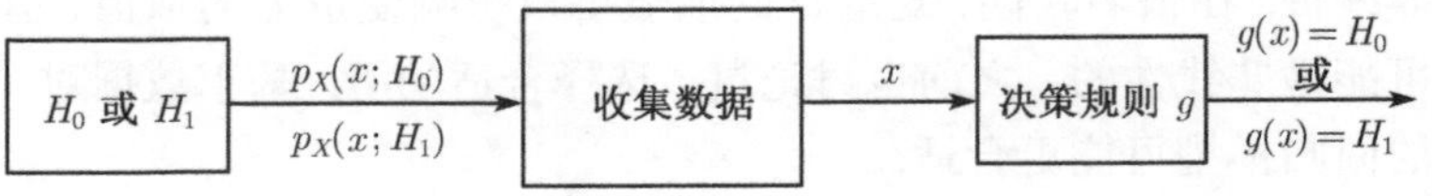

图 9-7　简单假设检验的经典推断框架

任何决策准则都可以用观测空间的一个分割来表达. 将观测向量 $X=(X_1,\cdots,X_n)$ 所有可能取值的集合划分为两个部分：集合 R 称为**拒绝域**，其补集 R^c 称为**接受域**. 若观测数据 $X=(X_1,\cdots,X_n)$ 落在拒绝域 R 中，假设 H_0 被**拒绝**（声称 H_0 是错误的），否则就被**接受**，见图 9-8. 因此，决策准则的选择等价于拒绝域的选择.

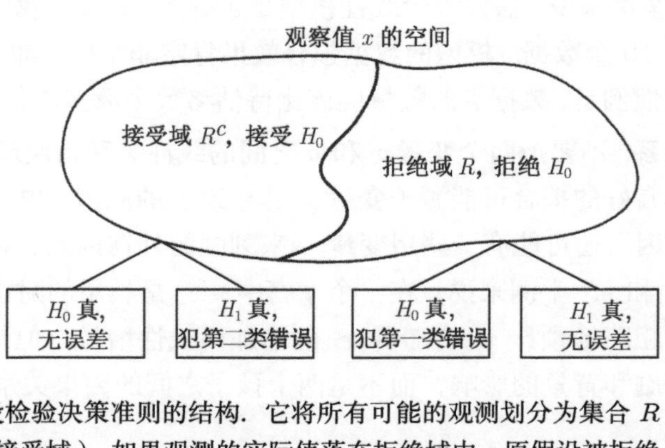

图 9-8　简单假设检验决策准则的结构. 它将所有可能的观测划分为集合 R（拒绝域）及其补集 R^c（接受域）. 如果观测的实际值落在拒绝域中，原假设被拒绝

对于一个选定的拒绝域 R，有两种可能的错误类型.

(a) 拒绝 H_0 而实际上 H_0 是正确的. 这是**第一类**错误，即所谓的**错误拒绝**，发生的概率是

$$\alpha(R) = P(X \in R; H_0).$$

(b) 接受 H_0 而实际上 H_0 是错误的. 这是**第二类**错误，即所谓的**错误接受**，发生的概率是

$$\beta(R) = P(X \notin R; H_1).$$

为构造拒绝域的形式，将其和贝叶斯假设检验类比. 在贝叶斯假设检验中，两个假设为 $\Theta = \theta_0$ 和 $\Theta = \theta_1$，先验概率分别是 $p_\Theta(\theta_0)$ 和 $p_\Theta(\theta_1)$. 于是, 对于固定的观测值 x，利用最大后验概率准则让犯错的总概率达到最小. 按这个规则，若

$$p_\Theta(\theta_0)p_{X\,|\,\Theta}(x\,|\,\theta_0) < p_\Theta(\theta_1)p_{X\,|\,\Theta}(x\,|\,\theta_1),$$

则称 $\Theta = \theta_1$ 是真的（假设 X 是离散的）.[①] 这条准则也可以这样改写：定义**似然比** $L(x)$ 为

$$L(x) = \frac{p_{X\,|\,\Theta}(x\,|\,\theta_1)}{p_{X\,|\,\Theta}(x\,|\,\theta_0)},$$

若观测向量 X 的实现值 x 满足

$$L(x) > \xi,$$

则称 $\Theta = \theta_1$ 是真的，其中**临界值** ξ 为

$$\xi = \frac{p_\Theta(\theta_0)}{p_\Theta(\theta_1)}.$$

若 X 是连续的，分析方法是一样的，只是似然比定义为概率密度函数的比值:

$$L(x) = \frac{f_{X\,|\,\Theta}(x\,|\,\theta_1)}{f_{X\,|\,\Theta}(x\,|\,\theta_0)}.$$

根据之前最大后验概率准则的形式，考虑如下形式的拒绝域：

$$R = \{x\,|\,L(x) > \xi\},$$

其中似然比 $L(x)$ 的定义和贝叶斯情形类似：[②]

$$L(x) = \frac{p_X(x; H_1)}{p_X(x; H_0)} \qquad \text{或} \qquad L(x) = \frac{f_X(x; H_1)}{f_X(x; H_0)}.$$

① 在这一段我们用到条件概率的概念，因为要处理贝叶斯问题.

② 注意，我们用 $L(x)$ 表示基于随机观测 X 的观测值 x 的似然比的值. 另外，最好在做实验之前将似然比看作随机变量，即观测 X 的函数，记为 $L(X)$. $L(X)$ 的概率分布依赖于哪个假设是真的.

现在的情况下，H_0 和 H_1 不再具有先验概率，拒绝域中的常数 ξ 可以自由地根据各种考虑确定. 特殊情况 $\xi = 1$ 正好对应了最大似然准则.

例 9.10 现在想检验一颗六面骰子是否均匀，构造关于六个面出现概率的两个假设.

$$H_0(\text{均匀骰子}):\quad p_X(x;H_0) = \frac{1}{6},\quad \text{若 } x = 1,\cdots,6;$$

$$H_1(\text{不均匀骰子}):\quad p_X(x;H_1) = \begin{cases} \dfrac{1}{4}, & \text{若 } x = 1,2, \\ \dfrac{1}{8}, & \text{若 } x = 3,4,5,6. \end{cases}$$

这颗骰子的一次投掷 x 的似然比是

$$L(x) = \begin{cases} \dfrac{1/4}{1/6} = \dfrac{3}{2}, & \text{若 } x = 1,2, \\ \dfrac{1/8}{1/6} = \dfrac{3}{4}, & \text{若 } x = 3,4,5,6. \end{cases}$$

由于似然比只有两个单独的取值，因此临界值 ξ 对应的拒绝域有三种情况.

$$\xi < \frac{3}{4}:\quad \text{对所有 } x \text{ 拒绝 } H_0.$$

$$\frac{3}{4} < \xi < \frac{3}{2}:\quad \text{若 } x \in \{3,4,5,6\}\text{，接受 } H_0\text{；若 } x \in \{1,2\}\text{，拒绝 } H_0.$$

$$\frac{3}{2} < \xi:\quad \text{对所有 } x \text{ 接受 } H_0.$$

直观上看，若投掷结果是 1 或 2，则倾向于接受 H_1 而拒绝 H_0. 另外，如果将临界值选得太高（$\xi > 3/2$），就永远不会拒绝 H_0. 事实上，对于骰子的一次投掷，只有当 $3/4 < \xi < 3/2$ 时检验才有意义，因为当 ξ 取其他值时，决策本身并不依赖于观测.

可以根据数据算出不同临界值犯错的概率. 特别地，错误拒绝的概率 $P(\text{拒绝}H_0; H_0)$ 为

$$\alpha(\xi) = \begin{cases} 1, & \text{若 } \xi < \dfrac{3}{4}, \\ P(X \in \{1,2\}; H_0) = \dfrac{1}{3}, & \text{若 } \dfrac{3}{4} < \xi < \dfrac{3}{2}, \\ 0, & \text{若 } \dfrac{3}{2} < \xi, \end{cases}$$

错误接受的概率 $P(\text{接受}H_0; H_1)$ 为

$$\beta(\xi) = \begin{cases} 0, & \text{若 } \xi < \dfrac{3}{4}, \\ P(X \in \{3,4,5,6\}; H_1) = \dfrac{1}{2}, & \text{若 } \dfrac{3}{4} < \xi < \dfrac{3}{2}, \\ 1, & \text{若 } \dfrac{3}{2} < \xi. \end{cases}$$

■

注意，在前面的例子中，ξ 的选择使得两种错误的概率之间有此消彼长的关系. 事实上，当 ξ 增大时拒绝域变小. 因此，错误拒绝的概率 $\alpha(R)$ 减小而错误

接受的概率 $\beta(R)$ 增加（见图 9-9）. 由于这种平衡的存在，没有一种简单最优的方法来选择临界值. 下面介绍一种最受欢迎的方法.

似然比检验

- 首先确定错误拒绝的概率 α 的目标值.
- 选择 ξ 的值使得错误拒绝的概率为 α:

$$P(L(X) > \xi; H_0) = \alpha.$$

- 观测 X 的取值 x，若 $L(x) > \xi$ 则拒绝 H_0.

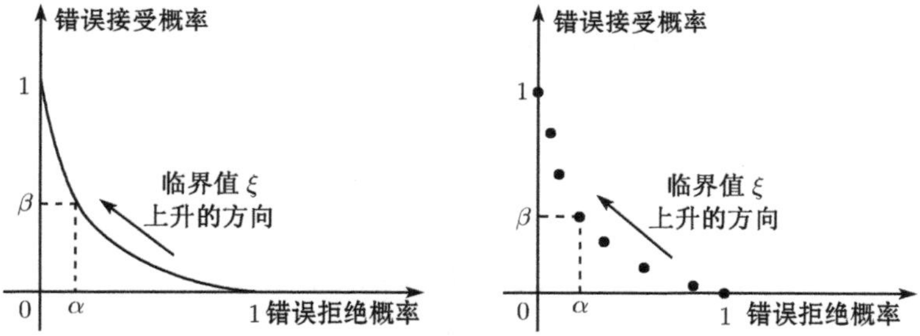

图 9-9 似然比检验中的犯错概率. 当临界值 ξ 增加时，拒绝域变小. 因此，错误拒绝的概率 α 减小而错误接受的概率 β 增加. 当 α 对于 ξ 的依赖连续严格单调下降时，对于给定的 α，只有唯一的 ξ 与之对应（见左图）. 但是，α 对于 ξ 的依赖也可能是不连续的. 例如，似然比 $L(x)$ 只有有限个不同的取值（见右图）

根据错误拒绝的不理想程度，α 的典型选择是 $\alpha = 0.1$、$\alpha = 0.05$ 或 $\alpha = 0.01$. 注意，在应用似然比检验时需要满足下面的条件.

(a) 对于给定的观测值 x，必须能够计算 $L(x)$，这样才能与临界值 ξ 做比较. 所幸，在给定概率质量函数或概率密度函数的大部分情况下可以做到.

(b) 必须有 $L(X)$ [或相关随机变量，如 $\ln L(X)$] 分布的表达式，或者可以通过近似分析计算和模拟得到. 因为给定错误拒绝概率 α，所以需要通过它来确定相应的临界值 ξ.

例 9.11 一台监视器周期性地检查某个特定区域并记录下信号，$X = W$ 为没有入侵者（假设 H_0），$X = 1 + W$ 为存在入侵者（假设 H_1）. 假设 W 是零均值、已知方差为 ν 的正态随机变量. 由于

$$f_X(x;H_0)=\frac{1}{\sqrt{2\pi\nu}}\exp\left\{-\frac{x^2}{2\nu}\right\},\qquad f_X(x;H_1)=\frac{1}{\sqrt{2\pi\nu}}\exp\left\{-\frac{(x-1)^2}{2\nu}\right\},$$

似然比为

$$L(x)=\frac{f_X(x;H_1)}{f_X(x;H_0)}=\exp\left\{\frac{x^2-(x-1)^2}{2\nu}\right\}=\exp\left\{\frac{2x-1}{2\nu}\right\}.$$

给定临界值 ξ，如果 $L(x)>\xi$，似然比检验拒绝 H_0. 或者等价地，经过直接计算，若

$$x>\nu\ln\xi+\frac{1}{2},$$

则拒绝 H_0. 因此，拒绝域的形式为

$$R=\{x\,|\,x>\gamma\},$$

其中 γ 为某个常数，称为临界值. γ 与 ξ 的关系为

$$\gamma=\nu\ln\xi+\frac{1}{2},$$

见图 9-10. 确定错误拒绝的概率 α 的目标值以后，可通过关系

$$\alpha=P(X>\gamma;H_0)=P(W>\gamma)$$

和正态分布表来找 γ. 例如，若 $\alpha=0.025$，则 $\gamma=1.96\sqrt{\nu}$. 同样，还可以用正态分布表计算错误接受的概率

$$\beta=P(X\leqslant\gamma;H_1)=P(1+W\leqslant\gamma)=P(W\leqslant\gamma-1).$$ ■

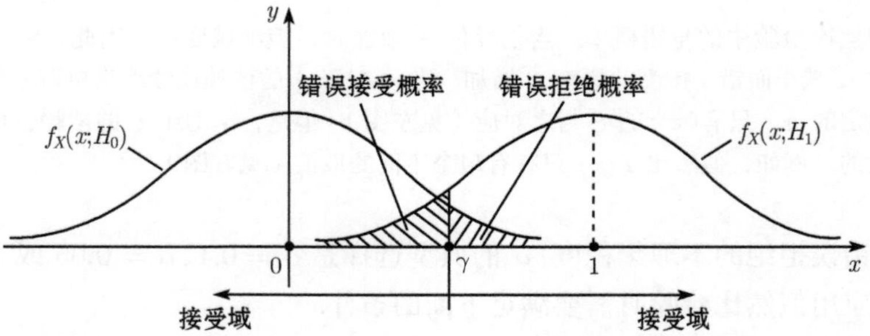

图 9-10 例 9.11 中的拒绝域和接受域，以及相应错误拒绝和错误接受的概率

正如前面的例子，若 $L(X)$ 是连续随机变量，随着 ξ 的增大，概率 $P\big(L(X)>\xi;H_0\big)$ 从 1 到 0 连续移动. 因此，可以找到恰好满足 $P(L(X)>\xi;H_0)=\alpha$ 的 ξ 的取值，但是，若 $L(X)$ 是离散随机变量，则未必能找到恰好满足 $P(L(X)>\xi;H_0)=\alpha$ 的 ξ 的取值（见例 9.10）. 在这种情况下，一般有以下几种选择.

(a) 寻找使等式近似成立的取值.

(b) 选择满足 $P(L(X)>\xi;H_0)\leqslant\alpha$ 的 ξ 的最小取值.

(c) 利用额外的随机性在两个候选临界值中做选择. 这种检验方法称为"随机化似然比检验". 这种方法有理论研究价值. 但是, 它在实践中不是很重要, 本书不深入讨论.

通过与贝叶斯推断的类比, 我们对似然比检验进行了应用. 现在要提出一个更强的结论: 在给定的错误拒绝概率之下, 似然比检验使得错误接受的概率达到最小.

奈曼-皮尔逊引理

考虑在似然比检验中一个确定的 ξ, 从而有犯错概率

$$P(L(X) > \xi; H_0) = \alpha, \qquad P(L(X) \leqslant \xi; H_1) = \beta.$$

假设还有其他检验, 拒绝域为 R, 使得错误拒绝的概率一样或更小:

$$P(X \in R; H_0) \leqslant \alpha.$$

则有

$$P(X \notin R; H_1) \geqslant \beta.$$

当严格不等式 $P(X \in R; H_0) < \alpha$ 成立时, $P(X \notin R; H_1) > \beta$ 成立.

为证明奈曼-皮尔逊引理, 考虑关于假设的贝叶斯决策问题, 其中 H_0 和 H_1 的先验概率满足

$$\frac{p_\Theta(\theta_0)}{p_\Theta(\theta_1)} = \xi,$$

即

$$p_\Theta(\theta_0) = \frac{\xi}{1+\xi}, \qquad p_\Theta(\theta_1) = \frac{1}{1+\xi}.$$

如本节开始所讨论的, 利用最大后验概率准则得到的临界值为 ξ, 这与利用似然比检验准则得到的结论是一样的. 由最大后验概率准则知, 犯错的概率为

$$e_{\mathrm{MAP}} = \frac{\xi}{1+\xi}\alpha + \frac{1}{1+\xi}\beta,$$

由 8.2 节可知, 它小于等于任何其他贝叶斯决策准则的犯错概率. 这说明任选拒绝域 R 都有

$$e_{\mathrm{MAP}} \leqslant \frac{\xi}{1+\xi}P(X \in R; H_0) + \frac{1}{1+\xi}P(X \notin R; H_1).$$

比较前面两个关系式得, 若 $P(X \in R; H_0) \leqslant \alpha$, 则必须有 $P(X \notin R; H_1) \geqslant \beta$; 若 $P(X \in R; H_0) < \alpha$, 则必须有 $\mathrm{P}(X \notin R; H_1) > \beta$. 这正是奈曼-皮尔逊引理的结论.

我们可以用画图的方式来解释奈曼-皮尔逊引理，见图 9-11. 以下几个例子说明了这一引理.

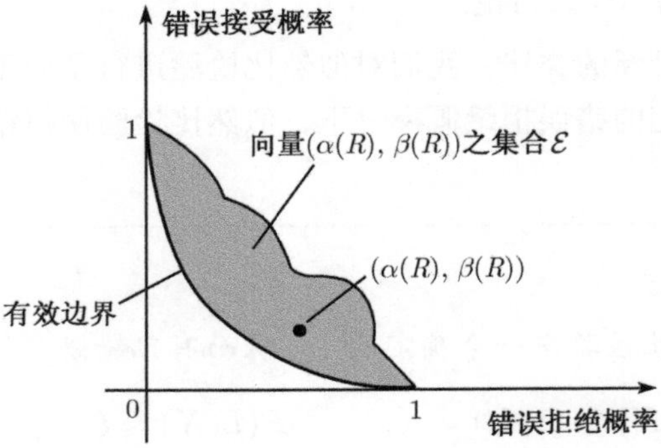

图 9-11　奈曼-皮尔逊引理的解释. 考虑所有错误概率数对 $(\alpha(R), \beta(R))$ 的集合 $\mathcal{E}$，其中 R 取遍所有可能的拒绝域（样本空间的子集）. $\mathcal{E}$ 的**有效边界**是这样的向量 $(\alpha(R), \beta(R))$ 的集合：不存在 $(\alpha, \beta) \in \mathcal{E}$ 使得 $\alpha \leqslant \alpha(R)$ 且 $\beta < \beta(R)$，或者 $\alpha < \alpha(R)$ 且 $\beta \leqslant \beta(R)$. 奈曼-皮尔逊引理说的是，似然比检验中所有的 $(\alpha(R), \beta(R))$ 都在有效边界上

例 9.12　接着考虑例 9.10，投掷骰子一次来检验它是否均匀. 考虑所有错误概率数对 $(\alpha(R), \beta(R))$ 的集合 $\mathcal{E}$，其中 R 取遍所有可能的拒绝域（样本空间 $\{1, \cdots, 6\}$ 的所有子集）. 图 9-12 画出了集合 $\mathcal{E}$. 可以看出似然比检验中的犯错概率数对 $(1,0)$, $(1/3,1/2)$, $(0,1)$ 具有奈曼-皮尔逊引理给出的性质（比如落在有效边界上，见图 9-11 中的术语）. ■

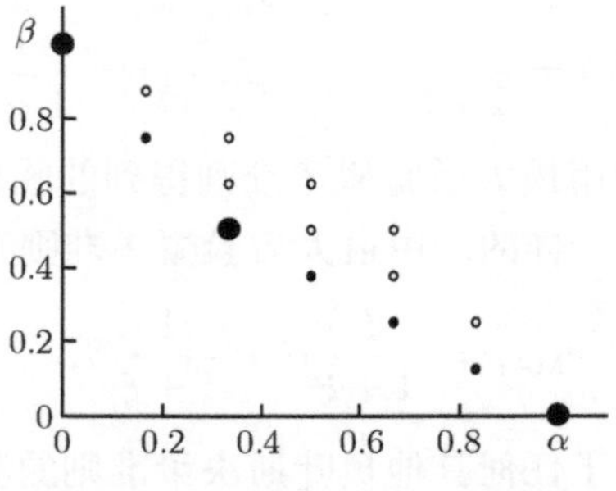

图 9-12　图中显示了例 9.10 和例 9.12 中所有错误概率数对 $(\alpha(R), \beta(R))$ 的集合 $\mathcal{E}$，其中 R 取遍观测空间 $\{1, \cdots, 6\}$ 的所有子集. $(1,0)$, $(1/3,1/2)$, $(0,1)$ 是似然比检验中的犯错概率数对

例 9.13（**不同拒绝域的比较**）　设观测为 X_1 和 X_2，它们是独立同分布的单位方差正态随机变量. 在 H_0 的假设下它们的共同均值是 0，在 H_1 的假设下它们的共同均值是 2. 设错误拒绝的概率为 $\alpha = 0.05$.

首先根据似然比检验推导公式，然后计算 β 的值. 似然比的形式为

$$L(x)=\frac{\frac{1}{\sqrt{2\pi}}\exp\{-((x_1-2)^2+(x_2-2)^2)/2\}}{\frac{1}{\sqrt{2\pi}}\exp\{-(x_1^2+x_2^2)/2\}}=\exp\{2(x_1+x_2)-4\}.$$

比较 $L(x)$ 和临界值 ξ 等价于比较 x_1+x_2 和 $\gamma=(4+\ln\xi)/2$. 因此，根据似然比检验，如果 $x_1+x_2>\gamma$ 则倾向于承认 H_1. 这确定了拒绝域的形状.

为确定拒绝域的具体形式，要找到 γ 使得错误拒绝的概率 $P(X_1+X_2>\gamma;H_0)$ 为 0.05. 注意，在 H_0 的假设下，$Z=(X_1+X_2)/\sqrt{2}$ 是标准正态随机变量. 我们有

$$0.05=P(X_1+X_2>\gamma;H_0)=P\left(\frac{X_1+X_2}{\sqrt{2}}>\frac{\gamma}{\sqrt{2}};H_0\right)=P\left(Z>\frac{\gamma}{\sqrt{2}}\right).$$

根据正态分布表，得到 $P(Z>1.645)=0.05$，所以选择

$$\gamma=1.645\cdot\sqrt{2}\approx 2.33,$$

得到拒绝域为

$$R=\{(x_1,x_2)|x_1+x_2>2.33\}.$$

为评价这个检验的表现，我们计算错误接受的概率. 在 H_1 的假设下，X_1+X_2 服从均值为 4、方差为 2 的正态分布，因此 $Z=(X_1+X_2-4)/\sqrt{2}$ 是标准正态随机变量. 根据正态分布表，错误接受的概率是

$$\begin{aligned}\beta(R)&=P(X_1+X_2\leqslant 2.33;H_1)\\&=P\left(\frac{X_1+X_2-4}{\sqrt{2}}\leqslant\frac{2.33-4}{\sqrt{2}};H_1\right)\\&=P(Z\leqslant -1.18)\\&=P(Z\geqslant 1.18)\\&=1-P(Z\leqslant 1.18)\\&=1-0.88\\&=0.12.\end{aligned}$$

现在来比较似然比检验在不同的拒绝域 R' 下的表现. 例如，考虑形如

$$R'=\{(x_1,x_2)\mid \max\{x_1,x_2\}>\zeta\}$$

的拒绝域，其中 ζ 的选择使得错误拒绝的概率仍为 0.05. 为确定 ζ 的值，记

$$\begin{aligned}0.05&=P(\max\{X_1,X_2\}>\zeta;H_0)\\&=1-P(\max\{X_1,X_2\}\leqslant\zeta;H_0)\\&=1-P(X_1\leqslant\zeta;H_0)P(X_2\leqslant\zeta;H_0)\\&=1-\big(P(Z\leqslant\zeta;H_0)\big)^2,\end{aligned}$$

其中 Z 服从标准正态分布. 由上式可得 $P(Z\leqslant\zeta;H_0)=\sqrt{1-0.05}\approx 0.975$. 由正态分布表得到 $\zeta=1.96$.

现在计算相应错误接受的概率. 设 Z 是标准正态随机变量，我们有

$$\begin{aligned}\beta(R') &= P(\max\{X_1, X_2\} \leqslant 1.96; H_1) \\ &= \big(P(X_1 \leqslant 1.96; H_1)\big)^2 \\ &= \big(P(X_1 - 2 \leqslant -0.04; H_1)\big)^2 \\ &= \big(P(Z \leqslant -0.04)\big)^2 \\ &= 0.49^2 \\ &\approx 0.24.\end{aligned}$$

可见，似然比检验错误接受的概率 $\beta(R) = 0.12$，比另一种检验错误接受的概率 $\beta(R') = 0.24$ 要好很多. ■

例 9.14（一个离散的例子） 将一枚硬币独立地抛掷 25 次. 假设 H_0 指一次抛掷正面向上的概率为 $\theta_0 = 1/2$；H_1 指一次抛掷正面向上的概率为 $\theta_1 = 2/3$. 令 X 是观测到正面向上的次数. 固定错误拒绝的概率为 0.1，似然比检验的拒绝域是什么呢?

当 $X = k$ 时，似然比的形式为

$$L(k) = \frac{\binom{n}{k}\theta_1^k(1-\theta_1)^{n-k}}{\binom{n}{k}\theta_0^k(1-\theta_0)^{n-k}} = \left(\frac{\theta_1}{\theta_0} \cdot \frac{1-\theta_0}{1-\theta_1}\right)^k \cdot \left(\frac{1-\theta_1}{1-\theta_0}\right)^n = 2^k \left(\frac{2}{3}\right)^{25}.$$

注意 $L(k)$ 是关于 k 的单调增函数. 因此，拒绝条件 $L(k) > \xi$ 等价于 $k > \gamma$，其中 γ 是依赖于 ξ 的适当常数. 所以，似然比检验为

若 $X > \gamma$，则拒绝 H_0.

为保证满足错误拒绝概率，需要找到使得 $P(X > \gamma; H_0) \leqslant 0.1$ 成立的最小 γ 值，即

$$\sum_{i=\gamma+1}^{25} \binom{25}{i} 2^{-25} \leqslant 0.1.$$

计算不同 γ 对应的取值，我们找到符合要求的 $\gamma = 16$.

另一种选择 γ 的方法要用到中心极限定理的近似. 在 H_0 的假设下，

$$Z = \frac{X - n\theta_0}{\sqrt{n\theta_0(1-\theta_0)}} = \frac{X - 12.5}{\sqrt{25/4}}$$

是近似标准正态随机变量. 因此我们有

$$0.1 = P(X > \gamma; H_0) = P\left(\frac{X - 12.5}{\sqrt{25/4}} > \frac{\gamma - 12.5}{\sqrt{25/4}}; H_0\right) = P\left(Z > \frac{2\gamma}{5} - 5\right).$$

由正态分布表，$\Phi(1.28) = 0.9$，选择 γ 满足 $(2\gamma/5) - 5 = 1.28$，即 $\gamma = 15.7$. 由于 X 是整数，似然比检验在 $X > 15$ 的时候应当拒绝 H_0. ■

9.4 显著性检验

在实际情况中，假设检验问题并不总是包含两个特定的选择，此时 9.3 节的方法不再适用．本节的目的是介绍一类更一般的问题，并提供解决办法．需要提醒的是，我们提供的方法既不是唯一的也不是普适的，判断力和技巧是解决问题的重要组成部分．

考虑以下问题以启发思维．

(i) 重复独立抛掷一枚硬币．这枚硬币是均匀的吗？

(ii) 重复独立投掷一颗骰子．这颗骰子是均匀的吗？

(iii) 观测一列独立同分布的正态随机变量 $X_1, \cdots, X_n$，它们是标准正态的吗？

(iv) 将得了同一种病的病人分成两组，用两种不同的药治疗，第一种药的疗效比第二种更好吗？

(v) 基于历史数据（比如去年的），道琼斯指数每日的变化服从正态分布吗？

(vi) 基于两个随机变量 X 和 Y 的一些样本 (x_i, y_i)，能够判定两个随机变量相互独立吗？

在上述所有情况中，我们都在处理具有不确定性且具有某种统计规律的现象．在上述问题中，我们提出一个默认的假设，称为**原假设**，记作 H_0．我们根据观测 $X = (X_1, \cdots, X_n)$ 来决定是拒绝还是接受原假设．

为避免关键思想的含糊，我们将讨论范围限制在具有下列特征的情况中．

(a) **参数模型**：假设观测 $X_1, \cdots, X_n$ 服从完全由未知参数 θ（标量或向量）决定的联合概率质量函数（离散情形）或联合概率密度函数（连续情形），θ 在给定的集合 $\mathcal{M}$ 中取值．

(b) **简单原假设**：原假设断言 θ 的真值等于 $\mathcal{M}$ 中一个给定的元素 θ_0．

(c) **备择假设**：备择假设（记作 H_1）是说 H_0 不正确，即 $\theta \neq \theta_0$．

前面的引例中，(i) ~ (iii) 满足 (a) ~ (c)，而 (iv) ~ (vi) 的原假设并不简单，违背了条件 (b)．

9.4.1 一般方法

首先，我们通过具体的例子来介绍一般方法．然后，对不同的步骤进行总结和评论．最后，再来看一些用一般方法能够解决的例子．

例 9.15（我的硬币均匀吗？） 抛掷一枚硬币 $n = 1000$ 次，每次抛掷之间独立．设 θ 是未知的每次抛掷正面向上的概率．参数可能取值的集合是 $\mathcal{M} = [0, 1]$．原假设（硬币是均匀的）是 $\theta = 0.5$．备择假设是 $\theta \neq 0.5$．

观测数据是序列 $X_1, \cdots, X_n$，代表 n 次抛掷硬币的结果，第 i 次抛掷的结果为正面向上则 X_i 取值为 1，否则 X_i 取值为 0．我们选择 $S = X_1 + \cdots + X_n$ 作为统计量，即观测到正面向上的次数，并用这样的决策准则：

$$\text{若 } |S - 0.5n| > \xi，\text{则拒绝 } H_0，$$

其中 ξ 是合适的待定**临界值**．到目前为止，已经确定了**拒绝域** R（拒绝原假设的数据集合）的形状．最后要做的是选择临界值 ξ 使得错误拒绝的概率等于给定的值 α：

$$P(\text{拒绝 } H_0; H_0) = \alpha.$$

典型的 α 是一个很小的数，称为**显著水平**，在这个例子中取 $\alpha = 0.05$．

到目前为止，我们只是提供了一系列直观的操作方法．确定临界值 ξ 需要一些概率计算．在原假设下，随机变量 S 服从参数为 $n = 1000$ 和 $p = 1/2$ 的二项分布．当样本量很大的时候，可利用正态分布逼近二项分布，查正态分布表，可得到临界值的近似选择 $\xi = 31$．假设 S 的观测值为 $s = 472$，我们有

$$|s - 500| = |472 - 500| = 28 \leqslant 31,$$

因此，在 5% 显著水平下不拒绝假设 H_0．■

在上例的最后，我们是故意说“不拒绝”而非“接受”的．我们没有任何确凿的证据说 θ 等于 0.5 而不是 0.51．我们只能说 S 的观测值没有提供有力的证据来反对假设 H_0．

现在，从前面的例子中总结归纳得到一般方法．

显著性检验的方法

基于观测 $X_1, \cdots, X_n$，将对假设 H_0 做统计检验．

- 以下步骤在得到观测数据之前完成．
  (a) 选择**统计量** S，一个能够概括观测数据的随机变量．从数学的角度看，就是选择函数 $h: \mathbf{R}^n \to \mathbf{R}$ 使得统计量 $S = h(X_1, \cdots, X_n)$．
  (b) 确定**拒绝域的形状**．拒绝域是由 S 的取值组成的集合，当 S 落入这个集合时，就拒绝 H_0．在确定这个集合的时候，还涉及一个未定常数 ξ，这个常数称为临界值．
  (c) 选择**显著水平**，即错误拒绝 H_0 的概率 α．
  (d) 选择**临界值** ξ，使得错误拒绝的概率等于或近似等于 α．这时候，拒绝域就完全确定了．
- 一旦得到 $X_1, \cdots, X_n$ 的观测值 $x_1, \cdots, x_n$：
  (i) 计算统计量 S 的值 $s = h(x_1, \cdots, x_n)$；
  (ii) 若 s 落在拒绝域中，拒绝假设 H_0．

下面对上述方法的各个部分做一些解释和评论.

(i) 没有一种万能的方法来选择“正确”的统计量 S. 在一些例子中，比如例 9.15，这种选择是自然的并且能从数学的角度证明其优良性能. 另外，我们还可以将似然比的概念推广，得到有使用价值的 S，这将在本节稍后讨论. 最后，在选择 S 的时候，一个重要的考察原则是 S 的简洁性：是否足够简单从而能够进行上面方法中步骤 (d) 的计算.

(ii) 不拒绝 H_0 的 S 取值的集合一般是包含（在 H_0 的假定下）S 的分布密度峰值的一个区间（见图 9-13）. 当样本量很大的时候，可利用中心极限定理. 由于正态分布密度有对称点，可取关于 S 的均值对称的一个区间作为接受域. 类似地，例 9.15 中对称的拒绝域是根据以下事实建立的：在 H_0 下 S 的分布（参数为 1/2 的二项分布）关于均值对称. 在其他例子中，非对称的拒绝域可能更加合适. 例如，在例 9.15 中，若事先能够确定 $\theta \geqslant 0.5$，那么单边的拒绝域是自然的：

$$若\ S - 0.5n > \xi，则拒绝\ H_0.$$

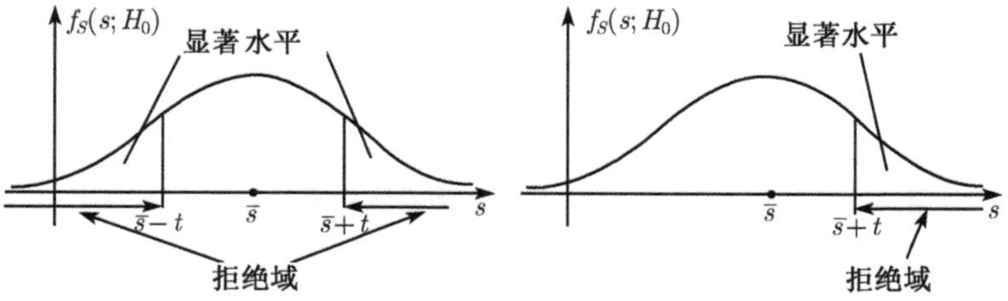

图 9-13 显著性检验基于统计量 S 在原假设下的分布的双边和单边拒绝域. 显著水平是错误拒绝的概率，也就是在 H_0 成立时统计量 S 落在拒绝域中的概率

(iii) 错误拒绝的概率 α 一般在 $\alpha = 0.10$ 和 $\alpha = 0.01$ 之间选择. 当然，我们希望错误拒绝的概率尽可能小，但是，由于两类错误概率的消长关系，α 取值很小会使拒绝错误假设变得困难，相应地增加错误接受的概率.

(iv) 步骤 (d) 是唯一需要计算概率的地方. 它需要知道在假设 H_0 成立时 $L(X)$ [或者相关随机变量，如 $\ln L(X)$] 的分布（或近似分布）. 在一些特殊情形，可以是直接给出分布或者经过简单推导就可以得到分布. 然而，除了相对简单的情形，一般很难找出 S 的分布的闭形式表达式. 若 n 很大，可以利用中心极限定理求出近似分布. 但是，当 n 不是很大的时候，就很难得到近似分布. 这种想要得到易处理的表达式或近似公式的愿望，驱使我们寻找更加实用的统计量 S. 离开上述困境的另一种途径是，利用模拟的方式估计 S 的分布，例如，产生大量独立的 X 的模拟样本，根据 $L(X)$ 画出直方图或估计的分布.

给定 α 的值，如果假设 H_0 被拒绝，我们就说 H_0 在显著水平 α 之下被拒绝. 这个说法需要一个合理的解释. 它并不是说事件"H_0 真实"的概率小于 α. 它说的是：在利用这种检验方法时，"错误拒绝"的百分比为 α. 在 1% 的显著水平下拒绝一个假设，意味着观测数据在 H_0 成立的模型中显得很不正常；这种数据只会以 1% 的可能性出现，所以为"H_0 不真"提供了有力的证据.

在很多时候，统计学家会跳过上述方法中的步骤 (c) 和步骤 (d). 他们计算 S 的真实值 s 并报告相关的 **p 值**，定义如下：

$$p\text{ 值} = \min\{\alpha \mid H_0 \text{ 在显著水平 } \alpha \text{ 之下被拒绝}\}.$$

等价地，p 值就是 s 应当在拒绝与不拒绝分界所处位置的 α 值. 举例来说，原假设在 5% 显著水平下被拒绝当且仅当 p 值小于 0.05.

下面将用一些例子来解释主要思想.

例 9.16（**正态分布随机变量的均值等于零吗？**） 假设 X_i 是独立正态随机变量，均值为 θ，方差 σ^2 已知. 我们考虑的假设检验问题是：

$$H_0: \theta = 0, \qquad H_1: \theta \neq 0.$$

一个合理的统计量是样本均值 $(X_1 + \cdots + X_n)/n$ 或者变换系数后的

$$S = \frac{X_1 + \cdots + X_n}{\sigma\sqrt{n}}.$$

拒绝域形状的自然选择是拒绝 H_0 当且仅当 $|S| > \xi$. 因为在 H_0 为真的假定之下，S 服从标准正态分布，ξ 相应于任意 α 的取值，容易从正态分布表中找到. 例如，如果 $\alpha = 0.05$，由 $P(S \leqslant 1.96) = 0.975$ 可知，检验可如下执行：

$$\text{若 } |S| > 1.96\text{，则拒绝 } H_0,$$

或者等价地，

$$\text{若 } |X_1 + \cdots + X_n| > 1.96\sigma\sqrt{n}\text{，则拒绝 } H_0.$$

如果上述问题变为只考虑单边的情况，即备择假设变为 $H_1: \theta > 0$. 这种情形可以用一样的统计量 S，但检验标准变为当 $S > \xi$ 时拒绝 H_0，其中 ξ 根据 $P(S > \xi) = \alpha$ 来取值. 同样，S 服从标准正态分布，ξ 相应于任意 α 的取值，容易从正态分布表中找到.

最后，若 σ^2 未知，可以用估计来代替，如

$$\hat{S}_n^2 = \frac{1}{n-1}\sum_{i=1}^{n}\left(X_i - \frac{X_1 + \cdots + X_n}{n}\right)^2.$$

这时得到的统计量服从 t 分布（而不是正态分布）. 若 n 相对较小，应该使用 t 分布表而不是正态分布表（见 9.1 节）. ■

下面讨论复合型原假设 H_0，这意味着它不是由单一分布所确定的.

例 9.17（两个组的均值相等吗？） 我们想检验一种药物在治疗两个人数不同的小组中效果是否相同. 分别从两组中抽取样本 $X_1, \cdots, X_{n_1}$ 和 $Y_1, \cdots, Y_{n_2}$，若药物治疗对第一组（或第二组）的第 i 个人有效则 $X_i = 1$（或 $Y_i = 1$），否则 $X_i = 0$（或 $Y_i = 0$）. 将每个 X_i（或 Y_i）看作伯努利随机变量，未知均值为 θ_X（或 θ_Y），考虑假设

$$H_0 : \theta_X = \theta_Y, \qquad H_1 : \theta_X \neq \theta_Y.$$

需要注意的是，有很多对 (θ_X, θ_Y) 满足 H_0，因此 H_0 是复合型假设.

两组的样本均值为

$$\hat{\Theta}_X = \frac{1}{n_1}\sum_{i=1}^{n_1} X_i, \qquad \hat{\Theta}_Y = \frac{1}{n_2}\sum_{i=1}^{n_2} Y_i.$$

$\theta_X - \theta_Y$ 的一个合理估计量是 $\hat{\Theta}_X - \hat{\Theta}_Y$. 一个可接受的选择是拒绝 H_0 当且仅当

$$|\hat{\Theta}_X - \hat{\Theta}_Y| > t,$$

其中 t 的值由给定错误拒绝概率 α 所确定. 但是，选择合适的 t 值很困难，因为 $\hat{\Theta}_X - \hat{\Theta}_Y$ 在 H_0 下的分布由未明确的参数 θ_X 和 θ_Y 决定. 这激发了另一种统计量的发展，我们接下来要讨论这种方法.

对于很大的 n_1 和 n_2，$\hat{\Theta}_X$ 和 $\hat{\Theta}_Y$ 近似正态且相互独立，因此 $\hat{\Theta}_X - \hat{\Theta}_Y$ 也是近似正态，均值为 $\theta_X - \theta_Y$，方差为

$$\mathrm{var}(\hat{\Theta}_X - \hat{\Theta}_Y) = \mathrm{var}(\hat{\Theta}_X) + \mathrm{var}(\hat{\Theta}_Y) = \frac{\theta_X(1-\theta_X)}{n_1} + \frac{\theta_Y(1-\theta_Y)}{n_2}.$$

在 H_0 的假设下，$\hat{\Theta}_X - \hat{\Theta}_Y$ 的均值已知为零，但方差未知，因为不知道 θ_X 和 θ_Y 的共同取值. 另外，在 H_0 的假设下，θ_X 和 θ_Y 的共同取值可以用样本均值

$$\hat{\Theta} = \frac{\sum_{i=1}^{n_1} X_i + \sum_{i=1}^{n_2} Y_i}{n_1 + n_2}$$

来估计，方差 $\mathrm{var}(\hat{\Theta}_X - \hat{\Theta}_Y) = \mathrm{var}(\hat{\Theta}_X) + \mathrm{var}(\hat{\Theta}_Y)$ 可以近似为

$$\hat{\sigma}^2 = \left(\frac{1}{n_1} + \frac{1}{n_2}\right)\hat{\Theta}(1-\hat{\Theta}),$$

且 $(\hat{\Theta}_X - \hat{\Theta}_Y)/\hat{\sigma}$ 近似为标准正态随机变量. 因此，考虑采取下列方式完成检验：

$$\text{若 } \frac{|\hat{\Theta}_X - \hat{\Theta}_Y|}{\hat{\sigma}} > \xi, \text{ 则拒绝 } H_0,$$

选择满足 $\Phi(\xi) = 1 - \alpha/2$ 的 ξ，其中 Φ 是标准正态分布的概率分布函数. 例如，若 $\alpha = 0.05$，得到拒绝域形式为

$$\left\{\frac{|\hat{\Theta}_X - \hat{\Theta}_Y|}{\hat{\sigma}} > 1.96\right\}.$$

实际中，如果我们有理由确信 $\theta_X < \theta_Y$ 不会发生，那么此时应考虑假设

$$H_0 : \theta_X = \theta_Y, \qquad H_1 : \theta_X > \theta_Y.$$

那么相应的拒绝域就是单边的，形式为

$$\left\{ \frac{\hat{\Theta}_X - \hat{\Theta}_Y}{\hat{\sigma}} > \xi \right\},$$

其中临界值是满足 $\Phi(\xi) = 1 - \alpha$ 的 ξ. ■

上例解释了复合型原假设的一类问题. 为确定合适的临界值，我们更希望能找到一个统计量，使得其近似分布已知，且对原假设中所含的所有子假设对应参数，该近似分布均保持不变，就像上例中的统计量 $(\hat{\Theta}_X - \hat{\Theta}_Y)/\hat{\sigma}$ 那样.

9.4.2 广义似然比和拟合优度检验

我们讨论的最后一个课题是：检验给定的概率质量函数是否和观测数据保持一致. 这是一个很重要的问题，称为**拟合优度检验**. 这也是在复合备择假设情况下显著性检验的一般方法.

考虑在有限集合 $\{1, \cdots, m\}$ 中取值的随机变量，θ_k 是随机变量取值 k 的概率. 因此这个随机变量的概率质量函数由向量参数 $\theta = (\theta_1, \cdots, \theta_m)$ 刻画. 考虑假设

$$H_0 : \theta = (\theta_1^*, \cdots, \theta_m^*), \qquad H_1 : \theta \neq (\theta_1^*, \cdots, \theta_m^*),$$

其中 $\{\theta_k^*\}$ 是一组给定的非负数，和为 1. 现在抽取随机变量的 n 个独立的样本，令 N_k 是样本中结果为 k 的次数. 这样，实际观测得到的随机变量是 $X = (N_1, \cdots, N_m)$，观测值为 $x = (n_1, \cdots, n_m)$. 注意 $N_1 + \cdots + N_m = n_1 + \cdots + n_m = n$.

上面这种概率模型有很多实际背景，我们用掷骰子这种易于理解的例子加以说明. 考虑 n 次独立地投掷一颗骰子，原假设 H_0 是骰子是均匀的. 这时 $\theta_k^* = 1/6$（$k = 1, \cdots, 6$），N_k 是 n 次投掷中结果为 k 的次数. 注意备择假设 H_1 是复合的，因为 θ_k 有很多选择.

下面介绍的方法是**广义似然比检验**，它包含两个步骤.

(a) 通过最大似然来估计模型. 例如，选择在所有 θ 中使得似然函数 $p_X(x;\theta)$ 达到最大的参数向量 $\hat{\theta} = (\hat{\theta}_1, \cdots, \hat{\theta}_m)$.

(b) 进行似然比检验. 具体地说，比较估计模型的似然函数 $p_X(x;\hat{\theta})$ 和 H_0 下的 $p_X(x;\theta^*)$. 更具体地说，计算广义似然比

$$\frac{p_X(x;\hat{\theta})}{p_X(x;\theta^*)},$$

若它超过临界值 ξ 则拒绝 H_0. 和简单假设检验一样，我们选择 ξ 使得错误拒绝的概率（近似）等于给定的显著水平 α.

从本质上说，这种方法提出了以下问题：相对于 H_0 下的模型，是否存在和 H_1 相符的模型对观测数据有更好的解释？为回答这个问题，我们比较在 H_0 下的概率 $p_X(x;\theta^*)$ 和相应于估计模型的最大概率 $p_X(x;\hat{\theta})$.

现在按广义似然比检验方法解决掷骰子中的检验问题. 第一步，求似然函数在 $(\theta_1,\cdots,\theta_m)$ 的集合上的最大值点（最大似然估计）. 观测向量 X 的概率质量函数是一个多项式（见第 2 章习题 27），似然函数是

$$p_X(x;\theta) = c\theta_1^{n_1}\cdots\theta_m^{n_m},$$

其中 c 是归一化常数. 在求最大值点的时候，使用对数似然函数会相对容易，其形式为

$$\ln p_X(x;\theta) = \ln c + n_1 \ln\theta_1 + \cdots + n_{m-1}\ln\theta_{m-1} + n_m \ln(1-\theta_1-\cdots-\theta_{m-1}),$$

此处利用关系式 $\theta_1+\cdots+\theta_m=1$ 消除了参数 θ_m. 假设使似然函数达到最大的向量 $\hat{\theta}$ 的每一个分量都是正的，那么对数似然函数的各个偏导数在 $\hat{\theta}$ 处均为 0. 利用这个性质，可以得到

$$\frac{n_k}{\hat{\theta}_k} = \frac{n_m}{1-\hat{\theta}_1-\cdots-\hat{\theta}_{m-1}}, \qquad k=1,\cdots,m-1.$$

由于右边的项等于 $n_m/\hat{\theta}_m$，可知所有比值 $n_k/\hat{\theta}_k$ 都相等. 根据 $n_1+\cdots+n_m=n$ 得到

$$\hat{\theta}_k = \frac{n_k}{n}, \qquad k=1,\cdots,m.$$

可以看出，即使有 n_k 为零，也能得到正确的最大似然估计，相应的 $\hat{\theta}_k$ 也为零.

现在计算广义似然比，得到如下的广义似然比检验：①

$$\text{若 } \frac{p_X(x;\hat{\theta})}{p_X(x;\theta^*)} = \prod_{k=1}^{m}\frac{(n_k/n)^{n_k}}{(\theta_k^*)^{n_k}} > \xi\text{，则拒绝 } H_0,$$

其中 ξ 是临界值. 在检验的不等式两边取对数，检验变为

$$\text{若 } \sum_{k=1}^{m} n_k \ln\left(\frac{n_k}{n\theta_k^*}\right) > \ln\xi\text{，则拒绝 } H_0.$$

根据要求的显著水平来确定常数 ξ：

$$P(S>\ln\xi;H_0)=\alpha,$$

① 这里采用约定 $0^0=1$ 和 $0\cdot\ln 0=0$.

其中

$$S=\sum_{k=1}^{m} N_k \ln\left(\frac{N_k}{n\theta_k^*}\right).$$

因为 S 在 H_0 下的分布很复杂，所以求出精确解并非易事，但可以通过模拟解决.

所幸当 n 很大时这可以大大简化. 此时，观测频率 $\hat{\theta}_k=n_k/n$ 在 H_0 下以很大的概率与 θ_k^* 接近. 二阶泰勒展开式显示统计量 $T/2$ 是 S 的很好的近似，其中①

$$T=\sum_{k=1}^{m}\frac{(N_k-n\theta_k^*)^2}{n\theta_k^*}.$$

进一步，当 n 很大的时候，在假设 H_0 下，T 的分布（$2S$ 的分布）逼近“自由度为 $m-1$ 的 χ^2 分布”. ② 此分布的累积分布函数可以在表中查到（类似正态分布表）. 因此，可以在 χ^2 分布表中找到 $P(T>\gamma;H_0)$ 或 $P(2S>\gamma;H_0)$ 的近似真值，然后根据给定的显著水平 α 来确定合适的临界值. 将上述步骤合起来，对于较大的 n 有下面的检验.

χ^2 检验

- 利用统计量

$$S=\sum_{k=1}^{m} N_k \ln\left(\frac{N_k}{n\theta_k^*}\right)$$

（或者相关的统计量 T）以及拒绝域

$$\{2S>\gamma\}$$

（或相应的 $\{T>\gamma\}$）进行检验.

① 对任意 $y^*>0$，函数 $y\ln(y/y^*)$ 的二阶泰勒展开式为

$$y\ln\left(\frac{y}{y^*}\right)\approx y-y^*+\frac{1}{2}\frac{(y-y^*)^2}{y^*},$$

当 $y/y^*\approx 1$ 时上式成立. 因此,

$$\sum_{k=1}^{m} N_k \ln\left(\frac{N_k}{n\theta_k^*}\right)\approx\sum_{k=1}^{m}(N_k-n\theta_k^*)+\frac{1}{2}\sum_{k=1}^{m}\frac{(N_k-n\theta_k^*)^2}{n\theta_k^*}=\frac{T}{2}.$$

② 自由度为 l 的 χ^2 分布定义为随机变量

$$\sum_{i=1}^{l} Z_i^2$$

的分布，其中 $Z_1,\cdots,Z_l$ 是服从标准正态分布（均值为 0，方差为 1）的随机变量. 可以从直观上来解释为什么 T 近似服从 χ^2 分布：当 $n\to\infty$ 时，N_k/n 不仅收敛到 θ_k^*，同时也是渐近正态的. 因此，T 等于 m 个零均值正态随机变量 $(N_k-n\theta_k^*)/\sqrt{n\theta_k^*}$ 的和. T 的自由度为 $m-1$ 而不是 m，这是因为 $\sum_{k=1}^{m}N_k=n$，从而 m 个随机变量是相关的.

- 临界值 ξ 依照自由度为 $m-1$ 的 χ^2 分布的累积分布函数表确定，满足

$$P(2S > \gamma; H_0) = \alpha,$$

其中 α 是给定的显著水平.

例 9.18（我的骰子均匀吗?） 独立地投掷一颗骰子共 600 次，得到数字 1, 2, 3, 4, 5, 6 出现的次数分别为

$$n_1 = 92, \quad n_2 = 120, \quad n_3 = 88, \quad n_4 = 98, \quad n_5 = 95, \quad n_6 = 107.$$

现在用基于 T 统计量的 χ^2 检验来检验原假设 H_0（骰子是均匀的），显著水平为 $\alpha = 0.05$. 根据自由度为 5 的 χ^2 分布表得到满足 $P(T > \gamma; H_0) = 0.05$ 的 $\gamma = 11.1$.

由 $\theta_1^* = \cdots = \theta_6^* = 1/6$，$n = 600$，$n\theta_k^* = 100$ 以及给定的 n_k，T 统计量的值是

$$\begin{aligned}\sum_{k=1}^{m} \frac{(n_k - n\theta_k^*)^2}{n\theta_k^*} &= \frac{(92-100)^2}{100} + \frac{(120-100)^2}{100} + \frac{(88-100)^2}{100} \\ &\quad + \frac{(98-100)^2}{100} + \frac{(95-100)^2}{100} + \frac{(107-100)^2}{100} \\ &= 6.86\end{aligned}$$

因为 $T = 6.86 < 11.1$，无法拒绝骰子是均匀的假设. 如果用 S 统计量，得到 $2S = 6.68$，同样小于临界值 $\gamma = 11.1$. 如果显著水平 $\alpha = 0.25$，那么相应的 γ 值为 6.63. 这时由于 $T = 6.86 > 6.63$ 和 $2S = 6.68 > 6.63$，我们将拒绝骰子是均匀的假设. ■

9.5 小结和讨论

经典推断方法和贝叶斯方法不同，它将 θ 看作未知的常数. 经典参数估计的目标是在 θ 所有可能的取值中找出具有良好性质（如对所有 θ，偏差很小或具有令人满意的置信区间）的估计量. 我们首先关注与（贝叶斯）最大后验概率方法密切相关的最大似然估计，它选择 θ 的估计使得给定 x 的似然函数最大. 这种估计方法用途很广并且有一些很好的性质，特别是当观测数目很大的时候. 接着我们讨论特殊但在实际情况中很重要的估计未知均值并建立置信区间. 本章中的很多方法依赖于中心极限定理. 最后讨论的是线性回归方法，它主要用于在最小二乘意义下找到与观测相匹配的线性模型. 虽然这种方法的应用不需要概率假设，但是在某些时候仍然与最大似然估计和贝叶斯最小线性均方估计有密切的关系.

经典假设检验方法的目标是小的犯错概率以及简单方便的计算. 我们首先研究的是当观测落在拒绝域中时拒绝原假设的检验方法. 似然比检验是简单假设检验问题的基本方法，奈曼-皮尔逊引理给了它很强的理论支持. 我们还讨论了显著

性检验，其中一个（或两个）假设是复合假设．主要方法包括适当选择提取观测信息的统计量以及拒绝域，使得错误拒绝的概率满足期望的显著性水平．

在对统计的简单介绍中，我们旨在阐述核心概念和最常用的方法，但这远远不够，只是涉及这个内容丰富的学科的皮毛而已．很多重要的话题没有讨论．例如，在时间变化的环境中的估计（时间序列分析和过滤），非参数估计（如基于经验数据来估计未知的概率密度函数），线性和非线性回归的后续发展（如检验回归模型的假设是否正确），统计实验的设计方法，统计研究结论的证实方法，计算方法，等等．但是，我们希望能够通过本章的知识激起读者对这门学科的兴趣，并对概念框架有一些基本的认识．

9.6　习题

9.1 节　经典参数估计

1. 爱丽丝将自己每周做作业的时间看作随机变量，并服从未知参数为 θ 的指数分布．各周做作业的时间是相互独立的．本学期的前五周她做作业的时间分别为 10, 14, 18, 8, 20 小时，那么 θ 的最大似然估计是多少？

2. 考虑一列独立的硬币抛掷试验，设 θ 是每次正面向上的概率．

(a) 固定 k，令 N 是直到出现第 k 次正面向上时抛掷的总次数．试找出基于 N 的 θ 的最大似然估计．

(b) 固定 n，令 K 是 n 次抛掷中正面向上的次数．试找出基于 K 的 θ 的最大似然估计．

3. 抽样与和的估计． 一个盒子中有 k 个球：$\bar{k}$ 个白球和 $k-\bar{k}$ 个红球．假设 k 和 $\bar{k}$ 均已知．每个白球上都有一非零数字，而红球上的数字都是零．我们想要估计球上所有数字的和，由于 k 很大，所以用抽样的方法来估计．此问题的目的是量化从白球（非零数字）中抽样以及挖掘对 $\bar{k}$ 的认识的好处．特别地，将比较抽 n 个球时的误差方差和抽少一些的 m 个白球时的误差方差．

(a) 假设独立、有放回地抽球，其分布为均匀分布．设 X_i 为第 i 个球上的数字，Y_i 为第 i 个白球上的数字．固定 n 和 m，令

$$\hat{S}=\frac{k}{n}\sum_{i=1}^{n}X_i,\qquad \bar{S}=\frac{\bar{k}}{\bar{N}}\sum_{i=1}^{n}X_i,\qquad \tilde{S}=\frac{\bar{k}}{m}\sum_{i=1}^{m}Y_i,$$

其中 $\bar{N}$ 是开始的 n 个球中白球的（随机）个数．说明 $\hat{S}, \bar{S}, \tilde{S}$ 是所有球上数字和的无偏估计．

(b) 计算 $\hat{S}$ 和 $\tilde{S}$ 的方差，并说明为了使它们近似相等，m 必须满足

$$m\approx\frac{np}{p+r(1-p)},$$

其中 $p=\bar{k}/k$，$r=E[Y_1^2]/\mathrm{var}(Y_1)$．指出当 $m=n$ 时有

$$\frac{\mathrm{var}(\tilde{S})}{\mathrm{var}(\hat{S})}=\frac{p}{p+r(1-p)}.$$

(c) 计算 $\bar{S}$ 的方差，并说明对于较大的 n 有

$$\frac{\mathrm{var}(\bar{S})}{\mathrm{var}(\hat{S})} \approx \frac{1}{p+r(1-p)}.$$

4. 混合模型. 随机变量 X 的概率密度函数由 m 个部分组成

$$f_X(x) = \sum_{j=1}^{m} p_j f_{Y_j}(x),$$

其中

$$\sum_{j=1}^{m} p_j = 1, \qquad p_j \geqslant 0,\ j = 1, \cdots, m.$$

因此 X 可以看作由两步过程产生：首先随机地以概率 p_j 抽取 j，然后从第 j 个总体（其分布密度为 f_{Y_j}）随机抽取相应的 Y_j. 假设 Y_j 是正态的，均值为 μ_j、方差为 σ_j^2. 此外还假设 $X_1, \cdots, X_n$ 是 $f_X(x)$ 的独立同分布样本.

(a) 写出似然函数和对数似然函数.

(b) 考虑 $m=2$ 和 $n=1$ 的情形，假设 $\mu_1, \mu_2, \sigma_1, \sigma_2$ 是已知的. 试找出 p_1 和 p_2 的最大似然估计.

(c) 考虑 $m=2$ 和 $n=1$ 的情形，假设 $p_1, p_2, \sigma_1, \sigma_2$ 是已知的. 试找出 μ_1 和 μ_2 的最大似然估计.

(d) 考虑 $m \geqslant 2$ 和 n 的一般情况，假设所有的参数都未知. 说明当 $\mu_1 = x_1$ 以及 σ_1^2 减小到零的时候，似然函数可以任意大. 注意：这个例子说明最大似然方法是有问题的.

5. 设不稳定的粒子从某个源发出，并在服从参数 θ 的指数分布的距离 X 处衰变. 用一种特殊的装置测出最初的 n 次衰变发生在区间 $[m_1, m_2]$ 中. 假设这些事件记录的距离为 $X = (X_1, \cdots, X_n)$.

(a) 试写出似然函数以及对数似然函数的形式.

(b) 假设 $m_1 = 1$，$m_2 = 20$，$n = 6$ 且 $x = (1.5, 2, 3, 4, 5, 12)$. 画出似然函数以及对数似然函数关于 θ 的图像. 在你画的图像中找出近似的最大似然估计.

6. 在一项中学生身高的研究中，假设女生的身高是均值为 μ_1、方差为 σ_1^2 的正态分布，男生的身高是均值为 μ_2、方差为 σ_2^2 的正态分布. 假设抽出一名男生和一名女生的概率是相等的. 现收集了数量为 $n = 10$ 的样本，记录值（单位：厘米）如下

164, 167, 163, 158, 170, 183, 176, 159, 170, 167.

(a) 假设 $\mu_1, \mu_2, \sigma_1, \sigma_2$ 是未知的. 写出似然函数.

(b) 假设已知 $\sigma_1^2 = 9$ 和 $\mu_1 = 164$. 给出 σ_2 和 μ_2 的最大似然估计的数值.

(c) 假设已知 $\sigma_1^2 = \sigma_2^2 = 9$. 给出 μ_1 和 μ_2 的最大似然估计的数值.

(d) 将 (c) 部分中得到的估计作为准确值，描述利用学生身高来判断性别的最大后验概率准则.

7. 泊松分布随机变量的参数估计. 利用独立同分布泊松随机变量的观测值 $X_1, \cdots, X_n$，推导参数的最大似然估计. 这个估计量是无偏且相合的吗?

8. 均匀分布随机变量的参数估计（I）. 给定 $[0, \theta]$ 中均匀分布随机变量的独立同分布观测值 $X_1, \cdots, X_n$. θ 的最大似然估计是什么? 它是相合的吗? 无偏还是渐近无偏? 你能构造另一个无偏的估计量吗?

9. 均匀分布随机变量的参数估计（II）. 给定 $[\theta, \theta+1]$ 中均匀分布随机变量的独立同分布观测值 $X_1, \cdots, X_n$. 试找出 θ 的最大似然估计. 它是相合的吗? 无偏还是渐近无偏?

10. 触动某光源，它将发射随机数量 K 个光子. 假设 K 的概率质量函数是

$$p_K(k;\theta) = c(\theta)\mathrm{e}^{-\theta k}, \qquad k = 0, 1, 2, \cdots,$$

其中 θ 是温度的倒数，$c(\theta)$ 是归一化因子. 假设每次触动发射的光子是独立的. 现在想要通过重复触动光源，记录发射的光子数量来估计温度.

(a) 确定归一化因子 $c(\theta)$.

(b) 找出一次触动发出光子数 K 的期望和方差.

(c) 根据 n 次触动发出的光子数 $K_1, \cdots, K_n$，推导温度 $\psi = 1/\theta$ 的最大似然估计.

(d) 证明此最大似然估计是相合的.

***11. 充分统计量和因子分解准则**. 考虑如下观测模型. 为简单起见，假设所有的随机变量都是离散的，初始观测 T 由概率质量函数 $p_T(t;\theta)$ 给出. 得到观测 T，另一个观测 Y 由不含未知参数 θ 的条件概率质量函数 $p_{Y\,|\,T}(y\,|\,t)$ 得到. 直观上，在观测向量 $X = (T, Y)$ 中只有 T 对估计 θ 是有用的. 正是这个问题形成充分统计量的思想.

给定观测 $X = (X_1, \cdots, X_n)$，如果 X 在给定随机变量 $T = q(X)$ 的情况下的条件分布不依赖于 θ，也就是对于任何事件 D 和随机变量 T 的可能的取值 t，

$$P_\theta(X \in D\,|\,T = t)$$

对所有 θ 是一样的，则称（标量或向量）函数 $T = q(X)$ 是 θ 的**充分统计量**. 假设或者 X 是离散的（在这种情况下 T 也离散），或者 X 和 T 都是连续型随机变量.

(a) 证明：$T = q(X)$ 是 θ 的充分统计量，当且仅当满足下面的**因子分解准则**——似然函数 $p_X(x;\theta)$（离散情形）或 $f_X(x;\theta)$（连续情形）可以写成 $r\big(q(x), \theta\big)s(x)$ 的形式，其中 r 和 s 是两个函数.

(b) 证明：如果 $q(X)$ 是 θ 的充分统计量，那么对 θ 的任何函数 h，$q(X)$ 都是参数 $\zeta = h(\theta)$ 的充分统计量.

(c) 证明：若 $q(X)$ 是 θ 的充分统计量，则 θ 的最大似然估计可以写成 $\hat{\Theta}_n = \phi\big(q(X)\big)$，其中 ϕ 是一个函数. 注意：这说明充分统计量获得了由 X 提供的关于 θ 的所有核心信息.

解　(a) 只考虑离散情形，连续情形的证明类似. 假设似然函数可以写作 $r\big(q(x), \theta\big)s(x)$. 我们来证明 $T = q(X)$ 是充分统计量.

固定 t，考虑使得 $P_\theta(T=t)>0$ 的 θ. 对任何满足 $q(x)\neq t$ 的 x，由条件概率的定义，立即可得 $P_\theta(X=x\,|\,T=t)=0$ 对所有 θ 成立. 现在考虑使得 $q(x)=t$ 的 x. 利用事实 $P_\theta(X=x,T=t)=P_\theta\big(X=x,q(X)=q(x)\big)=P_\theta(X=x)$，有

$$
\begin{aligned}
P_\theta(X=x\,|\,T=t)&=\frac{P_\theta(X=x,T=t)}{P_\theta(T=t)}=\frac{P_\theta(X=x)}{P_\theta(T=t)}\\
&=\frac{r(t,\theta)s(x)}{\sum_{\{z\,|\,q(z)=t\}}r(q(z),\theta)s(z)}=\frac{r(t,\theta)s(x)}{r(t,\theta)\sum_{\{z|q(z)=t\}}s(z)}\\
&=\frac{s(x)}{\sum_{\{z\,|\,q(z)=t\}}s(z)},
\end{aligned}
$$

所以 $P_\theta(X=x\,|\,T=t)$ 不依赖于 θ. 这说明对于任意事件 D，条件概率 $P_\theta(X\in D\,|\,T=t)$ 对所有满足 $P_\theta(T=t)>0$ 的 θ 都一样，因此 T 是充分统计量.

反之，假设 $T=q(X)$ 是充分统计量. 对以任意满足 $p_X(x;\theta)>0$ 的 x，似然函数为

$$
p_X(x;\theta)=P_\theta\big(X=x\,|\,q(X)=q(x)\big)P_\theta\big(q(X)=q(x)\big).
$$

由于 T 是充分统计量，右边第一项不依赖于 θ，就是 $s(x)$ 的形式. 第二项可写成 $q(x)$ 和 θ 的函数，即可以写成 $r\big(q(x),\theta\big)$ 的形式.

(b) 这由充分统计量的定义就可以证明，因为对 $\zeta=h(\theta)$ 有

$$
P_\zeta(X\in D\,|\,T=t)=P_\theta(X\in D\,|\,T=t),
$$

所以 $P_\zeta(X\in D\,|\,T=t)$ 对所有的 ζ 是一样的.

(c) 根据 (a) 部分的结论，似然函数可以分解为 $r\big(q(x),\theta\big)s(x)$. 因此，最大似然估计在所有 θ 中使 $r\big(q(x),\theta\big)$ 最大 [若 $s(x)>0$] 或者在所有 θ 中使 $r\big(q(x),\theta\big)$ 最小 [若 $s(x)<0$]，所以 $\hat\theta$ 只通过 $q(x)$ 依赖于 x.

***12. 充分统计量的例子（I）**. 在以下情况中证明 $q(X)=\sum_{i=1}^n X_i$ 是充分统计量.

(a) $X_1,\cdots,X_n$ 是参数为 θ 的独立同分布的伯努利随机变量.

(b) $X_1,\cdots,X_n$ 是参数为 θ 的独立同分布的泊松随机变量.

解 (a) 似然函数为

$$
p_X(x;\theta)=\theta^{q(x)}(1-\theta)^{n-q(x)},
$$

所以可以将它分解为函数 $\theta^{q(x)}(1-\theta)^{n-q(x)}$ 和常函数 $s(x)=1$ 的乘积，前者只通过 $q(x)$ 依赖于 x. 根据因子分解准则得知它为充分统计量.

(b) 似然函数为

$$
p_X(x;\theta)=\prod_{i=1}^n p_{X_i}(x_i)=\mathrm{e}^{-n\theta}\prod_{i=1}^n\frac{\theta^{x_i}}{x_i!}=\mathrm{e}^{-n\theta}\theta^{q(x)}\frac{1}{\prod_{i=1}^n x_i!},
$$

所以可以将它分解为函数 $\mathrm{e}^{-n\theta}\theta^{q(x)}$ 和函数 $s(x)=1/\Pi_{i=1}^n x_i!$ 的乘积，前者只通过 $q(x)$ 依赖于 x，后者只与 x 有关. 根据因子分解准则得知它为充分统计量.

***13. 充分统计量的例子（II）**. $X_1,\cdots,X_n$ 是均值为 μ、方差为 σ^2 的独立同分布正态随机变量. 证明：

(a) 若 σ^2 已知，则 $q(X) = \sum_{i=1}^{n} X_i$ 是 μ 的充分统计量；

(b) 若 μ 已知，则 $q(X) = \sum_{i=1}^{n}(X_i - \mu)^2$ 是 σ^2 的充分统计量；

(c) 如果 μ 和 σ^2 都未知，则 $q(X) = (\sum_{i=1}^{n} X_i, \sum_{i=1}^{n} X_i^2)$ 是 (μ, σ^2) 的充分统计量.

解 利用例 9.4 的计算和因子分解准则.

***14. 拉奥-布莱克韦尔定理**. 这个问题的要义是：一个一般的估计量可以被改进为只依赖于充分统计量的估计量. 假设给定观测 $X = (X_1, \cdots, X_n)$，$T = q(X)$ 是参数 θ 的充分统计量，$g(X)$ 是 θ 的估计量.

(a) 证明 $E_\theta\big[g(X)\,|\,T\big]$ 对所有 θ 都一样. 因此可以去掉下标 θ，将

$$\hat{g}(X) = E\big[g(X)\,|\,T\big]$$

看作 θ 的一个新估计量，它只通过 T 依赖于 X.

(b) 证明估计量 $g(X)$ 和 $\hat{g}(X)$ 的偏差相等.

(c) 证明：对满足 $\mathrm{var}_\theta\big(g(X)\big) < \infty$ 的 θ，

$$E_\theta\big[(\hat{g}(X) - \theta)^2\big] \leqslant E_\theta\big[(g(X) - \theta)^2\big].$$

进一步，给定 θ，此不等式是严格的，当且仅当

$$E_\theta\big[\mathrm{var}(g(X)\,|\,T)\big] > 0.$$

解 (a) 因为 $T = q(X)$ 是充分统计量，条件分布 $P_\theta(X = x\,|\,T = t)$ 不依赖于 θ，所以 $E_\theta\big[g(X)\,|\,T\big]$ 也不依赖于 θ.

(b) 利用条件期望的性质

$$E_\theta\big[g(X)\big] = E_\theta\big[E[g(X)\,|\,T]\big] = E_\theta\big[\hat{g}(X)\big],$$

可知 $g(X)$ 和 $\hat{g}(X)$ 的偏差相等.

(c) 对固定的 θ，将 $g(X)$ 和 $\hat{g}(X)$ 的偏差记为 b_θ. 根据全方差法则有

$$\begin{aligned}
E_\theta\big[(g(X) - \theta)^2\big] &= \mathrm{var}_\theta\big(g(X)\big) + b_\theta^2 \\
&= E_\theta\big[\mathrm{var}(g(X)\,|\,T)\big] + \mathrm{var}_\theta\big(E[g(X)\,|\,T]\big) + b_\theta^2 \\
&= E_\theta\big[\mathrm{var}(g(X)\,|\,T)\big] + \mathrm{var}_\theta\big(\hat{g}(X)\big) + b_\theta^2 \\
&= E_\theta\big[\mathrm{var}(g(X)\,|\,T)\big] + E_\theta\big[(\hat{g}(X) - \theta)^2\big] \\
&\geqslant E_\theta\big[(\hat{g}(X) - \theta)^2\big],
\end{aligned}$$

不等式是严格的，当且仅当 $E_\theta\big[\mathrm{var}(g(X)\,|\,T)\big] > 0$.

***15.** 假设 $X_1, \cdots, X_n$ 是 $[0, \theta]$ 中独立同分布的均匀分布随机变量.

(a) 证明 $T = \max_{i=1,\cdots,n} X_i$ 是充分统计量.

(b) 证明 $g(X) = (2/n)\sum_{i=1}^{n} X_i$ 是无偏估计.

(c) 找出估计量 $\hat{g}(X) = E\big[g(X)\,\big|\,T\big]$ 的形式，计算并比较 $E_\theta\big[(\hat{g}(X) - \theta)^2\big]$ 和 $E_\theta\big[(g(X) - \theta)^2\big]$.

解 (a) 似然函数是

$$f_X(x_1,\cdots,x_n;\theta) = f_{X_1}(x_1;\theta)\cdots f_{X_n}(x_n;\theta)$$
$$= \begin{cases} 1/\theta^n, & 若\ 0 \leqslant \max_{i=1,\cdots,n} x_i \leqslant \theta, \\ 0, & 其他, \end{cases}$$

它只通过 $q(x) = \max_{i=1,\cdots,n} x_i$ 依赖于 x. 根据因子分解准则知其为充分统计量.

(b) 我们有

$$E_\theta\big[g(X)\big] = \frac{2}{n}\sum_{i=1}^{n} E_\theta[X_i] = \frac{2}{n}\sum_{i=1}^{n}\frac{\theta}{2} = \theta.$$

(c) 在事件 $\{T=t\}$ 中，一个观测 X_i 等于 t. 剩下的 $n-1$ 个观测服从区间 $[0,t]$ 中的均匀分布，条件期望为 $t/2$. 所以

$$E\big[g(X)\,\big|\,T=t\big] = \frac{2}{n}E\left[\sum_{i=1}^{n} X_i\,\middle|\,T=t\right] = \frac{2}{n}\left(t+\frac{(n-1)t}{2}\right) = \frac{n+1}{n}t,$$

因此 $\hat{g}(X) = E\big[g(X)\,\big|\,T\big] = (n+1)T/n$.

下面计算两个估计量 $\hat{g}(X)$ 和 $g(X)$ 的均方误差. 为此，要计算 $\hat{g}(X)$ 的一阶矩和二阶矩. 我们有

$$E_\theta\big[\hat{g}(X)\big] = E_\theta\big[E[g(X)|T]\big] = E_\theta\big[g(X)\big] = \theta.$$

为求二阶矩，首先确定 T 的概率密度函数. 对 $t\in[0,\theta]$ 有 $P_\theta(T\leqslant t) = (t/\theta)^n$，求导可得 $f_T(t;\theta) = nt^{n-1}/\theta^n$. 因此，

$$E_\theta\Big[\big(\hat{g}(X)\big)^2\Big] = \left(\frac{n+1}{n}\right)^2 E\big[T^2\big] = \left(\frac{n+1}{n}\right)^2\int_0^\theta t^2 f_T(t;\theta)\mathrm{d}t$$
$$= \left(\frac{n+1}{n}\right)^2\int_0^\theta t^2\frac{nt^{n-1}}{\theta^n}\mathrm{d}t = \frac{(n+1)^2}{n(n+2)}\theta^2.$$

因为 $\hat{g}(X)$ 的均值是 θ，其均方误差和方差相等，且

$$E_\theta\big[(\hat{g}(X)-\theta)^2\big] = E_\theta\big[(\hat{g}(X))^2\big] - \theta^2 = \frac{(n+1)^2}{n(n+2)}\theta^2 - \theta^2 = \frac{1}{n(n+2)}\theta^2.$$

类似地，$g(X)$ 的均方误差也和其方差相等，即

$$E_\theta\big[(g(X)-\theta)^2\big] = \frac{4}{n^2}\sum_{i=1}^{n}\mathrm{var}_\theta(X_i) = \frac{4}{n^2}\cdot n\cdot\frac{\theta^2}{12} = \frac{1}{3n}\theta^2.$$

可以看出，对正整数 n 有 $\frac{1}{3n}\geqslant\frac{1}{n(n+2)}$. 所以

$$E_\theta\big[(\hat{g}(X)-\theta)^2\big] \leqslant E_\theta\big[(g(X)-\theta)^2\big],$$

符合拉奥-布莱克韦尔定理.

9.2 节　线性回归

16. 一家电力公司想要估计消费者日用电量和夏天每日温度（单位：°F）之间的关系. 收集的数据见下表.

温度	96	89	81	86	83
用电量	23.67	20.45	21.86	23.28	20.71
温度	73	78	74	76	78
用电量	18.21	18.85	20.10	18.48	17.94

(a) 建立可用来预测用电量（温度的函数）的线性回归模型并估计参数.

(b) 若某天温度是 90°F，试预测当天的用电量.

17. 下表给出 5 个数据对 (x_i, y_i)，我们想对 x 和 y 的关系建立模型.

x	0.798	2.546	5.005	7.261	9.131
y	-2.373	20.906	103.544	215.775	333.911

考虑线性模型

$$Y_i = \theta_0 + \theta_1 x_i + W_i, \qquad i = 1, \cdots, 5,$$

以及二次模型

$$Y_i = \beta_0 + \beta_1 x_i^2 + V_i, \qquad i = 1, \cdots, 5,$$

其中 W_i 和 V_i 是附加噪声项，视为独立零均值正态随机变量，方差分别为 σ_1^2 和 σ_2^2.

(a) 找出线性模型参数的最大似然估计.

(b) 找出二次模型参数的最大似然估计.

(c) 假设这两个模型为正确模型的概率是一样的，噪声项 W_i 和 V_i 的方差也一样：$\sigma_1^2 = \sigma_2^2$. 用最大后验概率准则从两个模型中做出选择.

***18.** **线性回归中的无偏性和相合性.** 考虑概率范畴下的回归，假设 $Y_i = \theta_0 + \theta_1 x_i + W_i$（$i = 1, \cdots, n$），其中 W_i 是独立同分布的零均值正态随机变量，方差为 σ^2. 给定 x_i 和 Y_i 的实际值 y_i（$i = 1, \cdots, n$），θ_0 和 θ_1 的最大似然估计由 9.2 节中的线性回归公式给出.

(a) 证明 θ_0 和 θ_1 的最大似然估计是无偏的.

(b) 证明：估计量 $\hat{\Theta}_0$ 和 $\hat{\Theta}_1$ 的方差分别是

$$\operatorname{var}(\hat{\Theta}_0) = \frac{\sigma^2 \sum_{i=1}^n x_i^2}{n \sum_{i=1}^n (x_i - \bar{x})^2}, \qquad \operatorname{var}(\hat{\Theta}_1) = \frac{\sigma^2}{\sum_{i=1}^n (x_i - \bar{x})^2},$$

它们的协方差是

$$\operatorname{cov}(\hat{\Theta}_0, \hat{\Theta}_1) = -\frac{\sigma^2 \bar{x}}{\sum_{i=1}^n (x_i - \bar{x})^2}.$$

(c) 证明：若 $\sum_{i=1}^n (x_i - \bar{x})^2 \to \infty$ 且 $\bar{x}^2$ 在 $n \to \infty$ 时被一个常数限定，则 $\operatorname{var}(\hat{\Theta}_0) \to 0$ 且 $\operatorname{var}(\hat{\Theta}_1) \to 0$.（据此以及切比雪夫不等式可知，估计量 $\hat{\Theta}_0$ 和 $\hat{\Theta}_1$ 都是相合的.）

注意：尽管在本题中假定 W_i 是正态的（在求最大似然估计量时要用到 W_i 的分布），但是后面的论证说明，即使没有这个假设，估计量仍然是无偏且相合的.

解 (a) 将 θ_0 和 θ_1 的真实值分别记为 θ_0^* 和 θ_1^*. 已知

$$\hat{\Theta}_1 = \frac{\sum_{i=1}^n (x_i - \bar{x})(Y_i - \bar{Y})}{\sum_{i=1}^n (x_i - \bar{x})^2}, \qquad \hat{\Theta}_0 = \bar{Y} - \hat{\Theta}_1 \bar{x},$$

其中 $\bar{Y} = (\sum_{i=1}^n Y_i)/n$，并将 $x_1, \cdots, x_n$ 看作常数. 令 $\overline{W} = (\sum_{i=1}^n W_i)/n$，则有

$$\begin{aligned} Y_i &= \theta_0^* + \theta_1^* x_i + W_i, \\ \bar{Y} &= \theta_0^* + \theta_1^* \bar{x} + \overline{W}, \\ Y_i - \bar{Y} &= \theta_1^*(x_i - \bar{x}) + (W_i - \overline{W}). \end{aligned}$$

因此

$$\begin{aligned} \hat{\Theta}_1 &= \frac{\sum_{i=1}^n (x_i - \bar{x})\big(\theta_1^*(x_i - \bar{x}) + W_i - \overline{W}\big)}{\sum_{i=1}^n (x_i - \bar{x})^2} \\ &= \theta_1^* + \frac{\sum_{i=1}^n (x_i - \bar{x})(W_i - \overline{W})}{\sum_{i=1}^n (x_i - \bar{x})^2} \\ &= \theta_1^* + \frac{\sum_{i=1}^n (x_i - \bar{x}) W_i}{\sum_{i=1}^n (x_i - \bar{x})^2}, \end{aligned}$$

这里用到事实 $\sum_{i=1}^n (x_i - \bar{x}) = 0$. 由于 $E[W_i] = 0$，我们有

$$E[\hat{\Theta}_1] = \theta_1^*.$$

同样由

$$\hat{\Theta}_0 = \bar{Y} - \hat{\Theta}_1 \bar{x} = \theta_0^* + \theta_1^* \bar{x} + \overline{W} - \hat{\Theta}_1 \bar{x} = \theta_0^* + (\theta_1^* - \hat{\Theta}_1)\bar{x} + \overline{W}$$

和事实 $E[\hat{\Theta}_1] = \theta_1^*$ 以及 $E[\bar{W}] = 0$ 得到

$$E[\hat{\Theta}_0] = \theta_0^*.$$

因此估计量 $\hat{\Theta_0}$ 和 $\hat{\Theta_1}$ 是无偏的.

(b) 现在计算两个估计量的方差. 利用 (a) 部分中推导的 $\hat{\Theta}_1$ 公式和 W_i 的独立性，有

$$\mathrm{var}(\hat{\Theta}_1) = \frac{\sum_{i=1}^n (x_i - \bar{x})^2 \mathrm{var}(W_i)}{\left(\sum_{i=1}^n (x_i - \bar{x})^2\right)^2} = \frac{\sigma^2}{\sum_{i=1}^n (x_i - \bar{x})^2}.$$

类似地，利用 (a) 部分中推导的 $\hat{\Theta}_0$ 公式，有

$$\mathrm{var}(\hat{\Theta}_0) = \mathrm{var}(\overline{W} - \hat{\Theta}_1 \bar{x}) = \mathrm{var}(\overline{W}) + \bar{x}^2 \mathrm{var}(\hat{\Theta}_1) - 2\bar{x}\mathrm{cov}(\overline{W}, \hat{\Theta}_1).$$

由于 $\sum_{i=1}^n (x_i - \bar{x}) = 0$ 以及 $E[\overline{W} W_i] = \sigma^2/n$ 对所有 i 成立，我们有

$$\mathrm{cov}(\overline{W}, \hat{\Theta}_1) = \frac{E\left[\overline{W} \sum_{i=1}^n (x_i - \bar{x}) W_i\right]}{\sum_{i=1}^n (x_i - \bar{x})^2} = \frac{\frac{\sigma^2}{n} \sum_{i=1}^n (x_i - \bar{x})}{\sum_{i=1}^n (x_i - \bar{x})^2} = 0.$$

组合最后三个等式，得到

$$\mathrm{var}(\hat{\Theta}_0) = \mathrm{var}(\overline{W}) + \bar{x}^2 \mathrm{var}(\hat{\Theta}_1) = \frac{\sigma^2}{n} + \frac{\bar{x}^2 \sigma^2}{\sum_{i=1}^n (x_i - \bar{x})^2} = \frac{\sigma^2}{n} \cdot \frac{\sum_{i=1}^n (x_i - \bar{x})^2 + n\bar{x}^2}{\sum_{i=1}^n (x_i - \bar{x})^2}.$$

展开二项式 $(x_i - \bar{x})^2$，得到

$$\sum_{i=1}^{n}(x_i - \bar{x})^2 + n\bar{x}^2 = \sum_{i=1}^{n} x_i^2.$$

组合前面两个等式，得到

$$\mathrm{var}(\hat{\Theta}_0) = \frac{\sigma^2 \sum_{i=1}^{n} x_i^2}{n\sum_{i=1}^{n}(x_i - \bar{x})^2}.$$

最后计算 $\hat{\Theta}_0$ 和 $\hat{\Theta}_1$ 的协方差．我们有

$$\mathrm{cov}(\hat{\Theta}_0, \hat{\Theta}_1) = E\big[(\hat{\Theta}_0 - \theta_0^*)(\hat{\Theta}_1 - \theta_1^*)\big] = E\big[((\theta_1^* - \hat{\Theta}_1)\bar{x} + \overline{W})(\hat{\Theta}_1 - \theta_1^*)\big],$$

即

$$\mathrm{cov}(\hat{\Theta}_0, \hat{\Theta}_1) = -\bar{x}\mathrm{var}(\hat{\Theta}_1) + \mathrm{cov}(\overline{W}, \hat{\Theta}_1).$$

由于之前说过 $\mathrm{cov}(\overline{W}, \hat{\Theta}_1) = 0$，最终得到

$$\mathrm{cov}(\hat{\Theta}_0, \hat{\Theta}_1) = -\frac{\bar{x}\sigma^2}{\sum_{i=1}^{n}(x_i - \bar{x})^2}.$$

(c) 若 $\sum_{i=1}^{n}(x_i - \bar{x})^2 \to \infty$，由 (b) 部分中推导的表达式可知 $\mathrm{var}(\hat{\Theta}_1) \to 0$．进一步，由 (b) 部分中的公式

$$\mathrm{var}(\hat{\Theta}_0) = \mathrm{var}(\overline{W}) + \bar{x}^2\mathrm{var}(\hat{\Theta}_1),$$

以及假设 $\bar{x}^2$ 被一常数限定，可知 $\mathrm{var}(\hat{\Theta}_0) \to 0$.

***19. 线性回归中的方差估计**．在和习题 18 相同的假设条件下，证明

$$\hat{S}_n^2 = \frac{1}{n-2}\sum_{i=1}^{n}(Y_i - \hat{\Theta}_0 - \hat{\Theta}_1 x_i)^2$$

是 σ^2 的无偏估计量.

解　令 $\hat{V}_n = \sum_{i=1}^{n}(Y_i - \hat{\Theta}_0 - \hat{\Theta}_1 x_i)^2$．利用公式 $\hat{\Theta}_0 = \bar{Y} - \hat{\Theta}_1\bar{x}$ 和 $\hat{\Theta}_1$ 的表达式得到

$$\begin{aligned}
\hat{V}_n &= \sum_{i=1}^{n}\big(Y_i - \bar{Y} - \hat{\Theta}_1(x_i - \bar{x})\big)^2 \\
&= \sum_{i=1}^{n}(Y_i - \bar{Y})^2 - 2\hat{\Theta}_1\sum_{i=1}^{n}(Y_i - \bar{Y})(x_i - \bar{x}) + \hat{\Theta}_1^2\sum_{i=1}^{n}(x_i - \bar{x})^2 \\
&= \sum_{i=1}^{n}(Y_i - \bar{Y})^2 - \hat{\Theta}_1^2\sum_{i=1}^{n}(x_i - \bar{x})^2 \\
&= \sum_{i=1}^{n} Y_i^2 - n\bar{Y}^2 - \hat{\Theta}_1^2\sum_{i=1}^{n}(x_i - \bar{x})^2.
\end{aligned}$$

两边取期望，得到

$$E\big[\hat{V}_n\big] = \sum_{i=1}^{n} E\big[Y_i^2\big] - nE\big[\bar{Y}^2\big] - \sum_{i=1}^{n}(x_i - \bar{x})^2 E\big[\hat{\Theta}_1^2\big].$$

我们还有

$$E\big[Y_i^2\big] = \mathrm{var}(Y_i) + E[Y_i]\big)^2 = \sigma^2 + (\theta_0^* + \theta_1^* x_i)^2,$$

$$E\big[\bar{Y}^2\big] = \mathrm{var}(\bar{Y}) + \big(E[\bar{Y}]\big)^2 = \frac{\sigma^2}{n} + (\theta_0^* + \theta_1^* \bar{x})^2,$$

$$E\big[\hat{\Theta}_1^2\big] = \mathrm{var}\big(\hat{\Theta}_1\big) + \big(E[\hat{\Theta}_1]\big)^2 = \frac{\sigma^2}{\sum_{i=1}^n (x_i - \bar{x})^2} + (\theta_1^*)^2.$$

组合前面四个等式并化简，得到

$$E\big[\hat{V}_n\big] = (n-2)\sigma^2.$$

9.3 节　简单假设检验

20. 随机变量 X 由正态概率密度函数刻画，均值 $\mu_0 = 20$，方差或者是 $\sigma_0^2 = 16$（假设 H_0）或者是 $\sigma_1^2 = 25$（假设 H_1）. 对于这样的一个简单假设检验问题，我们采用拒绝域

$$R = \left\{x \,\middle|\, x_1 + x_2 + x_3 > \gamma\right\},$$

其中 γ 是待定的临界值. 设错误拒绝概率为 0.05，相应的 γ 等于多少？相应的错误接受概率是多少？

21. 已知正态随机变量 X 的均值为 60，标准差为 5（假设 H_0）或 8（假设 H_1）.

(a) 考虑用一个简单样本 x 来做假设检验. 拒绝域的形式为

$$R = \left\{x \,\middle|\, |x - 60| > \gamma\right\}.$$

在错误拒绝 H_0 的概率为 0.1 的情况下确定 γ 的取值. 相应错误接受的概率是多少？如果以同样的错误拒绝概率，用似然比检验会改变拒绝域吗？

(b) 考虑用 n 个样本 $x_1, \cdots, x_n$ 来做假设检验. 拒绝域的形式为

$$R = \left\{(x_1, \cdots, x_n) \,\middle|\, \left|\frac{x_1 + \cdots + x_n}{n} - 60\right| > \gamma\right\},$$

其中 γ 使得错误拒绝 H_0 概率为 0.1. 错误接受的概率随着 n 的改变如何变化？就这种检验的恰当之处做个总结.

(c) 用 n 个独立观测值 $x_1, \cdots, x_n$ 来推导似然比检验的构成.

22. 有两个关于给定硬币正面向上概率的假设：$\theta = 0.5$（假设 H_0）和 $\theta = 0.6$（假设 H_1）. 设 X 是 n 次抛掷中正面向上的次数，当 n 足够大时，X 的分布可以合理近似为正态分布. 对于这样的简单假设检验问题，若 X 大于某个合适的选择值 k_n 则拒绝 H_0.

(a) 当错误拒绝的概率小于等于 0.05 时，k_n 的取值应该是多少？

(b) 为保证错误拒绝和错误接受的概率都不超过 0.05，n 的最小值是多少？

(c) 若 n 取 (b) 部分结论中的值，以相同的错误拒绝概率做似然比检验，此时错误接受的概率是多少？

23. 票务公司一天内接到电话的总数服从泊松分布. 在平日里，电话总数的期望是 λ_0；城里有热门演出的一天，电话总数的期望是 λ_1，且 $\lambda_1 > \lambda_0$. 描述根据电话总数判断城里是否有热门演出的似然比检验. 假设给定了错误拒绝的概率，写出临界值 ξ 的表达式.

24. 有一批灯泡，其寿命均为独立同分布的指数分布随机变量，参数为 λ_0（假设 H_0）或 λ_1（假设 H_1）. 对于这个假设检验问题，测量 n 个灯泡的寿命值. 求相应似然比检验的拒绝域. 假设错误拒绝 H_0 的概率给定，写出临界值 ξ 的解析表达式.

9.4 节　显著性检验

25. 设 X 是均值为 μ、方差为 1 的正态随机变量. 现在想利用 X 的 n 个独立观测值在 5% 显著水平下检验假设 $\mu = 5$.

(a) 样本均值在什么范围内就接受假设?

(b) 令 $n = 10$. 计算在 μ 的真实值是 4 的情况下接受 $\mu = 5$ 的概率.

26. 从未知均值 μ 和方差 σ^2 的正态分布中抽取 5 个独立观测值.

(a) 若样本值为 8.47, 10.91, 10.87, 9.46, 10.40，估计 μ 和 σ^2.

(b) 利用 (a) 部分中的估计和 t 分布表，在 95% 显著水平下检验假设 $\mu = 9$.

27. 两个岛上生长了同一种植物. 假设植物在第一个（或第二个）岛上的寿命（按天计算）服从未知均值 μ_X（或 μ_Y）和方差 $\sigma_X^2 = 32$（或 $\sigma_Y^2 = 29$）的正态分布. 现在从每个岛上获得 10 个独立观测值，我们想检验假设 $\mu_X = \mu_Y$. 相应样本均值是 $\bar{x} = 181$ 和 $\bar{y} = 177$. 数据在 95% 显著性水平下支持假设吗?

28. 一家公司在考虑购买一台制造某种零件的机器. 测试时，机器制造的 600 个零件中的 28 个有缺陷. 数据是否在 95% 显著水平下支持假设“机器的缺陷率小于 3%”?

29. 泊松随机变量的 5 个独立观测值为：34, 35, 29, 31, 30. 在 5% 显著水平下检验均值是否等于 35.

30. 一台监视器周期性地检查某个特定区域，并根据是否有入侵者记录信号，$X = W$ 为没有入侵者（此为原假设 H_0），$X = \theta + W$ 为存在入侵者，其中 θ 未知且 $\theta > 0$. 假设 W 是零均值、方差 $\nu = 0.5$ 的正态随机变量.

(a) 得到一个观测值 $X = 0.96$. 在 5% 显著水平下是否拒绝 H_0?

(b) 得到 5 个观测值 X，分别为 0.96, −0.34, 0.85, 0.51, −0.24. 在 5% 显著水平下是否拒绝 H_0?

(c) 假设方差 ν 未知，用 t 分布重复 (b) 部分.

索　　引

Y

Z

附表

若干具体的离散随机变量的小结

在 $[a,b]$ 中的均匀分布：

$$p_X(k)=\begin{cases}\dfrac{1}{b-a+1}, & 若\ k=a,a+1,\cdots,b\\ 0, & 其他,\end{cases}$$

$$E[X]=\frac{a+b}{2},\ \mathrm{var}(X)=\frac{(b-a)(b-a+2)}{12},\ M_X(s)=\frac{\mathrm{e}^{sa}(\mathrm{e}^{s(b-a+1)}-1)}{(b-a+1)(\mathrm{e}^s-1)}.$$

参数为 p 的伯努利分布：刻画单个试验的成功或失败.

$$p_X(k)=\begin{cases}p, & 若\ k=1,\\ 1-p, & 若\ k=0,\end{cases}$$

$$E[X]=p,\quad \mathrm{var}(X)=p(1-p),\quad M_X(s)=1-p+p\mathrm{e}^s.$$

参数为 p和n 的二项分布：刻画 n 个独立的伯努利试验中的成功数.

$$p_X(k)=\binom{n}{k}p^k(1-p)^{n-k},\quad k=0,1,\cdots,n,$$

$$E[x]=np,\quad \mathrm{var}(X)=np(1-p),\quad M_X(s)=(1-p+p\mathrm{e}^s)^n.$$

参数为 p 的几何分布：刻画在一列独立的伯努利试验中直到出现第一次成功的试验数.

$$p_X(k)=(1-p)^{k-1}p,\quad k=1,2,\cdots,$$

$$E[X]=\frac{1}{p},\quad \mathrm{var}(X)=\frac{1-p}{p^2},\quad M_X(s)=\frac{p\mathrm{e}^s}{1-(1-p)\mathrm{e}^s}.$$

参数为 λ 的泊松分布：当 n 很大、p 很小时近似为二项分布, 且有 $\lambda=np$.

$$p_X(k)=\mathrm{e}^{-\lambda}\frac{\lambda^k}{k!},\quad k=0,1,\cdots,$$

$$E[X]=\lambda,\quad \mathrm{var}(X)=\lambda,\quad M_X(s)=\mathrm{e}^{\lambda(\mathrm{e}^s-1)}.$$

若干具体的连续随机变量的小结

在 $[a,b]$ 中的连续均匀分布：

$$f_X(x)=\begin{cases}\dfrac{1}{b-a}, & 若\ a\leqslant x\leqslant b\\ 0, & 其他,\end{cases}$$

$$E[X]=\frac{a+b}{2},\quad \mathrm{var}(X)=\frac{(b-a)^2}{12},\quad M_X(s)=\frac{\mathrm{e}^{sb}-\mathrm{e}^{sa}}{s(b-a)}.$$

参数为 λ 的指数分布：

$$f_X(x)=\begin{cases}\lambda\mathrm{e}^{-\lambda x}, & 若\ x\geqslant 0,\\ 0, & 其他,\end{cases}\qquad F_X(x)=\begin{cases}1-\mathrm{e}^{-\lambda x}, & 若\ x\geqslant 0,\\ 0, & 其他,\end{cases}$$

$$E[x]=\frac{1}{\lambda},\quad \mathrm{var}(X)=\frac{1}{\lambda^2},\quad M_X(x)=\frac{\lambda}{\lambda-s},(s<\lambda).$$

参数为 μ 和 $\sigma^2>0$ 的正态分布：

$$f_X(x)=\frac{1}{\sqrt{2\pi}\sigma}\mathrm{e}^{-(x-\mu)^2/2\sigma^2},$$

$$E[X]=\mu,\quad \mathrm{var}(X)=\sigma^2,\quad M_X(s)=\mathrm{e}^{(\sigma^2s^2/2)+\mu s}.$$

标准正态分布表

	0.00	0.01	0.02	0.03	0.04	0.05	0.06	0.07	0.08	0.09
0.0	0.5000	0.5040	0.5080	0.5120	0.5160	0.5199	0.5239	0.5279	0.5319	0.5359
0.1	0.5398	0.5438	0.5478	0.5517	0.5557	0.5596	0.5636	0.5675	0.5714	0.5753
0.2	0.5793	0.5832	0.5871	0.5910	0.5948	0.5987	0.6026	0.6064	0.6103	0.6141
0.3	0.6179	0.6217	0.6255	0.6293	0.6331	0.6368	0.6406	0.6443	0.6480	0.6517
0.4	0.6554	0.6591	0.6628	0.6664	0.6700	0.6736	0.6772	0.6808	0.6844	0.6879
0.5	0.6915	0.6950	0.6985	0.7019	0.7054	0.7088	0.7123	0.7157	0.7190	0.7224
0.6	0.7257	0.7291	0.7324	0.7357	0.7389	0.7422	0.7454	0.7486	0.7517	0.7549
0.7	0.7580	0.7611	0.7642	0.7673	0.7704	0.7734	0.7764	0.7794	0.7823	0.7852
0.8	0.7881	0.7910	0.7939	0.7967	0.7995	0.8023	0.8051	0.8078	0.8106	0.8133
0.9	0.8159	0.8186	0.8212	0.8238	0.8264	0.8289	0.8315	0.8340	0.8365	0.8389
1.0	0.8413	0.8438	0.8461	0.8485	0.8508	0.8531	0.8554	0.8577	0.8599	0.8621
1.1	0.8643	0.8665	0.8686	0.8708	0.8729	0.8749	0.8770	0.8790	0.8810	0.8830
1.2	0.8849	0.8869	0.8888	0.8907	0.8925	0.8944	0.8962	0.8980	0.8997	0.9015
1.3	0.9032	0.9049	0.9066	0.9082	0.9099	0.9115	0.9131	0.9147	0.9162	0.9177
1.4	0.9192	0.9207	0.9222	0.9236	0.9251	0.9265	0.9279	0.9292	0.9306	0.9319
1.5	0.9332	0.9345	0.9357	0.9370	0.9382	0.9394	0.9406	0.9418	0.9429	0.9441
1.6	0.9452	0.9463	0.9474	0.9484	0.9495	0.9505	0.9515	0.9525	0.9535	0.9545
1.7	0.9554	0.9564	0.9573	0.9582	0.9591	0.9599	0.9608	0.9616	0.9625	0.9633
1.8	0.9641	0.9649	0.9656	0.9664	0.9671	0.9678	0.9686	0.9693	0.9699	0.9706
1.9	0.9713	0.9719	0.9726	0.9732	0.9738	0.9744	0.9750	0.9756	0.9761	0.9767
2.0	0.9772	0.9778	0.9783	0.9788	0.9793	0.9798	0.9803	0.9808	0.9812	0.9817
2.1	0.9821	0.9826	0.9830	0.9834	0.9838	0.9842	0.9846	0.9850	0.9854	0.9857
2.2	0.9861	0.9864	0.9868	0.9871	0.9875	0.9878	0.9881	0.9884	0.9887	0.9890
2.3	0.9893	0.9896	0.9898	0.9901	0.9904	0.9906	0.9909	0.9911	0.9913	0.9916
2.4	0.9918	0.9920	0.9922	0.9925	0.9927	0.9929	0.9931	0.9932	0.9934	0.9936
2.5	0.9938	0.9940	0.9941	0.9943	0.9945	0.9946	0.9948	0.9949	0.9951	0.9952
2.6	0.9953	0.9955	0.9956	0.9957	0.9959	0.9960	0.9961	0.9962	0.9963	0.9964
2.7	0.9965	0.9966	0.9967	0.9968	0.9969	0.9970	0.9971	0.9972	0.9973	0.9974
2.8	0.9974	0.9975	0.9976	0.9977	0.9977	0.9978	0.9979	0.9979	0.9980	0.9981
2.9	0.9981	0.9982	0.9982	0.9983	0.9984	0.9984	0.9985	0.9985	0.9986	0.9986
3.0	0.9987	0.9987	0.9987	0.9988	0.9988	0.9989	0.9989	0.9989	0.9990	0.9990
3.1	0.9990	0.9991	0.9991	0.9991	0.9992	0.9992	0.9992	0.9992	0.9993	0.9993
3.2	0.9993	0.9993	0.9994	0.9994	0.9994	0.9994	0.9994	0.9995	0.9995	0.9995
3.3	0.9995	0.9995	0.9995	0.9996	0.9996	0.9996	0.9996	0.9996	0.9996	0.9997
3.4	0.9997	0.9997	0.9997	0.9997	0.9997	0.9997	0.9997	0.9997	0.9997	0.9998

表中的数据为标准正态累积分布函数 $\Phi(y) = P(Y \leqslant y)$ 的值，其中 Y 为标准正态随机变量，y 的变化范围为 $0 \leqslant y \leqslant 3.49$. 例如，想知道 $\Phi(1.71)$ 的值，只需在 1.7 这一行中找与 0.01 对应那一列的数值，查表可得 $\Phi(1.71) = 0.9564$. 当 y 为负值的时候，可利用公式 $\Phi(y) = 1 - \Phi(-y)$ 计算 $\Phi(y)$ 的值